普通高等院校统计学类系列教材

多元统计分析

吴延科　晏　振　编

机械工业出版社

CHINA MACHINE PRESS

本书系统地讲解了多元统计分析的基本理论和一些常用的多元统计模型. 全书共分10章, 第1章为绪论, 包括多元统计分析的发展历史、多元数据的组织形式及可视化; 第2章为矩阵代数基础, 包括矩阵的Kronecker乘积和拉直运算, 以及矩阵的分解和微分等; 第3章和第4章介绍多元统计推断的基本理论, 包括多元抽样分布、参数估计和多元正态总体的假设检验等; 第5章至第10章介绍常用的多元统计分析方法, 包括判别分析、聚类分析、主成分分析、因子分析、对应分析和典型相关分析等. 本书模型的实现不指定使用哪种软件, 强调的是对模型原理的理解和循序渐进的实现.

本书可以作为普通高等学校数据科学与大数据技术、数据科学、统计学、应用统计学、金融数学、信息与计算科学、应用数学、应用经济学、金融工程等专业的本科生和研究生的教材和参考书, 也可作为相关科技与管理人员的参考书.

图书在版编目（CIP）数据

多元统计分析 / 吴延科, 晏振编. -- 北京 : 机械工业出版社, 2025. 10. -- (普通高等院校统计学类系列教材). -- ISBN 978-7-111-78712-9

I. O212.4

中国国家版本馆 CIP 数据核字第 2025DC2157 号

机械工业出版社（北京市百万庄大街 22 号　邮政编码 100037）
策划编辑：汤　嘉　　　　　　责任编辑：汤　嘉　张金奎
责任校对：张　薇　张昕妍　封面设计：张　静
责任印制：单爱军
唐山三艺印务有限公司印刷
2025 年 10 月第 1 版第 1 次印刷
184mm×260mm · 23.25 印张 · 501 千字
标准书号：ISBN 978-7-111-78712-9
定价：69.80 元

电话服务　　　　　　　　网络服务
客服电话：010-88361066　　机　工　官　网：www.cmpbook.com
　　　　　010-88379833　　机　工　官　博：weibo.com/cmp1952
　　　　　010-68326294　　金　书　网：www.golden-book.com
封底无防伪标均为盗版　　机工教育服务网：www.cmpedu.com

前　言

　　多元统计分析是统计学、数据分析、经济类等专业的核心基础课程，是统计科学中发展较早的一门学科，在各学科领域中的应用非常广泛，其理论基础也非常成熟. 并且，随着时代的发展，多元统计分析展现出越来越旺盛的生命力，理论研究和实际应用至今依然非常活跃.

　　本书在详细介绍经典多元统计分析方法的基础上，参阅了大量国内外最新研究成果，全书的安排能够兼顾多元统计分析的最新进展，案例和数据的选择则侧重于解决实际问题，尽量避免一些没有实际意义的建模和数据分析. 本书部分案例和数据具有鲜明的专业背景，需要读者对相关领域有初步了解之后才能对分析结果做出详尽和合理的解释，相信这对阔宽学生的知识面和调动学生的研究积极性都会具有正向的反馈作用.

　　本书对模型的实现强调的是对建模的详细过程的完整呈现，这与使用何种软件是没有关系的，这样做的目的是希望读者能够把精力放在理顺统计模型的逻辑思路和理解统计模型的内部机理上，而不是放在追求某种方便的软件包的实现上. 编者认为，软件操作在一定程度上掩盖了统计模型的内部机理，以软件操作为主的学习不利于读者更为深入地理解模型的内部结构和运行机理. 因此，本书在讲解模型的理论基础之外，在案例分析中着重逐步推理和计算过程的完整呈现.

　　本书弱化了软件操作，尽管本书也提供有例题和案例的 R 代码，但这些代码并不是通过简单地调用 R 软件包来实现的. 事实上，我们建议读者能够自己选择一种擅长的软件把这些统计模型完整地实现出来，这对读者理解统计模型会是一个质的飞跃. 我们把这个能力要求融入到了每章的习题中.

　　本书由吴延科和晏振共同编写完成，其中晏振负责统计模型的前沿拓展部分和习题部分，其余部分由吴延科完成.

　　由于编者水平有限，错误和疏漏很难避免，诚望读者批评指正！

编　者

目　录

1.1　多元统计分析概述

表 1.1 列出了 2023 年 1 月初全球市值最高的 10 家车企及其一年来的市值变化. 在 2022 年初, 特斯拉 (Tesla) 的市值达到了惊人的 1 万亿美元, 这超过了第 2 名至第 9 名的市值之和. 然而, 特斯拉自成立以来上市的所有车型、销售台数和销售金额都远远不及第 2 名至第 9 名的任一家车企. 事实上, 特斯拉之所以能够支撑这么大的市值, 与其所拥有的数据资源密不可分、特斯拉拥有售出的每一辆车的实时的车速、里程数、电池电量、能源消耗、驾驶行为 (比如急刹车、急加速、超速、转向) 等数据. 通过掌握这些海量数据, 特斯拉逐渐形成数据优势, 并逐渐有能力完成其他高科技公司所不能完成的事情, 比如自动驾驶、高精度数字地图等. 特斯拉已经成为自动驾驶数据资源领域的霸主, 汽车数据事实上是特斯拉最重要的资产.

表 1.1　全球车企市值 TOP10　　　　　　　(单位: 亿美元)

车企	排名	2023 年 1 月 3 日	2022 年 1 月 7 日	市值变化
特斯拉	1	3413.5	10310.0	−66.9%
丰田汽车	2	1888.7	2767.4	−31.8%
比亚迪	3	967.6	922.6	4.9%
大众集团	4	766.2	1342.5	−42.9%
梅赛德斯奔驰	5	726.3	739.2	−1.7%
宝马集团	6	597.8	705.1	−15.2%
通用汽车	7	480.5	904.1	−46.9%
现代起亚	8	477.6	700.5	−31.8%
福特汽车	9	469.6	976.7	−51.9%
斯特兰蒂斯	10	468.8	648.0	−27.7%

在信息爆炸的今天, 人类生成、收集、存储和处理数据的能力大大提高, 数据量与日俱增, 大量复杂信息层出不穷. 数据最具价值的时代已经到来. 然而, 信息量过大, 超过了人们掌握、消化的能力; 一些信息真伪难辨, 从而给信息的正确应用带来困难; 信息组织形式的不一致性导致难以对信息进行有效统一处理. 虽然深度学习取得了轰动性的实用成果, 但是其可解释性还远远不能令人信服. 当然, 如果深度学习能够给出确保正确的结果, 那么即使人类暂时无法理解其原理和过程也无可厚非. 但是事实上, 深度学习和神经网络可能会给出不可预知的错误, 自动驾驶、大语言模型等技术也都

存在这样的问题. 人类对于人工智能感到担忧的原因正是其不可溯源的出错, 这已经开始引起人们的重视. 特斯拉市值在 2022 年出现了大幅下降 (见表 1.1), 一年时间跌去了 $\frac{2}{3}$ 的市值. 这除了全球经济衰退、市场需求下滑、原材料和物流价格上涨等不可控的大趋势之外, 其中最大的原因就是自动驾驶事故频发, 并且很多事故都不可预知、不可溯源. 尽管特斯拉拥有海量的汽车运行数据, 但是训练出来的模型面对复杂多变的现实世界时依然捉襟见肘, 甚至漏洞百出. 如果不解决可解释性问题, 自动驾驶等人工智能技术将会持续遭受人们的质疑.

多元统计分析是处理复杂数据的重要理论基础之一, 是运用数理统计方法来研究和解决客观事物中多变量之间相互依赖的统计规律性的理论和方法, 是统计学的一个非常重要的分支. 其理论基础已经非常成熟. 在大数据和人工智能时代, 多元统计分析依然能保持强大的生命力, 它不仅是很多大数据和人工智能方法的思想和理论来源, 而且其技术本身被广泛地应用于几乎所有生产、生活和研究领域, 包括经济、管理、农业、医学、教育学、生态学、地质学、社会学、考古学、环境、军事科学、文学、气象、水文、工业等, 多元统计分析已经成为解决实际数据分析问题不可缺少的有效和可靠方法之一.

1.1.1 多元统计分析的内容

多元统计分析是研究多个随机变量之间相互依赖关系及内在统计规律的一门统计学科, 其内容既包括一元统计理论方法的推广, 也包括多个随机变量特有的一些理论和方法, 这些都有大量的实际应用背景.

在实际问题中, 涉及的随机变量往往有多个, 且这些变量之间又存在一定的联系. 比如, 城镇居民消费水平通常可以用人均粮食支出、人均副食支出、人均烟酒茶支出、人均衣着商品支出、人均日用品支出、人均燃料支出、人均非商品支出等指标来描述, 而这些指标又存在一定的线性关系. 为了研究城镇居民的消费结构, 需要将相关性强的指标归并到一起, 这实际就是对变量进行聚类分析. 在企业经济效益的评价中, 涉及的指标往往很多, 如百元固定资产原值实现产值、百元固定资产原值实现利税、百元资金实现利税、百元工业总产值实现利税、百元销售收入实现利税、每吨标准煤实现工业产值、每千瓦时电力实现工业产值、全员劳动生产率、百元流动资金实现产值等, 如果能够将这些具有错综复杂关系的指标综合成几个较少的因子, 就有利于对问题进行分析和解释, 同时也便于抓住主要矛盾做出科学的评价, 这可以通过主成分分析和因子分析实现. 按现行统计报表制度, 农村家庭纯收入是指农村常住居民家庭总收入中扣除从事生产和非生产经营用支出、税款和上交承包集体任务金额以后剩余的、可直接用于进行生产的、非生产性建设投资、生产性消费的那一部分收入, 如果我们收集了某年各个省、自治区、直辖市农民家庭人均纯收入的数据, 就可以用对应分析来揭示全国农民人均纯收入的特征以及各省、自治区、直辖市与各收入指标的关系. 考古学家对挖掘出来的人类头盖骨的高、宽等特征来判断是男或女, 根据挖掘出的动物牙齿的有关测试指标, 判别它是属于哪一类动物牙齿、是哪一个时代的, 这些都可以通过判别分析来实现. 对于我国经典名著《红楼梦》, 大众普遍认为是曹雪芹创作了前八十回, 高鹗整理续写了后四十回. 胡适、俞平伯、周汝昌等文学家也都赞同这一说法, 但文学界也有很多不同的声音, 包括鲁迅、林语堂、王国维、白先勇等多位大师都认为全一百二十回都是曹雪芹一人完成. 华裔学者陈炳藻将《红楼梦》一百二十回本按顺序编成 3 组, 每组四十回, 还将另一部小说《儿女英雄传》作为第 4 组进行对比研究, 从每组中任取 8 万字, 分别挑出名词、动词、形容词、副词、虚词这 5 种词, 通过当时的计算程序对这些词进行编排、统计、比较和处理, 进而找出各组相关程度, 统计学的结果发现《红楼梦》前八十回与后四十回所用的词汇正相关程度达 78.57%, 而《红楼梦》与《儿女英雄传》所用词的正相关程度是 32.14%. 由此做出推断, 前八十回与后四十回的作者均为曹雪芹一人所写.

以上例子是多元统计分析研究内容的一个侧面反映. 实际上, 多元统计分析的内容和方法主要有以下几个方面:

1. 多元统计理论基础. 包括多维随机向量, 特别是多维正态随机向量, 以及由此定义的各种统计量的分布及其性质, 多元统计分布理论等.

2. 多元统计推断. 包括多元正态总体的参数估计和假设检验问题, 特别是均值向量和协方差阵的估计和假设检验等问题.

3. 变量之间的相互关系. 多元回归分析是分析变量之间的影响, 建立一个变量或几个变量与另一些变量的定量关系式, 并用于预测或控制; 典型的相关分析是分析两组变量之间的相关关系.

4. 判别分析与聚类分析. 判别分析是根据观测到的带标签数据, 按相似程度大小对所考察的样品或变量进行分类 (归类). 因为判别函数的建立需要参考标签, 常称其为 "有监督的分类问题"; 聚类分析是对观测到的无标签数据, 按相似程度大小对样品或变量进行分类, 因为聚类不涉及标签问题, 常称其为 "无监督的分类问题".

5. 简化数据结构 (降维问题). 将高维数据降为低维数据, 使数据结构得到有效简化, 并在此基础上分析变量之间或样品之间的复杂关系. 这类问题的统计方法包括主成分分析、因子分析以及对应分析等.

1.1.2 多元统计分析的发展历史

威沙特 (Wishart) 于 1928 年发表于 *Biometrika* 的一篇论文 "The generalised product moment distribution in samples from a normal multivariate population" 被公认为是多元统计的开端 (见图 1.1). 紧接着, 在 20 世纪 30 年代, 罗纳德·费希尔 (R. A. Fisher)、哈罗德·霍特林 (H. Hotelling)、萨马伦德·罗伊 (S. N. Roy)、许宝騄等人作了一系列奠基性工作, 使多元统计分析在理论上得到了迅速发展.

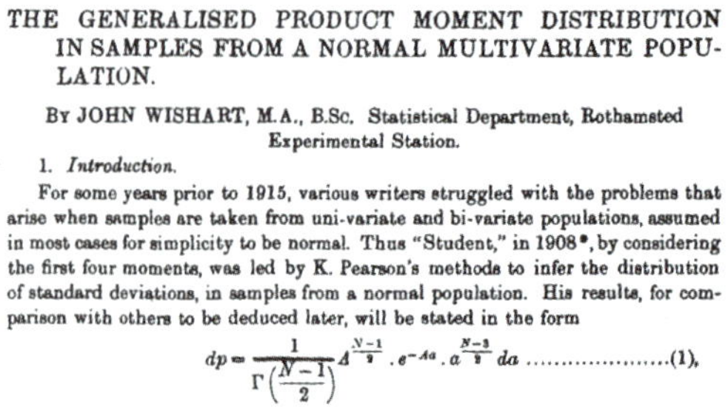

THE GENERALISED PRODUCT MOMENT DISTRIBUTION
IN SAMPLES FROM A NORMAL MULTIVARIATE POPU-
LATION.

By JOHN WISHART, M.A., B.Sc. Statistical Department, Rothamsted
Experimental Station.

1. *Introduction.*

For some years prior to 1915, various writers struggled with the problems that
arise when samples are taken from uni-variate and bi-variate populations, assumed
in most cases for simplicity to be normal. Thus "Student," in 1908*, by considering
the first four moments, was led by K. Pearson's methods to infer the distribution
of standard deviations, in samples from a normal population. His results, for com-
parison with others to be deduced later, will be stated in the form

$$dp = \frac{1}{\Gamma\left(\frac{N-1}{2}\right)} A^{\frac{N-1}{2}} \cdot e^{-Aa} \cdot a^{\frac{N-3}{2}} da \quad\ldots\ldots\ldots\ldots\ldots(1),$$

图 1.1   1928 年威沙特发表于 *Biometrika* 的开创性论文

20 世纪 40 年代, 多元统计分析开始尝试解决心理学、教育学、生物学等方面的一些实际问题. 然而由于计算量大, 应用研究出现了停滞. 直到 20 世纪 50 年代中期, 随着电子计算机的出现和发展, 多元统计分析方法才开始在地质、气象、医学、社会学等方面取得广泛应用.

20 世纪 60 年代, 由于应用和实践的需要, 多元统计分析理论进一步完善和发展. 新的理论和方法的不断涌现又扩大了多元统计方法的应用范围. 目前, 统计学依然处于蓬勃发展的时期.

我国在 20 世纪 70 年代初期开始应用多元统计方法于各个领域, 逐渐在理论研究和实际应用上取得一些成果. 目前已经有部分工作达到了国际水平, 华人统计学家已经在国际舞台上形成了一支重要力量.

21 世纪初, 随着现代信息技术的高速发展和广泛应用, 人类进入了大数据时代. 海量数据和超高维数据的大量涌现, 对统计理论、方法和技术的发展提出新的挑战和机会.

1.2   多元数据的可视化

1.2.1   多元数据的组织形式

多元统计分析的对象是多维数据. 设 $X_j, j = 1, 2, \cdots, p$ 是 p 个随机变量, $\boldsymbol{X} = (X_1, X_2, \cdots, X_p)^{\mathrm{T}}$ 是一个 p 维随机向量. 设 $\boldsymbol{x}_1, \boldsymbol{x}_2, \cdots, \boldsymbol{x}_n$ 是 $\boldsymbol{X}$ 的 n 个观测值, 其中 $\boldsymbol{x}_i = (x_{i1}, x_{i2}, \cdots, x_{ip})^{\mathrm{T}}, i = 1, 2, \cdots, n, x_{ij}$ 是第 j 个变量 X_j 的第 i 个观测值, 可以使用 $n \times p$ 矩阵

$$\boldsymbol{\mathcal{X}} = \begin{pmatrix} x_{11} & x_{12} & \cdots & x_{1p} \\ x_{21} & x_{22} & \cdots & x_{2p} \\ \vdots & \vdots & & \vdots \\ x_{n1} & x_{n2} & \cdots & x_{np} \end{pmatrix} \tag{1.1}$$

来表示我们观测到的数据, 称 $\boldsymbol{\mathcal{X}}$ 是**样本数据矩阵**.

【例 1.1】(Boston.csv)　　波士顿房价数据是一个非常经典的学习数据, 来自 1970 年美国波士顿人口普查的 506 个人口普查区住房数据, 包含 14 个变量的 506 个观测, 变量的含义如表 1.2 所示. 如果用 $X_1, X_2, \cdots, X_{14}$ 分别表示变量 crim, zn, indus, chas, nox, rm, age, dis, rad, tax, ptratio, black, lstat, medv, 这个数据可以用一个 506×14 的矩阵表示为

$$\boldsymbol{X} = \begin{pmatrix} 0.00632 & 18.0 & 2.31 & 0 & 0.5380 & \cdots & 24.0 \\ 0.02731 & 0.0 & 7.07 & 0 & 0.4690 & \cdots & 21.6 \\ 0.02729 & 0.0 & 7.07 & 0 & 0.4690 & \cdots & 34.7 \\ \vdots & \vdots & \vdots & \vdots & \vdots & & \vdots \\ 0.10959 & 0.0 & 11.93 & 0 & 0.5730 & \cdots & 22.0 \\ 0.04741 & 0.0 & 11.93 & 0 & 0.5730 & \cdots & 11.9 \end{pmatrix}_{506 \times 14}$$

$\boldsymbol{X}$ 中的每一行表示变量 crim, zn, indus, chas, nox, rm, age, dis, rad, tax, ptratio, black, lstat, medv 的一个观测值, 是一个 14 维的数据, 每一列表示 506 个人口普查区的某一变量的观测值, 是一个 506 维的数据.

表 1.2　波士顿房价数据的 14 个变量

crim	城镇人均犯罪率	rad	辐射性公路的接近指数
zn	住宅用地超过 25000 平方英尺的比例	dis	到波士顿五个就业中心区域的加权平均距离
indus	城镇非零售商用土地的比例	ptratio	城镇生师比
chas	查尔斯河, 哑变量 (如果靠查尔斯河, 则为 1; 否则为 0)	tax	每 10000 美元的全值房产税率
nox	氮氧化物浓度, 单位是 ppm	black	$1000(Bk-0.63)^2$, 其中 Bk 是城镇中黑人的比例
rm	住宅平均房间数	lstat	人口中地位较低者的比例
age	1940 年之前建成的自住房屋比例	medv	自住房房价中位数, 单位是千美元

在统计分析中, 需要立足于数据矩阵 $\boldsymbol{X}$, 分析的过程和有关的计算都可以通过矩阵运算实现. 例如, 求某一变量的观测值的平均值或标准差, 就是对矩阵 $\boldsymbol{X}$ 的某一列求平均值或标准差; 求不同变量之间的相关性, 就是求矩阵 $\boldsymbol{X}$ 的相应列的相关系数; 把 506 个人口普查区进行相似性归类, 就是对矩阵 $\boldsymbol{X}$ 的行向量计算和比较距离; 对数据进行降维寻求不同的主成分, 进而做回归分析 (称为主成分回归), 就是求矩阵 $\boldsymbol{X}$ 的协差阵或相关阵的非零特征值及其对应的特征向量; 寻求 14 个变量中的其中两组变量之间整体上的相关性, 就是做典型相关分析, 需要对矩阵 $\boldsymbol{X}$ 进行变换后求非零特征值及其对应的特征向量等.　□

1.2.2　多元数据的可视化

图形有助于直观了解所研究数据. 如果能把一些多元数据直接绘图显示, 便可从

图形中看出多元变量之间的关系, 甚至可以通过结果变量进行跨组比较等. 另一方面, 对具体问题的多元分析结果或过程也可以通过图形来展示, 以便人们对分析结果或计算过程有直观的理解. 本节主要介绍多元数据常用可视化方法. 至于多元分析的结果或过程的可视化, 将在本书后面几章介绍的各种多元分析方法中进行介绍. 多元数据的可视化可以通过散点图、气泡图、折线图、相关图等进行展示.

1. 散点图

散点图 (scatter plot) 是最常用的展现多变量之间数值关系的可视化方式之一.

图 1.2 是波士顿房价数据中房价中位数与城镇人均犯罪率的散点图, 添加了线性回归直线和一条局部加权多项式回归曲线. 如果想把数据依是否靠近查尔斯河进行分组拟合, 可以得到图 1.3, 同时在两个坐标轴上添加了两个变量的箱线图.

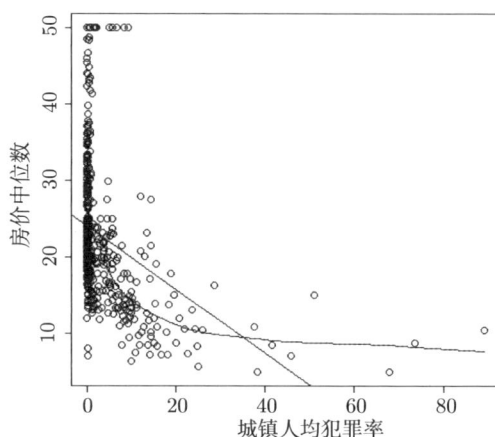

图 1.2 波士顿房价数据中房价中位数与城镇人均犯罪率的散点图, 添加了线性回归直线和一条局部加权多项式回归曲线

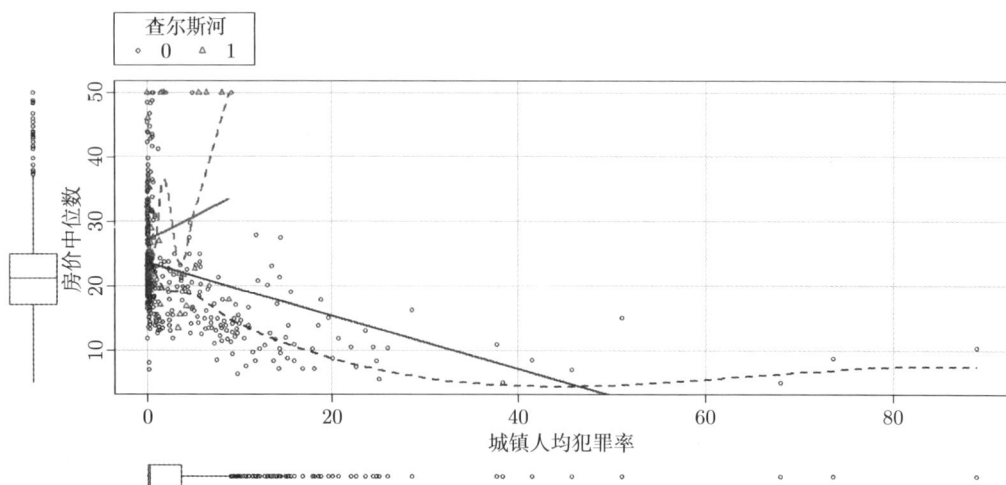

图 1.3 波士顿房价数据中房价中位数与城镇人均犯罪率的散点图, 根据是否靠近查尔斯河进行分组拟合

可以选择感兴趣的变量进行两两配对, 作出散点图矩阵. 图 1.4 是波士顿房价数据中城镇人均犯罪率、氮氧化物浓度、到波士顿五个就业中心区域的加权平均距离和自住房房价中位数 4 个变量的散点图矩阵. 图 1.5 在图 1.4 基础上添加了回归直线和非参数回归曲线及其置信带, 并且在对角线处画出了变量的核密度估计曲线和轴须图.

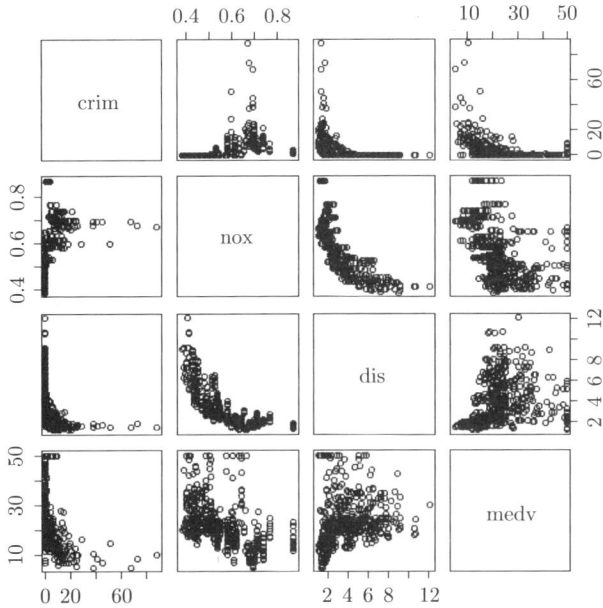

图 1.4 波士顿房价数据中部分变量两两配对的散点图矩阵

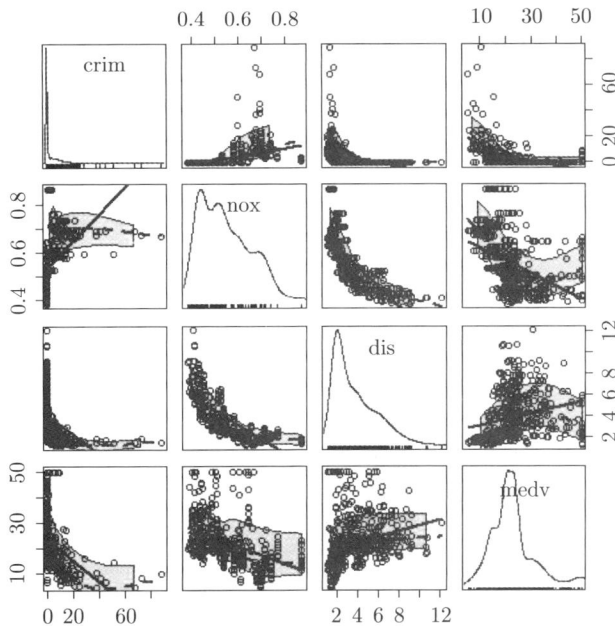

图 1.5 波士顿房价数据中部分变量两两配对的散点图矩阵, 添加了回归直线和非参数回归曲线及其置信带, 对角线处是核密度估计曲线和轴须图

当数据点重叠很严重时, 用散点图来观察变量关系就会变得极其困难. 我们随机产生 10000 个标准正态分布随机数, 两个一组组合成 5000 个二维数据, 再随机产生 10000 个均值为 5, 标准差为 4 的正态分布随机数, 两个一组组合成 5000 个二维数据, 混合在一起得到 10000 个二维数据, 作出散点图如图 1.6a 所示, 可以发现数据点的重叠导致识别 x 与 y 间的关系变得异常困难. 我们可以使用核密度估计生成颜色密度来表示点的分布, 从而得到用颜色表示密度的散点图, 如图 1.6b 所示.

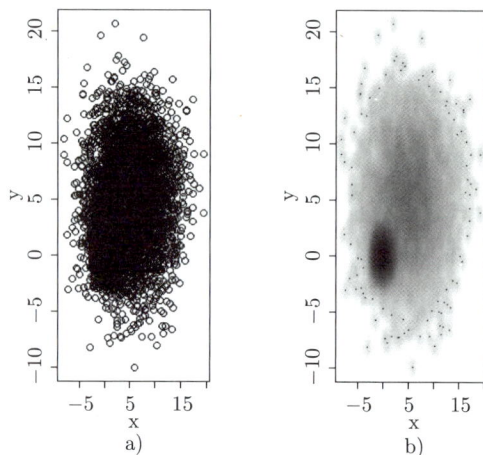

图 1.6   一组随机二维数据的散点图

三维散点图可以一次对 3 个定量变量的交互关系进行可视化.

对于波士顿房价数据, 作出氮氧化物浓度、到波士顿五个就业中心区域的加权平均距离和自住房房价中位数的三维散点图. 同时可以建立自住房房价中位数、氮氧化物浓度与到波士顿五个就业中心区域的加权平均距离的线性回归, 构成回归平面如图 1.7 所示.

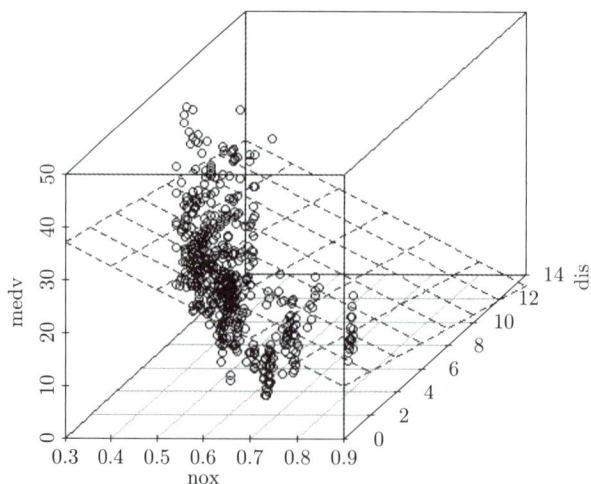

图 1.7   波士顿房价数据的 3 个变量的三维散点图, 包含了回归平面

2. 气泡图

气泡图 (bubble plot) 可以对三维数据进行可视化, 其思想是先创建一个二维散点图, 然后用点的大小 (半径或面积) 来表示第 3 个变量的值.

对于波士顿房价数据, 作出氮氧化物浓度和自住房房价中位数的气泡图, 如图 1.8 所示. 气泡的大小表示到波士顿五个就业中心区域的加权平均距离.

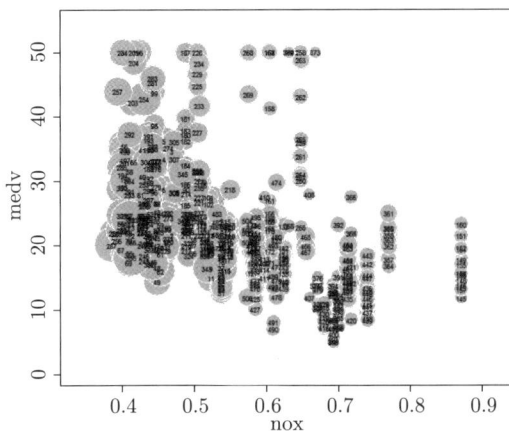

图 1.8   波士顿房价数据的三个变量的气泡图

3. 折线图

折线图 (line chart) 是将散点图上的点从左向右依次连接起来, 从而达到刻画数据变动的目的.

对于波士顿房价数据, 分别从不靠查尔斯河和靠查尔斯河的观测中随机各抽取 10 个, 并分别依住宅平均房间数升序排列, 作出住宅平均房间数和房价中位数的折线图, 如图 1.9 所示. 从图 1.9 可以大致观察出按是否靠查尔斯河分组后房价中位数随住宅平均房间数的变动关系, 并且可以比较房价中位数是否与查尔斯河有关.

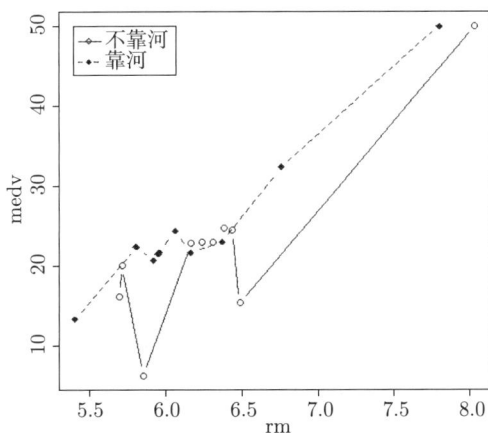

图 1.9   住宅平均房间数和房价中位数的折线图

4. 相关图

相关图 (correlogram) 是通过图形方式展示相关系数矩阵的一种可视化手段.

图 1.10 是波士顿房价数据的一种用色彩和圆饼填充度表示的相关系数矩阵图. 其中, 蓝色和从左下指向右上的斜杠表示单元格中的两个变量呈正相关. 反过来, 红色和从左上指向右下的斜杠表示变量呈负相关. 色彩越深, 饱和度越高, 说明变量相关性越大, 相关性接近于 0 的单元格基本无色. 为了将有相似相关模式的变量聚集在一起, 图 1.10 对矩阵的行和列都使用主成分法重新进行了排序. 上三角单元格用饼图展示了相同的信息, 颜色的功能同前, 但相关性大小由被填充的饼图块的大小来展示. 正相关性将从 12 点钟处开始顺时针填充饼图, 而负相关性则逆时针方向填充饼图.

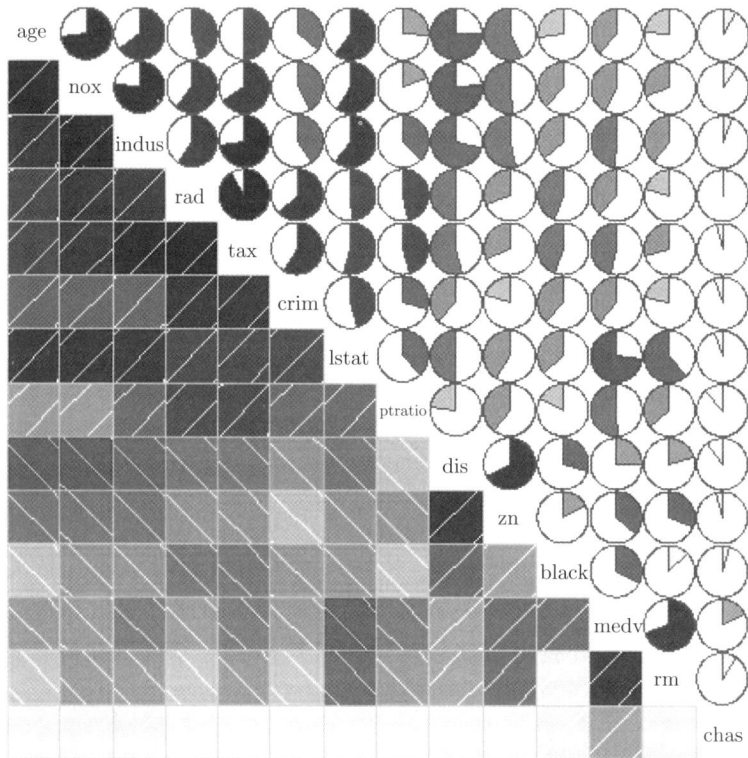

图 1.10   波士顿房价数据的相关图 (彩图见封底二维码)

5. 马赛克图

马赛克图 (mosaic plot) 使用嵌套矩形面积表示多维列联表中的频率, 是可视化两个以上类别型变量的有效方法.

对波士顿房价数据, 把自住房房价中位数和城镇人均犯罪率离散化, 房价中位数小于 10 的记为 "低", 10 到 40 之间的记为 "中", 大于 40 的记为 "高"; 城镇人均犯罪率小于 5 的记为 "低", 5 到 25 之间的记为 "中", 大于 25 的记为 "高". 作出二者的马赛克图, 如图 1.11 所示. 由此可以看出城镇人均犯罪率对房价的影响: 高犯罪率的地方, 高房价极少而低房价很多; 相反, 低犯罪率的地方, 高房价很多而低房价很少.

接着添加查尔斯河变量, 作出三者的马赛克图如图 1.12 所示. 由于数据中靠河的房子比较少, 只有 35 个观测, 图 1.12 提供的有用信息并不多. 继续添加氮氧化物浓度变量, 把氮氧化物浓度离散化, 氮氧化物浓度小于 0.4 的记为 "低", 0.4 到 0.8 之间的记为 "中", 大于 0.8 的记为 "高". 作出四者的马赛克图, 如图 1.13 所示, 关注矩形的相对宽度和高度, 将会从这个图中发现更多有用信息.

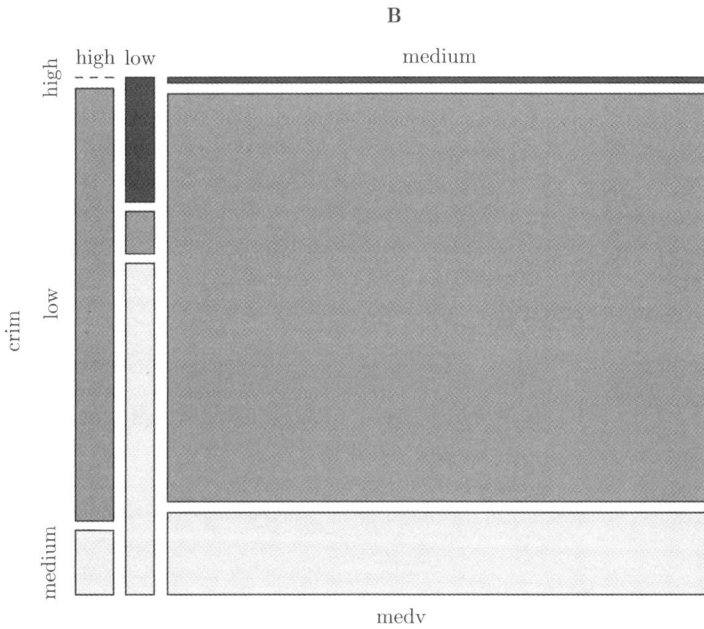

图 1.11　波士顿房价数据中自住房房价中位数与城镇人均犯罪率的马赛克图

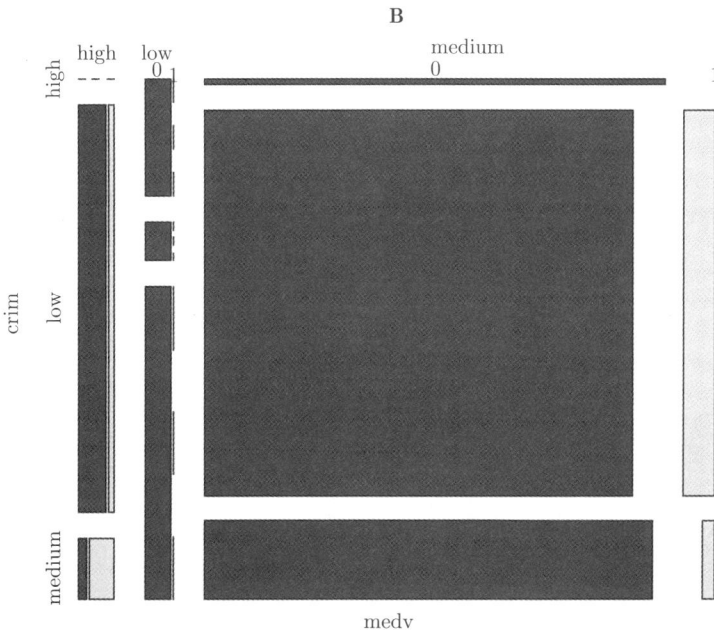

图 1.12　波士顿房价数据中自住房房价中位数、城镇人均犯罪率与查尔斯河的马赛克图

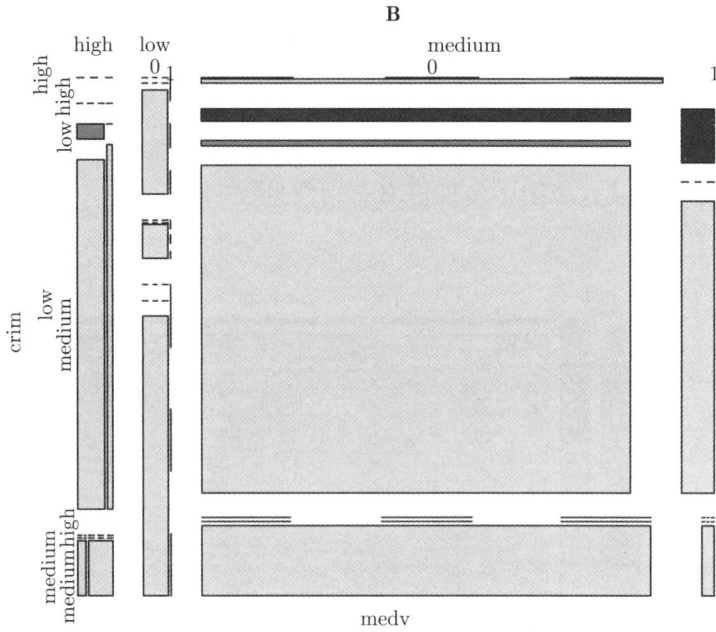

图 1.13 波士顿房价数据中自住房房价中位数、城镇人均犯罪率、查尔斯河与氮氧化物浓度的马赛克图

6. 轮廓图

轮廓图 (outline plot) 也称为平行坐标图或多线图, 它使用横坐标上的 p 个点依次表示 p 个变量, 用纵坐标表示每个观测对应的各个变量的值, 并将同一观测在不同变量上的值依次连接起来. 图 1.14 是波士顿房价数据的轮廓图, 其中各个变量都分别独立做了标准化处理.

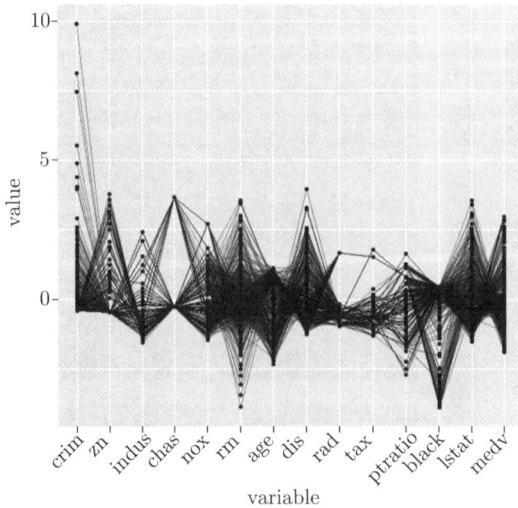

图 1.14 波士顿房价数据的轮廓图

7. 雷达图

雷达图 (radar chart) 也称蜘蛛图 (spider chart), 它使用二维图的形式展示多维数据. 从一个点出发, 每个变量用一条射线表示, p 个变量形成 p 条射线, 每个观测在 p 个变量上的取值连接成线, 围成一个区域, 多个观测围成多个区域.

对波士顿房价数据, 以是否靠查尔斯河做分组, 形成两个样本. 图 1.15 是两个样本的均值轮廓图, 可以发现, 靠河和不靠河的房子在城镇人均犯罪率上差异很小, 在房价中位数和城镇生师比两个指标上差异较大.

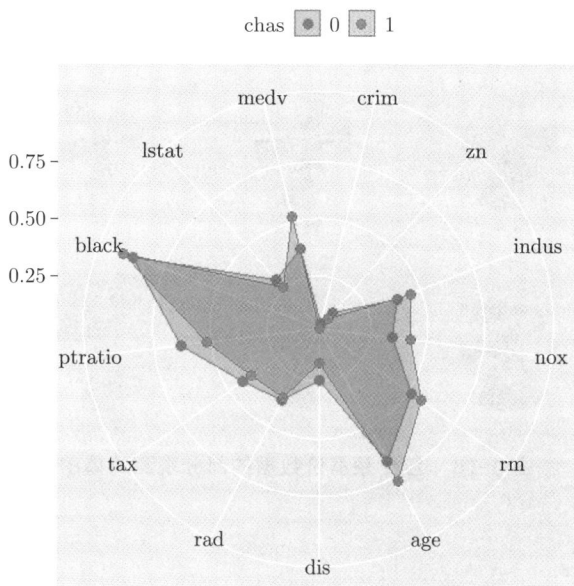

图 1.15　波士顿房价数据的雷达图

8. 星图

星图 (star plot) 使用 p 个变量将圆 p 等分, 并将 p 个半径与圆心连接, 再将一个观测 p 个变量的取值连接成一个 p 边形, n 个观测形成 n 个独立的 p 边形, 即为星图. 利用星图中的 n 个 p 边形可以比较观测的相似性.

从波士顿房价数据中随机抽取 9 个观测, 去除住宅用地超过 25000 平方英尺的比例、查尔斯河和辐射性公路的接近指数这三个变量, 作出星图, 如图 1.16 所示.

9. 脸谱图

脸谱图 (face plot) 将多维变量依次用脸的高度、脸的宽度、脸型、嘴巴厚度、嘴巴宽度、微笑、眼睛高度、眼睛宽度、头发长度、头发宽度、头发风格、鼻子高度、鼻子宽度、耳朵宽度、耳朵高度等 15 个不同人脸部位的形状或大小来表示. 若数据维数大于 15, 超出的变量将被忽略; 若数据维数小于 15, 某个变量可能同时描述脸部的多个特征. 每一个观测用一个脸谱表示.

从波士顿房价数据中随机抽取 16 个观测, 图 1.17a 是这些数据的脸谱图. 容易看出, 第 26, 108 和 131 个观测的各个自变量取值是相似的. 我们还可以将这些脸谱图放置在一个坐标系中, 比如, 以住宅平均房间数为横坐标, 以自住房房价中位数为纵坐标, 得到图 1.17b. 除了能够看出这些数据呈正相关以外, 还可以看出每个数据点的大致轮廓及其相似性.

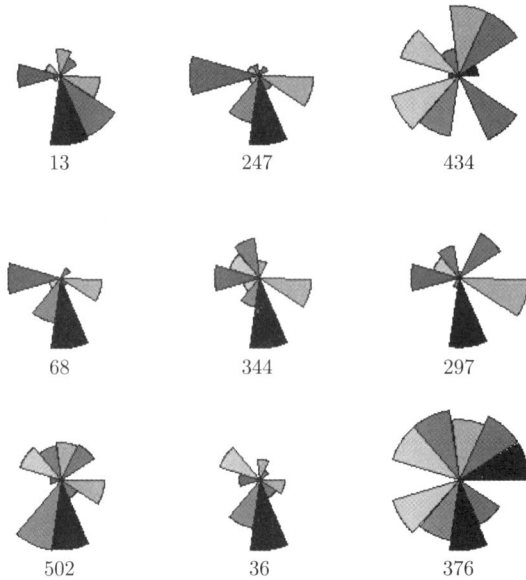

图 1.16   波士顿房价数据的部分观测的星图

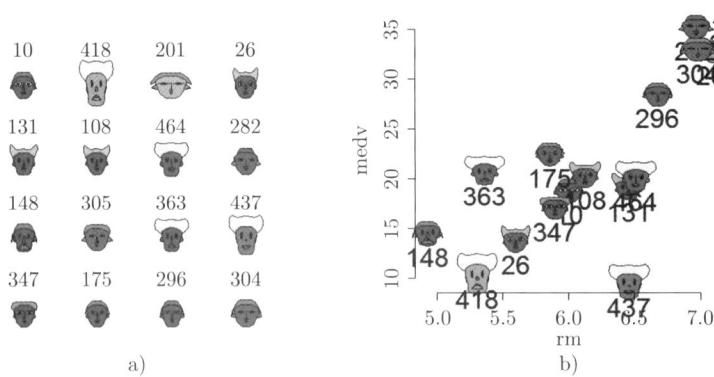

图 1.17   波士顿房价数据的部分观测的脸谱图

1.3 习 题

数据 mtcars.csv 来自 1974 年美国的《汽车趋势》(*Motor Trend*) 杂志, 可以在 R 的基础安装中获取. 数据包含 1973~1974 年生产的 32 种型号汽车的 11 项指标的测量数据, 这 11 项指标名称及其含义见表 1.3. 试着对该数据进行可视化.

表 1.3　mtcars.csv 数据的 11 个变量

mpg	英里/(美国) 加仑	disp	排量
cyl	气缸数量	drat	后轴传动比
hp	总马力	qsec	1/4 英里时间
wt	质量 (千磅)	am	变速器 (0-自动, 1-手动)
vs	发动机 (0-V 型, 1-直列)	carb	化油器数量
gear	前进档数		

第2章
矩阵代数基础

多元统计分析处理的对象是多维数据, 多维数据的组织形式是矩阵, 矩阵代数是描述统计模型的必备理论工具, 是理解多元统计模型的基础. 使用矩阵可以把复杂的统计模型以简洁的形式表示出来, 这样做不仅便于理解统计模型的本质, 而且会使计算机编程变得简单.

如无特殊的上下文说明, 本书所涉及的向量均指列向量, 本书使用 "T" 表示矩阵或向量的转置. 本书讨论的矩阵都是实矩阵, 用 $\mathbb{R}$ 表示实数集, 用 $\boldsymbol{I}$ 或 $\boldsymbol{I}_n$ 表示 (n 阶) 单位矩阵, 用 $\boldsymbol{1}_n$ 表示元素全为 1 的 n 维列向量.

2.1 矩阵的迹

设 $\boldsymbol{A}$ 是 n 阶方阵, $\boldsymbol{A}$ 的主对角线元素之和称为 $\boldsymbol{A}$ 的**迹**, 记为 $\mathrm{tr}\boldsymbol{A}$. 若

$$\boldsymbol{A} = (a_{ij}) = \begin{pmatrix} a_{11} & a_{12} & \cdots & a_{1n} \\ a_{21} & a_{22} & \cdots & a_{2n} \\ \vdots & \vdots & & \vdots \\ a_{n1} & a_{n2} & \cdots & a_{nn} \end{pmatrix},$$

则 $\mathrm{tr}\boldsymbol{A} = \sum\limits_{i=1}^{n} a_{ii}$. 显然, $\mathrm{tr}\boldsymbol{A}^{\mathrm{T}} = \mathrm{tr}\boldsymbol{A}$. 若设 $\boldsymbol{B}$ 也是 n 阶方阵, 则直接验证知,

$$\mathrm{tr}(\lambda\boldsymbol{A} + \mu\boldsymbol{B}) = \lambda\mathrm{tr}\boldsymbol{A} + \mu\mathrm{tr}\boldsymbol{B},$$

其中, $\lambda, \mu \in \mathbb{R}$. 此外, 若设 $\boldsymbol{A} = (a_{ij}) \in \mathbb{R}^{m \times n}$, $\boldsymbol{B} = (b_{ij}) \in \mathbb{R}^{n \times m}$, 注意到 $\mathrm{tr}(\boldsymbol{AB}) = \sum\limits_{i=1}^{m}\sum\limits_{k=1}^{n} a_{ik}b_{ki}$, 而 $\mathrm{tr}(\boldsymbol{BA}) = \sum\limits_{k=1}^{n}\sum\limits_{i=1}^{m} b_{ki}a_{ik}$, 于是有

$$\mathrm{tr}(\boldsymbol{AB}) = \mathrm{tr}(\boldsymbol{BA}).$$

下面的定理是常用的, 其证明见 2.3 节.

定理 2.1 设 $\lambda_1, \lambda_2, \cdots, \lambda_n$ 是 n 阶方阵 $\boldsymbol{A}$ 的 n 个特征值 (一个 k 重特征值按重数计算 k 次), $\boldsymbol{A}$ 的行列式记为 $\det\boldsymbol{A}$, 则

$$\sum_{i=1}^{n} \lambda_i = \mathrm{tr}\boldsymbol{A}, \quad \prod_{i=1}^{n} \lambda_i = \det\boldsymbol{A}.$$

设 n 阶方阵 $\boldsymbol{A} = (a_{ij})$, 如果 $|a_{ii}| \geqslant \sum\limits_{j=1,j\neq i}^{n} |a_{ij}|$ 对 $i = 1,2,\cdots,n$ 都成立, 则称矩阵 $\boldsymbol{A}$ 为**行对角占优矩阵**; 如果 $|a_{jj}| \geqslant \sum\limits_{i=1,i\neq j}^{n} |a_{ij}|$ 对 $j = 1,2,\cdots,n$ 都成立, 则称矩阵 $\boldsymbol{A}$ 为**列对角占优矩阵**; 如果以上等号都不会成立, 则称矩阵 $\boldsymbol{A}$ 为**严格行对角占优矩阵**或**严格列对角占优矩阵**.

下面定理的证明可以参见陈祖明 (2012).

定理 2.2　如果 $\boldsymbol{A}$ 为严格行 (列) 对角占优矩阵, 则 $\boldsymbol{A}$ 必为非奇异矩阵.

在多元线性回归分析中, 考虑响应变量 Y 与 p 个解释变量 $X_1, X_2, \cdots, X_p$ 的回归方程

$$Y = \beta_0 + \beta_1 X_1 + \beta_2 X_2 + \cdots + \beta_p X_p + \varepsilon, \tag{2.1}$$

其中, $\beta_0, \beta_1, \beta_2, \cdots, \beta_p$ 是回归系数, ε 是随机误差. 用 x_{ij} 表示第 j 个变量 X_j 的第 i 次观测, 用 y_i 表示 Y 的第 i 次观测, $i = 1,2,\cdots,n, j = 1,2,\cdots,p$, 得到数据矩阵

$$\boldsymbol{X} = \begin{pmatrix} x_{11} & x_{12} & \cdots & x_{1p} \\ x_{21} & x_{22} & \cdots & x_{2p} \\ \vdots & \vdots & & \vdots \\ x_{n1} & x_{n2} & \cdots & x_{np} \end{pmatrix}, \boldsymbol{y} = \begin{pmatrix} y_1 \\ y_2 \\ \vdots \\ y_n \end{pmatrix}. \tag{2.2}$$

对样本形式的回归方程

$$y_i = \beta_0 + \beta_1 x_{i1} + \beta_2 x_{i2} + \cdots + \beta_p x_{ip} + \varepsilon_i, i = 1,2,\cdots,n, \tag{2.3}$$

记 $\boldsymbol{\beta} = (\beta_0, \beta_1, \beta_2, \cdots, \beta_p)^{\mathrm{T}}, \boldsymbol{\varepsilon} = (\varepsilon_1, \varepsilon_2, \cdots, \varepsilon_n)^{\mathrm{T}}$,

$$\boldsymbol{X} = (\boldsymbol{1}_n, \boldsymbol{X}) = \begin{pmatrix} 1 & x_{11} & x_{12} & \cdots & x_{1p} \\ 1 & x_{21} & x_{22} & \cdots & x_{2p} \\ \vdots & \vdots & \vdots & & \vdots \\ 1 & x_{n1} & x_{n2} & \cdots & x_{np} \end{pmatrix}, \tag{2.4}$$

则多元线性回归模型 (2.3) 可写为紧凑形式

$$\boldsymbol{y} = \boldsymbol{X}\boldsymbol{\beta} + \boldsymbol{\varepsilon}, \tag{2.5}$$

其回归系数的最小二乘 (least square, LS) 估计为

$$\widehat{\boldsymbol{\beta}}^{\mathrm{LS}} = (\boldsymbol{X}^{\mathrm{T}}\boldsymbol{X})^{-1}\boldsymbol{X}^{\mathrm{T}}\boldsymbol{y}. \tag{2.6}$$

显然, 如果变量存在完全共线性, $\boldsymbol{X}^{\mathrm{T}}\boldsymbol{X}$ 将不可逆, 回归系数的最小二乘估计将不存在. 变量出现共线性时的一种有效估计方法是使用岭回归 (ridge regression, RR), 回归模型 (2.5) 的岭回归估计为

$$\widehat{\boldsymbol{\beta}}^{\mathrm{RR}} = (\boldsymbol{X}^{\mathrm{T}}\boldsymbol{X} + \lambda\boldsymbol{I})^{-1}\boldsymbol{X}^{\mathrm{T}}\boldsymbol{y}, \tag{2.7}$$

其中, λ 是调谐参数 (tuning parameter). 由定理 2.2, 选择合适的 λ, 岭回归估计一定存在.

2.2 矩阵的 Kronecker 乘积和拉直

对矩阵 $\boldsymbol{A} = (a_{ij})_{mn}$ 和 $\boldsymbol{B} = (b_{ij})_{pq}$, 称矩阵 $\boldsymbol{C} = (a_{ij}\boldsymbol{B})_{mp \times nq}$ 为矩阵 $\boldsymbol{A}, \boldsymbol{B}$ 的 **Kronecker 乘积**或**直积**, 记为 $\boldsymbol{A} \otimes \boldsymbol{B}$. 显然, 矩阵 $\boldsymbol{A}, \boldsymbol{B}$ 的 Kronecker 乘积可以看作以 $a_{ij}\boldsymbol{B}$ 为子块的分块矩阵.

【**例 2.1**】 设矩阵 $\boldsymbol{A} = (2, -1), \boldsymbol{B} = \begin{pmatrix} 1 & -1 \\ 0 & 3 \end{pmatrix}$, 则

$$\boldsymbol{A} \otimes \boldsymbol{B} = (2\boldsymbol{B}, -\boldsymbol{B}) = \begin{pmatrix} 2 & -2 & -1 & 1 \\ 0 & 6 & 0 & -3 \end{pmatrix},$$

$$\boldsymbol{B} \otimes \boldsymbol{A} = \begin{pmatrix} \boldsymbol{A} & -\boldsymbol{A} \\ \boldsymbol{0} & 3\boldsymbol{A} \end{pmatrix} = \begin{pmatrix} 2 & -1 & -2 & 1 \\ 0 & 0 & 6 & -3 \end{pmatrix}.$$

可以看出, Kronecker 乘积不满足交换律. □

性质 2.1 设 $\boldsymbol{A}, \boldsymbol{B}, \boldsymbol{C}, \boldsymbol{D}, \boldsymbol{A}_1, \boldsymbol{A}_2$ 是合适阶数的矩阵, 矩阵的 Kronecker 乘积具有下列一些性质:

1. (结合律) $(\boldsymbol{A} \otimes \boldsymbol{B}) \otimes \boldsymbol{C} = \boldsymbol{A} \otimes (\boldsymbol{B} \otimes \boldsymbol{C})$;
2. (分配律) $(\boldsymbol{A}_1 + \boldsymbol{A}_2) \otimes \boldsymbol{B} = \boldsymbol{A}_1 \otimes \boldsymbol{B} + \boldsymbol{A}_2 \otimes \boldsymbol{B}, \boldsymbol{A} \otimes (\boldsymbol{B}_1 + \boldsymbol{B}_2) = \boldsymbol{A} \otimes \boldsymbol{B}_1 + \boldsymbol{A} \otimes \boldsymbol{B}_2$;
3. (数量乘法) $\forall \alpha, \beta \in \mathbb{R}, (\alpha\boldsymbol{A}) \otimes (\beta\boldsymbol{B}) = \alpha\beta(\boldsymbol{A} \otimes \boldsymbol{B})$;
4. (矩阵乘法) $(\boldsymbol{A} \otimes \boldsymbol{B})(\boldsymbol{C} \otimes \boldsymbol{D}) = (\boldsymbol{A}\boldsymbol{C}) \otimes (\boldsymbol{B}\boldsymbol{D})$;
5. (矩阵转置) $(\boldsymbol{A} \otimes \boldsymbol{B})^{\mathrm{T}} = \boldsymbol{A}^{\mathrm{T}} \otimes \boldsymbol{B}^{\mathrm{T}}$;
6. (逆矩阵) $(\boldsymbol{A} \otimes \boldsymbol{B})^{-1} = \boldsymbol{A}^{-1} \otimes \boldsymbol{B}^{-1}$;
7. (矩阵的迹) $\boldsymbol{A}, \boldsymbol{B}$ 分别为 m, n 阶方阵, $\mathrm{tr}(\boldsymbol{A} \otimes \boldsymbol{B}) = (\mathrm{tr}\boldsymbol{A})(\mathrm{tr}\boldsymbol{B})$;
8. (矩阵的秩) $\mathrm{rank}(\boldsymbol{A} \otimes \boldsymbol{B}) = (\mathrm{rank}\boldsymbol{A})(\mathrm{rank}\boldsymbol{B})$;
9. (行列式) $\boldsymbol{A}, \boldsymbol{B}$ 分别为 m, n 阶方阵, $\det(\boldsymbol{A} \otimes \boldsymbol{B}) = (\det\boldsymbol{A})^n (\det\boldsymbol{B})^m$.

证明 性质 1~3 直接验证即可.

4. 左端第 i 行第 j 列的子块 $((\boldsymbol{A} \otimes \boldsymbol{B})(\boldsymbol{C} \otimes \boldsymbol{D}))_{ij}$ 是 $(\boldsymbol{A} \otimes \boldsymbol{B})$ 第 i 行子块与 $(\boldsymbol{C} \otimes \boldsymbol{D})$ 第 j 列子块对应相乘的和, 即

$$((\boldsymbol{A} \otimes \boldsymbol{B})(\boldsymbol{C} \otimes \boldsymbol{D}))_{ij} = \sum_r (a_{ir}\boldsymbol{B})(c_{rj}\boldsymbol{D}) = \left(\sum_r a_{ir}c_{rj}\right)\boldsymbol{B}\boldsymbol{D}$$

$$= (\boldsymbol{A}\boldsymbol{C})_{ij}\boldsymbol{B}\boldsymbol{D} = ((\boldsymbol{A}\boldsymbol{C}) \otimes (\boldsymbol{B}\boldsymbol{D}))_{ij}.$$

5. 左端第 i 行第 j 列的子块 $((\boldsymbol{A} \otimes \boldsymbol{B})^{\mathrm{T}})_{ij} = a_{ji}\boldsymbol{B}^{\mathrm{T}} = (\boldsymbol{A}^{\mathrm{T}} \otimes \boldsymbol{B}^{\mathrm{T}})_{ij}$.

6. 由性质 2.1 之 4,

$$(\boldsymbol{A} \otimes \boldsymbol{B})(\boldsymbol{A}^{-1} \otimes \boldsymbol{B}^{-1}) = (\boldsymbol{A}\boldsymbol{A}^{-1}) \otimes (\boldsymbol{B}\boldsymbol{B}^{-1}) = \boldsymbol{I},$$

$$(\boldsymbol{A}^{-1} \otimes \boldsymbol{B}^{-1})(\boldsymbol{A} \otimes \boldsymbol{B}) = (\boldsymbol{A}^{-1}\boldsymbol{A}) \otimes (\boldsymbol{B}^{-1}\boldsymbol{B}) = \boldsymbol{I},$$

因此, $(\boldsymbol{A} \otimes \boldsymbol{B})^{-1} = \boldsymbol{A}^{-1} \otimes \boldsymbol{B}^{-1}$.

7. 直接计算得,

$$\mathrm{tr}(\boldsymbol{A} \otimes \boldsymbol{B}) = \sum_i \mathrm{tr}(a_{ii}\boldsymbol{B}) = \sum_i a_{ii}\mathrm{tr}(\boldsymbol{B})$$

$$= \left(\sum_i a_{ii}\right)\mathrm{tr}(\boldsymbol{B}) = (\mathrm{tr}\boldsymbol{A})(\mathrm{tr}\boldsymbol{B}).$$

8. 设 $\mathrm{rank}\boldsymbol{A} = r, \mathrm{rank}\boldsymbol{B} = s$, $\boldsymbol{A}, \boldsymbol{B}$ 的等价标准型分别记为

$$\boldsymbol{A} = \boldsymbol{P}_1^{-1}\begin{pmatrix} \boldsymbol{I}_r & \boldsymbol{O} \\ \boldsymbol{O} & \boldsymbol{O} \end{pmatrix}\boldsymbol{Q}_1^{-1}, \quad \boldsymbol{B} = \boldsymbol{P}_2^{-1}\begin{pmatrix} \boldsymbol{I}_s & \boldsymbol{O} \\ \boldsymbol{O} & \boldsymbol{O} \end{pmatrix}\boldsymbol{Q}_2^{-1},$$

其中, $\boldsymbol{P}_i, \boldsymbol{Q}_i, i = 1, 2$ 均为非奇异矩阵. 则

$$\boldsymbol{A} \otimes \boldsymbol{B} = \left(\boldsymbol{P}_1^{-1}\begin{pmatrix} \boldsymbol{I}_r & \boldsymbol{O} \\ \boldsymbol{O} & \boldsymbol{O} \end{pmatrix}\boldsymbol{Q}_1^{-1}\right) \otimes \left(\boldsymbol{P}_2^{-1}\begin{pmatrix} \boldsymbol{I}_s & \boldsymbol{O} \\ \boldsymbol{O} & \boldsymbol{O} \end{pmatrix}\boldsymbol{Q}_2^{-1}\right)$$

$$= (\boldsymbol{P}_1^{-1} \otimes \boldsymbol{P}_2^{-1})\left(\begin{pmatrix} \boldsymbol{I}_r & \boldsymbol{O} \\ \boldsymbol{O} & \boldsymbol{O} \end{pmatrix} \otimes \begin{pmatrix} \boldsymbol{I}_s & \boldsymbol{O} \\ \boldsymbol{O} & \boldsymbol{O} \end{pmatrix}\right)(\boldsymbol{Q}_1^{-1} \otimes \boldsymbol{Q}_2^{-1})$$

$$= (\boldsymbol{P}_1 \otimes \boldsymbol{P}_2)^{-1}\begin{pmatrix} \boldsymbol{I}_{rs} & \boldsymbol{O} \\ \boldsymbol{O} & \boldsymbol{O} \end{pmatrix}(\boldsymbol{Q}_1 \otimes \boldsymbol{Q}_2)^{-1},$$

即, $\mathrm{rank}(\boldsymbol{A} \otimes \boldsymbol{B}) = rs = (\mathrm{rank}\boldsymbol{A})(\mathrm{rank}\boldsymbol{B})$.

为证明性质 2.1 之 9, 需要以下引理.

引理 2.1 设 $\boldsymbol{x}$ 是 m 阶方阵 $\boldsymbol{A}$ 的关于特征值 λ 的一个特征向量, $\boldsymbol{y}$ 是 n 阶方阵 $\boldsymbol{B}$ 的关于特征值 μ 的一个特征向量, 则 $\boldsymbol{x} \otimes \boldsymbol{y}$ 是 $\boldsymbol{A} \otimes \boldsymbol{B}$ 的关于特征值 $\lambda\mu$ 的一个特征向量.

证明 因为 $\boldsymbol{x} \neq \boldsymbol{0}, \boldsymbol{y} \neq \boldsymbol{0}$, 所以 $\boldsymbol{x} \otimes \boldsymbol{y} \neq \boldsymbol{0}$, 且

$$(\boldsymbol{A} \otimes \boldsymbol{B})(\boldsymbol{x} \otimes \boldsymbol{y}) = (\boldsymbol{A}\boldsymbol{x}) \otimes (\boldsymbol{B}\boldsymbol{y}) = (\lambda\boldsymbol{x}) \otimes (\mu\boldsymbol{y}) = \lambda\mu(\boldsymbol{x} \otimes \boldsymbol{y}).$$

得证. $\qquad\qquad\qquad\qquad\qquad\qquad\qquad\qquad\qquad\qquad\qquad\qquad\qquad\qquad\qquad\qquad\qquad\qquad \square$

推论 1 如果 m 阶方阵 $\boldsymbol{A}$ 的特征值为 $\lambda_i, i = 1, 2, \cdots, m$, n 阶方阵 $\boldsymbol{B}$ 的特征值为 $\mu_j, j = 1, 2, \cdots, n$, 则 $\boldsymbol{A} \otimes \boldsymbol{B}$ 的特征值为 $\lambda_i\mu_j, i = 1, 2, \cdots, m, j = 1, 2, \cdots, n$.

证明 (性质 2.1 之 9) 设 $\boldsymbol{A}$ 的特征值为 $\lambda_i, i = 1, 2, \cdots, m, \boldsymbol{B}$ 的特征值为 $\mu_j, j = 1, 2, \cdots, n$, 则 $\det \boldsymbol{A} = \prod_{i=1}^{m} \lambda_i, \det \boldsymbol{B} = \prod_{j=1}^{n} \mu_j$, 于是,

$$\det(\boldsymbol{A} \otimes \boldsymbol{B}) = \prod_{i=1}^{m}\prod_{j=1}^{n} \lambda_i \mu_j = \left(\prod_{j=1}^{n} \lambda_1 \mu_j\right) \cdots \left(\prod_{j=1}^{n} \lambda_m \mu_j\right)$$

$$= (\lambda_1 \cdots \lambda_m)^n (\mu_1 \cdots \mu_n)^m = (\det \boldsymbol{A})^n (\det \boldsymbol{B})^m.$$

得证. □

推论 2 两个有用的 Kronecker 乘积性质:

1. $\boldsymbol{I}_m \otimes \boldsymbol{I}_n = \boldsymbol{I}_n \otimes \boldsymbol{I}_m = \boldsymbol{I}_{mn}$;
2. 设 $\boldsymbol{x}, \boldsymbol{y}$ 是两个列向量, 则 $\boldsymbol{x}\boldsymbol{y}^{\mathrm{T}} = \boldsymbol{x} \otimes \boldsymbol{y}^{\mathrm{T}} = \boldsymbol{y}^{\mathrm{T}} \otimes \boldsymbol{x}$.

对矩阵 $\boldsymbol{A} = (a_{ij})_{mn} = (\boldsymbol{a}_1, \boldsymbol{a}_2, \cdots, \boldsymbol{a}_n)$, 其中 $\boldsymbol{a}_j = (a_{1j}, a_{2j}, \cdots, a_{mj})^{\mathrm{T}}$ 是 $\boldsymbol{A}$ 的第 j 列, $j = 1, 2, \cdots, n$. 把列向量 $\boldsymbol{a}_1, \boldsymbol{a}_2, \cdots, \boldsymbol{a}_n$ 首尾相接连成的 $mn \times 1$ 向量称为矩阵 $\boldsymbol{A}$ 的**拉直**, 记为 $\mathrm{Vec}\boldsymbol{A}$.

性质 2.2 设 $\boldsymbol{A}, \boldsymbol{B}, \boldsymbol{C}$ 是合适阶数的矩阵, 矩阵的拉直运算具有下列一些性质:

1. $\mathrm{Vec}(\boldsymbol{A} + \boldsymbol{B}) = \mathrm{Vec}\boldsymbol{A} + \mathrm{Vec}\boldsymbol{B}$;
2. $\forall \alpha \in \mathbb{R}, \mathrm{Vec}(\alpha\boldsymbol{A}) = \alpha\mathrm{Vec}\boldsymbol{A}$;
3. $\mathrm{tr}(\boldsymbol{A}\boldsymbol{B}) = (\mathrm{Vec}(\boldsymbol{A}^{\mathrm{T}}))^{\mathrm{T}}\mathrm{Vec}\boldsymbol{B}$;
4. $\boldsymbol{a}, \boldsymbol{b}$ 分别为 m, n 维向量, $\mathrm{Vec}(\boldsymbol{a}\boldsymbol{b}^{\mathrm{T}}) = \boldsymbol{b} \otimes \boldsymbol{a}$;
5. $\mathrm{Vec}(\boldsymbol{A}\boldsymbol{B}\boldsymbol{C}) = (\boldsymbol{C}^{\mathrm{T}} \otimes \boldsymbol{A})\mathrm{Vec}\boldsymbol{B}$.

证明 性质 1, 2, 4 直接验证即可.

3. 设 $\boldsymbol{A} \in \mathbb{R}^{n \times m}, \boldsymbol{B} \in \mathbb{R}^{m \times n}$, $\boldsymbol{a}_i$ 是 $\boldsymbol{A}$ 的第 i 行, $\boldsymbol{b}_j$ 是 $\boldsymbol{B}$ 的第 j 列, $i, j = 1, 2, \cdots, n$, 则

$$\boldsymbol{A} = \begin{pmatrix} \boldsymbol{a}_1 \\ \boldsymbol{a}_2 \\ \vdots \\ \boldsymbol{a}_n \end{pmatrix}, \boldsymbol{B} = (\boldsymbol{b}_1, \boldsymbol{b}_2, \cdots, \boldsymbol{b}_n),$$

于是,

$$(\mathrm{Vec}(\boldsymbol{A}^{\mathrm{T}}))^{\mathrm{T}}\mathrm{Vec}\boldsymbol{B} = (\boldsymbol{a}_1, \boldsymbol{a}_2, \cdots, \boldsymbol{a}_n) \begin{pmatrix} \boldsymbol{b}_1 \\ \boldsymbol{b}_2 \\ \vdots \\ \boldsymbol{b}_n \end{pmatrix} = \sum_{i=1}^{n} \boldsymbol{a}_i \boldsymbol{b}_i$$

$$= \mathrm{tr}(\boldsymbol{A}\boldsymbol{B}).$$

5. 设 $\boldsymbol{A} \in \mathbb{R}^{m \times n}, \boldsymbol{B} \in \mathbb{R}^{n \times p}, \boldsymbol{C} \in \mathbb{R}^{p \times q}$, $\boldsymbol{a}_i$ 是 $\boldsymbol{A}$ 的第 i 行, $i = 1, 2, \cdots, m$, $\boldsymbol{b}_j$ 是

B 的第 j 列, $j = 1, 2, \cdots, p$, c_k 是 C 的第 k 列, $k = 1, 2, \cdots, q$, 则

$$A = \begin{pmatrix} a_1 \\ a_2 \\ \vdots \\ a_m \end{pmatrix}, B = (b_1, b_2, \cdots, b_p), C = (c_1, c_2, \cdots, c_q),$$

于是, $\mathrm{Vec}(ABC) = \begin{pmatrix} ABc_1 \\ ABc_2 \\ \vdots \\ ABc_n \end{pmatrix}$, 其中,

$$ABc_k = \begin{pmatrix} a_1 b_1 & a_1 b_2 & \cdots & a_1 b_p \\ a_2 b_1 & a_2 b_2 & \cdots & a_2 b_p \\ \vdots & \vdots & & \vdots \\ a_m b_1 & a_m b_2 & \cdots & a_m b_p \end{pmatrix} c_k$$

$$= \begin{pmatrix} c_{1k} a_1 & c_{2k} a_1 & \cdots & c_{pk} a_1 \\ c_{1k} a_2 & c_{2k} a_2 & \cdots & c_{pk} a_2 \\ \vdots & \vdots & & \vdots \\ c_{1k} a_m & c_{2k} a_m & \cdots & c_{pk} a_m \end{pmatrix} \begin{pmatrix} b_1 \\ b_2 \\ \vdots \\ b_p \end{pmatrix}$$

$$= (c_k^{\mathrm{T}} \otimes A) \mathrm{Vec} B,$$

从而, $\mathrm{Vec}(ABC) = (C^{\mathrm{T}} \otimes A) \mathrm{Vec} B$. □

2.3　矩阵分解

矩阵分解是矩阵论的重要内容, 是统计模型的重要理论基础, 是计算机实现统计计算的有力工具.

由矩阵理论, n 阶实对称矩阵 A 正定当且仅当下列条件之一成立:

1. A 的所有特征值都大于 0;
2. 存在 n 阶可逆矩阵 B, 使得 $A = BB^{\mathrm{T}}$.

n 阶实对称矩阵 A 半正定当且仅当下列条件之一成立:

1. A 的所有特征值都非负;
2. 存在 $n \times r$ 列满秩矩阵 B, 使得 $A = BB^{\mathrm{T}}$, 其中, $r = \mathrm{rank} A$.

下面介绍几种重要的矩阵分解, 它们是很多统计模型的理论基础.

1. QR 分解. 列满秩矩阵 $\boldsymbol{A} \in \mathbb{R}^{n \times m}, n \geqslant m$ 可分解为

$$\boldsymbol{A} = \boldsymbol{QR}, \tag{2.8}$$

其中, $\boldsymbol{Q}$ 是 $n \times m$ 的列正交矩阵, $\boldsymbol{R}$ 是上三角矩阵. 式 (2.8) 称为矩阵 $\boldsymbol{A}$ 的 **QR 分解**.

矩阵 $\boldsymbol{A}$ 的 QR 分解可以对 $\boldsymbol{A}$ 的列向量实施施密特 Schmidt 正交化实现. 例如,

矩阵 $\boldsymbol{A} = \begin{pmatrix} 1 & 4 \\ 3 & 2 \\ 5 & 6 \end{pmatrix}$, $\operatorname{rank}\boldsymbol{A} = 2$, 记 $\boldsymbol{A}$ 的列向量 $\boldsymbol{\alpha}_1 = (1,3,5)^{\mathrm{T}}, \boldsymbol{\alpha}_2 = (4,2,6)^{\mathrm{T}}$, 由

Schmidt 正交化得

$$\boldsymbol{\beta}_1 = \boldsymbol{\alpha}_1 = (1,3,5)^{\mathrm{T}},$$

$$\boldsymbol{\beta}_2 = \boldsymbol{\alpha}_2 - \frac{\boldsymbol{\beta}_1^{\mathrm{T}} \boldsymbol{\alpha}_2}{\|\boldsymbol{\beta}_1\|^2} \boldsymbol{\beta}_1 = \boldsymbol{\alpha}_2 - \frac{8}{7} \boldsymbol{\beta}_1 = \frac{2}{7}(10,-5,1)^{\mathrm{T}},$$

单位化得 $\boldsymbol{\gamma}_1 = \left(\dfrac{1}{\sqrt{35}}, \dfrac{3}{\sqrt{35}}, \dfrac{5}{\sqrt{35}} \right)^{\mathrm{T}}, \boldsymbol{\gamma}_2 = \left(\dfrac{10}{\sqrt{126}}, -\dfrac{5}{\sqrt{126}}, \dfrac{1}{\sqrt{126}} \right)^{\mathrm{T}}$. 于是, 可取 $\boldsymbol{Q} =$

$(\boldsymbol{\gamma}_1, \boldsymbol{\gamma}_2) = \begin{pmatrix} \dfrac{1}{\sqrt{35}} & \dfrac{10}{\sqrt{126}} \\ \dfrac{3}{\sqrt{35}} & -\dfrac{5}{\sqrt{126}} \\ \dfrac{5}{\sqrt{35}} & \dfrac{1}{\sqrt{126}} \end{pmatrix}$, 由 $\boldsymbol{Q}^{\mathrm{T}}\boldsymbol{Q} = \boldsymbol{I}$ 知 $\boldsymbol{Q}$ 是列正交的, 再取上三角矩阵 $\boldsymbol{R} =$

$\begin{pmatrix} \sqrt{35} & 0 \\ 0 & \dfrac{2}{7}\sqrt{126} \end{pmatrix} \begin{pmatrix} 1 & \dfrac{8}{7} \\ 0 & 1 \end{pmatrix} = \begin{pmatrix} \sqrt{35} & \dfrac{8}{7}\sqrt{35} \\ 0 & \dfrac{6}{7}\sqrt{14} \end{pmatrix}$, 容易验证 $\boldsymbol{A} = \boldsymbol{QR}$.

2. Cholesky 分解. 对 n 阶实对称正定方阵 $\boldsymbol{C}$, 存在下三角矩阵 $\boldsymbol{T}$, 使得

$$\boldsymbol{C} = \boldsymbol{TT}^{\mathrm{T}}. \tag{2.9}$$

事实上, 因为 $\boldsymbol{C}$ 正定, 存在非奇异矩阵 $\boldsymbol{A}$ 使得 $\boldsymbol{C} = \boldsymbol{A}^{\mathrm{T}}\boldsymbol{A}$. 对 $\boldsymbol{A}$ 做 QR 分解, 得 $\boldsymbol{A} = \boldsymbol{QR}$, 其中 $\boldsymbol{Q}$ 正交, $\boldsymbol{R}$ 是上三角矩阵. 于是,

$$\boldsymbol{C} = \boldsymbol{A}^{\mathrm{T}}\boldsymbol{A} = \boldsymbol{R}^{\mathrm{T}}\boldsymbol{Q}^{\mathrm{T}}\boldsymbol{QR} = \boldsymbol{R}^{\mathrm{T}}\boldsymbol{R},$$

记 $\boldsymbol{T} = \boldsymbol{R}^{\mathrm{T}}$, 则 $\boldsymbol{T}$ 为下三角矩阵, 且 $\boldsymbol{C} = \boldsymbol{TT}^{\mathrm{T}}$. 式 (2.9) 称为矩阵 $\boldsymbol{C}$ 的 **Cholesky 分解**.

假设 $\boldsymbol{A}$ 为实对称正定矩阵, 用消元法解线性方程组 $\boldsymbol{Ax} = \boldsymbol{b}$, 直接由 $\boldsymbol{x} = \boldsymbol{A}^{-1}\boldsymbol{b}$ 入手计算量比较大. 把 $\boldsymbol{A}$ 做 Cholesky 分解 $\boldsymbol{A} = \boldsymbol{LL}^{\mathrm{T}}$, 记 $\boldsymbol{L}^{\mathrm{T}}\boldsymbol{x} = \boldsymbol{y}$, 先解方程 $\boldsymbol{Ly} = \boldsymbol{b}$ 得到 $\boldsymbol{y}$, 再解方程 $\boldsymbol{L}^{\mathrm{T}}\boldsymbol{x} = \boldsymbol{y}$ 得到 $\boldsymbol{x}$, 这个过程的计算量仅约为通过逆矩阵求解的方法的 $\dfrac{1}{3}$.

3. 谱分解. 设 n 阶实矩阵 $\boldsymbol{A}$ 的非零特征值为 $\lambda_i, i = 1, 2, \cdots, r$, 对应的正交标准化的特征向量为 $\boldsymbol{\varphi}_i, i = 1, 2, \cdots, r$, 记

$$\boldsymbol{P} = (\boldsymbol{\varphi}_1, \boldsymbol{\varphi}_2, \cdots, \boldsymbol{\varphi}_r), \boldsymbol{\Lambda}_r = \mathrm{diag}(\lambda_1, \lambda_2, \cdots, \lambda_r),$$

其中, $r = \mathrm{rank}\boldsymbol{A}$, 则当 $\boldsymbol{A}$ 满秩时, 有 $\boldsymbol{A} = \boldsymbol{P}\boldsymbol{\Lambda}_n\boldsymbol{P}^{-1}$, 又当 $\boldsymbol{A}$ 为实对称半正定矩阵时,

$$\boldsymbol{A} = \boldsymbol{P}\boldsymbol{\Lambda}_n\boldsymbol{P}^{\mathrm{T}} = \sum_{i=1}^{n} \lambda_i \boldsymbol{\varphi}_i \boldsymbol{\varphi}_i^{\mathrm{T}}. \tag{2.10}$$

式 (2.10) 称为矩阵 $\boldsymbol{A}$ 的**谱分解 (spectral decomposition)**, 又称为**特征值分解**, 是最常用的矩阵分解技巧之一. 基于矩阵的谱分解, 易得,

$$\mathrm{tr}\boldsymbol{A} = \sum_{i=1}^{n} \lambda_i, \det \boldsymbol{A} = \prod_{i=1}^{n} \lambda_i, \boldsymbol{A}^{\alpha} = \boldsymbol{P}\boldsymbol{\Lambda}_n^{\alpha}\boldsymbol{P}^{\mathrm{T}} = \sum_{i=1}^{n} \lambda_i^{\alpha} \boldsymbol{\varphi}_i \boldsymbol{\varphi}_i^{\mathrm{T}}, \alpha \in \mathbb{R},$$

从而,

$$\boldsymbol{A}^{-1} = \boldsymbol{P}\boldsymbol{\Lambda}_n^{-1}\boldsymbol{P}^{\mathrm{T}} = \sum_{i=1}^{n} \lambda_i^{-1} \boldsymbol{\varphi}_i \boldsymbol{\varphi}_i^{\mathrm{T}}.$$

当 $\mathrm{rank}\boldsymbol{A} = r < n$ 时, $\boldsymbol{A}$ 仅有 r 个非零特征值, 设为 $\lambda_i, i = 1, 2, \cdots, r$. 令 $\boldsymbol{\Lambda}_r = \mathrm{diag}(\lambda_1, \lambda_2, \cdots, \lambda_r)$, 对 $\boldsymbol{P}$ 进行分块 $\boldsymbol{P} = (\boldsymbol{P}_1, \boldsymbol{P}_2)$, 其中 $\boldsymbol{P}_1$ 是 $n \times r$ 矩阵, 则

$$\boldsymbol{A} = \boldsymbol{P} \begin{pmatrix} \boldsymbol{\Lambda}_r & \boldsymbol{0} \\ \boldsymbol{0} & \boldsymbol{0} \end{pmatrix} \boldsymbol{P}^{\mathrm{T}} = \boldsymbol{P}_1 \boldsymbol{\Lambda}_r \boldsymbol{P}_1^{\mathrm{T}}.$$

4. 奇异值分解. 设 $m \times n$ 实矩阵 $\boldsymbol{A}$ 的秩 $\mathrm{rank}\boldsymbol{A} = r$, 则存在正交方阵 $\boldsymbol{P}, \boldsymbol{Q}$, 使得

$$\boldsymbol{A} = \boldsymbol{P} \begin{pmatrix} \boldsymbol{\Lambda}_r & \boldsymbol{0} \\ \boldsymbol{0} & \boldsymbol{0} \end{pmatrix} \boldsymbol{Q}^{\mathrm{T}} = \boldsymbol{P}_1 \boldsymbol{\Lambda}_r \boldsymbol{Q}_1^{\mathrm{T}}, \tag{2.11}$$

其中, $\boldsymbol{P} = (\boldsymbol{P}_1, \boldsymbol{P}_2), \boldsymbol{Q} = (\boldsymbol{Q}_1, \boldsymbol{Q}_2), \boldsymbol{\Lambda}_r = \mathrm{diag}(\lambda_1, \lambda_2, \cdots, \lambda_r), \lambda_i > 0, i = 1, 2, \cdots, r$ 是 $\boldsymbol{A}$ 的奇异值, $\lambda_i^2, i = 1, 2, \cdots, r$ 是 $\boldsymbol{A}^{\mathrm{T}}\boldsymbol{A}$ 的非零特征值, $\boldsymbol{P}_1, \boldsymbol{Q}_1$ 的列向量分别是 $\boldsymbol{A}\boldsymbol{A}^{\mathrm{T}}$ 和 $\boldsymbol{A}^{\mathrm{T}}\boldsymbol{A}$ 对应于 r 个非零特征值的标准正交化的特征向量. 式 (2.11) 称为矩阵 $\boldsymbol{A}$ 的**奇异值分解 (singular value decomposition, SVD)**, 也是最常用的矩阵分解技巧之一.

当 $\boldsymbol{A}$ 是实对称正定矩阵时, $\boldsymbol{A}$ 的奇异值分解与谱分解相同, 因为

$$\boldsymbol{A} = \boldsymbol{P}\widetilde{\boldsymbol{\Lambda}}\boldsymbol{Q}^{\mathrm{T}}, \ \boldsymbol{A}^{\mathrm{T}}\boldsymbol{A} = \boldsymbol{Q}\widetilde{\boldsymbol{\Lambda}}^2\boldsymbol{Q}^{\mathrm{T}}, \ \boldsymbol{A}\boldsymbol{A}^{\mathrm{T}} = \boldsymbol{P}\widetilde{\boldsymbol{\Lambda}}^2\boldsymbol{P}^{\mathrm{T}},$$

而 $\boldsymbol{A}^{\mathrm{T}}\boldsymbol{A}$ 与 $\boldsymbol{A}\boldsymbol{A}^{\mathrm{T}}$ 对称正定, 因此该分解是谱分解, $\boldsymbol{\Lambda} = \widetilde{\boldsymbol{\Lambda}}^2$.

2.4　分块矩阵的行列式和逆矩阵

分块矩阵在统计学中非常常见, 尤其是对 $m \times n$ 矩阵分成 2×2 子块的情形:

$$\boldsymbol{A} = \begin{pmatrix} a_{11} & a_{12} & \cdots & a_{1n} \\ a_{21} & a_{22} & \cdots & a_{2n} \\ \vdots & \vdots & & \vdots \\ a_{m1} & a_{m2} & \cdots & a_{mn} \end{pmatrix} = \begin{matrix} \\ p \\ m-p \end{matrix} \begin{pmatrix} \overset{\displaystyle q \quad\quad n-q}{\boldsymbol{A}_{11}} & \boldsymbol{A}_{12} \\ \boldsymbol{A}_{21} & \boldsymbol{A}_{22} \end{pmatrix},$$

其中, $p < m, q < n$, $\boldsymbol{A}_{11}$, $\boldsymbol{A}_{12}$, $\boldsymbol{A}_{21}$ 和 $\boldsymbol{A}_{22}$ 分别是 $p \times q$ 阶, $p \times (n-q)$, $(m-p) \times q$ 和 $(m-p) \times (n-q)$ 阶矩阵. 分块矩阵的加法、数乘和乘法运算可以把子块视为元素进行运算, 子块的阶数需要符合相应的运算要求.

【例 2.2】　已知矩阵 $\boldsymbol{A}, \boldsymbol{B}$ 分块如下,

$$\boldsymbol{A} = \left(\begin{array}{ccc|cc} 1 & 2 & 3 & 4 & 5 \\ 6 & 5 & 4 & 3 & 2 \\ \hline -2 & 4 & -7 & 9 & 3 \end{array} \right) = \begin{pmatrix} \boldsymbol{A}_{11} & \boldsymbol{A}_{12} \\ \boldsymbol{A}_{21} & \boldsymbol{A}_{22} \end{pmatrix},$$

$$\boldsymbol{B} = \left(\begin{array}{cc} -1 & -2 \\ -3 & -4 \\ -5 & -6 \\ \hline 2 & 1 \\ 4 & 3 \end{array} \right) = \begin{pmatrix} \boldsymbol{B}_{11} \\ \boldsymbol{B}_{21} \end{pmatrix},$$

则

$$\boldsymbol{AB} = \begin{pmatrix} \boldsymbol{A}_{11} & \boldsymbol{A}_{12} \\ \boldsymbol{A}_{21} & \boldsymbol{A}_{22} \end{pmatrix} \begin{pmatrix} \boldsymbol{B}_{11} \\ \boldsymbol{B}_{21} \end{pmatrix} = \begin{pmatrix} \boldsymbol{A}_{11}\boldsymbol{B}_{11} + \boldsymbol{A}_{12}\boldsymbol{B}_{21} \\ \boldsymbol{A}_{21}\boldsymbol{B}_{11} + \boldsymbol{A}_{22}\boldsymbol{B}_{21} \end{pmatrix},$$

而 $\boldsymbol{A}_{11}\boldsymbol{B}_{11} + \boldsymbol{A}_{12}\boldsymbol{B}_{21} = \begin{pmatrix} 6 & -9 \\ -27 & -47 \end{pmatrix}$, $\boldsymbol{A}_{21}\boldsymbol{B}_{11} + \boldsymbol{A}_{22}\boldsymbol{B}_{21} = (55 \quad 48)$, 所以 $\boldsymbol{AB} = \left(\begin{array}{cc} 6 & -9 \\ -27 & -47 \\ \hline 55 & 48 \end{array} \right)$. 直接计算 $\boldsymbol{AB}$ 可以验证这个结果是正确的.　　□

对于分块矩阵的转置运算, 显然有 $\boldsymbol{A}^{\mathrm{T}} = \begin{pmatrix} \boldsymbol{A}_{11}^{\mathrm{T}} & \boldsymbol{A}_{21}^{\mathrm{T}} \\ \boldsymbol{A}_{12}^{\mathrm{T}} & \boldsymbol{A}_{22}^{\mathrm{T}} \end{pmatrix}$.

【例 2.3】　设矩阵 $\boldsymbol{A} \in \mathbb{R}^{m \times n}, \boldsymbol{B} \in \mathbb{R}^{n \times p}$, 矩阵 $\boldsymbol{B}$ 可以用它的列向量分块表示为 $\boldsymbol{B} = (\boldsymbol{b}_1, \boldsymbol{b}_2, \cdots, \boldsymbol{b}_p)$, 则 $\boldsymbol{AB} = (\boldsymbol{Ab}_1, \boldsymbol{Ab}_2, \cdots, \boldsymbol{Ab}_p)$; $\boldsymbol{A}$ 可以用它的行向量分块表

示为 $\boldsymbol{A} = \begin{pmatrix} \boldsymbol{a}_1 \\ \boldsymbol{a}_2 \\ \vdots \\ \boldsymbol{a}_m \end{pmatrix}$, 则 $\boldsymbol{A}^{\mathrm{T}} = (\boldsymbol{a}_1^{\mathrm{T}}, \boldsymbol{a}_2^{\mathrm{T}}, \cdots, \boldsymbol{a}_m^{\mathrm{T}})$, 注意, 这里的 $\boldsymbol{b}_1, \boldsymbol{b}_2, \cdots, \boldsymbol{b}_p$ 都是列向

量, 而 $\boldsymbol{a}_1, \boldsymbol{a}_2, \cdots, \boldsymbol{a}_m$ 都是行向量. 并且有 $\boldsymbol{A}\boldsymbol{B} = \begin{pmatrix} \boldsymbol{a}_1\boldsymbol{B} \\ \boldsymbol{a}_2\boldsymbol{B} \\ \vdots \\ \boldsymbol{a}_m\boldsymbol{B} \end{pmatrix}.$　　□

下面讨论方阵分块后的行列式和逆矩阵. 设 $\boldsymbol{A}$ 是 n 阶可逆方阵, 考虑 $\boldsymbol{A}$ 的分块

$$\boldsymbol{A} = \begin{pmatrix} \boldsymbol{A}_{11} & \boldsymbol{A}_{12} \\ \boldsymbol{A}_{21} & \boldsymbol{A}_{22} \end{pmatrix},$$

其中, $\boldsymbol{A}_{11}$ 是 p 阶方阵, $\boldsymbol{A}_{22}$ 是 q 阶方阵, $\boldsymbol{A}_{12}$ 是 $p \times (n-p)$ 阶矩阵, $\boldsymbol{A}_{21}$ 是 $(n-p) \times p$ 阶矩阵. 若 $\det(\boldsymbol{A}_{11}) \neq 0$, 注意到

$$\begin{pmatrix} \boldsymbol{A}_{11} & \boldsymbol{A}_{12} \\ \boldsymbol{A}_{21} & \boldsymbol{A}_{22} \end{pmatrix} = \begin{pmatrix} \boldsymbol{I}_p & \boldsymbol{O} \\ \boldsymbol{A}_{21}\boldsymbol{A}_{11}^{-1} & \boldsymbol{I}_{n-p} \end{pmatrix} \begin{pmatrix} \boldsymbol{A}_{11} & \boldsymbol{A}_{12} \\ \boldsymbol{O} & \boldsymbol{A}_{22.1} \end{pmatrix},$$

其中, $\boldsymbol{A}_{22.1} = \boldsymbol{A}_{22} - \boldsymbol{A}_{21}\boldsymbol{A}_{11}^{-1}\boldsymbol{A}_{12}$, 则

$$\det \boldsymbol{A} = \det(\boldsymbol{A}_{11}) \cdot \det(\boldsymbol{A}_{22.1}),$$

从而 $\boldsymbol{A}_{22.1}$ 可逆. 直接验证知,

$$\boldsymbol{A}^{-1} = \begin{pmatrix} \boldsymbol{A}_{11}^{-1} + \boldsymbol{A}_{11}^{-1}\boldsymbol{A}_{12}\boldsymbol{A}_{22.1}^{-1}\boldsymbol{A}_{21}\boldsymbol{A}_{11}^{-1} & -\boldsymbol{A}_{11}^{-1}\boldsymbol{A}_{12}\boldsymbol{A}_{22.1}^{-1} \\ -\boldsymbol{A}_{22.1}^{-1}\boldsymbol{A}_{21}\boldsymbol{A}_{11}^{-1} & \boldsymbol{A}_{22.1}^{-1} \end{pmatrix}. \tag{2.12}$$

同样, 若 $\det(\boldsymbol{A}_{22}) \neq 0$, 注意到

$$\begin{pmatrix} \boldsymbol{A}_{11} & \boldsymbol{A}_{12} \\ \boldsymbol{A}_{21} & \boldsymbol{A}_{22} \end{pmatrix} = \begin{pmatrix} \boldsymbol{I}_{p_1} & \boldsymbol{A}_{12}\boldsymbol{A}_{22}^{-1} \\ \boldsymbol{O} & \boldsymbol{I}_{p_2} \end{pmatrix} \begin{pmatrix} \boldsymbol{A}_{11.2} & \boldsymbol{O} \\ \boldsymbol{A}_{21} & \boldsymbol{A}_{22} \end{pmatrix},$$

其中, $\boldsymbol{A}_{11.2} = \boldsymbol{A}_{11} - \boldsymbol{A}_{12}\boldsymbol{A}_{22}^{-1}\boldsymbol{A}_{21}$, 则

$$\det \boldsymbol{A} = \det(\boldsymbol{A}_{11.2}) \cdot \det(\boldsymbol{A}_{22}),$$

从而 $\boldsymbol{A}_{11.2}$ 可逆, 且

$$\boldsymbol{A}^{-1} = \begin{pmatrix} \boldsymbol{A}_{11.2}^{-1} & -\boldsymbol{A}_{11.2}^{-1}\boldsymbol{A}_{12}\boldsymbol{A}_{22}^{-1} \\ -\boldsymbol{A}_{22}^{-1}\boldsymbol{A}_{21}\boldsymbol{A}_{11.2}^{-1} & \boldsymbol{A}_{22}^{-1} + \boldsymbol{A}_{22}^{-1}\boldsymbol{A}_{21}\boldsymbol{A}_{11.2}^{-1}\boldsymbol{A}_{12}\boldsymbol{A}_{22}^{-1} \end{pmatrix}. \tag{2.13}$$

如果 $\det(\boldsymbol{A}_{11}) \neq 0$ 且 $\det(\boldsymbol{A}_{22}) \neq 0$, 由逆矩阵的唯一性, 结合式 (2.12) 和式 (2.13) 得到

$$\boldsymbol{A}^{-1} = \begin{pmatrix} \boldsymbol{A}_{11.2}^{-1} & -\boldsymbol{A}_{11}^{-1}\boldsymbol{A}_{12}\boldsymbol{A}_{22.1}^{-1} \\ -\boldsymbol{A}_{22}^{-1}\boldsymbol{A}_{21}\boldsymbol{A}_{11.2}^{-1} & \boldsymbol{A}_{22.1}^{-1} \end{pmatrix}. \tag{2.14}$$

特别地, 对矩阵

$$\boldsymbol{B} = \begin{pmatrix} 1 & \boldsymbol{b}^{\mathrm{T}} \\ \boldsymbol{a} & \boldsymbol{A} \end{pmatrix},$$

其中, $\boldsymbol{A}$ 是 n 阶可逆方阵, $\boldsymbol{a}, \boldsymbol{b}$ 是 n 维列向量, 有

$$\det \boldsymbol{B} = \det(\boldsymbol{A} - \boldsymbol{a}\boldsymbol{b}^{\mathrm{T}}) = (\det \boldsymbol{A})(1 - \boldsymbol{b}^{\mathrm{T}}\boldsymbol{A}^{-1}\boldsymbol{a}).$$

进一步, 利用式 (2.12) 和式 (2.13) 求出 $\boldsymbol{B}^{-1}$ 并比较其中的第 $(2,2)$ 子块的两个表达式可得

$$(\boldsymbol{A} \pm \boldsymbol{a}\boldsymbol{b}^{\mathrm{T}})^{-1} = \boldsymbol{A}^{-1} \mp \frac{\boldsymbol{A}^{-1}\boldsymbol{a}\boldsymbol{b}^{\mathrm{T}}\boldsymbol{A}^{-1}}{1 \pm \boldsymbol{b}^{\mathrm{T}}\boldsymbol{A}^{-1}\boldsymbol{a}}.$$

定理 2.3 矩阵 $\boldsymbol{A} \in \mathbb{R}^{n \times p}, \boldsymbol{B} \in \mathbb{R}^{p \times n}, n > p$, $\boldsymbol{AB}$ 和 $\boldsymbol{BA}$ 有相同的非零特征值, 相应的重数也相等. 如果 $\boldsymbol{x}$ 是 $\boldsymbol{AB}$ 的对应于特征值 λ 的特征向量, 则 $\boldsymbol{y} = \boldsymbol{Bx}$ 是 $\boldsymbol{BA}$ 的对应于该特征值 λ 的特征向量.

证明 事实上, 由分块矩阵的行列式运算,

$$\det \begin{pmatrix} \lambda \boldsymbol{I}_n & \boldsymbol{A} \\ \boldsymbol{B} & \boldsymbol{I}_p \end{pmatrix} = \lambda^{n-p}\det(\lambda\boldsymbol{I}_p - \boldsymbol{BA}) = \det(\lambda\boldsymbol{I}_n - \boldsymbol{AB}),$$

因此, $\boldsymbol{AB}$ 的特征值等于 $\boldsymbol{BA}$ 的 p 个特征值再加上 $n-p$ 个零, 即, $\boldsymbol{AB}$ 和 $\boldsymbol{BA}$ 有相同的非零特征值, 相应的重数也相等. 设 $\boldsymbol{x}$ 是 $\boldsymbol{AB}$ 的对应于特征值 λ 的特征向量, 则 $\boldsymbol{ABx} = \lambda\boldsymbol{x}$, 两边同时左乘 $\boldsymbol{B}$, $\boldsymbol{BA}(\boldsymbol{Bx}) = \lambda\boldsymbol{Bx}$, 即, $\boldsymbol{y} = \boldsymbol{Bx}$ 是 $\boldsymbol{BA}$ 的对应于特征值 λ 的特征向量. $\square$

分块矩阵在统计模型中应用非常广泛. 作为一个例子, 我们考虑多元线性回归的最小二乘估计 (2.6). 因为 $\boldsymbol{X} = (\boldsymbol{1}_n, \boldsymbol{\mathcal{X}})$, 所以

$$\boldsymbol{X}^{\mathrm{T}}\boldsymbol{X} = \begin{pmatrix} \boldsymbol{1}_n^{\mathrm{T}} \\ \boldsymbol{\mathcal{X}}^{\mathrm{T}} \end{pmatrix}(\boldsymbol{1}_n, \boldsymbol{\mathcal{X}}) = \begin{pmatrix} n & \boldsymbol{1}_n^{\mathrm{T}}\boldsymbol{\mathcal{X}} \\ n\bar{\boldsymbol{x}} & \boldsymbol{\mathcal{X}}^{\mathrm{T}}\boldsymbol{\mathcal{X}} \end{pmatrix},$$

其中, $\bar{\boldsymbol{x}} = (\bar{x}_1, \bar{x}_2, \cdots, \bar{x}_p)^{\mathrm{T}}$ 是解释变量的样本均值. 利用式 (2.12) 可以得到

$$(\boldsymbol{X}^{\mathrm{T}}\boldsymbol{X})^{-1} = \begin{pmatrix} \dfrac{1}{n} + \bar{\boldsymbol{x}}^{\mathrm{T}}\boldsymbol{S}_{xx}^{-1}\bar{\boldsymbol{x}} & -\bar{\boldsymbol{x}}^{\mathrm{T}}\boldsymbol{S}_{xx}^{-1} \\ -\boldsymbol{S}_{xx}^{-1}\bar{\boldsymbol{x}} & \boldsymbol{S}_{xx}^{-1} \end{pmatrix},$$

其中, $S_{xx} = \mathcal{X}^{\mathrm{T}}\mathcal{X} - n\bar{x}\bar{x}^{\mathrm{T}} = (s_{ij}), i,j = 1,2,\cdots,p$ 称为样本离差阵, 而

$$s_{ij} = \sum_{k=1}^{n}(x_{ki} - \bar{x}_i)(x_{kj} - \bar{x}_j), i,j = 1,2,\cdots,p.$$

从而

$$\widehat{\boldsymbol{\beta}}^{\mathrm{LS}} = (\boldsymbol{X}^{\mathrm{T}}\boldsymbol{X})^{-1}\boldsymbol{X}^{\mathrm{T}}\boldsymbol{y}$$

$$= \begin{pmatrix} \dfrac{1}{n} + \bar{\boldsymbol{x}}^{\mathrm{T}}\boldsymbol{S}_{xx}^{-1}\bar{\boldsymbol{x}} & -\bar{\boldsymbol{x}}^{\mathrm{T}}\boldsymbol{S}_{xx}^{-1} \\ -\boldsymbol{S}_{xx}^{-1}\bar{x} & \boldsymbol{S}_{xx}^{-1} \end{pmatrix} \begin{pmatrix} \boldsymbol{1}_n^{\mathrm{T}}\boldsymbol{y} \\ \mathcal{X}^{\mathrm{T}}\boldsymbol{y} \end{pmatrix},$$

直接计算得

$$\widehat{\boldsymbol{\beta}}^{\mathrm{LS}} = \begin{pmatrix} \bar{y} - \bar{\boldsymbol{x}}^{\mathrm{T}}\widehat{\boldsymbol{b}}^{\mathrm{LS}} \\ \boldsymbol{S}_{xx}^{-1}\boldsymbol{S}_{xy} \end{pmatrix},$$

其中, $\bar{y} = \dfrac{1}{n}\sum\limits_{i=1}^{n} y_i$ 是响应变量的样本均值,

$$\widehat{\boldsymbol{b}}^{\mathrm{LS}} = \boldsymbol{S}_{xx}^{-1}\boldsymbol{S}_{xy}$$

是 $\boldsymbol{b} = (\beta_1, \beta_2, \cdots, \beta_p)^{\mathrm{T}}$ 的最小二乘估计, $\boldsymbol{S}_{xy} = \mathcal{X}^{\mathrm{T}}\boldsymbol{y} - n\bar{x}\bar{y} = (s_{iy})$, 且

$$s_{iy} = \sum_{k=1}^{n}(x_{ki} - \bar{x}_i)(y_k - \bar{y}), i = 1,2,\cdots,n.$$

因此,

$$\widehat{\beta}_0^{\mathrm{LS}} = \bar{y} - \bar{\boldsymbol{x}}^{\mathrm{T}}\widehat{\boldsymbol{b}}^{\mathrm{LS}}. \tag{2.15}$$

显然, 如果数据经过了标准化处理, 常数项的最小二乘估计一定是零.

2.5　二次型及其矩阵

若 $\boldsymbol{A}$ 是 n 阶对称矩阵, $\boldsymbol{x}$ 是 n 维向量, 则

$$\boldsymbol{Q}(\boldsymbol{x}) = \boldsymbol{x}^{\mathrm{T}}\boldsymbol{A}\boldsymbol{x}$$

称为 $\boldsymbol{x}$ 的一个**二次型**, $\boldsymbol{A}$ 称为二次型的矩阵.

统计分析中的方差分析与二次型关系密切.

【例 2.4】(样本离差平方和)　样本的离差平方和是一个重要的统计量. 从一个一维总体中抽取一个随机样本 $x_1, x_2, \cdots, x_n$, 样本离差平方和

$$S_{xx} = \sum_{i=1}^{n}(x_i - \bar{x})^2 = \sum_{i=1}^{n}x_i^2 - n\bar{x}^2,$$

其中, $\bar{x} = \dfrac{1}{n}\sum\limits_{i=1}^{n} x_i$. S_{xx} 是一个关于 $x_1, x_2, \cdots, x_n$ 的齐次二阶多项式, 是一个二次型. 令

$$\boldsymbol{D} = \boldsymbol{I}_n - \frac{1}{n}\boldsymbol{1}_n\boldsymbol{1}_n^{\mathrm{T}}, \tag{2.16}$$

则

$$S_{xx} = \boldsymbol{x}^{\mathrm{T}}\boldsymbol{D}\boldsymbol{x}. \qquad \Box$$

【例 2.5】(回归分析的平方和分解) 对多元线性回归模型 (2.5) 及其最小二乘估计式 (2.6), 为了检验模型拟合数据的可信程度, 可以对观测值 $\boldsymbol{y}$ 的离差平方和进行分解. 取

$$S_{yy} = \sum_{i=1}^{n}(y_i - \bar{y})^2, \quad S_{\mathrm{R}} = \sum_{i=1}^{n}(\widehat{y_i} - \bar{y})^2, \quad S_{\mathrm{E}} = \sum_{i=1}^{n}(y_i - \widehat{y_i})^2,$$

这里的 $S_{yy}, S_{\mathrm{R}}, S_{\mathrm{E}}$ 通常依次称为总平方和, 回归平方和, 残差平方和, 这三个平方和都是二次型. 由式 (2.16) 和 $\boldsymbol{H} = \boldsymbol{X}(\boldsymbol{X}^{\mathrm{T}}\boldsymbol{X})^{-1}\boldsymbol{X}^{\mathrm{T}}, \widehat{\boldsymbol{y}} = \boldsymbol{H}\boldsymbol{y}$ 可得

$$\begin{aligned}
S_{yy} &= \boldsymbol{y}^{\mathrm{T}}\boldsymbol{D}\boldsymbol{y}, \\
S_{\mathrm{R}} &= \widehat{\boldsymbol{y}}^{\mathrm{T}}\boldsymbol{D}\widehat{\boldsymbol{y}} = (\boldsymbol{H}\boldsymbol{y})^{\mathrm{T}}\boldsymbol{D}(\boldsymbol{H}\boldsymbol{y}) \\
&= \boldsymbol{y}^{\mathrm{T}}\boldsymbol{H}\boldsymbol{D}\boldsymbol{H}\boldsymbol{y} \stackrel{\triangle}{=} \boldsymbol{y}^{\mathrm{T}}\boldsymbol{D}_1\boldsymbol{y}, \text{并注意到 } \boldsymbol{H}^{\mathrm{T}} = \boldsymbol{H}, \\
S_{\mathrm{E}} &= \boldsymbol{y}^{\mathrm{T}}(\boldsymbol{I}_n - \boldsymbol{H})\boldsymbol{y} \stackrel{\triangle}{=} \boldsymbol{y}^{\mathrm{T}}\boldsymbol{D}_2\boldsymbol{y},
\end{aligned} \tag{2.17}$$

其中, $\stackrel{\triangle}{=}$ 表示定义为, $\boldsymbol{D}_1 = \boldsymbol{H}\boldsymbol{D}\boldsymbol{H}, \boldsymbol{D}_2 = \boldsymbol{I}_n - \boldsymbol{H}$. 它们有关系

$$\boldsymbol{y}^{\mathrm{T}}\boldsymbol{D}\boldsymbol{y} = \boldsymbol{y}^{\mathrm{T}}\boldsymbol{D}_1\boldsymbol{y} + \boldsymbol{y}^{\mathrm{T}}\boldsymbol{D}_2\boldsymbol{y},$$

即

$$S_{yy} = S_{\mathrm{R}} + S_{\mathrm{E}}. \tag{2.18}$$

易得, $\boldsymbol{D}_1\boldsymbol{D}_2 = \boldsymbol{D}_2\boldsymbol{D}_1 = \boldsymbol{O}$, 且 $\boldsymbol{D}, \boldsymbol{D}_1, \boldsymbol{D}_2$ 都是投影阵 (见本章习题 8). 当 $\boldsymbol{y}$ 服从多元正态分布时, 在一定条件下, $S_{yy}, S_{\mathrm{R}}, S_{\mathrm{E}}$ 均服从卡方分布, 并且由 $\boldsymbol{D}_1\boldsymbol{D}_2 = \boldsymbol{D}_2\boldsymbol{D}_1 = \boldsymbol{O}$ 知 $S_{\mathrm{R}}, S_{\mathrm{E}}$ 独立, 从而可通过这两个二次型构造 F 检验, 相应的自由度正好是 $\boldsymbol{D}_1, \boldsymbol{D}_2$ 的秩. $\qquad \Box$

以 n 阶实对称方阵 $\boldsymbol{A}$ 为矩阵的 $\boldsymbol{x}$ 的二次型 $\boldsymbol{x}^{\mathrm{T}}\boldsymbol{A}\boldsymbol{x}$ 的极大值、极小值、次极大值等在统计模型中有很强的实际意义.

定理 2.4 若 $\lambda_1 \geqslant \lambda_2 \geqslant \cdots \geqslant \lambda_n$ 为 n 阶实对称矩阵 $\boldsymbol{A}$ 的由大到小排列的特征值, 则

$$\max_{\boldsymbol{x}\in\mathbb{R}^n, \boldsymbol{x}\neq\boldsymbol{0}} \frac{\boldsymbol{x}^{\mathrm{T}}\boldsymbol{A}\boldsymbol{x}}{\boldsymbol{x}^{\mathrm{T}}\boldsymbol{x}} = \lambda_1, \quad \min_{\boldsymbol{x}\in\mathbb{R}^n, \boldsymbol{x}\neq\boldsymbol{0}} \frac{\boldsymbol{x}^{\mathrm{T}}\boldsymbol{A}\boldsymbol{x}}{\boldsymbol{x}^{\mathrm{T}}\boldsymbol{x}} = \lambda_n.$$

证明　设 $\boldsymbol{A}$ 的与 $\lambda_i, i = 1, 2, \cdots, n$ 对应的正交单位特征向量为 $\boldsymbol{\varphi}_i, i = 1, 2, \cdots, n$, 则 $\{\boldsymbol{\varphi}_i\}_{i=1}^n$ 是 $\mathbb{R}^n$ 的一组标准正交基. $\forall \boldsymbol{x} \in \mathbb{R}^n$, 存在一组 $a_i \in \mathbb{R}, i = 1, 2, \cdots, n$, 使得 $\boldsymbol{x}$ 有唯一表示 $\boldsymbol{x} = \sum\limits_{i=1}^n a_i \boldsymbol{\varphi}_i$, 则 $\boldsymbol{x}^{\mathrm{T}} \boldsymbol{x} = \sum\limits_{i=1}^n a_i^2$. 记 $\boldsymbol{A}$ 的谱分解为 $\boldsymbol{A} = \sum\limits_{i=1}^n \lambda_i \boldsymbol{\varphi}_i \boldsymbol{\varphi}_i^{\mathrm{T}}$, 则

$$\boldsymbol{x}^{\mathrm{T}} \boldsymbol{A} \boldsymbol{x} = \left(\sum_{i=1}^n a_i \boldsymbol{\varphi}_i^{\mathrm{T}} \right) \left(\sum_{j=1}^n \lambda_j \boldsymbol{\varphi}_j \boldsymbol{\varphi}_j^{\mathrm{T}} \right) \left(\sum_{k=1}^n a_k \boldsymbol{\varphi}_k \right)$$

$$= \sum_{i=1}^n \sum_{j=1}^n \sum_{k=1}^n \lambda_j a_i a_k \boldsymbol{\varphi}_i^{\mathrm{T}} \boldsymbol{\varphi}_j \boldsymbol{\varphi}_j^{\mathrm{T}} \boldsymbol{\varphi}_k = \sum_{i=1}^n \lambda_i a_i^2,$$

从而,

$$\lambda_n = \frac{\lambda_n \sum\limits_{i=1}^n a_i^2}{\sum\limits_{i=1}^n a_i^2} \leqslant \frac{\boldsymbol{x}^{\mathrm{T}} \boldsymbol{A} \boldsymbol{x}}{\boldsymbol{x}^{\mathrm{T}} \boldsymbol{x}} = \frac{\sum\limits_{i=1}^n \lambda_i a_i^2}{\sum\limits_{i=1}^n a_i^2} \leqslant \frac{\lambda_1 \sum\limits_{i=1}^n a_i^2}{\sum\limits_{i=1}^n a_i^2} = \lambda_1,$$

得证. □

更一般地, 记 $\mathscr{L}_m$ 是 $\boldsymbol{A}$ 的对应于特征值 $\lambda_1 \geqslant \lambda_2 \geqslant \cdots \geqslant \lambda_m$ 的特征向量 $\boldsymbol{\varphi}_1, \boldsymbol{\varphi}_2, \cdots, \boldsymbol{\varphi}_m$ 张成的线性空间, $\mathscr{L}_m^{\perp}$ 是 $\mathscr{L}_m$ 的正交补空间, 则

$$\max_{\boldsymbol{x} \in \mathscr{L}_m^{\perp}, \boldsymbol{x} \neq \boldsymbol{0}} \frac{\boldsymbol{x}^{\mathrm{T}} \boldsymbol{A} \boldsymbol{x}}{\boldsymbol{x}^{\mathrm{T}} \boldsymbol{x}} = \lambda_{m+1}, m = 0, 1, 2, \cdots, n-1.$$

这个结论的证明可以参见张尧庭和方开泰 (1982).

定理 2.5　矩阵 $\boldsymbol{A}, \boldsymbol{B}$ 为 n 阶实对称矩阵, $\boldsymbol{B}$ 正定. 若 $\lambda_1 \geqslant \lambda_2 \geqslant \cdots \geqslant \lambda_n$ 为 $\boldsymbol{A} \boldsymbol{B}^{-1}$ 的特征值, 则

$$\max_{\boldsymbol{x} \in \mathbb{R}^n, \boldsymbol{x} \neq \boldsymbol{0}} \frac{\boldsymbol{x}^{\mathrm{T}} \boldsymbol{A} \boldsymbol{x}}{\boldsymbol{x}^{\mathrm{T}} \boldsymbol{B} \boldsymbol{x}} = \lambda_1, \quad \min_{\boldsymbol{x} \in \mathbb{R}^n, \boldsymbol{x} \neq \boldsymbol{0}} \frac{\boldsymbol{x}^{\mathrm{T}} \boldsymbol{A} \boldsymbol{x}}{\boldsymbol{x}^{\mathrm{T}} \boldsymbol{B} \boldsymbol{x}} = \lambda_n.$$

证明　令 $\boldsymbol{y} = \boldsymbol{B}^{\frac{1}{2}} \boldsymbol{x}$, 其中 $\boldsymbol{B}^{\frac{1}{2}}$ 是 $\boldsymbol{B}$ 的**平方根矩阵** (square-root matrix), 满足 $(\boldsymbol{B}^{\frac{1}{2}})^2 = \boldsymbol{B}$, 则 $\boldsymbol{x} = \boldsymbol{B}^{-\frac{1}{2}} \boldsymbol{y}$, 其中 $\boldsymbol{B}^{-\frac{1}{2}}$ 是 $\boldsymbol{B}^{\frac{1}{2}}$ 的逆矩阵. 因此,

$$\frac{\boldsymbol{x}^{\mathrm{T}} \boldsymbol{A} \boldsymbol{x}}{\boldsymbol{x}^{\mathrm{T}} \boldsymbol{B} \boldsymbol{x}} = \frac{\boldsymbol{y}^{\mathrm{T}} \boldsymbol{B}^{-\frac{1}{2}} \boldsymbol{A} \boldsymbol{B}^{-\frac{1}{2}} \boldsymbol{y}}{\boldsymbol{y}^{\mathrm{T}} \boldsymbol{y}},$$

由定理 2.5 知, $\dfrac{\boldsymbol{x}^{\mathrm{T}} \boldsymbol{A} \boldsymbol{x}}{\boldsymbol{x}^{\mathrm{T}} \boldsymbol{B} \boldsymbol{x}}$ 的最大值和最小值分别为矩阵 $\boldsymbol{B}^{-\frac{1}{2}} \boldsymbol{A} \boldsymbol{B}^{-\frac{1}{2}}$ 的最大特征值和最小特征值. 因为矩阵 $\boldsymbol{B}^{-\frac{1}{2}} \boldsymbol{A} \boldsymbol{B}^{-\frac{1}{2}}$ 与矩阵 $\boldsymbol{A} \boldsymbol{B}^{-1}$ 有相同的非零特征值, 定理的结论成立. □

更一般地, 记 $\boldsymbol{\varphi}_1, \boldsymbol{\varphi}_2, \cdots, \boldsymbol{\varphi}_n$ 是 $\boldsymbol{B}^{-\frac{1}{2}} \boldsymbol{A} \boldsymbol{B}^{-\frac{1}{2}}$ 的对应于特征值 $\lambda_1 \geqslant \lambda_2 \geqslant \cdots \geqslant \lambda_n$ 的标准正交特征向量, 记 $\mathscr{L}_m^{\perp} = \{\boldsymbol{x} | \boldsymbol{x}^{\mathrm{T}} \boldsymbol{\varphi}_i = 0, i = 1, 2, \cdots, m\}$, 则

$$\max_{\boldsymbol{x} \in \mathscr{L}_m^{\perp}, \boldsymbol{x} \neq \boldsymbol{0}} \frac{\boldsymbol{x}^{\mathrm{T}} \boldsymbol{A} \boldsymbol{x}}{\boldsymbol{x}^{\mathrm{T}} \boldsymbol{B} \boldsymbol{x}} = \lambda_{m+1}, m = 0, 1, 2, \cdots, n-1.$$

2.6 矩阵函数的导数

一元向量值函数 $\boldsymbol{y}(x) = (y_1(x), y_2(x), \cdots, y_n(x))^{\mathrm{T}}$ 对数量 x 的导数定义为

$$\frac{\mathrm{d}\boldsymbol{y}}{\mathrm{d}x} = \left(\frac{\mathrm{d}y_1}{\mathrm{d}x}, \frac{\mathrm{d}y_2}{\mathrm{d}x}, \cdots, \frac{\mathrm{d}y_n}{\mathrm{d}x}\right)^{\mathrm{T}}.$$

多元函数 $y(\boldsymbol{x}) = y(x_1, x_2, \cdots, x_n)$ 对向量 $\boldsymbol{x} = (x_1, x_2, \cdots, x_n)^{\mathrm{T}}$ 的偏导数定义为函数 y 的梯度, 即

$$\frac{\partial y}{\partial \boldsymbol{x}} = \left(\frac{\partial y}{\partial x_1}, \frac{\partial y}{\partial x_2}, \cdots, \frac{\partial y}{\partial x_n}\right) = \nabla y.$$

设 $\boldsymbol{Y} = \boldsymbol{Y}(x) = (y_{ij}(x))$ 是 $n \times m$ 矩阵值函数, 它的元素 $y_{ij}(x)$ 是 x 的函数, $\boldsymbol{Y}$ 对数量 x 的导数定义为

$$\frac{\mathrm{d}\boldsymbol{Y}}{\mathrm{d}x} = \begin{pmatrix} \dfrac{\mathrm{d}y_{11}}{\mathrm{d}x} & \dfrac{\mathrm{d}y_{12}}{\mathrm{d}x} & \cdots & \dfrac{\mathrm{d}y_{1m}}{\mathrm{d}x} \\ \dfrac{\mathrm{d}y_{21}}{\mathrm{d}x} & \dfrac{\mathrm{d}y_{22}}{\mathrm{d}x} & \cdots & \dfrac{\mathrm{d}y_{2m}}{\mathrm{d}x} \\ \vdots & \vdots & & \vdots \\ \dfrac{\mathrm{d}y_{n1}}{\mathrm{d}x} & \dfrac{\mathrm{d}y_{n2}}{\mathrm{d}x} & \cdots & \dfrac{\mathrm{d}y_{nm}}{\mathrm{d}x} \end{pmatrix}_{n \times m} = \left(\frac{\mathrm{d}y_{ij}}{\mathrm{d}x}\right)_{n \times m}.$$

矩阵 $\boldsymbol{X} = (x_{ij})_{n \times m}$, $y = y(\boldsymbol{X})$ 是 $\boldsymbol{X}$ 的实值函数, 设 $x_{ij}, i = 1, 2, \cdots, n, j = 1, 2, \cdots, m$ 相互独立, 则函数 y 对矩阵 $\boldsymbol{X}$ 的导数定义为

$$\frac{\partial y}{\partial \boldsymbol{X}} = \begin{pmatrix} \dfrac{\partial y}{\partial x_{11}} & \dfrac{\partial y}{\partial x_{21}} & \cdots & \dfrac{\partial y}{\partial x_{n1}} \\ \dfrac{\partial y}{\partial x_{12}} & \dfrac{\partial y}{\partial x_{22}} & \cdots & \dfrac{\partial y}{\partial x_{n2}} \\ \vdots & \vdots & & \vdots \\ \dfrac{\partial y}{\partial x_{1m}} & \dfrac{\partial y}{\partial x_{2m}} & \cdots & \dfrac{\partial y}{\partial x_{nm}} \end{pmatrix}_{m \times n} = \left(\frac{\partial y}{\partial x_{ji}}\right)_{m \times n}.$$

m 维向量值函数 $\boldsymbol{y} = \boldsymbol{y}(\boldsymbol{x}) = (y_1(\boldsymbol{x}), y_2(\boldsymbol{x}), \cdots, y_m(\boldsymbol{x}))^{\mathrm{T}}$ 对 n 维向量 $\boldsymbol{x} = (x_1, x_2, \cdots, x_n)^{\mathrm{T}}$ 的导数定义为

$$\frac{\partial \boldsymbol{y}}{\partial \boldsymbol{x}} = \begin{pmatrix} \dfrac{\partial y_1}{\partial x_1} & \dfrac{\partial y_1}{\partial x_2} & \cdots & \dfrac{\partial y_1}{\partial x_n} \\ \dfrac{\partial y_2}{\partial x_1} & \dfrac{\partial y_2}{\partial x_2} & \cdots & \dfrac{\partial y_2}{\partial x_n} \\ \vdots & \vdots & & \vdots \\ \dfrac{\partial y_m}{\partial x_1} & \dfrac{\partial y_m}{\partial x_2} & \cdots & \dfrac{\partial y_m}{\partial x_n} \end{pmatrix}_{m \times n} = \left(\frac{\partial y_i}{\partial x_j}\right)_{m \times n}.$$

矩阵值函数 $\boldsymbol{Y} = \boldsymbol{Y}(\boldsymbol{X}) \in \mathbb{R}^{p \times q}$ 对矩阵 $\boldsymbol{X} \in \mathbb{R}^{n \times m}$ 的导数定义为

$$\frac{\partial \boldsymbol{Y}}{\partial \boldsymbol{X}} = \left(\frac{\partial \mathrm{Vec}(\boldsymbol{Y})}{\partial \mathrm{Vec}(\boldsymbol{X})} \right)_{pq \times mn}.$$

设矩阵 $\boldsymbol{X} \in \mathbb{R}^{n \times p}$, 显然有 $\dfrac{\partial \boldsymbol{X}}{\partial \boldsymbol{X}} = \boldsymbol{I}_{np}$.

定理 2.6　设矩阵 $\boldsymbol{A} \in \mathbb{R}^{n \times p}$, $\boldsymbol{x}$ 是 n 维列向量, 则 $\dfrac{\partial (\boldsymbol{A}^{\mathrm{T}} \boldsymbol{x})}{\partial \boldsymbol{x}} = \boldsymbol{A}^{\mathrm{T}}$.

定理 2.6 直接验证即可. 特别地, 如果 $\boldsymbol{a}$ 也是 n 维列向量, 则

$$\frac{\partial (\boldsymbol{a}^{\mathrm{T}} \boldsymbol{x})}{\partial \boldsymbol{x}} = \boldsymbol{a}^{\mathrm{T}}.$$

定理 2.7　设矩阵 $\boldsymbol{A}, \boldsymbol{B}, \boldsymbol{X} \in \mathbb{R}^{n \times n}$, 则 $\dfrac{\partial \mathrm{tr}(\boldsymbol{A}\boldsymbol{X})}{\partial \boldsymbol{X}} = \boldsymbol{A}$, $\dfrac{\partial \mathrm{tr}(\boldsymbol{A}\boldsymbol{X}\boldsymbol{B})}{\partial \boldsymbol{X}} = \boldsymbol{B}\boldsymbol{A}$.

证明　直接计算有

$$\frac{\partial \mathrm{tr}(\boldsymbol{A}\boldsymbol{X})}{\partial \boldsymbol{X}} = \frac{\partial}{\partial \boldsymbol{X}} \sum_{i=1}^{n} \sum_{j=1}^{n} a_{ij} x_{ji} = (a_{ij}) = \boldsymbol{A},$$

$$\frac{\partial \mathrm{tr}(\boldsymbol{A}\boldsymbol{X}\boldsymbol{B})}{\partial \boldsymbol{X}} = \frac{\partial \mathrm{tr}(\boldsymbol{B}\boldsymbol{A}\boldsymbol{X})}{\partial \boldsymbol{X}} = \boldsymbol{B}\boldsymbol{A}.$$

得证.　　　　　　　　　　　　　　　　　　　　　　　　　　　　　　□

定理 2.8　设矩阵 $\boldsymbol{A} \in \mathbb{R}^{n \times n}$, $\boldsymbol{X} \in \mathbb{R}^{n \times p}$, 则有 $\dfrac{\partial \mathrm{tr}(\boldsymbol{X}^{\mathrm{T}} \boldsymbol{A} \boldsymbol{X})}{\partial \boldsymbol{X}} = \boldsymbol{X}^{\mathrm{T}}(\boldsymbol{A} + \boldsymbol{A}^{\mathrm{T}})$.

证明　直接计算有

$$\mathrm{tr}(\boldsymbol{X}^{\mathrm{T}} \boldsymbol{A} \boldsymbol{X}) = \mathrm{tr}((\boldsymbol{X}\boldsymbol{X}^{\mathrm{T}})\boldsymbol{A})$$

$$= \mathrm{tr}\left(\begin{pmatrix} \displaystyle\sum_{j=1}^{p} x_{1j} x_{1j} & \displaystyle\sum_{j=1}^{p} x_{1j} x_{2j} & \cdots & \displaystyle\sum_{j=1}^{p} x_{1j} x_{nj} \\ \displaystyle\sum_{j=1}^{p} x_{2j} x_{1j} & \displaystyle\sum_{j=1}^{p} x_{2j} x_{2j} & \cdots & \displaystyle\sum_{j=1}^{p} x_{2j} x_{nj} \\ \vdots & \vdots & & \vdots \\ \displaystyle\sum_{j=1}^{p} x_{nj} x_{1j} & \displaystyle\sum_{j=1}^{p} x_{nj} x_{2j} & \cdots & \displaystyle\sum_{j=1}^{p} x_{nj} x_{nj} \end{pmatrix} \boldsymbol{A} \right)$$

$$= \left(a_{11} \sum_{j=1}^{p} x_{1j} x_{1j} + a_{21} \sum_{j=1}^{p} x_{1j} x_{2j} + \cdots + a_{n1} \sum_{j=1}^{p} x_{1j} x_{nj} \right) +$$

$$\left(a_{12} \sum_{j=1}^{p} x_{2j} x_{1j} + a_{22} \sum_{j=1}^{p} x_{2j} x_{2j} + \cdots + a_{n2} \sum_{j=1}^{p} x_{2j} x_{nj} \right) + \cdots +$$

$$\left(a_{1n} \sum_{j=1}^{p} x_{nj} x_{1j} + a_{2n} \sum_{j=1}^{p} x_{nj} x_{2j} + \cdots + a_{nn} \sum_{j=1}^{p} x_{nj} x_{nj} \right),$$

于是,

$$\frac{\partial \mathrm{tr}(\boldsymbol{X}^{\mathrm{T}}\boldsymbol{A}\boldsymbol{X})}{\partial \boldsymbol{X}} =$$

$$\begin{pmatrix} \sum\limits_{i=1}^{n}(a_{1i}+a_{i1})x_{i1} & \sum\limits_{i=1}^{n}(a_{1i}+a_{i1})x_{i2} & \cdots & \sum\limits_{i=1}^{n}(a_{1i}+a_{i1})x_{ip} \\ \sum\limits_{i=1}^{n}(a_{2i}+a_{i2})x_{i1} & \sum\limits_{i=1}^{n}(a_{2i}+a_{i2})x_{i2} & \cdots & \sum\limits_{i=1}^{n}(a_{2i}+a_{i2})x_{ip} \\ \vdots & \vdots & & \vdots \\ \sum\limits_{i=1}^{n}(a_{ni}+a_{in})x_{i1} & \sum\limits_{i=1}^{n}(a_{ni}+a_{in})x_{i2} & \cdots & \sum\limits_{i=1}^{n}(a_{ni}+a_{in})x_{ip} \end{pmatrix}$$

$$= \boldsymbol{X}^{\mathrm{T}}(\boldsymbol{A}+\boldsymbol{A}^{\mathrm{T}}).$$

得证.   □

特别地, 如果已知 $\boldsymbol{A}$ 是 n 阶对称矩阵, $\boldsymbol{X} \in \mathbb{R}^{n \times p}$, 有 $\dfrac{\partial \mathrm{tr}(\boldsymbol{X}^{\mathrm{T}}\boldsymbol{A}\boldsymbol{X})}{\partial \boldsymbol{X}} = 2\boldsymbol{X}^{\mathrm{T}}\boldsymbol{A}$; 如果 $\boldsymbol{x}$ 是 n 维列向量, 有 $\dfrac{\partial(\boldsymbol{x}^{\mathrm{T}}\boldsymbol{A}\boldsymbol{x})}{\partial \boldsymbol{x}} = \boldsymbol{x}^{\mathrm{T}}(\boldsymbol{A}+\boldsymbol{A}^{\mathrm{T}})$; 如果 $\boldsymbol{A}$ 是 n 阶对称矩阵, 则 $\dfrac{\partial(\boldsymbol{x}^{\mathrm{T}}\boldsymbol{A}\boldsymbol{x})}{\partial \boldsymbol{x}} = 2\boldsymbol{x}^{\mathrm{T}}\boldsymbol{A}$; $\dfrac{\partial(\boldsymbol{x}^{\mathrm{T}}\boldsymbol{x})}{\partial \boldsymbol{x}} = \dfrac{\partial(\|\boldsymbol{x}\|^{2})}{\partial \boldsymbol{x}} = 2\boldsymbol{x}^{\mathrm{T}}$.

定理 2.9 设 $\boldsymbol{X}$ 是 n 阶可逆方阵, 则 $\dfrac{\partial \det \boldsymbol{X}}{\partial \boldsymbol{X}} = (\det \boldsymbol{X})\boldsymbol{X}^{-1}$, $\dfrac{\partial \ln \det \boldsymbol{X}}{\partial \boldsymbol{X}} = \boldsymbol{X}^{-1}$.

证明   记 $\boldsymbol{X} = (x_{ij})$, x_{ij} 的代数余子式记为 $\boldsymbol{X}_{ij}$, 把 $\det \boldsymbol{X}$ 按第 j 列展开,

$$\det \boldsymbol{X} = x_{1j}\boldsymbol{X}_{1j} + x_{2j}\boldsymbol{X}_{2j} + \cdots + x_{nj}\boldsymbol{X}_{nj} = \sum_{i=1}^{n} x_{ij}\boldsymbol{X}_{ij},$$

于是, $\dfrac{\partial \det \boldsymbol{X}}{\partial \boldsymbol{X}} = (\boldsymbol{X}_{ji})_{nn} = \boldsymbol{X}^{*} = (\det \boldsymbol{X})\boldsymbol{X}^{-1}$, 其中, $\boldsymbol{X}^{*}$ 是 $\boldsymbol{X}$ 的伴随矩阵. 定理的第 2 个式子是显然的.   □

以上我们假设了矩阵 $\boldsymbol{X}$ 中的元素 x_{ij} 相互独立, 如果矩阵 $\boldsymbol{X}$ 对称, 则 $x_{ij} = x_{ji}$, 矩阵元素就不独立.

设 $\boldsymbol{X} = (x_{ij})_{n \times n}$ 是对称矩阵, $y = f(\boldsymbol{X})$ 是实值函数, 则

$$\frac{\partial f(\boldsymbol{X})}{\partial \boldsymbol{X}} = \begin{pmatrix} \dfrac{\partial f}{\partial x_{11}} & \dfrac{\partial f}{\partial x_{12}}+\dfrac{\partial f}{\partial x_{21}} & \cdots & \dfrac{\partial f}{\partial x_{1n}}+\dfrac{\partial f}{\partial x_{n1}} \\ \dfrac{\partial f}{\partial x_{21}}+\dfrac{\partial f}{\partial x_{12}} & \dfrac{\partial f}{\partial x_{22}} & \cdots & \dfrac{\partial f}{\partial x_{2n}}+\dfrac{\partial f}{\partial x_{n2}} \\ \vdots & \vdots & & \vdots \\ \dfrac{\partial f}{\partial x_{n1}}+\dfrac{\partial f}{\partial x_{1n}} & \dfrac{\partial f}{\partial x_{n2}}+\dfrac{\partial f}{\partial x_{2n}} & \cdots & \dfrac{\partial f}{\partial x_{nn}} \end{pmatrix}$$

$$= \boldsymbol{A} + \boldsymbol{A}^{\mathrm{T}} - \mathbf{diag}(\boldsymbol{A}),$$

其中 $\boldsymbol{A} = \left(\dfrac{\partial f}{\partial x_{ij}}\right)$. 于是, 由定理 2.7 和定理 2.9, 我们容易得到以下结论:

1. 设矩阵 $\boldsymbol{X}$ 满足 $\det \boldsymbol{X} > 0$, 则

$$\frac{\partial \det \boldsymbol{X}}{\partial \boldsymbol{X}} = \begin{cases} (\det \boldsymbol{X})\boldsymbol{X}^{-1}, & \boldsymbol{X} \text{ 元素相互独立}, \\ (\det \boldsymbol{X})[2\boldsymbol{X}^{-1} - \mathbf{diag}(\boldsymbol{X}^{-1})], & \boldsymbol{X} = \boldsymbol{X}^{\mathrm{T}}. \end{cases}$$

2. 设矩阵 $\boldsymbol{X}$ 满足 $\det \boldsymbol{X} > 0$, 则

$$\frac{\partial \ln \det \boldsymbol{X}}{\partial \boldsymbol{X}} = \begin{cases} \boldsymbol{X}^{-1}, & \boldsymbol{X} \text{ 元素相互独立}, \\ 2\boldsymbol{X}^{-1} - \mathbf{diag}(\boldsymbol{X}^{-1}), & \boldsymbol{X} = \boldsymbol{X}^{\mathrm{T}}. \end{cases}$$

3. 设矩阵 $\boldsymbol{X}, \boldsymbol{A}$ 均为方阵, 则

$$\frac{\partial \mathrm{tr}(\boldsymbol{A}\boldsymbol{X})}{\partial \boldsymbol{X}} = \begin{cases} \boldsymbol{A}, & \boldsymbol{X} \text{ 元素相互独立}, \\ \boldsymbol{A} + \boldsymbol{A}^{\mathrm{T}} - \mathbf{diag}(\boldsymbol{A}), & \boldsymbol{X} = \boldsymbol{X}^{\mathrm{T}}. \end{cases}$$

【例 2.6】(线性回归的最小二乘估计)　在 2.1 节我们讨论了线性回归模型 (2.5) 的最小二乘估计式 (2.6), 这里给出详细证明. 最小二乘估计是求使得

$$Q(\boldsymbol{\beta}) = \|\boldsymbol{y} - \boldsymbol{X}\boldsymbol{\beta}\|^2 = (\boldsymbol{y} - \boldsymbol{X}\boldsymbol{\beta})^{\mathrm{T}}(\boldsymbol{y} - \boldsymbol{X}\boldsymbol{\beta})$$

达到最小的 $\boldsymbol{\beta}$. 令

$$\frac{\partial Q(\boldsymbol{\beta})}{\partial \boldsymbol{\beta}} = \frac{\partial(\boldsymbol{y}^{\mathrm{T}}\boldsymbol{y} - 2\boldsymbol{y}^{\mathrm{T}}\boldsymbol{X}\boldsymbol{\beta} + \boldsymbol{\beta}^{\mathrm{T}}\boldsymbol{X}^{\mathrm{T}}\boldsymbol{X}\boldsymbol{\beta})}{\partial \boldsymbol{\beta}}$$

$$= -2\boldsymbol{y}^{\mathrm{T}}\boldsymbol{X} + 2\boldsymbol{\beta}^{\mathrm{T}}\boldsymbol{X}^{\mathrm{T}}\boldsymbol{X} = \boldsymbol{0}^{\mathrm{T}},$$

即得到式 (2.6). 进一步可以证明式 (2.6) 中的 $\widehat{\boldsymbol{\beta}}^{\mathrm{LS}}$ 使 $Q(\boldsymbol{\beta})$ 达到最小. 为此, 将 $-\boldsymbol{X}\widehat{\boldsymbol{\beta}}^{\mathrm{LS}} + \boldsymbol{X}\widehat{\boldsymbol{\beta}}^{\mathrm{LS}}$ 插入 $Q(\boldsymbol{\beta})$ 并展开,

$$Q(\boldsymbol{\beta}) = (\boldsymbol{y} - \boldsymbol{X}\widehat{\boldsymbol{\beta}}^{\mathrm{LS}} + \boldsymbol{X}\widehat{\boldsymbol{\beta}}^{\mathrm{LS}} - \boldsymbol{X}\boldsymbol{\beta})^{\mathrm{T}}(\boldsymbol{y} - \boldsymbol{X}\widehat{\boldsymbol{\beta}}^{\mathrm{LS}} + \boldsymbol{X}\widehat{\boldsymbol{\beta}}^{\mathrm{LS}} - \boldsymbol{X}\boldsymbol{\beta})$$

$$= (\boldsymbol{y} - \boldsymbol{X}\widehat{\boldsymbol{\beta}}^{\mathrm{LS}})^{\mathrm{T}}(\boldsymbol{y} - \boldsymbol{X}\widehat{\boldsymbol{\beta}}^{\mathrm{LS}}) + (\boldsymbol{y} - \boldsymbol{X}\widehat{\boldsymbol{\beta}}^{\mathrm{LS}})^{\mathrm{T}}\boldsymbol{X}(\widehat{\boldsymbol{\beta}}^{\mathrm{LS}} - \boldsymbol{\beta}) +$$

$$(\widehat{\boldsymbol{\beta}}^{\mathrm{LS}} - \boldsymbol{\beta})^{\mathrm{T}}\boldsymbol{X}^{\mathrm{T}}(\boldsymbol{y} - \boldsymbol{X}\widehat{\boldsymbol{\beta}}^{\mathrm{LS}}) + (\widehat{\boldsymbol{\beta}}^{\mathrm{LS}} - \boldsymbol{\beta})^{\mathrm{T}}\boldsymbol{X}^{\mathrm{T}}\boldsymbol{X}(\widehat{\boldsymbol{\beta}}^{\mathrm{LS}} - \boldsymbol{\beta}).$$

由式 (2.6),

$$(\boldsymbol{y} - \boldsymbol{X}\widehat{\boldsymbol{\beta}}^{\mathrm{LS}})^{\mathrm{T}}\boldsymbol{X} = (\boldsymbol{y} - \boldsymbol{X}(\boldsymbol{X}^{\mathrm{T}}\boldsymbol{X})^{-1}\boldsymbol{X}^{\mathrm{T}}\boldsymbol{y})^{\mathrm{T}}\boldsymbol{X}$$

$$= \boldsymbol{y}^{\mathrm{T}}(\boldsymbol{I}_n - \boldsymbol{X}(\boldsymbol{X}^{\mathrm{T}}\boldsymbol{X})^{-1}\boldsymbol{X}^{\mathrm{T}})\boldsymbol{X}$$

$$= \boldsymbol{y}^{\mathrm{T}}(\boldsymbol{X} - \boldsymbol{X}) = \boldsymbol{0}^{\mathrm{T}},$$

所以

$$Q(\boldsymbol{\beta}) = Q(\widehat{\boldsymbol{\beta}}^{\mathrm{LS}}) + (\widehat{\boldsymbol{\beta}}^{\mathrm{LS}} - \boldsymbol{\beta})^{\mathrm{T}} \boldsymbol{X}^{\mathrm{T}} \boldsymbol{X} (\widehat{\boldsymbol{\beta}}^{\mathrm{LS}} - \boldsymbol{\beta}).$$

因为 $\boldsymbol{X}^{\mathrm{T}}\boldsymbol{X}$ 是非负定矩阵, 二次型 $(\widehat{\boldsymbol{\beta}}^{\mathrm{LS}} - \boldsymbol{\beta})^{\mathrm{T}} \boldsymbol{X}^{\mathrm{T}} \boldsymbol{X} (\widehat{\boldsymbol{\beta}}^{\mathrm{LS}} - \boldsymbol{\beta}) \geqslant 0$, 等号成立当且仅当 $\boldsymbol{\beta} = \widehat{\boldsymbol{\beta}}^{\mathrm{LS}}$. 因此,

$$Q(\boldsymbol{\beta}) \geqslant Q(\widehat{\boldsymbol{\beta}}^{\mathrm{LS}}),$$

并且当 $\boldsymbol{\beta} = \widehat{\boldsymbol{\beta}}^{\mathrm{LS}}$ 时等号成立, 即, $\widehat{\boldsymbol{\beta}}^{\mathrm{LS}}$ 使 $Q(\boldsymbol{\beta})$ 达到了最小. $\qquad\square$

设 $\boldsymbol{X} = (X_1, X_2, \cdots, X_n)^{\mathrm{T}}$ 是 n 维随机向量, 其密度函数为 $f(\boldsymbol{x})$,

$$\boldsymbol{Y} = \boldsymbol{y}(\boldsymbol{X}) = (y_1(\boldsymbol{X}), y_2(\boldsymbol{X}), \cdots, y_n(\boldsymbol{X}))$$

是一一对应的变换, 其逆变换 $\boldsymbol{X} = \boldsymbol{x}(\boldsymbol{Y})$ 存在. 若偏导数 $\dfrac{\partial x_i}{\partial y_j}, i, j = 1, 2, \cdots, n$ 存在且连续, 则 $\boldsymbol{Y} = \boldsymbol{y}(\boldsymbol{X})$ 的密度函数存在且为

$$g(\boldsymbol{y}) = f(\boldsymbol{x}(\boldsymbol{Y}))|J(\boldsymbol{X} \to \boldsymbol{Y})|,$$

其中,

$$J(\boldsymbol{X} \to \boldsymbol{Y}) = \det\left(\frac{\partial x_i}{\partial y_j}\right)$$

是变换 $\boldsymbol{Y} = \boldsymbol{y}(\boldsymbol{X})$ 的雅可比 (Jacobi) 行列式.

2.7 习　题

1. 设 $\boldsymbol{X}$ 是 $n \times p$ 矩阵, $\boldsymbol{y}$ 是 n 维列向量, 取 $\boldsymbol{H} = \boldsymbol{X}(\boldsymbol{X}^{\mathrm{T}}\boldsymbol{X})^{-1}\boldsymbol{X}^{\mathrm{T}}$, 证明: $\boldsymbol{H}\boldsymbol{y}$ 与 $(\boldsymbol{I} - \boldsymbol{H})\boldsymbol{y}$ 正交, 其中 $\boldsymbol{I}$ 是 n 阶单位阵.

2. 随机产生两个任意阶矩阵 $\boldsymbol{A}, \boldsymbol{B}$, 求 $\boldsymbol{A} \otimes \boldsymbol{B}$ 和 $\boldsymbol{B} \otimes \boldsymbol{A}$.

3. 设 $\boldsymbol{A}$ 为任意矩阵, 若 $\boldsymbol{X}$ 满足下述四个条件:

$$\boldsymbol{A}\boldsymbol{X}\boldsymbol{A} = \boldsymbol{A}, \boldsymbol{X}\boldsymbol{A}\boldsymbol{X} = \boldsymbol{X}, (\boldsymbol{A}\boldsymbol{X})^{\mathrm{T}} = \boldsymbol{A}\boldsymbol{X}, (\boldsymbol{X}\boldsymbol{A})^{\mathrm{T}} = \boldsymbol{X}\boldsymbol{A},$$

则称 $\boldsymbol{X}$ 为 $\boldsymbol{A}$ 的 **Moore-Penrose 广义逆**, 记为 $\boldsymbol{A}^{+}$. 证明: 矩阵 $\boldsymbol{A}$ 的 Moore-Penrose 广义逆 $\boldsymbol{A}^{+}$ 是存在且唯一的.

4. 设 $m \times n$ 矩阵 $\boldsymbol{A}$ 的奇异值分解为 $\boldsymbol{A} = \boldsymbol{P} \begin{pmatrix} \boldsymbol{\Lambda}_r & \boldsymbol{0} \\ \boldsymbol{0} & \boldsymbol{0} \end{pmatrix} \boldsymbol{Q}^{\mathrm{T}}$, 其中, $\mathrm{rank}\boldsymbol{A} = r$, $\boldsymbol{P}, \boldsymbol{Q}$ 分别是 m, n 阶正交方阵, 证明: $\boldsymbol{A}^{+} = \boldsymbol{Q} \begin{pmatrix} \boldsymbol{\Lambda}_r^{-1} & \boldsymbol{0} \\ \boldsymbol{0} & \boldsymbol{0} \end{pmatrix} \boldsymbol{P}^{\mathrm{T}}$.

5. 设 n 阶对称矩阵 $\boldsymbol{A}$ 的谱分解为 $\boldsymbol{A} = \boldsymbol{P} \begin{pmatrix} \boldsymbol{\Lambda}_r & \boldsymbol{0} \\ \boldsymbol{0} & \boldsymbol{0} \end{pmatrix} \boldsymbol{P}^{\mathrm{T}}$，其中，$\mathrm{rank}\boldsymbol{A} = r$，$\boldsymbol{P}$ 是 n 阶正交方阵，证明：$\boldsymbol{A}^+ = \boldsymbol{P} \begin{pmatrix} \boldsymbol{\Lambda}_r^{-1} & \boldsymbol{0} \\ \boldsymbol{0} & \boldsymbol{0} \end{pmatrix} \boldsymbol{P}^{\mathrm{T}}$. 特别地，当 $\boldsymbol{A}$ 是可逆方阵时，$\boldsymbol{A}^+ = \boldsymbol{A}^{-1}$.

6. 随机产生一个 5×3 的矩阵，矩阵每一个元素都在 $\{0, 1, 2, \cdots, 9\}$ 上均匀随机取值，记生成的矩阵为 $\boldsymbol{X}$.

(1) 求 $\boldsymbol{X}$ 的 Moore-Penrose 广义逆；

(2) 判断 $\boldsymbol{X}^{\mathrm{T}}\boldsymbol{X}$ 是否可逆，如果可逆，求其逆矩阵；如果不可逆，通过增大其对角线元素使其可逆，即，选取适当的 λ，使得 $\boldsymbol{X}^{\mathrm{T}}\boldsymbol{X} + \lambda\boldsymbol{I}_3$ 可逆；

(3) 求 $\boldsymbol{X}^{\mathrm{T}}\boldsymbol{X}$ 的特征值和特征向量；

(4) 对 $\boldsymbol{X}^{\mathrm{T}}\boldsymbol{X}$ 做奇异值分解；

(5) 对 $\boldsymbol{X}^{\mathrm{T}}\boldsymbol{X}$ 做 Cholesky 分解.

7. 随机产生 1000 个标准正态分布随机数，用这些数组成一个 200×5 的矩阵，记为 $\boldsymbol{X}$，另记 $\boldsymbol{A} = \boldsymbol{X}^{\mathrm{T}}\boldsymbol{X}$. 这样得到的 $\boldsymbol{A}$ 是对称的，一般也是正定的，如果不正定请重新随机产生. 分别通过特征值分解和奇异值分解求 $\boldsymbol{A}^{-\frac{1}{2}}$.

8. 满足 $\boldsymbol{P}^2 = \boldsymbol{P}$ 的方阵 $\boldsymbol{P}$ 称为是**幂等阵**，如果幂等阵 $\boldsymbol{P}$ 还是对称的，则称 $\boldsymbol{P}$ 为**投影阵**.

(1) 证明：$\frac{1}{n}\boldsymbol{1}_n\boldsymbol{1}_n^{\mathrm{T}}$ 和 $\boldsymbol{I}_n - \frac{1}{n}\boldsymbol{1}_n\boldsymbol{1}_n^{\mathrm{T}}$ 都是投影阵；

(2) 幂等阵的特征值只有 1 和 0；

(3) 方阵 $\boldsymbol{P}$ 为幂等阵的充要条件是对任意 $n \in \mathbb{N}^+$，$\boldsymbol{P}^n = \boldsymbol{P}$；

(4) 投影阵 $\boldsymbol{P}$ 一定是非负定阵，它是正定阵的充要条件是 $\boldsymbol{P} = \boldsymbol{I}_n$；

(5) 若 $\boldsymbol{P}$ 是幂等阵，则 $\mathrm{tr}\boldsymbol{P} = \mathrm{rank}\boldsymbol{P}$；

(6) 若 $\boldsymbol{P}$ 是幂等阵，则 $\boldsymbol{I}_n - \boldsymbol{P}$ 也是幂等阵.

3 第3章
多元分布

统计中的数据是随机变量的观测值. 在多元统计分析中, 需要处理的数据是随机向量或随机矩阵的观测值. 如果一个向量或矩阵的元素是随机变量, 则称之为随机向量或随机矩阵. 对于常见的样本矩阵, 可视为从随机向量的总体中抽取的一个样本, 是一个随机矩阵. 本章主要讨论随机向量的分布, 也会简单介绍随机矩阵的分布.

3.1 随机向量的分布

设 $\boldsymbol{X} = (X_1, X_2, \cdots, X_p)^{\mathrm{T}}$ 是 p 维随机向量, $\boldsymbol{x}_1, \boldsymbol{x}_2, \cdots, \boldsymbol{x}_n$ 是 $\boldsymbol{X}$ 的 n 个观测值, 其中 $\boldsymbol{x}_i = (x_{i1}, x_{i2}, \cdots, x_{ip})^{\mathrm{T}}$, x_{ij} 是第 j 个变量 X_j 的第 i 个观测值, 则 $\boldsymbol{x}_i$ 也是 p 维随机向量, $i = 1, 2, \cdots, n$. 而观测数据矩阵 (1.1) 是 $n \times p$ 随机矩阵.

3.1.1 联合分布

设 $\boldsymbol{X} = (X_1, X_2, \cdots, X_p)^{\mathrm{T}}$ 是 p 维随机向量, 记 $\boldsymbol{x} = (x_1, x_2, \cdots, x_p)^{\mathrm{T}} \in \mathbb{R}^p$, 称 p 元函数

$$F(\boldsymbol{x}) = F(x_1, x_2, \cdots, x_p) = P(X_1 \leqslant x_1, X_2 \leqslant x_2, \cdots, X_p \leqslant x_p)$$

为随机向量 $\boldsymbol{X}$ 的**联合分布函数**, 简称**分布函数**, 可以记作 $\boldsymbol{X} \sim F(\boldsymbol{x})$. 若存在非负函数 $f(\boldsymbol{x}) = f(x_1, x_2, \cdots, x_p)$, 使得随机向量 $\boldsymbol{X}$ 的联合分布函数对一切 $\boldsymbol{x} = (x_1, x_2, \cdots, x_p)^{\mathrm{T}} \in \mathbb{R}^p$ 均有

$$F(\boldsymbol{x}) = \int_{-\infty}^{x_p} \cdots \int_{-\infty}^{x_2} \int_{-\infty}^{x_1} f(t_1, t_2, \cdots, t_p) \mathrm{d}t_1 \mathrm{d}t_2 \cdots \mathrm{d}t_p,$$

则称 $\boldsymbol{X}$ 是连续型随机向量, 并称 $f(\boldsymbol{x})$ 是 $\boldsymbol{X}$ 的**联合密度函数**, 简称**密度函数**. 显然,

$$\frac{\partial^p F(\boldsymbol{x})}{\partial x_1 \partial x_2 \cdots \partial x_p} = f(\boldsymbol{x}).$$

密度函数 $f(\boldsymbol{x})$ 满足以下性质:

1. (非负性) $f(\boldsymbol{x}) \geqslant 0, \forall \boldsymbol{x} \in \mathbb{R}^p$;
2. (规范性) $\displaystyle\int_{-\infty}^{+\infty} \cdots \int_{-\infty}^{+\infty} \int_{-\infty}^{+\infty} f(x_1, x_2, \cdots, x_p) \mathrm{d}x_1 \mathrm{d}x_2 \cdots \mathrm{d}x_p = 1.$

例如, 可以验证,

$$f(x_1, x_2) = \begin{cases} \mathrm{e}^{-(x_1+x_2)}, & x_1, x_2 \geqslant 0, \\ 0, & \text{其他}, \end{cases}$$

是某个随机向量 $\boldsymbol{X} = (X_1, X_2)^{\mathrm{T}}$ 的密度函数.

若存在有限个或可列个非负 p 维向量 $\boldsymbol{x}_1, \boldsymbol{x}_2, \cdots$, 满足 $P(\boldsymbol{X} = \boldsymbol{x}_k) = p_k, k = 1, 2, \cdots$ 和 $p_1 + p_2 + \cdots = 1$, 则称 $\boldsymbol{X}$ 是离散型随机向量, 称 $P(\boldsymbol{X} = \boldsymbol{x}_k) = p_k, k = 1, 2, \cdots$ 是 $\boldsymbol{X}$ 的**联合分布律**.

3.1.2　边际分布

p 维随机向量 $\boldsymbol{X} = (X_1, X_2, \cdots, X_p)^{\mathrm{T}}$ 的部分变量 $X_{i_1}, X_{i_2}, \cdots, X_{i_r}$ 构成的向量 $\boldsymbol{X}^{(1)} = (X_{i_1}, X_{i_2}, \cdots, X_{i_r})^{\mathrm{T}}$ 的分布称为 $\boldsymbol{X}$ 的边际分布. 通过交换变量的次序, 总可以假设 $\boldsymbol{X}^{(1)}$ 是由 $\boldsymbol{X}$ 的前 r 个变量构成, 于是可以假设 $\boldsymbol{X}^{(1)} = (X_1, X_2, \cdots, X_r)^{\mathrm{T}}$, $\boldsymbol{X}^{(2)} = (X_{r+1}, X_{r+2}, \cdots, X_p)^{\mathrm{T}}$, 从而 $\boldsymbol{X} = (\boldsymbol{X}^{(1)\mathrm{T}}, \boldsymbol{X}^{(2)\mathrm{T}})^{\mathrm{T}}$, 即

$$\boldsymbol{X} = \left(\begin{array}{c} X_1 \\ \vdots \\ X_r \\ \hline X_{r+1} \\ \vdots \\ X_p \end{array} \right) = \left(\begin{array}{c} \boldsymbol{X}^{(1)} \\ \boldsymbol{X}^{(2)} \end{array} \right). \tag{3.1}$$

当连续型随机向量 $\boldsymbol{X} \sim F(\boldsymbol{x})$ 时, $\boldsymbol{X}^{(1)}$ 的分布即边际分布函数为

$$\begin{aligned} F_{\boldsymbol{X}^{(1)}}(\boldsymbol{x}^{(1)}) &= F_{\boldsymbol{X}^{(1)}}(x_1, \cdots, x_r) \\ &= P(X_1 \leqslant x_1, X_2 \leqslant x_2, \cdots, X_r \leqslant x_r) \\ &= P(X_1 \leqslant x_1, X_2 \leqslant x_2, \cdots, X_r \leqslant x_r, X_{r+1} \leqslant +\infty, \cdots, X_p \leqslant +\infty) \\ &= F(x_1, x_2, \cdots x_r, +\infty, \cdots, +\infty). \end{aligned}$$

$\boldsymbol{X}^{(1)}$ 的边际密度函数为

$$\begin{aligned} f_{\boldsymbol{X}^{(1)}}(\boldsymbol{x}^{(1)}) &= f_{\boldsymbol{X}^{(1)}}(x_1, \cdots, x_r) \\ &= \int_{-\infty}^{+\infty} \cdots \int_{-\infty}^{+\infty} f(x_1, x_2, \cdots, x_p) \mathrm{d}x_{r+1} \cdots \mathrm{d}x_p, \end{aligned}$$

$\boldsymbol{X}^{(2)}$ 的边际分布函数为

$$F_{\boldsymbol{X}^{(2)}}(\boldsymbol{x}^{(2)}) = F_{\boldsymbol{X}^{(2)}}(x_{r+1}, x_{r+2}, \cdots, x_p)$$
$$= F(+\infty, \cdots, +\infty, x_{r+1}, \cdots, x_p).$$

$\boldsymbol{X}^{(2)}$ 的边际密度函数为

$$f_{\boldsymbol{X}^{(2)}}(\boldsymbol{x}^{(2)}) = f_{\boldsymbol{X}^{(2)}}(x_{r+1}, \cdots, x_p)$$
$$= \int_{-\infty}^{+\infty} \cdots \int_{-\infty}^{+\infty} f(x_1, x_2, \cdots, x_p) \mathrm{d}x_1 \cdots \mathrm{d}x_r.$$

【例 3.1】 证明: 二元函数

$$f(x_1, x_2) = \frac{1}{2\pi} \mathrm{e}^{-\frac{1}{2}(x_1^2 + x_2^2)} \left(1 + x_1 x_2 \mathrm{e}^{-\frac{1}{2}(x_1^2 + x_2^2)} \right)$$

是某一随机向量 $\boldsymbol{X} = (X_1, X_2)^{\mathrm{T}}$ 的联合密度函数, 并求 $\boldsymbol{X}$ 的边际密度函数.

证明 $\forall (x_1, x_2)^{\mathrm{T}} \in \mathbb{R}^2$, $f(x_1, x_2) \geqslant 0$. 事实上, 对 $g(x_1, x_2) = x_1 x_2 \mathrm{e}^{-\frac{1}{2}(x_1^2 + x_2^2)}$ 求偏导数并令其为零得

$$\frac{\partial g}{\partial x_1} = x_2(1 - x_1^2)\mathrm{e}^{-\frac{1}{2}(x_1^2 + x_2^2)} = 0, \frac{\partial g}{\partial x_2} = x_1(1 - x_2^2)\mathrm{e}^{-\frac{1}{2}(x_1^2 + x_2^2)} = 0,$$

解得驻点 $(0,0), (1, \pm 1), (-1, \pm 1)$, 从而得 $g(x_1, x_2)$ 的最小值为 $g(\pm 1, \mp 1) = -\mathrm{e}^{-1}$, 于是有 $f(x_1, x_2) \geqslant 0$. 图 3.1 是函数 $g(x_1, x_2) = x_1 x_2 \mathrm{e}^{-\frac{1}{2}(x_1^2 + x_2^2)}$ 的图像.

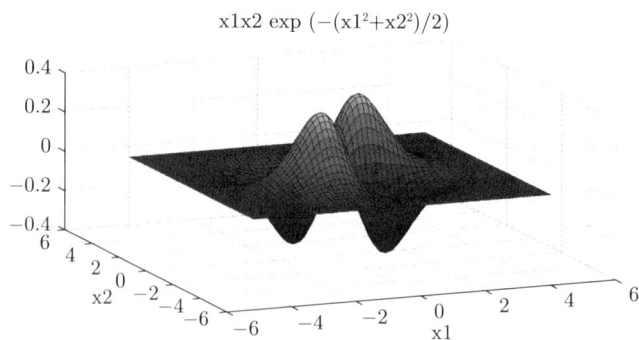

图 3.1 函数 $g(x_1, x_2) = x_1 x_2 \mathrm{e}^{-\frac{1}{2}(x_1^2 + x_2^2)}$ 的图像

又

$$\int_{-\infty}^{+\infty} \int_{-\infty}^{+\infty} f(x_1, x_2) \mathrm{d}x_1 \mathrm{d}x_2$$

$$= \frac{1}{2\pi} \int_{-\infty}^{+\infty} \int_{-\infty}^{+\infty} \mathrm{e}^{-\frac{x_1^2}{2}} \mathrm{e}^{-\frac{x_2^2}{2}} + x_1 x_2 \mathrm{e}^{-x_1^2} \mathrm{e}^{-x_2^2} \mathrm{d}x_1 \mathrm{d}x_2$$

$$= \frac{1}{\sqrt{2\pi}} \int_{-\infty}^{+\infty} e^{-\frac{x_1^2}{2}} dx_1 \cdot \frac{1}{\sqrt{2\pi}} \int_{-\infty}^{+\infty} e^{-\frac{x_2^2}{2}} dx_2 +$$

$$\frac{1}{2\pi} \int_{-\infty}^{+\infty} x_1 e^{-x_1^2} dx_1 \cdot \int_{-\infty}^{+\infty} x_2 e^{-x_2^2} dx_2$$

$$= 1,$$

所以, $f(x_1, x_2)$ 是某一随机向量 $\boldsymbol{X} = (X_1, X_2)^{\mathrm{T}}$ 的联合密度函数. X_1 的边际密度函数

$$f_{X_1}(x_1) = \int_{-\infty}^{+\infty} f(x_1, x_2) dx_2 = \frac{1}{\sqrt{2\pi}} e^{-\frac{x_1^2}{2}} \int_{-\infty}^{+\infty} \frac{1}{\sqrt{2\pi}} e^{-\frac{x_2^2}{2}} dx_2 = \frac{1}{\sqrt{2\pi}} e^{-\frac{x_1^2}{2}},$$

即 $X_1 \sim N(0, 1)$, 同样得 $f_{X_2}(x_2) = \frac{1}{\sqrt{2\pi}} e^{-\frac{x_2^2}{2}}$, 即 $X_2 \sim N(0, 1)$. □

值得强调的是, 不同的联合密度函数可能得到相同的边际密度函数. 事实上, 如果 $\boldsymbol{X} = (X_1, X_2)^{\mathrm{T}} \sim f(x_1, x_2) = \frac{1}{2\pi} e^{-\frac{1}{2}(x_1^2 + x_2^2)}$, 那么, $\boldsymbol{X}$ 的边际分布也是标准正态分布.

【例 3.2】　随机向量 $\boldsymbol{X} = (X_1, X_2)^{\mathrm{T}}$ 的联合密度函数为

$$f(x_1, x_2) = \begin{cases} 1 + \alpha(2x_1 - 1)(2x_2 - 1), & x_1, x_2 \in (0, 1), \\ 0, & x_1, x_2 \in \mathbb{R} \backslash (0, 1), \end{cases}$$

其中, $\alpha \in [-1, 1]$ 是给定的常数. 计算 $\boldsymbol{X}$ 的边际密度函数.

解　容易计算得

$$f_{X_1}(x_1) = \begin{cases} \int_0^1 1 + \alpha(2x_1 - 1)(2x_2 - 1) dx_2 = 1, & x_1 \in (0, 1), \\ 0, & x_1 \in \mathbb{R} \backslash (0, 1), \end{cases}$$

$$f_{X_2}(x_2) = \begin{cases} \int_0^1 1 + \alpha(2x_1 - 1)(2x_2 - 1) dx_1 = 1, & x_2 \in (0, 1), \\ 0, & x_2 \in \mathbb{R} \backslash (0, 1), \end{cases}$$

显然, 对 $[-1, 1]$ 上不同的 α, 会得到不同的联合密度函数, 但是它们的边际密度函数都是相同的. □

设 $X_j, j = 1, 2, \cdots, p$ 是 p 个随机变量, 分布函数依次是 $F_{X_j}(x_j), j = 1, 2, \cdots, p$, 记 $F(x_1, x_2, \cdots, x_p)$ 是 $\boldsymbol{X} = (X_1, X_2, \cdots, X_p)^{\mathrm{T}}$ 的联合分布函数, 若对任意 $\boldsymbol{x} = (x_1, x_2, \cdots, x_p)^{\mathrm{T}} \in \mathbb{R}^p$,

$$F(x_1, x_2, \cdots, x_p) = \prod_{j=1}^{p} F_{X_j}(x_j)$$

均成立, 则称 $X_j, j = 1, 2, \cdots, p$ 相互独立. 对于连续型随机变量, $X_j, j = 1, 2, \cdots, p$

相互独立当且仅当

$$f(x_1, x_2, \cdots, x_p) = \prod_{j=1}^{p} f_{X_j}(x_j).$$

在例 3.1 中, X_1, X_2 不相互独立. 如果 $\boldsymbol{X} = (X_1, X_2)^{\mathrm{T}} \sim f(x_1, x_2) = \dfrac{1}{2\pi}\mathrm{e}^{-\frac{1}{2}(x_1^2+x_2^2)}$, 那么, X_1, X_2 相互独立. 在例 3.2 中, X_1, X_2 相互独立当且仅当 $\alpha = 0$.

3.1.3 条件分布

使用式 (3.1) 的记号, 在给定 $\boldsymbol{X}^{(2)} = \boldsymbol{x}^{(2)}$ 条件下 $\boldsymbol{X}^{(1)}$ 的分布称为条件分布. 记 $\boldsymbol{X}$ 的密度函数为 $f(\boldsymbol{x}) = f(\boldsymbol{x}^{(1)}, \boldsymbol{x}^{(2)})$, 则在给定 $\boldsymbol{X}^{(2)} = \boldsymbol{x}^{(2)}$ 条件下 $\boldsymbol{X}^{(1)}$ 的条件密度为

$$f(\boldsymbol{x}^{(1)}|\boldsymbol{x}^{(2)}) = \frac{f(\boldsymbol{x}^{(1)}, \boldsymbol{x}^{(2)})}{f_{\boldsymbol{X}^{(2)}}(\boldsymbol{x}^{(2)})},$$

同样, 在给定 $\boldsymbol{X}^{(1)} = \boldsymbol{x}^{(1)}$ 条件下 $\boldsymbol{X}^{(2)}$ 的条件密度为

$$f(\boldsymbol{x}^{(2)}|\boldsymbol{x}^{(1)}) = \frac{f(\boldsymbol{x}^{(1)}, \boldsymbol{x}^{(2)})}{f_{\boldsymbol{X}^{(1)}}(\boldsymbol{x}^{(1)})}.$$

两个随机变量 X_1, X_2 相互独立, 当且仅当它们的条件密度函数等于边际密度函数, 即 $f(x_1|x_2) = f_{X_1}(x_1), f(x_2|x_1) = f_{X_2}(x_2)$.

【例 3.3】 随机向量 $\boldsymbol{X} = (X_1, X_2)^{\mathrm{T}}$ 的联合密度函数为

$$f(x_1, x_2) = \begin{cases} \dfrac{1}{3}x_1 + \dfrac{2}{3}x_2, & x_1, x_2 \in [0, 1], \\ 0, & x_1, x_2 \in \mathbb{R}\backslash[0, 1], \end{cases}$$

求条件密度函数 $f(x_1|x_2)$ 和 $f(x_2|x_1)$.

解 容易求得

$$\begin{aligned} f_{X_1}(x_1) &= \begin{cases} \displaystyle\int_0^1 \dfrac{1}{3}x_1 + \dfrac{2}{3}x_2 \mathrm{d}x_2 = \dfrac{1}{3}x_1 + \dfrac{1}{3}, & x_1 \in [0, 1], \\ 0, & x_1 \in \mathbb{R}\backslash[0, 1], \end{cases} \\ f_{X_2}(x_2) &= \begin{cases} \displaystyle\int_0^1 \dfrac{1}{3}x_1 + \dfrac{2}{3}x_2 \mathrm{d}x_1 = \dfrac{2}{3}x_2 + \dfrac{1}{6}, & x_2 \in [0, 1], \\ 0, & x_2 \in \mathbb{R}\backslash[0, 1], \end{cases} \end{aligned} \quad (3.2)$$

给定 $X_2 = x_2 \in [0, 1]$ 时,

$$f(x_1|x_2) = \begin{cases} \dfrac{f(x_1, x_2)}{f_{X_2}(x_2)} = \dfrac{2x_1 + 4x_2}{4x_2 + 1}, & x_1 \in [0, 1], \\ 0; & x_1 \in \mathbb{R}\backslash[0, 1], \end{cases}$$

给定 $X_1 = x_1 \in [0,1]$ 时,

$$f(x_2|x_1) = \begin{cases} \dfrac{f(x_1,x_2)}{f_{X_1}(x_1)} = \dfrac{x_1 + 2x_2}{x_1 + 1}, & x_2 \in [0,1], \\ 0, & x_2 \in \mathbb{R}\backslash[0,1]. \end{cases}$$ □

3.2　均值向量和协方差矩阵

相比于一元统计中的期望和方差, 随机向量的均值向量和协方差矩阵是刻画随机向量分布的集中位置和分散程度的两个重要指标, 也是很多统计模型的出发点.

3.2.1　均值向量

设随机变量 $X_1, X_2, \cdots, X_p$ 存在期望, 记为 $E(X_j) = \mu_j, j = 1, 2, \cdots, p$, 同时记 $\boldsymbol{X} = (X_1, X_2, \cdots, X_p)^{\mathrm{T}}, \boldsymbol{\mu} = (\mu_1, \mu_2, \cdots, \mu_p)^{\mathrm{T}}$, 称

$$E(\boldsymbol{X}) = (E(X_1), E(X_2), \cdots, E(X_p))^{\mathrm{T}} = \boldsymbol{\mu}$$

为 p 维随机向量 $\boldsymbol{X}$ 的**均值向量**.

直接验证可知均值向量具有下列简单的性质.

性质 3.1　设 $\boldsymbol{X}$ 是适当维数的随机向量, $\boldsymbol{A}, \boldsymbol{B}$ 是适当阶数的常数矩阵, $\boldsymbol{b}$ 是适当维数的常数向量, 则 $E(\boldsymbol{AX} + \boldsymbol{b}) = \boldsymbol{A}E(\boldsymbol{X}) + \boldsymbol{b}$.

设 $\boldsymbol{X} = (X_{ij})$ 是一个 $n \times p$ 的随机矩阵, 它的元素 X_{ij} 的期望都存在, 则称 $E(\boldsymbol{X}) = (E(X_{ij}))$ 为 X 的期望矩阵. 期望矩阵的以下性质是很容易验证的.

性质 3.2　设 $\boldsymbol{X}, \boldsymbol{Y}$ 是随机矩阵, $a, b \in \mathbb{R}$ 是常数, $\boldsymbol{A}, \boldsymbol{B}, \boldsymbol{C}$ 是合适阶数的常数矩阵, 则

1. $E(\boldsymbol{AXB} + \boldsymbol{C}) = \boldsymbol{A}E(\boldsymbol{X})\boldsymbol{B} + \boldsymbol{C}$;
2. $E(\boldsymbol{AX} + \boldsymbol{BY}) = \boldsymbol{A}E(\boldsymbol{X}) + \boldsymbol{B}E(\boldsymbol{Y})$;
3. $E(a\boldsymbol{X} + b\boldsymbol{Y}) = aE(\boldsymbol{X}) + bE(\boldsymbol{Y})$;
4. $E(\mathrm{tr}(\boldsymbol{AX})) = \mathrm{tr}(\boldsymbol{A}E(\boldsymbol{X}))$.

【**例 3.4**】　从一个 p 维总体 $\boldsymbol{X} = (X_1, X_2, \cdots, X_p)^{\mathrm{T}}$ 抽取 n 个样品 (观测) 构成的数据矩阵 (1.1) 是一个特殊的随机矩阵, 它的行元素构成的向量 $\boldsymbol{x}_i, i = 1, 2, \cdots, n$ 独立同分布, 记 $E(\boldsymbol{x}_i) = \boldsymbol{\mu}$, 它是一个 p 维列向量. 则随机矩阵 (1.1) 的期望可以写为

$$E(\boldsymbol{\mathcal{X}}) = \begin{pmatrix} \boldsymbol{\mu}^{\mathrm{T}} \\ \boldsymbol{\mu}^{\mathrm{T}} \\ \vdots \\ \boldsymbol{\mu}^{\mathrm{T}} \end{pmatrix} = \mathbf{1}_n \otimes \boldsymbol{\mu}^{\mathrm{T}}.$$

若 $p = 1$, 单变量总体 X 的期望存在且记为 μ, 则样本构成一个 n 维列向量, 记为 $\boldsymbol{x}$, 其期望为 $E(\boldsymbol{x}) = \mathbf{1}_n \otimes \mu = \mu\mathbf{1}_n$.   □

3.2.2 协方差矩阵

设 $\boldsymbol{X} = (X_1, X_2, \cdots, X_p)^{\mathrm{T}}, \boldsymbol{Y} = (Y_1, Y_2, \cdots, Y_q)^{\mathrm{T}}$ 是两个随机向量. 若 X_i 与 X_j 的协方差 $\mathrm{Cov}(X_i, X_j) = \sigma_{ij}, i, j = 1, 2, \cdots, p$ 存在, 则称矩阵

$$\boldsymbol{\Sigma} = \mathrm{Var}(\boldsymbol{X}) = E[(\boldsymbol{X} - E(\boldsymbol{X}))(\boldsymbol{X} - E(\boldsymbol{X}))^{\mathrm{T}}] = (\mathrm{Cov}(X_i, X_j))$$

$$= (\sigma_{ij})$$

为随机向量 $\boldsymbol{X}$ 的 (方差-) 协方差矩阵, 简称协差阵.

若 X_i 与 Y_j 的协方差 $\mathrm{Cov}(X_i, Y_j) = \sigma_{ij}, i = 1, 2, \cdots, p, j = 1, 2, \cdots, q$ 存在, 则称矩阵

$$\mathrm{Cov}(\boldsymbol{X}, \boldsymbol{Y}) = E[(\boldsymbol{X} - E(\boldsymbol{X}))(\boldsymbol{Y} - E(\boldsymbol{Y}))^{\mathrm{T}}] = (\mathrm{Cov}(X_i, Y_j)) = (\sigma_{ij})$$

为随机向量 $\boldsymbol{X}, \boldsymbol{Y}$ 的协方差矩阵, 也简称协差阵. 若 $\mathrm{Cov}(\boldsymbol{X}, \boldsymbol{Y}) = \boldsymbol{O}$, 其中, $\boldsymbol{O}$ 表示元素全为 0 的矩阵, 则称 $\boldsymbol{X}, \boldsymbol{Y}$ 不相关.

记 $\boldsymbol{\Sigma} = \mathrm{Var}(\boldsymbol{X}) = (\sigma_{ij})_{p \times p}$ 是随机向量 $\boldsymbol{X}$ 的协差阵, 则称

$$\boldsymbol{R} = (r_{ij})_{p \times p} = \left(\frac{\sigma_{ij}}{\sqrt{\sigma_{ii}\sigma_{jj}}}\right)_{p \times p}$$

为随机向量 $\boldsymbol{X}$ 的相关系数矩阵, 简称相关阵. 显然, 相关阵的对角线元素均为 1. 记 $\boldsymbol{V}^{\frac{1}{2}}$ 是

$$\boldsymbol{V} = \mathbf{diag}(\sigma_{11}, \sigma_{22}, \cdots, \sigma_{pp})$$

的平方根矩阵, 即

$$\boldsymbol{V}^{\frac{1}{2}} = \mathbf{diag}\left(\sigma_{11}^{\frac{1}{2}}, \sigma_{22}^{\frac{1}{2}}, \cdots, \sigma_{pp}^{\frac{1}{2}}\right),$$

则有

$$\boldsymbol{\Sigma} = \boldsymbol{V}^{\frac{1}{2}} \boldsymbol{R} \boldsymbol{V}^{\frac{1}{2}} \ \text{或} \ \boldsymbol{R} = \boldsymbol{V}^{-\frac{1}{2}} \boldsymbol{\Sigma} \boldsymbol{V}^{-\frac{1}{2}},$$

其中,

$$\boldsymbol{V}^{-\frac{1}{2}} = \left(\boldsymbol{V}^{\frac{1}{2}}\right)^{-1} = \mathbf{diag}\left(\sigma_{11}^{-\frac{1}{2}}, \sigma_{22}^{-\frac{1}{2}}, \cdots, \sigma_{pp}^{-\frac{1}{2}}\right).$$

性质 3.3   设 $\boldsymbol{X}, \boldsymbol{Y}$ 是适当维数的随机向量, $\boldsymbol{A}, \boldsymbol{B}$ 是适当阶数的常数矩阵, $\boldsymbol{b}$ 是适当维数的常数向量, 则

$$\mathrm{Var}(\boldsymbol{A}\boldsymbol{X} + \boldsymbol{b}) = \boldsymbol{A}\mathrm{Var}(\boldsymbol{X})\boldsymbol{A}^{\mathrm{T}},$$

$$\mathrm{Cov}(\boldsymbol{A}\boldsymbol{X}, \boldsymbol{B}\boldsymbol{Y}) = \boldsymbol{A}\mathrm{Cov}(\boldsymbol{X}, \boldsymbol{Y})\boldsymbol{B}^{\mathrm{T}}.$$

证明 仅证明第 2 式, 而第 1 式的证明是相似的. 由定义,

$$\mathrm{Cov}(\boldsymbol{AX}, \boldsymbol{BY}) = E[(\boldsymbol{AX} - E(\boldsymbol{AX}))(\boldsymbol{BY} - E(\boldsymbol{BY}))^{\mathrm{T}}]$$

$$= E[\boldsymbol{A}(\boldsymbol{X} - E(\boldsymbol{X}))(\boldsymbol{Y} - E(\boldsymbol{Y}))^{\mathrm{T}}\boldsymbol{B}^{\mathrm{T}}]$$

$$= \boldsymbol{A}\mathrm{Cov}(\boldsymbol{X}, \boldsymbol{Y})\boldsymbol{B}^{\mathrm{T}},$$

得证. □

性质 3.4 若随机向量 $\boldsymbol{X}, \boldsymbol{Y}$ 相互独立, 则 $\boldsymbol{X}, \boldsymbol{Y}$ 不相关, 即 $\mathrm{Cov}(\boldsymbol{X}, \boldsymbol{Y}) = \boldsymbol{O}$, 或 $E(\boldsymbol{XY}^{\mathrm{T}}) = E(\boldsymbol{X})E(\boldsymbol{Y})^{\mathrm{T}}$.

证明 由于

$$\mathrm{Cov}(\boldsymbol{X}, \boldsymbol{Y}) = E[(\boldsymbol{X} - E(\boldsymbol{X}))(\boldsymbol{Y} - E(\boldsymbol{Y}))^{\mathrm{T}}]$$

$$= E(\boldsymbol{XY}^{\mathrm{T}}) - E[\boldsymbol{X}E(\boldsymbol{Y})^{\mathrm{T}}] - E[E(\boldsymbol{X})\boldsymbol{Y}^{\mathrm{T}}] +$$

$$E[E(\boldsymbol{X})E(\boldsymbol{Y})^{\mathrm{T}}]$$

$$= E(\boldsymbol{XY}^{\mathrm{T}}) - E(\boldsymbol{X})E(\boldsymbol{Y})^{\mathrm{T}},$$

设 $\boldsymbol{X} = (X_1, X_2, \cdots, X_p)^{\mathrm{T}}, \boldsymbol{Y} = (Y_1, Y_2, \cdots, Y_q)^{\mathrm{T}}$, 则由于 $\boldsymbol{X}, \boldsymbol{Y}$ 相互独立, 所以 $E(X_i Y_j) = E(X_i)E(Y_j), i = 1, 2, \cdots, p, j = 1, 2, \cdots, q$, 从而有

$$E(\boldsymbol{XY}^{\mathrm{T}}) = (E(X_i Y_j))_{p \times q} = (E(X_i)E(Y_j))_{p \times q} = E(\boldsymbol{X})E(\boldsymbol{Y})^{\mathrm{T}},$$

即, $\mathrm{Cov}(\boldsymbol{X}, \boldsymbol{Y}) = \boldsymbol{O}$, $\boldsymbol{X}, \boldsymbol{Y}$ 不相关. □

需要注意的是, 性质 3.4 的逆命题不成立, 即, 由 $\boldsymbol{X}, \boldsymbol{Y}$ 的互不相关性不能导出 $\boldsymbol{X}, \boldsymbol{Y}$ 的相互独立性. 通常把 $\boldsymbol{\mu} = E(\boldsymbol{X})$ 称为随机向量 $\boldsymbol{X}$ 的一阶矩, $E(\boldsymbol{XX}^{\mathrm{T}})$ 称为随机向量 $\boldsymbol{X}$ 的二阶矩. 容易验证,

$$\mathrm{Var}(\boldsymbol{X}) = E(\boldsymbol{XX}^{\mathrm{T}}) - E(\boldsymbol{X})E(\boldsymbol{X})^{\mathrm{T}}.$$

【例 3.5】 求例 3.3 中随机向量 $\boldsymbol{X} = (X_1, X_2)^{\mathrm{T}}$ 的均值向量和协差阵.

解 例 3.3 已经求出了 X_1, X_2 的边际密度函数如式 (3.2), 因此,

$$\mu_1 = E(X_1) = \int_0^1 x_1 f_{X_1}(x_1)\mathrm{d}x_1 = \int_0^1 \frac{1}{3} x_1^2 + \frac{1}{3} x_1 \mathrm{d}x_1 = \frac{5}{18},$$

$$\mu_2 = E(X_2) = \int_0^1 x_2 f_{X_2}(x_2)\mathrm{d}x_2 = \int_0^1 \frac{2}{3} x_2^2 + \frac{1}{6} x_2 \mathrm{d}x_2 = \frac{11}{36},$$

于是, 均值向量

$$\boldsymbol{\mu} = \begin{pmatrix} \mu_1 \\ \mu_2 \end{pmatrix} = \begin{pmatrix} \dfrac{5}{18} \\ \dfrac{11}{36} \end{pmatrix}.$$

进一步求得

$$E(X_1^2) = \int_0^1 \frac{1}{3}x_1^3 + \frac{1}{3}x_1^2 \mathrm{d}x_1 = \frac{7}{36},$$

$$E(X_2^2) = \int_0^1 \frac{2}{3}x_2^3 + \frac{1}{6}x_2^2 \mathrm{d}x_2 = \frac{2}{9},$$

$$E(X_1 X_2) = \int_0^1 \int_0^1 x_1 x_2 \left(\frac{1}{3}x_1 + \frac{2}{3}x_2\right) \mathrm{d}x_1 \mathrm{d}x_2 = \frac{1}{6},$$

并且,

$$\mathrm{Var}(X_1) = E(X_1^2) - E(X_1)^2 = \frac{7}{36} - \frac{5^2}{18^2} = \frac{19}{162},$$

$$\mathrm{Var}(X_2) = E(X_2^2) - E(X_2)^2 = \frac{2}{9} - \frac{11^2}{36^2} = \frac{167}{1296},$$

$$\mathrm{Cov}(X_1, X_2) = \mathrm{Cov}(X_2, X_1) = E(X_1 X_2) - E(X_1)E(X_2) = \frac{53}{648},$$

因此, 协差阵 $\boldsymbol{\Sigma} = \begin{pmatrix} \dfrac{19}{162} & \dfrac{53}{648} \\ \dfrac{53}{648} & \dfrac{167}{1296} \end{pmatrix}.$ □

【例 3.6】(随机矩阵的协差阵) 考虑数据矩阵 (1.1), $\boldsymbol{x}_i, i = 1, 2, \cdots, n$ 独立同分布, 记 $\mathrm{Var}(\boldsymbol{x}_i) = \boldsymbol{\Sigma}$. 把 $\boldsymbol{\mathcal{X}}$ 按行拉直, 得到一个 np 维的列向量

$$\mathrm{Vec}(\boldsymbol{\mathcal{X}}^{\mathrm{T}}) = (\boldsymbol{x}_1^{\mathrm{T}}, \boldsymbol{x}_2^{\mathrm{T}}, \cdots, \boldsymbol{x}_n^{\mathrm{T}})^{\mathrm{T}}.$$

由于 $\mathrm{Cov}(\boldsymbol{x}_i, \boldsymbol{x}_j) = \boldsymbol{\Sigma}\delta_{ij}, i, j = 1, 2, \cdots, n$, 其中,

$$\delta_{ij} = \begin{cases} 1, & i = j, \\ 0, & i \neq j \end{cases}$$

称为 **Kronecker 符号**. 则随机矩阵 (1.1) 的协差阵可以定义为

$$\mathrm{Var}(\boldsymbol{\mathcal{X}}) = \mathrm{Var}(\mathrm{Vec}(\boldsymbol{\mathcal{X}}^{\mathrm{T}})) = \begin{pmatrix} \boldsymbol{\Sigma} & \boldsymbol{O} & \cdots & \boldsymbol{O} \\ \boldsymbol{O} & \boldsymbol{\Sigma} & \cdots & \boldsymbol{O} \\ \vdots & \vdots & & \vdots \\ \boldsymbol{O} & \boldsymbol{O} & \cdots & \boldsymbol{\Sigma} \end{pmatrix} = \boldsymbol{I}_n \otimes \boldsymbol{\Sigma}.$$

若 $p = 1$, 单变量总体 X 的方差为 σ^2, 样本构成一个 n 维列向量, 记为 $\boldsymbol{x}$, 其协差阵为

$$\mathrm{Var}(\boldsymbol{x}) = \begin{pmatrix} \sigma^2 & 0 & \cdots & 0 \\ 0 & \sigma^2 & \cdots & 0 \\ \vdots & \vdots & & \vdots \\ 0 & 0 & \cdots & \sigma^2 \end{pmatrix} = \sigma^2 \boldsymbol{I}_n.$$ □

性质 3.5 随机向量 $\boldsymbol{X}$ 的协差阵 $\boldsymbol{\Sigma}$ 是对称非负定矩阵.

证明 设 $\boldsymbol{X} = (X_1, X_2, \cdots, X_p)^{\mathrm{T}}$, 协差阵 $\boldsymbol{\Sigma} = \mathrm{Var}(\boldsymbol{X}) = (\sigma_{ij})_{p \times p}$. 先证明对称性. 因为 $\boldsymbol{\Sigma} = E[(\boldsymbol{X} - E(\boldsymbol{X}))(\boldsymbol{X} - E(\boldsymbol{X}))^{\mathrm{T}}]$, 所以

$$\boldsymbol{\Sigma}^{\mathrm{T}} = E[((\boldsymbol{X} - E(\boldsymbol{X}))^{\mathrm{T}})^{\mathrm{T}}(\boldsymbol{X} - E(\boldsymbol{X}))^{\mathrm{T}}] = \boldsymbol{\Sigma},$$

即, $\boldsymbol{\Sigma}$ 是对称的. 再证明非负定性. 任取 $\boldsymbol{\alpha} \in \mathbb{R}^p$, 则

$$\boldsymbol{\alpha}^{\mathrm{T}} \boldsymbol{\Sigma} \boldsymbol{\alpha} = \boldsymbol{\alpha}^{\mathrm{T}} E[(\boldsymbol{X} - E(\boldsymbol{X}))(\boldsymbol{X} - E(\boldsymbol{X}))^{\mathrm{T}}] \boldsymbol{\alpha}$$
$$= E[\boldsymbol{\alpha}^{\mathrm{T}}(\boldsymbol{X} - E(\boldsymbol{X}))(\boldsymbol{X} - E(\boldsymbol{X}))^{\mathrm{T}} \boldsymbol{\alpha}]$$
$$= E[(\boldsymbol{\alpha}^{\mathrm{T}}(\boldsymbol{X} - E(\boldsymbol{X})))^2] \geqslant 0,$$

从而, $\boldsymbol{\Sigma}$ 是非负定矩阵. □

如果 $\boldsymbol{X}$ 已经做了标准化变换, 那么 $\boldsymbol{X}$ 的相关阵就是协差阵, 因此相关阵也是对称非负定矩阵.

性质 3.6 随机向量 $\boldsymbol{X}$ 的协差阵 $\boldsymbol{\Sigma} = \boldsymbol{L}^2$, 其中, 非负定矩阵 $\boldsymbol{L} = \boldsymbol{\Sigma}^{\frac{1}{2}}$ 是 $\boldsymbol{\Sigma}$ 的平方根矩阵.

证明 由性质 3.5, $\boldsymbol{\Sigma}$ 是对称非负定矩阵, 利用实对称矩阵的谱分解, 存在正交矩阵 $\boldsymbol{\Gamma}$, 使得

$$\boldsymbol{\Sigma} = \boldsymbol{\Gamma} \boldsymbol{\Lambda} \boldsymbol{\Gamma}^{\mathrm{T}} = \boldsymbol{\Gamma} \boldsymbol{\Lambda}^{\frac{1}{2}} \boldsymbol{\Lambda}^{\frac{1}{2}} \boldsymbol{\Gamma}^{\mathrm{T}} = \boldsymbol{\Gamma} \boldsymbol{\Lambda}^{\frac{1}{2}} \boldsymbol{\Gamma}^{\mathrm{T}} \boldsymbol{\Gamma} \boldsymbol{\Lambda}^{\frac{1}{2}} \boldsymbol{\Gamma}^{\mathrm{T}} = (\boldsymbol{\Sigma}^{\frac{1}{2}})^2,$$

其中, $\boldsymbol{\Sigma}^{\frac{1}{2}} = \boldsymbol{\Gamma} \boldsymbol{\Lambda}^{\frac{1}{2}} \boldsymbol{\Gamma}^{\mathrm{T}}$, $\boldsymbol{\Lambda} = \mathbf{diag}(\lambda_1, \lambda_2, \cdots, \lambda_p)$, $\lambda_j \geqslant 0, j = 1, 2, \cdots, p$ 是 $\boldsymbol{\Sigma}$ 的特征值. 进而, $\boldsymbol{\Sigma}^{\frac{1}{2}}$ 与 $\boldsymbol{\Gamma} \boldsymbol{\Lambda}^{\frac{1}{2}} \boldsymbol{\Gamma}^{\mathrm{T}}$ 即 $\boldsymbol{\Lambda}^{\frac{1}{2}} \boldsymbol{\Gamma}^{\mathrm{T}} \boldsymbol{\Gamma} = \boldsymbol{\Lambda}^{\frac{1}{2}}$ 有相同的非零特征值, 即, $\boldsymbol{\Sigma}^{\frac{1}{2}}$ 的特征值为 $\lambda_j^{\frac{1}{2}} \geqslant 0, j = 1, 2, \cdots, p$, 从而 $\boldsymbol{L} = \boldsymbol{\Sigma}^{\frac{1}{2}}$ 也是非负定矩阵. □

性质 3.7 随机向量 $\boldsymbol{X}$ 的协差阵 $\boldsymbol{\Sigma} = \boldsymbol{A} \boldsymbol{A}^{\mathrm{T}}$, 其中, $\boldsymbol{A}$ 是列满秩矩阵. 若 $\boldsymbol{\Sigma}$ 正定, 则 $\boldsymbol{A}$ 非奇异.

证明 设 $\mathrm{rank} \boldsymbol{\Sigma} = r$, $\boldsymbol{\Sigma}$ 的特征值 $\lambda_i > 0, i = 1, 2, \cdots, r$, $\lambda_j = 0, j = r+1, r+2, \cdots, p$. 对性质 3.6 证明中的正交矩阵 $\boldsymbol{\Gamma}$ 进行分块 $\boldsymbol{\Gamma} = (\boldsymbol{\Gamma}_1, \boldsymbol{\Gamma}_2)$, 其中, $\boldsymbol{\Gamma}_1$ 是 $p \times r$ 列满秩矩阵. 取 $\boldsymbol{\Lambda}_1 = \mathbf{diag}(\lambda_1, \lambda_2, \cdots, \lambda_r)$, 则有

$$\boldsymbol{\Sigma} = \boldsymbol{\Gamma} \boldsymbol{\Lambda} \boldsymbol{\Gamma}^{\mathrm{T}} = \boldsymbol{\Gamma}_1 \boldsymbol{\Lambda}_1 \boldsymbol{\Gamma}_1^{\mathrm{T}} = \boldsymbol{\Gamma}_1 \boldsymbol{\Lambda}_1^{\frac{1}{2}} \boldsymbol{\Lambda}_1^{\frac{1}{2}} \boldsymbol{\Gamma}_1^{\mathrm{T}} = \boldsymbol{A} \boldsymbol{A}^{\mathrm{T}},$$

其中, $\boldsymbol{A} = \boldsymbol{\Gamma}_1 \boldsymbol{\Lambda}_1^{\frac{1}{2}}$ 是列满秩矩阵. □

3.2.3　随机向量的二次型

设 $\boldsymbol{X} = (X_1, X_2, \cdots, X_p)^{\mathrm{T}}$ 是 p 维随机向量, $\boldsymbol{A} = (a_{ij})_{p \times p}$ 是 p 阶实对称方阵, 称

$$\boldsymbol{X}^{\mathrm{T}} \boldsymbol{A} \boldsymbol{X} = \sum_{i=1}^{p} \sum_{j=1}^{p} a_{ij} X_i X_j$$

为随机向量 $\boldsymbol{X}$ 的二次型.

定理 3.1 设随机向量 $\boldsymbol{X}$ 的均值向量和协差阵分别为 $\boldsymbol{\mu}$ 和 $\boldsymbol{\Sigma}$, 则

$$E(\boldsymbol{X}^{\mathrm{T}}\boldsymbol{A}\boldsymbol{X}) = \mathrm{tr}(\boldsymbol{A}\boldsymbol{\Sigma}) + \boldsymbol{\mu}^{\mathrm{T}}\boldsymbol{A}\boldsymbol{\mu}.$$

证明 由代数运算可得,

$$\boldsymbol{X}^{\mathrm{T}}\boldsymbol{A}\boldsymbol{X} = (\boldsymbol{X} - \boldsymbol{\mu} + \boldsymbol{\mu})^{\mathrm{T}}\boldsymbol{A}(\boldsymbol{X} - \boldsymbol{\mu} + \boldsymbol{\mu})$$
$$= (\boldsymbol{X} - \boldsymbol{\mu})^{\mathrm{T}}\boldsymbol{A}(\boldsymbol{X} - \boldsymbol{\mu}) + \boldsymbol{\mu}^{\mathrm{T}}\boldsymbol{A}(\boldsymbol{X} - \boldsymbol{\mu}) +$$
$$(\boldsymbol{X} - \boldsymbol{\mu})^{\mathrm{T}}\boldsymbol{A}\boldsymbol{\mu} + \boldsymbol{\mu}^{\mathrm{T}}\boldsymbol{A}\boldsymbol{\mu},$$

由于 $E[\boldsymbol{\mu}^{\mathrm{T}}\boldsymbol{A}(\boldsymbol{X} - \boldsymbol{\mu})] = \boldsymbol{\mu}^{\mathrm{T}}\boldsymbol{A}E(\boldsymbol{X} - \boldsymbol{\mu}) = 0, E[(\boldsymbol{X} - \boldsymbol{\mu})^{\mathrm{T}}\boldsymbol{A}\boldsymbol{\mu}] = E(\boldsymbol{X} - \boldsymbol{\mu})^{\mathrm{T}}\boldsymbol{A}\boldsymbol{\mu} = 0$, 所以,

$$E(\boldsymbol{X}^{\mathrm{T}}\boldsymbol{A}\boldsymbol{X}) = E[(\boldsymbol{X} - \boldsymbol{\mu})^{\mathrm{T}}\boldsymbol{A}(\boldsymbol{X} - \boldsymbol{\mu})] + \boldsymbol{\mu}^{\mathrm{T}}\boldsymbol{A}\boldsymbol{\mu}$$
$$= E[\mathrm{tr}((\boldsymbol{X} - \boldsymbol{\mu})^{\mathrm{T}}\boldsymbol{A}(\boldsymbol{X} - \boldsymbol{\mu}))] + \boldsymbol{\mu}^{\mathrm{T}}\boldsymbol{A}\boldsymbol{\mu}$$
$$= E[\mathrm{tr}(\boldsymbol{A}(\boldsymbol{X} - \boldsymbol{\mu})(\boldsymbol{X} - \boldsymbol{\mu})^{\mathrm{T}})] + \boldsymbol{\mu}^{\mathrm{T}}\boldsymbol{A}\boldsymbol{\mu}$$
$$= \mathrm{tr}\{E[\boldsymbol{A}(\boldsymbol{X} - \boldsymbol{\mu})(\boldsymbol{X} - \boldsymbol{\mu})^{\mathrm{T}}]\} + \boldsymbol{\mu}^{\mathrm{T}}\boldsymbol{A}\boldsymbol{\mu}$$
$$= \mathrm{tr}\{\boldsymbol{A}E[(\boldsymbol{X} - \boldsymbol{\mu})(\boldsymbol{X} - \boldsymbol{\mu})^{\mathrm{T}}]\} + \boldsymbol{\mu}^{\mathrm{T}}\boldsymbol{A}\boldsymbol{\mu}$$
$$= \mathrm{tr}(\boldsymbol{A}\boldsymbol{\Sigma}) + \boldsymbol{\mu}^{\mathrm{T}}\boldsymbol{A}\boldsymbol{\mu},$$

得证. □

【例 3.7】 设 $x_1, x_2, \cdots, x_n$ 来自单变量总体 X 的一个随机样本, 已知 $E(X) = \mu$, $\mathrm{Var}(X) = \sigma^2$. 若 σ^2 未知, 可以用 $s^2 = \dfrac{1}{n-1}\sum\limits_{i=1}^{n}(x_i - \bar{x})^2$ 进行估计, 并且 s^2 是 σ^2 的一个无偏估计, 即 $E(s^2) = \sigma^2$.

证明 记 $\boldsymbol{x} = (x_1, x_2, \cdots, x_n)^{\mathrm{T}}$, 由例 3.4 和例 3.6, $E(\boldsymbol{x}) = \mu\boldsymbol{1}_n, \mathrm{Var}(\boldsymbol{x}) = \sigma^2\boldsymbol{I}_n$. 再由例 2.4,

$$E(s^2) = E\left[\frac{1}{n-1}\boldsymbol{x}^{\mathrm{T}}\left(\boldsymbol{I}_n - \frac{1}{n}\boldsymbol{1}_n\boldsymbol{1}_n^{\mathrm{T}}\right)\boldsymbol{x}\right]$$
$$= \frac{1}{n-1}\left[\mathrm{tr}\left(\left(\boldsymbol{I}_n - \frac{1}{n}\boldsymbol{1}_n\boldsymbol{1}_n^{\mathrm{T}}\right)\sigma^2\boldsymbol{I}_n\right) + \mu^2\boldsymbol{1}_n^{\mathrm{T}}\left(\boldsymbol{I}_n - \frac{1}{n}\boldsymbol{1}_n\boldsymbol{1}_n^{\mathrm{T}}\right)\boldsymbol{1}_n\right]$$
$$= \frac{1}{n-1}\sigma^2\mathrm{tr}\left(\boldsymbol{I}_n - \frac{1}{n}\boldsymbol{1}_n\boldsymbol{1}_n^{\mathrm{T}}\right) = \sigma^2,$$

即, s^2 是 σ^2 的一个无偏估计. □

【例 3.8】(回归分析中的二次型问题)　　在多元线性回归模型 (2.5) 中, 由于我们假设了 $\varepsilon_1, \varepsilon_2, \cdots, \varepsilon_n$ 是独立同分布的, 由例 3.4 和例3.6, $E(\boldsymbol{\varepsilon}) = \boldsymbol{0}, \mathrm{Var}(\boldsymbol{\varepsilon}) = \sigma^2 \boldsymbol{I}_n$. 从而,

$$E(\boldsymbol{y}) = \boldsymbol{X}\boldsymbol{\beta} + E(\boldsymbol{\varepsilon}) = \boldsymbol{X}\boldsymbol{\beta},$$

$$\mathrm{Var}(\boldsymbol{y}) = \mathrm{Var}(\boldsymbol{X}\boldsymbol{\beta} + \boldsymbol{\varepsilon}) = \mathrm{Var}(\boldsymbol{\varepsilon}) = \sigma^2 \boldsymbol{I}_n.$$

由 $\boldsymbol{\beta}$ 的最小二乘估计 (2.6) 得

$$\begin{aligned} E(\widehat{\boldsymbol{\beta}}) &= E[(\boldsymbol{X}^{\mathrm{T}}\boldsymbol{X})^{-1}\boldsymbol{X}^{\mathrm{T}}\boldsymbol{y}] \\ &= (\boldsymbol{X}^{\mathrm{T}}\boldsymbol{X})^{-1}\boldsymbol{X}^{\mathrm{T}}E(\boldsymbol{y}) = (\boldsymbol{X}^{\mathrm{T}}\boldsymbol{X})^{-1}\boldsymbol{X}^{\mathrm{T}}\boldsymbol{X}\boldsymbol{\beta} = \boldsymbol{\beta}, \\ \mathrm{Var}(\widehat{\boldsymbol{\beta}}) &= (\boldsymbol{X}^{\mathrm{T}}\boldsymbol{X})^{-1}\boldsymbol{X}^{\mathrm{T}}\mathrm{Var}(\boldsymbol{y})[(\boldsymbol{X}^{\mathrm{T}}\boldsymbol{X})^{-1}\boldsymbol{X}^{\mathrm{T}}]^{\mathrm{T}} \\ &= \sigma^2(\boldsymbol{X}^{\mathrm{T}}\boldsymbol{X})^{-1}\boldsymbol{X}^{\mathrm{T}}\boldsymbol{X}(\boldsymbol{X}^{\mathrm{T}}\boldsymbol{X})^{-1} \\ &= \sigma^2(\boldsymbol{X}^{\mathrm{T}}\boldsymbol{X})^{-1}, \end{aligned}$$

记 $\boldsymbol{y}$ 的估计值为 $\widehat{\boldsymbol{y}}$, 可得

$$E(\widehat{\boldsymbol{y}}) = E(\boldsymbol{X}\widehat{\boldsymbol{\beta}}) = \boldsymbol{X}\boldsymbol{\beta},$$

$$\mathrm{Var}(\widehat{\boldsymbol{y}}) = \mathrm{Var}(\boldsymbol{X}\widehat{\boldsymbol{\beta}}) = \boldsymbol{X}\mathrm{Var}(\widehat{\boldsymbol{\beta}})\boldsymbol{X}^{\mathrm{T}} = \boldsymbol{X}\sigma^2(\boldsymbol{X}^{\mathrm{T}}\boldsymbol{X})^{-1}\boldsymbol{X}^{\mathrm{T}} = \sigma^2\boldsymbol{H},$$

其中, $\boldsymbol{H} = \boldsymbol{X}(\boldsymbol{X}^{\mathrm{T}}\boldsymbol{X})^{-1}\boldsymbol{X}^{\mathrm{T}}$ 是帽子矩阵. 或者有

$$E(\widehat{\boldsymbol{y}}) = E(\boldsymbol{H}\boldsymbol{y}) = \boldsymbol{H}E(\boldsymbol{y}) = \boldsymbol{X}(\boldsymbol{X}^{\mathrm{T}}\boldsymbol{X})^{-1}\boldsymbol{X}^{\mathrm{T}}\boldsymbol{X}\boldsymbol{\beta} = \boldsymbol{X}\boldsymbol{\beta},$$

$$\mathrm{Var}(\widehat{\boldsymbol{y}}) = \mathrm{Var}(\boldsymbol{H}\boldsymbol{y}) = \boldsymbol{H}\mathrm{Var}(\boldsymbol{y})\boldsymbol{H}^{\mathrm{T}} = \boldsymbol{H}\sigma^2\boldsymbol{I}_n\boldsymbol{H} = \sigma^2\boldsymbol{H}^2$$

$$= \sigma^2\boldsymbol{H}. \qquad\qquad \square$$

此外, 在例 2.5 中我们对观测值 $\boldsymbol{y}$ 的离差平方和进行了分解, 得到了式 (2.18). 一个更有用的结论是定理 3.2.

定理 3.2　在通常的回归分析假定下, 如果 $\boldsymbol{b} = (\beta_1, \beta_2, \cdots, \beta_p)^{\mathrm{T}} = \boldsymbol{0}$, 则有

$$E(S_{yy}) = (n-1)\sigma^2, \ E(S_{\mathrm{E}}) = (n-p-1)\sigma^2, \ E(S_{\mathrm{R}}) = p\sigma^2.$$

证明　由式 (2.17), 有

$$E(S_{\mathrm{E}}) = E[\boldsymbol{y}^{\mathrm{T}}(\boldsymbol{I}_n - \boldsymbol{H})\boldsymbol{y}] = \mathrm{tr}[(\boldsymbol{I}_n - \boldsymbol{H})\sigma^2\boldsymbol{I}_n] + \boldsymbol{\beta}^{\mathrm{T}}\boldsymbol{X}^{\mathrm{T}}(\boldsymbol{I}_n - \boldsymbol{H})\boldsymbol{X}\boldsymbol{\beta},$$

由于 $(\boldsymbol{I}_n - \boldsymbol{H})\boldsymbol{X} = \boldsymbol{O}$, 从而

$$E(S_{\mathrm{E}}) = \sigma^2[\mathrm{tr}(\boldsymbol{I}_n) - \mathrm{tr}(\boldsymbol{H})] = \sigma^2[n - \mathrm{tr}(\boldsymbol{X}(\boldsymbol{X}^{\mathrm{T}}\boldsymbol{X})^{-1}\boldsymbol{X}^{\mathrm{T}})]$$

$$= \sigma^2[n - \text{tr}((\boldsymbol{X}^{\mathrm{T}}\boldsymbol{X})^{-1}\boldsymbol{X}^{\mathrm{T}}\boldsymbol{X})] = \sigma^2[n - \text{tr}(\boldsymbol{I}_{p+1})]$$

$$= (n - p - 1)\sigma^2.$$

同样由式 (2.17), 有 $E(S_{yy}) = E(\boldsymbol{y}^{\mathrm{T}}\boldsymbol{D}\boldsymbol{y}) = \text{tr}(\boldsymbol{D}\sigma^2\boldsymbol{I}_n) + \boldsymbol{\beta}^{\mathrm{T}}\boldsymbol{X}^{\mathrm{T}}\boldsymbol{D}\boldsymbol{X}\boldsymbol{\beta}$. 利用 $\boldsymbol{b} = \boldsymbol{0}$, 有

$$\boldsymbol{X}\boldsymbol{\beta} = (\boldsymbol{1}_n, \boldsymbol{\mathcal{X}}) \begin{pmatrix} \beta_0 \\ \boldsymbol{0} \end{pmatrix} = \beta_0\boldsymbol{1}_n,$$

$$\boldsymbol{D}\boldsymbol{1}_n = \boldsymbol{1}_n - \frac{1}{n}\boldsymbol{1}_n\boldsymbol{1}_n^{\mathrm{T}}\boldsymbol{1}_n = \boldsymbol{0}, \boldsymbol{D}\boldsymbol{X}\boldsymbol{\beta} = \boldsymbol{0}, \ \boldsymbol{\beta}^{\mathrm{T}}\boldsymbol{X}^{\mathrm{T}}\boldsymbol{D}\boldsymbol{X}\boldsymbol{\beta} = 0,$$

因此,

$$E(S_{yy}) = \sigma^2\text{tr}(\boldsymbol{D}) = (n-1)\sigma^2.$$

最后, 利用分解式 (2.18), 有

$$E(S_{\mathrm{R}}) = E(S_{yy}) - E(S_{\mathrm{E}}) = (n-1)\sigma^2 - (n-p-1)\sigma^2 = p\sigma^2.$$

得证. $\qquad\qquad\qquad\qquad\qquad\qquad\qquad\qquad\qquad\qquad\qquad\qquad\qquad\qquad\qquad\qquad\square$

3.3　多元正态分布

在多元统计分析中, 多元正态分布具有相当重要的地位. 在理论和应用中, 大量随机向量服从或近似服从多元正态分布, 或者可以通过一定的变换, 比如对数变换、Box-Cox 变换等, 把随机向量转换为服从正态分布的变量. 在理论上, 随机变量的极限分布是正态分布, 并且, 正态分布的数学理论非常完善和成熟; 在实践上, 假设数据服从多元正态分布, 进而使用相应的统计模型, 这一套分析和推断方法具有广泛的应用基础. 本节介绍多元正态分布的定义和性质, 并简单介绍矩阵正态分布.

3.3.1　多元正态分布的定义和性质

多元正态分布有很多等价的定义, 比如, 可以从密度函数定义, 也可以从特征函数定义. 本书从标准正态分布的线性变换来定义.

在一元统计分析中, 若随机变量 $Z \sim N(0,1)$, 则 Z 的线性变换 $X = \sigma Z + \mu \sim N(\mu, \sigma^2)$. 利用这一性质, 可以用标准正态分布来定义一般正态分布. 将这一做法推广到多元情形, 得到

定义 3.1　设随机向量 $\boldsymbol{Z} = (Z_1, Z_2, \cdots, Z_q)^{\mathrm{T}}$ 的各分量 $Z_i, i = 1, 2, \cdots, q$ 相互独立, 并且同服从标准正态分布 $N(0,1)$, $\boldsymbol{\mu}$ 是 p 维常数向量, $\boldsymbol{A}$ 是 $p \times q$ 常数矩阵, 记 $\boldsymbol{\Sigma} = \boldsymbol{A}\boldsymbol{A}^{\mathrm{T}}$, 则称随机向量 $\boldsymbol{X} = \boldsymbol{A}\boldsymbol{Z} + \boldsymbol{\mu}$ 所服从的分布为 p 元正态分布,

称 $\boldsymbol{X}$ 是 p 元正态随机向量, 记为 $\boldsymbol{X} \sim N_p(\boldsymbol{\mu}, \boldsymbol{\Sigma})$, 简记为 $\boldsymbol{X} \sim N(\boldsymbol{\mu}, \boldsymbol{\Sigma})$.

我们知道, 一元正态随机变量的密度函数为

$$f(x) = \frac{1}{\sqrt{2\pi}\sigma} \exp\left\{-\frac{1}{2\sigma^2}(x-\mu)^2\right\}, \tag{3.3}$$

这个式子可以改写成

$$f(x) = \frac{1}{(2\pi)^{\frac{1}{2}}|\sigma^2|^{\frac{1}{2}}} \exp\left\{-\frac{1}{2}(x-\mu)^{\mathrm{T}}(\sigma^2)^{-1}(x-\mu)\right\}.$$

多元正态随机向量的密度函数也具有类似的形式, 下面我们将看到这一点.

性质 3.8 设 $\boldsymbol{X} \sim N_p(\boldsymbol{\mu}, \boldsymbol{\Sigma})$, $\boldsymbol{B}$ 是 $s \times p$ 常数矩阵, $\boldsymbol{d}$ 是 s 维常数向量, 则 $\boldsymbol{Y} = \boldsymbol{B}\boldsymbol{X} + \boldsymbol{d} \sim N_s(\boldsymbol{B}\boldsymbol{\mu} + \boldsymbol{d}, \boldsymbol{B}\boldsymbol{\Sigma}\boldsymbol{B}^{\mathrm{T}})$.

证明 由性质 3.7, $\boldsymbol{\Sigma} = \boldsymbol{A}\boldsymbol{A}^{\mathrm{T}}$, 其中, $\boldsymbol{A}$ 是 $p \times q$ 常数矩阵. 再由定义 3.1, $\boldsymbol{X} = \boldsymbol{A}\boldsymbol{Z} + \boldsymbol{\mu}$, 其中, 随机向量 $\boldsymbol{Z} = (Z_1, Z_2, \cdots, Z_q)^{\mathrm{T}}$ 的各分量 $Z_i, i = 1, 2, \cdots, q$ 相互独立, 并且同服从标准正态分布 $N(0, 1)$, 因此,

$$\boldsymbol{Y} = \boldsymbol{B}\boldsymbol{X} + \boldsymbol{d} = \boldsymbol{B}(\boldsymbol{A}\boldsymbol{Z} + \boldsymbol{\mu}) + \boldsymbol{d} = (\boldsymbol{B}\boldsymbol{A})\boldsymbol{Z} + (\boldsymbol{B}\boldsymbol{\mu} + \boldsymbol{d}),$$

由定义 3.1,

$$\boldsymbol{Y} \sim N_s(\boldsymbol{B}\boldsymbol{\mu} + \boldsymbol{d}, (\boldsymbol{B}\boldsymbol{A})(\boldsymbol{B}\boldsymbol{A})^{\mathrm{T}}) = N_s(\boldsymbol{B}\boldsymbol{\mu} + \boldsymbol{d}, \boldsymbol{B}\boldsymbol{\Sigma}\boldsymbol{B}^{\mathrm{T}}).$$

得证. $\qquad\qquad\square$

性质 3.8 说明, 正态随机向量的任意线性组合仍然服从正态分布.

【例 3.9】 设随机向量 $\boldsymbol{X} = (X_1, X_2, X_3)^{\mathrm{T}} \sim N_3(\boldsymbol{\mu}, \boldsymbol{\Sigma})$, 其中, $\boldsymbol{\mu} = (\mu_1, \mu_2, \mu_3)^{\mathrm{T}}$, 而 $\boldsymbol{\Sigma} = (\sigma_{ij})_{3\times 3}$, 设 $\boldsymbol{a} = (0, 1, 0)^{\mathrm{T}}$, $\boldsymbol{A} = \begin{pmatrix} 1 & 0 & 0 \\ 0 & 0 & -1 \end{pmatrix}$, 则

$$\boldsymbol{a}^{\mathrm{T}}\boldsymbol{X} = X_2 \sim N(\boldsymbol{a}^{\mathrm{T}}\boldsymbol{\mu}, \boldsymbol{a}^{\mathrm{T}}\boldsymbol{\Sigma}\boldsymbol{a}) = N(\mu_2, \sigma_{22}).$$

$$\boldsymbol{A}\boldsymbol{X} = \begin{pmatrix} X_1 \\ -X_3 \end{pmatrix} \sim N_2(\boldsymbol{A}\boldsymbol{\mu}, \boldsymbol{A}\boldsymbol{\Sigma}\boldsymbol{A}^{\mathrm{T}})$$

$$= N_2\left(\begin{pmatrix} \mu_1 \\ -\mu_3 \end{pmatrix}, \begin{pmatrix} \sigma_{11} & -\sigma_{13} \\ -\sigma_{31} & \sigma_{33} \end{pmatrix}\right). \qquad\square$$

【例 3.10】 随机向量 $\boldsymbol{X} \sim N_3(\boldsymbol{\mu}, \boldsymbol{\Sigma})$, $\boldsymbol{\mu} = \begin{pmatrix} 3 \\ 0 \\ -2 \end{pmatrix}$, $\boldsymbol{\Sigma} = \begin{pmatrix} 2 & 1 & 0 \\ 1 & 1 & 3 \\ 0 & 3 & 4 \end{pmatrix}$, 求 $\boldsymbol{Y} = \boldsymbol{B}\boldsymbol{X} + \boldsymbol{d}$ 的分布, 其中 $\boldsymbol{d} = \begin{pmatrix} -3 \\ 7 \end{pmatrix}$, $\boldsymbol{B} = \begin{pmatrix} 2 & 0 & -1 \\ 9 & 3 & -8 \end{pmatrix}$.

解 $\boldsymbol{Y} = \boldsymbol{BX} + \boldsymbol{d} \sim N_2(\boldsymbol{B\mu} + \boldsymbol{d}, \boldsymbol{B\Sigma B}^{\mathrm{T}})$，计算得

$$\boldsymbol{B\mu} + \boldsymbol{d} = \begin{pmatrix} 2 & 0 & -1 \\ 9 & 3 & -8 \end{pmatrix} \begin{pmatrix} 3 \\ 0 \\ -2 \end{pmatrix} + \begin{pmatrix} -3 \\ 7 \end{pmatrix} = \begin{pmatrix} 5 \\ 50 \end{pmatrix},$$

$$\boldsymbol{B\Sigma B}^{\mathrm{T}} = \begin{pmatrix} 2 & 0 & -1 \\ 9 & 3 & -8 \end{pmatrix} \begin{pmatrix} 2 & 1 & 0 \\ 1 & 1 & 3 \\ 0 & 3 & 4 \end{pmatrix} \begin{pmatrix} 2 & 9 \\ 0 & 3 \\ -1 & -8 \end{pmatrix}$$

$$= \begin{pmatrix} 12 & 65 \\ 65 & 337 \end{pmatrix},$$

即, $\boldsymbol{Y} \sim N_2\left(\begin{pmatrix} 5 \\ 50 \end{pmatrix}, \begin{pmatrix} 12 & 65 \\ 65 & 337 \end{pmatrix} \right)$. □

推论 3 在式 (3.1) 的记号下, 设 $\boldsymbol{X} = \begin{pmatrix} \boldsymbol{X}^{(1)} \\ \hline \boldsymbol{X}^{(2)} \end{pmatrix} \begin{matrix} r \\ p-r \end{matrix} \sim N_p(\boldsymbol{\mu}, \boldsymbol{\Sigma})$, 将 $\boldsymbol{\mu}$ 和 $\boldsymbol{\Sigma}$ 对应分块为

$$\boldsymbol{\mu} = \begin{pmatrix} \boldsymbol{\mu}^{(1)} \\ \hline \boldsymbol{\mu}^{(2)} \end{pmatrix} \begin{matrix} r \\ p-r \end{matrix}, \quad \boldsymbol{\Sigma} = \begin{pmatrix} \boldsymbol{\Sigma}_{11} & \boldsymbol{\Sigma}_{12} \\ \hline \boldsymbol{\Sigma}_{21} & \boldsymbol{\Sigma}_{22} \end{pmatrix} \begin{matrix} r \\ p-r \end{matrix},$$

其中, $\boldsymbol{\Sigma}_{11}$ 是 $r \times r$ 矩阵, $\boldsymbol{\Sigma}_{12}$ 是 $r \times (p-r)$ 矩阵, $\boldsymbol{\Sigma}_{12} = \boldsymbol{\Sigma}_{21}^{\mathrm{T}}$ 是 $(p-r) \times r$ 矩阵, $\boldsymbol{\Sigma}_{22}$ 是 $(p-r) \times (p-r)$ 矩阵. 则

$$\boldsymbol{X}^{(1)} \sim N_r(\boldsymbol{\mu}^{(1)}, \boldsymbol{\Sigma}_{11}), \quad \boldsymbol{X}^{(2)} \sim N_{p-r}(\boldsymbol{\mu}^{(2)}, \boldsymbol{\Sigma}_{22}).$$

证明 取 $\boldsymbol{B}_1 = (\boldsymbol{I}_r, \boldsymbol{O})_{r \times p}$, 其中, $\boldsymbol{O}$ 是 $r \times (p-r)$ 零矩阵, 则由性质 3.8,

$$\boldsymbol{X}^{(1)} = \boldsymbol{B}_1 \boldsymbol{X} \sim N_r(\boldsymbol{\mu}^{(1)}, \boldsymbol{\Sigma}_{11}).$$

类似地, 取 $\boldsymbol{B}_2 = (\boldsymbol{O}, \boldsymbol{I}_{p-r})_{(p-r) \times p}$, 其中, $\boldsymbol{O}$ 是 $(p-r) \times r$ 零矩阵, 则

$$\boldsymbol{X}^{(2)} = \boldsymbol{B}_2 \boldsymbol{X} \sim N_{p-r}(\boldsymbol{\mu}^{(2)}, \boldsymbol{\Sigma}_{22}).$$

得证. □

推论 3 表明, 多元正态分布的边际分布仍为多正态分布, 但反之未必成立, 比如例 3.1.

性质 3.9 若 $\boldsymbol{X} \sim N(\boldsymbol{\mu}, \boldsymbol{\Sigma})$, 则 $E(\boldsymbol{X}) = \boldsymbol{\mu}, \mathrm{Var}(\boldsymbol{X}) = \boldsymbol{\Sigma}$.

证明 由性质 3.7, $\boldsymbol{\Sigma} = \boldsymbol{AA}^{\mathrm{T}}$, 其中, $\boldsymbol{A}$ 是 $p \times q$ 常数矩阵. 再由定义 3.1, $\boldsymbol{X} = \boldsymbol{AZ} + \boldsymbol{\mu}$, 其中, 随机向量 $\boldsymbol{Z} = (Z_1, Z_2, \cdots, Z_q)^{\mathrm{T}}$ 的各分量 $Z_i, i = 1, 2, \cdots, q$ 相互独立,

并且同服从标准正态分布 $N(0,1)$, 因此, $E(\boldsymbol{Z}) = \boldsymbol{0}, \mathrm{Var}(\boldsymbol{Z}) = \boldsymbol{I}_q$, 于是,

$$E(\boldsymbol{X}) = E(\boldsymbol{AZ} + \boldsymbol{\mu}) = \boldsymbol{A}E(\boldsymbol{Z}) + \boldsymbol{\mu} = \boldsymbol{\mu},$$

$$\mathrm{Var}(\boldsymbol{X}) = \mathrm{Var}(\boldsymbol{AZ} + \boldsymbol{\mu}) = \boldsymbol{A}\mathrm{Var}(\boldsymbol{Z})\boldsymbol{A}^{\mathrm{T}} = \boldsymbol{AA}^{\mathrm{T}} = \boldsymbol{\Sigma}.$$

得证. □

性质 3.9 给出了多元正态分布中两个参数的明确的统计意义.

性质 3.10　设 $\boldsymbol{X}_i, i = 1, 2, \cdots, k$ 相互独立, 且 $\boldsymbol{X}_i \sim N_p(\boldsymbol{\mu}_i, \boldsymbol{\Sigma}_i), i = 1, 2, \cdots, k,$ $c_i, i = 1, 2, \cdots, k$ 是任意常数, 则

$$\sum_{i=1}^{k} c_i \boldsymbol{X}_i \sim N_p\left(\sum_{i=1}^{k} c_i \boldsymbol{\mu}_i, \sum_{i=1}^{k} c_i^2 \boldsymbol{\Sigma}_i\right).$$

证明　由性质 3.7, $\boldsymbol{\Sigma}_i = \boldsymbol{A}_i \boldsymbol{A}_i^{\mathrm{T}}$, 其中, $\boldsymbol{A}_i$ 是 $p \times q$ 常数矩阵, $i = 1, 2, \cdots, k$. 再由定义 3.1, $\boldsymbol{X}_i = \boldsymbol{A}_i \boldsymbol{Z} + \boldsymbol{\mu}_i, i = 1, 2, \cdots, k$, 其中, 随机向量 $\boldsymbol{Z} = (Z_1, Z_2, \cdots, Z_q)^{\mathrm{T}}$ 的各分量 $Z_i, i = 1, 2, \cdots, q$ 相互独立, 并且同服从标准正态分布 $N(0,1)$. 由于 $\boldsymbol{X}_i, i = 1, 2, \cdots, k$ 相互独立, 所以

$$\mathrm{Cov}(\boldsymbol{X}_i, \boldsymbol{X}_j) = \boldsymbol{A}_i \boldsymbol{A}_j^{\mathrm{T}} = \begin{cases} \boldsymbol{\Sigma}_i, & i = j, \\ \boldsymbol{O}, & i \neq j, \end{cases} \quad i, j = 1, 2, \cdots, k.$$

由定义 3.1,

$$\sum_{i=1}^{k} c_i \boldsymbol{X}_i = \sum_{i=1}^{k} c_i \boldsymbol{\mu}_i + \sum_{i=1}^{k} c_i \boldsymbol{A}_i \boldsymbol{Z} \sim N_p\left(\sum_{i=1}^{k} c_i \boldsymbol{\mu}_i, \left(\sum_{i=1}^{k} c_i \boldsymbol{A}_i\right)\left(\sum_{i=1}^{k} c_i \boldsymbol{A}_i\right)^{\mathrm{T}}\right),$$

其中,

$$\left(\sum_{i=1}^{k} c_i \boldsymbol{A}_i\right)\left(\sum_{i=1}^{k} c_i \boldsymbol{A}_i\right)^{\mathrm{T}} = \sum_{i=1}^{k} c_i^2 \boldsymbol{A}_i \boldsymbol{A}_i^{\mathrm{T}} = \sum_{i=1}^{k} c_i^2 \boldsymbol{\Sigma}_i,$$

得证. □

性质 3.11　设 $\boldsymbol{X} \sim N_p(\boldsymbol{\mu}, \boldsymbol{\Sigma})$, $\boldsymbol{\Sigma}$ 正定, 则 $(\boldsymbol{X} - \boldsymbol{\mu})^{\mathrm{T}} \boldsymbol{\Sigma}^{-1}(\boldsymbol{X} - \boldsymbol{\mu}) \sim \chi^2(p)$.

证明　设 $\boldsymbol{Z} = \boldsymbol{\Sigma}^{-\frac{1}{2}}(\boldsymbol{X} - \boldsymbol{\mu}) = \boldsymbol{\Sigma}^{-\frac{1}{2}}\boldsymbol{X} - \boldsymbol{\Sigma}^{-\frac{1}{2}}\boldsymbol{\mu}$, 由性质 3.8, $\boldsymbol{Z} \sim N_p(\boldsymbol{O}, \boldsymbol{I}_p)$, 于是, $(\boldsymbol{X} - \boldsymbol{\mu})^{\mathrm{T}} \boldsymbol{\Sigma}^{-1}(\boldsymbol{X} - \boldsymbol{\mu}) = \boldsymbol{Z}^{\mathrm{T}}\boldsymbol{Z} \sim \chi^2(p)$. □

性质 3.12　设 $\boldsymbol{X} \sim N_p(\boldsymbol{\mu}, \boldsymbol{\Sigma})$, $\boldsymbol{\Sigma}$ 正定, 则 $\boldsymbol{X}$ 的密度函数为

$$f(\boldsymbol{x}) = \frac{1}{(2\pi)^{\frac{p}{2}}(\det \boldsymbol{\Sigma})^{\frac{1}{2}}} \exp\left\{-\frac{1}{2}(\boldsymbol{x} - \boldsymbol{\mu})^{\mathrm{T}} \boldsymbol{\Sigma}^{-1}(\boldsymbol{x} - \boldsymbol{\mu})\right\}, \tag{3.4}$$

其中, $\boldsymbol{x} = (x_1, x_2, \cdots, x_p)^{\mathrm{T}}$ 是 p 维向量.

　　证明　因为 $\boldsymbol{\Sigma}$ 正定, 由性质 3.7, 存在 p 阶非奇异矩阵 $\boldsymbol{A}$, 使得 $\boldsymbol{\Sigma} = \boldsymbol{A}\boldsymbol{A}^{\mathrm{T}}$, 且 $\boldsymbol{X} = \boldsymbol{\mu} + \boldsymbol{A}\boldsymbol{Z}$, 其中 $\boldsymbol{Z} = (Z_1, Z_2, \cdots, Z_p)^{\mathrm{T}}$, $Z_i, i = 1, 2, \cdots, p$ 相互独立, 同服从 $N(0, 1)$. 设 $\boldsymbol{z} = (z_1, z_2, \cdots, z_p)^{\mathrm{T}}$, $\boldsymbol{Z}$ 的联合密度为

$$f_{\boldsymbol{Z}}(\boldsymbol{z}) = f_{\boldsymbol{Z}}(z_1, z_2, \cdots, z_p) = \prod_{i=1}^{p} \frac{1}{\sqrt{2\pi}} \exp\left\{-\frac{1}{2}z_i^2\right\}$$

$$= \frac{1}{(2\pi)^{\frac{p}{2}}} \exp\left\{-\frac{1}{2}\sum_{i=1}^{p} z_i^2\right\} = \frac{1}{(2\pi)^{\frac{p}{2}}} \exp\left\{-\frac{1}{2}\boldsymbol{z}^{\mathrm{T}}\boldsymbol{z}\right\},$$

利用随机向量函数的密度变换公式可得 $\boldsymbol{X} = \boldsymbol{\mu} + \boldsymbol{A}\boldsymbol{Z}$ 的密度函数

$$f(\boldsymbol{x}) = f_{\boldsymbol{Z}}(\boldsymbol{z})|J(\boldsymbol{Z} \to \boldsymbol{X})| = \frac{1}{(2\pi)^{\frac{p}{2}}} \exp\left\{-\frac{1}{2}\boldsymbol{z}^{\mathrm{T}}\boldsymbol{z}\right\} |J(\boldsymbol{Z} \to \boldsymbol{X})|.$$

由于雅可比 (Jacobi) 行列式

$$J(\boldsymbol{X} \to \boldsymbol{Z}) = \det \frac{\partial \boldsymbol{x}}{\partial \boldsymbol{z}} = \det \boldsymbol{A} = (\det(\boldsymbol{A}\boldsymbol{A}^{\mathrm{T}}))^{\frac{1}{2}} = (\det \boldsymbol{\Sigma})^{\frac{1}{2}},$$

所以,

$$J(\boldsymbol{Z} \to \boldsymbol{X}) = \frac{1}{J(\boldsymbol{X} \to \boldsymbol{Z})} = (\det \boldsymbol{\Sigma})^{-\frac{1}{2}}.$$

于是,

$$f(\boldsymbol{x}) = \frac{1}{(2\pi)^{\frac{p}{2}}} \exp\left\{-\frac{1}{2}[\boldsymbol{A}^{-1}(\boldsymbol{x} - \boldsymbol{\mu})]^{\mathrm{T}}[\boldsymbol{A}^{-1}(\boldsymbol{x} - \boldsymbol{\mu})]\right\} (\det \boldsymbol{\Sigma})^{-\frac{1}{2}}$$

$$= \frac{1}{(2\pi)^{\frac{p}{2}}(\det \boldsymbol{\Sigma})^{\frac{1}{2}}} \exp\left\{-\frac{1}{2}(\boldsymbol{x} - \boldsymbol{\mu})^{\mathrm{T}}\boldsymbol{\Sigma}^{-1}(\boldsymbol{x} - \boldsymbol{\mu})\right\},$$

得证.　　　　　　　　　　　　　　　　　　　　　　　　　　　　　□

　　多元正态分布的密度函数式 (3.4) 要求协差阵 $\boldsymbol{\Sigma}$ 正定, 这时候 $\mathrm{rank}\boldsymbol{\Sigma} = p$, 如果 $\mathrm{rank}\boldsymbol{\Sigma} = r < p$, 会有 $\det \boldsymbol{\Sigma} = 0$, 此时 $\boldsymbol{X}$ 服从奇异正态分布. 设 $\lambda_i, i = 1, 2, \cdots, r$ 是 $\boldsymbol{\Sigma}$ 的非零特征值, $\boldsymbol{\Sigma}^{-}$ 是 $\boldsymbol{\Sigma}$ 的广义逆, 即满足 $\boldsymbol{\Sigma}\boldsymbol{\Sigma}^{-}\boldsymbol{\Sigma} = \boldsymbol{\Sigma}$. 则 $\boldsymbol{X}$ 服从的奇异密度函数为

$$f(\boldsymbol{x}) = \frac{1}{(2\pi)^{\frac{k}{2}}\left(\prod\limits_{i=1}^{r} \lambda_i\right)^{\frac{1}{2}}} \exp\left\{-\frac{1}{2}(\boldsymbol{x} - \boldsymbol{\mu})^{\mathrm{T}}\boldsymbol{\Sigma}^{-}(\boldsymbol{x} - \boldsymbol{\mu})\right\}. \tag{3.5}$$

　　如果随机向量 $\boldsymbol{Y} \sim N_r(\boldsymbol{0}, \boldsymbol{\Lambda})$, 其中, $\boldsymbol{\Lambda} = \mathrm{diag}(\lambda_1, \lambda_2, \cdots, \lambda_r)$, $\lambda_i > 0, i = 1, 2, \cdots, r$, 则存在 $p \times r$ 列正交矩阵 $\boldsymbol{B}$ 满足 $\boldsymbol{B}^{\mathrm{T}}\boldsymbol{B} = \boldsymbol{I}_r$, 使得 $\boldsymbol{X} = \boldsymbol{B}\boldsymbol{Y} + \boldsymbol{\mu}$ 有式 (3.5) 所示的奇

异密度函数, 其中, $\boldsymbol{\mu}$ 是 p 维常数向量, 可以记作 $\boldsymbol{X} \sim N_p(\boldsymbol{\mu}, \boldsymbol{\Sigma})$, 其中, $\boldsymbol{\Sigma} = \boldsymbol{B\Lambda B}^{\mathrm{T}}$ 是 p 阶非负定奇异矩阵, $\operatorname{rank}\boldsymbol{\Sigma} = r < p$.

由性质 3.8 可得,

定理 3.3 (马氏变换 (Mahalanobis transformation))　设 $\boldsymbol{X} \sim N_p(\boldsymbol{\mu}, \boldsymbol{\Sigma})$, 变换 $\boldsymbol{Y} = \boldsymbol{\Sigma}^{-\frac{1}{2}}(\boldsymbol{X} - \boldsymbol{\mu})$ 称为**马氏变换**, 有 $\boldsymbol{Y} \sim N_p(\boldsymbol{0}, \boldsymbol{I}_p)$.

定理 3.3 告诉我们, p 元正态随机向量做马氏变换之后将得到 p 个相互独立且服从标准正态分布的一维变量. 事实上, 设 $\boldsymbol{Y} = (Y_1, Y_2, \cdots, Y_p)^{\mathrm{T}}$, 则

$$f_{\boldsymbol{Y}}(\boldsymbol{y}) = \frac{1}{(2\pi)^{\frac{p}{2}}} \exp\left(-\frac{1}{2}\boldsymbol{y}^{\mathrm{T}}\boldsymbol{y}\right) = \prod_{j=1}^{p} \frac{1}{\sqrt{2\pi}} \exp\left(-\frac{1}{2}y_j^2\right)$$

$$= \prod_{j=1}^{p} \varphi(y_j),$$

其中, $\varphi(\cdot)$ 是标准正态分布的密度函数. 由此得, $E(\boldsymbol{Y}) = \boldsymbol{0}$, $\operatorname{Var}(\boldsymbol{Y}) = \boldsymbol{I}_p$.

在式 (3.4) 中, 取 $p = 1$ 即得一元正态分布的密度函数 (3.3). 下面的例 3.11 给出二元正态分布的密度函数及其参数的统计意义.

【例 3.11】　设 $\boldsymbol{X} = (X_1, X_2)^{\mathrm{T}} \sim N_2\left((\mu_1, \mu_2)^{\mathrm{T}}, \boldsymbol{\Sigma}\right)$, 其中,

$$\boldsymbol{\Sigma} = \begin{pmatrix} \sigma_{11} & \sigma_{12} \\ \sigma_{21} & \sigma_{22} \end{pmatrix} = \begin{pmatrix} \sigma_1^2 & \sigma_1\sigma_2\rho \\ \sigma_1\sigma_2\rho & \sigma_2^2 \end{pmatrix}, |\rho| < 1, \sigma_i > 0, i = 1, 2.$$

由于 $\sigma_i^2 = \operatorname{Var}(X_i), i = 1, 2$, $\det\boldsymbol{\Sigma} = \sigma_1^2\sigma_2^2(1 - \rho^2) > 0$, 于是

$$\boldsymbol{\Sigma}^{-1} = \frac{1}{\sigma_1^2\sigma_2^2(1 - \rho^2)} \begin{pmatrix} \sigma_2^2 & -\sigma_1\sigma_2\rho \\ -\sigma_1\sigma_2\rho & \sigma_1^2 \end{pmatrix}.$$

因此,

$$f(x_1, x_2) = \frac{1}{2\pi\sigma_1\sigma_2\sqrt{1 - \rho^2}} \exp\left\{-\frac{1}{2(1 - \rho^2)}\left[\frac{(x_1 - \mu_1)^2}{\sigma_1^2} - \right.\right.$$

$$\left.\left. 2\rho\frac{(x_1 - \mu_1)(x_2 - \mu_2)}{\sigma_1\sigma_2} + \frac{(x_2 - \mu_2)^2}{\sigma_2^2}\right]\right\},$$

即为二元正态分布的密度函数. 由推论 3 知, $X_i \sim N(\mu_i, \sigma_i^2), i = 1, 2$. 又因为 $\operatorname{Cov}(X_1, X_2) = \sigma_{12} = \rho\sigma_1\sigma_2$, 所以, $\operatorname{Cor}(X_1, X_2) = \dfrac{\operatorname{Cov}(X_1, X_2)}{\sqrt{\operatorname{Var}(X_1)}\sqrt{\operatorname{Var}(X_2)}} = \dfrac{\rho\sigma_1\sigma_2}{\sigma_1\sigma_2} = \rho$, 即 ρ 是 X_1, X_2 的相关系数. 当 $\rho = 0$ 时, X_1, X_2 不相关, 相互独立, $f(x_1, x_2) = f_{X_1}(x_1)f_{X_2}(x_2)$; $\rho > 0$ 时, X_1, X_2 正相关; $\rho < 0$ 时, X_1, X_2 负相关.　□

对正态分布来讲, 不相关与独立等价. 其他分布未必. 图 3.2 是几个二元正态分布密度函数的图像及其等高线图.

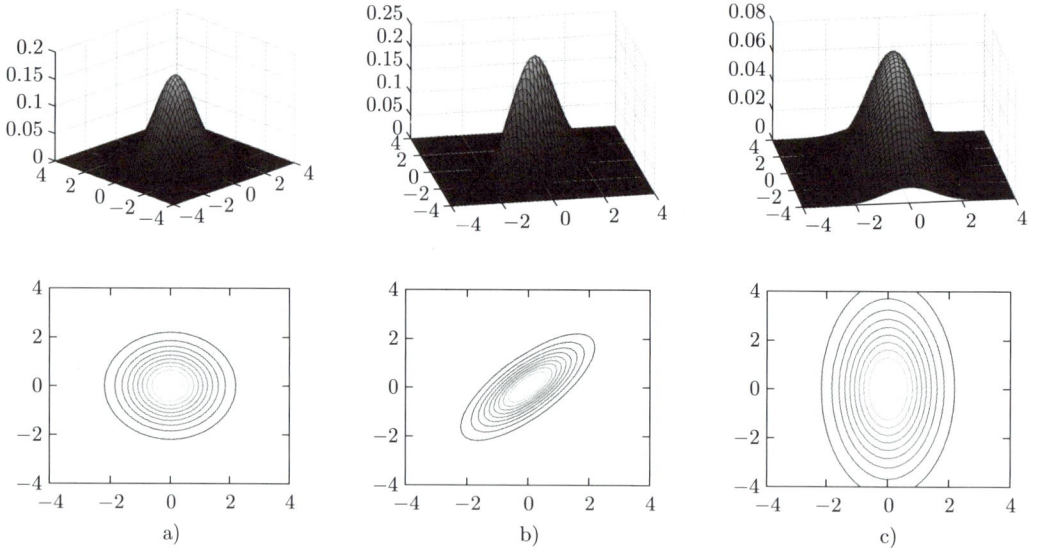

图 3.2 几个二元正态分布密度函数的图像及其等高线图. **a)** $\mu_1 = \mu_2 = 0, \sigma_1 = \sigma_2 = 1, \rho = 0$; **b)** $\mu_1 = \mu_2 = 0, \sigma_1 = \sigma_2 = 1, \rho = 0.75$; **c)** $\mu_1 = \mu_2 = 0, \sigma_1 = 1, \sigma_2 = 2, \rho = 0$

3.3.2 独立性和条件分布

正态分布的独立性与不相关有关.

定理 3.4 在推论 3 的记号下, $\boldsymbol{X}^{(1)}$ 与 $\boldsymbol{X}^{(2)}$ 独立当且仅当 $\boldsymbol{\Sigma}_{12} = \boldsymbol{O}$.

证明 若 $\boldsymbol{X}^{(1)}, \boldsymbol{X}^{(2)}$ 相互独立, 则 $\boldsymbol{X}^{(1)}, \boldsymbol{X}^{(2)}$ 必然不相关, 即有

$$\mathrm{Cov}(\boldsymbol{X}^{(1)}, \boldsymbol{X}^{(2)}) = \boldsymbol{\Sigma}_{12} = \boldsymbol{O}.$$

另一方面, 若 $\boldsymbol{\Sigma}_{12} = \boldsymbol{O}$, 则 $\boldsymbol{X}^{(1)}, \boldsymbol{X}^{(2)}$ 的联合密度函数为

$$f(\boldsymbol{x}^{(1)}, \boldsymbol{x}^{(2)})$$

$$= \frac{1}{(2\pi)^{\frac{p}{2}} (\det \boldsymbol{\Sigma})^{\frac{1}{2}}} \exp\left\{ -\frac{1}{2} (\boldsymbol{x} - \boldsymbol{\mu})^{\mathrm{T}} \begin{pmatrix} \boldsymbol{\Sigma}_{11} & \boldsymbol{O} \\ \boldsymbol{O} & \boldsymbol{\Sigma}_{22} \end{pmatrix}^{-1} (\boldsymbol{x} - \boldsymbol{\mu}) \right\}$$

$$= \frac{1}{(2\pi)^{\frac{r}{2}} (\det \boldsymbol{\Sigma}_{11})^{\frac{1}{2}}} \exp\left\{ -\frac{1}{2} (\boldsymbol{x}^{(1)} - \boldsymbol{\mu}^{(1)})^{\mathrm{T}} \boldsymbol{\Sigma}_{11}^{-1} (\boldsymbol{x}^{(1)} - \boldsymbol{\mu}^{(1)}) \right\} \times$$

$$\frac{1}{(2\pi)^{(p-r)/2} (\det \boldsymbol{\Sigma}_{22})^{\frac{1}{2}}} \exp\left\{ -\frac{1}{2} (\boldsymbol{x}^{(2)} - \boldsymbol{\mu}^{(2)})^{\mathrm{T}} \boldsymbol{\Sigma}_{22}^{-1} (\boldsymbol{x}^{(2)} - \boldsymbol{\mu}^{(2)}) \right\}$$

$$= f_{\boldsymbol{X}^{(1)}}(\boldsymbol{x}^{(1)}) f_{\boldsymbol{X}^{(2)}}(\boldsymbol{x}^{(2)}),$$

即, $\boldsymbol{X}^{(1)}, \boldsymbol{X}^{(2)}$ 独立. □

推论 4 设 $r_i \geqslant 0, i = 1, 2, \cdots, k$ 且 $\sum_{i=1}^{k} r_i = p$, $\boldsymbol{X}^{(i)}$ 是 r_i 元随机向量, $i =$

$1, 2, \cdots, k,$ 而

$$\boldsymbol{X} = \begin{pmatrix} \boldsymbol{X}^{(1)} \\ \vdots \\ \boldsymbol{X}^{(k)} \end{pmatrix} \begin{matrix} r_1 \\ \vdots \\ r_k \end{matrix} \sim N_p \left(\begin{pmatrix} \boldsymbol{\mu}^{(1)} \\ \vdots \\ \boldsymbol{\mu}^{(k)} \end{pmatrix} \begin{matrix} r_1 \\ \vdots \\ r_k \end{matrix}, \begin{pmatrix} \boldsymbol{\Sigma}_{11} & \cdots & \boldsymbol{\Sigma}_{1k} \\ \vdots & & \vdots \\ \boldsymbol{\Sigma}_{k1} & \cdots & \boldsymbol{\Sigma}_{kk} \end{pmatrix} \right),$$

则 $\boldsymbol{X}^{(i)}, i = 1, 2, \cdots, k$ 相互独立当且仅当 $\boldsymbol{\Sigma}_{ij} = \boldsymbol{O}, i \neq j, i, j = 1, 2, \cdots, k.$

推论 5 设 $\boldsymbol{X} = (X_1, X_2, \cdots, X_p)^{\mathrm{T}} \sim N_p(\boldsymbol{\mu}, \boldsymbol{\Sigma})$, 则 $X_i, i = 1, 2, \cdots, p$ 相互独立当且仅当 $\boldsymbol{\Sigma}$ 是对角矩阵.

下面的推论讨论了多元正态变量的两个线性变换的独立性问题.

推论 6 设 $\boldsymbol{X} = (X_1, X_2, \cdots, X_p)^{\mathrm{T}} \sim N_p(\boldsymbol{\mu}, \boldsymbol{\Sigma})$, $\boldsymbol{A}, \boldsymbol{B}$ 是两个合适阶数的常数矩阵, 则 $\boldsymbol{AX}, \boldsymbol{BX}$ 相互独立当且仅当 $\boldsymbol{A}\boldsymbol{\Sigma}\boldsymbol{B}^{\mathrm{T}} = \boldsymbol{O}.$

定理 3.5 在推论 3 的记号下, 假设 $\boldsymbol{\Sigma}$ 正定, 则在给定 $\boldsymbol{X}^{(2)} = \boldsymbol{x}^{(2)}$ 时, $\boldsymbol{X}^{(1)}$ 的条件分布为

$$\boldsymbol{X}^{(1)} | \boldsymbol{X}^{(2)} = \boldsymbol{x}^{(2)} \sim N_r(\boldsymbol{\mu}_{1.2}, \boldsymbol{\Sigma}_{11.2}),$$

其中, $\boldsymbol{\mu}_{1.2} = \boldsymbol{\mu}^{(1)} + \boldsymbol{\Sigma}_{12}\boldsymbol{\Sigma}_{22}^{-1}(\boldsymbol{x}^{(2)} - \boldsymbol{\mu}^{(2)}), \boldsymbol{\Sigma}_{11.2} = \boldsymbol{\Sigma}_{11} - \boldsymbol{\Sigma}_{12}\boldsymbol{\Sigma}_{22}^{-1}\boldsymbol{\Sigma}_{21}.$

证明 进行非奇异变换, 令

$$\boldsymbol{Z} = \begin{pmatrix} \boldsymbol{Z}^{(1)} \\ \boldsymbol{Z}^{(2)} \end{pmatrix} = \begin{pmatrix} \boldsymbol{X}^{(1)} - \boldsymbol{\Sigma}_{12}\boldsymbol{\Sigma}_{22}^{-1}\boldsymbol{X}^{(2)} \\ \boldsymbol{X}^{(2)} \end{pmatrix}$$

$$= \begin{pmatrix} \boldsymbol{I}_r & -\boldsymbol{\Sigma}_{12}\boldsymbol{\Sigma}_{22}^{-1} \\ \boldsymbol{O} & \boldsymbol{I}_{p-r} \end{pmatrix} \begin{pmatrix} \boldsymbol{X}^{(1)} \\ \boldsymbol{X}^{(2)} \end{pmatrix},$$

记 $\boldsymbol{B} = \begin{pmatrix} \boldsymbol{I}_r & -\boldsymbol{\Sigma}_{12}\boldsymbol{\Sigma}_{22}^{-1} \\ \boldsymbol{O} & \boldsymbol{I}_{p-r} \end{pmatrix}$, 则 $\boldsymbol{Z} = \boldsymbol{BX}$. 由性质 3.8 可知,

$$\boldsymbol{Z} \sim N_p \left(\begin{pmatrix} \boldsymbol{\mu}^{(1)} - \boldsymbol{\Sigma}_{12}\boldsymbol{\Sigma}_{22}^{-1}\boldsymbol{\mu}^{(2)} \\ \boldsymbol{\mu}^{(2)} \end{pmatrix}, \begin{pmatrix} \boldsymbol{\Sigma}_{11.2} & \boldsymbol{O} \\ \boldsymbol{O} & \boldsymbol{\Sigma}_{22} \end{pmatrix} \right),$$

故 $\boldsymbol{Z}^{(1)}$ 与 $\boldsymbol{Z}^{(2)} = \boldsymbol{X}^{(2)}$ 相互独立, 从而 $\boldsymbol{Z}$ 的联合密度为

$$g(\boldsymbol{z}) = g(\boldsymbol{z}^{(1)}, \boldsymbol{z}^{(2)}) = g_1(\boldsymbol{z}^{(1)})g_2(\boldsymbol{z}^{(2)}) = g_1(\boldsymbol{z}^{(1)})f_2(\boldsymbol{z}^{(2)}),$$

其中, $f_2(\boldsymbol{z}^{(2)})$ 是 $\boldsymbol{Z}^{(2)} = \boldsymbol{X}^{(2)} \sim N_{p-r}(\boldsymbol{\mu}^{(2)}, \boldsymbol{\Sigma}_{22})$ 的密度函数. 因为 $\boldsymbol{Z} = \boldsymbol{BX}$, 根据积分变换公式, 可以用 $g(\boldsymbol{z})$ 表示 $f(\boldsymbol{x})$, 即,

$$f(\boldsymbol{x}) = f(\boldsymbol{x}^{(1)}, \boldsymbol{x}^{(2)}) = g(\boldsymbol{Bx})|J(\boldsymbol{Z} \rightarrow \boldsymbol{X})|$$

$$= g_1(\boldsymbol{x}^{(1)} - \boldsymbol{\Sigma}_{12}\boldsymbol{\Sigma}_{22}^{-1}\boldsymbol{x}^{(2)})g_2(\boldsymbol{x}^{(2)}) \left| \det \frac{\partial \boldsymbol{z}}{\partial \boldsymbol{x}} \right|$$

$$= g_1(\boldsymbol{x}^{(1)} - \boldsymbol{\Sigma}_{12}\boldsymbol{\Sigma}_{22}^{-1}\boldsymbol{x}^{(2)})f_2(\boldsymbol{x}^{(2)}),$$

其中, $\left|\det\dfrac{\partial \boldsymbol{z}}{\partial \boldsymbol{x}}\right| = |\det \boldsymbol{B}| = 1$. 注意到 $\boldsymbol{Z}^{(1)} \sim N_r(\boldsymbol{\mu}^{(1)} - \boldsymbol{\Sigma}_{12}\boldsymbol{\Sigma}_{22}^{-1}\boldsymbol{\mu}^{(2)}, \boldsymbol{\Sigma}_{11.2})$, 于是 $\boldsymbol{X}^{(1)}$ 条件密度为

$$\begin{aligned}
f_1(\boldsymbol{x}^{(1)}|\boldsymbol{x}^{(2)}) &= \frac{f(\boldsymbol{x}^{(1)}, \boldsymbol{x}^{(2)})}{f_2(\boldsymbol{x}^{(2)})} = g_1(\boldsymbol{x}^{(1)} - \boldsymbol{\Sigma}_{12}\boldsymbol{\Sigma}_{22}^{-1}\boldsymbol{x}^{(2)}) \\
&= \frac{1}{(2\pi)^{\frac{r}{2}}|\boldsymbol{\Sigma}_{11.2}|^{\frac{1}{2}}} \times \exp\Bigg\{-\frac{1}{2}\Big[(\boldsymbol{x}^{(1)} - \\
&\quad \boldsymbol{\Sigma}_{12}\boldsymbol{\Sigma}_{22}^{-1}\boldsymbol{x}^{(2)}) - (\boldsymbol{\mu}^{(1)} - \boldsymbol{\Sigma}_{12}\boldsymbol{\Sigma}_{22}^{-1}\boldsymbol{\mu}^{(2)})\Big]^{\mathrm{T}}\boldsymbol{\Sigma}_{11.2}^{-1}[(\boldsymbol{x}^{(1)} - \\
&\quad \boldsymbol{\Sigma}_{12}\boldsymbol{\Sigma}_{22}^{-1}\boldsymbol{x}^{(2)}) - (\boldsymbol{\mu}^{(1)} - \boldsymbol{\Sigma}_{12}\boldsymbol{\Sigma}_{22}^{-1}\boldsymbol{\mu}^{(2)})]\Bigg\} \\
&= \frac{1}{(2\pi)^{\frac{r}{2}}|\boldsymbol{\Sigma}_{11.2}|^{\frac{1}{2}}} \exp\Bigg\{-\frac{1}{2}(\boldsymbol{x}^{(1)} - \boldsymbol{\mu}_{1.2})^{\mathrm{T}}\boldsymbol{\Sigma}_{11.2}^{-1}(\boldsymbol{x}^{(1)} - \boldsymbol{\mu}_{1.2})\Bigg\},
\end{aligned}$$

即, $\boldsymbol{X}^{(1)}|\boldsymbol{X}^{(2)} = \boldsymbol{x}^{(2)} \sim N_r(\boldsymbol{\mu}_{1.2}, \boldsymbol{\Sigma}_{11.2})$. □

【例 3.12】(二元正态分布的条件密度) 设 $\boldsymbol{X} = (X_1, X_2)^{\mathrm{T}} \sim N_2(\boldsymbol{\mu}, \boldsymbol{\Sigma})$, 其中, $\boldsymbol{\mu} = (\mu_1, \mu_2)^{\mathrm{T}}$, $\boldsymbol{\Sigma} = (\sigma_{ij})_{2\times2}$, 求 $f(x_1|x_2)$.

解 由定理 3.5,

$$X_1|X_2 = x_2 \sim N\left(\mu_1 + \frac{\sigma_{12}}{\sigma_{22}}(x_2 - \mu_2), \sigma_{11} - \frac{\sigma_{12}^2}{\sigma_{22}}\right),$$

记 $\rho_{12} = \dfrac{\sigma_{12}}{\sqrt{\sigma_{11}\sigma_{22}}}$ 为 X_1, X_2 的相关系数, 则 $\sigma_{11} - \dfrac{\sigma_{12}^2}{\sigma_{22}} = \sigma_{11}(1 - \rho_{12}^2)$, 因此,

$$f(x_1|x_2) = \frac{1}{\sqrt{2\pi}\sqrt{\sigma_{11}(1 - \rho_{12}^2)}}\exp\left\{-\frac{\left[x_1 - \mu_1 - \dfrac{\sigma_{12}}{\sigma_{22}}(x_2 - \mu_2)\right]^2}{2\sigma_{11}(1 - \rho_{12}^2)}\right\}.$$

这个结果与直接使用 $f(x_1|x_2) = \dfrac{f(x_1, x_2)}{f_{X_2}(x_2)}$ 计算得到的结果是一样的. □

由定理 3.5 及其证明过程可得

推论 7 在定理 3.5 的条件下,

1. $\boldsymbol{X}^{(2)}$ 与 $\boldsymbol{X}^{(1)} - \boldsymbol{\Sigma}_{12}\boldsymbol{\Sigma}_{22}^{-1}\boldsymbol{X}^{(2)}$ 相互独立;

2. $\boldsymbol{X}^{(1)}$ 与 $\boldsymbol{X}^{(2)} - \boldsymbol{\Sigma}_{21}\boldsymbol{\Sigma}_{11}^{-1}\boldsymbol{X}^{(1)}$ 相互独立;

3. $\boldsymbol{X}^{(2)}|\boldsymbol{X}^{(1)} = \boldsymbol{x}^{(1)} \sim N_{p-r}(\boldsymbol{\mu}_{2.1}, \boldsymbol{\Sigma}_{22.1})$, 其中, $\boldsymbol{\mu}_{2.1} = \boldsymbol{\mu}^{(2)} + \boldsymbol{\Sigma}_{21}\boldsymbol{\Sigma}_{11}^{-1}(\boldsymbol{x}^{(1)} - \boldsymbol{\mu}^{(1)})$, $\boldsymbol{\Sigma}_{22.1} = \boldsymbol{\Sigma}_{22} - \boldsymbol{\Sigma}_{21}\boldsymbol{\Sigma}_{11}^{-1}\boldsymbol{\Sigma}_{12}$.

【例 3.13】 设 $\boldsymbol{X} = (X_1, X_2, X_3)^{\mathrm{T}} \sim N_3(\boldsymbol{\mu}, \boldsymbol{\Sigma})$, 其中,

$$\boldsymbol{\mu} = \begin{pmatrix} 1 \\ -2 \\ 2 \end{pmatrix}, \boldsymbol{\Sigma} = \begin{pmatrix} 8 & -3 & 1 \\ -3 & 4 & 0 \\ 1 & 0 & 2 \end{pmatrix}.$$

令 $Y_1 = X_1 + 2X_2, \boldsymbol{Y}_2 = (X_2 + X_3, X_2 - X_1)^{\mathrm{T}}$, 求在给定 $Y_1 = y_1 = x_1 + 2x_2$ 时 $\boldsymbol{Y}_2$ 的条件分布, 并在 $x_1 = 1, x_2 = 0$ 时写出这个分布.

解 令

$$\boldsymbol{Y} = \begin{pmatrix} Y_1 \\ \boldsymbol{Y}_2 \end{pmatrix} = \begin{pmatrix} X_1 + 2X_2 \\ X_2 + X_3 \\ X_2 - X_1 \end{pmatrix} = \begin{pmatrix} 1 & 2 & 0 \\ 0 & 1 & 1 \\ -1 & 1 & 0 \end{pmatrix} \begin{pmatrix} X_1 \\ X_2 \\ X_3 \end{pmatrix} \triangleq \boldsymbol{AX},$$

符号 "$\triangleq$" 表示 "记为". 计算得,

$$\boldsymbol{\mu}^{\boldsymbol{Y}} = E(\boldsymbol{Y}) = \boldsymbol{A\mu} = \begin{pmatrix} -3 \\ 0 \\ -3 \end{pmatrix}, \boldsymbol{\Sigma}^{\boldsymbol{Y}} = \mathrm{Var}(\boldsymbol{Y}) = \boldsymbol{A\Sigma A}^{\mathrm{T}} = \begin{pmatrix} 12 & 6 & 3 \\ 6 & 6 & 6 \\ 3 & 6 & 18 \end{pmatrix},$$

于是, $\boldsymbol{Y} \sim N_3(\boldsymbol{\mu}^{\boldsymbol{Y}}, \boldsymbol{\Sigma}^{\boldsymbol{Y}})$. 由推论 7, $\boldsymbol{Y}_2|Y_1 = x_1 + 2x_2 \sim N_2(\boldsymbol{\mu}_{2.1}^{\boldsymbol{Y}}, \boldsymbol{\Sigma}_{22.1}^{\boldsymbol{Y}})$, 其中,

$$\boldsymbol{\mu}_{2.1}^{\boldsymbol{Y}} = \begin{pmatrix} 0 \\ -3 \end{pmatrix} + \begin{pmatrix} 6 \\ 3 \end{pmatrix} \frac{1}{12}(x_1 + 2x_2 + 3) = \begin{pmatrix} \dfrac{x_1 + 2x_2 + 3}{2} \\ -3 + \dfrac{x_1 + 2x_2 + 3}{4} \end{pmatrix},$$

$$\boldsymbol{\Sigma}_{22.1}^{\boldsymbol{Y}} = \begin{pmatrix} 6 & 6 \\ 6 & 18 \end{pmatrix} - \begin{pmatrix} 6 \\ 3 \end{pmatrix} \frac{1}{12}(6, 3) = \begin{pmatrix} 3 & 4.5 \\ 4.5 & 17.25 \end{pmatrix},$$

在 $x_1 = 1, x_2 = 0$ 时,

$$\boldsymbol{Y}_2|Y_1 = 1 \sim N_2\left(\begin{pmatrix} 2 \\ -2 \end{pmatrix}, \begin{pmatrix} 3 & 4.5 \\ 4.5 & 17.25 \end{pmatrix} \right). \qquad \square$$

3.3.3 矩阵正态分布

设 $\boldsymbol{x}_i = (x_{i1}, x_{i2}, \cdots, x_{ip})^{\mathrm{T}}, i = 1, 2, \cdots, n$ 为来自正态总体 $\boldsymbol{X} \sim N_p(\boldsymbol{\mu}, \boldsymbol{\Sigma})$ 的简单随机样本, 记样本数据矩阵为

$$\boldsymbol{\mathcal{X}} = \begin{pmatrix} x_{11} & x_{12} & \cdots & x_{1p} \\ x_{21} & x_{22} & \cdots & x_{2p} \\ \vdots & \vdots & & \vdots \\ x_{n1} & x_{n2} & \cdots & x_{np} \end{pmatrix} = \begin{pmatrix} \boldsymbol{x}_1^{\mathrm{T}} \\ \boldsymbol{x}_2^{\mathrm{T}} \\ \vdots \\ \boldsymbol{x}_n^{\mathrm{T}} \end{pmatrix} = (\boldsymbol{x}_1, \boldsymbol{x}_2, \cdots, \boldsymbol{x}_n)^{\mathrm{T}}, \qquad (3.6)$$

则 np 维向量 $\mathrm{Vec}(\boldsymbol{\mathcal{X}}^{\mathrm{T}})$ 的联合密度函数为

$$
\begin{aligned}
&f(\boldsymbol{x}_1,\cdots,\boldsymbol{x}_n)\\
&=\prod_{i=1}^{n}\frac{1}{(2\pi)^{\frac{p}{2}}(\det\boldsymbol{\Sigma})^{\frac{1}{2}}}\exp\left\{-\frac{1}{2}(\boldsymbol{x}_i-\boldsymbol{\mu})^{\mathrm{T}}\boldsymbol{\Sigma}^{-1}(\boldsymbol{x}_i-\boldsymbol{\mu})\right\}\\
&=\frac{1}{(2\pi)^{\frac{np}{2}}(\det\boldsymbol{\Sigma})^{\frac{n}{2}}}\exp\left\{-\frac{1}{2}\sum_{i=1}^{n}(\boldsymbol{x}_i-\boldsymbol{\mu})^{\mathrm{T}}\boldsymbol{\Sigma}^{-1}(\boldsymbol{x}_i-\boldsymbol{\mu})\right\}\\
&=\frac{1}{(2\pi)^{\frac{np}{2}}(\det\boldsymbol{\Sigma})^{\frac{n}{2}}}\times\\
&\quad\exp\left\{-\frac{1}{2}\begin{pmatrix}\boldsymbol{x}_1-\boldsymbol{\mu}\\\vdots\\\boldsymbol{x}_n-\boldsymbol{\mu}\end{pmatrix}^{\mathrm{T}}\begin{pmatrix}\boldsymbol{\Sigma}&\cdots&\boldsymbol{O}\\\vdots&&\vdots\\\boldsymbol{O}&\cdots&\boldsymbol{\Sigma}\end{pmatrix}^{-1}\begin{pmatrix}\boldsymbol{x}_1-\boldsymbol{\mu}\\\vdots\\\boldsymbol{x}_n-\boldsymbol{\mu}\end{pmatrix}\right\}.
\end{aligned}
$$

于是, $\mathrm{Vec}(\boldsymbol{\mathcal{X}}^{\mathrm{T}})$ 服从正态分布, 并且,

$$
E(\mathrm{Vec}(\boldsymbol{\mathcal{X}}^{\mathrm{T}}))=\begin{pmatrix}\boldsymbol{\mu}\\\vdots\\\boldsymbol{\mu}\end{pmatrix}=\mathbf{1}_n\otimes\boldsymbol{\mu},
$$

$$
\mathrm{Var}(\mathrm{Vec}(\boldsymbol{\mathcal{X}}^{\mathrm{T}}))=\begin{pmatrix}\boldsymbol{\Sigma}&\cdots&\boldsymbol{O}\\\vdots&&\vdots\\\boldsymbol{O}&\cdots&\boldsymbol{\Sigma}\end{pmatrix}=\boldsymbol{I}_n\otimes\boldsymbol{\Sigma},
$$

因此,

$$
\mathrm{Vec}(\boldsymbol{\mathcal{X}}^{\mathrm{T}})\sim N_{n\times p}(\mathbf{1}_n\otimes\boldsymbol{\mu},\boldsymbol{I}_n\otimes\boldsymbol{\Sigma}),
$$

此时我们称 $\boldsymbol{\mathcal{X}}$ 服从矩阵正态分布, 记为

$$
\boldsymbol{\mathcal{X}}\sim N_{n\times p}(\mathbf{1}_n\otimes\boldsymbol{\mu}^{\mathrm{T}},\boldsymbol{I}_n\otimes\boldsymbol{\Sigma}).
$$

性质 3.13　设 $\boldsymbol{\mathcal{X}}\sim N_{n\times p}(\boldsymbol{\Theta},\boldsymbol{I}_n\otimes\boldsymbol{\Sigma})$, 其中, $\boldsymbol{\Theta}=\mathbf{1}_n\otimes\boldsymbol{\mu}^{\mathrm{T}}$. $\boldsymbol{A},\boldsymbol{B},\boldsymbol{C}$ 分别是 $k\times n,q\times p,k\times q$ 常数矩阵, 则

$$
\boldsymbol{Z}=\boldsymbol{A}\boldsymbol{\mathcal{X}}\boldsymbol{B}^{\mathrm{T}}+\boldsymbol{C}\sim N_{k\times q}(\boldsymbol{A}\boldsymbol{\Theta}\boldsymbol{B}^{\mathrm{T}}+\boldsymbol{C},(\boldsymbol{A}\boldsymbol{A}^{\mathrm{T}})\otimes(\boldsymbol{B}\boldsymbol{\Sigma}\boldsymbol{B}^{\mathrm{T}})),\tag{3.7}
$$

即,

$$
\mathrm{Vec}(\boldsymbol{Z}^{\mathrm{T}})\sim N_{kq}(\boldsymbol{A}\mathbf{1}_n\otimes\boldsymbol{B}\boldsymbol{\mu}+\mathrm{Vec}(\boldsymbol{C}^{\mathrm{T}}),(\boldsymbol{A}\boldsymbol{A}^{\mathrm{T}})\otimes(\boldsymbol{B}\boldsymbol{\Sigma}\boldsymbol{B}^{\mathrm{T}})).\tag{3.8}
$$

证明　由于 $\boldsymbol{Z}^{\mathrm{T}}=\boldsymbol{B}\boldsymbol{\mathcal{X}}^{\mathrm{T}}\boldsymbol{A}^{\mathrm{T}}+\boldsymbol{C}^{\mathrm{T}}$, 由矩阵的拉直和 Kronecker 乘积性质, 有

$$
\mathrm{Vec}(\boldsymbol{Z}^{\mathrm{T}})=(\boldsymbol{A}\otimes\boldsymbol{B})\mathrm{Vec}(\boldsymbol{\mathcal{X}}^{\mathrm{T}})+\mathrm{Vec}(\boldsymbol{C}^{\mathrm{T}}),
$$

$$E[\mathrm{Vec}(\boldsymbol{Z}^{\mathrm{T}})] = (\boldsymbol{A} \otimes \boldsymbol{B})E[\mathrm{Vec}(\boldsymbol{\mathcal{X}}^{\mathrm{T}})] + \mathrm{Vec}(\boldsymbol{C}^{\mathrm{T}})$$

$$= (\boldsymbol{A} \otimes \boldsymbol{B})(\boldsymbol{1}_n \otimes \boldsymbol{\mu}) + \mathrm{Vec}(\boldsymbol{C}^{\mathrm{T}})$$

$$= \boldsymbol{A}\boldsymbol{1}_n \otimes \boldsymbol{B}\boldsymbol{\mu} + \mathrm{Vec}(\boldsymbol{C}^{\mathrm{T}}),$$

$$\mathrm{Var}[\mathrm{Vec}(\boldsymbol{Z}^{\mathrm{T}})] = (\boldsymbol{A} \otimes \boldsymbol{B})(\boldsymbol{I}_n \otimes \boldsymbol{\Sigma})(\boldsymbol{A}^{\mathrm{T}} \otimes \boldsymbol{B}^{\mathrm{T}})$$

$$= (\boldsymbol{A}\boldsymbol{A}^{\mathrm{T}}) \otimes (\boldsymbol{B}\boldsymbol{\Sigma}\boldsymbol{B}^{\mathrm{T}}),$$

即得式 (3.8). 为了进一步证明式 (3.7), 只需验证 $\mathrm{Vec}((\boldsymbol{A}\boldsymbol{\Theta}\boldsymbol{B}^{\mathrm{T}})^{\mathrm{T}}) = \boldsymbol{A}\boldsymbol{1}_n \otimes \boldsymbol{B}\boldsymbol{\mu}$ 即可. 事实上, 注意到 $\boldsymbol{\Theta} = \boldsymbol{1}_n \otimes \boldsymbol{\mu}^{\mathrm{T}}$, 而 $\mathrm{Vec}(\boldsymbol{\Theta}^{\mathrm{T}}) = \boldsymbol{1}_n \otimes \boldsymbol{\mu}$, 有

$$\mathrm{Vec}((\boldsymbol{A}\boldsymbol{\Theta}\boldsymbol{B}^{\mathrm{T}})^{\mathrm{T}}) = \mathrm{Vec}(\boldsymbol{B}\boldsymbol{\Theta}^{\mathrm{T}}\boldsymbol{A}^{\mathrm{T}}) = (\boldsymbol{A} \otimes \boldsymbol{B})\mathrm{Vec}(\boldsymbol{\Theta}^{\mathrm{T}})$$

$$= (\boldsymbol{A} \otimes \boldsymbol{B})(\boldsymbol{1}_n \otimes \boldsymbol{\mu}) = \boldsymbol{A}\boldsymbol{1}_n \otimes \boldsymbol{B}\boldsymbol{\mu},$$

证毕. □

3.4 多元抽样分布

在多元统计中, 对随机向量 $\boldsymbol{X} = (X_1, X_2, \cdots, X_p)^{\mathrm{T}}$ 进行观测, 得到一组样本 $\boldsymbol{x}_i, i = 1, 2, \cdots, n$, 其中 $\boldsymbol{x}_i = (x_{i1}, x_{i2}, \cdots, x_{ip})^{\mathrm{T}}$, $i = 1, 2, \cdots, n$, x_{ij} 是第 j 个变量 X_j 的第 i 个观测值. 在随机抽样的前提下, 这些观测值被认为是独立同分布的随机向量 $\boldsymbol{X}_{(i)}, i = 1, 2, \cdots, n$ 的一次实现, 这些随机向量 $\boldsymbol{X}_{(i)}, i = 1, 2, \cdots, n$ 与总体 $\boldsymbol{X}$ 同分布. 对一个给定的随机样本, 统计推断的目的是分析总体 $\boldsymbol{X}$ 的性质, 比如由样本推断总体的均值向量和协差阵等. 统计推断一般需要从样本的函数展开, 不含总体参数的样本函数称为统计量, 比如样本均值和样本协差阵, 这些称为样本矩. 为了从统计量推断总体, 需要得到统计量的抽样分布. 一元统计中的三大分布指的是 χ^2 分布、t 分布和 F 分布, 它们都是由来自正态总体 $N(\mu, \sigma^2)$ 的样本构成的统计量的分布. 在多元统计分析中, 这三大分布对应拓展为 Wishart 分布、Hotelling's T^2 分布和 Wilks' $\boldsymbol{\Lambda}$ 分布, 它们都是由来自多元正态总体 $N_p(\boldsymbol{\mu}, \boldsymbol{\Sigma})$ 的样本构成的统计量的分布.

3.4.1 样本矩

设 $\boldsymbol{x}_i, i = 1, 2, \cdots, n$ 是来自 p 元总体 $\dot{\boldsymbol{X}} = (X_1, X_2, \cdots, X_p)^{\mathrm{T}}$ 的一个随机样本, 样本数据可以用一个 $n \times p$ 矩阵 $\boldsymbol{\mathcal{X}}$ 表示, 如式 (3.6). 下面我们引入样本均值向量, 样本离差阵, 样本协差阵和样本相关阵的概念.

样本均值向量定义为

$$\bar{\boldsymbol{x}} = \frac{1}{n}\sum_{i=1}^{n}\boldsymbol{x}_i = \begin{pmatrix} \bar{x}_1 \\ \bar{x}_2 \\ \vdots \\ \bar{x}_p \end{pmatrix} = \frac{1}{n}\boldsymbol{\mathcal{X}}^{\mathrm{T}}\mathbf{1}_n, \tag{3.9}$$

其中, $\bar{x}_j = \frac{1}{n}\sum_{i=1}^{n}x_{ij}$ 是变量 $X_j, j = 1, 2, \cdots, p$ 的样本均值.

样本离差阵定义为

$$\begin{aligned} A &= \sum_{i=1}^{n}(\boldsymbol{x}_i - \bar{\boldsymbol{x}})(\boldsymbol{x}_i - \bar{\boldsymbol{x}})^{\mathrm{T}} = \boldsymbol{\mathcal{X}}^{\mathrm{T}}\boldsymbol{\mathcal{X}} - n\bar{\boldsymbol{x}}\bar{\boldsymbol{x}}^{\mathrm{T}} \\ &= \boldsymbol{\mathcal{X}}^{\mathrm{T}}\left[\boldsymbol{I}_n - \frac{1}{n}\mathbf{1}_n\mathbf{1}_n^{\mathrm{T}}\right]\boldsymbol{\mathcal{X}} \triangleq (a_{ij})_{p\times p}, \end{aligned} \tag{3.10}$$

其中, $a_{ij} = \sum_{t=1}^{n}(x_{ti} - \bar{x}_i)(x_{tj} - \bar{x}_j), i, j = 1, 2, \cdots, p$.

样本协差阵定义为

$$\boldsymbol{S} = \frac{1}{n-1}\boldsymbol{A} \triangleq (s_{ij})_{p\times p}, \tag{3.11}$$

其中, $s_{ij} = \frac{1}{n-1}\sum_{t=1}^{n}(x_{ti} - \bar{x}_i)(x_{tj} - \bar{x}_j), i, j = 1, 2, \cdots, p$, 称 s_{jj} 是变量 X_j 的样本方差, 其算术平方根 $\sqrt{s_{jj}}$ 称为变量 X_j 的样本标准差, $j = 1, 2, \cdots, p$.

样本相关阵定义为

$$\boldsymbol{R} = \boldsymbol{V}^{-\frac{1}{2}}\boldsymbol{S}\boldsymbol{V}^{-\frac{1}{2}} \triangleq (r_{ij})_{p\times p}, \tag{3.12}$$

其中, $\boldsymbol{V} = \mathbf{diag}(s_{11}, s_{22}, \cdots, s_{pp})$,

$$r_{ij} = \frac{s_{ij}}{\sqrt{s_{ii}s_{jj}}} = \frac{a_{ij}}{\sqrt{a_{ii}a_{jj}}}, i, j = 1, 2, \cdots, p.$$

如果样本来自正态总体, 样本均值向量和样本离差阵有下面重要的性质.

定理 3.6 设 $\bar{\boldsymbol{x}}$ 和 $\boldsymbol{A}$ 分别是来自正态总体 $N_p(\boldsymbol{\mu}, \boldsymbol{\Sigma})$ 的样本的均值向量和离差阵, 则

1. $\bar{\boldsymbol{x}} \sim N_p\left(\boldsymbol{\mu}, \frac{1}{n}\boldsymbol{\Sigma}\right)$;

2. $A = \sum_{i=1}^{n-1}\boldsymbol{z}_i\boldsymbol{z}_i^{\mathrm{T}}$, 其中, $\boldsymbol{z}_1, \boldsymbol{z}_2, \cdots, \boldsymbol{z}_{n-1}$ 独立同分布于正态分布 $N_p(\boldsymbol{0}, \boldsymbol{\Sigma})$;

3. $\bar{\boldsymbol{x}}$ 和 $\boldsymbol{A}$ 相互独立.

证明　取 n 阶正交矩阵

$$\boldsymbol{\Gamma} = \begin{pmatrix} \gamma_{11} & \gamma_{12} & \cdots & \gamma_{1n} \\ \gamma_{21} & \gamma_{22} & \cdots & \gamma_{2n} \\ \vdots & \vdots & & \vdots \\ \gamma_{n-1,1} & \gamma_{n-1,2} & \cdots & \gamma_{n-1,n} \\ \dfrac{1}{\sqrt{n}} & \dfrac{1}{\sqrt{n}} & \cdots & \dfrac{1}{\sqrt{n}} \end{pmatrix} \triangleq (\gamma_{ij})_{n \times n},$$

则当 $i \neq n$ 时，$\sum\limits_{j=1}^{n} \dfrac{1}{\sqrt{n}} \gamma_{ij} = \dfrac{1}{\sqrt{n}} \sum\limits_{j=1}^{n} \gamma_{ij} = 0$，即 $\sum\limits_{j=1}^{n} \gamma_{ij} = 0$. 令

$$\boldsymbol{\mathcal{Z}} = \begin{pmatrix} \boldsymbol{z}_1^{\mathrm{T}} \\ \boldsymbol{z}_2^{\mathrm{T}} \\ \vdots \\ \boldsymbol{z}_n^{\mathrm{T}} \end{pmatrix} = \boldsymbol{\Gamma} \begin{pmatrix} \boldsymbol{x}_1^{\mathrm{T}} \\ \boldsymbol{x}_2^{\mathrm{T}} \\ \vdots \\ \boldsymbol{x}_n^{\mathrm{T}} \end{pmatrix} = \boldsymbol{\Gamma} \boldsymbol{\mathcal{X}},$$

即，

$$\boldsymbol{z}_i = (\boldsymbol{x}_1, \boldsymbol{x}_2, \cdots, \boldsymbol{x}_n) \begin{pmatrix} \gamma_{i1} \\ \gamma_{i2} \\ \vdots \\ \gamma_{in} \end{pmatrix} = \sum_{j=1}^{n} \gamma_{ij} \boldsymbol{x}_j, \ i = 1, 2, \cdots, n$$

为 p 维正态随机向量的线性组合，从而也服从 p 维正态分布，并且

$$E(\boldsymbol{z}_i) = \sum_{j=1}^{n} \gamma_{ij} E(\boldsymbol{x}_j) = \sum_{j=1}^{n} \gamma_{ij} \boldsymbol{\mu} = \begin{cases} \sqrt{n} \boldsymbol{\mu}, & i = n, \\ 0, & i \neq n, \end{cases}$$

$$\mathrm{Cov}(\boldsymbol{z}_i, \boldsymbol{z}_j) = E[(\boldsymbol{z}_i - E(\boldsymbol{z}_i))(\boldsymbol{z}_j - E(\boldsymbol{z}_j))^{\mathrm{T}}]$$

$$= \sum_{k=1}^{n} \gamma_{ik} \gamma_{jk} \boldsymbol{\Sigma} = \begin{cases} \boldsymbol{\Sigma}, & i = j, \\ \boldsymbol{O}, & i \neq j. \end{cases}$$

1. 因为 $\boldsymbol{z}_n = \dfrac{1}{\sqrt{n}} \sum\limits_{i=1}^{n} \boldsymbol{x}_i = \sqrt{n} \bar{\boldsymbol{x}} \sim N_p(\sqrt{n} \boldsymbol{\mu}, \boldsymbol{\Sigma})$，故有

$$\bar{\boldsymbol{x}} = \frac{1}{\sqrt{n}} \boldsymbol{z}_n \sim N_p\left(\boldsymbol{\mu}, \frac{1}{n} \boldsymbol{\Sigma}\right).$$

2. 因为 $\sum\limits_{i=1}^{n} \boldsymbol{z}_i \boldsymbol{z}_i^{\mathrm{T}} = \boldsymbol{\mathcal{Z}}^{\mathrm{T}} \boldsymbol{\mathcal{Z}} = \boldsymbol{\mathcal{X}}^{\mathrm{T}} \boldsymbol{\Gamma}^{\mathrm{T}} \boldsymbol{\Gamma} \boldsymbol{\mathcal{X}} = \boldsymbol{\mathcal{X}}^{\mathrm{T}} \boldsymbol{\mathcal{X}} = \sum\limits_{i=1}^{n} \boldsymbol{x}_i \boldsymbol{x}_i^{\mathrm{T}}$，故有

$$\sum_{i=1}^{n-1} \boldsymbol{z}_i \boldsymbol{z}_i^{\mathrm{T}} = \sum_{i=1}^{n} \boldsymbol{x}_i \boldsymbol{x}_i^{\mathrm{T}} - \boldsymbol{z}_n \boldsymbol{z}_n^{\mathrm{T}} = \sum_{i=1}^{n} \boldsymbol{x}_i \boldsymbol{x}_i^{\mathrm{T}} - n \bar{\boldsymbol{x}} \bar{\boldsymbol{x}}^{\mathrm{T}}$$

$$= \sum_{i=1}^{n} (\boldsymbol{x}_i - \bar{\boldsymbol{x}})(\boldsymbol{x}_i - \bar{\boldsymbol{x}})^{\mathrm{T}} = \boldsymbol{A}.$$

3. 因为 $\boldsymbol{A} = \sum_{i=1}^{n-1} \boldsymbol{z}_i \boldsymbol{z}_i^{\mathrm{T}}$ 是 $\boldsymbol{z}_1, \boldsymbol{z}_2, \cdots, \boldsymbol{z}_{n-1}$ 的函数, $\bar{\boldsymbol{x}} = \dfrac{1}{\sqrt{n}} \boldsymbol{z}_n$ 是 $\boldsymbol{z}_n$ 的函数, 而 $\boldsymbol{z}_1, \boldsymbol{z}_2, \cdots, \boldsymbol{z}_{n-1}, \boldsymbol{z}_n$ 相互独立, 故 $\boldsymbol{A}$ 与 $\bar{\boldsymbol{x}}$ 相互独立. $\qquad\square$

在正态总体条件下, 定理 3.6 表明, 样本均值向量服从正态分布. 样本离差阵 $\boldsymbol{A}$ 的分布在多元统计中同样非常重要, 为了给出样本离差阵的分布, 需要用到 Wishart 分布的概念.

3.4.2 Wishart 分布

Wishart 分布是统计学中一种正定随机矩阵的概率分布. 如 3.3.3 节所述, 随机矩阵 $\boldsymbol{M}$ 的分布等价于随机向量 $\mathrm{Vec}(\boldsymbol{M}^{\mathrm{T}})$ 的分布.

定义 3.2 设 p 元随机向量 $\boldsymbol{x}_i, i = 1, 2, \cdots, n$ 相互独立, 同服从正态分布 $N_p(\boldsymbol{0}, \boldsymbol{\Sigma})$, 且 $\boldsymbol{\Sigma}$ 正定, 样本数据矩阵 $\boldsymbol{\mathcal{X}}$ 如式 (3.6) 定义, 称 $p \times p$ 随机矩阵

$$\boldsymbol{W} = \sum_{i=1}^{n} \boldsymbol{x}_i \boldsymbol{x}_i^{\mathrm{T}} = \boldsymbol{\mathcal{X}}^{\mathrm{T}} \boldsymbol{\mathcal{X}}$$

的分布为 Wishart 分布, 记为 $\boldsymbol{W} \sim W_p(n, \boldsymbol{\Sigma})$, n 称为 Wishart 分布的自由度.

当 $p = 1$ 时, 设 $x_1, \cdots, x_n$ 相互独立, 同服从于正态分布 $N(0, \sigma^2)$, 则 $\boldsymbol{W} = \sum_{i=1}^{n} x_i^2 \sim \sigma^2 \chi^2(n)$, 即, $\boldsymbol{W}_1(n, \sigma^2)$ 就是 $\sigma^2 \chi^2(n)$. 当 $p = 1, \sigma^2 = 1$ 时, $\boldsymbol{W}_1(n, 1)$ 即为 $\chi^2(n)$. 因此, Wishart 分布是一元统计中 χ^2 分布的推广.

由定理 3.6 可以直接得到样本离差阵 $\boldsymbol{A}$ 的分布, 即为性质 3.14.

性质 3.14 设 p 元随机向量 $\boldsymbol{x}_i, i = 1, 2, \cdots, n$ 相互独立, 同服从正态分布 $N_p(\boldsymbol{0}, \boldsymbol{\Sigma})$, 且 $\boldsymbol{\Sigma}$ 正定, 则样本离差阵 $\boldsymbol{A}$ 服从自由度为 $n-1$ 的 Wishart 分布, 即

$$\boldsymbol{A} = \sum_{i=1}^{n} (\boldsymbol{x}_i - \bar{\boldsymbol{x}})(\boldsymbol{x}_i - \bar{\boldsymbol{x}})^{\mathrm{T}} \sim W_p(n-1, \boldsymbol{\Sigma}).$$

性质 3.15 设 $\boldsymbol{W}_i \sim W_p(n_i, \boldsymbol{\Sigma}), i = 1, 2, \cdots, k$ 相互独立, 则

$$\sum_{i=1}^{k} W_i \sim W_p \left(\sum_{i=1}^{k} n_i, \boldsymbol{\Sigma} \right),$$

即, Wishart 分布具有与 χ^2 分布类似的可加性.

性质 3.16　设 $\boldsymbol{W} \sim W_p(n, \boldsymbol{\Sigma})$, $\boldsymbol{B} \in \mathbb{R}^{m \times p}$ 是常数矩阵, 则

$$\boldsymbol{B}\boldsymbol{W}\boldsymbol{B}^{\mathrm{T}} \sim W_m(n, \boldsymbol{B}\boldsymbol{\Sigma}\boldsymbol{B}^{\mathrm{T}}).$$

证明　由于 $\boldsymbol{W} = \sum\limits_{i=1}^{n} \boldsymbol{z}_i\boldsymbol{z}_i^{\mathrm{T}}$, 其中 $\boldsymbol{z}_1, \boldsymbol{z}_2, \cdots, \boldsymbol{z}_n$ 相互独立, 同服从于正态分布 $N_p(\boldsymbol{0}, \boldsymbol{\Sigma})$, 且 $\boldsymbol{\Sigma}$ 正定, 令 $\boldsymbol{y}_i = \boldsymbol{B}\boldsymbol{z}_i, i = 1, 2, \cdots, n$, 则 $\boldsymbol{y}_1, \boldsymbol{y}_2, \cdots, \boldsymbol{y}_n$ 相互独立且同服从于正态分布 $N_m(\boldsymbol{0}, \boldsymbol{B}\boldsymbol{\Sigma}\boldsymbol{B}^{\mathrm{T}})$, 因此,

$$\boldsymbol{B}\boldsymbol{W}\boldsymbol{B}^{\mathrm{T}} = \boldsymbol{B}\left(\sum_{i=1}^{n} \boldsymbol{z}_i\boldsymbol{z}_i^{\mathrm{T}}\right)\boldsymbol{B}^{\mathrm{T}} = \sum_{i=1}^{n} \boldsymbol{B}\boldsymbol{z}_i\boldsymbol{z}_i^{\mathrm{T}}\boldsymbol{B}^{\mathrm{T}} = \sum_{i=1}^{n} \boldsymbol{y}_i\boldsymbol{y}_i^{\mathrm{T}},$$

即有 $\boldsymbol{B}\boldsymbol{W}\boldsymbol{B}^{\mathrm{T}} \sim W_m(n, \boldsymbol{B}\boldsymbol{\Sigma}\boldsymbol{B}^{\mathrm{T}})$. □

性质 3.17　设 $\boldsymbol{W} \sim W_p(n, \boldsymbol{\Sigma})$, 则 $E(\boldsymbol{W}) = n\boldsymbol{\Sigma}$.

证明　设 $\boldsymbol{W} = \sum\limits_{i=1}^{n} \boldsymbol{x}_i\boldsymbol{x}_i^{\mathrm{T}}$, 其中, $\boldsymbol{x}_1, \boldsymbol{x}_2, \cdots, \boldsymbol{x}_n$ 相互独立, 同服从于正态分布 $N_p(\boldsymbol{0}, \boldsymbol{\Sigma})$, 且 $\boldsymbol{\Sigma}$ 正定, 有

$$E(\boldsymbol{W}) = \sum_{i=1}^{n} E(\boldsymbol{x}_i\boldsymbol{x}_i^{\mathrm{T}}) = \sum_{i=1}^{n} \mathrm{Var}(\boldsymbol{x}_i) = \sum_{i=1}^{n} \boldsymbol{\Sigma} = n\boldsymbol{\Sigma}.$$

得证. □

3.4.3　Hotelling's T^2 分布

在一元统计中, 若随机变量 $X \sim N(0, 1), Y \sim \chi^2(n)$, 且 X, Y 相互独立, 则

$$t = \frac{X}{\sqrt{\dfrac{Y}{n}}} \sim t(n),$$

或等价地写为

$$t^2 = \frac{X^2}{\dfrac{1}{n}Y} = n\boldsymbol{X}^{\mathrm{T}}\boldsymbol{Y}^{-1}\boldsymbol{X} \sim F(1, n).$$

我们把 t^2 的分布推广到多元统计中.

定义 3.3　设随机向量 $\boldsymbol{X} \sim N_p(\boldsymbol{0}, \boldsymbol{\Sigma})$, 随机矩阵 $\boldsymbol{W} \sim W_p(n, \boldsymbol{\Sigma})$, 其中, $\boldsymbol{\Sigma}$ 正定, $n \geqslant p$, 且 $\boldsymbol{X}, \boldsymbol{W}$ 相互独立, 则称统计量

$$T^2 = n\boldsymbol{X}^{\mathrm{T}}\boldsymbol{W}^{-1}\boldsymbol{X}$$

为 T^2 统计量, 其分布称为自由度为 n 的 Hotelling's T^2 分布, 记为

$$T^2 \sim T^2(p, n).$$

性质 3.18 设 $\boldsymbol{x}_i, i = 1, 2, \cdots, n$ 是来自 p 元正态总体 $\boldsymbol{X} \sim N_p(\boldsymbol{\mu}, \boldsymbol{\Sigma})$ 的随机样本, $\bar{\boldsymbol{x}}$ 和 $\boldsymbol{A}$ 分别是样本均值向量和样本离差阵, 则

$$T^2 = (n-1)[\sqrt{n}(\bar{\boldsymbol{x}} - \boldsymbol{\mu})]^{\mathrm{T}} \boldsymbol{A}^{-1} [\sqrt{n}(\bar{\boldsymbol{x}} - \boldsymbol{\mu})]$$

$$= n(n-1)(\bar{\boldsymbol{x}} - \boldsymbol{\mu})^{\mathrm{T}} \boldsymbol{A}^{-1}(\bar{\boldsymbol{x}} - \boldsymbol{\mu}) \sim T^2(p, n-1).$$

证明 由于

$$\bar{\boldsymbol{x}} \sim N_p\left(\boldsymbol{\mu}, \frac{1}{n}\boldsymbol{\Sigma}\right), \boldsymbol{U} = \sqrt{n}(\bar{\boldsymbol{x}} - \boldsymbol{\mu}) \sim N_p(\boldsymbol{0}, \boldsymbol{\Sigma}), \boldsymbol{A} \sim W_p(n-1, \boldsymbol{\Sigma}),$$

并且 $\boldsymbol{U}$ 与 $\boldsymbol{A}$ 相互独立, 由定义 3.3,

$$T^2 = (n-1)\boldsymbol{U}^{\mathrm{T}} \boldsymbol{A}^{-1} \boldsymbol{U} = n(n-1)(\bar{\boldsymbol{x}} - \boldsymbol{\mu})^{\mathrm{T}} \boldsymbol{A}^{-1}(\bar{\boldsymbol{x}} - \boldsymbol{\mu}) \sim T^2(p, n-1).$$

得证. $\qquad\qquad\square$

性质 3.19 若 $T^2 \sim T^2(p, n)$, 则 $\dfrac{n-p+1}{np}T^2 \sim F(p, n-p+1)$.

证明 由定义 3.3,

$$\frac{n-p+1}{np}T^2 = \frac{n-p+1}{p} \cdot \frac{T^2}{n} = \frac{n-p+1}{p}\boldsymbol{X}^{\mathrm{T}}\boldsymbol{W}^{-1}\boldsymbol{X}$$

$$= \frac{n-p+1}{p} \cdot \frac{\boldsymbol{X}^{\mathrm{T}}\boldsymbol{\Sigma}^{-1}\boldsymbol{X}}{\dfrac{\boldsymbol{X}^{\mathrm{T}}\boldsymbol{\Sigma}^{-1}\boldsymbol{X}}{\boldsymbol{X}^{\mathrm{T}}\boldsymbol{W}^{-1}\boldsymbol{X}}} \overset{\triangle}{=\!=} \frac{n-p+1}{p} \cdot \frac{\xi}{\eta},$$

其中, $\xi = \boldsymbol{X}^{\mathrm{T}}\boldsymbol{\Sigma}^{-1}\boldsymbol{X} \sim \chi^2(p)$, 还可以证明 (刘金山, 2005),

$$\eta = \frac{\boldsymbol{X}^{\mathrm{T}}\boldsymbol{\Sigma}^{-1}\boldsymbol{X}}{\boldsymbol{X}^{\mathrm{T}}\boldsymbol{W}^{-1}\boldsymbol{X}} \sim \chi^2(n-p+1),$$

且 ξ, η 相互独立, 因此,

$$\frac{n-p+1}{np}T^2 = \frac{\dfrac{\xi}{p}}{\dfrac{\eta}{(n-p+1)}} \sim F(p, n-p+1).$$

得证. $\qquad\qquad\square$

在单变量 $(p=1)$ 的情况下, 性质 3.19 产生的结果为

$$\left(\frac{\bar{x} - \mu}{\sqrt{\dfrac{S}{n}}}\right)^2 \sim T^2(1, n-1) = F(1, n-1) = t^2(n-1).$$

推论 8 考虑 p 元随机向量 $\boldsymbol{X} \sim N_p(\boldsymbol{\mu}, \boldsymbol{\Sigma})$ 的线性变换 $\boldsymbol{Y} = \boldsymbol{BX} + \boldsymbol{d}$, 其中, $\boldsymbol{B}$ 是 $q \times p$ 非奇异矩阵, 且 $q \leqslant p$. 记 $\boldsymbol{x}_i, i = 1, 2, \cdots, n$ 是来自 $\boldsymbol{X}$ 的随机样本, $\bar{\boldsymbol{x}}$ 和 $\boldsymbol{A_X}$ 分别是样本均值向量和样本离差阵. 通过线性变换 $\boldsymbol{Y} = \boldsymbol{BX} + \boldsymbol{d}$ 得到 $\boldsymbol{Y}$ 的一组样本 $\boldsymbol{y}_i = \boldsymbol{Bx}_i + \boldsymbol{d}, i = 1, 2, \cdots, n$, 其样本均值向量和样本离差阵分别记为 $\bar{\boldsymbol{y}}$ 和 $\boldsymbol{A_Y}$, 记 $\boldsymbol{\mu_Y} = \boldsymbol{B\mu} + \boldsymbol{d}$. 则

$$\bar{\boldsymbol{y}} = \boldsymbol{B}\bar{\boldsymbol{x}} + \boldsymbol{d} \sim N_q\left(\boldsymbol{B\mu} + \boldsymbol{d}, \frac{1}{n}\boldsymbol{B\Sigma B}^{\mathrm{T}}\right),$$

$$\boldsymbol{A_Y} = \boldsymbol{BA_X B}^{\mathrm{T}} \sim W_q(n-1, \boldsymbol{B\Sigma B}^{\mathrm{T}}),$$

$$n(n-1)(\bar{\boldsymbol{y}} - \boldsymbol{\mu_Y})^{\mathrm{T}} \boldsymbol{A_Y}^{-1}(\bar{\boldsymbol{y}} - \boldsymbol{\mu_Y}) \sim T^2(q, n-1).$$

推论 8 说明, T^2 统计量具有测量单位不变性. 由性质 3.18 和性质 3.19, 下面性质自然成立.

性质 3.20 对性质 3.18 中的 T^2 统计量, 有 $\dfrac{n-p}{(n-1)p}T^2 \sim F(p, n-p)$.

性质 3.21 T^2 统计量只与 n, p 有关, 与 $\boldsymbol{\Sigma}$ 无关.

证明 设随机向量 $\boldsymbol{X} \sim N_p(\boldsymbol{0}, \boldsymbol{\Sigma})$, 随机矩阵 $\boldsymbol{W} \sim W_p(n, \boldsymbol{\Sigma})$, 其中, $\boldsymbol{\Sigma}$ 正定, 则

$$\boldsymbol{U} = \boldsymbol{\Sigma}^{-\frac{1}{2}}\boldsymbol{X} \sim N_p(\boldsymbol{0}, \boldsymbol{I}_p), \ \boldsymbol{W}_0 = \boldsymbol{\Sigma}^{-\frac{1}{2}}\boldsymbol{W}\boldsymbol{\Sigma}^{-\frac{1}{2}} \sim W_p(n, \boldsymbol{I}_p)$$

都与 $\boldsymbol{\Sigma}$ 无关. 于是,

$$T^2 = n\boldsymbol{X}^{\mathrm{T}}\boldsymbol{W}^{-1}\boldsymbol{X} = n\boldsymbol{U}^{\mathrm{T}}\boldsymbol{W}_0^{-1}\boldsymbol{U} \sim T^2(p, n)$$

与 $\boldsymbol{\Sigma}$ 无关. $\qquad\square$

3.4.4 Wilks' Λ 分布

Wilks' Λ 分布是一元统计中 F 分布的推广. 首先给出广义方差的定义.

定义 3.4 设随机向量 $\boldsymbol{X} \sim N_p(\boldsymbol{0}, \boldsymbol{\Sigma})$, 称协差阵 $\boldsymbol{\Sigma}$ 的行列式 $\det \boldsymbol{\Sigma}$ 为 $\boldsymbol{X}$ 的广义方差. 若 $\boldsymbol{x}_i, i = 1, 2, \cdots, n$ 是来自总体 $\boldsymbol{X}$ 的随机样本, $\boldsymbol{A}$ 是样本离差阵, 称协差阵 $\boldsymbol{\Sigma}$ 的有偏估计 $\dfrac{1}{n}\boldsymbol{A}$ 或无偏估计 $\dfrac{1}{n-1}\boldsymbol{A}$ 的行列式 $\det\left(\dfrac{1}{n}\boldsymbol{A}\right)$ 或 $\det\left(\dfrac{1}{n-1}\boldsymbol{A}\right)$ 为样本广义方差.

定义 3.5 设随机矩阵 $\boldsymbol{A}_1 \sim W_p(n_1, \boldsymbol{\Sigma})$, $\boldsymbol{A}_2 \sim W_p(n_2, \boldsymbol{\Sigma})$, 其中, $\boldsymbol{\Sigma}$ 正定, $n_1, n_2 \geqslant p$, 且 $\boldsymbol{A}_1, \boldsymbol{A}_2$ 独立, 则称广义方差比

$$\Lambda = \frac{\det(\boldsymbol{A}_1)}{\det(\boldsymbol{A}_1 + \boldsymbol{A}_2)}$$

为 Λ 统计量, 其分布称为 Wilks' Λ 分布, 记为 $\Lambda \sim \Lambda(p, n_1, n_2)$.

若 $p = 1, \Lambda(1, n_1, n_2)$ 分布正好是一元统计中参数为 $\left(\dfrac{n_1}{2}, \dfrac{n_2}{2}\right)$ 的 Beta 分布, 即

$$\Lambda(1, n_1, n_2) = \mathrm{Beta}\left(\frac{n_1}{2}, \frac{n_2}{2}\right),$$

这是因为, 由 χ^2 分布与 Gamma 分布之间的关系, 有

$$\boldsymbol{A}_1 \sim W_1(n_1, \sigma^2) = \sigma^2 \chi^2(n_1) = \sigma^2 \mathrm{Gamma}\left(\frac{n_1}{2}, \frac{1}{2}\right),$$

即, $\dfrac{\boldsymbol{A}_1}{\sigma^2} \sim \mathrm{Gamma}\left(\dfrac{n_1}{2}, \dfrac{1}{2}\right)$. 同样可得, $\dfrac{\boldsymbol{A}_2}{\sigma^2} \sim \mathrm{Gamma}\left(\dfrac{n_2}{2}, \dfrac{1}{2}\right)$. 我们知道, 当 $\xi \sim$ $\mathrm{Gamma}(\alpha, \theta), \eta \sim \mathrm{Gamma}(\beta, \theta)$, 且 ξ, η 独立时, $\dfrac{\xi}{\xi + \eta} \sim \mathrm{Beta}(\alpha, \beta)$, 因此,

$$\Lambda = \frac{\boldsymbol{A}_1}{\boldsymbol{A}_1 + \boldsymbol{A}_2} = \frac{\dfrac{\boldsymbol{A}_1}{\sigma^2}}{\dfrac{\boldsymbol{A}_1}{\sigma^2} + \dfrac{\boldsymbol{A}_2}{\sigma^2}} \sim \mathrm{Beta}\left(\frac{n_1}{2}, \frac{n_2}{2}\right).$$

在实际应用中, 需要把 Λ 统计量化为 T^2 统计量, 进而化为 F 统计量, 然后利用熟悉的 F 分布来分析多元统计中的有关检验问题. 下面的性质给出了 $n_2 = 1$ 时 Λ 分布与 T^2, F, χ^2 等分布之间的关系, 在实践中应用广泛.

性质 3.22 当 $n_2 = 1$ 时, 若 $n = n_1 > p$, 则

$$\Lambda(p, n, 1) = \left(1 + \frac{1}{n} T^2(p, n)\right)^{-1},$$

$$\frac{n - p + 1}{np} T^2 = \frac{n - p + 1}{p} \cdot \frac{1 - \Lambda(p, n, 1)}{\Lambda(p, n, 1)} \sim F(p, n - p + 1). \tag{3.13}$$

证明 设 $n+1$ 个 p 维随机向量 $\boldsymbol{x}_i, i = 1, 2, \cdots, n, n+1$ 独立同分布于 $N_p(\boldsymbol{0}, \boldsymbol{\Sigma})$, 令

$$\boldsymbol{A}_1 = \sum_{i=1}^{n} \boldsymbol{x}_i \boldsymbol{x}_i^{\mathrm{T}} \sim W_p(n, \boldsymbol{\Sigma}), \ \boldsymbol{A}_2 = \boldsymbol{x}_{n+1} \boldsymbol{x}_{n+1}^{\mathrm{T}} \sim W_p(1, \boldsymbol{\Sigma}),$$

则

$$\det(\boldsymbol{A}_1 + \boldsymbol{A}_2) = \det(\boldsymbol{A}_1 + \boldsymbol{x}_{n+1} \boldsymbol{x}_{n+1}^{\mathrm{T}}) = \begin{vmatrix} \boldsymbol{A}_1 & -\boldsymbol{x}_{n+1} \\ \boldsymbol{x}_{n+1}^{\mathrm{T}} & 1 \end{vmatrix}$$

$$= \det(\boldsymbol{A}_1)(1 + \boldsymbol{x}_{n+1}^{\mathrm{T}} \boldsymbol{A}_1^{-1} \boldsymbol{x}_{n+1}),$$

从而,

$$\frac{\det(\boldsymbol{A}_1)}{\det(\boldsymbol{A}_1 + \boldsymbol{A}_2)} = \frac{1}{1 + \dfrac{1}{n} \cdot n\boldsymbol{x}_{n+1}^{\mathrm{T}} \boldsymbol{A}_1^{-1} \boldsymbol{x}_{n+1}},$$

由于 $n\boldsymbol{x}_{n+1}^{\mathrm{T}} \boldsymbol{A}_1^{-1} \boldsymbol{x}_{n+1} \sim T^2(p,n)$, 于是得式 (3.13) 之第 1 式, 对于第 2 式, 直接验证即得. □

性质 3.23　1. 当 $n_2 = 2$ 时, 若 $n = n_1 > p$, 则

$$\frac{n - p + 1}{p} \cdot \frac{1 - \sqrt{\varLambda(p,n,2)}}{\sqrt{\varLambda(p,n,2)}} \sim F(2p, 2(n-p+1)).$$

2. 当 $p = 1$ 时,

$$\frac{n_1}{n_2} \cdot \frac{1 - \varLambda(1,n_1,n_2)}{\varLambda(1,n_1,n_2)} \sim F(n_2, n_1).$$

3. 当 $p = 2$ 时,

$$\frac{n_1 - 1}{n_2} \cdot \frac{1 - \sqrt{\varLambda(2,n_1,n_2)}}{\sqrt{\varLambda(2,n_1,n_2)}} \sim F(2n_2, 2(n_1-1)).$$

4. 若 $p > 2, n_2 > 2$, 则当 $n_1 \to +\infty$ 时

$$-\left(n_1 + \frac{(n_2 - p - 1)}{2}\right) \ln \varLambda(p,n_1,n_2)$$

的极限分布是 $\chi^2(pn_2)$.

下面是 $\varLambda$ 分布的两个有用性质.

性质 3.24　1. 若 $\varLambda \sim \varLambda(p,n_1,n_2)$, 则存在

$$B_k \sim \mathrm{Beta}\left(\frac{(n_1 - p + k)}{2}, \frac{n_2}{2}\right), k = 1, 2, \cdots, p,$$

且 $B_1, B_2, \cdots, B_p$ 相互独立, 使得

$$\varLambda = \prod_{k=1}^{p} B_k.$$

2. 若 $n_2 < p$, 则

$$\varLambda(p,n_1,n_2) = \varLambda(n_2, p, n_1 + n_2 - p).$$

3.5　习　题

1. 设实数 X 在 $(0,1)$ 上均匀随机取值, 当观察到 $X = x(0 < x < 1)$ 时, 实数 Y 在 $(x,1)$ 上均匀随机取值. 求 Y 的密度函数.

2. 已知 $\boldsymbol{X} = (X_1, X_2)^{\mathrm{T}}$ 的密度函数 $f_{\boldsymbol{X}}(x_1, x_2) = \mathrm{e}^{-x_1-x_2}I\,(x_1 > 0, x_2 > 0)$, 其中, $I(x_1 > 0, x_2 > 0)$ 是示性函数, 表示当 $x_1 > 0, x_2 > 0$ 是等于 1, 否则等于 0. 令 $U_1 = X_1 + X_2, U_2 = X_1 - X_2$, 求 $\boldsymbol{U} = (U_1, U_2)^{\mathrm{T}}$ 的密度函数.

3. 对 $\boldsymbol{X} = (X_1, X_2)^{\mathrm{T}}$ 的不同的密度函数, 计算 $E(\boldsymbol{X}), \mathrm{Var}(\boldsymbol{X}), E(X_1|X_2), E(X_2|X_1), \mathrm{Var}(X_1|X_2), \mathrm{Var}(X_2|X_1)$.

(1) $f(x_1, x_2) = 4x_1 x_2 \mathrm{e}^{-x_1^2}, x_1, x_2 > 0$;

(2) $f(x_1, x_2) = 1, 0 < x_1, x_2 < 1, x_1 + x_2 < 1$;

(3) $f(x_1, x_2) = \dfrac{1}{2}\mathrm{e}^{-x_1}, x_1 > |x_2|$.

4. 随机向量 $\boldsymbol{X} = (X_1, X_2)^{\mathrm{T}}$ 的密度函数 $f(x_1, x_2) = \dfrac{3}{2}x_1^{-\frac{1}{2}}, 0 < x_1 < x_2 < 1$, 计算 $P(X_1 < 0.25), P(X_2 < 0.5), P(X_2 < 0.25|X_1 < 0.25)$.

5. 已知 $\boldsymbol{X} = (X_1, X_2)^{\mathrm{T}}$ 的密度函数 $f(x_1, x_2) = \dfrac{1}{2\pi}, 0 < x_1 < 2\pi, 0 < x_2 < 1$. 令 $U_1 = \sin X_1 \sqrt{-2\ln X_2}, U_2 = \cos X_1 \sqrt{-2\ln X_2}$, 求 $\boldsymbol{U} = (U_1, U_2)^{\mathrm{T}}$ 的密度函数.

6. 已知 $\boldsymbol{X} = (X_1, X_2, X_3)^{\mathrm{T}}$ 的密度函数 $f(x_1, x_2, x_3) = k(x_1 + x_2 x_3), 0 < x_1, x_2, x_3 < 1$. 求

(1) k;

(2) $\boldsymbol{X}$ 的协差阵 $\boldsymbol{\Sigma_X}$;

(3) 给定 $X_1 = x_1$ 条件下 (X_2, X_3) 的协差阵, 即, $\mathrm{Var}(X_2, X_3|\, X_1 = x_1)$.

7. 设随机变量 $\boldsymbol{X} = (X_1, X_2, X_3)^{\mathrm{T}} \sim N_3(\boldsymbol{\mu}, \boldsymbol{\Sigma})$, 其中 $\boldsymbol{\mu} = (-3, 1, 4)^{\mathrm{T}}$, $\boldsymbol{\Sigma} = \begin{pmatrix} 1 & -2 & 0 \\ -2 & 5 & 0 \\ 0 & 0 & 2 \end{pmatrix}$, 下面哪组变量是独立的? 通过计算进行说明.

(1) X_1 与 X_2;

(2) X_2 与 X_3;

(3) $(X_1, X_2)^{\mathrm{T}}$ 与 X_3;

(4) $\dfrac{1}{2}(X_1 + X_2)$ 与 X_3;

(5) X_2 与 $X_2 - \dfrac{5}{2}X_1 - X_3$.

8. 设随机变量 $\boldsymbol{X} = (X_1, X_2, X_3)^{\mathrm{T}} \sim N_3(\boldsymbol{\mu}, \boldsymbol{\Sigma})$, 其中 $\boldsymbol{\mu} = (1, -1, 2)^{\mathrm{T}}$, $\boldsymbol{\Sigma} = \begin{pmatrix} 4 & 0 & -1 \\ 0 & 5 & 0 \\ -1 & 0 & 2 \end{pmatrix}$, 下面哪组变量是独立的? 通过计算进行说明.

(1) X_1 与 X_2;

(2) X_1 与 X_3;

(3) X_2 与 X_3;

(4) $(X_1, X_3)^{\mathrm{T}}$ 与 X_2;

(5) X_1 与 $X_1 + 3X_2 - 2X_3$.

9. 设随机变量 $\boldsymbol{X} = (X_1, X_2, X_3)^{\mathrm{T}} \sim N_3(\boldsymbol{\mu}, \boldsymbol{\Sigma})$, 其中 $\boldsymbol{\mu} = (2, -3, 1)^{\mathrm{T}}$, $\boldsymbol{\Sigma} = \begin{pmatrix} 1 & 1 & 1 \\ 1 & 3 & 2 \\ 1 & 2 & 2 \end{pmatrix}$.

(1) 求 $3X_1 - 2X_2 + X_3$ 的分布;

(2) 求向量 $\boldsymbol{a}$, 使得 X_2 与 $(X_1, X_3)\boldsymbol{a}$ 独立.

10. 随机向量 $\boldsymbol{X} = (X_1, X_2, X_3)^{\mathrm{T}}$ 的协差阵

$$\boldsymbol{\Sigma} = \begin{pmatrix} 4 & -4 & 3 \\ -4 & 9 & -2 \\ 3 & -2 & 16 \end{pmatrix},$$

(1) 求 $\boldsymbol{X}$ 的相关阵;

(2) 求 X_1, X_3 的相关系数;

(3) 求 X_1 与 $\frac{1}{2}X_2 + \frac{1}{2}X_3$ 的相关系数.

11. 随机向量 $\boldsymbol{X} = (X_1, X_2, X_3)^{\mathrm{T}}$ 的协差阵

$$\boldsymbol{\Sigma} = \begin{pmatrix} 25 & -2 & 4 \\ -2 & 4 & 1 \\ 4 & 1 & 9 \end{pmatrix},$$

(1) 求 $\boldsymbol{X}$ 的相关阵;

(2) 求 X_1, X_3 的相关系数;

(3) 求 X_1 与 $\frac{1}{2}X_2 + \frac{1}{2}X_3$ 的相关系数.

12. 随机向量 $\boldsymbol{X} = (X_1, X_2)^{\mathrm{T}}$ 的联合分布函数为

$$f(x_1, x_2) = \frac{2[(d-c)(x_1-a) + (b-a)(x_2-c) - 2(x_1-a)(x_2-c)]}{(b-a)^2(d-c)^2}.$$

其中, $a \leqslant x_1 \leqslant b, c \leqslant x_2 \leqslant d$.

(1) 求 X_1, X_2 的边际密度函数、均值和方差;

(2) 求 X_1, X_2 的协方差和相关系数;

(3) 判断 X_1, X_2 是否独立.

13. 随机向量 $\boldsymbol{X} \sim N_3(\boldsymbol{\mu}, \boldsymbol{\Sigma})$, 其中 $\boldsymbol{\mu} = \begin{pmatrix} 3 \\ 0 \\ -2 \end{pmatrix}, \boldsymbol{\Sigma} = \begin{pmatrix} 2 & 1 & 0 \\ 1 & 1 & 3 \\ 0 & 3 & 4 \end{pmatrix}$, 求 $\boldsymbol{Y} = \boldsymbol{B}\boldsymbol{X} + \boldsymbol{d}$ 的分布, 其中 $\boldsymbol{d} = \begin{pmatrix} -3 \\ 7 \end{pmatrix}, \boldsymbol{B} = \begin{pmatrix} 2 & 0 & -1 \\ 9 & 3 & -8 \end{pmatrix}$.

14. 随机向量 $\boldsymbol{X} \sim N_3(\boldsymbol{\mu}, 2\boldsymbol{I}_3)$, 其中 $\boldsymbol{\mu} = \begin{pmatrix} 2 \\ 0 \\ 0 \end{pmatrix}$, $\boldsymbol{I}_3$ 是三阶单位矩阵, 求 $\boldsymbol{Y} =$

$\boldsymbol{AX} + \boldsymbol{d}$ 的分布, 其中 $\boldsymbol{d} = \begin{pmatrix} 1 \\ 2 \end{pmatrix}$, $\boldsymbol{A} = \begin{pmatrix} 0.5 & -1 & 0.5 \\ -0.5 & 0 & -0.5 \end{pmatrix}$.

15. 随机向量 $\boldsymbol{X} = (X_1, X_2, X_3)^{\mathrm{T}} \sim N_3(\boldsymbol{\mu}, \boldsymbol{\Sigma})$, 其中

$$\boldsymbol{\mu} = (3, 1, -2)^{\mathrm{T}}, \boldsymbol{\Sigma} = \begin{pmatrix} 2 & 1 & 1 \\ 1 & 2 & -1 \\ 1 & -1 & 4 \end{pmatrix},$$

求

(1) $Y_1 = X_1 - X_2 + 2X_3$ 与 $Y_2 = 2X_1 - X_2 + X_3$ 的联合分布;

(2) $\boldsymbol{Z}_1 = (X_1, 2X_3)^{\mathrm{T}}$ 与 $Z_2 = \dfrac{1}{2}(X_1 - X_2 + 2X_3)$ 的联合分布.

16. 设 $\boldsymbol{X} = (X_1, X_2)^{\mathrm{T}} \sim N_2(\boldsymbol{\mu}, \boldsymbol{\Sigma})$, 其中 $\boldsymbol{\mu} = \begin{pmatrix} \mu_1 \\ \mu_2 \end{pmatrix}$, $\boldsymbol{\Sigma} = \sigma^2 \begin{pmatrix} 1 & \rho \\ \rho & 1 \end{pmatrix}$, 证明:
$X_1 + X_2$ 与 $X_1 - X_2$ 独立, 并求 $X_1 + X_2$ 与 $X_1 - X_2$ 的分布.

17. 设 $\boldsymbol{X}^{(1)}, \boldsymbol{X}^{(2)}$ 均为 p 维随机向量, 已知随机向量 $\boldsymbol{X} = \begin{pmatrix} \boldsymbol{X}^{(1)} \\ \boldsymbol{X}^{(2)} \end{pmatrix}$ 服从正态分

布 $N_{2p}\left(\begin{pmatrix} \boldsymbol{\mu}^{(1)} \\ \boldsymbol{\mu}^{(2)} \end{pmatrix}, \begin{pmatrix} \boldsymbol{\Sigma}_1 & \boldsymbol{\Sigma}_2 \\ \boldsymbol{\Sigma}_2 & \boldsymbol{\Sigma}_1 \end{pmatrix} \right)$, 其中 $\boldsymbol{\mu}^{(i)}, i = 1, 2$ 是 p 维向量, $\boldsymbol{\Sigma}_i, i = 1, 2$ 是 p
阶矩阵. 证明: $\boldsymbol{X}^{(1)} + \boldsymbol{X}^{(2)}$ 与 $\boldsymbol{X}^{(1)} - \boldsymbol{X}^{(2)}$ 独立, 并求 $\boldsymbol{X}^{(1)} + \boldsymbol{X}^{(2)}$ 与 $\boldsymbol{X}^{(1)} - \boldsymbol{X}^{(2)}$ 的
分布.

18. 随机向量 $\boldsymbol{X} = (X_1, X_2, X_3)^{\mathrm{T}} \sim N_3(\boldsymbol{\mu}, \boldsymbol{\Sigma})$, 其中

$$\boldsymbol{\mu} = (2, -3, 1)^{\mathrm{T}}, \boldsymbol{\Sigma} = \begin{pmatrix} 1 & 1 & 1 \\ 1 & 3 & 2 \\ 1 & 2 & 2 \end{pmatrix},$$

(1) 求 $3X_1 - X_2 + X_3$ 的分布;

(2) 求二维向量 $\boldsymbol{a} = (a_1, a_2)^{\mathrm{T}}$, 使 X_3 与 $X_3 - (X_1, X_2)\boldsymbol{a}$ 独立.

19. 设 $\boldsymbol{X}_i, i = 1, 2, 3, 4$ 是独立的 $N_p(\boldsymbol{\mu}, \boldsymbol{\Sigma})$ 随机变量,

(1) 求

$$\boldsymbol{U} = \frac{1}{4}\boldsymbol{X}_1 - \frac{1}{4}\boldsymbol{X}_2 + \frac{1}{4}\boldsymbol{X}_3 - \frac{1}{4}\boldsymbol{X}_4$$

和

$$\boldsymbol{V} = \frac{1}{4}\boldsymbol{X}_1 + \frac{1}{4}\boldsymbol{X}_2 - \frac{1}{4}\boldsymbol{X}_3 - \frac{1}{4}\boldsymbol{X}_4$$

的分布;

(2) 求 (1) 中 $\boldsymbol{U}, \boldsymbol{V}$ 的联合分布.

20. 设 $\boldsymbol{X}_i, i = 1, 2, 3, 4, 5$ 是独立同分布于期望向量为 $\boldsymbol{\mu}$, 协差阵是 $\boldsymbol{\Sigma}$ 的随机变量,

(1) 求

$$\boldsymbol{U} = \frac{1}{5}\boldsymbol{X}_1 + \frac{1}{5}\boldsymbol{X}_2 + \frac{1}{5}\boldsymbol{X}_3 + \frac{1}{5}\boldsymbol{X}_4 + \frac{1}{5}\boldsymbol{X}_5$$

和

$$\boldsymbol{V} = \boldsymbol{X}_1 - \boldsymbol{X}_2 + \boldsymbol{X}_3 - \boldsymbol{X}_4 + \boldsymbol{X}_5$$

的期望向量 $E(\boldsymbol{u}), E(\boldsymbol{V})$ 和协差阵 $\mathrm{Var}(\boldsymbol{U}), \mathrm{Var}(\boldsymbol{V})$;

(2) 求 (1) 中 $\boldsymbol{U}, \boldsymbol{V}$ 的协差阵 $\mathrm{Cov}(\boldsymbol{U}, \boldsymbol{V})$.

21. 随机向量 $\boldsymbol{X} = (X_1, X_2, X_3, X_4)^{\mathrm{T}}$ 的均值向量 $\boldsymbol{\mu} = (4, 3, 2, 1)^{\mathrm{T}}$, 协差阵 $\boldsymbol{\Sigma} =$
$\begin{pmatrix} 3 & 0 & 2 & 2 \\ 0 & 1 & 1 & 0 \\ 2 & 1 & 9 & -2 \\ 2 & 0 & -2 & 4 \end{pmatrix}$, 设 $\boldsymbol{X}^{(1)} = (X_1, X_2)^{\mathrm{T}}, \boldsymbol{X}^{(2)} = (X_3, X_4)^{\mathrm{T}}$, 则 $\boldsymbol{X} = \begin{pmatrix} \boldsymbol{X}^{(1)} \\ \boldsymbol{X}^{(2)} \end{pmatrix}$. 取

$\boldsymbol{A} = (1, 2), \boldsymbol{B} = \begin{pmatrix} 1 & -2 \\ 2 & -1 \end{pmatrix}$, 计算: $E(\boldsymbol{X}^{(1)}), E(\boldsymbol{A}\boldsymbol{X}^{(1)}), \mathrm{Var}(\boldsymbol{X}^{(1)}), \mathrm{Var}(\boldsymbol{A}\boldsymbol{X}^{(1)})$,
$E(\boldsymbol{X}^{(2)}), E(\boldsymbol{B}\boldsymbol{X}^{(2)}), \mathrm{Var}(\boldsymbol{X}^{(2)}), \mathrm{Var}(\boldsymbol{B}\boldsymbol{X}^{(2)})$, 以及 $\mathrm{Cov}(\boldsymbol{X}^{(1)}, \boldsymbol{X}^{(2)}), \mathrm{Cov}(\boldsymbol{A}\boldsymbol{X}^{(1)},$
$\boldsymbol{B}\boldsymbol{X}^{(2)})$.

22. 随机向量 $\boldsymbol{X} = (X_1, X_2, X_3, X_4, X_5)^{\mathrm{T}}$ 的均值向量 $\boldsymbol{\mu} = (2, 4, -1, 3, 0)^{\mathrm{T}}$, 协差
阵 $\boldsymbol{\Sigma} = \begin{pmatrix} 4 & -1 & \frac{1}{2} & -\frac{1}{2} & 0 \\ -1 & 3 & 1 & -1 & 0 \\ \frac{1}{2} & 1 & 6 & 1 & -1 \\ -\frac{1}{2} & -1 & 1 & 4 & 0 \\ 0 & 0 & -1 & 0 & 2 \end{pmatrix}$, 设 $\boldsymbol{X}^{(1)} = (X_1, X_2)^{\mathrm{T}}, \boldsymbol{X}^{(2)} = (X_3, X_4, X_5)^{\mathrm{T}}$,
则 $\boldsymbol{X} = \begin{pmatrix} \boldsymbol{X}^{(1)} \\ \boldsymbol{X}^{(2)} \end{pmatrix}$. 取

$$\boldsymbol{A} = \begin{pmatrix} 1 & -1 \\ 1 & 1 \end{pmatrix}, \boldsymbol{B} = \begin{pmatrix} 1 & 1 & 1 \\ 1 & 1 & -2 \end{pmatrix},$$

计算: $E(\boldsymbol{X}^{(1)}), E(\boldsymbol{A}\boldsymbol{X}^{(1)}), \mathrm{Var}(\boldsymbol{X}^{(1)}), \mathrm{Var}(\boldsymbol{A}\boldsymbol{X}^{(1)}), E(\boldsymbol{X}^{(2)}), E(\boldsymbol{B}\boldsymbol{X}^{(2)}), \mathrm{Var}(\boldsymbol{X}^{(2)})$,
$\mathrm{Var}(\boldsymbol{B}\boldsymbol{X}^{(2)}), \mathrm{Cov}(\boldsymbol{X}^{(1)}, \boldsymbol{X}^{(2)}), \mathrm{Cov}(\boldsymbol{A}\boldsymbol{X}^{(1)}, \boldsymbol{B}\boldsymbol{X}^{(2)})$.

23. 随机向量 $\boldsymbol{X} = (X_1, X_2, X_3, X_4, X_5)^{\mathrm{T}}$ 的均值向量 $\boldsymbol{\mu} = (2, 4, -1, 3, 0)^{\mathrm{T}}$, 协差阵

$$\boldsymbol{\Sigma} = \begin{pmatrix} 4 & -1 & \dfrac{1}{2} & -\dfrac{1}{2} & 0 \\ -1 & 3 & 1 & -1 & 0 \\ \dfrac{1}{2} & 1 & 6 & 1 & -1 \\ -\dfrac{1}{2} & -1 & 1 & 4 & 0 \\ 0 & 0 & -1 & 0 & 2 \end{pmatrix}, 设 \boldsymbol{X}^{(1)} = (X_1, X_2, X_3)^{\mathrm{T}}, \boldsymbol{X}^{(2)} = (X_4, X_5)^{\mathrm{T}}, 则$$

$\boldsymbol{X} = \begin{pmatrix} \boldsymbol{X}^{(1)} \\ \boldsymbol{X}^{(2)} \end{pmatrix}$. 取 $\boldsymbol{A} = \begin{pmatrix} 2 & -1 & 0 \\ 1 & 1 & 3 \end{pmatrix}, \boldsymbol{B} = \begin{pmatrix} 1 & 2 \\ 1 & -1 \end{pmatrix}$, 计算: $E(\boldsymbol{X}^{(1)}), E(\boldsymbol{A}\boldsymbol{X}^{(1)}),$
$\mathrm{Var}(\boldsymbol{X}^{(1)}),\ \mathrm{Var}(\boldsymbol{A}\boldsymbol{X}^{(1)}),\ E(\boldsymbol{X}^{(2)}),\ E(\boldsymbol{B}\boldsymbol{X}^{(2)}),\ \mathrm{Var}(\boldsymbol{X}^{(2)}),\ \mathrm{Var}(\boldsymbol{B}\boldsymbol{X}^{(2)}), \mathrm{Cov}(\boldsymbol{X}^{(1)},$
$\boldsymbol{X}^{(2)}), \mathrm{Cov}(\boldsymbol{A}\boldsymbol{X}^{(1)}, \boldsymbol{B}\boldsymbol{X}^{(2)}).$

24. 随机向量 $\boldsymbol{X} = (X_1, X_2, X_3, X_4)^{\mathrm{T}}$ 的均值向量 $\boldsymbol{\mu} = (3, 2, -2, 0)^{\mathrm{T}}$, 协差阵 $\boldsymbol{\Sigma} =$
$\mathbf{diag}(3, 3, 3, 3)$, 取 $\boldsymbol{A} = \begin{pmatrix} 1 & -1 & 0 & 0 \\ 1 & 1 & -2 & 0 \\ 1 & 1 & 1 & -3 \end{pmatrix}$, 求 $E(\boldsymbol{A}\boldsymbol{X}), \mathrm{Var}(\boldsymbol{A}\boldsymbol{X}).$

25. 随机向量 $\boldsymbol{X} = (X_1, X_2, X_3, X_4)^{\mathrm{T}}$ 的均值向量 $\boldsymbol{\mu} = (3, 2, -2, 0)^{\mathrm{T}}$, 协差阵 $\boldsymbol{\Sigma} =$
$\begin{pmatrix} 3 & 1 & 1 & 1 \\ 1 & 3 & 1 & 1 \\ 1 & 1 & 3 & 1 \\ 1 & 1 & 1 & 3 \end{pmatrix}$, 取 $\boldsymbol{A} = \begin{pmatrix} 1 & -1 & 0 & 0 \\ 1 & 1 & -2 & 0 \\ 1 & 1 & 1 & -3 \end{pmatrix}$, 计算 $E(\boldsymbol{A}\boldsymbol{X})$ 和 $\mathrm{Var}(\boldsymbol{A}\boldsymbol{X}).$

26. 已知 $\boldsymbol{X} = (X_1, X_2)^{\mathrm{T}} \sim N_2(2\mathbf{1}_2, \boldsymbol{I}_2)$, 设 $\boldsymbol{A} = \begin{pmatrix} 1 \\ 1 \end{pmatrix}, \boldsymbol{B} = \begin{pmatrix} 1 \\ -1 \end{pmatrix}$, 证明:
$\boldsymbol{A}\boldsymbol{X}, \boldsymbol{B}\boldsymbol{X}$ 独立.

27. 随机向量 $\boldsymbol{X} = (X_1, X_2)^{\mathrm{T}} \sim N_2\left(\begin{pmatrix} 1 \\ 2 \end{pmatrix}, \begin{pmatrix} 2 & 1 \\ 1 & 2 \end{pmatrix}\right)$, 记 $\boldsymbol{Y} = (Y_1, Y_2)^{\mathrm{T}},$
$\boldsymbol{Y}|\boldsymbol{X} \sim N_2\left(\begin{pmatrix} X_1 \\ X_1 + X_2 \end{pmatrix}, \begin{pmatrix} 1 & 0 \\ 0 & 1 \end{pmatrix}\right)$. 求 $Y_2|Y_1$ 和 $\boldsymbol{W} = \boldsymbol{X} - \boldsymbol{Y}$ 的分布.

28. 随机变量 $Z \sim N(0, 1), Y|Z \sim N(1 + Z, 1), X|Y, Z \sim N(1 - Y, 1)$. 求
(1) $(X, Y, Z)^{\mathrm{T}}$ 的分布;
(2) $Y|X, Z$ 的分布;
(3) $(U, V)^{\mathrm{T}} = (1 + Z, 1 - Y)^{\mathrm{T}}$ 的分布;
(4) $E(Y|U = 2).$

29. 设 $\boldsymbol{\mathcal{X}}$ 是来自正态总体 $N_p(\boldsymbol{\mu}, \boldsymbol{\Sigma})$ 的样本数据矩阵, $\boldsymbol{\mathcal{X}}$ 的第 i 行 $\boldsymbol{x}_i^{\mathrm{T}}$ 表示第 i
个样品, $i = 1, 2, \cdots, n$. 设 $\boldsymbol{c} = (c_1, c_2, \cdots, c_n)^{\mathrm{T}}$, 满足 $\sum\limits_{i=1}^{n} c_i = 1$. 令 $\boldsymbol{z} = \sum\limits_{i=1}^{n} c_i \boldsymbol{x}_i$, 证明:
(1) $\boldsymbol{z}$ 是 $\boldsymbol{\mu}$ 的无偏估计;

(2) $z \sim N_p(\boldsymbol{\mu}, \boldsymbol{c}^{\mathrm{T}}\boldsymbol{c}\boldsymbol{\Sigma})$.

30. 设 $\boldsymbol{X} = (X_1, X_2, X_3, X_4)^{\mathrm{T}} \sim N_4(\mu\boldsymbol{1}_4, \sigma^2\boldsymbol{I}_4)$, $\boldsymbol{Y} = (Y_1, Y_2, Y_3, Y_4)^{\mathrm{T}} = \boldsymbol{AX}$, 其中,

$$\boldsymbol{A} = \begin{pmatrix} \dfrac{1}{\sqrt{4}} & \dfrac{1}{\sqrt{4}} & \dfrac{1}{\sqrt{4}} & \dfrac{1}{\sqrt{4}} \\ \dfrac{1}{\sqrt{2}} & -\dfrac{1}{\sqrt{2}} & 0 & 0 \\ \dfrac{1}{\sqrt{6}} & \dfrac{1}{\sqrt{6}} & -\dfrac{2}{\sqrt{6}} & 0 \\ \dfrac{1}{\sqrt{12}} & \dfrac{1}{\sqrt{12}} & \dfrac{1}{\sqrt{12}} & -\dfrac{3}{\sqrt{12}} \end{pmatrix},$$

证明:

(1) $\boldsymbol{A}$ 是正交矩阵;

(2) $\sum\limits_{j=2}^{4} Y_j^2 = \sum\limits_{j=1}^{4}(X_j - \bar{X})^2$, 其中, $\bar{X} = \dfrac{1}{4}\sum\limits_{j=1}^{4} X_j$;

(3) $Y_j, j = 1, 2, 3, 4$ 相互独立;

(4) $Y_1 \sim N(2\mu, \sigma^2), Y_j \sim N(0, \sigma^2), j = 2, 3, 4$.

31. 设 $\boldsymbol{x}_i, i = 1, 2, \cdots, 20$ 是来自总体 $N_6(\boldsymbol{\mu}, \boldsymbol{\Sigma})$ 的随机样本, $\boldsymbol{S}$ 为样本矩阵,

(1) 分别写出 $(\boldsymbol{x}_1 - \boldsymbol{\mu})^{\mathrm{T}}\boldsymbol{\Sigma}^{-1}(\boldsymbol{x}_1 - \boldsymbol{\mu}), \bar{\boldsymbol{x}}, \sqrt{n}(\bar{\boldsymbol{x}} - \boldsymbol{\mu}), 19\boldsymbol{S}$ 的分布;

(2) 写出 $19\boldsymbol{BSB}^{\mathrm{T}}$ 的分布, 其中,

$$\boldsymbol{B} = \begin{pmatrix} 1 & -\dfrac{1}{2} & -\dfrac{1}{2} & 0 & 0 & 0 \\ 0 & 0 & 0 & -\dfrac{1}{2} & -\dfrac{1}{2} & 1 \end{pmatrix};$$

(3) 写出 $19\boldsymbol{BSB}^{\mathrm{T}}$ 的分布, 其中,

$$\boldsymbol{B} = \begin{pmatrix} 1 & 0 & 0 & 0 & 0 & 0 \\ 0 & 0 & 1 & 0 & 0 & 0 \end{pmatrix}.$$

32. 设 $\boldsymbol{x}_i, i = 1, 2, \cdots, 60$ 是来自总体 $N_4(\boldsymbol{\mu}, \boldsymbol{\Sigma})$ 的随机样本, 分别写出 $(\boldsymbol{x}_1 - \boldsymbol{\mu})^{\mathrm{T}}\boldsymbol{\Sigma}^{-1}(\boldsymbol{x}_1 - \boldsymbol{\mu}), \bar{\boldsymbol{x}}, (\bar{\boldsymbol{x}} - \boldsymbol{\mu})^{\mathrm{T}}\boldsymbol{\Sigma}^{-1}(\bar{\boldsymbol{x}} - \boldsymbol{\mu}), (\bar{\boldsymbol{x}} - \boldsymbol{\mu})^{\mathrm{T}}\boldsymbol{S}^{-1}(\bar{\boldsymbol{x}} - \boldsymbol{\mu})$ 的分布.

33. 计算波士顿房价数据的样本均值、样本离差阵、样本协差阵和样本相关阵.

第4章

多元正态总体的统计推断

本章我们先给出多元正态分布参数的极大似然估计,这些结果对正态总体参数的假设检验的统计量设计具有启发意义. 然后讨论多元正态总体的假设检验问题. 限于篇幅, 本书只讨论均值的检验问题. 对于协差阵的检验, 可以参考朱建平 (2017).

4.1 多元正态分布参数的极大似然估计

设 $\boldsymbol{x}_i, i = 1, 2, \cdots, n$ 是来自 p 元正态总体 $N_p(\boldsymbol{\mu}, \boldsymbol{\Sigma})$ 的一个随机样本, $\boldsymbol{\Sigma}$ 正定. 视样本的联合密度函数 $\prod\limits_{i=1}^{n} f(\boldsymbol{x}_i, \boldsymbol{\mu}, \boldsymbol{\Sigma})$ 为 $\boldsymbol{\mu}, \boldsymbol{\Sigma}$ 的函数, 得到似然函数

$$
\begin{aligned}
L(\boldsymbol{\mu}, \boldsymbol{\Sigma}) &= \prod_{i=1}^{n} \frac{1}{(2\pi)^{\frac{p}{2}} (\det \boldsymbol{\Sigma})^{\frac{1}{2}}} \exp\left\{ -\frac{1}{2} (\boldsymbol{x}_i - \boldsymbol{\mu})^{\mathrm{T}} \boldsymbol{\Sigma}^{-1} (\boldsymbol{x}_i - \boldsymbol{\mu}) \right\} \\
&= \frac{1}{(2\pi)^{\frac{np}{2}} (\det \boldsymbol{\Sigma})^{\frac{n}{2}}} \exp\left\{ -\frac{1}{2} \sum_{i=1}^{n} (\boldsymbol{x}_i - \boldsymbol{\mu})^{\mathrm{T}} \boldsymbol{\Sigma}^{-1} (\boldsymbol{x}_i - \boldsymbol{\mu}) \right\} \\
&= \frac{1}{(2\pi)^{\frac{np}{2}} (\det \boldsymbol{\Sigma})^{\frac{n}{2}}} \exp\left\{ -\frac{1}{2} \sum_{i=1}^{n} \mathrm{tr}[(\boldsymbol{x}_i - \boldsymbol{\mu})^{\mathrm{T}} \boldsymbol{\Sigma}^{-1} (\boldsymbol{x}_i - \boldsymbol{\mu})] \right\} \\
&= \frac{1}{(2\pi)^{\frac{np}{2}} (\det \boldsymbol{\Sigma})^{\frac{n}{2}}} \exp\left\{ -\frac{1}{2} \sum_{i=1}^{n} \mathrm{tr}[\boldsymbol{\Sigma}^{-1} (\boldsymbol{x}_i - \boldsymbol{\mu}) (\boldsymbol{x}_i - \boldsymbol{\mu})^{\mathrm{T}}] \right\} \\
&= \frac{1}{(2\pi)^{\frac{np}{2}} (\det \boldsymbol{\Sigma})^{\frac{n}{2}}} \exp\left\{ -\frac{1}{2} \mathrm{tr}\left[\boldsymbol{\Sigma}^{-1} \sum_{i=1}^{n} (\boldsymbol{x}_i - \boldsymbol{\mu}) (\boldsymbol{x}_i - \boldsymbol{\mu})^{\mathrm{T}} \right] \right\},
\end{aligned}
$$

由于

$$
\begin{aligned}
\sum_{i=1}^{n} (\boldsymbol{x}_i - \boldsymbol{\mu})(\boldsymbol{x}_i - \boldsymbol{\mu})^{\mathrm{T}} &= \sum_{i=1}^{n} (\boldsymbol{x}_i - \bar{\boldsymbol{x}} + \bar{\boldsymbol{x}} - \boldsymbol{\mu})(\boldsymbol{x}_i - \bar{\boldsymbol{x}} + \bar{\boldsymbol{x}} - \boldsymbol{\mu})^{\mathrm{T}} \\
&= \boldsymbol{A} + n(\bar{\boldsymbol{x}} - \boldsymbol{\mu})(\bar{\boldsymbol{x}} - \boldsymbol{\mu})^{\mathrm{T}},
\end{aligned}
$$

其中, $\boldsymbol{A}$ 为样本离差阵.

$$
\boldsymbol{A} = \sum_{i=1}^{n} (\boldsymbol{x}_i - \bar{\boldsymbol{x}})(\boldsymbol{x}_i - \bar{\boldsymbol{x}})^{\mathrm{T}}
$$

所以, 似然函数

$$L(\boldsymbol{\mu}, \boldsymbol{\Sigma}) = \frac{1}{(2\pi)^{\frac{np}{2}} (\det \boldsymbol{\Sigma})^{\frac{n}{2}}}$$
$$\exp\left\{-\frac{1}{2}\mathrm{tr}\left[\boldsymbol{\Sigma}^{-1}(\boldsymbol{A} + n(\bar{\boldsymbol{x}} - \boldsymbol{\mu})(\bar{\boldsymbol{x}} - \boldsymbol{\mu})^{\mathrm{T}})\right]\right\},$$

于是, 对数似然函数

$$\ln L(\boldsymbol{\mu}, \boldsymbol{\Sigma})$$
$$= -\frac{np}{2}\ln(2\pi) + \frac{n}{2}\ln\det(\boldsymbol{\Sigma}^{-1}) - \frac{1}{2}\mathrm{tr}(\boldsymbol{\Sigma}^{-1}\boldsymbol{A}) -$$
$$\frac{n}{2}\mathrm{tr}[\boldsymbol{\Sigma}^{-1}(\bar{\boldsymbol{x}} - \boldsymbol{\mu})(\bar{\boldsymbol{x}} - \boldsymbol{\mu})^{\mathrm{T}}]$$
$$= -\frac{np}{2}\ln(2\pi) + \frac{n}{2}\ln\det(\boldsymbol{\Sigma}^{-1}) - \frac{1}{2}\mathrm{tr}(\boldsymbol{\Sigma}^{-1}\boldsymbol{A}) -$$
$$\frac{n}{2}(\bar{\boldsymbol{x}} - \boldsymbol{\mu})^{\mathrm{T}}\boldsymbol{\Sigma}^{-1}(\bar{\boldsymbol{x}} - \boldsymbol{\mu}),$$

对数似然函数对 $\boldsymbol{\mu}$ 和 $\boldsymbol{\Sigma}^{-1}$ 求导并令其为零, 得似然方程

$$\frac{\partial \ln L(\boldsymbol{\mu}, \boldsymbol{\Sigma})}{\partial \boldsymbol{\mu}^{\mathrm{T}}} = n\boldsymbol{\Sigma}^{-1}(\bar{\boldsymbol{x}} - \boldsymbol{\mu}) = \boldsymbol{0},$$
$$\frac{\partial \ln L(\boldsymbol{\mu}, \boldsymbol{\Sigma})}{\partial \boldsymbol{\Sigma}^{-1}} = n\boldsymbol{\Sigma} - \frac{n}{2}\mathbf{diag}(\boldsymbol{\Sigma}) - \boldsymbol{A} + \frac{1}{2}\mathbf{diag}(\boldsymbol{A}) = \boldsymbol{O},$$

其中, $\mathbf{diag}(\boldsymbol{\Sigma})$ 表示以 $\boldsymbol{\Sigma}$ 的对角线元素为对角线的对角矩阵. 由似然方程得 $\boldsymbol{\mu}, \boldsymbol{\Sigma}$ 的极大似然估计分别为

$$\widehat{\boldsymbol{\mu}} = \bar{\boldsymbol{x}}, \ \widehat{\boldsymbol{\Sigma}} = \frac{1}{n}\boldsymbol{A}. \tag{4.1}$$

需要注意的是, 极大似然估计不一定是无偏估计. 多元正态分布参数 $\boldsymbol{\mu}, \boldsymbol{\Sigma}$ 的极大似然估计 (4.1) 中, 因为

$$E(\bar{\boldsymbol{x}}) = \frac{1}{n}\sum_{i=1}^{n} E(\boldsymbol{x}_i) = \frac{1}{n}\sum_{i=1}^{n} \boldsymbol{\mu} = \boldsymbol{\mu},$$

所以 $\bar{\boldsymbol{x}}$ 是 $\boldsymbol{\mu}$ 的无偏估计. 但是, $\frac{1}{n}\boldsymbol{A}$ 是 $\boldsymbol{\Sigma}$ 的有偏估计. 事实上, 因为

$$\mathrm{Var}(\bar{\boldsymbol{x}}) = \frac{1}{n^2}\sum_{i=1}^{n} \mathrm{Var}(\boldsymbol{x}_i) = \frac{1}{n}\boldsymbol{\Sigma} = E(\bar{\boldsymbol{x}}\bar{\boldsymbol{x}}^{\mathrm{T}}) - \boldsymbol{\mu}\boldsymbol{\mu}^{\mathrm{T}},$$

所以,

$$E(\widehat{\boldsymbol{\Sigma}}) = E\left(\frac{1}{n}\boldsymbol{A}\right) = \frac{1}{n}E\left(\sum_{i=1}^{n}(\boldsymbol{x}_i - \bar{\boldsymbol{x}})(\boldsymbol{x}_i - \bar{\boldsymbol{x}})^{\mathrm{T}}\right)$$

$$=\frac{1}{n} E\left(\sum_{i=1}^{n} \boldsymbol{x}_i \boldsymbol{x}_i^{\mathrm{T}} - n\bar{\boldsymbol{x}}\bar{\boldsymbol{x}}^{\mathrm{T}}\right),$$

因为 $E(\boldsymbol{x}_i \boldsymbol{x}_i^{\mathrm{T}}) = \boldsymbol{\Sigma} + \boldsymbol{\mu}\boldsymbol{\mu}^{\mathrm{T}}, E(\bar{\boldsymbol{x}}\bar{\boldsymbol{x}}^{\mathrm{T}}) = \frac{1}{n}\boldsymbol{\Sigma} + \boldsymbol{\mu}\boldsymbol{\mu}^{\mathrm{T}}$，代入上式得 $E(\widehat{\boldsymbol{\Sigma}}) = \frac{n-1}{n}\boldsymbol{\Sigma}$. 因此，$\frac{1}{n}\boldsymbol{A}$ 是 $\boldsymbol{\Sigma}$ 的有偏估计. 然而，样本协差阵 $\boldsymbol{S} = \frac{1}{n-1}\boldsymbol{A}$ 是 $\boldsymbol{\Sigma}$ 的无偏估计.

4.2   单正态总体均值向量的假设检验

设 $\boldsymbol{x}_i, i = 1, 2, \cdots, n$ 是来自 p 元正态总体 $N_p(\boldsymbol{\mu}, \boldsymbol{\Sigma})$ 的一个随机样本，且 $\boldsymbol{\Sigma}$ 正定. 现欲检验假设

$$H_0 : \boldsymbol{\mu} = \boldsymbol{\mu}_0 \leftrightarrow H_1 : \boldsymbol{\mu} \neq \boldsymbol{\mu}_0, \tag{4.2}$$

其中，$\boldsymbol{\mu}_0$ 是已知常数向量，H_0 称为原假设，H_1 称为备择假设.

4.2.1   总体协差阵已知时

此时，由定理 3.6 之 1，

$$\bar{\boldsymbol{x}} \sim N_p\left(\boldsymbol{\mu}, \frac{1}{n}\boldsymbol{\Sigma}\right),$$

又由性质 3.11，

$$T_0^2 = n(\bar{\boldsymbol{x}} - \boldsymbol{\mu})^{\mathrm{T}} \boldsymbol{\Sigma}^{-1} (\bar{\boldsymbol{x}} - \boldsymbol{\mu}) \sim \chi^2(p).$$

则当原假设 H_0 成立时，检验统计量

$$T_0^2 = n(\bar{\boldsymbol{x}} - \boldsymbol{\mu}_0)^{\mathrm{T}} \boldsymbol{\Sigma}^{-1} (\bar{\boldsymbol{x}} - \boldsymbol{\mu}_0) \sim \chi^2(p). \tag{4.3}$$

已知统计量的分布，我们有两种常用的方法进行统计推断.

1. 第一种方法是使用分位数确定拒绝域. 当 $\bar{\boldsymbol{x}}$ 与 $\boldsymbol{\mu}_0$ 差别比较大时，应该拒绝原假设，此时 T_0^2 比较大. 给定显著性水平 α (一般取 0.05)，计算分位数 $\chi_\alpha^2(p)$，由 $P(T_0^2 \chi_\alpha^2(p)) = \alpha$ 可以确定拒绝域 $\{T_0^2 > \chi_\alpha^2(p)\}$，即，由样本 $\boldsymbol{x}_i, i = 1, 2, \cdots, n$ 计算出的统计量的值 $T_0^2 = t_0^2$. 如果满足 $t_0^2 > \chi_\alpha^2(p)$，就拒绝原假设，认为备择假设正确；否则，不能拒绝原假设，这种情况下事实上得不出一个有效的结论，但是一般我们会"不得不"接受原假设.

2. 第二种方法是使用 p 值 (显著性概率值). p 值定义为统计量取值比由样本计算出来的统计量的值 (称为统计值) 更为极端的概率，即

$$p = P(T_0^2 \geqslant t_0^2).$$

显然, 这个值比较小时 (比如, $p \leqslant \alpha$), 由小概率原理 (小概率事件在一次试验中几乎不会发生), 应该拒绝原假设, 否则, 接受原假设.

需要说明的是, p 值方法比分位数确定拒绝域的方法更科学, 使用范围也更广泛, 但是目前还没有一个很好的中文名称. 鉴于 p 值是判断原假设成立与否的一个客观指标, 房祥忠 (2021) 建议使用 "庇值" 作为 p 值的中文名称, 取对原假设的庇护或保护之意; 另外, 在很多假设检验问题中, 原假设往往是一个不会被轻易否定的命题, "庇值" 也能反映这层意思.

以上两种方法对所有的已知统计量分布的假设检验问题都适用, 所不同的仅仅是统计量及其分布. 如果不知道统计量的分布, 可以使用一些设计巧妙的重抽样方法计算出近似或渐近 p 值, 进而进行统计推断.

4.2.2 总体协差阵未知时

由于 $\boldsymbol{\Sigma}$ 未知, 我们把式 (4.3) 中的 $\boldsymbol{\Sigma}$ 用它的无偏估计 $\boldsymbol{S} = \dfrac{1}{n-1}\boldsymbol{A}$ 代替, 其中 $\boldsymbol{A}$ 是样本离差阵, $\boldsymbol{S}$ 是样本协差阵. 由此得到统计量

$$T^2 = n(\bar{\boldsymbol{x}} - \boldsymbol{\mu}_0)^{\mathrm{T}} \left(\frac{1}{n-1}\boldsymbol{A} \right)^{-1} (\bar{\boldsymbol{x}} - \boldsymbol{\mu}_0),$$

当 H_0 成立时,

$$\bar{\boldsymbol{x}} \sim N_p\left(\boldsymbol{\mu}_0, \frac{1}{n}\boldsymbol{\Sigma}\right), \ \sqrt{n}(\bar{\boldsymbol{x}} - \boldsymbol{\mu}_0) \sim N_p(\boldsymbol{0}, \boldsymbol{\Sigma}), \ \boldsymbol{A} \sim W_p(n-1, \boldsymbol{\Sigma}),$$

于是, 由性质 3.18,

$$T^2 = n(n-1)(\bar{\boldsymbol{x}} - \boldsymbol{\mu}_0)^{\mathrm{T}} \boldsymbol{A}^{-1} (\bar{\boldsymbol{x}} - \boldsymbol{\mu}_0) \sim T^2(p, n-1), \tag{4.4}$$

再由性质 3.20, 取检验统计量

$$F = \frac{n-p}{(n-1)p} T^2 \sim F(p, n-p). \tag{4.5}$$

取显著性水平 α, 拒绝域为 $\{F \geqslant F_\alpha(p, n-p)\}$, 其中 $F_\alpha(p, n-p)$ 是自由度为 $(p, n-p)$ 的 F 分布的上侧 α 分位数. 或者计算 p 值

$$p = P(F \geqslant F(\boldsymbol{x}_1, \boldsymbol{x}_2, \cdots, \boldsymbol{x}_n)),$$

其中, $F(\boldsymbol{x}_1, \boldsymbol{x}_2, \cdots, \boldsymbol{x}_n)$ 表示检验统计量 (4.5) 由样本 $\boldsymbol{x}_1, \boldsymbol{x}_2, \cdots, \boldsymbol{x}_n$ 计算出的统计值, 如果 $p \leqslant \alpha$ 就拒绝原假设, 否则接受原假设.

【例 4.1】(iris.csv) R. A. Fisher 于 1936 年发表的鸢尾花数据集 iris 被作为各种统计模型的验证数据集而广泛地使用. 这个数据集可以在各种统计软件中找到,

R 基础安装中的鸢尾花数据集 iris 含有 150 个样品, 每个样品有 4 个属性: 萼片长度 (Sepal.Length), 萼片宽度 (Sepal.Width), 花瓣长度 (Petal.Length) 和花瓣宽度 (Petal. Width), 150 个样品分成了 3 类 (Species): 前 50 个样本属于第 1 类 Setosa, 中间 50 个样本属于第 2 类 Versicolor, 最后 50 个样本属于第 3 类 Virginica.

取显著性水平 $\alpha = 0.05$, 把第 1 类鸢尾花 Setosa 的 4 个属性的均值向量记为 $\boldsymbol{\mu}_1$, 同时记 $\boldsymbol{\mu}_0 = (5.0, 3.4, 1.5, 0.2)^{\mathrm{T}}$, 检验假设 $H_0 : \boldsymbol{\mu}_1 = \boldsymbol{\mu}_0 \leftrightarrow H_1 : \boldsymbol{\mu}_1 \neq \boldsymbol{\mu}_0$.

解   记第 1 类鸢尾花 Setosa 的 4 个属性随机向量为 $\boldsymbol{X} = (X_1, X_2, X_3, X_4)^{\mathrm{T}}$, 并假定 $\boldsymbol{X} \sim N_4(\boldsymbol{\mu}_1, \boldsymbol{\Sigma})$, 其中 $\boldsymbol{\Sigma}$ 未知. 样本数据集 $\boldsymbol{\mathcal{X}}$ 是由第 1 类鸢尾花的 4 个属性数据构成的 50×4 矩阵. 原假设 H_0 成立时, 检验统计量为

$$F = \frac{n-p}{(n-1)p} T^2 \sim F(p, n-p),$$

其中, $n = 50, p = 4, T^2 = n(n-1)(\bar{\boldsymbol{x}} - \boldsymbol{\mu}_0)^{\mathrm{T}} \boldsymbol{A}^{-1} (\bar{\boldsymbol{x}} - \boldsymbol{\mu}_0)$. 计算 $\boldsymbol{\mathcal{X}}$ 的列均值得到样本均值向量 $\bar{\boldsymbol{x}} = (5.006, 3.428, 1.462, 0.246)^{\mathrm{T}}$, 计算样本离差阵

$$\boldsymbol{A} = \boldsymbol{\mathcal{X}}^{\mathrm{T}} \boldsymbol{\mathcal{X}} - n\bar{\boldsymbol{x}}\bar{\boldsymbol{x}}^{\mathrm{T}} = \begin{pmatrix} 6.0882 & 4.8616 & 0.8014 & 0.5062 \\ 4.8616 & 7.0408 & 0.5732 & 0.4556 \\ 0.8014 & 0.5732 & 1.4778 & 0.2974 \\ 0.5062 & 0.4556 & 0.2974 & 0.5442 \end{pmatrix},$$

从而,

$$\boldsymbol{A}^{-1} = \begin{pmatrix} 0.3866 & -0.2532 & -0.0918 & -0.0975 \\ -0.2532 & 0.3178 & 0.0227 & -0.0429 \\ -0.0918 & 0.0227 & 0.7914 & -0.3660 \\ -0.0975 & -0.0429 & -0.3660 & 2.1642 \end{pmatrix},$$

进一步计算得 $T^2 = n(n-1)(\bar{\boldsymbol{x}} - \boldsymbol{\mu}_0)^{\mathrm{T}} \boldsymbol{A}^{-1} (\bar{\boldsymbol{x}} - \boldsymbol{\mu}_0) = 17.1720$, 从而 $F = \frac{n-p}{(n-1)p} T^2 = 4.0302$. 查表得 $F_\alpha(p, n-p) = F_{0.05}(4, 46) = 2.5740$, 由于 $F > F_{0.05}(4, 46)$, 故拒绝原假设, 认为第 1 类鸢尾花的均值向量 $\boldsymbol{\mu}_1 \neq \boldsymbol{\mu}_0$. 也可以计算出 p 值, 即 $P(F \geqslant 4.0302) = 0.0070 < \alpha$, 同样拒绝原假设.   □

4.2.3   均值向量的置信域

在一元统计中我们知道, 均值的假设检验问题等价于求解均值的置信区间, 当样本均值落在置信区间以外时就拒绝原假设, 否则接受原假设. 在多元统计中, 我们也可以一样地讨论这个问题, 这就是均值向量的置信域问题.

设 $\boldsymbol{x}_i, i = 1, 2, \cdots, n$ 是来自 p 元正态总体 $N_p(\boldsymbol{\mu}, \boldsymbol{\Sigma})$ 的一个随机样本, $\bar{\boldsymbol{x}}$ 和 $\boldsymbol{A}$ 分

别是样本均值向量和样本离差阵, 则

$$T^2 = n(n-1)(\bar{\boldsymbol{x}} - \boldsymbol{\mu})^{\mathrm{T}} \boldsymbol{A}^{-1}(\bar{\boldsymbol{x}} - \boldsymbol{\mu})$$

$$= n(\bar{\boldsymbol{x}} - \boldsymbol{\mu})^{\mathrm{T}} \boldsymbol{S}^{-1}(\bar{\boldsymbol{x}} - \boldsymbol{\mu}) \sim T^2(p, n-1),$$

其中 $\boldsymbol{S}$ 是样本协差阵. 由 T^2 分别与 F 分布的关系, 有

$$F = \frac{n-p}{(n-1)p} T^2 \sim F(p, n-p).$$

给定置信度 $1 - \alpha$, 由

$$P(F \leqslant F_\alpha(p, n-p)) = 1 - \alpha$$

可得均值向量 $\boldsymbol{\mu}$ 的置信度为 $1 - \alpha$ 的置信域为

$$\left\{ \boldsymbol{\mu} \,\middle|\, (\bar{\boldsymbol{x}} - \boldsymbol{\mu})^{\mathrm{T}} \boldsymbol{A}^{-1}(\bar{\boldsymbol{x}} - \boldsymbol{\mu}) \leqslant \frac{p}{n(n-p)} F_\alpha(p, n-p) \right\}, \tag{4.6}$$

或

$$\left\{ \boldsymbol{\mu} \,\middle|\, (\bar{\boldsymbol{x}} - \boldsymbol{\mu})^{\mathrm{T}} \boldsymbol{S}^{-1}(\bar{\boldsymbol{x}} - \boldsymbol{\mu}) \leqslant \frac{(n-1)p}{n(n-p)} F_\alpha(p, n-p) \right\}. \tag{4.7}$$

考虑式 (4.7), 记

$$c^2 = \frac{(n-1)p}{n(n-p)} F_\alpha(p, n-p).$$

考虑样本协差阵 $\boldsymbol{S}$ 的谱分解

$$\boldsymbol{S} = \sum_{i=1}^{p} \lambda_i \boldsymbol{\varphi}_i \boldsymbol{\varphi}_i^{\mathrm{T}},$$

其中, $\lambda_i, i = 1, 2, \cdots, p$ 是 $\boldsymbol{S}$ 的特征值, $\boldsymbol{\varphi}_i, i = 1, 2, \cdots, p$ 是对应于 $\lambda_i, i = 1, 2, \cdots, p$ 的正交标准化特征向量. 则 $\boldsymbol{S}^{-1} = \sum_{i=1}^{p} \lambda_i^{-1} \boldsymbol{\varphi}_i \boldsymbol{\varphi}_i^{\mathrm{T}}$. 令 $y_i = (\bar{\boldsymbol{x}} - \boldsymbol{\mu})^{\mathrm{T}} \boldsymbol{\varphi}_i, i = 1, 2, \cdots, p$, 则式 (4.7) 中的不等式化为

$$\sum_{i=1}^{p} \frac{y_i^2}{c^2 \lambda_i} \leqslant 1, \tag{4.8}$$

这是 $\mathbb{R}^p$ 空间中的一个椭球, $c\sqrt{\lambda_i}, i = 1, 2, \cdots, p$ 为其轴半径.

由此可以看出, 置信域 (4.6) 或 (4.7) 是 $\mathbb{R}^p$ 空间中一个以 $\bar{\boldsymbol{x}}$ 为中心的非标准位置椭球, 称为置信椭球, 它经过正交旋转可以得到式 (4.8).

讨论均值向量的假设检验问题本质上等价于求均值向量的置信椭球. 对本节讨论的主题, 我们需要检验假设 (4.2), 若 $\boldsymbol{\mu}_0$ 落入置信椭球 (4.6) 或 (4.7), 即满足

$$(\bar{\boldsymbol{x}} - \boldsymbol{\mu}_0)^{\mathrm{T}} \boldsymbol{A}^{-1}(\bar{\boldsymbol{x}} - \boldsymbol{\mu}_0) \leqslant \frac{p}{n(n-p)} F_\alpha(p, n-p),$$

或

$$(\bar{\boldsymbol{x}} - \boldsymbol{\mu}_0)^{\mathrm{T}} \boldsymbol{S}^{-1} (\bar{\boldsymbol{x}} - \boldsymbol{\mu}_0) \leqslant \frac{(n-1)p}{n(n-p)} F_\alpha(p, n-p),$$

则在显著性水平 α 下接受原假设, 否则, 拒绝原假设.

【例 4.2】(例 4.1 续)　在例 4.1 中,

1. 通过求置信域的方法检验假设 $H_0 : \boldsymbol{\mu}_1 = \boldsymbol{\mu}_0 \leftrightarrow H_1 : \boldsymbol{\mu}_1 \neq \boldsymbol{\mu}_0$;

2. 仅选取萼片长度 (Sepal.Length) 和花瓣长度 (Petal.Length) 2 个属性, 求第 1 类鸢尾花的这 2 个属性的均值向量的置信域;

3. 选取鸢尾花的萼片长度 (Sepal.Length)、萼片宽度 (Sepal.Width) 和花瓣长度 (Petal.Length) 3 个属性, 求第 1 类鸢尾花的这 3 个属性的均值向量的置信域.

解　1. 由于

$$c^2 = \frac{(n-1)p}{n(n-p)} F_\alpha(p, n-p) = \frac{49 \times 4}{50 \times 46} F_{0.05}(4, 46) = 0.2194,$$

所以均值向量 $\boldsymbol{\mu}_1$ 的 95% 置信域为

$$\left\{ \boldsymbol{\mu}_1 \,\middle|\, (\bar{\boldsymbol{x}} - \boldsymbol{\mu}_1)^{\mathrm{T}} \boldsymbol{S}^{-1} (\bar{\boldsymbol{x}} - \boldsymbol{\mu}_1) \leqslant 0.2194 \right\},$$

其中, $\bar{\boldsymbol{x}} = (5.006, 3.428, 1.462, 0.246)^{\mathrm{T}}$,

$$\boldsymbol{S}^{-1} = (n-1) \boldsymbol{A}^{-1}$$

$$= \begin{pmatrix} 18.9434 & -12.4048 & -4.5002 & -4.7761 \\ -12.4048 & 15.5705 & 1.1111 & -2.1041 \\ -4.5002 & 1.1111 & 38.7762 & -17.9350 \\ -4.7761 & -2.1041 & -17.9350 & 106.0459 \end{pmatrix}.$$

计算得 $(\bar{\boldsymbol{x}} - \boldsymbol{\mu}_0)^{\mathrm{T}} \boldsymbol{S}^{-1} (\bar{\boldsymbol{x}} - \boldsymbol{\mu}_0) = 0.3434 > c^2$, 所以 $\boldsymbol{\mu}_0$ 不在 $\boldsymbol{\mu}_1$ 的 95% 置信域内, 拒绝原假设.

2. 因为只取 2 个属性, 所以 $p = 2$, 于是,

$$c^2 = \frac{(n-1)p}{n(n-p)} F_\alpha(p, n-p) = \frac{49 \times 2}{50 \times 48} F_{0.05}(2, 48) = 0.1303,$$

样本均值 $\bar{\boldsymbol{x}} = (5.006, 1.462)^{\mathrm{T}}$, 样本离差阵 $\boldsymbol{A} = \begin{pmatrix} 6.0882 & 0.8014 \\ 0.8014 & 1.4778 \end{pmatrix}$, 样本协差阵 $\boldsymbol{S} = \frac{1}{n-1} \boldsymbol{A} = \begin{pmatrix} 0.1242 & 0.0164 \\ 0.0164 & 0.0302 \end{pmatrix}$, 于是, $\boldsymbol{S}^{-1} = \begin{pmatrix} 8.6670 & -4.7001 \\ -4.7001 & 35.7062 \end{pmatrix}$, 所以均值向量 $\boldsymbol{\mu}_1$ 的 95% 置信域为

$$\left\{ \boldsymbol{\mu}_1 \,\middle|\, (\bar{\boldsymbol{x}} - \boldsymbol{\mu}_1)^{\mathrm{T}} \boldsymbol{S}^{-1} (\bar{\boldsymbol{x}} - \boldsymbol{\mu}_1) \leqslant 0.1303 \right\}, \tag{4.9}$$

这是一个椭圆. 协差阵 S 的特征值为 $\lambda_1 = 0.1270, \lambda_2 = 0.0274$, 它们对应的特征向量分别为 $\boldsymbol{\varphi}_1 = (-0.9860, -0.1665)^{\mathrm{T}}, \boldsymbol{\varphi}_2 = (0.1665, -0.9860)^{\mathrm{T}}$. 令 $y_1 = (\bar{\boldsymbol{x}} - \boldsymbol{\mu}_1)^{\mathrm{T}}\boldsymbol{\varphi}_1, y_2 = (\bar{\boldsymbol{x}} - \boldsymbol{\mu}_1)^{\mathrm{T}}\boldsymbol{\varphi}_2$, 则椭圆 (4.9) 可化为标准形式为

$$\frac{y_1^2}{0.0165} + \frac{y_2^2}{0.0036} \leqslant 1. \tag{4.10}$$

同时, 记 $\boldsymbol{y} = (y_1, y_2)^{\mathrm{T}}, \boldsymbol{\mu}_1 = (\mu_{11}, \mu_{12})^{\mathrm{T}}, \boldsymbol{P} = (\boldsymbol{\varphi}_1, \boldsymbol{\varphi}_2)$, 则 $\boldsymbol{P}$ 是正交矩阵, 令

$$y_1 = \sqrt{0.0165}\cos\theta = 0.1286\cos\theta, y_2 = \sqrt{0.0036}\sin\theta = 0.0597\sin\theta,$$

于是, $(\bar{\boldsymbol{x}} - \boldsymbol{\mu}_1)^{\mathrm{T}}\boldsymbol{P} = \boldsymbol{y}^{\mathrm{T}} = (0.1286\cos\theta, 0.0597\sin\theta)$, 即,

$$\boldsymbol{\mu}_1 = \bar{\boldsymbol{x}} - \boldsymbol{P}\boldsymbol{y},$$

亦即,

$$\begin{pmatrix} \mu_{11} \\ \mu_{12} \end{pmatrix} = \begin{pmatrix} 5.006 \\ 1.462 \end{pmatrix} - \begin{pmatrix} -0.9860 & 0.1665 \\ -0.1665 & -0.9860 \end{pmatrix} \begin{pmatrix} 0.1286\cos\theta \\ 0.0597\sin\theta \end{pmatrix},$$

即得置信域 (4.9) 的边界椭圆的参数方程

$$\mu_{11} = 5.006 + 0.1268\cos\theta - 0.0099\sin\theta,$$

$$\mu_{12} = 1.462 + 0.0214\cos\theta + 0.0589\sin\theta,$$

其中, $\theta \in [0, 2\pi]$ 是参数. 图 4.1 是式 (4.9) 和式 (4.10) 的置信椭圆.

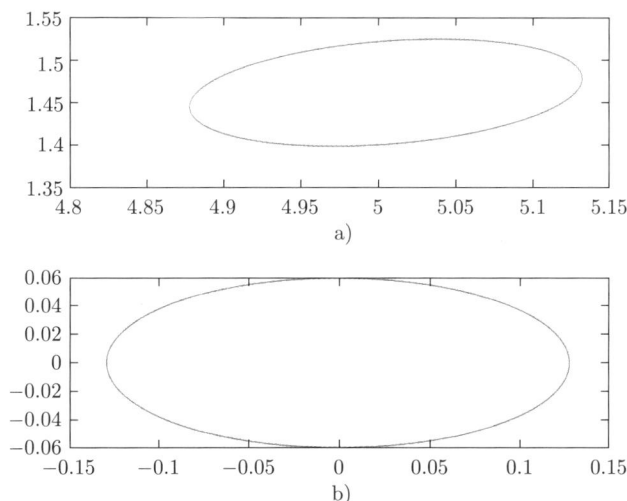

图 4.1　二维变量的置信域. a) 式 (4.9); b) 式 (4.10)

3. 因为只取 3 个属性, 所以 $p = 3$, 于是,

$$c^2 = \frac{(n-1)p}{n(n-p)}F_\alpha(p, n-p) = \frac{49 \times 3}{50 \times 47}F_{0.05}(3, 47) = 0.1753,$$

样本均值向量 $\bar{x} = (5.006, 3.428, 1.462)^{\mathrm{T}}$, 样本离差阵

$$A = \begin{pmatrix} 6.0882 & 4.8616 & 0.8014 \\ 4.8616 & 7.0408 & 0.5732 \\ 0.8014 & 0.5732 & 1.4778 \end{pmatrix},$$

样本协差阵

$$S = \frac{1}{n-1}A = \begin{pmatrix} 0.1242 & 0.0992 & 0.0164 \\ 0.0992 & 0.1437 & 0.0117 \\ 0.0164 & 0.0117 & 0.0302 \end{pmatrix},$$

于是,

$$S^{-1} = \begin{pmatrix} 18.7283 & -12.4996 & -5.3080 \\ -12.4996 & 15.5288 & 0.7552 \\ -5.3080 & 0.7552 & 35.7429 \end{pmatrix},$$

所以均值向量 $\boldsymbol{\mu}_1$ 的 95% 置信域为

$$\left\{ \boldsymbol{\mu}_1 \,\middle|\, (\bar{x} - \boldsymbol{\mu}_1)^{\mathrm{T}} S^{-1} (\bar{x} - \boldsymbol{\mu}_1) \leqslant 0.1753 \right\}, \tag{4.11}$$

这是一个椭球. 协差阵 S 的特征值为 $\lambda_1 = 0.2355, \lambda_2 = 0.0365, \lambda_3 = 0.0261$, 对应的单位正交特征向量为

$$\boldsymbol{\varphi}_1 = (0.6702, 0.7361, 0.0953)^{\mathrm{T}}, \boldsymbol{\varphi}_2 = (0.6273, -0.6304, 0.4573)^{\mathrm{T}},$$

$$\boldsymbol{\varphi}_3 = (-0.3966, 0.2467, 0.8842)^{\mathrm{T}}.$$

令 $y_1 = (\bar{x} - \boldsymbol{\mu}_1)^{\mathrm{T}} \boldsymbol{\varphi}_1, y_2 = (\bar{x} - \boldsymbol{\mu}_1)^{\mathrm{T}} \boldsymbol{\varphi}_2, y_3 = (\bar{x} - \boldsymbol{\mu}_1)^{\mathrm{T}} \boldsymbol{\varphi}_3$, 则椭球 (4.11) 可化为标准形式为

$$\frac{y_1^2}{0.0413} + \frac{y_2^2}{0.0064} + \frac{y_3^2}{0.0046} \leqslant 1. \tag{4.12}$$

同时, 记 $\boldsymbol{y} = (y_1, y_2, y_3)^{\mathrm{T}}, \boldsymbol{\mu}_1 = (\mu_{11}, \mu_{12}, \mu_{13})^{\mathrm{T}}, \boldsymbol{P} = (\boldsymbol{\varphi}_1, \boldsymbol{\varphi}_2, \boldsymbol{\varphi}_3)$, 则 $\boldsymbol{P}$ 是正交矩阵, 令

$$\begin{cases} y_1 = c\sqrt{\lambda_1} \sin\phi\cos\theta, \\ y_2 = c\sqrt{\lambda_2} \sin\phi\sin\theta, \quad \phi \in [0, \pi], \theta \in [0, 2\pi], \\ y_3 = c\sqrt{\lambda_3} \cos\phi, \end{cases}$$

于是,

$$(\bar{x} - \boldsymbol{\mu}_1)^{\mathrm{T}} \boldsymbol{P} = \boldsymbol{y}^{\mathrm{T}},$$

即,

$$\boldsymbol{\mu}_1 = \bar{\boldsymbol{x}} - \boldsymbol{P}\boldsymbol{y} = \bar{\boldsymbol{x}} - \boldsymbol{P} \begin{pmatrix} c\sqrt{\lambda_1} & 0 & 0 \\ 0 & c\sqrt{\lambda_2} & 0 \\ 0 & 0 & c\sqrt{\lambda_3} \end{pmatrix} \begin{pmatrix} \sin\phi\cos\theta \\ \sin\phi\sin\theta \\ \cos\phi \end{pmatrix},$$

代入数据整理得到

$$\begin{pmatrix} \mu_{11} \\ \mu_{12} \\ \mu_{13} \end{pmatrix} = \begin{pmatrix} 5.006 \\ 3.428 \\ 1.462 \end{pmatrix} - \begin{pmatrix} 0.1362 & 0.0502 & -0.0268 \\ 0.1496 & -0.0504 & 0.0167 \\ 0.0194 & 0.0366 & 0.0598 \end{pmatrix} \begin{pmatrix} \sin\phi\cos\theta \\ \sin\phi\sin\theta \\ \cos\phi \end{pmatrix},$$

即为置信域 (4.11) 的边界椭球参数方程. 图 4.2 是式 (4.11) 和式 (4.12) 的置信椭球.□

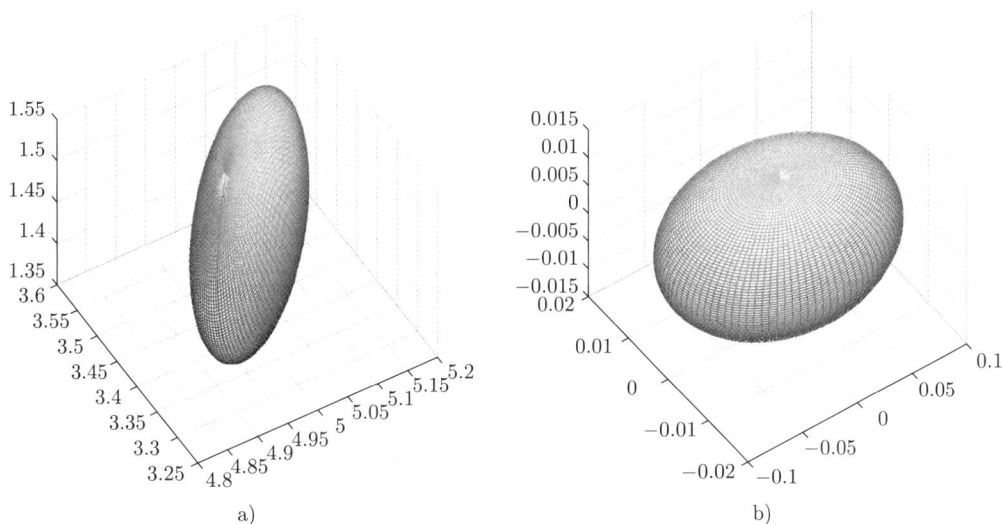

图 4.2　三维变量的置信域. a) 式 (4.11); b) 式 (4.12)

4.3　两正态总体均值向量的假设检验

设 $\boldsymbol{x}_i, i = 1, 2, \cdots, n$ 是来自 p 元正态总体 $N_p(\boldsymbol{\mu}_1, \boldsymbol{\Sigma}_1)$ 的一个随机样本, $\boldsymbol{y}_j, j = 1, 2, \cdots, m$ 是来自 p 元正态总体 $N_p(\boldsymbol{\mu}_2, \boldsymbol{\Sigma}_2)$ 的一个随机样本, 且两个总体相互独立. 现欲检验假设

$$H_0: \boldsymbol{\mu}_1 = \boldsymbol{\mu}_2 \leftrightarrow H_1: \boldsymbol{\mu}_1 \neq \boldsymbol{\mu}_2. \tag{4.13}$$

4.3.1   两总体协差阵相等且已知时

假设 $\boldsymbol{\Sigma}_1 = \boldsymbol{\Sigma}_2 = \boldsymbol{\Sigma}$ 是未知的, 两样本均值

$$\bar{\boldsymbol{x}} = \frac{1}{n} \sum_{i=1}^{n} \boldsymbol{x}_i \sim N_p\left(\boldsymbol{\mu}_1, \frac{1}{n}\boldsymbol{\Sigma}\right), \bar{\boldsymbol{y}} = \frac{1}{m}\sum_{j=1}^{m} \boldsymbol{y}_j \sim N_p\left(\boldsymbol{\mu}_2, \frac{1}{m}\boldsymbol{\Sigma}\right),$$

且 $\bar{\boldsymbol{x}}, \bar{\boldsymbol{y}}$ 相互独立, 故有

$$\bar{\boldsymbol{x}} - \bar{\boldsymbol{y}} \sim N_p\left(\boldsymbol{\mu}_1 - \boldsymbol{\mu}_2, \left(\frac{1}{n} + \frac{1}{m}\right)\boldsymbol{\Sigma}\right), \tag{4.14}$$

标准化就有

$$\sqrt{\frac{nm}{n+m}}\boldsymbol{\Sigma}^{-\frac{1}{2}}[(\bar{\boldsymbol{x}} - \bar{\boldsymbol{y}}) - (\boldsymbol{\mu}_1 - \boldsymbol{\mu}_2)] \sim N_p(\boldsymbol{0}, \boldsymbol{I}),$$

当 H_0 成立时, 取检验统计量

$$\boldsymbol{U} = \sqrt{\frac{nm}{n+m}}\boldsymbol{\Sigma}^{-\frac{1}{2}}(\bar{\boldsymbol{x}} - \bar{\boldsymbol{y}}) \sim N_p(\boldsymbol{0}, \boldsymbol{I}),$$

或者,

$$T^2 = \boldsymbol{U}^{\mathrm{T}}\boldsymbol{U} = \frac{nm}{n+m}(\bar{\boldsymbol{x}} - \bar{\boldsymbol{y}})^{\mathrm{T}}\boldsymbol{\Sigma}^{-1}(\bar{\boldsymbol{x}} - \bar{\boldsymbol{y}}) \sim \chi^2(p).$$

对单变量情形, 取 $p = 1$ 即可.

4.3.2   两总体协差阵相等且未知时

假设 $\boldsymbol{\Sigma}_1 = \boldsymbol{\Sigma}_2 = \boldsymbol{\Sigma}$ 且未知, 由式 (4.14), 中心化就有

$$\sqrt{\frac{nm}{n+m}}[(\bar{\boldsymbol{x}} - \bar{\boldsymbol{y}}) - (\boldsymbol{\mu}_1 - \boldsymbol{\mu}_2)] \sim N_p(\boldsymbol{0}, \boldsymbol{\Sigma}),$$

当 H_0 成立时,

$$\boldsymbol{U} = \sqrt{\frac{nm}{n+m}}(\bar{\boldsymbol{x}} - \bar{\boldsymbol{y}}) \sim N_p(\boldsymbol{0}, \boldsymbol{\Sigma}),$$

它独立于

$$\boldsymbol{A}_1 + \boldsymbol{A}_2 \sim W_p(n + m - 2, \boldsymbol{\Sigma}),$$

其中,

$$\boldsymbol{A}_1 = \sum_{i=1}^{n}(\boldsymbol{x}_i - \bar{\boldsymbol{x}})(\boldsymbol{x}_i - \bar{\boldsymbol{x}})^{\mathrm{T}}, \ \boldsymbol{A}_2 = \sum_{j=1}^{m}(\boldsymbol{y}_j - \bar{\boldsymbol{y}})(\boldsymbol{y}_j - \bar{\boldsymbol{y}})^{\mathrm{T}}$$

是两个样本的离差阵, 它们相互独立. 于是,

$$
\begin{aligned}
T^2 =& \boldsymbol{U}^{\mathrm{T}} \left(\frac{\boldsymbol{A}_1 + \boldsymbol{A}_2}{n + m - 2} \right)^{-1} \boldsymbol{U} \\
=& \frac{nm}{n + m} (\bar{\boldsymbol{x}} - \bar{\boldsymbol{y}})^{\mathrm{T}} \left(\frac{\boldsymbol{A}_1 + \boldsymbol{A}_2}{n + m - 2} \right)^{-1} (\bar{\boldsymbol{x}} - \bar{\boldsymbol{y}}) \\
=& (n + m - 2) \frac{nm}{n + m} (\bar{\boldsymbol{x}} - \bar{\boldsymbol{y}})^{\mathrm{T}} (\boldsymbol{A}_1 + \boldsymbol{A}_2)^{-1} (\bar{\boldsymbol{x}} - \bar{\boldsymbol{y}}) \\
\sim& T^2(p, n + m - 2),
\end{aligned}
$$

利用 T^2 分布与 F 分布的关系, 取检验统计量

$$
F = \frac{n + m - 2 - p + 1}{(n + m - 2)p} T^2 = \frac{n + m - p - 1}{(n + m - 2)p} T^2 \sim F(p, n + m - p - 1).
$$

4.3.3　两总体协差阵不等时

假设 $\boldsymbol{\Sigma}_1 \neq \boldsymbol{\Sigma}_2$ 且均未知.

1. 当 $n = m$ 时, 把两样本配对, 令 $\boldsymbol{z}_i = \boldsymbol{x}_i - \boldsymbol{y}_i, i = 1, 2, \cdots, n$, 则可以把 $\boldsymbol{z}_i, i = 1, 2, \cdots, n$ 看作来自总体 $N_p(\boldsymbol{\mu}_1 - \boldsymbol{\mu}_2, \boldsymbol{\Sigma}_1 + \boldsymbol{\Sigma}_2)$ 的随机样本, 检验假设式 (4.13) 等价于检验假设

$$
H_0 : \boldsymbol{\mu} = \boldsymbol{\mu}_1 - \boldsymbol{\mu}_2 = \boldsymbol{0} \leftrightarrow H_1 : \boldsymbol{\mu} \neq \boldsymbol{0}, \tag{4.15}
$$

这可以通过 4.2.2 节的方法实现.

2. 当 $n \neq m$ 时, 不妨设 $n < m$, 令

$$
\boldsymbol{z}_i = \boldsymbol{x}_i - \sqrt{\frac{n}{m}} \boldsymbol{y}_i + \frac{1}{\sqrt{nm}} \sum_{j=1}^{n} \boldsymbol{y}_j - \frac{1}{m} \sum_{j=1}^{m} \boldsymbol{y}_j, i = 1, 2, \cdots, n,
$$

可以证明,

$$
\begin{aligned}
E(\boldsymbol{z}_i) =& \boldsymbol{\mu} = \boldsymbol{\mu}_1 - \boldsymbol{\mu}_2, i = 1, 2, \cdots, n, \\
\mathrm{Cov}(\boldsymbol{z}_i, \boldsymbol{z}_j) =& \begin{cases} \boldsymbol{\Sigma}_1 + \dfrac{n}{m} \boldsymbol{\Sigma}_2, & i = j, \\ \boldsymbol{O}, & i \neq j, \end{cases} i, j = 1, 2, \cdots, n.
\end{aligned} \tag{4.16}
$$

事实上, 容易计算得

$$
E(\boldsymbol{z}_i) = \boldsymbol{\mu}_1 - \sqrt{\frac{n}{m}} \boldsymbol{\mu}_2 + \frac{n}{\sqrt{nm}} \boldsymbol{\mu}_2 - \frac{1}{m} \cdot m \boldsymbol{\mu}_2 = \boldsymbol{\mu}_1 - \boldsymbol{\mu}_2, i = 1, 2, \cdots, n.
$$

当 $i = j \leqslant n$ 时, $\mathrm{Cov}(\boldsymbol{z}_i, \boldsymbol{z}_j) = \mathrm{Var}(\boldsymbol{z}_i)$, 而

$$
\begin{aligned}
\boldsymbol{z}_i =& \boldsymbol{x}_i - \sqrt{\frac{n}{m}} \boldsymbol{y}_i + \frac{1}{\sqrt{nm}} \sum_{k=1}^{n} \boldsymbol{y}_k - \frac{1}{m} \sum_{k=1}^{m} \boldsymbol{y}_k \\
=& \boldsymbol{x}_i - \left(\sqrt{\frac{n}{m}} - \frac{1}{\sqrt{nm}} + \frac{1}{m} \right) \boldsymbol{y}_i + \\
& \left(\frac{1}{\sqrt{nm}} - \frac{1}{m} \right) \sum_{k=1, k \neq i}^{n} \boldsymbol{y}_k - \frac{1}{m} \sum_{k=n+1}^{m} \boldsymbol{y}_k,
\end{aligned}
$$

所以,

$$
\begin{aligned}
& \mathrm{Var}(\boldsymbol{z}_i) \\
=& \boldsymbol{\Sigma}_1 + \left(\sqrt{\frac{n}{m}} - \frac{1}{\sqrt{nm}} + \frac{1}{m} \right)^2 \boldsymbol{\Sigma}_2 + \left(\frac{1}{\sqrt{nm}} - \frac{1}{m} \right)^2 (n-1)\boldsymbol{\Sigma}_2 + \frac{m-n}{m^2}\boldsymbol{\Sigma}_2 \\
=& \boldsymbol{\Sigma}_1 + \frac{n}{m}\boldsymbol{\Sigma}_2.
\end{aligned}
$$

当 $i \neq j, i, j \leqslant n$ 时,

$$
\begin{aligned}
\boldsymbol{z}_i =& \boldsymbol{x}_i + \left(-\sqrt{\frac{n}{m}} + \frac{1}{\sqrt{nm}} - \frac{1}{m} \right) \boldsymbol{y}_i + \left(\frac{1}{\sqrt{nm}} - \frac{1}{m} \right) \boldsymbol{y}_j + \\
& \left(\frac{1}{\sqrt{nm}} - \frac{1}{m} \right) \sum_{k=1, k \neq i, j}^{n} \boldsymbol{y}_k - \frac{1}{m} \sum_{k=n+1}^{m} \boldsymbol{y}_k, \\
\boldsymbol{z}_j =& \boldsymbol{x}_j + \left(-\sqrt{\frac{n}{m}} + \frac{1}{\sqrt{nm}} - \frac{1}{m} \right) \boldsymbol{y}_j + \left(\frac{1}{\sqrt{nm}} - \frac{1}{m} \right) \boldsymbol{y}_i + \\
& \left(\frac{1}{\sqrt{nm}} - \frac{1}{m} \right) \sum_{k=1, k \neq i, j}^{n} \boldsymbol{y}_k - \frac{1}{m} \sum_{k=n+1}^{m} \boldsymbol{y}_k,
\end{aligned}
$$

所以,

$$
\begin{aligned}
\mathrm{Cov}(\boldsymbol{z}_i, \boldsymbol{z}_j) =& 2\left(-\sqrt{\frac{n}{m}} + \frac{1}{\sqrt{nm}} - \frac{1}{m} \right) \left(\frac{1}{\sqrt{nm}} - \frac{1}{m} \right) \boldsymbol{\Sigma}_2 + \\
& \left(\frac{1}{\sqrt{nm}} - \frac{1}{m} \right)^2 (n-2)\boldsymbol{\Sigma}_2 + \frac{m-n}{m^2}\boldsymbol{\Sigma}_2 = \boldsymbol{O},
\end{aligned}
$$

于是式 (4.16) 得证. 因此, $\boldsymbol{z}_i, i = 1, 2, \cdots, n$ 为来自总体 $N_p\left(\boldsymbol{\mu}, \boldsymbol{\Sigma}_1 + \dfrac{n}{m}\boldsymbol{\Sigma}_2 \right)$ 的随机样本, 待检验假设化为

$$
H_0: \boldsymbol{\mu} = \boldsymbol{0} \leftrightarrow H_1: \boldsymbol{\mu} \neq \boldsymbol{0}.
$$

使用 4.2.2 节方法可以实现. 事实上, 在 $n = m$ 时该方法与情形 (1) 一致.

【例 4.3】(iris.csv)　　接例 4.1, 把第 2 类鸢尾花 Versicolor 的 4 个属性的均值向量记为 $\boldsymbol{\mu}_2$, 检验 $H_0 : \boldsymbol{\mu}_1 = \boldsymbol{\mu}_2 \leftrightarrow H_1 : \boldsymbol{\mu}_1 \neq \boldsymbol{\mu}_2$, 取显著性水平 $\alpha = 0.05$.

解　　此时, $n = m = 50, p = 4$, 第 1 类鸢尾花的数据矩阵 $\boldsymbol{\mathcal{X}}$ 由鸢尾花数据集 iris 的前 50 个样品的 4 个属性构成, 第 2 类鸢尾花的数据矩阵 $\boldsymbol{\mathcal{Y}}$ 由鸢尾花数据集 iris 的第 51~100 个样品的 4 个属性构成.

1. 假设两类鸢尾花的 4 个属性的协差阵相等. 计算得

$$\bar{\boldsymbol{x}} = (5.006, 3.428, 1.462, 0.246)^{\mathrm{T}}, \bar{\boldsymbol{y}} = (5.936, 2.77, 4.26, 1.326)^{\mathrm{T}},$$

样本离差阵

$$A_1 = \boldsymbol{\mathcal{X}}^{\mathrm{T}} \boldsymbol{\mathcal{X}} - n\bar{\boldsymbol{x}}\bar{\boldsymbol{x}}^{\mathrm{T}} = \begin{pmatrix} 6.0882 & 4.8616 & 0.8014 & 0.5062 \\ 4.8616 & 7.0408 & 0.5732 & 0.4556 \\ 0.8014 & 0.5732 & 1.4778 & 0.2974 \\ 0.5062 & 0.4556 & 0.2974 & 0.5442 \end{pmatrix},$$

$$A_2 = \boldsymbol{\mathcal{Y}}^{\mathrm{T}} \boldsymbol{\mathcal{Y}} - m\bar{\boldsymbol{y}}\bar{\boldsymbol{y}}^{\mathrm{T}} = \begin{pmatrix} 13.0552 & 4.174 & 8.962 & 2.7332 \\ 4.1740 & 4.825 & 4.050 & 2.0190 \\ 8.9620 & 4.050 & 10.820 & 3.5820 \\ 2.7332 & 2.019 & 3.582 & 1.9162 \end{pmatrix},$$

于是,

$$(\boldsymbol{A}_1 + \boldsymbol{A}_2)^{-1} = \begin{pmatrix} 0.1187 & -0.0669 & -0.0816 & 0.0396 \\ -0.0669 & 0.1453 & 0.0334 & -0.1108 \\ -0.0816 & 0.0334 & 0.2194 & -0.2720 \\ 0.0396 & -0.1108 & -0.2720 & 0.8946 \end{pmatrix},$$

所以,

$$T^2 = (n + m - 2)\frac{nm}{n + m}(\bar{\boldsymbol{x}} - \bar{\boldsymbol{y}})^{\mathrm{T}}(\boldsymbol{A}_1 + \boldsymbol{A}_2)^{-1}(\bar{\boldsymbol{x}} - \bar{\boldsymbol{y}}) = 2580.839,$$

进而,

$$F = \frac{n + m - p - 1}{(n + m - 2)p}T^2 = 625.4583,$$

查表得 $F_\alpha(p, n + m - p - 1) = F_{0.05}(4, 95) = 2.4675$, 由于 $F > F_{0.05}(4, 95)$, 拒绝原假设, 认为两类鸢尾花 4 个属性的均值向量不相等. 也可以计算出 p 值 $= P(F \geqslant 625.4583) = 0.0000 < \alpha$, 同样拒绝原假设.

2. 假设两类鸢尾花的 4 个属性的协差阵不等. 构造新的数据矩阵 $\boldsymbol{\mathcal{Z}} = \boldsymbol{\mathcal{X}} - \boldsymbol{\mathcal{Y}}$,

计算得样本均值向量 $\bar{z} = (-0.93, 0.658, -2.798, -1.08)^{\mathrm{T}}$, 样本离差阵

$$\boldsymbol{A} = \boldsymbol{\mathcal{Z}}^{\mathrm{T}}\boldsymbol{\mathcal{Z}} - n\bar{z}\bar{z}^{\mathrm{T}} = \begin{pmatrix} 20.585 & 9.9570 & 10.9730 & 3.200 \\ 9.957 & 13.5418 & 5.6142 & 2.402 \\ 10.973 & 5.6142 & 13.8298 & 4.238 \\ 3.200 & 2.4020 & 4.2380 & 2.820 \end{pmatrix},$$

于是,

$$\boldsymbol{A}^{-1} = \begin{pmatrix} 0.1108 & -0.0564 & -0.0764 & 0.0371 \\ -0.0564 & 0.1200 & 0.0144 & -0.0598 \\ -0.0764 & 0.0144 & 0.1933 & -0.2160 \\ 0.0371 & -0.0598 & -0.2160 & 0.6881 \end{pmatrix},$$

进一步计算得

$$T^2 = n(n-1)\bar{x}^{\mathrm{T}}\boldsymbol{A}^{-1}\bar{x} = 2293.291, \quad F = \frac{n-p}{(n-1)p}T^2 = 538.2213.$$

查表得 $F_\alpha(p, n-p) = F_{0.05}(4, 46) = 2.5740$, 由于 $F > F_{0.05}(4, 46)$, 故拒绝原假设, 认为两类鸢尾花 4 个属性的均值向量不相等. 也可以计算出 p 值 $= P(F \geqslant 538.2213) = 0.0000 < \alpha$, 同样拒绝原假设. □

4.4 多元方差分析

设有 $N_p(\boldsymbol{\mu}_j, \boldsymbol{\Sigma}), j = 1, 2, \cdots, k$ 共 k 个 p 维总体, 从第 j 个总体 $N_p(\boldsymbol{\mu}_j, \boldsymbol{\Sigma})$ 中抽取容量为 n_j 的样本 $\boldsymbol{x}_i^{(j)}, i = 1, 2, \cdots, n_j, j = 1, 2, \cdots, k$. 欲检验假设

$$H_0 : \boldsymbol{\mu}_1 = \boldsymbol{\mu}_2 = \cdots = \boldsymbol{\mu}_k \leftrightarrow H_1 : \exists j_1, j_2, \boldsymbol{\mu}_{j_1} \neq \boldsymbol{\mu}_{j_2}. \quad (4.17)$$

类似于一元方差分析, 令

$$\boldsymbol{T} = \sum_{j=1}^{k}\sum_{i=1}^{n_j}(\boldsymbol{x}_i^{(j)} - \bar{\boldsymbol{x}})(\boldsymbol{x}_i^{(j)} - \bar{\boldsymbol{x}})^{\mathrm{T}},$$

其中,

$$\bar{\boldsymbol{x}} = \frac{1}{n}\sum_{j=1}^{k}\sum_{i=1}^{n_j}\boldsymbol{x}_i^{(j)}, \quad n = \sum_{j=1}^{k}n_j.$$

再令

$$\bar{\boldsymbol{x}}^{(j)} = \frac{1}{n_j}\sum_{i=1}^{n_j}\boldsymbol{x}_i^{(j)}, j = 1, 2, \cdots, k,$$

则可将 $\boldsymbol{T}$ 分解如下,

$$\boldsymbol{T} = \sum_{j=1}^{k}\sum_{i=1}^{n_j}(\boldsymbol{x}_i^{(j)} - \bar{\boldsymbol{x}}^{(j)} + \bar{\boldsymbol{x}}^{(j)} - \bar{\boldsymbol{x}})(\boldsymbol{x}_i^{(j)} - \bar{\boldsymbol{x}}^{(j)} + \bar{\boldsymbol{x}}^{(j)} - \bar{\boldsymbol{x}})^{\mathrm{T}}$$

$$= \sum_{j=1}^{k}\sum_{i=1}^{n_j}(\boldsymbol{x}_i^{(j)} - \bar{\boldsymbol{x}}^{(j)})(\boldsymbol{x}_i^{(j)} - \bar{\boldsymbol{x}}^{(j)})^{\mathrm{T}} + \sum_{j=1}^{k}n_j(\bar{\boldsymbol{x}}^{(j)} - \bar{\boldsymbol{x}})(\bar{\boldsymbol{x}}^{(j)} - \bar{\boldsymbol{x}})^{\mathrm{T}},$$

上述最后一个等号成立是因为交叉乘积项

$$\sum_{j=1}^{k}\sum_{i=1}^{n_j}(\boldsymbol{x}_i^{(j)} - \bar{\boldsymbol{x}}^{(j)})(\bar{\boldsymbol{x}}^{(j)} - \bar{\boldsymbol{x}})^{\mathrm{T}} + \sum_{j=1}^{k}\sum_{i=1}^{n_j}(\bar{\boldsymbol{x}}^{(j)} - \bar{\boldsymbol{x}})(\boldsymbol{x}_i^{(j)} - \bar{\boldsymbol{x}}^{(j)})^{\mathrm{T}}$$

$$= \sum_{j=1}^{k}\left[\sum_{i=1}^{n_j}(\boldsymbol{x}_i^{(j)} - \bar{\boldsymbol{x}}^{(j)})\right](\bar{\boldsymbol{x}}^{(j)} - \bar{\boldsymbol{x}})^{\mathrm{T}} + \sum_{j=1}^{k}(\bar{\boldsymbol{x}}^{(j)} - \bar{\boldsymbol{x}})\sum_{i=1}^{n_j}(\boldsymbol{x}_i^{(j)} - \bar{\boldsymbol{x}}^{(j)})^{\mathrm{T}}$$

$$= \boldsymbol{O} + \boldsymbol{O} = \boldsymbol{O}.$$

记

$$\boldsymbol{A}_j = \sum_{i=1}^{n_j}(\boldsymbol{x}_i^{(j)} - \bar{\boldsymbol{x}}^{(j)})(\boldsymbol{x}_i^{(j)} - \bar{\boldsymbol{x}}^{(j)})^{\mathrm{T}}, \quad \boldsymbol{A} = \sum_{j=1}^{k}\boldsymbol{A}_j,$$

$$\boldsymbol{B} = \sum_{j=1}^{k}n_j(\bar{\boldsymbol{x}}^{(j)} - \bar{\boldsymbol{x}})(\bar{\boldsymbol{x}}^{(j)} - \bar{\boldsymbol{x}})^{\mathrm{T}},$$

其中, $\boldsymbol{A}$ 称为**组内离差阵**, $\boldsymbol{B}$ 称为**组间离差阵**, 且 $\boldsymbol{T} = \boldsymbol{A} + \boldsymbol{B}$. 采用似然比方法得到检验统计量

$$\Lambda = \frac{\det \boldsymbol{A}}{\det(\boldsymbol{A} + \boldsymbol{B})} = \frac{\det \boldsymbol{A}}{\det \boldsymbol{T}}.$$

由于 $\boldsymbol{A}_j \sim W_p(n_j - 1, \boldsymbol{\Sigma}), j = 1, 2, \cdots, k$, 且 $\boldsymbol{A}_j, j = 1, 2, \cdots, k$ 相互独立, 由 Wishart 分布对自由度的可加性可得

$$\boldsymbol{A} = \sum_{j=1}^{k}\boldsymbol{A}_j \sim W_p(n - k, \boldsymbol{\Sigma}).$$

在 H_0 成立的条件下, 可以证明, $\boldsymbol{T} \sim W_p(n - 1, \boldsymbol{\Sigma})$, $\boldsymbol{B} \sim W_p(k - 1, \boldsymbol{\Sigma})$, 且 $\boldsymbol{A}, \boldsymbol{B}$ 相互独立. 于是, 根据 Λ 分布的定义可知

$$\Lambda = \frac{\det \boldsymbol{A}}{\det(\boldsymbol{A} + \boldsymbol{B})} \sim \Lambda(p, n - k, k - 1).$$

给定显著性水平 α, 求出分位数 $\Lambda_\alpha(p, n - k, k - 1)$, 由于

$$P(\Lambda \leqslant \Lambda_\alpha(p, n - k, k - 1)) = \alpha,$$

可得拒绝域

$$\{\varLambda \leqslant \varLambda_\alpha(p, n-k, k-1)\}.$$

$\varLambda$ 分布的分位数表可以从一些文献中找到, 但在很多情况下, $\varLambda$ 分布的分位数可以借助 $\varLambda$ 分布与 F 分布 (或其他分布) 的关系 (比如性质 3.22, 性质 3.23, 性质 3.24), 并通过查 F 分布 (或其他分布) 的分位数表而得到.

【例 4.4】(iris.csv)　接例 4.3, 把第 3 类鸢尾花 Virginica 的 4 个属性的均值向量记为 $\boldsymbol{\mu}_3$, 取显著性水平 $\alpha = 0.05$, 3 种鸢尾花的 4 个属性有无显著差异?

解　设 3 类鸢尾花的 4 个属性所在的总体为 $N_4(\boldsymbol{\mu}_j, \boldsymbol{\Sigma})$, $j = 1, 2, 3$, 来自 3 个总体的样本容量为 $n_1 = n_2 = n_3 = 50$. 需要检验假设

$$H_0 : \boldsymbol{\mu}_1 = \boldsymbol{\mu}_2 = \boldsymbol{\mu}_3 \leftrightarrow H_1 : \boldsymbol{\mu}_1, \boldsymbol{\mu}_2, \boldsymbol{\mu}_3 \text{ 不全相等}.$$

似然比统计量 $\varLambda \sim \varLambda(p, n-k, k-1)$, 其中 $k = 3, p = 4, n = 150$. 利用 $\varLambda$ 分布与 F 分布的关系, 取检验统计量

$$F = \frac{n-k-p+1}{p} \cdot \frac{1 - \sqrt{\varLambda}}{\sqrt{\varLambda}},$$

当 H_0 成立时,

$$F \sim F(2p, 2(n-k-p+1)) = F(8, 288).$$

数据矩阵 $\boldsymbol{\mathcal{X}}$ 由数据集 iris 的前 4 列构成. 计算得 3 类样本均值向量和总样本均值向量

$$\bar{\boldsymbol{x}}^{(1)} = (5.006, 3.428, 1.462, 0.246)^{\mathrm{T}}, \quad \bar{\boldsymbol{x}}^{(2)} = (5.936, 2.77, 4.26, 1.326)^{\mathrm{T}},$$

$$\bar{\boldsymbol{x}}^{(3)} = (6.588, 2.974, 5.552, 2.026)^{\mathrm{T}},$$

$$\bar{\boldsymbol{x}} = \frac{1}{n} \sum_{j=1}^{3} n_j \bar{\boldsymbol{x}}^{(j)} = \frac{1}{3} \sum_{j=1}^{3} \bar{\boldsymbol{x}}^{(j)} = (5.8433, 3.0573, 3.758, 1.1993)^{\mathrm{T}},$$

组间离差阵

$$\boldsymbol{B} = \sum_{j=1}^{3} n_j (\bar{\boldsymbol{x}}^{(j)} - \bar{\boldsymbol{x}})(\bar{\boldsymbol{x}}^{(j)} - \bar{\boldsymbol{x}})^{\mathrm{T}} = \sum_{j=1}^{3} n_j \bar{\boldsymbol{x}}^{(j)} (\bar{\boldsymbol{x}}^{(j)})^{\mathrm{T}} - n \bar{\boldsymbol{x}} \bar{\boldsymbol{x}}^{\mathrm{T}}$$

$$= \begin{pmatrix} 63.2121 & -19.9527 & 165.2484 & 71.2793 \\ -19.9527 & 11.3449 & -57.2396 & -22.9327 \\ 165.2484 & -57.2396 & 437.1028 & 186.7740 \\ 71.2793 & -22.9327 & 186.7740 & 80.4133 \end{pmatrix},$$

总离差阵

$$\boldsymbol{T} = \sum_{j=1}^{3}\sum_{i=1}^{n_j}(\boldsymbol{x}_i^{(j)}-\bar{\boldsymbol{x}})(\boldsymbol{x}_i^{(j)}-\bar{\boldsymbol{x}})^{\mathrm{T}} = \boldsymbol{\mathcal{X}}^{\mathrm{T}}\boldsymbol{\mathcal{X}} - n\bar{\boldsymbol{x}}\bar{\boldsymbol{x}}^{\mathrm{T}}$$

$$= \begin{pmatrix} 102.1683 & -6.3227 & 189.8730 & 76.9243 \\ -6.3227 & 28.3069 & -49.1188 & -18.1243 \\ 189.8730 & -49.1188 & 464.3254 & 193.0458 \\ 76.9243 & -18.1243 & 193.0458 & 86.5699 \end{pmatrix},$$

于是得组内离差阵

$$\boldsymbol{A} = \boldsymbol{T} - \boldsymbol{B} = \begin{pmatrix} 38.9562 & 13.6300 & 24.6246 & 5.6450 \\ 13.6300 & 16.9620 & 8.1208 & 4.8084 \\ 24.6246 & 8.1208 & 27.2226 & 6.2718 \\ 5.6450 & 4.8084 & 6.2718 & 6.1566 \end{pmatrix},$$

从而得统计量的值

$$\Lambda = \frac{|\boldsymbol{A}|}{|\boldsymbol{T}|} = \frac{22096.88}{942754.6} = 0.0234, \quad F = \frac{144(1-\sqrt{0.0234})}{4\sqrt{0.0234}} = 199.1453.$$

查表得 $F_{0.05}(8,288) = 1.9706 < 199.1453$, 故拒绝 H_0, 认为 3 类鸢尾花的 4 个属性有显著差异. 也可以由观测值计算 p 值 $= P(F \geqslant 199.1453) = 0.0000 < \alpha$, 同样拒绝 H_0.

　　为了充分利用计算结果, 我们可以进一步了解这 3 类鸢尾花的 4 个属性的差异程度, 这可以通过对这 4 个属性分别使用一元方差分析来实现. 记

$$\boldsymbol{\mu}_j = (\mu_{j1}, \mu_{j2}, \mu_{j3}, \mu_{j4})^{\mathrm{T}}, j = 1, 2, 3,$$

检验假设

$$H_{0s}: \mu_{1s} = \mu_{2s} = \mu_{3s} \leftrightarrow H_{1s}: \mu_{1s}, \mu_{2s}, \mu_{3s} \text{ 不全相等}, s = 1, 2, 3, 4.$$

利用矩阵 $\boldsymbol{A} = (a_{sr})$, $\boldsymbol{T} = (t_{sr})$ 的对角线元素, 当 H_{0s} 成立时,

$$F_s = \frac{\dfrac{(t_{ss} - a_{ss})}{(k-1)}}{\dfrac{a_{ss}}{(n-k)}} \sim F(k-1, n-k) = F(2, 147), s = 1, 2, 3, 4.$$

分别计算得

$$F_1 = \frac{\dfrac{63.2121}{2}}{\dfrac{38.9562}{147}} = 119.2645, \quad F_2 = \frac{\dfrac{11.3449}{2}}{\dfrac{16.9620}{147}} = 49.1600,$$

$$F_3 = \frac{\dfrac{437.1028}{2}}{\dfrac{27.2226}{147}} = 1180.1612, \quad F_4 = \frac{\dfrac{80.4133}{2}}{\dfrac{6.1566}{147}} = 960.0072,$$

这 4 个值都远远大于 $F_{0.05}(2, 147) = 3.0576$, 故 4 个属性的差异都是比较大的, 其中差异最大的是第 3 个属性.

我们也可以对 3 类鸢尾花做事后多重比较. 在例 4.3 中我们已经知道了第 1、2 类鸢尾花 4 个属性存在显著差异, 类似可以知道第 2、3 类以及第 1、3 类鸢尾花 4 个属性均存在显著差异. $\qquad\square$

4.5 习 题

1. 数据矩阵 $\boldsymbol{\mathcal{X}} = \begin{pmatrix} 3 & 6 \\ 4 & 4 \\ 5 & 7 \\ 4 & 7 \end{pmatrix}$ 表示一个来自二元正态分布总体的容量为 4 的样本, 求总体均值向量和协差阵的最大似然估计.

2. 设随机向量 $\boldsymbol{X} \sim N_2(\boldsymbol{\mu}, \boldsymbol{\Sigma})$, 抽取容量为 $n = 6$ 的样本, 计算得 $\bar{\boldsymbol{x}} = \left(1, \dfrac{1}{2}\right)^{\mathrm{T}}$. 取显著性水平 $\alpha = 0.05$, 分别在以下条件下检验假设

$$H_0 : \boldsymbol{\mu} = \left(2, \frac{2}{3}\right)^{\mathrm{T}} \leftrightarrow H_1 : \boldsymbol{\mu} \neq \left(2, \frac{2}{3}\right)^{\mathrm{T}}.$$

(1) $\boldsymbol{\Sigma} = \begin{pmatrix} 2 & -1 \\ -1 & 2 \end{pmatrix}$ 是已知的;

(2) $\boldsymbol{\Sigma}$ 未知, 计算得样本协差阵 $\boldsymbol{S} = \begin{pmatrix} 2 & -1 \\ -1 & 2 \end{pmatrix}$.

3. 设随机向量 $\boldsymbol{X} \sim N_2(\boldsymbol{\mu}, \boldsymbol{\Sigma})$, 其中, $\boldsymbol{\Sigma} = \begin{pmatrix} 3 & \rho \\ \rho & 1 \end{pmatrix}$ 是已知的. 抽取容量为 $n = 5$ 的样本, 计算得 $\bar{\boldsymbol{x}} = (1, 0)^{\mathrm{T}}$. 取显著性水平 $\alpha = 0.05$, 检验假设

$$H_0 : \boldsymbol{\mu} = \boldsymbol{0} \leftrightarrow H_1 : \boldsymbol{\mu} \neq \boldsymbol{0}.$$

当 ρ 取什么值时可以拒绝原假设?

4. 对某地区农村两周岁婴儿的 3 项指标: 身高 (X_1, cm)、胸围 (X_2, cm) 和上半臂围 (X_3, cm) 进行测量, 数据如表 4.1 所示, 编号 1~6 是男婴, 7~15 是女婴.

(1) 已知该地区城市两周岁男婴的 3 项指标均值向量 $\boldsymbol{\mu}_0 = (90, 58, 16)^{\mathrm{T}}$, 试检验该地区农村与城市两周岁男婴的体格指标是否有显著差异;

(2) 试检验该地区农村两周岁男、女婴的 3 项体格指标是否有显著差异.

表 4.1 某地区农村两周岁婴儿的体格测量数据

编号	身高	胸围	上半臂围
1	78	60.6	16.5
2	76	58.1	12.5
3	92	63.2	14.5
4	81	59.0	14.0
5	81	60.8	15.5
6	84	59.5	14.0
7	80	58.4	14.0
8	75	59.2	15.0
9	78	60.3	15.0
10	75	57.4	13.0
11	79	59.5	14.0
12	78	58.1	14.5
13	75	58.0	12.5
14	64	55.5	11.0
15	80	59.2	12.5

5. 检验 p 维均值向量 $\boldsymbol{\mu}$ 的分量之间是否存在某些线性结构关系, 相当于检验假设

$$H_0 : \boldsymbol{C}\boldsymbol{\mu} = \boldsymbol{c}_0 \leftrightarrow H_1 : \boldsymbol{C}\boldsymbol{\mu} \neq \boldsymbol{c}_0, \tag{4.18}$$

其中, $\boldsymbol{C}$ 是已知的 $k \times p$ 常数矩阵, $\mathrm{rank}\boldsymbol{C} = k < p$, $\boldsymbol{c}_0$ 是已知的 k 维常向量. 设 $\boldsymbol{x}_i, i = 1, 2, \cdots, n$ 是来自总体 $N_p(\boldsymbol{\mu}, \boldsymbol{\Sigma})$ 的一个随机样本, $\bar{\boldsymbol{x}}$ 和 $\boldsymbol{A}$ 分别是样本均值向量和样本离差阵. 试导出检验问题 (4.18) 的检验统计量

$$F = \frac{n-k}{k(n-1)}T^2,$$

其中, $T^2 = (n-1)n(\boldsymbol{C}\bar{\boldsymbol{x}} - \boldsymbol{c}_0)^{\mathrm{T}}(\boldsymbol{C}\boldsymbol{A}\boldsymbol{C}^{\mathrm{T}})^{-1}(\boldsymbol{C}\bar{\boldsymbol{x}} - \boldsymbol{c}_0)$. 当原假设 H_0 成立时, $F \sim F(k, n-k)$, 因此得拒绝域 $\{F \geqslant F_\alpha(k, n-k)\}$.

6. 假设经验丰富的医师有一个婴儿体格的经验规律, 即, 婴儿的身高、胸围和上半臂围的正常尺寸比为 6 : 4 : 1, 结合表 4.1 数据检验该地区农村两周岁婴儿是否符合这一规律.

提示: 假设检验问题

$$H_0 : \frac{\mu_1}{6} = \frac{\mu_2}{4} = \mu_3 \leftrightarrow H_1 : \frac{\mu_1}{6}, \frac{\mu_2}{4}, \mu_3 \text{不全相等}$$

等价于检验

$$H_0 : \boldsymbol{C}\boldsymbol{\mu} = \boldsymbol{0} \leftrightarrow H_1 : \boldsymbol{C}\boldsymbol{\mu} \neq \boldsymbol{0},$$

其中, $\boldsymbol{C} = \begin{pmatrix} 0 & 1 & -4 \\ 1 & 0 & -6 \end{pmatrix}$.

7. 设 $\boldsymbol{x}_i, i = 1, 2, \cdots, n$ 是来自总体 $N_p(\boldsymbol{\mu}_1, \boldsymbol{\Sigma})$ 的一个随机样本, $\bar{\boldsymbol{x}}$ 和 $\boldsymbol{A}_1$ 分别是样本均值向量和样本离差阵, $\boldsymbol{y}_j, j = 1, 2, \cdots, m$ 是来自总体 $N_p(\boldsymbol{\mu}_2, \boldsymbol{\Sigma})$ 的一个随机样本, $\bar{\boldsymbol{y}}$ 和 $\boldsymbol{A}_2$ 分别是样本均值向量和样本离差阵, $\boldsymbol{S} = \dfrac{1}{n+m-2}(\boldsymbol{A}_1 + \boldsymbol{A}_2), n+m-2 \geqslant p$. 试导出假设检验问题

$$H_0 : \boldsymbol{C}(\boldsymbol{\mu}_1 - \boldsymbol{\mu}_2) = \boldsymbol{c}_0 \leftrightarrow H_1 : \boldsymbol{C}(\boldsymbol{\mu}_1 - \boldsymbol{\mu}_2) \neq \boldsymbol{c}_0$$

的检验统计量

$$F = \frac{n+m-k-1}{k} T^2,$$

其中, $\boldsymbol{C}$ 是已知的 $k \times p$ 常数矩阵, $\text{rank}\boldsymbol{C} = k < p$, $\boldsymbol{c}_0$ 是已知的 k 维常向量,

$$T^2 = \frac{nm}{n+m}[\boldsymbol{C}(\bar{\boldsymbol{x}} - \bar{\boldsymbol{y}}) - \boldsymbol{c}_0]^{\mathrm{T}} (\boldsymbol{C}\boldsymbol{S}\boldsymbol{C}^{\mathrm{T}})^{-1}[\boldsymbol{C}(\bar{\boldsymbol{x}} - \bar{\boldsymbol{y}}) - \boldsymbol{c}_0].$$

当原假设 H_0 成立时, $F \sim F(k, n+m-k-1)$, 因此得拒绝域 $\{F \geqslant F_\alpha(k, n+m-k-1)\}$.

第 5 章
判别分析

在生产生活和科学研究中, 我们经常遇到需要根据观测数据对所研究对象进行判别的问题, 比如, 经济研究中, 需要根据国民人均收入、人均工农业产值、人均消费水平等经济指标来判定一个国家或地区的经济发展程度; 在人口研究中, 需要根据人均预期寿命、经济水平、婴儿死亡率等因素来决定某地区的死亡水平; 在生物学中, 需要根据物种类型特征来判别一个新发现的物种属于已知类型中的哪一种; 在气象研究中, 需要根据已有的气象资料比如气温、气压、温度、湿度等来判别后来的一天或几天是哪种天气类型; 在考古学中, 需要根据以往的数据指标来判别新发掘的化石或文物所属的年代等.

判别分析是在已知研究对象分为若干类的情况下判别新的样品属于哪一类的一种多元统计分析方法, 在很多领域都有良好的表现. 在机器学习中, 判别分析也称为有监督的分类方法, 相应的, 第 6 章的聚类分析称为无监督的分类方法.

判别分析模型可以这样来描述: 设有 k 个 p 维总体 $G_i, i = 1, 2, \cdots, k$, 它们的分布特征已知, 比如已知分布函数, 或已知来自各个总体的训练样本集, 根据它们的分布特征, 计算判别函数, 判别函数将欧氏空间 $\mathbb{R}^p$ 划分为 k 个互不相交的区域 $R_i, i = 1, 2, \cdots, k$, 满足

$$R_i \cap R_j = \varnothing, i, j = 1, 2, \cdots, k, i \neq j, \bigcup_{i=1}^{k} R_i = \mathbb{R}^p.$$

对给定的一个新样品 $\boldsymbol{x} \in \mathbb{R}^p$, 使用判别函数能够判断 $\boldsymbol{x} \in R_i$, 并把 $\boldsymbol{x}$ 归为相应总体 $G_i, i = 1, 2, \cdots, k$. 特别地, 当 $k = 2$ 时, 是两总体的判别问题.

使用判别分析处理问题时, 通常需要给出衡量样品与类之间的接近程度的指标, 即判别函数, 同时也需要指定一种判别准则, 比如距离准则、Fisher 准则、Bayes 准则、逐步判别等, 借以判别一个新样品的归属.

5.1 距离判别

距离判别法的基本思想是, 根据已分类数据, 计算新样品到各类的距离, 把新样品归到距离最近的一类. 距离判别是最简单、最直观、也是最常用的一种判别方法, 它对类的分布没有要求, 理论上适用于任意分布的数据.

马氏距离

　　距离判别法需要计算样品与样品之间的距离和样品与类之间的距离. 欧氏距离 (Euclidean distance) 因为其良好的数学性质而被广泛应用, 但是在统计分析中, 欧氏距离存在诸多弊端, 比如, 欧氏距离没有考虑分布的离散程度, 也没有考虑数据量纲的变化, 这可能会给距离的计算带来难以解释的问题. 我们通过下面两个例子来进行说明.

【例 5.1】 广东省湛江市地处亚热带, 三面临海, 对虾养殖环境优越, 拥有中国最完整的对虾产业链. 市民餐桌上的对虾有养殖对虾和海捕对虾两类. 但是两类对虾在风味、口感和商业价值上存在一定差异, 海捕对虾较养殖对虾鲜味浓, 口感也有所不同, 因此海捕对虾的价格也明显高于养殖对虾的价格. 为谋求利益, 养殖对虾代替海捕对虾的现象时常发生. 根据以往数据, 养殖对虾和海捕对虾的体长 h (cm) 分别服从正态分布 $N(13.5, 0.5^2)$ 和 $N(18.25, 1.75^2)$. 现有一只体长 15cm 的对虾, 如何仅根据体长判断它是养殖对虾还是海捕对虾?

　　这是一个一维数据的两总体判别问题, 养殖对虾和海捕对虾的体长所在的两个总体分别是 $G_1 \sim N(13.5, 0.5^2)$ 和 $G_2 \sim N(18.25, 1.75^2)$, 这两个分布的密度曲线如图 5.1. 记 $\mu_1 = 13.5, \mu_2 = 18.25, \sigma_1 = 0.5, \sigma_2 = 1.75$, 对于新的样品 $x_0 = 15$cm, 它到总体 G_1, G_2 的中心 (均值) 的欧氏距离分别是

$$d_1^{\mathrm{E}}(x_0, \mu_1) = |15 - 13.5| = 1.5, \ d_2^{\mathrm{E}}(x_0, \mu_2) = |15 - 18.25| = 3.25,$$

即 x_0 到 G_1 更近, 它应该是一只养殖对虾. 但是图 5.1 直观告诉我们, 它应该归属于海捕对虾! 这是因为 x_0 处于两个总体交界处的右侧. 出现这种问题的原因是因为欧氏距离没有考虑两个分布的离散程度. 把欧氏距离除以对应总体的标准差, 得到相对距离

$$d_1^{\mathrm{M}}(x_0, \mu_1) = \frac{|15 - 13.5|}{\sigma_1} = 3, \ d_2^{\mathrm{M}}(x_0, \mu_2) = \frac{|15 - 18.25|}{\sigma_2} = 1.86, \tag{5.1}$$

显然, x_0 到 G_2 更近, 它确实是一只海捕对虾, 这个结果与直观一致. □

【例 5.2】 接例 5.1 的讨论. 仅从体长 h (cm) 一个变量对一只对虾进行类别判断不太准确, 考虑添加一个变量体重 w (g). 根据以往数据, 养殖对虾和海捕对虾的体重 (g) 分别服从正态分布 $N(30, 3^2)$ 和 $N(55, 8^2)$. 为了方便讨论, 我们假设体重与体长是独立的, 于是可以得到养殖对虾和海捕对虾的体长与体重的二维正态分布分别是

$$G_1 = \begin{pmatrix} h \\ w \end{pmatrix} \sim N_2 \left(\begin{pmatrix} 13.5 \\ 30 \end{pmatrix}, \begin{pmatrix} 0.5^2 & 0 \\ 0 & 3^2 \end{pmatrix} \right) \triangleq N_2(\boldsymbol{\mu}_1, \boldsymbol{\Sigma}_1),$$

$$G_2 = \begin{pmatrix} h \\ w \end{pmatrix} \sim N_2 \left(\begin{pmatrix} 18.25 \\ 55 \end{pmatrix}, \begin{pmatrix} 1.75^2 & 0 \\ 0 & 8^2 \end{pmatrix} \right) \triangleq N_2(\boldsymbol{\mu}_2, \boldsymbol{\Sigma}_2).$$

现有一只体长 13cm, 体重 50g 的对虾, 如何根据它的体长和体重判断它是养殖对虾还是海捕对虾?

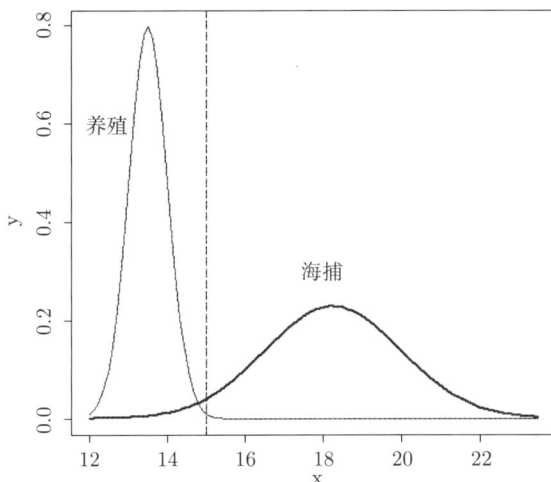

图 5.1　养殖对虾和海捕对虾的体长 (cm) 的分布

这是一个二维数据的两总体判别问题, 新的样品 $\boldsymbol{x}_0 = (13, 50)^{\mathrm{T}}$, 它到总体 G_1, G_2 的中心 (均值) 的欧氏距离分别是

$$d_1^{\mathrm{E}}(\boldsymbol{x}_0, \boldsymbol{\mu}_1) = \sqrt{(13 - 13.5)^2 + (50 - 30)^2} = 20.00625,$$

$$d_2^{\mathrm{E}}(\boldsymbol{x}_0, \boldsymbol{\mu}_2) = \sqrt{(13 - 18.25)^2 + (50 - 55)^2} = 7.25,$$

即 $\boldsymbol{x}_0$ 到 G_2 更近, 它应该是一只海捕对虾. 如果测量的体重不是以 g 为单位, 而是以 kg 为单位, 则新的样品 $\boldsymbol{x}_0 = (13, 0.05)^{\mathrm{T}}$, 它到总体 G_1, G_2 的中心 (均值) 的欧氏距离分别是

$$d_1^{\mathrm{E}}(\boldsymbol{x}_0, \boldsymbol{\mu}_1) = \sqrt{(13 - 13.5)^2 + (0.05 - 0.03)^2} = 0.5004,$$

$$d_2^{\mathrm{E}}(\boldsymbol{x}_0, \boldsymbol{\mu}_2) = \sqrt{(13 - 18.25)^2 + (0.05 - 0.055)^2} = 5.2500,$$

即 $\boldsymbol{x}_0$ 到 G_1 更近, 它应该是一只养殖对虾!

这显然是不合理的, 因为数据的量纲不应该影响判别的结果. 注意到 $\boldsymbol{x}, \boldsymbol{y}$ 之间的欧氏距离可以写为

$$d^{\mathrm{E}}(\boldsymbol{x}, \boldsymbol{y}) = \sqrt{(\boldsymbol{x} - \boldsymbol{y})^{\mathrm{T}}(\boldsymbol{x} - \boldsymbol{y})},$$

我们把两个分布的离散程度即协差阵考虑进欧氏距离的计算中. 当体重以 g 为单位时, 计算下面的距离,

$$d_1^{\mathrm{M}}(\boldsymbol{x}_0, \boldsymbol{\mu}_1) = \sqrt{(\boldsymbol{x}_0 - \boldsymbol{\mu}_1)^{\mathrm{T}} \begin{pmatrix} 0.5^2 & 0 \\ 0 & 3^2 \end{pmatrix}^{-1} (\boldsymbol{x}_0 - \boldsymbol{\mu}_1)} = 6.7412,$$

$$d_2^{\mathrm{M}}(\boldsymbol{x}_0, \boldsymbol{\mu}_2) = \sqrt{(\boldsymbol{x}_0 - \boldsymbol{\mu}_2)^{\mathrm{T}} \begin{pmatrix} 1.75^2 & 0 \\ 0 & 8^2 \end{pmatrix}^{-1} (\boldsymbol{x}_0 - \boldsymbol{\mu}_2)} = 3.0644,$$

$$(5.2)$$

当体重以 kg 为单位时, 计算下面的距离,

$$d_1^{\mathrm{M}}(\boldsymbol{x}_0, \boldsymbol{\mu}_1) = \sqrt{(\boldsymbol{x}_0 - \boldsymbol{\mu}_1)^{\mathrm{T}} \begin{pmatrix} 0.5^2 & 0 \\ 0 & 0.003^2 \end{pmatrix}^{-1} (\boldsymbol{x}_0 - \boldsymbol{\mu}_1)} = 6.7412,$$

$$d_2^{\mathrm{M}}(\boldsymbol{x}_0, \boldsymbol{\mu}_2) = \sqrt{(\boldsymbol{x}_0 - \boldsymbol{\mu}_2)^{\mathrm{T}} \begin{pmatrix} 1.75^2 & 0 \\ 0 & 0.008^2 \end{pmatrix}^{-1} (\boldsymbol{x}_0 - \boldsymbol{\mu}_2)} = 3.0644,$$

$$(5.3)$$

显然, 两种量纲的计算结果完全一致, 都是 x_0 到 G_2 更近, 它确实是一只海捕对虾. □

式(5.1)、式(5.2)和式 (5.3) 中的距离是马氏距离 (Mahalanobis distance) 在一维和二维空间中的形式, 下面我们给出高维空间中的马氏距离的定义.

定义 5.1 (马氏距离)   设 $\boldsymbol{x}, \boldsymbol{y}$ 是从均值向量为 $\boldsymbol{\mu}$, 协差阵为 $\boldsymbol{\Sigma}$ 的 p 维总体 G 中抽取的两个样品, 则 $\boldsymbol{x}, \boldsymbol{y}$ 之间的马氏距离定义为

$$d(\boldsymbol{x}, \boldsymbol{y}) = \sqrt{(\boldsymbol{x} - \boldsymbol{y})^{\mathrm{T}} \boldsymbol{\Sigma}^{-1} (\boldsymbol{x} - \boldsymbol{y})},$$

样品 $\boldsymbol{x}$ 与总体 G 之间的马氏距离定义为样品 $\boldsymbol{x}$ 到总体 G 的中心 $\boldsymbol{\mu}$ 的马氏距离, 即

$$d(\boldsymbol{x}, G) = d(\boldsymbol{x}, \boldsymbol{\mu}) = \sqrt{(\boldsymbol{x} - \boldsymbol{\mu})^{\mathrm{T}} \boldsymbol{\Sigma}^{-1} (\boldsymbol{x} - \boldsymbol{\mu})}.$$

马氏距离考虑了数据的离散程度, 显然, 当 $\boldsymbol{\Sigma}$ 是单位矩阵时, 马氏距离即为欧氏距离, 所以马氏距离又称协方差距离. 可以证明, 马氏距离不受数据量纲的影响 (证明留给读者) .

5.1.2   两总体的距离判别

设两 p 维总体 G_1, G_2 的均值向量分别为 $\boldsymbol{\mu}_1, \boldsymbol{\mu}_2$, 协差阵分别为 $\boldsymbol{\Sigma}_1, \boldsymbol{\Sigma}_2, \boldsymbol{x} \in \mathbb{R}^p$ 是一个新样品. 我们的目的是要判别 $\boldsymbol{x}$ 来自哪一个总体.

为此, 我们只需要计算 $\boldsymbol{x}$ 到两总体 G_1, G_2 的马氏距离的平方, 即得到判别准则

$$\begin{cases} \boldsymbol{x} \in G_1, & \text{若} d^2(\boldsymbol{x}, G_1) \leqslant d^2(\boldsymbol{x}, G_2), \\ \boldsymbol{x} \in G_2, & \text{若} d^2(\boldsymbol{x}, G_1) > d^2(\boldsymbol{x}, G_2). \end{cases} \tag{5.4}$$

判别函数可以取为两个马氏距离的平方之差, 即

$$
\begin{aligned}
w(\boldsymbol{x}) =\ & d^2(\boldsymbol{x}, G_2) - d^2(\boldsymbol{x}, G_2) \\
=\ & (\boldsymbol{x} - \boldsymbol{\mu}_2)^{\mathrm{T}} \boldsymbol{\Sigma}_2^{-1}(\boldsymbol{x} - \boldsymbol{\mu}_2) - (\boldsymbol{x} - \boldsymbol{\mu}_1)^{\mathrm{T}} \boldsymbol{\Sigma}_1^{-1}(\boldsymbol{x} - \boldsymbol{\mu}_1),
\end{aligned}
\tag{5.5}
$$

于是, 判别准则 (5.4) 化为

$$
\begin{cases}
\boldsymbol{x} \in G_1, & \text{若} w(\boldsymbol{x}) \geqslant 0, \\
\boldsymbol{x} \in G_2, & \text{若} w(\boldsymbol{x}) < 0.
\end{cases}
\tag{5.6}
$$

当两总体协差阵相等, 即 $\boldsymbol{\Sigma}_1 = \boldsymbol{\Sigma}_2 = \boldsymbol{\Sigma}$ 时, 判别函数 (5.5) 可以简化为

$$
\begin{aligned}
w(\boldsymbol{x}) =\ & (\boldsymbol{x} - \boldsymbol{\mu}_1 + \boldsymbol{\mu}_1 - \boldsymbol{\mu}_2)^{\mathrm{T}} \boldsymbol{\Sigma}^{-1}(\boldsymbol{x} - \boldsymbol{\mu}_1 + \boldsymbol{\mu}_1 - \boldsymbol{\mu}_2) - (\boldsymbol{x} - \boldsymbol{\mu}_1)^{\mathrm{T}} \boldsymbol{\Sigma}^{-1}(\boldsymbol{x} - \boldsymbol{\mu}_1) \\
=\ & 2(\boldsymbol{x} - \boldsymbol{\mu}_1)^{\mathrm{T}} \boldsymbol{\Sigma}^{-1}(\boldsymbol{\mu}_1 - \boldsymbol{\mu}_2) + (\boldsymbol{\mu}_1 - \boldsymbol{\mu}_2)^{\mathrm{T}} \boldsymbol{\Sigma}^{-1}(\boldsymbol{\mu}_1 - \boldsymbol{\mu}_2) \\
=\ & 2(\boldsymbol{\mu}_1 - \boldsymbol{\mu}_2)^{\mathrm{T}} \boldsymbol{\Sigma}^{-1}(\boldsymbol{x} - \bar{\boldsymbol{\mu}}),
\end{aligned}
$$

其中, $\bar{\boldsymbol{\mu}} = \dfrac{\boldsymbol{\mu}_1 + \boldsymbol{\mu}_2}{2}$. 令 $\boldsymbol{a} = 2\boldsymbol{\Sigma}^{-1}(\boldsymbol{\mu}_1 - \boldsymbol{\mu}_2)$, 则

$$
w(\boldsymbol{x}) = \boldsymbol{a}^{\mathrm{T}}(\boldsymbol{x} - \bar{\boldsymbol{\mu}}).
\tag{5.7}
$$

式 (5.7) 称为线性判别函数, $\boldsymbol{a}$ 是其系数向量. 当两总体协差阵不等时, 判别函数 (5.5) 是二次函数, 称为二次判别函数.

　　线性判别函数 (5.7) 或二次判别函数 (5.5) 把空间 $\mathbb{R}^p$ 划分为两部分, 即

$$
R_1 = \{\boldsymbol{x}|w(\boldsymbol{x}) \geqslant 0\}, \ R_2 = \{\boldsymbol{x}|w(\boldsymbol{x}) < 0\},
$$

当样品 $\boldsymbol{x}$ 落入 R_j 时, 判 $\boldsymbol{x} \in G_j, j = 1, 2$, 如图 5.2 所示.

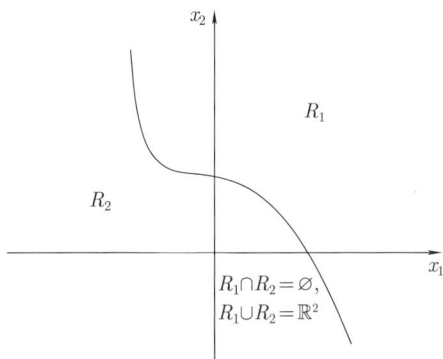

图 5.2　两个总体的判别区域示意图

　　实际应用中, 正态的均值向量和协差阵一般都是未知的, 此时可以使用样本均值向量和样本协差阵进行替换. 设 $\boldsymbol{x}_i^{(1)}, i = 1, 2, \cdots, n_1$ 和 $\boldsymbol{x}_i^{(2)}, i = 1, 2, \cdots, n_2$ 分别是来

自总体 G_1 和 G_2 的容量分别是 n_1 和 n_2 的样本, 样本均值向量和样本离差阵分别是

$$\bar{\boldsymbol{x}}^{(1)} = \frac{1}{n_1} \sum_{i=1}^{n_1} \boldsymbol{x}_i^{(1)}, \quad \boldsymbol{A}_1 = \sum_{i=1}^{n_1} (\boldsymbol{x}_i^{(1)} - \bar{\boldsymbol{x}}^{(1)})(\boldsymbol{x}_i^{(1)} - \bar{\boldsymbol{x}}^{(1)})^{\mathrm{T}},$$

$$\bar{\boldsymbol{x}}^{(2)} = \frac{1}{n_2} \sum_{i=1}^{n_2} \boldsymbol{x}_i^{(2)}, \quad \boldsymbol{A}_2 = \sum_{i=1}^{n_2} (\boldsymbol{x}_i^{(2)} - \bar{\boldsymbol{x}}^{(2)})(\boldsymbol{x}_i^{(2)} - \bar{\boldsymbol{x}}^{(2)})^{\mathrm{T}}.$$

设总体 $G_j, j = 1, 2$ 的均值向量和协差阵分别为 $\boldsymbol{\mu}_j$ 和 $\boldsymbol{\Sigma}_j, j = 1, 2$, 由于 $\bar{\boldsymbol{x}}^{(j)}$ 和 $\frac{1}{n_j - 1} \boldsymbol{A}_j$ 分别是 $\boldsymbol{\mu}_j$ 和 $\boldsymbol{\Sigma}_j$ 的无偏估计, $j = 1, 2$, 因此, 线性判别函数 (5.7) 可以估计为

$$\widehat{w}(\boldsymbol{x}) = \widehat{\boldsymbol{a}}^{\mathrm{T}}(\boldsymbol{x} - \bar{\boldsymbol{x}}), \tag{5.8}$$

其中, $\widehat{\boldsymbol{a}} = 2\widehat{\boldsymbol{\Sigma}}^{-1}(\bar{\boldsymbol{x}}^{(1)} - \bar{\boldsymbol{x}}^{(2)})$, 而 $\widehat{\boldsymbol{\Sigma}} = \frac{1}{n_1 + n_2 - 2}(\boldsymbol{A}_1 + \boldsymbol{A}_2)$ 是两个总体的共同协差阵的无偏估计, $\bar{\boldsymbol{x}} = \frac{\bar{\boldsymbol{x}}^{(1)} + \bar{\boldsymbol{x}}^{(2)}}{2}$ 是 $\bar{\boldsymbol{\mu}}$ 的无偏估计. 二次判别函数 (5.5) 可以估计为

$$\widehat{w}(\boldsymbol{x}) = (\boldsymbol{x} - \bar{\boldsymbol{x}}^{(2)})^{\mathrm{T}} \widehat{\boldsymbol{\Sigma}}_2^{-1} (\boldsymbol{x} - \bar{\boldsymbol{x}}^{(2)}) - (\boldsymbol{x} - \bar{\boldsymbol{x}}^{(1)})^{\mathrm{T}} \widehat{\boldsymbol{\Sigma}}_1^{-1} (\boldsymbol{x} - \bar{\boldsymbol{x}}^{(1)}), \tag{5.9}$$

其中, $\widehat{\boldsymbol{\Sigma}}_j = \frac{1}{n_j - 1} \boldsymbol{A}_j, j = 1, 2$. 从而, 判别准则 (5.6) 转化为

$$\begin{cases} \boldsymbol{x} \in G_1, & \text{若} \widehat{w}(\boldsymbol{x}) \geqslant 0, \\ \boldsymbol{x} \in G_2, & \text{若} \widehat{w}(\boldsymbol{x}) < 0. \end{cases} \tag{5.10}$$

5.1.3   案例: 海捕和养殖中国对虾的蛋白组学鉴别方法

例 5.1 和例 5.2 中, 我们仅从容易观测的体长和体重角度对养殖对虾和海捕对虾进行判别, 不可避免存在较大错判的可能. 本例我们将从更为科学的角度讨论这一问题. 以质谱为基础的蛋白组学方法在稳健性、灵敏度、选择性、多路复用和高通量方面具有明显的优势, 迅速发展成为一种强有力的食品认证工具. 这一点从不断增加的物种识别、食品掺假和食品生产方法 (野生/养殖) 的研究中得到了证明.

胡玲萍等 (2019) 使用超高效液相色谱-飞行时间质谱连续窗口采集所有理论碎片离子技术为基础的蛋白组学, 对海捕和养殖中国对虾的蛋白进行相对定量, 并通过化学计量学寻找区分海捕和养殖中国对虾的蛋白生物标志物, 最终确定肌动蛋白 1、血蓝蛋白、卵黄蛋白原、血蓝蛋白, 部分、激活转录因子-2 这 5 种蛋白为区分海捕和养殖中国对虾的蛋白生物标志物.

作者仅提供了这 5 种蛋白的响应强度的平均值 ± 标准差的数据, 我们假设蛋白响应强度服从正态分布. 对海捕中国对虾, 我们要随机生成 $n_1 = 10$ 的样本, 为此可以

假设海捕中国对虾的肌动蛋白 1、血蓝蛋白、卵黄蛋白原、血蓝蛋白, 部分、激活转录因子-2 的响应强度依次服从

$$N(39248800, 1066500^2), \quad N(8472880, 161038^2),$$

$$N(1533070, 72252.2^2), \quad N(1474900, 78052.3^2), N(1399870, 180647^2) \tag{5.11}$$

的正态分布; 对养殖中国对虾, 我们要随机生成 $n_2 = 20$ 的样本, 为此可以假设海捕中国对虾的肌动蛋白 1、血蓝蛋白、卵黄蛋白原、血蓝蛋白, 部分、激活转录因子-2 的响应强度依次服从

$$N(26399400, 1186320^2), \quad N(11184600, 842494^2),$$

$$N(57737.5, 16582.2^2), \quad N(10308.5, 5208.85^2), N(336586, 48144.6^2). \tag{5.12}$$

的正态分布. 根据式 (5.11) 和式 (5.12), 我们随机生成如表 5.1 的数据. 我们尝试根据肌动蛋白 1、血蓝蛋白、卵黄蛋白原、血蓝蛋白, 部分、激活转录因子-2 这 5 种蛋白的响应强度, 按照距离判别准则对表 5.1 的 30 个样品进行分类 (海捕或养殖), 并根据表 5.1 最后一列数据分析错判情况.

用 G_1 和 G_2 分别表示海捕和养殖中国对虾的总体, 表 5.1 的前 $n_1 = 10$ 个样品用 $\boldsymbol{x}_i^{(1)}, i = 1, 2, \cdots, n_1$ 表示, 构成数据矩阵 $\boldsymbol{\mathcal{X}}$; 后 $n_2 = 20$ 个样品用 $\boldsymbol{x}_i^{(2)}, i = 1, 2, \cdots, n_2$ 表示, 构成数据矩阵 $\boldsymbol{\mathcal{Y}}$. 计算得

$$\bar{\boldsymbol{x}}^{(1)} = \frac{1}{n_1} \sum_{i=1}^{n_1} \boldsymbol{x}_i^{(1)} = (38840163, 8453850, 1505040, 1415097, 1289712)^{\mathrm{T}},$$

$$\bar{\boldsymbol{x}}^{(2)} = \frac{1}{n_2} \sum_{i=1}^{n_2} \boldsymbol{x}_i^{(2)} = (26599726, 11100017, 61076, 9954, 331688)^{\mathrm{T}},$$

$$\bar{\boldsymbol{x}} = \frac{\bar{\boldsymbol{x}}^{(1)} + \bar{\boldsymbol{x}}^{(2)}}{2} = (32719945, 9776934, 783058, 712526, 810700)^{\mathrm{T}},$$

进而有

$$\boldsymbol{A}_1 = \sum_{i=1}^{n_1} (\boldsymbol{x}_i^{(1)} - \bar{\boldsymbol{x}}^{(1)})(\boldsymbol{x}_i^{(1)} - \bar{\boldsymbol{x}}^{(1)})^{\mathrm{T}} = \boldsymbol{\mathcal{X}}^{\mathrm{T}} \boldsymbol{\mathcal{X}} - n_1 \bar{\boldsymbol{x}}^{(1)} (\bar{\boldsymbol{x}}^{(1)})^{\mathrm{T}}$$

$$= 10^{12} \begin{pmatrix} 10.1507 & -0.2880 & -0.2543 & -0.2260 & -0.6763 \\ -0.2880 & 0.2659 & -0.0207 & -0.0052 & 0.0116 \\ -0.2543 & -0.0207 & 0.02084 & 0.0049 & 0.0236 \\ -0.2260 & -0.0052 & 0.0049 & 0.0438 & 0.0763 \\ -0.6762 & 0.0116 & 0.0236 & 0.0763 & 0.1820 \end{pmatrix},$$

$$\boldsymbol{A}_2 = \sum_{i=1}^{n_2} (\boldsymbol{x}_i^{(2)} - \bar{\boldsymbol{x}}^{(2)})(\boldsymbol{x}_i^{(2)} - \bar{\boldsymbol{x}}^{(2)})^{\mathrm{T}} = \boldsymbol{\mathcal{Y}}^{\mathrm{T}} \boldsymbol{\mathcal{Y}} - n_2 \bar{\boldsymbol{x}}^{(2)} (\bar{\boldsymbol{x}}^{(2)})^{\mathrm{T}}$$

$$=10^{12}\begin{pmatrix} 40.0403 & -2.0178 & -0.1062 & 0.0150 & -0.2473 \\ -2.0178 & 8.9482 & -0.0195 & 0.0180 & 0.2504 \\ -0.1062 & -0.0195 & 0.0037 & 0.0002 & 0.0035 \\ 0.0150 & 0.0180 & 0.0002 & 0.0003 & 0.0002 \\ -0.2473 & 0.2504 & 0.0035 & 0.0002 & 0.0524 \end{pmatrix}.$$

表 5.1　中国对虾的 5 种蛋白的响应强度的随机生成数据，X_1, X_2, X_3, X_4, X_5 分别表示肌动蛋白 1，血蓝蛋白，卵黄蛋白原，血蓝蛋白，部分和激活转录因子-2，类型 1 和类型 2 分别表示海捕和养殖

X_1	X_2	X_3	X_4	X_5	类型
37961464	8396034	1542758.17	1560936.859	1661717.2	1
39544678	8312102	1497616.86	1437778.866	1206822.9	1
40405357	8347874	1501239.45	1419526.573	1245350.9	1
36747113	8483260	1566276.35	1435775.655	1349176.3	1
39706461	8627395	1482947.19	1347745.508	1220245.4	1
39788509	8455120	1428434.01	1383764.631	1224910.8	1
38635840	8390588	1574597.37	1304742.891	1199836.3	1
38665817	8326143	1459108.62	1370232.397	1173702.5	1
38646812	8338064	1531976.22	1451929.687	1305242.0	1
38299575	8861921	1465445.65	1438535.625	1310115.5	1
24256869	11190407	56856.01	9287.906	327371.5	2
25708872	10800870	61969.21	6927.593	298941.4	2
25083902	10875806	86026.14	4527.889	435675.4	2
25195330	11730778	74344.79	14732.242	372718.6	2
26206849	12928791	49519.64	10424.983	424411.8	2
27067364	11055363	63633.31	14637.787	340440.4	2
28354239	10012943	38923.20	3827.191	306187.1	2
25481955	10574987	72300.05	11188.933	263729.3	2
28304523	11402184	73870.60	13814.922	305961.2	2
25025869	10917480	92910.29	10171.630	347481.2	2
27178324	11034813	64611.21	9287.906	385389.7	2
29423319	11041381	49865.62	6927.593	348754.6	2
26358163	10028444	58831.82	4527.889	280163.0	2
25605000	11038185	49405.31	14732.242	368781.0	2
26390378	11900916	44040.63	10424.983	257142.6	2
28507591	11772331	60506.55	14637.787	318972.2	2
25048647	11647969	42875.46	3827.191	321366.6	2
28022081	10845301	60526.38	11188.933	242788.5	2
27976689	11023183	63623.65	13814.922	380881.8	2
26798564	10178217	56873.48	10171.630	306598.1	2

因此,

$$\widehat{\boldsymbol{\Sigma}}_1^{-1} = (n_1 - 1)\boldsymbol{A}_1^{-1}$$

$$= 10^{-12} \begin{pmatrix} 1.740 & 3.577 & 21.83 & 3.792 & 1.813 \\ 3.577 & 49.794 & 116.42 & 73.965 & -36.010 \\ 21.828 & 116.420 & 968.88 & 400.836 & -220.207 \\ 3.792 & 73.965 & 400.84 & 971.684 & -450.034 \\ 1.813 & -36.010 & -220.21 & -450.034 & 275.755 \end{pmatrix},$$

$$\widehat{\boldsymbol{\Sigma}}_2^{-1} = (n_2 - 1)\boldsymbol{A}_2^{-1}$$

$$= 10^{-12} \begin{pmatrix} 0.580 & 0.331 & 23.31 & -72.93 & -0.104 \\ 0.331 & 3.386 & 62.22 & -278.55 & -17.642 \\ 23.307 & 62.222 & 7507.19 & -11290.96 & -640.909 \\ -72.931 & -278.551 & -11290.96 & 99599.40 & 1341.651 \\ -0.104 & -17.642 & -640.91 & 1341.65 & 483.421 \end{pmatrix},$$

$$\widehat{\boldsymbol{\Sigma}}^{-1} = (n_1 + n_2 - 2)(\boldsymbol{A}_1 + \boldsymbol{A}_2)^{-1}$$

$$= 10^{-12} \begin{pmatrix} 0.651 & 0.149 & 8.052 & -0.954 & 1.779 \\ 0.149 & 3.408 & 15.638 & 15.255 & -10.010 \\ 8.052 & 15.638 & 1510.881 & 312.790 & -262.654 \\ -0.954 & 15.256 & 312.790 & 1584.268 & -574.010 \\ 1.779 & -10.010 & -262.654 & -574.010 & 355.363 \end{pmatrix},$$

线性判别函数的系数估计为

$$\widehat{\boldsymbol{a}} = 2\widehat{\boldsymbol{\Sigma}}^{-1}(\bar{\boldsymbol{x}}^{(1)} - \bar{\boldsymbol{x}}^{(2)}) = 10^{-5}(3.914, 5.446, 485.3, 415.2, -159.4)^{\mathrm{T}},$$

得到线性判别函数如式 (5.8), 代入表 5.1 数据, 判别结果如表 5.2 左半部分. 二次判别函数如式 (5.9), 代入表 5.1 数据, 判别结果如表 5.2 中间部分. 线性判别和二次判别的错判率都是 0.

5.1.4　多总体的距离判别

很容易将两总体的距离判别问题推广到多总体的情况. 事实上, 距离判别的本质是计算待判样品到各个总体的马氏距离, 把待判样品归属到距离最小的那一类.

设有 k 个 p 维总体 $G_j, j = 1, 2, \cdots, k$, 它们的均值向量为 $\boldsymbol{\mu}_j, j = 1, 2, \cdots, k$, 协差阵为 $\boldsymbol{\Sigma}_j, j = 1, 2, \cdots, k$, $\boldsymbol{x} \in \mathbb{R}^p$ 是一个新样品. 我们的目的是要判别 $\boldsymbol{x}$ 来自哪一个总体.

表 5.2　线性判别函数 (5.8) 和二次判别函数 (5.9) 的判别结果, 数字 1 和 2 分别
表示海捕和养殖

线性判别函数值	判别结果	二次判别函数值	判别结果	正确类型
5982.673	1	208289.442	1	1
6034.871	1	174407.022	1	1
5950.886	1	169744.815	1	1
6032.679	1	173799.393	1	1
5591.991	1	152313.575	1	1
5463.344	1	161659.062	1	1
5836.018	1	141798.180	1	1
5586.715	1	158105.460	1	1
6069.753	1	178015.979	1	1
5698.414	1	175085.495	1	1
−5927.868	2	−4288.615	2	2
−5831.914	2	−4215.868	2	2
−5963.482	2	−4331.135	2	2
−5826.521	2	−4017.158	2	2
−5942.469	2	−3837.658	2	2
−5790.960	2	−4015.567	2	2
−5907.570	2	−4320.972	2	2
−5729.129	2	−4227.111	2	2
−5622.416	2	−3728.551	2	2
−5766.039	2	−4183.995	2	2
−5876.860	2	−4074.587	2	2
−5811.602	2	−3867.980	2	2
−5843.823	2	−4424.859	2	2
−5962.972	2	−4245.518	2	2
−5751.192	2	−3844.025	2	2
−5676.498	2	−3679.071	2	2
−5952.913	2	− 4128.388	2	2
−5638.754	2	−3893.133	2	2
−5825.060	2	−3983.826	2	2
−5846.648	2	−4341.058	2	2

计算 $\boldsymbol{x}$ 到 $G_j, j = 1, 2, \cdots, k$ 的马氏距离的平方

$$d^2(\boldsymbol{x}, G_j) = (\boldsymbol{x} - \boldsymbol{\mu}_j)^{\mathrm{T}} \boldsymbol{\Sigma}_j^{-1}(\boldsymbol{x} - \boldsymbol{\mu}_j), \ j = 1, 2, \cdots, k,$$

判别准则为

$$\boldsymbol{x} \in G_r, \text{若} d^2(\boldsymbol{x}, G_r) = \min_{1 \leqslant j \leqslant k} \{d^2(\boldsymbol{x}, G_j)\}. \tag{5.13}$$

在实际应用中, 总体的均值向量 $\boldsymbol{\mu}_j$ 和协差阵 $\boldsymbol{\Sigma}_j, j = 1, 2, \cdots, k$ 往往未知, 需要
使用它们的无偏估计来代替. 设 $\boldsymbol{x}_i^{(j)}, i = 1, 2, \cdots, n_j$ 是来自总体 G_j 的容量为 n_j 的

样本, $j = 1, 2, \cdots, k$. 则 $\boldsymbol{\mu}_j$ 和 $\boldsymbol{\Sigma}_j$ 的无偏估计分别为

$$\widehat{\boldsymbol{\mu}}_j = \bar{\boldsymbol{x}}^{(j)} = \frac{1}{n_j} \sum_{i=1}^{n_j} \boldsymbol{x}_i^{(j)},$$

$$\widehat{\boldsymbol{\Sigma}}_j = \boldsymbol{S}_j = \frac{1}{n_j - 1} \boldsymbol{A}_j = \frac{1}{n_j - 1} \sum_{i=1}^{n_j} (\boldsymbol{x}_i^{(j)} - \bar{\boldsymbol{x}}^{(j)})(\boldsymbol{x}_i^{(j)} - \bar{\boldsymbol{x}}^{(j)})^{\mathrm{T}},$$

$$j = 1, 2, \cdots, k.$$

如果已知 k 个总体的协差阵都是相等的, 即 $\boldsymbol{\Sigma}_1 = \boldsymbol{\Sigma}_2 = \cdots = \boldsymbol{\Sigma}_k = \boldsymbol{\Sigma}$, 记 $n = \sum\limits_{j=1}^{k} n_j$, 则 $\boldsymbol{\Sigma}$ 的无偏估计可以取为

$$\begin{aligned} \widehat{\boldsymbol{\Sigma}} &= \frac{1}{n-k} \sum_{j=1}^{k} \boldsymbol{A}_j = \frac{1}{n-k} \sum_{j=1}^{k} (n_j - 1) \boldsymbol{S}_j \\ &= \frac{1}{n-k} \sum_{j=1}^{k} \sum_{i=1}^{n_j} (\boldsymbol{x}_i^{(j)} - \bar{\boldsymbol{x}}^{(j)})(\boldsymbol{x}_i^{(j)} - \bar{\boldsymbol{x}}^{(j)})^{\mathrm{T}}. \end{aligned} \tag{5.14}$$

5.1.5　案例: 人工养殖虾的肌肉营养成分鉴别方法

虾肉口感细嫩紧实, 是市民餐桌上最常见的海鲜之一. 海捕虾生长时间较长, 体内的钙质和氨基酸成分都比较丰富, 味道鲜美, 营养价值高. 但是海捕虾受季节和气候条件影响大, 并且产量小, 满足不了人们的日常生活需求. 而养殖虾因为长时间靠饲料投喂, 生长速度非常快, 体内的氨基酸以及多种营养成分还未完全合成, 所以口感和营养价值都不如海捕虾. 尽管如此, 养殖虾依然是大多数家庭在大多数时候的选择.

养殖虾种类较多, 营养丰富. 封功能等 (2011) 对人工养殖的克氏原螯虾、罗氏沼虾、日本沼虾和南美白对虾的肌肉营养成分进行了检测并做了对比, 结果表明, 克氏原螯虾的水分和粗灰分最高, 罗氏沼虾的总糖和磷的含量较高, 日本沼虾的粗脂肪、钙、铁、铜、铅含量较高, 南美白对虾的含肉率、粗蛋白含量最高. 4 种养殖虾均富含单不饱和脂肪酸和多不饱和脂肪酸, 多不饱和脂肪酸与饱和脂肪酸的比例以克氏原螯虾最大, 日本沼虾次之, 罗氏沼虾最小.

对人工养殖的克氏原螯虾、罗氏沼虾、日本沼虾和南美白对虾, 我们考虑含肉率 (%)、鲜肉水分含量 (%)、粗蛋白 (%)、粗脂肪 (%)、粗灰分 (%)、总糖 (%) 等 6 个肌肉营养成分指标, 磷含量 (%)、钙含量 (%)、铁 (μg/g)、铜 (μg/g)、铅 (μg/g) 等 5 种常量或微量矿物质含量指标, 使用这 $6 + 5 = 11$ 项指标对人工养殖的克氏原螯虾、罗氏沼虾、日本沼虾和南美白对虾进行判别分析.

封功能等 (2011) 仅提供了平均值 ± 标准差的数据, 我们仿照 5.1.3 节的做法还原数据. 我们假设某个市场上人工养殖的克氏原螯虾、罗氏沼虾、日本沼虾和南美白对

虾的市场占有率分别是 25%, 37.5%, 17.5% 和 20%, 并且除此之外没有其他的人工养殖虾. 再假设 11 项指标均服从正态分布, 其期望和标准差来自封功能等 (2011) 文中的表 1 和表 2. 我们用这些正态分布生成一个样本, 包含 4 种养殖虾的含有 11 项指标的 40 个样品, 其中的克氏原螯虾、罗氏沼虾、日本沼虾和南美白对虾分别含有 10 个、15 个、7 个、8 个, 分别对应样品编号的 1-10、11-25、26-32 和 33-40. 表 5.3 和表 5.4 是 4 种虾的肌肉营养成分含量, 表 5.5 是 4 种虾的矿物质含量.

　　按照距离判别准则对表 5.3, 表 5.4和表 5.5 中的 40 个样品进行分类 (克氏原螯虾、罗氏沼虾、日本沼虾或南美白对虾), 并根据表 5.3, 表 5.4 和表 5.5 最后一列数据分析错判情况.

　　用 $G_j, j = 1, 2, 3, 4$ 表示克氏原螯虾、罗氏沼虾、日本沼虾和南美白对虾的总体, 数据矩阵 $\boldsymbol{\mathcal{X}}$ 由表 5.3 的中间 3 列, 表 5.4 的中间 3 列和表 5.5 的中间 5 列构成, $\boldsymbol{\mathcal{X}}$ 是一个 40×11 的矩阵, 其第 i 行记为 $\boldsymbol{x}_i, i = 1, 2, \cdots, 40$. 计算得 4 种虾的 11 项指标的均值向量

$$\bar{\boldsymbol{x}}^{(1)} = \frac{1}{10} \sum_{i=1}^{10} \boldsymbol{x}_i = (13.3854, 82.2626, 75.2589, 1.9399,$$
$$8.4285, 0.8205, 1.8662,$$
$$0.1696, 126.2312, 18.9541, 13.4310)^{\mathrm{T}},$$

$$\bar{\boldsymbol{x}}^{(2)} = \frac{1}{15} \sum_{i=11}^{25} \boldsymbol{x}_i = (34.0879, 76.7262, 77.0061, 1.6806,$$
$$6.5964, 1.5384, 2.0500,$$
$$0.3403, 67.0583, 29.1091, 19.3847)^{\mathrm{T}},$$

$$\bar{\boldsymbol{x}}^{(3)} = \frac{1}{7} \sum_{i=26}^{32} \boldsymbol{x}_i = (33.0051, 79.1857, 82.4382, 2.6952,$$
$$6.9203, 0.9658, 1.6655,$$
$$0.3400, 165.2977, 50.0223, 32.3298)^{\mathrm{T}},$$

$$\bar{\boldsymbol{x}}^{(4)} = \frac{1}{8} \sum_{i=33}^{40} \boldsymbol{x}_i = (57.7060, 77.6899, 82.1650, 1.4905,$$
$$6.5716, 0.8065, 1.4840,$$
$$0.3026, 75.9027, 31.2243, 29.0308)^{\mathrm{T}}.$$

表 5.3　4 种虾的肌肉营养成分含量 (一)，类型 1,2,3,4 分别表示克氏原螯虾、罗氏沼虾、日本沼虾、南美白对虾

样品编号	含肉率 (%)	鲜肉水分含量 (%)	粗蛋白 (%)	类型
1	12.92	82.00	76.51	1
2	13.76	81.61	75.01	1
3	14.21	81.78	75.13	1
4	12.29	82.40	77.29	1
5	13.84	83.06	74.53	1
6	13.88	82.27	72.71	1
7	13.28	81.97	77.57	1
8	13.29	81.68	73.73	1
9	13.28	81.73	76.15	1
10	13.10	84.14	73.94	1
11	34.07	76.73	76.37	2
12	34.05	76.72	77.89	2
13	34.04	76.71	77.22	2
14	34.11	76.72	76.56	2
15	34.08	76.73	77.11	2
16	34.11	76.74	77.01	2
17	34.03	76.73	78.12	2
18	34.09	76.72	76.90	2
19	34.11	76.74	77.11	2
20	34.08	76.71	76.97	2
21	34.07	76.73	76.33	2
22	34.05	76.73	76.75	2
23	34.16	76.71	78.10	2
24	34.11	76.74	75.89	2
25	34.15	76.72	76.77	2
26	32.14	79.18	82.27	3
27	33.76	79.20	82.95	3
28	33.96	79.18	82.31	3
29	32.85	79.19	80.77	3
30	33.21	79.18	81.68	3
31	31.74	79.19	83.48	3
32	33.38	79.17	83.60	3
33	56.59	77.71	82.18	4
34	57.30	77.74	87.58	4
35	55.58	77.68	80.86	4
36	58.27	77.68	78.74	4
37	59.96	77.66	82.84	4
38	56.47	77.72	82.20	4
39	57.44	77.64	80.32	4
40	60.04	77.69	82.60	4

表 5.4 4 种虾的肌肉营养成分含量 (二)，类型 1,2,3,4 分别表示克氏原螯虾、罗氏沼虾、日本
沼虾、南美白对虾

样品编号	粗脂肪 (%)	粗灰分 (%)	总糖 (%)	类型
1	1.94	8.74	0.714	1
2	1.94	8.36	0.799	1
3	1.94	8.39	0.762	1
4	1.94	8.48	0.769	1
5	1.94	8.37	0.829	1
6	1.94	8.37	0.879	1
7	1.94	8.35	0.955	1
8	1.94	8.33	0.786	1
9	1.94	8.44	0.952	1
10	1.94	8.45	0.759	1
11	1.69	6.82	1.877	2
12	1.68	6.59	1.739	2
13	1.67	6.53	1.454	2
14	1.67	6.32	1.660	2
15	1.68	6.78	1.506	2
16	1.67	6.46	1.449	2
17	1.68	6.42	1.055	2
18	1.68	7.01	1.406	2
19	1.68	6.61	1.623	2
20	1.68	6.58	1.909	2
21	1.69	6.20	1.625	2
22	1.70	6.57	1.645	2
23	1.68	6.72	1.376	2
24	1.68	6.64	1.568	2
25	1.69	6.71	1.187	2
26	2.66	6.95	0.989	3
27	2.70	6.91	0.969	3
28	2.72	6.88	0.952	3
29	2.72	6.89	0.959	3
30	2.69	6.97	0.950	3
31	2.67	6.89	0.985	3
32	2.70	6.94	0.957	3
33	1.52	6.61	0.777	4
34	1.48	6.63	0.833	4
35	1.59	6.62	0.816	4
36	1.51	6.59	0.824	4
37	1.37	6.49	0.814	4
38	1.30	6.58	0.816	4
39	1.49	6.65	0.800	4
40	1.67	6.40	0.773	4

表 5.5　4 种虾的矿物质含量, 类型 1,2,3,4 分别表示克氏原螯虾、罗氏沼虾、日本沼虾、南美白对虾

样品编号	磷 (%)	钙 (%)	铁 (μg/g)	铜 (μg/g)	铅 (μg/g)	类型
1	1.87	0.170	126.2	18.2	13.6	1
2	1.89	0.165	126.2	18.6	13.3	1
3	1.86	0.166	124.3	20.4	13.5	1
4	1.85	0.176	126.2	19.5	13.3	1
5	1.86	0.191	127.8	17.7	13.2	1
6	1.88	0.168	127.6	18.7	13.5	1
7	1.85	0.156	127.3	16.9	13.2	1
8	1.87	0.163	125.8	19.3	13.5	1
9	1.87	0.173	126.2	19.5	13.6	1
10	1.86	0.167	124.6	20.9	13.5	1
11	2.05	0.338	67.0	29.1	19.4	2
12	2.05	0.327	67.1	29.1	19.4	2
13	2.05	0.318	65.5	29.1	19.4	2
14	2.05	0.324	68.0	29.1	19.3	2
15	2.05	0.343	68.5	29.1	19.4	2
16	2.05	0.348	65.2	29.1	19.4	2
17	2.05	0.343	60.0	29.1	19.4	2
18	2.05	0.375	67.1	29.1	19.4	2
19	2.05	0.353	67.8	29.1	19.4	2
20	2.05	0.336	69.1	29.1	19.4	2
21	2.05	0.317	67.9	29.1	19.4	2
22	2.05	0.388	68.7	29.1	19.4	2
23	2.05	0.344	65.1	29.1	19.4	2
24	2.05	0.316	69.4	29.1	19.4	2
25	2.05	0.334	69.4	29.1	19.4	2
26	1.70	0.340	167.1	49.7	32.4	3
27	1.66	0.340	163.7	49.3	32.3	3
28	1.66	0.340	166.2	49.8	32.2	3
29	1.67	0.340	164.7	50.1	32.3	3
30	1.67	0.340	162.3	50.5	32.3	3
31	1.66	0.340	164.3	50.7	32.2	3
32	1.64	0.340	168.8	49.9	32.4	3
33	1.45	0.305	77.8	32.2	28.1	4
34	1.49	0.309	74.8	31.5	28.2	4
35	1.48	0.296	76.8	33.3	28.3	4
36	1.46	0.307	76.1	31.5	30.6	4
37	1.50	0.303	73.7	29.9	30.6	4
38	1.49	0.289	76.5	32.3	29.7	4
39	1.53	0.307	75.6	29.9	27.7	4
40	1.46	0.305	76.1	29.1	29.0	4

由于 $p = 11 > n_j, j = 1, 3, 4, n = 40, k = 4$, 如果对每一个总体单独估计协差阵, 这 4 个协差阵中至少有 3 个将会是半正定的, 因而不可逆. 所以我们假定 4 个总体的协差阵均相等, 使用式 (5.14) 求协差阵 $\boldsymbol{\Sigma}$ 的无偏估计为

$$\widehat{\boldsymbol{\Sigma}} = \frac{1}{n-k} \sum_{j=1}^{k} \sum_{i=1}^{n_j} (\boldsymbol{x}_i^{(j)} - \bar{\boldsymbol{x}}^{(j)})(\boldsymbol{x}_i^{(j)} - \bar{\boldsymbol{x}}^{(j)})^{\mathrm{T}}$$

$$= \frac{1}{n-k} \left[\boldsymbol{\mathcal{X}}^{\mathrm{T}} \boldsymbol{\mathcal{X}} - \sum_{j=1}^{k} n_j \bar{\boldsymbol{x}}^{(j)} (\bar{\boldsymbol{x}}^{(j)})^{\mathrm{T}} \right],$$

这是一个 11 阶的正定方阵. 进而使用判别准则 (5.13) 计算每一个样品到 4 个总体的马氏距离并进行归类, 计算结果见表 5.6. 错判率是 0.

表 5.6　4 种养殖虾的判别结果, 1,2,3,4 分别表示克氏原螯虾、罗氏沼虾、日本沼虾、南美白对虾

编号	$d(\boldsymbol{x}_i, G_1)$	$d(\boldsymbol{x}_i, G_2)$	$d(\boldsymbol{x}_i, G_3)$	$d(\boldsymbol{x}_i, G_4)$	结果	正确类型
1	2.83	3.85	4.21	4.13	1	1
2	1.94	3.16	3.61	3.54	1	1
3	1.96	3.15	3.60	3.47	1	1
4	2.09	3.31	3.72	3.65	1	1
5	3.22	4.15	4.49	4.38	1	1
6	2.09	3.29	3.72	3.62	1	1
7	2.88	3.91	4.28	4.16	1	1
8	2.09	3.26	3.71	3.62	1	1
9	1.50	2.89	3.37	3.31	1	1
10	5.27	5.86	6.10	6.05	1	1
11	4.23	3.36	4.44	4.34	2	2
12	3.23	1.96	3.47	3.37	2	2
13	3.12	1.83	3.40	3.27	2	2
14	3.40	2.25	3.63	3.54	2	2
15	2.86	1.37	3.14	3.02	2	2
16	3.00	1.54	3.27	3.15	2	2
17	4.90	4.15	5.07	5.00	2	2
18	4.31	3.49	4.51	4.41	2	2
19	2.83	1.19	3.10	2.99	2	2
20	3.62	2.55	3.83	3.75	2	2
21	3.99	3.07	4.19	4.12	2	2
22	4.73	3.95	4.87	4.83	2	2
23	3.05	1.68	3.32	3.20	2	2
24	3.24	2.09	3.51	3.39	2	2
25	3.77	2.86	3.98	3.91	2	2
26	3.52	3.31	1.67	3.73	3	3
27	3.15	2.94	0.81	3.28	3	3
28	3.36	3.17	1.32	3.47	3	3

(续)

编号	$d(\boldsymbol{x}_i, G_1)$	$d(\boldsymbol{x}_i, G_2)$	$d(\boldsymbol{x}_i, G_3)$	$d(\boldsymbol{x}_i, G_4)$	结果	正确类型
29	3.32	3.10	1.26	3.49	3	3
30	3.35	3.10	1.33	3.46	3	3
31	3.67	3.49	2.03	3.82	3	3
32	3.33	3.21	1.28	3.44	3	3
33	4.20	4.10	4.43	2.96	4	4
34	5.08	4.92	5.21	4.12	4	4
35	4.33	4.17	4.51	3.21	4	4
36	5.06	4.95	5.22	4.10	4	4
37	4.90	4.73	5.04	3.86	4	4
38	4.99	4.88	5.18	4.02	4	4
39	4.46	4.28	4.68	3.39	4	4
40	5.34	5.22	5.49	4.43	4	4

5.2　Fisher 判别

Fisher 判别法是 R. A. Fisher 于 1936 年提出来的一种基于降维或投影的多元统计分析方法, 该方法对总体分布没有特定的要求, 但是 Fisher 判别函数的导出过程隐含了各类协差阵相等的假定.

Fisher 判别的基本思想是投影或降维. 对于来自不同总体 (类) 的高维数据, 选择若干个好的投影方向将它们投影为低维数据, 使得这些来自不同类的低维数据之间有比较清晰的界限. 对于新样品对应的高维数据点, 也将其以同样方向投影为一个低维数据点, 然后再利用一般的距离判别方法判断其属于哪一类, 而衡量类与类之间是否分开的方法借助于一元方差分析的思想.

5.2.1　Fisher 判别法的数学原理

设有 k 个 p 维总体 $G_j, j = 1, 2, \cdots, k$, 训练样本 $\boldsymbol{x}_i^{(j)}, i = 1, 2, \cdots, n_j$ 来自总体 $G_j, j = 1, 2, \cdots, k$. 样本均值向量 $\bar{\boldsymbol{x}}^{(j)}$ 和总样本均值向量 $\bar{\boldsymbol{x}}$ 定义为

$$\bar{\boldsymbol{x}}^{(j)} = \frac{1}{n_j} \sum_{i=1}^{n_j} \boldsymbol{x}_i^{(j)}, j = 1, 2, \cdots, k, \ \bar{\boldsymbol{x}} = \frac{1}{n} \sum_{j=1}^{k} \sum_{i=1}^{n_j} \boldsymbol{x}_i^{(j)}, \tag{5.15}$$

其中, $n = \sum_{j=1}^{k} n_j$. 任取 $\boldsymbol{u} = (u_1, \cdots, u_p)^{\mathrm{T}} \in \mathbb{R}^p$, 则

$$u(\boldsymbol{x}) = \boldsymbol{u}^{\mathrm{T}} \boldsymbol{x}, \ \boldsymbol{x} \in \mathbb{R}^p \tag{5.16}$$

是向量 $\boldsymbol{x}$ 向 $\boldsymbol{u}$ 方向的投影. 训练样本 $\boldsymbol{x}_i^{(j)}, i = 1, 2, \cdots, n_j, j = 1, 2, \cdots, k$ 经式 (5.16) 投影后变成一元数据

$$u_i^{(j)} = u^{\mathrm{T}} x_i^{(j)}, i = 1, 2, \cdots, n_j, j = 1, 2, \cdots, k.$$

下面对这 k 组投影后的一元数据做方差分析. 其组间平方和为

$$\begin{aligned}
B_0 &= \sum_{j=1}^{k} n_j (u^{\mathrm{T}} \bar{x}^{(j)} - u^{\mathrm{T}} \bar{x})^2 \\
&= \sum_{j=1}^{k} n_j (u^{\mathrm{T}} \bar{x}^{(j)} - u^{\mathrm{T}} \bar{x})(u^{\mathrm{T}} \bar{x}^{(j)} - u^{\mathrm{T}} \bar{x})^{\mathrm{T}} \\
&= u^{\mathrm{T}} \left[\sum_{j=1}^{k} n_j (\bar{x}^{(j)} - \bar{x})(\bar{x}^{(j)} - \bar{x})^{\mathrm{T}} \right] u \overset{\triangle}{=} u^{\mathrm{T}} B u,
\end{aligned}$$

其中,

$$B = \sum_{j=1}^{k} n_j (\bar{x}^{(j)} - \bar{x})(\bar{x}^{(j)} - \bar{x})^{\mathrm{T}}$$

为组间离差阵. 合并的组内平方和为

$$\begin{aligned}
A_0 &= \sum_{j=1}^{k} \sum_{i=1}^{n_j} (u^{\mathrm{T}} x_i^{(j)} - u^{\mathrm{T}} \bar{x}^{(j)})^2 \\
&= \sum_{j=1}^{k} \sum_{i=1}^{n_j} (u^{\mathrm{T}} x_i^{(j)} - u^{\mathrm{T}} \bar{x}^{(j)})(u^{\mathrm{T}} x_i^{(j)} - u^{\mathrm{T}} \bar{x}^{(j)})^{\mathrm{T}},
\end{aligned}$$

记 $A_j = \sum_{i=1}^{n_j} (x_i^{(j)} - \bar{x}^{(j)})(x_i^{(j)} - \bar{x}^{(j)})^{\mathrm{T}}, j = 1, 2, \cdots, k$ 为组内离差阵, $A = \sum_{j=1}^{k} A_j$ 为合并的组内离差阵, 则

$$A_0 = u^{\mathrm{T}} \left[\sum_{j=1}^{k} \sum_{i=1}^{n_j} (x_i^{(j)} - \bar{x}^{(j)})(x_i^{(j)} - \bar{x}^{(j)})^{\mathrm{T}} \right] u \overset{\triangle}{=} u^{\mathrm{T}} A u.$$

若 k 个一元总体 (类) 的均值之间有显著差异, 则比值

$$\Delta(u) = \frac{u^{\mathrm{T}} B u}{u^{\mathrm{T}} A u} \tag{5.17}$$

应充分大. 利用方差分析思想, 将判别问题转化为求投影方向 u, 使得式 (5.17) 达到极大值. 显然, 使式 (5.17) 达到极大值的 u 是不唯一的, 因为如果 $\Delta(u)$ 达到极大值, 则 $\Delta(cu) = \Delta(u), c \neq 0$ 也达到极大值. 为了使得结果唯一, 需要对 u 施加一个约束条件, 为了方便计算, 我们假设 u 需要满足

$$u^{\mathrm{T}} A u = 1. \tag{5.18}$$

若 u 是在约束条件 (5.18) 下使得式 (5.17) 达到极大值的投影方向, 则称 $u(x) = u^{\mathrm{T}} x$ 为判别函数.

利用拉格朗日 (Lagrange) 乘子法, 对拉格朗日函数

$$\mathcal{L}(\boldsymbol{u}, \lambda) = \boldsymbol{u}^{\mathrm{T}} \boldsymbol{B} \boldsymbol{u} + \lambda(\boldsymbol{u}^{\mathrm{T}} \boldsymbol{A} \boldsymbol{u} - 1)$$

求偏导并令其为零, 得

$$\frac{\partial \mathcal{L}}{\partial \boldsymbol{u}^{\mathrm{T}}} = 2(\boldsymbol{B} - \lambda \boldsymbol{A})\boldsymbol{u} = 0, \ \frac{\partial \mathcal{L}}{\partial \lambda} = \boldsymbol{u}^{\mathrm{T}} \boldsymbol{A} \boldsymbol{u} - 1 = 0.$$

矩阵 $\boldsymbol{A}$ 是非负定的, 在实际问题中一般总是正定的. 我们假定 $\boldsymbol{A}$ 正定, 从而可得, λ 是矩阵 $\boldsymbol{A}^{-1}\boldsymbol{B}$ 的特征值, $\boldsymbol{u}$ 是相应的特征向量. 进一步,

$$\boldsymbol{B}\boldsymbol{u} = \lambda \boldsymbol{A}\boldsymbol{u}, \ \Delta(\boldsymbol{u}) = \boldsymbol{u}^{\mathrm{T}} \boldsymbol{B} \boldsymbol{u} = \lambda \boldsymbol{u}^{\mathrm{T}} \boldsymbol{A} \boldsymbol{u} = \lambda,$$

即, 式(5.17) 在约束条件 (5.18) 下的极值问题转化为求矩阵 $\boldsymbol{A}^{-1}\boldsymbol{B}$ 的特征值和特征向量问题.

由于 $\boldsymbol{A}^{-1}\boldsymbol{B}$ 是非负定的, 可设 $\boldsymbol{A}^{-1}\boldsymbol{B}$ 的非零特征值为 $\lambda_1 \geqslant \lambda_2 \geqslant \cdots \geqslant \lambda_r > 0$, 相应的特征向量为 $\boldsymbol{w}_1, \boldsymbol{w}_2, \cdots, \boldsymbol{w}_r$, 则满足约束条件 (5.18) 的特征向量对应为

$$\boldsymbol{u}_l = \frac{\boldsymbol{w}_l}{\sqrt{\boldsymbol{w}_l^{\mathrm{T}} \boldsymbol{A} \boldsymbol{w}_l}}, \ l = 1, 2, \cdots, r. \tag{5.19}$$

取 $\boldsymbol{u} = \boldsymbol{u}_1$ 即可使 $\Delta(\boldsymbol{u})$ 达到最大, 且最大值为 $\lambda_1 = \Delta(\boldsymbol{u}_1) = \boldsymbol{u}_1^{\mathrm{T}} \boldsymbol{B} \boldsymbol{u}_1$. $\Delta(\boldsymbol{u})$ 的大小可以衡量判别函数 $u_1(\boldsymbol{x}) = \boldsymbol{u}^{\mathrm{T}} \boldsymbol{x}$ 的判别效果, 故称其为**判别效率**.

很多时候, 仅用一个判别函数不能很好地区分 k 个总体, 这时可以使用第二大特征值 λ_2 及其对应的满足约束条件 (5.18) 的特征向量 $\boldsymbol{u}_2$ 进行辅助判别, 建立第二个判别函数 $u_2(\boldsymbol{x}) = \boldsymbol{u}_2^{\mathrm{T}} \boldsymbol{x}$. 依次做下去最多可以建立 r 个判别函数 $u_l(\boldsymbol{x}) = \boldsymbol{u}_l^{\mathrm{T}} \boldsymbol{x}, l = 1, 2, \cdots, r$, 其中, $r = \operatorname{rank}(\boldsymbol{A}^{-1}\boldsymbol{B})$. 因为特征值的大小衡量了判别函数的判别效果, 所以一般只需要取前 m 个特征值, 使其累积贡献率

$$\frac{\displaystyle\sum_{l=1}^{m} \lambda_l}{\displaystyle\sum_{l=1}^{r} \lambda_l} \geqslant 70\%$$

即可, 此时建立 m 个判别函数

$$u_l(\boldsymbol{x}) = \boldsymbol{u}_l^{\mathrm{T}} \boldsymbol{x}, l = 1, 2, \cdots, m$$

即满足需要. 有时我们也使用中心化的 Fisher 判别函数

$$u_l(\boldsymbol{x}) = \boldsymbol{u}_l^{\mathrm{T}} (\boldsymbol{x} - \bar{\boldsymbol{x}}), l = 1, 2, \cdots, m,$$

其中, $\bar{\boldsymbol{x}}$ 的定义见式 (5.15).

因为 Fisher 判别是基于降维后的数据进行的, 一般来讲, 当 $m < r$ 时, 会损失原始数据中的信息, 但同时我们又希望 Fisher 判别函数的个数不能太多, 例如 $m = 1, 2$

就很好, 以便我们可以使用可视化的方法将判别结果形象地展示出来, 这也是 Fisher 判别的一个特点. 由于 $m \leqslant \min\{p, k-1\}$, 表 5.7 给出的几种情形在使用可视化方法展示 Fisher 判别结果时不会造成信息损失.

表 5.7　Fisher 判别中的几种特殊情况

变量个数	分类数	Fisher 判别函数的最大个数
$p \geqslant 1$	$k = 2$	$m = 1$
$p \geqslant 2$	$k = 3$	$m = 2$
$p = 2$	$k \geqslant 2$	$m = 2$

注: Fisher 判别函数的另一种求解方法. 由于 p 阶方阵 $\boldsymbol{A}$ 是非负定的, 对 $\boldsymbol{A}$ 做谱分解

$$\boldsymbol{A} = \boldsymbol{P} \boldsymbol{\Gamma} \boldsymbol{P}^{\mathrm{T}} = \sum_{i=1}^{p} \gamma_i \boldsymbol{\varphi}_i \boldsymbol{\varphi}_i^{\mathrm{T}},$$

其中, $\boldsymbol{\Gamma} = \mathbf{diag}(\gamma_1, \gamma_2, \cdots, \gamma_p)$, 而 $\gamma_i \geqslant 0, i = 1, 2, \cdots, p$ 是 $\boldsymbol{A}$ 的特征值, 对应的正交标准化的特征向量为 $\boldsymbol{\varphi}_i, i = 1, 2, \cdots, p$, $\boldsymbol{P} = (\boldsymbol{\varphi}_1, \boldsymbol{\varphi}_2, \cdots, \boldsymbol{\varphi}_p)$ 是正交矩阵. 于是得 $\boldsymbol{A}$ 的平方根矩阵

$$\boldsymbol{A}^{\frac{1}{2}} = \boldsymbol{P} \boldsymbol{\Gamma}^{\frac{1}{2}} \boldsymbol{P}^{\mathrm{T}} = \sum_{i=1}^{p} \gamma_i^{\frac{1}{2}} \boldsymbol{\varphi}_i \boldsymbol{\varphi}_i^{\mathrm{T}},$$

其中, $\boldsymbol{\Gamma}^{\frac{1}{2}} = \mathbf{diag}(\gamma_1^{\frac{1}{2}}, \gamma_2^{\frac{1}{2}}, \cdots, \gamma_p^{\frac{1}{2}})$. 令 $\boldsymbol{v} = \boldsymbol{A}^{\frac{1}{2}} \boldsymbol{u}$, 则 $\boldsymbol{u} = \boldsymbol{A}^{-\frac{1}{2}} \boldsymbol{v}$, 其中

$$\boldsymbol{A}^{-\frac{1}{2}} = \boldsymbol{P} \boldsymbol{\Gamma}^{-\frac{1}{2}} \boldsymbol{P}^{\mathrm{T}} = \sum_{i=1}^{s} \gamma_i^{-\frac{1}{2}} \boldsymbol{\varphi}_i \boldsymbol{\varphi}_i^{\mathrm{T}},$$

其中, $\boldsymbol{\Gamma}^{-\frac{1}{2}} = \mathbf{diag}(\gamma_1^{-\frac{1}{2}}, \gamma_2^{-\frac{1}{2}}, \cdots, \gamma_s^{-\frac{1}{2}}, 0, \cdots, 0), s = \mathrm{rank}\boldsymbol{A}$. 事实上, 如果 $\boldsymbol{A}$ 正定 (如前所述, 在实际问题中几乎总是满足), 则 $\mathrm{rank}\boldsymbol{A} = p$, 于是有 $\boldsymbol{A}^{-\frac{1}{2}} = (\boldsymbol{A}^{\frac{1}{2}})^{-1}$. 从而式 (5.17) 可以化为

$$\Delta(\boldsymbol{u}) = \frac{\boldsymbol{u}^{\mathrm{T}} \boldsymbol{B} \boldsymbol{u}}{\boldsymbol{u}^{\mathrm{T}} \boldsymbol{A} \boldsymbol{u}} = \frac{\boldsymbol{v}^{\mathrm{T}} \boldsymbol{A}^{-\frac{1}{2}} \boldsymbol{B} \boldsymbol{A}^{-\frac{1}{2}} \boldsymbol{v}}{\boldsymbol{v}^{\mathrm{T}} \boldsymbol{v}} \triangleq \Delta'(\boldsymbol{v}). \tag{5.20}$$

注意到矩阵 $\boldsymbol{A}^{-1} \boldsymbol{B}$ 的非零特征值 $\lambda_1 \geqslant \lambda_2 \geqslant \cdots \geqslant \lambda_r > 0$ 也是矩阵 $\boldsymbol{A}^{-\frac{1}{2}} \boldsymbol{B} \boldsymbol{A}^{-\frac{1}{2}}$ 的非零特征值, 求出 $\boldsymbol{A}^{-\frac{1}{2}} \boldsymbol{B} \boldsymbol{A}^{-\frac{1}{2}}$ 的对应于 $\lambda_1 \geqslant \lambda_2 \geqslant \cdots \geqslant \lambda_r > 0$ 的单位正交特征向量 $\boldsymbol{v}_1, \boldsymbol{v}_2, \cdots, \boldsymbol{v}_r$, 有

$$\Delta'(\boldsymbol{v}_l) = \frac{\boldsymbol{v}_l^{\mathrm{T}} \boldsymbol{A}^{-\frac{1}{2}} \boldsymbol{B} \boldsymbol{A}^{-\frac{1}{2}} \boldsymbol{v}_l}{\boldsymbol{v}_l^{\mathrm{T}} \boldsymbol{v}_l} = \lambda_l, l = 1, 2, \cdots, r, \tag{5.21}$$

投影方向可以由变换 $\boldsymbol{u}_l = \boldsymbol{A}^{-\frac{1}{2}} \boldsymbol{v}_l, l = 1, 2, \cdots, r$ 得到, 中心化的 Fisher 判别函数即为

$$u_l(\boldsymbol{x}) = \boldsymbol{v}_l^{\mathrm{T}} \boldsymbol{A}^{-\frac{1}{2}} (\boldsymbol{x} - \bar{\boldsymbol{x}}), l = 1, 2, \cdots, r.$$

5.2.2 Fisher 判别准则

有了判别函数之后, 如何判别新的样品归于哪一类? Fisher 判别并未给出最合适的分类法, 但是可以按照距离判别法的思想, 得到多种判别准则.

5.2.2.1 准则 I

计算降维后的样品到各类 (类中心也相应地做了降维处理) 的距离, 依据最近原则进行判别. 具体来讲, 假设 $\boldsymbol{A}^{-1}\boldsymbol{B}$ 的前 m 个非零特征值的累积贡献率超过 70%, 其对应的满足约束条件的特征向量构成矩阵 $\boldsymbol{U} = (\boldsymbol{u}_1, \boldsymbol{u}_2, \cdots, \boldsymbol{u}_m)$. 将来自 p 维总体 $G_j, j = 1, 2, \cdots, k$ 的样品 $\boldsymbol{x}_i^{(j)}, i = 1, 2, \cdots, n_j$ 投影到 m 维空间上, 得到 m 维的训练样本

$$\boldsymbol{u}_i^{(j)} = \boldsymbol{U}^{\mathrm{T}} \boldsymbol{x}_i^{(j)}, i = 1, 2, \cdots, n_j, j = 1, 2, \cdots, k, \tag{5.22}$$

可视其为来自 k 个 m 维新总体 $G_j', j = 1, 2, \cdots, k$ 的样品. 对于这些低维的训练样本, 即可使用距离判别进行分析. 设原始数据矩阵为 $\boldsymbol{\mathcal{X}} \in \mathbb{R}^{n \times p}$, 则投影样本 (5.22) 可以记作

$$\boldsymbol{\mathcal{U}} = \boldsymbol{\mathcal{X}} \boldsymbol{U} \in \mathbb{R}^{n \times m}, \tag{5.23}$$

中心化的原始数据的投影为

$$\boldsymbol{\mathcal{U}} = (\boldsymbol{\mathcal{X}} - \mathbf{1}_n \bar{\boldsymbol{x}}^{\mathrm{T}}) \boldsymbol{U} \in \mathbb{R}^{n \times m}. \tag{5.24}$$

设有 p 维新样品 $\boldsymbol{x}$, 要判断它属于 p 维总体 $G_j, j = 1, 2, \cdots, k$ 中的哪一个, 只需将 $\boldsymbol{x} \in \mathbb{R}^p$ 投影为 $\boldsymbol{u} = \boldsymbol{U}^{\mathrm{T}} \boldsymbol{x}$ 或 $\boldsymbol{U}^{\mathrm{T}}(\boldsymbol{x} - \bar{\boldsymbol{x}}) \in \mathbb{R}^m$, 利用低维样本 (5.22) 或式 (5.23) 或式 (5.24) 计算判别函数, 利用距离判别法判断 $\boldsymbol{u}$ 属于新总体 $G_j', j = 1, 2, \cdots, k$ 中的哪一个. 若判别结果为 $\boldsymbol{u} \in G_\ell, 1 \leqslant \ell \leqslant k$, 则可判定 $\boldsymbol{x} \in G_\ell$.

5.2.2.2 准则 II

准则 I 是一开始就取定 m 个投影方向, 将 $\mathbb{R}^p$ 空间降维为 $\mathbb{R}^m$ 空间. 如果在更低维的空间上可以进行很好的判别, 那么就没必要将维数升高, 这将会减小计算量. 图 5.3 使用 2 个判别函数对鸢尾花数据集 iris 的 Fisher 判别结果可视化, 横、纵坐标分别是样品在 2 个判别函数上的函数值. 从图 5.3 中可以看出, Fisher 判别的结果还是很清晰的, 这个直观展示是将鸢尾花数据集的 4 维数据投影到二维空间的结果. 如果仅考虑 1 个判别函数, 即, 把 4 维原始数据投影到一维空间, 如图 5.3 所示, 此时依然有比较好的判别效果.

准则 II 的基本思想是尽量考虑更少的判别函数, 即把数据尽量投影到更低维的空间上, 只有无法正确判别新样品归属时才增加一个判别函数, 将投影空间维度增加 1.

首先取判别效率为 λ_1 的判别函数 $u_1(\boldsymbol{x}) = \boldsymbol{u}_1^{\mathrm{T}} \boldsymbol{x}$, 设来自 k 个总体 $G_j, j = 1, 2, \cdots, k$ 的样本为 $\boldsymbol{x}_i^{(j)}, i = 1, 2, \cdots, n_j, j = 1, 2, \cdots, k$ 和样本均值向量 $\bar{\boldsymbol{x}}^{(j)}, j = 1, 2, \cdots, k$ 在

$\boldsymbol{u}_1$ 方向的投影为

$$u_{1i}^{(j)} = \boldsymbol{u}_1^{\mathrm{T}} \boldsymbol{x}_i^{(j)}, \ \bar{u}_1^{(j)} = \boldsymbol{u}_1^{\mathrm{T}} \bar{\boldsymbol{x}}^{(j)}, i = 1, 2, \cdots, n_j, j = 1, 2, \cdots, k.$$

k 个 p 维总体 $G_j, j = 1, 2, \cdots, k$ 在一维投影空间的方差 σ_{1j}^2 可以由一维投影样本 $u_{1i}^{(j)}, i = 1, 2, \cdots, n_j, j = 1, 2, \cdots, k$ 估计为

$$
\begin{aligned}
\widehat{\sigma}_{1j}^2 &= \frac{1}{n_j - 1} \sum_{i=1}^{n_j} (u_{1i}^{(j)} - \bar{u}_1^{(j)})^2 = \frac{1}{n_j - 1} \sum_{i=1}^{n_j} (\boldsymbol{u}_1^{\mathrm{T}} \boldsymbol{x}_i^{(j)} - \boldsymbol{u}_1^{\mathrm{T}} \bar{\boldsymbol{x}}^{(j)})^2 \\
&= \frac{1}{n_j - 1} \sum_{i=1}^{n_j} (\boldsymbol{u}_1^{\mathrm{T}} \boldsymbol{x}_i^{(j)} - \boldsymbol{u}_1^{\mathrm{T}} \bar{\boldsymbol{x}}^{(j)})(\boldsymbol{u}_1^{\mathrm{T}} \boldsymbol{x}_i^{(j)} - \boldsymbol{u}_1^{\mathrm{T}} \bar{\boldsymbol{x}}^{(j)})^{\mathrm{T}} \qquad (5.25)\\
&= \frac{1}{n_j - 1} \boldsymbol{u}_1^{\mathrm{T}} \boldsymbol{A}_j \boldsymbol{u}_1, j = 1, 2, \cdots, k,
\end{aligned}
$$

其中, $\boldsymbol{A}_j$ 是第 j 类样本 $\boldsymbol{x}_i^{(j)}, i = 1, 2, \cdots, n_j$ 的样本离差阵, $j = 1, 2, \cdots, k$. 若存在唯一的 j_1, 使得

$$\frac{|u_1(\boldsymbol{x}) - \bar{u}_1^{(j_1)}|}{\widehat{\sigma}_{1j_1}} = \min_{1 \leqslant j \leqslant k} \frac{|u_1(\boldsymbol{x}) - \bar{u}_1^{(j)}|}{\widehat{\sigma}_{1j}},$$

则判断 $\boldsymbol{x} \in G_{j_1}$. 若存在 $\ell_1, \ell_2, \cdots, \ell_t$, 使得 $\boldsymbol{x}$ 到 t 个总体 $G_{\ell_1}, G_{\ell_2}, \cdots, G_{\ell_t}$ 的距离都相等且为最小, 则再取判别效率为 λ_2 的判别函数 $u_2(\boldsymbol{x}) = \boldsymbol{u}_2^{\mathrm{T}} \boldsymbol{x}$, 记 k 个总体 $G_j, j = 1, 2, \cdots, k$ 的样本 $\boldsymbol{x}_i^{(j)}, i = 1, 2, \cdots, n_j, j = 1, 2, \cdots, k$ 和样本均值向量 $\bar{\boldsymbol{x}}^{(j)}, j = 1, 2, \cdots, k$ 在 $\boldsymbol{u}_2$ 方向的投影为

$$u_{2i}^{(j)} = \boldsymbol{u}_2^{\mathrm{T}} \boldsymbol{x}_i^{(j)}, \ \bar{u}_2^{(j)} = \boldsymbol{u}_2^{\mathrm{T}} \bar{\boldsymbol{x}}^{(j)}, i = 1, 2, \cdots, n_j, j = 1, 2, \cdots, k.$$

类似于式 (5.25) 的推导, k 个总体 $G_j, j = 1, 2, \cdots, k$ 在这个一维投影空间的方差 σ_{2j}^2 可以由一维投影样本 $u_{2i}^{(j)}, i = 1, 2, \cdots, n_j, j = 1, 2, \cdots, k$ 估计为

$$\widehat{\sigma}_{2l}^2 = \frac{1}{n_l - 1} \boldsymbol{u}_2^{\mathrm{T}} \boldsymbol{A}_l \boldsymbol{u}_2, l = \ell_1, \ell_2, \cdots, \ell_t.$$

若存在唯一的 j_2, 使得

$$\frac{|u_2(\boldsymbol{x}) - \bar{u}_2^{(j_2)}|}{\widehat{\sigma}_{2j_2}} = \min_{l \in \{\ell_1, \ell_2, \cdots, \ell_t\}} \frac{|u_2(\boldsymbol{x}) - \bar{u}_2^{(l)}|}{\widehat{\sigma}_{2l}},$$

则判断 $\boldsymbol{x} \in G_{j_2}$. 若第二个判别函数仍不能判别样品 $\boldsymbol{x}$ 的归属, 则可以取第三个判别函数进行判别. 依次下去, 直至判别清楚为止.

需要注意的是, 在实际应用中, 投影方向 $\boldsymbol{u}_l, l = 1, 2, \cdots, r$ 的长度不一定要满足 $\boldsymbol{u}_l^{\mathrm{T}} \boldsymbol{A} \boldsymbol{u}_l = 1, l = 1, \cdots, r$, 也可以取其他长度, 比如可以取 $\boldsymbol{u}_l^{\mathrm{T}} \boldsymbol{S} \boldsymbol{u}_l = 1, l = 1, \cdots, r$, 其中 $\boldsymbol{S}$ 是样本协差阵.

【例 5.3】 (iris.csv)　对鸢尾花数据集做判别分析, 建立 Fisher 判别函数.

解　易知, $n_1 = n_2 = n_3 = 50, n = 150, p = 4$. 用 $\boldsymbol{\mathcal{X}}$ 表示鸢尾花数据集 iris 前 n 行前 p 列的数据, 3 类鸢尾花的样本分别是 $\boldsymbol{\mathcal{X}}$ 的前 n_1 行 $\boldsymbol{x}_i^{(1)}, i = 1, 2, \cdots, n_1$、中间 n_2 行 $\boldsymbol{x}_i^{(2)}, i = 1, 2, \cdots, n_2$ 和最后 n_3 行 $\boldsymbol{x}_i^{(3)}, i = 1, 2, \cdots, n_3$. 计算得 3 类的样本均值向量和总样本均值向量为

$$\bar{\boldsymbol{x}}^{(1)} = \frac{1}{n_1} \sum_{i=1}^{n_1} \boldsymbol{x}_i^{(1)} = (5.006, 3.428, 1.462, 0.246)^{\mathrm{T}},$$

$$\bar{\boldsymbol{x}}^{(2)} = \frac{1}{n_2} \sum_{i=1}^{n_2} \boldsymbol{x}_i^{(2)} = (5.936, 2.77, 4.26, 1.326)^{\mathrm{T}},$$

$$\bar{\boldsymbol{x}}^{(3)} = \frac{1}{n_3} \sum_{i=1}^{n_3} \boldsymbol{x}_i^{(3)} = (6.588, 2.974, 5.552, 2.026)^{\mathrm{T}},$$

$$\bar{\boldsymbol{x}} = \frac{1}{n} \sum_{j=1}^{3} n_j \bar{\boldsymbol{x}}^{(j)} = \frac{1}{3} \sum_{j=1}^{3} \bar{\boldsymbol{x}}^{(j)} = (5.8433, 3.0573, 3.758, 1.1993)^{\mathrm{T}},$$

组间离差阵为

$$\boldsymbol{B} = \sum_{j=1}^{3} n_j (\bar{\boldsymbol{x}}^{(j)} - \bar{\boldsymbol{x}})(\bar{\boldsymbol{x}}^{(j)} - \bar{\boldsymbol{x}})^{\mathrm{T}} = \sum_{j=1}^{3} n_j \bar{\boldsymbol{x}}^{(j)} (\bar{\boldsymbol{x}}^{(j)})^{\mathrm{T}} - n \bar{\boldsymbol{x}} \bar{\boldsymbol{x}}^{\mathrm{T}}$$

$$= \begin{pmatrix} 63.2121 & -19.9527 & 165.2484 & 71.2793 \\ -19.9527 & 11.3449 & -57.2396 & -22.9327 \\ 165.2484 & -57.2396 & 437.1028 & 186.7740 \\ 71.2793 & -22.9327 & 186.7740 & 80.4133 \end{pmatrix},$$

组内离差阵为

$$\boldsymbol{A} = \sum_{j=1}^{3} \boldsymbol{A}_j = \sum_{j=1}^{3} \sum_{i=1}^{n_j} (\boldsymbol{x}_i^{(j)} - \bar{\boldsymbol{x}}^{(j)})(\boldsymbol{x}_i^{(j)} - \bar{\boldsymbol{x}}^{(j)})^{\mathrm{T}}$$

$$= \boldsymbol{\mathcal{X}}^{\mathrm{T}} \boldsymbol{\mathcal{X}} - \sum_{j=1}^{3} n_j \boldsymbol{x}_i^{(j)} (\boldsymbol{x}_i^{(j)})^{\mathrm{T}}$$

$$= \begin{pmatrix} 38.9562 & 13.6300 & 24.6246 & 5.6450 \\ 13.6300 & 16.9620 & 8.1208 & 4.8084 \\ 24.6246 & 8.1208 & 27.2226 & 6.2718 \\ 5.6450 & 4.8084 & 6.2718 & 6.1566 \end{pmatrix}.$$

对矩阵 $\boldsymbol{A}$ 做特征值分解, 得到 $\boldsymbol{A}$ 的特征值由大到小排列为

$$\lambda_1 = 65.2042, \lambda_2 = 12.6689, \lambda_3 = 8.1368, \lambda_4 = 3.2875,$$

由对应的特征向量 $\boldsymbol{\varphi}_i, i = 1, 2, 3, 4$ 构成的正交矩阵

$$\boldsymbol{P} = (\boldsymbol{\varphi}_1, \boldsymbol{\varphi}_2, \boldsymbol{\varphi}_3, \boldsymbol{\varphi}_4)^{\mathrm{T}} = \begin{pmatrix} -0.7378 & 0.0561 & 0.6324 & 0.2295 \\ -0.3206 & -0.8732 & -0.1806 & -0.3195 \\ -0.5729 & 0.4588 & -0.5818 & -0.3504 \\ -0.1575 & -0.1543 & -0.4785 & 0.8500 \end{pmatrix}.$$

于是矩阵 $\boldsymbol{\Gamma} = \mathbf{diag}(\lambda_1, \lambda_2, \lambda_3, \lambda_4)$, 从而

$$\boldsymbol{A}^{-\frac{1}{2}} = \boldsymbol{P}\boldsymbol{\Gamma}^{-\frac{1}{2}}\boldsymbol{P}^{\mathrm{T}} = \begin{pmatrix} 0.2375 & -0.0649 & -0.1138 & 0.0135 \\ -0.0649 & 0.2947 & 0.0088 & -0.0754 \\ -0.1138 & 0.0088 & 0.2862 & -0.0754 \\ 0.0135 & -0.0754 & -0.0754 & 0.4885 \end{pmatrix},$$

进而

$$\boldsymbol{A}^{-\frac{1}{2}}\boldsymbol{B}\boldsymbol{A}^{-\frac{1}{2}} = \begin{pmatrix} 0.0489 & 0.4083 & -0.9033 & -0.6086 \\ 0.4083 & 3.4935 & -8.007 & -5.5012 \\ -0.9033 & -8.007 & 19.2619 & 13.5673 \\ -0.6086 & -5.5012 & 13.5673 & 9.6730 \end{pmatrix},$$

$\boldsymbol{A}^{-\frac{1}{2}}\boldsymbol{B}\boldsymbol{A}^{-\frac{1}{2}}$ 有两个非零特征值, 由大到小排列为

$$\lambda_1 = 32.1919, \lambda_2 = 0.2854, \tag{5.26}$$

对应的特征向量

$$\boldsymbol{v}_1 = (-0.0361, -0.3209, 0.7735, 0.5454)^{\mathrm{T}},$$

$$\boldsymbol{v}_2 = (-0.1548, -0.7920, 0.0770, -0.5855)^{\mathrm{T}},$$

Fisher 判别系数为

$$\begin{aligned} \boldsymbol{u}_1 &= \boldsymbol{A}^{-\frac{1}{2}}\boldsymbol{v}_1 = (-0.0684, -0.1266, 0.1816, 0.2318)^{\mathrm{T}}, \\ \boldsymbol{u}_2 &= \boldsymbol{A}^{-\frac{1}{2}}\boldsymbol{v}_2 = (-0.0020, -0.1785, 0.0769, -0.2342)^{\mathrm{T}}, \end{aligned} \tag{5.27}$$

中心化的 Fisher 判别函数为

$$\begin{aligned} y_1 = \boldsymbol{u}_1^{\mathrm{T}}(\boldsymbol{x} - \bar{\boldsymbol{x}}) = &-0.0684(x_1 - 5.84) - 0.1266(x_2 - 3.06) + \\ &0.1816(x_3 - 3.76) + 0.2318(x_4 - 1.20), \end{aligned} \tag{5.28}$$

和

$$\begin{aligned} y_2 = \boldsymbol{u}_2^{\mathrm{T}}(\boldsymbol{x} - \bar{\boldsymbol{x}}) = &-0.0020(x_1 - 5.84) - 0.1785(x_2 - 3.06) + \\ &0.0769(x_3 - 3.76) - 0.2342(x_4 - 1.20). \end{aligned} \tag{5.29}$$

根据 5.2.2.1 节判别准则 I, 计算 $\boldsymbol{\mathcal{X}}$ 的每一个样品的两个中心化 Fisher 判别函数 (5.28) 和 (5.29) 得分, 即可以将 4 维数据投影为 2 维数据

$$\boldsymbol{\mathcal{Y}} = (\boldsymbol{\mathcal{X}} - \boldsymbol{1}_n \bar{\boldsymbol{x}}^{\mathrm{T}})\boldsymbol{U} = \begin{pmatrix} -0.6649 & -0.0248 \\ -0.5880 & 0.0649 \\ \vdots & \vdots \\ 0.4855 & -0.1934 \\ 0.3863 & -0.0274 \end{pmatrix}_{150 \times 2},$$

其中, $\boldsymbol{U} = (\boldsymbol{u}_1, \boldsymbol{u}_2)$. 对数据 $\boldsymbol{\mathcal{Y}}$, 使用距离判别法. 3 类鸢尾花的样本数据的 2 维投影分别是 $\boldsymbol{\mathcal{Y}}$ 的前 n_1 行 $\boldsymbol{y}_i^{(1)}, i = 1, 2, \cdots, n_1$、中间 n_2 行 $\boldsymbol{y}_i^{(2)}, i = 1, 2, \cdots, n_2$ 和最后 n_3 行 $\boldsymbol{y}_i^{(3)}, i = 1, 2, \cdots, n_3$. 计算得 3 类的样本均值向量 (类中心) 为

$$\bar{\boldsymbol{y}}^{(1)} = \frac{1}{n_1} \sum_{i=1}^{n_1} \boldsymbol{y}_i^{(1)} = (-0.6275, -0.0177)^{\mathrm{T}},$$

$$\bar{\boldsymbol{y}}^{(2)} = \frac{1}{n_2} \sum_{i=1}^{n_2} \boldsymbol{y}_i^{(2)} = (0.1505, 0.0600)^{\mathrm{T}},$$

$$\bar{\boldsymbol{y}}^{(3)} = \frac{1}{n_3} \sum_{i=1}^{n_3} \boldsymbol{y}_i^{(3)} = (0.4769, -0.0423)^{\mathrm{T}},$$

因为 $\boldsymbol{\mathcal{Y}}$ 是 $\boldsymbol{\mathcal{X}}$ 中心化之后的投影, 所以总样本均值向量 $\bar{\boldsymbol{y}} = \boldsymbol{0}$. 3 类所在的总体的协差阵 $\boldsymbol{\Sigma}_j, j = 1, 2, 3$ 的无偏估计分别为

$$\widehat{\boldsymbol{\Sigma}}_1 = \frac{1}{n_1 - 1} \sum_{i=1}^{n_1} (\boldsymbol{y}_i^{(1)} - \bar{\boldsymbol{y}}^{(1)})(\boldsymbol{y}_i^{(1)} - \bar{\boldsymbol{y}}^{(1)})^{\mathrm{T}} = \begin{pmatrix} 0.0049 & 0.0036 \\ 0.0036 & 0.0057 \end{pmatrix},$$

$$\widehat{\boldsymbol{\Sigma}}_2 = \frac{1}{n_2 - 1} \sum_{i=1}^{n_2} (\boldsymbol{y}_i^{(2)} - \bar{\boldsymbol{y}}^{(2)})(\boldsymbol{y}_i^{(2)} - \bar{\boldsymbol{y}}^{(2)})^{\mathrm{T}} = \begin{pmatrix} 0.0073 & -0.0017 \\ -0.0017 & 0.0052 \end{pmatrix},$$

$$\widehat{\boldsymbol{\Sigma}}_3 = \frac{1}{n_3 - 1} \sum_{i=1}^{n_3} (\boldsymbol{y}_i^{(3)} - \bar{\boldsymbol{y}}^{(3)})(\boldsymbol{y}_i^{(3)} - \bar{\boldsymbol{y}}^{(3)})^{\mathrm{T}} = \begin{pmatrix} 0.0082 & -0.0020 \\ -0.0020 & 0.0095 \end{pmatrix},$$

其逆分别为

$$\widehat{\boldsymbol{\Sigma}}_1^{-1} = \begin{pmatrix} 390.6824 & -250.0034 \\ -250.0034 & 336.0287 \end{pmatrix},$$

$$\widehat{\boldsymbol{\Sigma}}_2^{-1} = \begin{pmatrix} 147.5207 & 46.9191 \\ 46.9191 & 207.5934 \end{pmatrix},$$

$$\widehat{\boldsymbol{\Sigma}}_3^{-1} = \begin{pmatrix} 128.1062 & 26.6502 \\ 26.6502 & 110.3913 \end{pmatrix}.$$

计算每一个样品到 3 类鸢尾花 setosa, versicolor, virginica (记为 G_1, G_2, G_3) 中心的马氏距离并进行归类, 计算结果见表 5.8 至表 5.11. 错判率是 0.02, 判错的 3 个样品的序号是 71, 73, 84, 这 3 个样品是第 2 类鸢尾花, 错判为第 3 类. 把 $\boldsymbol{\mathcal{Y}}$ 的两个维度进行可视化, 得到图 5.3. 　　　　　　　　　　　　　　　　　　　　　□

表 5.8 鸢尾花数据集 iris 的 Fisher 判别结果, 使用 2 个判别函数. 最后 2 列中的 1, 2, 3 分别表示鸢尾花的类型 setosa, versicolor 和 virginica

样品序号	$d(\boldsymbol{x}_i, G_1)$	$d(\boldsymbol{x}_i, G_2)$	$d(\boldsymbol{x}_i, G_3)$	判别结果	正确类型
1	0.6581	10.2995	12.8841	1	1
2	1.1277	8.9511	11.8515	1	1
3	0.6101	9.4935	12.2566	1	1
4	1.0379	8.6720	11.5719	1	1
5	0.6343	10.4679	12.9902	1	1
6	1.7821	10.5438	12.7975	1	1
7	0.8056	9.4805	12.1016	1	1
8	0.3403	9.7099	12.4040	1	1
9	1.4114	8.3154	11.2998	1	1
10	1.4930	9.1179	12.0329	1	1
11	0.9611	10.7941	13.2640	1	1
12	0.4614	9.2844	12.0282	1	1
13	1.6650	9.0667	12.0049	1	1
14	1.5041	9.3899	12.2619	1	1
15	2.6838	12.7118	14.8294	1	1
16	2.7624	12.7404	14.5019	1	1
17	1.7750	11.6187	13.7123	1	1
18	0.4169	10.1527	12.6757	1	1
19	0.8247	10.6402	13.0337	1	1
20	1.0538	10.6752	13.0187	1	1
21	0.5027	9.5303	12.2747	1	1
22	1.5251	10.2866	12.6290	1	1
23	1.2833	11.1882	13.5765	1	1
24	2.4575	8.5677	11.2200	1	1
25	1.2657	8.5156	11.3715	1	1
26	1.3038	8.5388	11.4998	1	1
27	1.5613	9.1451	11.7581	1	1
28	0.5226	10.1227	12.7397	1	1
29	0.7728	10.1361	12.7805	1	1
30	0.9582	8.7306	11.6027	1	1
31	1.1275	8.5894	11.5111	1	1
32	0.8382	9.7417	12.2933	1	1
33	1.8014	11.8063	14.0689	1	1
34	2.2214	12.4735	14.5337	1	1
35	0.9618	8.9236	11.8042	1	1
36	1.0545	10.0013	12.7092	1	1
37	1.4585	10.8948	13.4183	1	1
38	1.1649	10.5351	13.1217	1	1

表 5.9　鸢尾花数据集 iris 的 Fisher 判别结果, 使用 2 个判别函数. 最后 2 列中的 1, 2, 3 分
别表示鸢尾花的类型 setosa, versicolor 和 virginica

样品序号	$d(\boldsymbol{x}_i, G_1)$	$d(\boldsymbol{x}_i, G_2)$	$d(\boldsymbol{x}_i, G_3)$	判别结果	正确类型
39	1.0169	8.7818	11.6802	1	1
40	0.4403	9.7937	12.4817	1	1
41	0.5041	10.3329	12.8220	1	1
42	2.5293	7.2486	10.4155	1	1
43	0.5411	9.2419	12.0236	1	1
44	3.2261	9.1667	11.5455	1	1
45	2.2839	9.4882	11.9150	1	1
46	1.0045	8.6797	11.5476	1	1
47	0.6328	10.5388	12.9932	1	1
48	0.6362	9.1543	11.9603	1	1
49	0.8466	10.7108	13.1861	1	1
50	0.6064	9.7265	12.4464	1	1
51	14.5880	1.0578	3.9630	2	2
52	15.6166	1.4482	3.7145	2	2
53	16.0248	0.8254	3.0672	2	2
54	14.3466	1.2144	3.3808	2	2
55	15.8580	0.7069	2.9474	2	2
56	15.1865	0.7344	3.1048	2	2
57	17.0117	1.7501	3.1765	2	2
58	11.0644	1.6544	5.1004	2	2
59	14.2197	0.1160	3.6818	2	2
60	15.0166	0.4311	3.4795	2	2
61	11.7953	2.1829	4.5335	2	2
62	15.5415	1.2354	3.6289	2	2
63	11.7329	2.1937	4.5635	2	2
64	15.8816	0.8211	2.8567	2	2
65	12.8858	1.9467	4.9752	2	2
66	14.2248	1.2830	4.2092	2	2
67	16.7253	1.1184	2.7508	2	2
68	11.8917	1.3055	4.6300	2	2
69	16.2563	2.2637	2.5209	2	2
70	12.4232	1.1228	4.3570	2	2
71	19.3466	2.4259	2.0816	3	2
72	13.3149	0.9445	4.3552	2	2
73	17.0560	2.3611	2.1713	3	2
74	14.4814	1.0345	3.3430	2	2
75	13.6803	0.6616	4.1185	2	2
76	14.3863	0.8916	3.9683	2	2

表 5.10   鸢尾花数据集 iris 的 Fisher 判别结果, 使用 2 个判别函数. 最后 2 列中的 1, 2, 3 分
         别表示鸢尾花的类型 setosa, versicolor 和 virginica

样品序号	$d(\boldsymbol{x}_i, G_1)$	$d(\boldsymbol{x}_i, G_2)$	$d(\boldsymbol{x}_i, G_3)$	判别结果	正确类型
77	15.2630	0.7403	3.0750	2	2
78	18.0815	1.7413	2.0667	2	2
79	16.2233	0.8655	2.9056	2	2
80	10.4366	2.0622	5.5495	2	2
81	12.3433	1.2369	4.3665	2	2
82	11.3857	1.6222	4.8245	2	2
83	12.7579	0.8948	4.4480	2	2
84	18.6293	2.7332	1.4999	3	2
85	16.9907	1.2268	2.5975	2	2
86	16.8841	2.2225	3.6120	2	2
87	15.7640	0.9368	3.3349	2	2
88	14.3901	1.7360	3.3302	2	2
89	14.1749	0.9388	4.0697	2	2
90	14.2407	0.5563	3.5408	2	2
91	14.5648	1.3089	3.2731	2	2
92	15.5795	0.5673	3.1752	2	2
93	13.0788	0.6851	4.1405	2	2
94	11.0023	1.7109	5.0667	2	2
95	14.5553	0.3128	3.4638	2	2
96	13.5685	0.7381	4.1861	2	2
97	14.3418	0.4148	3.7906	2	2
98	13.9455	0.5029	3.9675	2	2
99	10.6256	2.2836	5.6965	2	2
100	14.1126	0.3542	3.8519	2	2
101	27.2718	6.0749	2.1122	3	3
102	21.1208	3.5578	0.4871	3	3
103	22.9244	4.3167	0.4860	3	3
104	20.9695	3.6905	0.7208	3	3
105	24.2210	4.8759	0.9730	3	3
106	24.0944	5.4633	1.7583	3	3
107	19.2993	2.7974	1.1945	3	3
108	21.5042	4.5850	1.4781	3	3
109	21.1231	4.7787	1.8258	3	3
110	26.3275	5.5744	1.9476	3	3
111	20.8596	3.0793	1.5805	3	3
112	20.8513	3.5165	0.6319	3	3
113	22.2845	3.7921	0.3226	3	3
114	21.7958	4.0048	0.5848	3	3

表 5.11　鸢尾花数据集 iris 的 Fisher 判别结果, 使用 2 个判别函数. 最后 2 列中的 1, 2, 3 分
别表示鸢尾花的类型 setosa, versicolor 和 virginica

样品序号	$d(\boldsymbol{x}_i, G_1)$	$d(\boldsymbol{x}_i, G_2)$	$d(\boldsymbol{x}_i, G_3)$	判别结果	正确类型
115	24.9126	4.9753	1.1551	3	3
116	23.8230	4.4204	1.2927	3	3
117	20.4110	3.1280	0.7250	3	3
118	24.8362	4.9067	1.1732	3	3
119	26.3701	7.3659	3.5710	3	3
120	17.8855	3.7722	2.2947	3	3
121	24.1759	4.5918	0.9888	3	3
122	21.5963	3.4800	0.4345	3	3
123	23.5503	5.8540	2.3385	3	3
124	19.1815	2.4578	1.3087	3	3
125	22.8876	3.9986	0.6909	3	3
126	20.7418	3.3355	0.5924	3	3
127	19.0247	2.2294	1.5499	3	3
128	19.3732	2.3455	1.5942	3	3
129	23.1156	4.5304	0.7519	3	3
130	18.7932	2.8085	1.4373	3	3
131	21.6117	4.4062	1.2243	3	3
132	22.2624	3.6906	1.0750	3	3
133	23.8731	4.8064	0.9385	3	3
134	17.4598	2.0768	1.9814	3	3
135	18.4610	4.0657	2.2355	3	3
136	24.1689	4.8301	0.9272	3	3
137	25.4822	5.1828	1.6625	3	3
138	20.5176	3.0689	0.7255	3	3
139	19.2463	2.2847	1.7420	3	3
140	21.8793	3.5171	0.8511	3	3
141	24.9681	4.9646	1.2276	3	3
142	22.6630	3.9436	1.5512	3	3
143	21.1208	3.5578	0.4871	3	3
144	24.8183	4.9616	1.1052	3	3
145	25.9878	5.4098	1.7337	3	3
146	23.1861	4.1170	1.0458	3	3
147	20.2525	3.2711	0.8378	3	3
148	21.1435	3.1926	0.8609	3	3
149	24.3320	4.6819	1.5690	3	3
150	20.1593	2.8019	1.0029	3	3

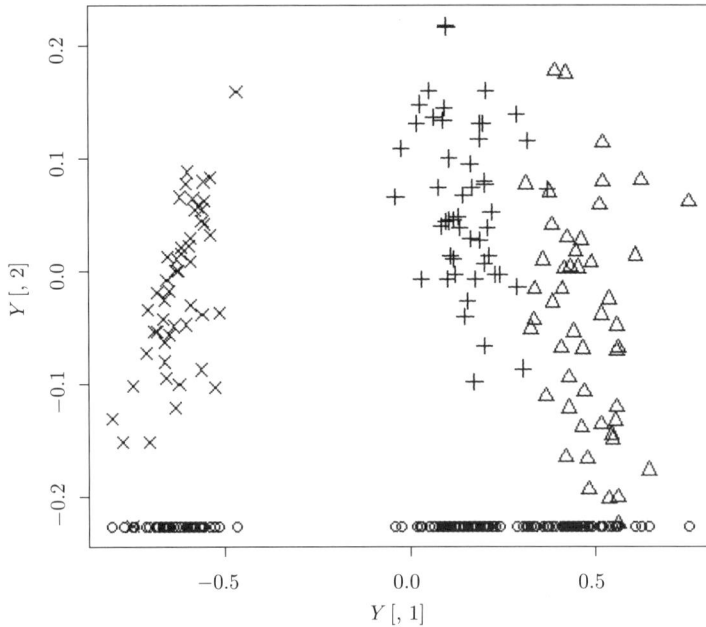

图 5.3 使用 2 个或 1 个 Fisher 判别函数对鸢尾花数据集 iris 的判别结果可视化, 横、纵坐标分别是样品在 2 个判别函数上的函数值

注 1: 以下是 Fisher 判别系数 (5.27) 的另一种解法. 易得

$$
A^{-1}B = \begin{pmatrix} -3.0584 & 1.0814 & -8.1119 & -3.4587 \\ -5.5616 & 2.1782 & -14.9646 & -6.3077 \\ 8.0774 & -2.9427 & 21.5116 & 9.1421 \\ 10.4971 & -3.4199 & 27.5485 & 11.8459 \end{pmatrix},
$$

对矩阵 $A^{-1}B$ 做特征值分解, $A^{-1}B$ 具有与 $A^{-\frac{1}{2}}BA^{-\frac{1}{2}}$ 相同的非零特征值, 如式 (5.26)所示, 对应的特征向量为

$$
w_1 = (-0.2087, -0.3862, 0.5540, 0.7074)^{\mathrm{T}},
$$

$$
w_2 = (-0.0065, -0.5866, 0.2526, -0.7695)^{\mathrm{T}},
$$

由式 (5.19) 对上述 w_1, w_2 进行规范化即得式 (5.27).

注 2: 图 5.3 最下面的圆点表示数据的一维投影, 可以看出, 数据的 1 维投影也能将数据进行很好的判别, 尤其是能够把第 1 类与第 2、3 类区分地很明显. 事实上, 由矩阵 $A^{-1}B$ 或 $A^{-\frac{1}{2}}BA^{-\frac{1}{2}}$ 的非零特征值 (5.26), 最大的特征值的贡献率占比已达

$$
\frac{32.1919}{32.1919 + 0.2854} = 99.12\%,
$$

因此, 我们可以考虑只使用判别函数 (5.28).

计算 $\boldsymbol{X}$ 的每一个样品的中心化 Fisher 判别函数 (5.28) 的得分, 即可以将 4 维数据投影为 1 维数据

$$\boldsymbol{y} = (\boldsymbol{X} - \mathbf{1}_n \bar{\boldsymbol{x}}^{\mathrm{T}}) \boldsymbol{u}_1 = (-0.6649, -0.5880, \cdots, 0.4855, 0.3863)^{\mathrm{T}},$$

对数据 $\boldsymbol{y}$, 使用距离判别法. 3 类鸢尾花的样本数据的一维投影分别是 $\boldsymbol{y}$ 的前 n_1 行 $y_i^{(1)}, i = 1, 2, \cdots, n_1$、中间 n_2 行 $y_i^{(2)}, i = 1, 2, \cdots, n_2$ 和最后 n_3 行 $y_i^{(3)}, i = 1, 2, \cdots, n_3$. 计算得 3 类的样本均值 (类中心) 为

$$\bar{y}^{(1)} = \frac{1}{n_1} \sum_{i=1}^{n_1} y_i^{(1)} = -0.6275,$$

$$\bar{y}^{(2)} = \frac{1}{n_2} \sum_{i=1}^{n_2} y_i^{(2)} = 0.1505,$$

$$\bar{y}^{(3)} = \frac{1}{n_3} \sum_{i=1}^{n_3} y_i^{(3)} = 0.4769,$$

因为 $\boldsymbol{y}$ 是 $\boldsymbol{X}$ 中心化之后的投影, 所以总样本均值 $\bar{\boldsymbol{y}} = 0$. 3 类所在的总体的标准差 $\sigma_j, j = 1, 2, 3$ 的估计分别为

$$\widehat{\sigma}_1 = \sqrt{\frac{1}{n_1 - 1} \sum_{i=1}^{n_1} (y_i^{(1)} - \bar{y}^{(1)})^2} = 0.0699,$$

$$\widehat{\sigma}_2 = \sqrt{\frac{1}{n_2 - 1} \sum_{i=1}^{n_2} (y_i^{(2)} - \bar{y}^{(2)})^2} = 0.0855,$$

$$\widehat{\sigma}_3 = \sqrt{\frac{1}{n_3 - 1} \sum_{i=1}^{n_3} (y_i^{(3)} - \bar{y}^{(3)})^2} = 0.0907.$$

计算每一个样品到 3 类鸢尾花 setosa, versicolor, virginica (记为 G_1, G_2, G_3) 中心的马氏距离并进行归类, 计算结果见表 5.12 至表 5.15. 错判率是 0.0133, 判错的 2 个样品的序号是 73, 84, 这 2 个样品是第 2 类鸢尾花, 错判为第 3 类. 这个效果要好于对数据做二维投影, 并且计算量小.

表 5.12 鸢尾花数据集 iris 的 Fisher 判别结果, 使用 1 个判别函数. 最后 2 列中的 1, 2, 3 分别表示鸢尾花的类型 setosa, versicolor 和 virginica

样品序号	$d(y_i, G_1)$	$d(y_i, G_2)$	$d(y_i, G_3)$	判别结果	正确类型
1	0.53595	9.5417	12.5953	1	1
2	0.56511	8.6412	11.7464	1	1
3	0.13897	8.9897	12.0750	1	1
4	0.93739	8.3367	11.4594	1	1
5	0.61915	9.6098	12.6595	1	1
6	0.11133	9.1944	12.2680	1	1
7	0.46608	8.7222	11.8228	1	1
8	0.00272	9.1012	12.1800	1	1
9	1.23551	8.0929	11.2295	1	1
10	0.31216	8.8481	11.9414	1	1
11	0.93194	9.8656	12.9007	1	1
12	0.45820	8.7286	11.8289	1	1
13	0.33135	8.8324	11.9267	1	1
14	0.04145	9.0695	12.1502	1	1
15	2.64584	11.2674	14.2221	1	1
16	1.82975	10.5999	13.5929	1	1
17	1.15030	10.0442	13.0690	1	1
18	0.20432	9.2705	12.3397	1	1
19	0.55549	9.5577	12.6104	1	1
20	0.48778	9.5023	12.5582	1	1
21	0.13074	8.9964	12.0813	1	1
22	0.02492	9.0830	12.1629	1	1
23	1.26666	10.1394	13.1587	1	1
24	1.60031	7.7945	10.9483	1	1
25	1.23742	8.0913	11.2281	1	1
26	0.98673	8.2964	11.4213	1	1
27	0.92573	8.3462	11.4684	1	1
28	0.37408	9.4093	12.4705	1	1
29	0.45275	9.4737	12.5312	1	1
30	0.91820	8.3524	11.4742	1	1
31	1.00140	8.2844	11.4100	1	1
32	0.27452	8.8789	11.9705	1	1
33	1.79211	10.5691	13.5639	1	1
34	2.19489	10.8985	13.8744	1	1
35	0.64379	8.5768	11.6858	1	1
36	0.41437	9.4423	12.5016	1	1
37	1.18716	10.0743	13.0974	1	1
38	0.85292	9.8010	12.8397	1	1

表 5.13　鸢尾花数据集 iris 的 Fisher 判别结果, 使用 1 个判别函数. 最后 2 列中的 1, 2, 3 分别表示鸢尾花的类型 setosa, versicolor 和 virginica

样品序号	$d(y_i, G_1)$	$d(y_i, G_2)$	$d(y_i, G_3)$	判别结果	正确类型
39	0.79470	8.4534	11.5694	1	1
40	0.09514	9.1812	12.2555	1	1
41	0.36620	9.4029	12.4645	1	1
42	2.29594	7.2256	10.4119	1	1
43	0.43257	8.7496	11.8486	1	1
44	1.40793	7.9519	11.0966	1	1
45	0.88282	8.3813	11.5015	1	1
46	0.99461	8.2899	11.4153	1	1
47	0.55967	9.5611	12.6136	1	1
48	0.49658	8.6972	11.7993	1	1
49	0.83408	9.7856	12.8252	1	1
50	0.07595	9.1655	12.2407	1	1
51	10.69887	0.3530	3.9332	2	2
52	11.09822	0.0264	3.6253	2	2
53	11.82892	0.5712	3.0620	2	2
54	11.64664	0.4222	3.2025	2	2
55	11.98436	0.6984	2.9421	2	2
56	11.84429	0.5838	3.0501	2	2
57	11.86614	0.6017	3.0333	2	2
58	9.23968	1.5464	5.0583	2	2
59	11.04216	0.0722	3.6686	2	2
60	11.28786	0.1287	3.4791	2	2
61	10.38557	0.6093	4.1748	2	2
62	11.17046	0.0327	3.5696	2	2
63	10.34348	0.6437	4.2072	2	2
64	12.12287	0.8117	2.8353	2	2
65	9.42341	1.3962	4.9166	2	2
66	10.39431	0.6021	4.1681	2	2
67	12.24328	0.9101	2.7425	2	2
68	9.89362	1.0116	4.5541	2	2
69	13.10462	1.6146	2.0784	2	2
70	10.26363	0.7090	4.2688	2	2
71	13.36168	1.8248	1.8802	2	2
72	10.15411	0.7986	4.3533	2	2
73	13.50252	1.9400	1.7716	3	2
74	11.64067	0.4173	3.2071	2	2
75	10.45867	0.5495	4.1184	2	2
76	10.67325	0.3740	3.9530	2	2

表 5.14　鸢尾花数据集 iris 的 Fisher 判别结果, 使用 1 个判别函数. 最后 2 列中的 1, 2, 3 分
别表示鸢尾花的类型 setosa, versicolor 和 virginica

样品序号	$d(y_i, G_1)$	$d(y_i, G_2)$	$d(y_i, G_3)$	判别结果	正确类型
77	11.87862	0.6119	3.0237	2	2
78	13.12873	1.6343	2.0598	2	2
79	12.03289	0.7381	2.9047	2	2
80	8.61410	2.0581	5.5406	2	2
81	10.28283	0.6933	4.2540	2	2
82	9.69145	1.1770	4.7100	2	2
83	10.03740	0.8940	4.4432	2	2
84	14.28510	2.5801	1.1682	3	2
85	12.43902	1.0702	2.5916	2	2
86	11.45918	0.2688	3.3470	2	2
87	11.50517	0.3064	3.3116	2	2
88	11.90268	0.6316	3.0051	2	2
89	10.54105	0.4821	4.0549	2	2
90	11.28451	0.1260	3.4817	2	2
91	11.81078	0.5564	3.0760	2	2
92	11.68206	0.4511	3.1752	2	2
93	10.47821	0.5335	4.1034	2	2
94	9.32288	1.4784	4.9941	2	2
95	11.34399	0.1746	3.4358	2	2
96	10.37129	0.6209	4.1858	2	2
97	10.88399	0.2016	3.7905	2	2
98	10.65440	0.3894	3.9675	2	2
99	8.41529	2.2207	5.6939	2	2
100	10.80532	0.2659	3.8512	2	2
101	18.22748	5.8045	1.8714	3	3
102	15.47574	3.5539	0.2503	3	3
103	16.40148	4.3110	0.4635	3	3
104	15.59135	3.6484	0.1611	3	3
105	17.06057	4.8501	0.9717	3	3
106	17.73034	5.3979	1.4881	3	3
107	14.49695	2.7534	1.0049	3	3
108	16.43088	4.3351	0.4862	3	3
109	16.44364	4.3455	0.4960	3	3
110	17.06322	4.8523	0.9737	3	3
111	14.21697	2.5244	1.2208	3	3
112	15.40802	3.4985	0.3025	3	3
113	15.65611	3.7014	0.1112	3	3
114	16.00763	3.9889	0.1598	3	3

表 5.15 鸢尾花数据集 iris 的 Fisher 判别结果, 使用 1 个判别函数. 最后 2 列中的 1, 2, 3 分别表示鸢尾花的类型 setosa, versicolor 和 virginica

样品序号	$d(y_i, G_1)$	$d(y_i, G_2)$	$d(y_i, G_3)$	判别结果	正确类型
115	16.95283	4.7620	0.8886	3	3
116	15.82922	3.8430	0.0223	3	3
117	14.95481	3.1278	0.6519	3	3
118	16.77531	4.6168	0.7517	3	3
119	19.79923	7.0900	3.0832	3	3
120	14.59907	2.8369	0.9262	3	3
121	16.37886	4.2925	0.4461	3	3
122	15.30255	3.4122	0.3838	3	3
123	17.92272	5.5552	1.6364	3	3
124	14.13529	2.4576	1.2837	3	3
125	15.73026	3.7621	0.0540	3	3
126	15.20632	3.3335	0.4580	3	3
127	13.79235	2.1771	1.5482	3	3
128	13.78782	2.1734	1.5516	3	3
129	16.66945	4.5302	0.6701	3	3
130	14.38570	2.6624	1.0907	3	3
131	16.32623	4.2495	0.4055	3	3
132	15.13709	3.2769	0.5114	3	3
133	17.00108	4.8014	0.9258	3	3
134	13.47881	1.9206	1.7899	3	3
135	15.00375	3.1679	0.6142	3	3
136	16.99703	4.7981	0.9227	3	3
137	16.67581	4.5354	0.6750	3	3
138	14.87161	3.0598	0.7160	3	3
139	13.62594	2.0410	1.6765	3	3
140	15.11743	3.2608	0.5265	3	3
141	16.82755	4.6595	0.7920	3	3
142	15.00147	3.1660	0.6159	3	3
143	15.47574	3.5539	0.2503	3	3
144	16.99621	4.7974	0.9220	3	3
145	17.05679	4.8470	0.9687	3	3
146	15.63801	3.6866	0.1251	3	3
147	15.08880	3.2374	0.5486	3	3
148	14.83885	3.0330	0.7413	3	3
149	15.92256	3.9193	0.0942	3	3
150	14.50304	2.7583	1.0002	3	3

我们对 5.1.5 节的人工养殖虾的鉴别问题的案例使用 Fisher 判别方法继续进行讨论, 数据如表 5.3 、表 5.4 和表 5.5 所示.

用 $G_j, j = 1, 2, 3, 4$ 表示克氏原螯虾、罗氏沼虾、日本沼虾、南美白对虾的总体. 由数据知, $n_1 = 10, n_2 = 15, n_3 = 7, n_4 = 8, k = 4, n = \sum_{j=1}^{k} n_j = 40$. $\mathcal{X}$ 由表 5.3 的中间 3 列、表 5.4 的中间 3 列和表 5.5 的后 6 列构成, 这是一个 40×12 的矩阵, 其中最后一列表示该样品所属的类别 (1, 2, 3, 4 分别表示克氏原螯虾, 罗氏沼虾, 日本沼虾, 南美白对虾) , 因此数据的指标维度是 $p = 11$. 计算得 4 类的样本均值向量和总样本均值向量为

$$
\begin{aligned}
\bar{\boldsymbol{x}}^{(1)} = \frac{1}{10} \sum_{i=1}^{10} \boldsymbol{x}_i = (&13.3854, 82.2626, 75.2589, 1.9399, \\
&8.4285, 0.8205, 1.8662, \\
&0.1696, 126.2312, 18.9541, 13.4310)^{\mathrm{T}}, \\
\bar{\boldsymbol{x}}^{(2)} = \frac{1}{15} \sum_{i=11}^{25} \boldsymbol{x}_i = (&34.0879, 76.7262, 77.0061, 1.6806, \\
&6.5964, 1.5384, 2.0500, \\
&0.3403, 67.0583, 29.1091, 19.3847)^{\mathrm{T}}, \\
\bar{\boldsymbol{x}}^{(3)} = \frac{1}{7} \sum_{i=26}^{32} \boldsymbol{x}_i = (&33.0051, 79.1857, 82.4382, 2.6952, \\
&6.9203, 0.9658, 1.6655, \\
&0.34000, 165.2977, 50.0223, 32.3298)^{\mathrm{T}}, \\
\bar{\boldsymbol{x}}^{(4)} = \frac{1}{8} \sum_{i=33}^{40} \boldsymbol{x}_i = (&57.7060, 77.6899, 82.1650, 1.4905, \\
&6.5716, 0.8065, 1.4840, \\
&0.3026, 75.9027, 31.2243, 29.0308)^{\mathrm{T}}, \\
\bar{\boldsymbol{x}} = \frac{1}{n} \sum_{j=1}^{k} n_j \bar{\boldsymbol{x}}^{(j)} = (&33.4464, 78.7334, 78.5517, 1.8850, \\
&7.1062, 1.1124, 1.8236, \\
&0.2900, 100.8123, 30.6532, 22.0909)^{\mathrm{T}},
\end{aligned}
$$

组间离差阵为

$$
\boldsymbol{B} = \sum_{j=1}^{k} n_j (\bar{\boldsymbol{x}}^{(j)} - \bar{\boldsymbol{x}})(\bar{\boldsymbol{x}}^{(j)} - \bar{\boldsymbol{x}})^{\mathrm{T}} = \sum_{j=1}^{k} n_j \bar{\boldsymbol{x}}^{(j)} (\bar{\boldsymbol{x}}^{(j)})^{\mathrm{T}} - n \bar{\boldsymbol{x}} \bar{\boldsymbol{x}}^{\mathrm{T}}
$$

$$= \begin{pmatrix} 8740.1803 & -931.2170 & \cdots & 3026.4742 \\ -931.2170 & 195.1251 & \cdots & -249.6622 \\ \vdots & \vdots & & \vdots \\ 3026.4742 & -249.6622 & \cdots & 1978.9486 \end{pmatrix}_{11\times11},$$

组内离差阵为

$$\boldsymbol{A} = \sum_{j=1}^{3} \boldsymbol{A}_j = \sum_{j=1}^{3}\sum_{i=1}^{n_j}(\boldsymbol{x}_i^{(j)} - \bar{\boldsymbol{x}}^{(j)})(\boldsymbol{x}_i^{(j)} - \bar{\boldsymbol{x}}^{(j)})^{\mathrm{T}}$$

$$= \boldsymbol{\mathcal{X}}^{\mathrm{T}}\boldsymbol{\mathcal{X}} - \sum_{j=1}^{3} n_j \boldsymbol{x}_i^{(j)}(\boldsymbol{x}_i^{(j)})^{\mathrm{T}}$$

$$= \begin{pmatrix} 25.2148 & -0.8083 & \cdots & 6.6905 \\ -0.8083 & 5.6230 & \cdots & -0.2358 \\ \vdots & \vdots & & \vdots \\ 6.6905 & -0.2358 & \cdots & 9.5528 \end{pmatrix}_{11\times11}.$$

易得

$$\boldsymbol{A}^{-1}\boldsymbol{B} = \begin{pmatrix} 746.2356 & -78.5122 & \cdots & 278.0530 \\ -382.0294 & 57.1319 & \cdots & -85.1997 \\ \vdots & \vdots & & \vdots \\ -440.1024 & 49.0259 & \cdots & 181.2116 \end{pmatrix}_{11\times11},$$

矩阵 $\boldsymbol{A}^{-1}\boldsymbol{B}$ 有 3 个非零特征值, 由大到小排列为

$$\lambda_1 = 1381.863, \lambda_2 = 1004.831, \lambda_3 = 313.1734,$$

前两个特征值的累积贡献率达到 $\dfrac{\sum\limits_{i=1}^{2}\lambda_i}{\sum\limits_{i=1}^{3}\lambda_i} = 88.4\%$, 因此建立两个 Fisher 判别函数即可.

前两个特征值对应的特征向量由式 (5.19) 进行规范化即得 Fisher 判别系数

$$\boldsymbol{u}_1 = (-0.0002, -0.0460, -0.0823, -2.9728, 0.2854, 0.4061,$$
$$-8.0727, -0.7277, -0.0832, -0.1333, -0.3089)^{\mathrm{T}},$$

$$\boldsymbol{u}_2 = (-0.2516, 0.1287, -0.0051, 1.4539, 0.0465, -0.1586, 3.3473,$$
$$-2.2981, 0.0104, -0.1697, 0.1158)^{\mathrm{T}},$$

中心化的 Fisher 判别函数为

$$y_1 = \boldsymbol{u}_1^{\mathrm{T}}(\boldsymbol{x} - \bar{\boldsymbol{x}})$$
$$= -0.0002(x_1 - 33.4464) - 0.0460(x_2 - 78.7334) -$$

$$0.0823(x_3 - 78.5517) - 2.9728(x_4 - 1.8850) +$$

$$0.2854(x_5 - 7.1062) + 0.4061(x_6 - 1.1124) -$$

$$8.0727(x_7 - 1.8236) - 0.7277(x_8 - 0.2900) -$$

$$0.0832(x_9 - 100.8123) - 0.1333(x_{10} - 30.6532) -$$

$$0.3089(x_{11} - 22.0909),$$

$$y_2 = \boldsymbol{u}_2^{\mathrm{T}}(\boldsymbol{x} - \bar{\boldsymbol{x}})$$

$$= -0.2516(x_1 - 33.4464) + 0.1287(x_2 - 78.7334) -$$

$$0.0051(x_3 - 78.5517) + 1.4539(x_4 - 1.8850) +$$

$$0.0465(x_5 - 7.1062) - 0.1586(x_6 - 1.1124) +$$

$$3.3473(x_7 - 1.8236) - 2.2981(x_8 - 0.2900) +$$

$$0.0104(x_9 - 100.8123) - 0.1697(x_{10} - 30.6532) +$$

$$0.1158(x_{11} - 22.0909).$$

根据 5.2.2.1 节判别准则 I, 计算 $\boldsymbol{\mathcal{X}}$ (前 11 列, 记为 $\boldsymbol{\mathcal{Z}}$) 的每一个样品的两个中心化 Fisher 判别函数得分, 即可以将 11 维数据投影为二维数据

$$\boldsymbol{\mathcal{Y}} = (\boldsymbol{\mathcal{Z}} - \boldsymbol{1}_n \bar{\boldsymbol{x}}^{\mathrm{T}})\boldsymbol{U} = \begin{pmatrix} 2.0694 & 7.6267 \\ 2.0224 & 7.3226 \\ \vdots & \vdots \\ 3.6193 & -7.2408 \\ 3.0919 & -7.5959 \end{pmatrix}_{40 \times 2},$$

其中, $\boldsymbol{U} = (\boldsymbol{u}_1, \boldsymbol{u}_2)$. 作出 $\boldsymbol{\mathcal{Y}}$ 的散点图如图 5.4 所示.

对数据 $\boldsymbol{\mathcal{Y}}$, 使用距离判别法. 记 $\boldsymbol{\mathcal{Y}}$ 的第 i 行为 $\boldsymbol{y}_i, i = 1, 2, \cdots, 40$, 4 类人工养殖虾的样本数据的二维投影的样本均值向量 (类中心) 分别为

$$\bar{\boldsymbol{y}}^{(1)} = \frac{1}{10} \sum_{i=1}^{10} \boldsymbol{y}_i = (2.0720, 7.3721)^{\mathrm{T}},$$

$$\bar{\boldsymbol{y}}^{(2)} = \frac{1}{15} \sum_{i=11}^{25} \boldsymbol{y}_i = (2.8396, -0.5601)^{\mathrm{T}},$$

$$\bar{\boldsymbol{y}}^{(3)} = \frac{1}{7} \sum_{i=26}^{32} \boldsymbol{y}_i = (-12.7319, -0.7326)^{\mathrm{T}},$$

$$\bar{\boldsymbol{y}}^{(4)} = \frac{1}{8}\sum_{i=33}^{40}\boldsymbol{y}_i = (3.2262, -7.5240)^{\mathrm{T}}.$$

因为 $\boldsymbol{y}$ 是 $\boldsymbol{x}$ 中心化之后的投影, 所以总样本均值向量 $\bar{\boldsymbol{y}} = \boldsymbol{0}$. 4 类所在的总体的协差阵 $\boldsymbol{\Sigma}_j, j = 1, 2, 3, 4$ 的无偏估计分别为

$$\widehat{\boldsymbol{\Sigma}}_1 = \frac{1}{9}\sum_{i=1}^{10}(\boldsymbol{y}_i - \bar{\boldsymbol{y}}^{(1)})(\boldsymbol{y}_i - \bar{\boldsymbol{y}}^{(1)})^{\mathrm{T}} = \begin{pmatrix} 0.0161 & 0.0102 \\ 0.0102 & 0.0514 \end{pmatrix},$$

$$\widehat{\boldsymbol{\Sigma}}_2 = \frac{1}{14}\sum_{i=11}^{25}(\boldsymbol{y}_i - \bar{\boldsymbol{y}}^{(2)})(\boldsymbol{y}_i - \bar{\boldsymbol{y}}^{(2)})^{\mathrm{T}} = \begin{pmatrix} 0.0219 & -0.0029 \\ -0.0029 & 0.0026 \end{pmatrix},$$

$$\widehat{\boldsymbol{\Sigma}}_3 = \frac{1}{6}\sum_{i=26}^{32}(\boldsymbol{y}_i - \bar{\boldsymbol{y}}^{(3)})(\boldsymbol{y}_i - \bar{\boldsymbol{y}}^{(3)})^{\mathrm{T}} = \begin{pmatrix} 0.0413 & -0.0221 \\ -0.0221 & 0.0419 \end{pmatrix},$$

$$\widehat{\boldsymbol{\Sigma}}_4 = \frac{1}{7}\sum_{i=33}^{40}(\boldsymbol{y}_i - \bar{\boldsymbol{y}}^{(4)})(\boldsymbol{y}_i - \bar{\boldsymbol{y}}^{(4)})^{\mathrm{T}} = \begin{pmatrix} 0.0429 & 0.0116 \\ 0.0116 & 0.0358 \end{pmatrix},$$

其逆分别为

$$\widehat{\boldsymbol{\Sigma}}_1^{-1} = \begin{pmatrix} 70.8024 & -14.0518 \\ -14.0518 & 22.2530 \end{pmatrix}, \quad \widehat{\boldsymbol{\Sigma}}_2^{-1} = \begin{pmatrix} 53.7232 & 60.7653 \\ 60.7653 & 459.2817 \end{pmatrix},$$

$$\widehat{\boldsymbol{\Sigma}}_3^{-1} = \begin{pmatrix} 33.6987 & 17.7693 \\ 17.7693 & 33.2510 \end{pmatrix}, \quad \widehat{\boldsymbol{\Sigma}}_4^{-1} = \begin{pmatrix} 25.5516 & -8.2878 \\ -8.2878 & 30.6297 \end{pmatrix}.$$

计算每一个样品到 4 类人工养殖虾克氏原螯虾、罗氏沼虾、日本沼虾、南美白对虾 (记为 G_1, G_2, G_3, G_4) 中心的马氏距离并进行归类, 计算结果如表 5.16 所示. 错判率是 0.

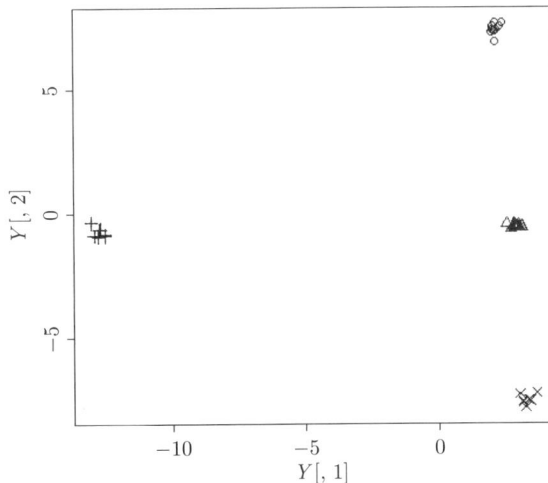

图 5.4　数据降到二维的散点图

表 5.16 人工养殖虾的 Fisher 判别结果, 使用 2 个判别函数. 最后 2 列中的 1, 2, 3 和 4 分别表示克氏原螯虾、罗氏沼虾、日本沼虾和南美白对虾

序号	$d(\boldsymbol{x}_i, G_1)$	$d(\boldsymbol{x}_i, G_2)$	$d(\boldsymbol{x}_i, G_3)$	$d(\boldsymbol{x}_i, G_4)$	结果	正确类型
1	1.2088	173.3437	118.7575	85.7645	1	1
2	0.3998	166.7060	117.1201	84.1706	1	1
3	2.4870	156.6742	115.2794	81.4501	1	1
4	1.3446	170.3987	117.5656	85.2943	1	1
5	1.1898	171.0704	119.0210	84.8016	1	1
6	0.1635	167.6412	117.6365	84.2499	1	1
7	2.1146	174.1863	120.2330	85.3290	1	1
8	0.3031	166.6043	117.3648	84.0093	1	1
9	1.2893	164.9384	116.1859	84.0013	1	1
10	0.8470	167.4372	117.0155	84.4911	1	1
11	41.1547	1.5342	92.1673	38.7361	2	2
12	40.2937	0.1928	91.0269	39.0790	2	2
13	40.4359	1.3727	91.6818	39.1991	2	2
14	40.1153	0.2368	90.7943	39.1602	2	2
15	39.7546	0.5605	90.5310	39.4064	2	2
16	40.8455	1.0498	91.3984	38.7079	2	2
17	41.2930	1.7724	92.3564	38.6898	2	2
18	40.6603	1.0071	91.1312	38.7761	2	2
19	40.2216	1.0777	90.5805	38.9823	2	2
20	40.1113	0.4217	90.7197	39.1368	2	2
21	39.5952	0.9733	90.5866	39.5770	2	2
22	39.8187	2.5165	89.6433	39.0435	2	2
23	40.4174	0.3611	91.1348	39.0041	2	2
24	39.5866	1.4884	90.8355	39.6734	2	2
25	38.3331	2.6705	89.3069	40.3827	2	2
26	119.1684	114.7756	1.9045	101.2637	3	3
27	114.7242	114.8774	1.1722	97.0702	3	3
28	116.9879	117.7667	1.2999	98.1241	3	3
29	116.5424	114.6849	0.5922	98.8183	3	3
30	114.7171	115.3223	1.1814	96.9073	3	3
31	116.2309	114.1178	0.9373	98.7434	3	3
32	118.2033	118.1766	1.6384	99.0825	3	3
33	75.0601	148.3804	79.9865	0.8935	4	4
34	74.1519	150.4593	78.3585	0.7240	4	4
35	72.2008	143.4348	78.1107	2.0639	4	4
36	73.9678	149.6295	78.3818	0.6708	4	4
37	75.6346	154.6541	78.8877	1.6522	4	4
38	74.5971	147.7106	79.6526	0.4679	4	4
39	74.5440	141.0611	81.4632	2.1355	4	4
40	74.0833	150.0783	78.3877	0.6773	4	4

5.3　Bayes 判别

距离判别法要求知道总体的数字特征, 即均值向量和协差阵的信息, 当总体均值向量和协差阵未知时, 一般采用样本均值向量和样本协差阵代替, 这个过程不涉及总体分布的信息. 距离判别法简单实用, 因此也存在一些不足: 一是距离判别法没有利用各总体出现的机会大小 (先验概率) 的信息; 二是距离判别法没有考虑错判造成的损失. Bayes 判别法正是为了解决这两个问题而提出的一种统计分析方法.

Bayes 判别的思想源于 Bayes 统计, Bayes 统计思想是假定对研究对象已有一定的认识, 并且可以使用先验概率 (分布) 对这些认识进行描述, 然后抽取一个样本, 用样本对先验知识进行修正, 修正过程可以通过计算后验概率 (分布) 来实现. 各种统计推断是基于后验概率 (分布) 来进行的. 将 Bayes 统计思想用于判别分析, 就得到 Bayes 判别分析法.

如前所述, 所谓判别方法, 就是给出欧氏空间 $\mathbb{R}^p$ 的一种划分 $\{R_1, \cdots, R_k\}$, 当 $\boldsymbol{x} \in R_i$ 时, 就判断 $\boldsymbol{x}$ 属于总体 G_i. 不同的划分就对应不同的判别方法, Bayes 判别本质上就是在 Bayes 判别准则下给出空间 $\mathbb{R}^p$ 的一种最好的划分, 这种方法以个体归属于某类的概率 (或判别值) 最大, 或错判总平均损失最小为准则.

5.3.1　Bayes 判别的理论基础

5.3.1.1　两总体 Bayes 判别

先考虑两个总体 $G_j, j = 1, 2$ 的情况, 其密度函数为 $f_j(\boldsymbol{x}), j = 1, 2, \boldsymbol{x} \in \mathbb{R}^p$. 设 R_j 是根据某种规则要判为样品属于 G_j 的那些 $\boldsymbol{x}$ 的全体, $j = 1, 2$. 如图 5.5 所示, 某样品 $\boldsymbol{x}$ 实际来自 G_1 但被错判为属于 G_2 的概率为

$$P(2|1) = P(\boldsymbol{x} \in R_2|G_1) = \int_{R_2} f_1(\boldsymbol{x})\mathrm{d}\boldsymbol{x},$$

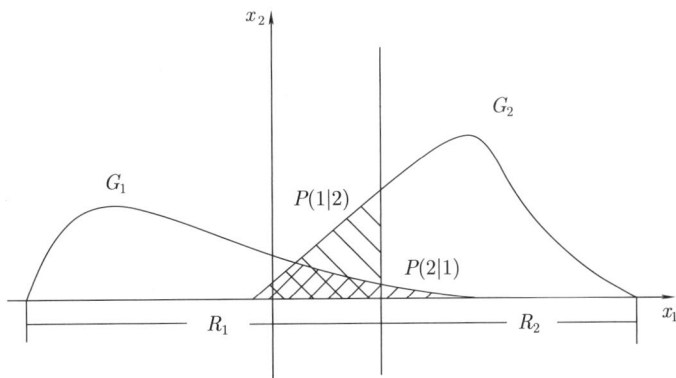

图 5.5　错判概率示意图

同样, $\boldsymbol{x}$ 实际来自 G_2 但被错判为属于 G_1 的概率为

$$P(1|2) = P(\boldsymbol{x} \in R_1|G_2) = \int_{R_1} f_2(\boldsymbol{x})\mathrm{d}\boldsymbol{x}.$$

设总体 G_j 的先验概率为 $p_j, j = 1, 2$, $L(2|1)$ 为实际来自 G_1 但被错判为属于 G_2 的损失, $L(1|2)$ 为实际来自 G_2 但被错判为属于 G_1 的损失, 定义平均错判损失 (expected cost of misclassification, ECM) 为

$$\mathrm{ECM}(R) = \mathrm{ECM}(R_1, R_2) = L(2|1)P(2|1)p_1 + L(1|2)P(1|2)p_2, \tag{5.30}$$

一个合理的选择是, 求划分区域 R_1, R_2, 使 ECM 达到最小. 注意到 $R = \mathbb{R}^p = R_1 \cup R_2$ 且 $R_1 \cap R_2 = \varnothing$, 有

$$\begin{aligned}
\mathrm{ECM}(R) &= L(2|1)p_1 \int_{R_2} f_1(\boldsymbol{x})\mathrm{d}\boldsymbol{x} + L(1|2)p_2 \int_{R_1} f_2(\boldsymbol{x})\mathrm{d}\boldsymbol{x} \\
&= L(2|1)p_1 \left[1 - \int_{R_1} f_1(\boldsymbol{x})\mathrm{d}\boldsymbol{x} \right] + L(1|2)p_2 \int_{R_1} f_2(\boldsymbol{x})\mathrm{d}\boldsymbol{x} \\
&= L(2|1)p_1 + \int_{R_1} [L(1|2)p_2 f_2(\boldsymbol{x}) - L(2|1)p_1 f_1(\boldsymbol{x})]\mathrm{d}\boldsymbol{x},
\end{aligned}$$

上式涉及的量均为非负, 当 R_1 仅包含使得

$$L(1|2)p_2 f_2(\boldsymbol{x}) - L(2|1)p_1 f_1(\boldsymbol{x}) \leqslant 0$$

的 $\boldsymbol{x}$ 时 ECM 达到极小. 于是, 极小化平均错判损失 (5.30) 得到划分区域

$$R_1 = \left\{ \boldsymbol{x} \,\bigg|\, \frac{f_1(\boldsymbol{x})}{f_2(\boldsymbol{x})} \geqslant \frac{L(1|2)p_2}{L(2|1)p_1} \right\}, R_2 = \left\{ \boldsymbol{x} \,\bigg|\, \frac{f_1(\boldsymbol{x})}{f_2(\boldsymbol{x})} < \frac{L(1|2)p_2}{L(2|1)p_1} \right\}. \tag{5.31}$$

可以将划分区域 (5.31) 作为两总体 Bayes 判别的判别准则.

5.3.1.2 多总体 Bayes 判别

将 5.3.1.1 节的思想推广到多总体的情况. 考虑多个总体 $G_j, j = 1, 2, \cdots, k$, 其密度为 $f_j(\boldsymbol{x})$, 先验概率为 $p_j, j = 1, 2, \cdots, k$, $P(i|j)$ 为实际来自 G_j 但被错判为属于 G_i 的错判概率, $L(i|j)$ 为实际来自 G_j 但被错判为属于 G_i 的错判损失, $i, j = 1, 2, \cdots, k$, 显然, $L(j|j) = 0, j = 1, 2, \cdots, k$. $R = \{R_1, \cdots, R_k\}$ 为判别方法. 平均错判损失

$$\mathrm{ECM}(R) = \sum_{j=1}^{k} p_j \sum_{i=1}^{k} P(i|j)L(i|j) = \sum_{j=1}^{k} p_j r_j(R), \tag{5.32}$$

其中, $r_j(R) = \sum_{i=1}^{k} P(i|j)L(i|j)$ 是在判别方法 R 下实际来自 G_j 但被错判为属于其他总体的损失, $j = 1, 2, \cdots, k$. 使 $\mathrm{ECM}(R)$ 达到最小的判别方法 $R^* = \{R_1^*, \cdots, R_k^*\}$ 称为 Bayes 判别准则, 即

$$\mathrm{ECM}(R^*) = \min_{\forall R} \mathrm{ECM}(R).$$

为了得到 R^* 的显式表达, 首先求出 $P(i|j) = \int_{R_i} f_j(\boldsymbol{x})\mathrm{d}\boldsymbol{x}$, $i \neq j$, 代入式 (5.32) 并改变下标表示即得,

$$
\begin{aligned}
\mathrm{ECM}(R) &= \sum_{t=1}^{k} p_t \sum_{i=1}^{k} L(i|t) \int_{R_i} f_t(\boldsymbol{x})\mathrm{d}\boldsymbol{x} \\
&= \sum_{i=1}^{k} \int_{R_i} \sum_{t=1}^{k} p_t L(i|t) f_t(\boldsymbol{x})\mathrm{d}\boldsymbol{x} \\
&= \sum_{i=1}^{k} \int_{R_i} h_i(\boldsymbol{x})\mathrm{d}\boldsymbol{x},
\end{aligned}
$$

其中, $h_i(\boldsymbol{x}) = \sum_{t=1}^{k} p_t L(i|t) f_t(\boldsymbol{x})$. 同样, 若存在使 ECM(R) 达到最小的判别方法 $R^* = \{R_1^*, \cdots, R_k^*\}$, 则它的平均错判损失为

$$
\mathrm{ECM}(R^*) = \sum_{j=1}^{k} \int_{R_j^*} h_j(\boldsymbol{x})\mathrm{d}\boldsymbol{x},
$$

于是,

$$
\begin{aligned}
\mathrm{ECM}(R^*) - \mathrm{ECM}(R) &= \sum_{j=1}^{k} \int_{R_j^*} h_j(\boldsymbol{x})\mathrm{d}\boldsymbol{x} - \sum_{i=1}^{k} \int_{R_i} h_i(\boldsymbol{x})\mathrm{d}\boldsymbol{x} \\
&= \sum_{j=1}^{k} \sum_{i=1}^{k} \int_{R_j^* \cap R_i} [h_j(\boldsymbol{x}) - h_i(\boldsymbol{x})]\mathrm{d}\boldsymbol{x},
\end{aligned}
$$

由 R^* 的定义知, 当 $\mathrm{ECM}(R^*) = \min_R \mathrm{ECM}(R)$ 时, 在 R_j^* 上恒有 $h_j(\boldsymbol{x}) < h_i(\boldsymbol{x})$, $i = 1, 2, \cdots, k, i \neq j$. 因此, Bayes 判别准则为

$$
R_j^* = \{\boldsymbol{x} | h_j(\boldsymbol{x}) < h_i(\boldsymbol{x}), i = 1, 2, \cdots, k, i \neq j\}, j = 1, 2, \cdots, k, \tag{5.33}
$$

其中,

$$
h_j(\boldsymbol{x}) = \sum_{t=1}^{k} p_t L(j|t) f_t(\boldsymbol{x}), j = 1, 2, \cdots, k \tag{5.34}
$$

表示把样品 $\boldsymbol{x}$ 判归 G_j 的平均损失. 式 (5.33) 即为 Bayes 判别的**平均错判损失最小准则**, 其实质是找出使得式 (5.34) 最小的 j.

若 $L(i|j) = 1 - \delta_{ij} = \begin{cases} 1, & i \neq j, \\ 0, & i = j, \end{cases}$ 即错判损失全相等时, 注意到 $L(j|j) = 0, j = 1, 2, \cdots, k$, 式 (5.34) 化为

$$
h_j(\boldsymbol{x}) = \sum_{t=1}^{k} p_t f_t(\boldsymbol{x}) - p_j f_j(\boldsymbol{x}), j = 1, 2, \cdots, k,
$$

于是, Bayes 判别准则式 (5.33) 化为

$$R_j^* = \{\boldsymbol{x}|p_j f_j(\boldsymbol{x}) > p_i f_i(\boldsymbol{x}), i = 1, 2, \cdots, k, i \neq j\}, j = 1, 2, \cdots, k, \tag{5.35}$$

这等价于

$$R_j^* = \{\boldsymbol{x}|P(G_j|\boldsymbol{x}) > P(G_i|\boldsymbol{x}), i \neq j, i = 1, 2, \cdots, k\}, j = 1, 2, \cdots, k, \tag{5.36}$$

其中,

$$P(G_j|\boldsymbol{x}) = \frac{p_j f_j(\boldsymbol{x})}{\sum\limits_{t=1}^{k} p_t f_t(\boldsymbol{x})}, j = 1, 2, \cdots, k \tag{5.37}$$

称为 $\boldsymbol{x}$ 判归 G_j 的**后验概率**. 式 (5.35) 或式 (5.36) 即为 Bayes 判别的**后验概率最大准则**, 其实质是找出使得 $p_j f_j(\boldsymbol{x})$ 或式 (5.37) 最大的 j.

5.3.2 正态总体下的 Bayes 判别

5.3.2.1 两正态总体

先考虑两总体的情况. 如果又已知总体 $G_j \sim N_p(\boldsymbol{\mu}_j, \boldsymbol{\Sigma}_j), j = 1, 2$, 我们分两种情况来讨论.

1. 当 $\boldsymbol{\Sigma}_1 = \boldsymbol{\Sigma}_2 = \boldsymbol{\Sigma}$ 时, 总体 G_j 的密度函数为

$$f_j(\boldsymbol{x}) = \frac{1}{(2\pi)^{\frac{p}{2}} (\det \boldsymbol{\Sigma})^{\frac{1}{2}}} \exp\left\{-\frac{1}{2}(\boldsymbol{x} - \boldsymbol{\mu}_j)^{\mathrm{T}} \boldsymbol{\Sigma}^{-1}(\boldsymbol{x} - \boldsymbol{\mu}_j)\right\}, j = 1, 2.$$

区域划分式 (5.31) 等价于

$$R_1 = \left\{\boldsymbol{x} \,\middle|\, w(\boldsymbol{x}) \geqslant \ln \frac{L(1|2)p_2}{L(2|1)p_1}\right\}, R_2 = \left\{\boldsymbol{x} \,\middle|\, w(\boldsymbol{x}) < \ln \frac{L(1|2)p_2}{L(2|1)p_1}\right\},$$

其中,

$$\begin{aligned} w(\boldsymbol{x}) &= \frac{1}{2}(\boldsymbol{x} - \boldsymbol{\mu}_2)^{\mathrm{T}} \boldsymbol{\Sigma}^{-1}(\boldsymbol{x} - \boldsymbol{\mu}_2) - \frac{1}{2}(\boldsymbol{x} - \boldsymbol{\mu}_1)^{\mathrm{T}} \boldsymbol{\Sigma}^{-1}(\boldsymbol{x} - \boldsymbol{\mu}_1) \\ &= (\boldsymbol{\mu}_1 - \boldsymbol{\mu}_2)^{\mathrm{T}} \boldsymbol{\Sigma}^{-1} \left[\boldsymbol{x} - \frac{1}{2}(\boldsymbol{\mu}_1 + \boldsymbol{\mu}_2)\right]. \end{aligned}$$

显然, 当 $L(1|2) = L(2|1)$ 且 $p_1 = p_2$ 时, $\ln \dfrac{L(1|2)p_2}{L(2|1)p_1} = 0$, 此时的 Bayes 判别即为距离判别.

下面讨论误判概率的估计. 误判概率的估计是一个相当困难的问题, 我们仅就协差阵相等的两正态总体进行讨论. 记

$$d^2 = (\boldsymbol{\mu}_1 - \boldsymbol{\mu}_2)^{\mathrm{T}} \boldsymbol{\Sigma}^{-1}(\boldsymbol{\mu}_1 - \boldsymbol{\mu}_2)$$

是两总体的马氏距离的平方, 设 $\boldsymbol{x}$ 是来自 p 元正态总体的样品, 则 $w(\boldsymbol{x})$ 也服从正态分布. 如果 $\boldsymbol{x}$ 来自 G_1, 则

$$E(w(\boldsymbol{x})|G_1) =(\boldsymbol{\mu}_1 - \boldsymbol{\mu}_2)^{\mathrm{T}}\boldsymbol{\Sigma}^{-1}\left[\boldsymbol{\mu}_1 - \frac{1}{2}(\boldsymbol{\mu}_1 + \boldsymbol{\mu}_2)\right] = \frac{1}{2}d^2,$$

$$\mathrm{Var}(w(\boldsymbol{x})|G_1) =\mathrm{Var}((\boldsymbol{\mu}_1 - \boldsymbol{\mu}_2)^{\mathrm{T}}\boldsymbol{\Sigma}^{-1}\boldsymbol{x}|G_1)$$

$$=(\boldsymbol{\mu}_1 - \boldsymbol{\mu}_2)^{\mathrm{T}}\boldsymbol{\Sigma}^{-1}(\boldsymbol{\mu}_1 - \boldsymbol{\mu}_2) = d^2,$$

即有 $w(\boldsymbol{x}|1) \sim N\left(\dfrac{d^2}{2}, d^2\right)$. 同样可得 $w(\boldsymbol{x}|2) \sim N\left(-\dfrac{d^2}{2}, d^2\right)$. 于是, 将来自 G_1 的样品误判为来自 G_2 的概率为

$$P(2|1) =P\left(w(\boldsymbol{x}) < \ln \frac{L(1|2)p_2}{L(2|1)p_1}\,\bigg|\, G_1\right)$$

$$=\int_{-\infty}^{\ln \frac{L(1|2)p_2}{L(2|1)p_1}} \frac{1}{\sqrt{2\pi}d} \exp\left(-\frac{1}{2d^2}\left(t - \frac{d^2}{2}\right)^2\right)\mathrm{d}t$$

$$=\Phi\left(\frac{\left[\ln \frac{L(1|2)p_2}{L(2|1)p_1} - \frac{d^2}{2}\right]}{d}\right),$$

其中, $\Phi(\cdot)$ 是标准正态分布的分布函数. 类似地, 有

$$P(1|2) = 1 - \Phi\left(\frac{\left[\ln \frac{L(1|2)p_2}{L(2|1)p_1} + \frac{d^2}{2}\right]}{d}\right).$$

于是, 对于最优划分 (R_1, R_2) 的平均误判概率是

$$p^* =P(2|1)p_1 + P(1|2)p_2$$

$$=p_1\Phi\left(\frac{\left[\ln \frac{L(1|2)p_2}{L(2|1)p_1} - \frac{d^2}{2}\right]}{d}\right) + p_2 - p_2\Phi\left(\frac{\left[\ln \frac{L(1|2)p_2}{L(2|1)p_1} + \frac{d^2}{2}\right]}{d}\right).$$

显然, 两个总体距离越大 (d^2 越大), 平均误判概率就越小. 实际中, $\boldsymbol{\mu}_1, \boldsymbol{\mu}_2, \boldsymbol{\Sigma}$ 往往未知, 此时可以用它们的无偏估计来代替, 即,

$$\widehat{\boldsymbol{\mu}}_1 =\bar{\boldsymbol{x}}^{(1)}, \widehat{\boldsymbol{\mu}}_2 = \bar{\boldsymbol{x}}^{(2)},$$

$$\widehat{\boldsymbol{\Sigma}}_1 =\frac{1}{n_1 - 1}\boldsymbol{A}_1, \widehat{\boldsymbol{\Sigma}}_2 = \frac{1}{n_2 - 1}\boldsymbol{A}_2, \widehat{\boldsymbol{\Sigma}} = \frac{1}{n_1 + n_2 - 2}(\boldsymbol{A}_1 + \boldsymbol{A}_2).$$

于是得 d^2 的估计

$$\widehat{d}^2 = (\bar{\boldsymbol{x}}^{(1)} - \bar{\boldsymbol{x}}^{(2)})^{\mathrm{T}} \widehat{\boldsymbol{\Sigma}}^{-1} (\bar{\boldsymbol{x}}^{(1)} - \bar{\boldsymbol{x}}^{(2)}).$$

至于先验概率, 如果没有很好的办法确定, 可以使用样本中每类样品的频率来代替, 即

$$\widehat{p}_j = \frac{n_j}{\sum\limits_{t=1}^{2} n_t}, j = 1, 2,$$

其中, $n_j, j = 1, 2$ 是样本中两类样品的个数.

2. 当 $\boldsymbol{\Sigma}_1 \neq \boldsymbol{\Sigma}_2$ 时, 总体 G_j 的密度函数为

$$f_j(\boldsymbol{x}) = \frac{1}{(2\pi)^{\frac{p}{2}} (\det \boldsymbol{\Sigma}_j)^{\frac{1}{2}}} \exp\left\{-\frac{1}{2}(\boldsymbol{x} - \boldsymbol{\mu}_j)^{\mathrm{T}} \boldsymbol{\Sigma}_j^{-1} (\boldsymbol{x} - \boldsymbol{\mu}_j)\right\}, j = 1, 2.$$

区域划分式 (5.31) 等价于

$$R_1 = \left\{\boldsymbol{x} \,\middle|\, w(\boldsymbol{x}) \geqslant \ln \frac{L(1|2)p_2}{L(2|1)p_1} + \frac{1}{2} \ln \frac{\det \boldsymbol{\Sigma}_1}{\det \boldsymbol{\Sigma}_2}\right\},$$

$$R_2 = \left\{\boldsymbol{x} \,\middle|\, w(\boldsymbol{x}) < \ln \frac{L(1|2)p_2}{L(2|1)p_1} + \frac{1}{2} \ln \frac{\det \boldsymbol{\Sigma}_1}{\det \boldsymbol{\Sigma}_2}\right\},$$

其中,

$$w(\boldsymbol{x}) = \frac{1}{2}(\boldsymbol{x} - \boldsymbol{\mu}_2)^{\mathrm{T}} \boldsymbol{\Sigma}_2^{-1} (\boldsymbol{x} - \boldsymbol{\mu}_2) - \frac{1}{2}(\boldsymbol{x} - \boldsymbol{\mu}_1)^{\mathrm{T}} \boldsymbol{\Sigma}_1^{-1} (\boldsymbol{x} - \boldsymbol{\mu}_1).$$

实际中, $\boldsymbol{\mu}_1, \boldsymbol{\mu}_2, \boldsymbol{\Sigma}_1, \boldsymbol{\Sigma}_2, \boldsymbol{\Sigma}$ 可以用它们的无偏估计来代替.

5.3.2.2 多正态总体

考虑多正态总体的情况. 假设 k 个 p 维总体 $G_j \sim N_p(\boldsymbol{\mu}_j, \boldsymbol{\Sigma}_j), j = 1, 2, \cdots, k$, 其密度函数为

$$f_j(\boldsymbol{x}) = \frac{1}{(2\pi)^{\frac{p}{2}} (\det \boldsymbol{\Sigma}_j)^{\frac{1}{2}}} \exp\left\{-\frac{1}{2}(\boldsymbol{x} - \boldsymbol{\mu}_j)^{\mathrm{T}} \boldsymbol{\Sigma}_j^{-1} (\boldsymbol{x} - \boldsymbol{\mu}_j)\right\},$$

$$j = 1, 2, \cdots, k.$$

平均错判损失最小准则是找出使得式 (5.34) 最小的 j, 即判别准则为

$$\boldsymbol{x} \in G_j, \text{若} h_j(\boldsymbol{x}) = \min_{1 \leqslant t \leqslant k} h_t(\boldsymbol{x}). \tag{5.38}$$

由于错判损失在实际中并不容易确定, 所以通常假定各种错判损失全相等, 这时等价于采用后验概率最大准则式 (5.35) 或式 (5.36), 这相当于找出使得式 (5.37) 最大的 j, 即找出使 $p_j f_j(\boldsymbol{x})$ 最大的 j, 即判别准则为

$$\boldsymbol{x} \in G_j, \text{若} p_j f_j(\boldsymbol{x}) = \max_{1 \leqslant t \leqslant k} p_t f_t(\boldsymbol{x}). \tag{5.39}$$

为了使得后验概率最大准则具有简单的形式, 先对 $p_j f_j(\boldsymbol{x})$ 取对数得

$$\ln[p_j f_j(\boldsymbol{x})] = \ln p_j - \frac{1}{2}\ln\det\boldsymbol{\Sigma}_j - \frac{1}{2}(\boldsymbol{x}-\boldsymbol{\mu}_j)^{\mathrm{T}}\boldsymbol{\Sigma}_j^{-1}(\boldsymbol{x}-\boldsymbol{\mu}_j) - \frac{p}{2}\ln(2\pi),$$

略去与 j 无关的常数项, 可以取判别函数为

$$w_j(\boldsymbol{x}) = \ln p_j - \frac{1}{2}\ln\det\boldsymbol{\Sigma}_j - \frac{1}{2}(\boldsymbol{x}-\boldsymbol{\mu}_j)^{\mathrm{T}}\boldsymbol{\Sigma}_j^{-1}(\boldsymbol{x}-\boldsymbol{\mu}_j), j=1,2,\cdots,k, \qquad (5.40)$$

判别准则为

$$\boldsymbol{x}\in G_j, \text{若} w_j(\boldsymbol{x}) = \max_{1\leqslant t\leqslant k} w_t(\boldsymbol{x}), \qquad (5.41)$$

式 (5.41) 也可以等价地写为

$$\boldsymbol{x}\in G_j, \text{若} d^2(\boldsymbol{x},G_j) + \ln\det\boldsymbol{\Sigma}_j - 2\ln p_j$$
$$= \min_{1\leqslant t\leqslant k}\{d^2(\boldsymbol{x},G_t) + \ln\det\boldsymbol{\Sigma}_t - 2\ln p_t\}, \qquad (5.42)$$

其中, $d^2(\boldsymbol{x},G_j) = (\boldsymbol{x}-\boldsymbol{\mu}_j)^{\mathrm{T}}\boldsymbol{\Sigma}_j^{-1}(\boldsymbol{x}-\boldsymbol{\mu}_j)$ 是样品 $\boldsymbol{x}$ 到总体 G_j 的马氏距离的平方. Bayes 判别的式 (5.42) 与距离判别的二次判别函数形式 (5.13) 是相似的, 可以看出, Bayes 判别方法考虑了先验概率的影响.

若各总体的协差阵相等, 即 $\boldsymbol{\Sigma}_1 = \boldsymbol{\Sigma}_2 = \cdots = \boldsymbol{\Sigma}_k = \boldsymbol{\Sigma}$, 略去与 j 无关的项, 则判别函数式 (5.40) 简化为

$$w_j(\boldsymbol{x}) = a_j + \boldsymbol{b}_j^{\mathrm{T}}\boldsymbol{x}, j=1,2,\cdots,k, \qquad (5.43)$$

其中,

$$a_j = \ln p_j - \frac{1}{2}\boldsymbol{\mu}_j^{\mathrm{T}}\boldsymbol{\Sigma}^{-1}\boldsymbol{\mu}_j, \ \boldsymbol{b}_j = \boldsymbol{\Sigma}^{-1}\boldsymbol{\mu}_j.$$

判别函数式 (5.43) 是 k 个线性函数, 把样品代入式 (5.43) 计算函数值, 再利用判别准则式 (5.41), 选取函数值最大的, 将样品归为这一类.

记样本数据为 $\boldsymbol{\mathcal{X}}$, 令

$$\boldsymbol{a} = (a_1, a_2, \cdots, a_k)^{\mathrm{T}}, \boldsymbol{B} = (\boldsymbol{b}_1, \boldsymbol{b}_2, \cdots, \boldsymbol{b}_k),$$

则用式 (5.43) 计算的样本数据的判别函数值矩阵为

$$\boldsymbol{W} = \boldsymbol{1}_n\boldsymbol{a}^{\mathrm{T}} + \boldsymbol{\mathcal{X}}\boldsymbol{B}.$$

实际中, $\boldsymbol{\mu}_j, \boldsymbol{\Sigma}_j, j=1,2,\cdots,k, \boldsymbol{\Sigma}$ 往往未知, 此时可以用它们的无偏估计来代替, 即,

$$\widehat{\boldsymbol{\mu}}_j = \bar{\boldsymbol{x}}^{(j)}, \widehat{\boldsymbol{\Sigma}}_j = \frac{1}{n_j - 1}\boldsymbol{A}_j, j = 1, 2, \cdots, k, \widehat{\boldsymbol{\Sigma}} = \frac{1}{n-k}\sum_{j=1}^{k}\boldsymbol{A}_j,$$

其中, n_j 是第 j 类的样本容量, $\boldsymbol{A}_j$ 是第 j 类的样本离差阵, $\bar{\boldsymbol{x}}^{(j)}$ 是第 j 类的样本均值向量, $j = 1, 2, \cdots, k$, $n = \sum_{j=1}^{k} n_j$. 先验概率可以使用样本中每类样品的频率来代替, 即

$$\widehat{p}_j = \frac{n_j}{\sum_{t=1}^{k} n_t}, j = 1, 2, \cdots, k.$$

【例 5.4】   设 3 个 2 维总体 $G_j \sim N_2\left(\begin{pmatrix} j \\ j \end{pmatrix}, j\begin{pmatrix} 1 & 0.9 \\ 0.9 & 1 \end{pmatrix}\right), j = 1, 2, 3$. 根据经验, 一个样品属于 3 个总体的先验概率分别为 $p_1 = 0.05, p_2 = 0.65, p_3 = 0.30$. 现有一个样品 $\boldsymbol{x}_0 = (1.5, 2.5)^{\mathrm{T}}$, 使用 Bayes 判别, 不考虑错判损失, 采用后验概率最大准则, 判断 $\boldsymbol{x}_0$ 属于哪一个总体; 如果已知错判损失 $L(2|1) = 10, L(3|1) = 200, L(1|2) = 20, L(3|2) = 100, L(1|3) = 60, L(2|3) = 50$, 采用平均错判损失最小准则判断 $\boldsymbol{x}_0$ 属于哪一个总体.

解   不考虑错判损失, 使用判别准则式 (5.39). 首先写出 3 个总体的密度函数,

$$f_j(\boldsymbol{x}) = f_j(x_1, x_2)$$

$$= \frac{1}{2\pi j\sqrt{0.19}} \exp\left\{\frac{1}{0.19j}(x_1 - j, x_2 - j)\begin{pmatrix} 1 & -0.9 \\ -0.9 & 1 \end{pmatrix}\begin{pmatrix} x_1 - j \\ x_2 - j \end{pmatrix}\right\}$$

$$= \frac{1}{2\pi j\sqrt{0.19}} \exp\left\{\frac{1}{0.19j}\left[(x_1 - j)^2 - 1.8(x_1 - j)(x_2 - j) + (x_2 - j)^2\right]\right\},$$

$$j = 1, 2, 3.$$

计算 $\boldsymbol{x}_0 = (1.5, 2.5)^{\mathrm{T}}$ 在 3 个总体上的密度函数值,

$$f_1(1.5, 2.5) = 3.3477, f_2(1.5, 2.5) = 0.7098, f_3(1.5, 2.5) = 2.0985,$$

样品 $\boldsymbol{x}_0$ 属于 3 个总体的判别概率分别为

$$p_1 f_1(1.5, 2.5) = 0.05 \times 3.3477 = 0.1674,$$

$$p_2 f_2(1.5, 2.5) = 0.65 \times 0.7098 = 0.4614,$$

$$p_3 f_3(1.5, 2.5) = 0.30 \times 2.0985 = 0.6296,$$

由于 $p_3 f_3(1.5, 2.5)$ 是三个里面最大的, 因此不考虑错判损失时判断 $\boldsymbol{x}_0$ 属于 G_3. 当然还可以计算出样品 $\boldsymbol{x}_0$ 属于 3 个总体的后验概率 (不是必需的) 分别为

$$P(G_1|\boldsymbol{x}_0) = \frac{p_1 f_1(1.5, 2.5)}{\displaystyle\sum_{j=1}^{3} p_j f_j(1.5, 2.5)} = 0.1330,$$

$$P(G_2|\boldsymbol{x}_0) = \frac{p_2 f_2(1.5, 2.5)}{\displaystyle\sum_{j=1}^{3} p_j f_j(1.5, 2.5)} = 0.3667,$$

$$P(G_3|\boldsymbol{x}_0) = \frac{p_3 f_3(1.5, 2.5)}{\displaystyle\sum_{j=1}^{3} p_j f_j(1.5, 2.5)} = 0.5003,$$

由于 $P(G_3|\boldsymbol{x}_0)$ 最大, 由后验概率最大准则, 同样判断 $\boldsymbol{x}_0$ 属于 G_3.

如果考虑错判损失, 使用判别准则式 (5.38). 求出 3 个总体的判别函数值

$$h_1(\boldsymbol{x}_0) = p_2 L(1|2) f_2(\boldsymbol{x}_0) + p_3 L(1|3) f_3(\boldsymbol{x}_0) = 37.3523,$$

$$h_2(\boldsymbol{x}_0) = p_1 L(2|1) f_1(\boldsymbol{x}_0) + p_3 L(2|3) f_3(\boldsymbol{x}_0) = 26.3462,$$

$$h_3(\boldsymbol{x}_0) = p_1 L(3|1) f_1(\boldsymbol{x}_0) + p_2 L(3|2) f_2(\boldsymbol{x}_0) = 63.2703,$$

由于 $h_2(\boldsymbol{x}_0)$ 最小, 由平均错判损失最小准则, 判断 $\boldsymbol{x}_0$ 属于 G_2.   □

5.3.3　案例: 海捕和养殖中国对虾的蛋白组学鉴别方法

我们对 5.1.3 节的海捕和养殖中国对虾的蛋白组学鉴别问题的案例再次使用 Bayes 判别方法进行讨论, 数据如表 5.1 所示.

用 G_1 和 G_2 分别表示海捕和养殖中国对虾的总体, 表 5.1 的前 $n_1 = 10$ 个样品用 $\boldsymbol{x}_i^{(1)}, i = 1, 2, \cdots, n_1$ 表示, 构成数据矩阵 $\boldsymbol{\mathcal{X}}$; 后 $n_2 = 20$ 个样品用 $\boldsymbol{x}_i^{(2)}, i = 1, 2, \cdots, n_2$ 表示, 构成数据矩阵 $\boldsymbol{\mathcal{Y}}$. 假设数据服从正态分布, 样本均值向量 $\bar{\boldsymbol{x}}^{(1)}, \bar{\boldsymbol{x}}^{(2)}$ 和样本协差阵的逆 $\widehat{\boldsymbol{\Sigma}}_1^{-1}, \widehat{\boldsymbol{\Sigma}}_2^{-1}$ 的计算结果见 5.1.3 节, 由这些结果可得

$$\det \widehat{\boldsymbol{\Sigma}}_1 = \frac{1}{\det \widehat{\boldsymbol{\Sigma}}_1^{-1}} = 6.2831 \times 10^{50},$$

$$\det \widehat{\boldsymbol{\Sigma}}_2 = \frac{1}{\det \widehat{\boldsymbol{\Sigma}}_2^{-1}} = 3.7052 \times 10^{48}.$$

不考虑错判损失, 即假设 $L(1|2) = L(2|1)$. 先验概率 p_1, p_2 可以使用样本中两类样品出现的频率来估计, 即 $\widehat{p}_1 = \frac{n_1}{n_1 + n_2} = \frac{1}{3}, \widehat{p}_2 = \frac{n_2}{n_1 + n_2} = \frac{2}{3}$. 从而判别函数 $w(\boldsymbol{x})$ 的

估计为

$$\widehat{w}(\boldsymbol{x}) = \frac{1}{2}(\boldsymbol{x} - \bar{\boldsymbol{x}}^{(2)})^{\mathrm{T}} \widehat{\boldsymbol{\Sigma}}_2^{-1}(\boldsymbol{x} - \bar{\boldsymbol{x}}^{(2)}) - \frac{1}{2}(\boldsymbol{x} - \bar{\boldsymbol{x}}^{(1)})^{\mathrm{T}} \widehat{\boldsymbol{\Sigma}}_1^{-1}(\boldsymbol{x} - \bar{\boldsymbol{x}}^{(1)}),$$

$\beta = \ln \dfrac{L(1|2)p_2}{L(2|1)p_1} + \dfrac{1}{2} \ln \dfrac{\det \boldsymbol{\Sigma}_1}{\det \boldsymbol{\Sigma}_2}$ 的估计为

$$\widehat{\beta} = \ln \frac{L(1|2)\widehat{p}_2}{L(2|1)\widehat{p}_1} + \frac{1}{2} \ln \frac{\det \widehat{\boldsymbol{\Sigma}}_1}{\det \widehat{\boldsymbol{\Sigma}}_2} = 3.26.$$

从而划分区域为

$$R_1 = \{\boldsymbol{x}|\widehat{w}(\boldsymbol{x}) \geqslant \widehat{\beta}\} = \{\boldsymbol{x}|\widehat{w}(\boldsymbol{x}) \geqslant 3.26\},$$

$$R_2 = \{\boldsymbol{x}|\widehat{w}(\boldsymbol{x}) < \widehat{\beta}\} = \{\boldsymbol{x}|\widehat{w}(\boldsymbol{x}) < 3.26\}.$$

代入表 5.1 数据, 判别结果如表 5.17, 错判率是 0.

表 5.17　Bayes 判别结果, 1 和 2 分别表示海捕和养殖

判别函数值	判别结果	正确类型	判别函数值	判别结果	正确类型
208289	1	1	−4016	2	2
174407	1	1	−4321	2	2
169745	1	1	−4227	2	2
173799	1	1	−3729	2	2
152314	1	1	−4184	2	2
161659	1	1	−4075	2	2
141798	1	1	−3868	2	2
158105	1	1	−4425	2	2
178016	1	1	−4246	2	2
175085	1	1	−3844	2	2
−4289	2	2	−3679	2	2
−4216	2	2	−4128	2	2
−4331	2	2	−3893	2	2
−4017	2	2	−3984	2	2
−3838	2	2	−4341	2	2

5.3.4　案例: 人工养殖虾的肌肉营养成分鉴别方法

我们对 5.1.5 节的人工养殖虾的鉴别问题的案例使用 Bayes 判别方法继续进行讨论, 数据见表 5.3 、表 5.4 和表 5.5. 用 $G_j, j = 1, 2, 3, 4$ 表示克氏原螯虾、罗氏沼虾、

日本沼虾、南美白对虾的总体, 都假定为正态分布, 即 $G_j \sim N_p(\boldsymbol{\mu}_j, \boldsymbol{\Sigma}_j), j = 1, 2, 3, 4$. 由数据知, $n_1 = 10, n_2 = 15, n_3 = 7, n_4 = 8, k = 4, n = \sum_{j=1}^{k} n_j = 40$. $\boldsymbol{\mathcal{X}}$ 由表 5.3 的中间 3 列、表 5.4 的中间 3 列和表 5.5 的后 6 列构成, 这是一个 40×12 的矩阵, 其中最后一列表示该样品所属的类别 (1, 2, 3, 4 分别表示克氏原螯虾、罗氏沼虾、日本沼虾、南美白对虾), 因此数据的指标维度是 $p = 11$.

不考虑错判损失, 使用判别准则式 (5.41). 首先计算得 4 类的样本均值向量, 结果见 5.1.5 节, 从而 $\widehat{\boldsymbol{\mu}}_j = \bar{\boldsymbol{x}}^{(j)}, j = 1, 2, 3, 4$. 由于 $p = 11 > n_j, j = 1, 3, 4, n = 40, k = 4$, 如果对每一个总体单独估计协差阵, 这 4 个协差阵中至少有 3 个将会是半正定的, 因而不可逆. 所以我们假定 4 个总体的协差阵均相等, 使用式 (5.14) 求协差阵 $\boldsymbol{\Sigma}$ 的无偏估计为

$$
\begin{aligned}
\widehat{\boldsymbol{\Sigma}} &= \frac{1}{n-k} \sum_{j=1}^{k} \sum_{i=1}^{n_j} (\boldsymbol{x}_i^{(j)} - \bar{\boldsymbol{x}}^{(j)})(\boldsymbol{x}_i^{(j)} - \bar{\boldsymbol{x}}^{(j)})^{\mathrm{T}} \\
&= \frac{1}{n-k} \left[\boldsymbol{\mathcal{X}}^{\mathrm{T}} \boldsymbol{\mathcal{X}} - \sum_{j=1}^{k} n_j \bar{\boldsymbol{x}}^{(j)} (\bar{\boldsymbol{x}}^{(j)})^{\mathrm{T}} \right] \\
&= \begin{pmatrix}
224.7537 & -23.8981 & \cdots & 77.7735 \\
-23.8981 & 5.1474 & \cdots & -6.4076 \\
\vdots & \vdots & & \vdots \\
77.7735 & -6.4076 & \cdots & 63.9726
\end{pmatrix}_{11 \times 11},
\end{aligned}
$$

这是一个 11 阶的正定方阵. 其逆为

$$
\widehat{\boldsymbol{\Sigma}}^{-1} = \begin{pmatrix}
1.6100 & 0.7246 & \cdots & -2.0031 \\
0.7246 & 7.0119 & \cdots & 0.6262 \\
\vdots & \vdots & & \vdots \\
-2.0031 & 0.6262 & \cdots & 5.5165
\end{pmatrix}_{11 \times 11}.
$$

先验概率的估计为

$$
\widehat{p}_1 = \frac{n_1}{n} = 0.25, \widehat{p}_2 = \frac{n_2}{n} = 0.375, \widehat{p}_3 = \frac{n_3}{n} = 0.175, \widehat{p}_4 = \frac{n_4}{n} = 0.2.
$$

因此, 线性判别函数式 (5.43) 可以估计为

$$
\widehat{w}_j(\boldsymbol{x}) = \ln \widehat{p}_j - \frac{1}{2} \widehat{\boldsymbol{\mu}}_j^{\mathrm{T}} \widehat{\boldsymbol{\Sigma}}^{-1} \widehat{\boldsymbol{\mu}}_j + \widehat{\boldsymbol{\mu}}_j^{\mathrm{T}} \widehat{\boldsymbol{\Sigma}}^{-1} \boldsymbol{x}, j = 1, 2, 3, 4.
$$

即,

$$
\widehat{w}_j(\boldsymbol{x}) = a_j + \boldsymbol{b}_j^{\mathrm{T}} \boldsymbol{x}, j = 1, 2, 3, 4, \tag{5.44}
$$

其中,

$$a_1 = \ln \widehat{p}_1 - \frac{1}{2}\widehat{\boldsymbol{\mu}}_1^{\mathrm{T}} \widehat{\boldsymbol{\Sigma}}^{-1} \widehat{\boldsymbol{\mu}}_1 = -49233.1,$$

$$a_2 = \ln \widehat{p}_2 - \frac{1}{2}\widehat{\boldsymbol{\mu}}_2^{\mathrm{T}} \widehat{\boldsymbol{\Sigma}}^{-1} \widehat{\boldsymbol{\mu}}_2 = -49240.5,$$

$$a_3 = \ln \widehat{p}_3 - \frac{1}{2}\widehat{\boldsymbol{\mu}}_3^{\mathrm{T}} \widehat{\boldsymbol{\Sigma}}^{-1} \widehat{\boldsymbol{\mu}}_3 = -49256.7,$$

$$a_4 = \ln \widehat{p}_4 - \frac{1}{2}\widehat{\boldsymbol{\mu}}_4^{\mathrm{T}} \widehat{\boldsymbol{\Sigma}}^{-1} \widehat{\boldsymbol{\mu}}_4 = -49225.5,$$

$$\boldsymbol{b}_1 = \widehat{\boldsymbol{\Sigma}}^{-1} \widehat{\boldsymbol{\mu}}_1 = (208.833, 714.161, 93.0753, 1220.97,$$
$$830.018, 164.682, 11159.9, -7288.24,$$
$$0.2097, 24.1418, 25.3682)^{\mathrm{T}},$$

$$\boldsymbol{b}_2 = \widehat{\boldsymbol{\Sigma}}^{-1} \widehat{\boldsymbol{\mu}}_2 = (208.881, 714.075, 93.0926, 1221.84,$$
$$829.755, 164.999, 11165.9, -7284.72,$$
$$0.1800, 24.2301, 25.3925)^{\mathrm{T}},$$

$$\boldsymbol{b}_3 = \widehat{\boldsymbol{\Sigma}}^{-1} \widehat{\boldsymbol{\mu}}_3 = (208.900, 714.120, 93.1187, 1222.35,$$
$$829.776, 164.673, 11165.3, -7286.00,$$
$$0.2307, 24.2674, 25.4892)^{\mathrm{T}},$$

$$\boldsymbol{b}_4 = \widehat{\boldsymbol{\Sigma}}^{-1} \widehat{\boldsymbol{\mu}}_4 = (208.983, 714.093, 93.0725, 1219.79,$$
$$830.046, 164.741, 11156.5, -7287.43,$$
$$0.2054, 24.2285, 25.2796)^{\mathrm{T}}.$$

由式 (5.44) 计算每个样品的判别函数值, 哪个最大就将其归为哪一类. 令 $\boldsymbol{a} = (a_1, a_2, a_3, a_4)^{\mathrm{T}}$, $\boldsymbol{B} = (\boldsymbol{b}_1, \boldsymbol{b}_2, \boldsymbol{b}_3, \boldsymbol{b}_4)$, 用 $\boldsymbol{\mathcal{X}}_{-1}$ 表示 $\boldsymbol{\mathcal{X}}$ 去掉最后 1 列后的数据矩阵, 则样本的判别函数值矩阵为

$$\boldsymbol{W} = \boldsymbol{1}_n \boldsymbol{a}^{\mathrm{T}} + \boldsymbol{\mathcal{X}}_{-1} \boldsymbol{B}.$$

计算结果如表 5.18 所示. 错判率是 0.

表 5.18　4 种养殖虾的 Bayes 判别结果, 1, 2, 3, 4 分别表示克氏原螯虾、罗氏沼虾、日本沼虾、南美白对虾

编号	$\widehat{w}_1(\boldsymbol{x}_i)$	$\widehat{w}_2(\boldsymbol{x}_i)$	$\widehat{w}_3(\boldsymbol{x}_i)$	$\widehat{w}_4(\boldsymbol{x}_i)$	结果	正确类型
1	43518.23	43515.26	43512.90	43513.63	1	1
2	44463.08	44460.22	44457.96	44458.64	1	1
3	43057.28	43054.49	43052.32	43052.68	1	1
4	44741.41	44738.70	44736.41	44736.91	1	1
5	44288.15	44285.05	44282.87	44283.49	1	1
6	44162.01	44159.21	44157.04	44157.23	1	1
7	44469.61	44466.87	44464.59	44465.05	1	1
8	44551.15	44548.33	44546.17	44546.46	1	1
9	43563.46	43560.75	43558.50	43558.91	1	1
10	44356.19	44353.28	44350.93	44351.53	1	1
11	44016.62	44020.33	44015.52	44015.97	2	2
12	43873.15	43876.82	43871.83	43872.55	2	2
13	44187.88	44191.51	44186.71	44187.11	2	2
14	44250.16	44253.73	44248.79	44249.49	2	2
15	44331.69	44335.28	44330.55	44330.82	2	2
16	44236.75	44240.37	44235.56	44235.95	2	2
17	44316.80	44320.43	44315.72	44316.03	2	2
18	44264.81	44268.36	44263.58	44264.11	2	2
19	44066.64	44070.31	44065.37	44065.92	2	2
20	44109.59	44113.27	44108.44	44108.88	2	2
21	44143.36	44147.04	44142.18	44142.72	2	2
22	43911.39	43915.19	43910.42	43910.73	2	2
23	44132.06	44135.75	44130.84	44131.41	2	2
24	44176.92	44180.52	44175.69	44176.24	2	2
25	43961.25	43964.91	43959.95	43960.62	2	2
26	44135.57	44136.48	44139.96	44135.01	3	3
27	44194.74	44195.91	44199.22	44193.97	3	3
28	44012.27	44013.36	44016.59	44011.49	3	3
29	43852.95	43853.79	43857.19	43852.13	3	3
30	44067.32	44068.39	44071.65	44066.75	3	3
31	44173.24	44174.38	44177.62	44172.66	3	3
32	44495.43	44496.58	44499.91	44494.62	3	3
33	44015.73	44016.88	44014.59	44019.73	4	4
34	44459.49	44460.53	44458.23	44463.71	4	4
35	43930.77	43931.92	43929.88	43934.97	4	4
36	43910.66	43911.56	43909.39	43914.76	4	4
37	44167.89	44169.06	44166.67	44172.02	4	4
38	44038.63	44039.82	44037.54	44042.49	4	4
39	44132.31	44133.21	44130.99	44136.93	4	4
40	44194.81	44195.81	44193.55	44198.95	4	4

5.4 逐步判别

在判别分析中, 当考虑的变量比较多时, 如果不加选择地使用很多变量建立判别函数, 不仅计算量大, 还会因为过多变量之间可能的共线性问题使得求解逆矩阵的计算精度下降, 从而导致建立的判别函数变得不稳定. 因此, 适当地筛选变量很重要. 融合筛选变量过程的判别分析方法称为逐步判别法.

逐步判别法和通常的判别法一样, 根据不同的准则, 会产生不同的方法. 本节我们介绍的逐步判别分析方法是在多组判别分析基础上发展而来的, 其基本思想类似于逐步回归方法, 采用有进有出的算法, 按照变量的重要性逐步引入变量到判别函数, 同时根据一定准则对判别函数中已存在的不重要的变量进行剔除. 当判别函数中没有重要的变量可引入时逐步筛选变量结束. 这个过程中每次引入或剔除变量时都需要进行相应的统计检验, 使得最后的判别函数仅保留重要的变量.

5.4.1 逐步判别的变量选择准则

进行逐步判别需要解决的一个关键问题是构建引入或剔除判别变量的准则, 从理论上来讲, 就是如何实现对判别变量在区别各个总体中是否提供附加信息的检验.

设有 k 个 p 维正态总体 $G_j, j = 1, 2, \cdots, k$, 并且 $G_j \sim N_p(\boldsymbol{\mu}_j, \boldsymbol{\Sigma}), j = 1, 2, \cdots, k$, 它们具有相同的协差阵 $\boldsymbol{\Sigma}$, 因此, k 个总体的差异仅体现在均值向量 $\boldsymbol{\mu}_j, j = 1, 2, \cdots, k$ 中. 在建立判别函数之前, 我们可以考虑检验

$$H_0 : \boldsymbol{\mu}_1 = \boldsymbol{\mu}_2 = \cdots = \boldsymbol{\mu}_k \leftrightarrow H_1 : \exists j_1, j_2, \boldsymbol{\mu}_{j_1} \neq \boldsymbol{\mu}_{j_2}, \tag{5.45}$$

如果不能拒绝原假设 H_0, 说明区分这 k 个总体是没有意义的, 在此基础上建立的判别函数也不会有好的区分效果. 我们希望能够有充分证据来拒绝原假设, 这时候的 k 个总体是有差异的, 建立判别函数才有意义.

借助多元方差分析的思想, 设 $\boldsymbol{x}_i^{(j)}, i = 1, 2, \cdots, n_j, j = 1, 2, \cdots, k$ 是从 k 个总体中抽取的样本, $n = \sum_{j=1}^{k} n_j$. 各类样本的均值向量和总样本均值向量为

$$\bar{\boldsymbol{x}}^{(j)} = \frac{1}{n_j} \sum_{i=1}^{n_j} \boldsymbol{x}_i^{(j)}, j = 1, 2, \cdots, k, \bar{\boldsymbol{x}} = \frac{1}{n} \sum_{j=1}^{k} \sum_{i=1}^{n_j} \boldsymbol{x}_i^{(j)} = \frac{1}{n} \sum_{j=1}^{k} n_j \bar{\boldsymbol{x}}^{(j)},$$

各类样本的组内离差阵和总组内离差阵为

$$\boldsymbol{A}_j = \sum_{i=1}^{n_j} (\boldsymbol{x}_i^{(j)} - \bar{\boldsymbol{x}}^{(j)})(\boldsymbol{x}_i^{(j)} - \bar{\boldsymbol{x}}^{(j)})^{\mathrm{T}}, j = 1, 2, \cdots, k,$$

$$A = \sum_{j=1}^{k} A_j = \sum_{j=1}^{k} \sum_{i=1}^{n_j} (x_i^{(j)} - \bar{x}^{(j)})(x_i^{(j)} - \bar{x}^{(j)})^{\mathrm{T}},$$

样本组间离差阵为

$$B = \sum_{j=1}^{k} (\bar{x}^{(j)} - \bar{x})(\bar{x}^{(j)} - \bar{x})^{\mathrm{T}},$$

样本总离差阵为

$$T = A + B = \sum_{j=1}^{k} \sum_{i=1}^{n_j} (x_i^{(j)} - \bar{x})(x_i^{(j)} - \bar{x})^{\mathrm{T}}.$$

对检验问题 (5.45), 构造 Wilks' Λ 统计量

$$\Lambda = \frac{\det A}{\det T} \sim \Lambda(p, n-k, k-1).$$

给定显著性水平 α, 求出分位数 $\Lambda_\alpha(p, n-k, k-1)$, 可得拒绝域

$$\{\Lambda \leqslant \Lambda_\alpha(p, n-k, k-1)\}.$$

在逐步判别分析中, 我们需要寻求 $\dfrac{\Lambda(p-1, n-k, k-1)}{\Lambda(p, n-k, k-1)}$ 的分布, 事实上, 当 n 充分大时, 我们有下面的结论,

$$\frac{n-k-p+1}{k-1} \left(\frac{\Lambda(p-1, n-k, k-1)}{\Lambda(p, n-k, k-1)} - 1 \right) \dot{\sim} F(k-1, n-k-p+1), \tag{5.46}$$

其中, 符号 $\dot{\sim}$ 表示近似服从.

我们根据式 (5.46) 给出引入和剔除变量的准则. 设 k 个 p 维正态总体 $G_j, j = 1, 2, \cdots, k$ 中的变量为 $X_s, s = 1, 2, \cdots, p$, 假设已经引入了 q 个变量 $X_{s_1}, X_{s_2}, \cdots, X_{s_q}$, 记

$$\mathcal{M} = \{s_1, s_2, \cdots, s_q\}, \ \mathcal{N} = \{1, 2, \cdots, p\} \backslash \mathcal{M}.$$

现在要检验一个新加入变量 $X_r, r \in \mathcal{N}$ 的判别能力, 为此将这 $q+1$ 个变量 X_{s_1}, $X_{s_2}, \cdots, X_{s_q}, X_r$ 进行分组,

$$X_{s_1}, X_{s_2}, \cdots, X_{s_q} | X_r,$$

这 $q+1$ 个变量的组内离差阵 $A^{(q+1)}$ 和总离差阵 $T^{(q+1)}$ 也相应地进行分块,

$$A^{(q+1)} = \left(\begin{array}{cc} A_{11} & a \\ a^{\mathrm{T}} & b \end{array} \right) \begin{array}{c} q \\ 1 \end{array}, \ T^{(q+1)} = \left(\begin{array}{cc} T_{11} & t \\ t^{\mathrm{T}} & c \end{array} \right) \begin{array}{c} q \\ 1 \end{array},$$

其中, A_{11}, T_{11} 是 q 阶方阵, a, t 是 q 维向量, b, c 是实数. 则有

$$\det A^{(q+1)} = \det A_{11} \cdot (b - a^{\mathrm{T}} A_{11}^{-1} a),$$

$$\det \boldsymbol{T}^{(q+1)} = \det \boldsymbol{T}_{11} \cdot (c - \boldsymbol{t}^{\mathrm{T}} \boldsymbol{T}_{11}^{-1} \boldsymbol{t}),$$

令

$$V_r(q) = \frac{b - \boldsymbol{a}^{\mathrm{T}} \boldsymbol{A}_{11}^{-1} \boldsymbol{a}}{c - \boldsymbol{t}^{\mathrm{T}} \boldsymbol{T}_{11}^{-1} \boldsymbol{t}}, r \in \mathcal{N}, \tag{5.47}$$

于是,

$$\frac{\dfrac{\det A_{11}}{\det T_{11}}}{\dfrac{\det A^{(q+1)}}{\det T^{(q+1)}}} - 1 = \frac{1 - V_r(q)}{V_r(q)}.$$

由傅德印 (2013),

$$\frac{\det \boldsymbol{A}_{11}}{\det \boldsymbol{T}_{11}} \sim \Lambda(q, n-k, k-1),$$

同时知道

$$\frac{\det \boldsymbol{A}^{(q+1)}}{\det \boldsymbol{T}^{(q+1)}} \sim \Lambda(q+1, n-k, k-1),$$

由式 (5.46), 统计量

$$F_{1r} = \frac{n-k-q}{k-1} \cdot \frac{1 - V_r(q)}{V_r(q)} \overset{\cdot}{\sim} F(k-1, n-k-q).$$

取定显著性水平 α, 在未选入的变量中, 选择使得 $V_r(q)$ 最小的变量 X_r, 如果

$$F_{1r} > F_\alpha(k-1, n-k-q), \tag{5.48}$$

可以认为变量 X_r 提供了附加信息, 即 X_r 的判别能力显著, 可以将 X_r 入选为 X_{q+1}; 否则, 应保持原来的 q 个变量不变, 继续添加和检验下一个变量.

假设在引入准则 (5.48) 下已经引入了第 $q+1$ 个变量, 现在需要在之前的 q 个变量 $X_{s_1}, X_{s_2}, \cdots, X_{s_q}$ 中进行剔除变量的操作. 剔除变量 $X_r, r \in \mathcal{M}$ 所减少的判别能力等价于引入该变量所增加的判别能力, 类似式 (5.47) 可得到 $V_r(q-1)$, 不同的是, 这里的 $r \in \mathcal{M}$. 从而, 剔除变量的检验统计量为

$$F_{2r} = \frac{n-k-q+1}{k-1} \cdot \frac{1 - V_r(q-1)}{V_r(q-1)} \overset{\cdot}{\sim} F(k-1, n-k-q+1).$$

选择使得 $V_r(q-1)$ 最大的变量 $X_r, r \in \mathcal{M}$, 如果

$$F_{2r} \leqslant F_\alpha(k-1, n-k-q+1), \tag{5.49}$$

可以认为变量 X_r 不能提供更多的附加信息, 即 X_r 的判别能力不显著, 可以将 X_r 从入选变量中剔除.

式 (5.48) 和式 (5.49) 分别是逐步判别的变量引入准则和剔除准则. 由于一般来讲, $F_\alpha(k-1, n-k-q) > F_\alpha(k-1, n-k-q+1)$, 因此逐步筛选变量的过程会在有限步之后停止.

5.4.2　逐步判别的计算步骤

1. 初始化. 取定显著性水平 α. 引入第一个变量 $X_{s_1} = X_1$, 令 $q = 1$.

2. 变量筛选.

(1) 变量引入. 假设已经确定了 q 个显著变量 $X_{s_1}, X_{s_2}, \cdots, X_{s_q}$. 确定引入变量的临界值 $F_\alpha(k-1, n-k-q)$, 对每一个未入选变量, 计算样本组内离差阵 $\boldsymbol{A}^{(q+1)}$ 和样本总离差阵 $\boldsymbol{T}^{(q+1)}$, 计算未入选变量的判别能力

$$V_{r_0}(q) = \min_{r \in \mathcal{N}}\{V_r(q)\}.$$

计算统计量

$$F_{1r_0} = \frac{n-k-q}{k-1} \cdot \frac{1 - V_{r_0}(q)}{V_{r_0}(q)},$$

若 $F_{1r_0} > F_\alpha(k-1, n-k-q)$, 则引入变量 X_{r_0}.

(2) 变量剔除. 假设已经确定了 $q+1$ 个显著变量 $X_{s_1}, X_{s_2}, \cdots, X_{s_q}, X_{s_{q+1}}$. 需要在 $X_{s_1}, X_{s_2}, \cdots, X_{s_q}$ 中考虑剔除可能的最不显著变量 X_{r_0}, 计算剔除变量的临界值 $F_\alpha(k-1, n-k-q+1)$. 确定 $X_{s_1}, X_{s_2}, \cdots, X_{s_q}$ 的判别能力

$$V_{r_0}(q-1) = \max_{r \in \mathcal{M}}\{V_r(q-1)\}.$$

计算统计量

$$F_{2r_0} = \frac{n-k-q+1}{k-1} \cdot \frac{1 - V_{r_0}(q-1)}{V_{r_0}(q-1)},$$

若 $F_{2r_0} \leqslant F_\alpha(k-1, n-k-q+1)$, 则剔除变量 X_{r_0}.

重复步骤 (1)~(2), 直至没有变量可以引入和剔除.

3. 建立判别函数, 对样品进行归类. 假设最终确定了 q 个判别能力显著的变量 $X_{s_1}, X_{s_2}, \cdots, X_{s_q}$, 在原始数据中提取这 q 个变量构成的数据矩阵 $\boldsymbol{\mathcal{X}}$, 可以使用距离判别、Fisher 判别、Bayes 判别等方法建立判别函数, 对样品进行归类.

逐步判别过程就是不断地引入和剔除变量的过程. 一般情况下, 前几步只有引入变量的过程, 而很少有剔除变量的过程; 在后面的几步中, 剔除变量的操作占主导. 当没有新的变量引入和剔除时, 逐步筛选变量过程终止, 使用已选中的变量建立判别函数.

需要说明的是, 由于我们假定各类总体的协差阵相等, 所以使用距离判别、Fisher 判别或 Bayes 判别等方法建立的判别函数都是线性函数.

5.4.3　案例: 人工养殖虾的肌肉营养成分鉴别方法

我们对 5.1.5 节的人工养殖虾的鉴别问题的案例使用逐步判别方法继续进行讨论, 数据如表 5.3 、表 5.4 和表 5.5 所示.

用 $G_j, j = 1, 2, 3, 4$ 表示克氏原螯虾、罗氏沼虾、日本沼虾、南美白对虾的总体, 都假定为正态分布, 且协差阵都相等, 即

$$G_j \sim N_p(\boldsymbol{\mu}_j, \boldsymbol{\Sigma}), j = 1, 2, 3, 4.$$

由数据知, $n_1 = 10, n_2 = 15, n_3 = 7, n_4 = 8, k = 4, n = \sum_{j=1}^{k} n_j = 40$. $\boldsymbol{\mathcal{X}}$ 由表 5.3 的中间 3 列、表 5.4 的中间 3 列和表 5.5 的后 6 列构成, 这是一个 40×12 的矩阵, 其中最后一列表示该样品所属的类别 (1, 2, 3, 4 分别表示克氏原螯虾、罗氏沼虾、日本沼虾、南美白对虾), 因此数据的指标维度是 $p = 11$, 这 11 个指标对应着含肉率 (%)、鲜肉水分含量 (%)、粗蛋白 (%)、粗脂肪 (%)、粗灰分 (%)、总糖 (%) 等 6 个肌肉营养成分指标和磷含量 (%)、钙含量 (%)、铁 (μg/g)、铜 (μg/g)、铅 (μg/g) 等 5 种常量或微量矿物质含量指标, 依次使用变量 $X_1, X_2, \cdots, X_{11}$ 表示.

下面使用逐步判别方法筛选变量.

首先引入第 1 个变量 X_1, 分别计算引入 $X_2, \cdots, X_{11}$ 时的判别能力, 计算结果见表 5.19 上半部分第 2 列, 这里面最小的是变量 X_9 对应的 $V_9(1) = 0.0029$. 因为 $q = 1$, 计算得

$$F_{1,9} = \frac{n-k-q}{k-1} \cdot \frac{1-V_9(1)}{V_9(1)} = 4008.0805,$$

而 $F_\alpha(k-1, n-k-q) = F_{0.05}(3, 35) = 2.8742$, 远远小于 $F_{1,9}$, 所以引入变量 X_9. 此时的显著变量集是 $\{X_1, X_9\}$, $q = 2$. 考虑剔除 X_1, 计算剔除 X_1 的判别能力, 计算结果如表 5.19 下半部分第 3 列所示, 因为只有一个待剔除变量, 所以 $V_1(1) = 0.0036$. 计算得

$$F_{2,1} = \frac{n-k-q+1}{k-1} \cdot \frac{1-V_1(1)}{V_1(1)} = 3224.1915,$$

这个值远远大于 $F_\alpha(k-1, n-k-q+1) = F_{0.05}(3, 35) = 2.8742$, 所以不能剔除变量 X_1.

此时的显著变量集是 $\{X_1, X_9\}$, $q = 2$. 分别计算引入 $X_2, \cdots, X_8, X_{10}, X_{11}$ 时的判别能力, 计算结果如表 5.19 上半部分第 3 列所示, 这里面最小的是变量 X_{10} 对应的 $V_{10}(2) = 0.0116$. 计算得

$$F_{1,10} = \frac{n-k-q}{k-1} \cdot \frac{1-V_{10}(2)}{V_{10}(2)} = 962.9467,$$

而 $F_\alpha(k-1, n-k-q) = F_{0.05}(3,34) = 2.8226$, 远远小于 $F_{1,10}$, 所以引入变量 X_{10}. 此时的显著变量集是 $\{X_1, X_9, X_{10}\}$, $q=3$. 考虑剔除 X_1, X_9, 分别计算剔除 X_1, X_9 的判别能力, 计算结果如表 5.19 下半部分第 4 列所示, 这里面最大的是变量 X_9 对应的 $V_9(2) = 0.0116$. 计算得

$$F_{2,9} = \frac{n-k-q+1}{k-1} \cdot \frac{1-V_9(2)}{V_9(2)} = 962.9467,$$

这个值远远大于 $F_\alpha(k-1, n-k-q+1) = F_{0.05}(3,34) = 2.8226$, 所以不能剔除变量 X_9.

此时的显著变量集是 $\{X_1, X_9, X_{10}\}$, $q=3$. 分别计算引入 $X_2, \cdots, X_8, X_{11}$ 时的判别能力, 计算结果如表 5.19 上半部分第 4 列所示, 这里面最小的是变量 X_7 对应的 $V_7(3) = 0.1690$. 计算得

$$F_{1,7} = \frac{n-k-q}{k-1} \cdot \frac{1-V_7(3)}{V_7(3)} = 54.0968,$$

而 $F_\alpha(k-1, n-k-q) = F_{0.05}(3,33) = 2.8916$, 远远小于 $F_{1,7}$, 所以引入变量 X_7. 此时的显著变量集是 $\{X_1, X_9, X_{10}, X_7\}$, $q=4$. 考虑剔除 X_1, X_9, X_{10}, 分别计算剔除 X_1, X_9, X_{10} 的判别能力, 计算结果如表 5.19 下半部分第 5 列所示, 这里面最大的是变量 X_9 对应的 $V_9(3) = 0.1690$. 计算得

$$F_{2,9} = \frac{n-k-q+1}{k-1} \cdot \frac{1-V_9(3)}{V_9(3)} = 54.0968,$$

这个值远远大于 $F_\alpha(k-1, n-k-q+1) = F_{0.05}(3,33) = 2.8916$, 所以不能剔除变量 X_9.

此时的显著变量集是 $\{X_1, X_9, X_{10}, X_7\}$, $q=4$. 分别计算引入 $X_2, \cdots, X_6, X_8, X_{11}$ 时的判别能力, 计算结果如表 5.19 上半部分第 5 列所示, 这里面最小的是变量 X_4 对应的 $V_4(4) = 0.6036$. 计算得

$$F_{1,4} = \frac{n-k-q}{k-1} \cdot \frac{1-V_4(4)}{V_4(4)} = 7.0065,$$

而 $F_\alpha(k-1, n-k-q) = F_{0.05}(3,32) = 2.9011$, 小于 $F_{1,4}$, 所以引入变量 X_4. 此时的显著变量集是 $\{X_1, X_9, X_{10}, X_7, X_4\}$, $q=5$. 考虑剔除 X_1, X_9, X_{10}, X_7, 分别计算剔除 X_1, X_9, X_{10}, X_7 的判别能力, 计算结果如表 5.19 下半部分第 6 列所示, 这里面最大的是变量 X_9 对应的 $V_9(4) = 0.6036$. 计算得

$$F_{2,9} = \frac{n-k-q+1}{k-1} \cdot \frac{1-V_9(4)}{V_9(4)} = 7.0065,$$

这个值大于 $F_\alpha(k-1, n-k-q+1) = F_{0.05}(3,32) = 2.9011$, 所以不能剔除变量 X_9.

此时的显著变量集是 $\{X_1, X_9, X_{10}, X_7, X_4\}$, $q = 5$. 分别计算引入 $X_2, X_3, X_5, X_6,$ X_8, X_{11} 时的判别能力, 计算结果如表 5.19 上半部分第 6 列所示, 这里面最小的是变量 X_{11} 对应的 $V_{11}(5) = 0.6407$. 计算得

$$F_{1,11} = \frac{n - k - q}{k - 1} \cdot \frac{1 - V_{11}(5)}{V_{11}(5)} = 5.7946,$$

而 $F_\alpha(k - 1, n - k - q) = F_{0.05}(3, 31) = 2.9113$, 小于 $F_{1,11}$, 所以引入变量 X_{11}. 此时的显著变量集是 $\{X_1, X_9, X_{10}, X_7, X_4, X_{11}\}$, $q = 6$. 考虑剔除 $X_1, X_9, X_{10}, X_7, X_4$, 分别计算剔除 $X_1, X_9, X_{10}, X_7, X_4$ 的判别能力, 计算结果如表 5.19 下半部分第 7 列所示, 这里面最大的是变量 X_9 对应的 $V_9(5) = 0.6407$. 计算得

$$F_{2,9} = \frac{n - k - q + 1}{k - 1} \cdot \frac{1 - V_9(5)}{V_9(5)} = 5.7946,$$

这个值大于 $F_\alpha(k - 1, n - k - q + 1) = F_{0.05}(3, 31) = 2.9113$, 所以不能剔除变量 X_9.

此时的显著变量集是 $\{X_1, X_9, X_{10}, X_7, X_4, X_{11}\}$, $q = 6$. 分别计算引入 $X_2, X_3,$ X_5, X_6, X_8 时的判别能力, 计算结果如表 5.19 上半部分第 7 列所示, 这里面最小的是变量 X_3 对应的 $V_3(6) = 0.6279$. 计算得

$$F_{1,3} = \frac{n - k - q}{k - 1} \cdot \frac{1 - V_3(6)}{V_3(6)} = 5.9255,$$

而 $F_\alpha(k - 1, n - k - q) = F_{0.05}(3, 30) = 2.9223$, 小于 $F_{1,3}$, 所以引入变量 X_3. 此时的显著变量集是 $\{X_1, X_9, X_{10}, X_7, X_4, X_{11}, X_3\}$, $q = 7$. 考虑剔除 $X_1, X_9, X_{10}, X_7, X_4, X_{11}$, 分别计算剔除 $X_1, X_9, X_{10}, X_7, X_4, X_{11}$ 的判别能力, 计算结果如表 5.19 下半部分第 8 列所示, 这里面最大的是变量 X_9 对应的 $V_9(6) = 0.6279$. 计算得

$$F_{2,9} = \frac{n - k - q + 1}{k - 1} \cdot \frac{1 - V_9(6)}{V_9(6)} = 5.9255,$$

这个值大于 $F_\alpha(k - 1, n - k - q + 1) = F_{0.05}(3, 30) = 2.9223$, 所以不能剔除变量 X_9.

此时的显著变量集是 $\{X_1, X_9, X_{10}, X_7, X_4, X_{11}, X_3\}$, $q = 7$. 分别计算引入 $X_2,$ X_5, X_6, X_8 时的判别能力, 计算结果如表 5.19 上半部分第 8 列所示, 这里面最小的是变量 X_6 对应的 $V_6(7) = 0.7815$. 计算得

$$F_{1,6} = \frac{n - k - q}{k - 1} \cdot \frac{1 - V_6(7)}{V_6(7)} = 2.7026,$$

而 $F_\alpha(k - 1, n - k - q) = F_{0.05}(3, 29) = 2.9340$, 大于 $F_{1,6}$, 所以变量 X_6 判别能力不显著, 不予引入.

至此, 没有新的变量可以引入, 也没有变量可以剔除, 筛选变量结束. 最终得到判别能力显著的变量是 $\boldsymbol{Y} = (X_1, X_9, X_{10}, X_7, X_4, X_{11}, X_3)^{\mathrm{T}}$, 对应的指标是含肉率 (%)、铁 (μg/g)、铜 (μg/g)、磷含量 (%)、粗脂肪 (%)、铅 (μg/g)、粗蛋白 (%). 从原始数据集 $\boldsymbol{\mathcal{X}}$ 中抽取显著变量 $\boldsymbol{Y}$ 对应的数据, 记为 $\boldsymbol{\mathcal{y}}$.

表 5.19　引入变量的判别能力 $V_r(q)$ 和剔除变量的判别能力 $V_r(q-1)$

变量	$q=1$	$q=2$	$q=3$	$q=4$	$q=5$	$q=6$	$q=7$
X_1							
X_2	0.0551	0.0807	0.5943	0.8694	0.8776	0.8725	0.8826
X_3	0.3474	0.8745	0.8326	0.7842	0.7378	0.6279	
X_4	0.0166	0.0825	0.6364	0.6036			
X_5	0.0812	0.0869	0.7231	0.9038	0.9405	0.9440	0.9245
X_6	0.1547	0.1859	0.5810	0.7671	0.7687	0.7834	0.7815
X_7	0.0065	0.0173	0.1690				
X_8	0.0557	0.0559	0.6307	0.8832	0.9305	0.9308	0.9494
X_9	0.0029						
X_{10}	0.0055	0.0116					
X_{11}	0.0083	0.0566	0.8680	0.8766	0.6407		

变量	$q=1$	$q=2$	$q=3$	$q=4$	$q=5$	$q=6$	$q=7$
X_1		0.0036	0.0050	0.1581	0.1586	0.3107	0.3102
X_2							
X_3							
X_4						0.0000	0.0000
X_5							
X_6							
X_7					0.6036	0.6407	0.0000
X_8							
X_9			0.0116	0.1690	0.6036	0.6407	0.6279
X_{10}				0.1690	0.6036	0.6407	0.6279
X_{11}							0.6279

用 $\boldsymbol{\mathcal{Y}}_{-1}$ 表示去除 $\boldsymbol{\mathcal{Y}}$ 最后 1 列得到的数据矩阵, 用 $\boldsymbol{y}_i$ 表示 $\boldsymbol{\mathcal{Y}}_{-1}$ 的第 $i, i = 1, 2, \cdots, n$ 行. 我们使用 Bayes 判别方法. 不考虑错判损失, 使用判别准则 (5.41) 式. 首先计算得 4 类的样本均值向量,

$$\bar{\boldsymbol{y}}^{(1)} = \frac{1}{10} \sum_{i=1}^{10} \boldsymbol{y}_i = (13.385, 126.231, 18.954, 1.866,$$

$$1.940, 13.431, 75.259)^{\mathrm{T}},$$

$$\bar{\boldsymbol{y}}^{(2)} = \frac{1}{15} \sum_{i=11}^{25} \boldsymbol{y}_i = (34.088, 67.058, 29.109, 2.050,$$

$$1.681, 19.385, 77.006)^{\mathrm{T}},$$

$$\bar{\boldsymbol{y}}^{(3)} = \frac{1}{7} \sum_{i=26}^{32} \boldsymbol{y}_i = (33.005, 165.298, 50.022, 1.666,$$

$$2.695, 32.330, 82.438)^{\mathrm{T}},$$

$$\bar{\boldsymbol{y}}^{(4)} = \frac{1}{8} \sum_{i=33}^{40} \boldsymbol{y}_i = (57.706, 75.903, 31.224, 1.484,$$

$$1.491, 29.031, 82.165)^{\mathrm{T}},$$

令 $\boldsymbol{\mu}_j^{\mathcal{M}} = (\mu_1, \mu_9, \mu_{10}, \mu_7, \mu_4, \mu_{11}, \mu_3)^{\mathrm{T}}$, $\boldsymbol{\Sigma}^{\mathcal{M}} = \mathrm{Var}(\boldsymbol{Y})$, 其中, $\mathcal{M} = \{1, 9, 10, 7, 4, 11, 3\}$. 从而, $\widehat{\boldsymbol{\mu}}_j^{\mathcal{M}} = \bar{\boldsymbol{y}}^{(j)}, j = 1, 2, 3, 4.$

假定 4 个总体的协差阵均相等, 使用式 (5.14) 求协差阵 $\boldsymbol{\Sigma}^{\mathcal{M}}$ 的无偏估计为

$$
\begin{aligned}
\widehat{\boldsymbol{\Sigma}}^{\mathcal{M}} &= \frac{1}{n-k} \sum_{j=1}^{k} \sum_{i=1}^{n_j} (\boldsymbol{y}_i^{(j)} - \bar{\boldsymbol{y}}^{(j)})(\boldsymbol{y}_i^{(j)} - \bar{\boldsymbol{y}}^{(j)})^{\mathrm{T}} \\
&= \frac{1}{n-k} \left[\boldsymbol{\mathcal{X}}^{\mathrm{T}} \boldsymbol{\mathcal{X}} - \sum_{j=1}^{k} n_j \bar{\boldsymbol{y}}^{(j)} (\bar{\boldsymbol{y}}^{(j)})^{\mathrm{T}} \right] \\
&= \begin{pmatrix}
1.236 & 0.381 & 0.322 & 24.986 & -6.080 & -2.072 & -0.039 \\
0.381 & 0.145 & 0.104 & 10.224 & -4.547 & -0.574 & -0.002 \\
0.322 & 0.104 & 0.836 & -7.347 & -8.537 & -1.614 & -0.102 \\
24.99 & 10.22 & -7.347 & 1048.4 & -241.4 & -15.13 & 3.327 \\
-6.080 & -4.547 & -8.537 & -241.36 & 348.18 & 13.29 & 0.177 \\
-2.072 & -0.574 & -1.614 & -15.134 & 13.289 & 5.2823 & 0.065 \\
-0.039 & -0.002 & -0.102 & 3.327 & 0.177 & 0.065 & 0.468
\end{pmatrix},
\end{aligned}
$$

其逆 $(\widehat{\boldsymbol{\Sigma}}^{\mathcal{M}})^{-1} =$

$$
\begin{pmatrix}
224.754 & -268.343 & 60.700 & -1.842 & -2.353 & 77.773 & 34.145 \\
-268.343 & 1480.959 & 164.907 & -2.761 & 14.417 & 61.637 & 24.673 \\
60.700 & 164.907 & 104.149 & -0.853 & 2.722 & 63.973 & 24.539 \\
-1.842 & -2.761 & -0.853 & 0.049 & -0.013 & -1.105 & -0.536 \\
-2.353 & 14.417 & 2.722 & -0.013 & 0.169 & 1.009 & 0.340 \\
77.773 & 61.637 & 63.973 & -1.105 & 1.009 & 50.987 & 21.050 \\
34.145 & 24.673 & 24.539 & -0.536 & 0.340 & 21.050 & 11.181
\end{pmatrix}.
$$

先验概率的估计为

$$\widehat{p}_1 = \frac{n_1}{n} = 0.25, \widehat{p}_2 = \frac{n_2}{n} = 0.375, \widehat{p}_3 = \frac{n_3}{n} = 0.175, \widehat{p}_4 = \frac{n_4}{n} = 0.2.$$

因此, 线性判别函数式 (5.43) 可以估计为

$$\widehat{w}_j^{\mathcal{M}}(\boldsymbol{x}) = \ln \widehat{p}_j - \frac{1}{2} (\widehat{\boldsymbol{\mu}}_j^{\mathcal{M}})^{\mathrm{T}} (\widehat{\boldsymbol{\Sigma}}^{\mathcal{M}})^{-1} \widehat{\boldsymbol{\mu}}_j^{\mathcal{M}} + (\widehat{\boldsymbol{\mu}}_j^{\mathcal{M}})^{\mathrm{T}} (\widehat{\boldsymbol{\Sigma}}^{\mathcal{M}})^{-1} \boldsymbol{x}, j = 1, 2, 3, 4.$$

即,

$$\widehat{w}_j^{\mathcal{M}}(\boldsymbol{x}) = a_j^{\mathcal{M}} + (\boldsymbol{b}_j^{\mathcal{M}})^{\mathrm{T}} \boldsymbol{x}, j = 1, 2, 3, 4, \tag{5.50}$$

其中,

$$a_1^{\mathcal{M}} = \ln \widehat{p}_1 - \frac{1}{2}(\widehat{\boldsymbol{\mu}}_1^{\mathcal{M}})^{\mathrm{T}}(\widehat{\boldsymbol{\Sigma}}^{\mathcal{M}})^{-1}\widehat{\boldsymbol{\mu}}_1^{\mathcal{M}} = -5557.6532,$$

$$a_2^{\mathcal{M}} = \ln \widehat{p}_2 - \frac{1}{2}(\widehat{\boldsymbol{\mu}}_2^{\mathcal{M}})^{\mathrm{T}}(\widehat{\boldsymbol{\Sigma}}^{\mathcal{M}})^{-1}\widehat{\boldsymbol{\mu}}_2^{\mathcal{M}} = -5580.8195,$$

$$a_3^{\mathcal{M}} = \ln \widehat{p}_3 - \frac{1}{2}(\widehat{\boldsymbol{\mu}}_3^{\mathcal{M}})^{\mathrm{T}}(\widehat{\boldsymbol{\Sigma}}^{\mathcal{M}})^{-1}\widehat{\boldsymbol{\mu}}_3^{\mathcal{M}} = -5589.6647,$$

$$a_4^{\mathcal{M}} = \ln \widehat{p}_4 - \frac{1}{2}(\widehat{\boldsymbol{\mu}}_4^{\mathcal{M}})^{\mathrm{T}}(\widehat{\boldsymbol{\Sigma}}^{\mathcal{M}})^{-1}\widehat{\boldsymbol{\mu}}_4^{\mathcal{M}} = -5557.4682,$$

$$\boldsymbol{b}_1^{\mathcal{M}} = (\widehat{\boldsymbol{\Sigma}}^{\mathcal{M}})^{-1}\widehat{\boldsymbol{\mu}}_1^{\mathcal{M}} = (74.81, 27.84, -26.40, 3021.26,$$
$$- 400.26, -57.48, 39.97)^{\mathrm{T}},$$

$$\boldsymbol{b}_2^{\mathcal{M}} = (\widehat{\boldsymbol{\Sigma}}^{\mathcal{M}})^{-1}\widehat{\boldsymbol{\mu}}_2^{\mathcal{M}} = (74.91, 27.80, -26.29, 3029.99,$$
$$- 399.03, -57.46, 40.00)^{\mathrm{T}},$$

$$\boldsymbol{b}_3^{\mathcal{M}} = (\widehat{\boldsymbol{\Sigma}}^{\mathcal{M}})^{-1}\widehat{\boldsymbol{\mu}}_3^{\mathcal{M}} = (74.90, 27.85, -26.26, 3027.84,$$
$$- 398.57, -57.35, 40.02)^{\mathrm{T}},$$

$$\boldsymbol{b}_4^{\mathcal{M}} = (\widehat{\boldsymbol{\Sigma}}^{\mathcal{M}})^{-1}\widehat{\boldsymbol{\mu}}_4^{\mathcal{M}} = (74.97, 27.83, -26.31, 3018.63,$$
$$- 401.36, -57.57, 39.97)^{\mathrm{T}}.$$

根据式 (5.50) 计算每个样品的判别函数值, 哪个最大就将该样品归为哪一类. 令 $\boldsymbol{a}^{\mathcal{M}} = (a_1^{\mathcal{M}}, a_2^{\mathcal{M}}, a_3^{\mathcal{M}}, a_4^{\mathcal{M}})^{\mathrm{T}}$, $\boldsymbol{B}^{\mathcal{M}} = (\boldsymbol{b}_1^{\mathcal{M}}, \boldsymbol{b}_2^{\mathcal{M}}, \boldsymbol{b}_3^{\mathcal{M}}, \boldsymbol{b}_4^{\mathcal{M}})$, 则样本数据 $\boldsymbol{\mathcal{Y}}_{-1}$ 的判别函数值矩阵为

$$\boldsymbol{W}^{\mathcal{M}} = \mathbf{1}_n(\boldsymbol{a}^{\mathcal{M}})^{\mathrm{T}} + \boldsymbol{\mathcal{Y}}_{-1}\boldsymbol{B}^{\mathcal{M}}.$$

计算结果如表 5.20 所示. 错判率是 0.

表 **5.20**　4 种养殖虾的 Bayes 逐步判别结果, 1, 2, 3, 4 分别表示克氏原螯虾、罗氏沼虾、日本沼虾、南美白对虾

编号	$\widehat{w}_1^{\mathcal{M}}(\boldsymbol{x}_i)$	$\widehat{w}_2^{\mathcal{M}}(\boldsymbol{x}_i)$	$\widehat{w}_3^{\mathcal{M}}(\boldsymbol{x}_i)$	$\widehat{w}_4^{\mathcal{M}}(\boldsymbol{x}_i)$	结果	正确类型
1	5580.30	5577.38	5575.16	5575.54	1	1
2	5646.05	5643.37	5641.05	5641.43	1	1
3	5497.71	5495.11	5492.81	5493.38	1	1
4	5506.37	5503.42	5501.26	5501.68	1	1
5	5630.76	5627.70	5625.46	5626.14	1	1
6	5563.73	5560.91	5558.64	5559.13	1	1
7	5684.96	5681.75	5679.56	5680.21	1	1
8	5483.05	5480.29	5477.99	5478.44	1	1
9	5580.70	5578.01	5575.79	5576.10	1	1
10	5375.17	5372.52	5370.22	5370.70	1	1
11	5539.69	5543.33	5538.48	5538.96	2	2
12	5609.55	5613.21	5608.39	5608.84	2	2
13	5541.14	5544.82	5539.90	5540.44	2	2

(续)

编号	$\widehat{w}_1^{\mathcal{M}}(\boldsymbol{x}_i)$	$\widehat{w}_2^{\mathcal{M}}(\boldsymbol{x}_i)$	$\widehat{w}_3^{\mathcal{M}}(\boldsymbol{x}_i)$	$\widehat{w}_4^{\mathcal{M}}(\boldsymbol{x}_i)$	结果	正确类型
14	5592.12	5595.71	5590.90	5591.42	2	2
15	5620.48	5624.07	5619.30	5619.77	2	2
16	5529.33	5533.02	5528.08	5528.64	2	2
17	5421.74	5425.63	5420.47	5421.07	2	2
18	5576.47	5580.10	5575.26	5575.77	2	2
19	5601.69	5605.32	5600.51	5600.99	2	2
20	5629.83	5633.40	5628.66	5629.10	2	2
21	5568.49	5572.09	5567.27	5567.76	2	2
22	5598.52	5602.12	5597.37	5597.78	2	2
23	5572.14	5575.87	5570.96	5571.45	2	2
24	5598.21	5601.75	5596.99	5597.49	2	2
25	5628.82	5632.41	5627.69	5628.09	2	2
26	5680.81	5681.97	5685.29	5679.86	3	3
27	5613.09	5614.14	5617.38	5612.46	3	3
28	5647.87	5648.93	5652.30	5647.30	3	3
29	5496.52	5497.64	5500.90	5495.74	3	3
30	5486.88	5488.12	5491.27	5486.26	3	3
31	5481.89	5482.87	5486.18	5481.09	3	3
32	5665.58	5666.36	5669.93	5664.96	3	3
33	5443.02	5443.76	5441.61	5447.21	4	4
34	5769.58	5770.85	5768.56	5773.79	4	4
35	5290.70	5291.76	5289.58	5294.66	4	4
36	5290.16	5291.10	5289.00	5294.33	4	4
37	5728.47	5729.75	5727.43	5732.83	4	4
38	5516.01	5516.92	5514.70	5520.18	4	4
39	5712.91	5714.17	5711.57	5716.90	4	4
40	5649.87	5650.91	5648.74	5654.10	4	4

5.5　Logistic 回归

当因变量 Y 是分类型变量 (有序或无序, 二分类或多分类) 时使用线性回归是不合适的. 这是因为, 第一, 此时因变量服从有限离散分布, 对应的样本服从二项分布或多项分布, 而线性回归要求因变量服从正态分布; 第二, 样本数据按 Y 的取值进行分类后存在异方差, 而线性回归要求数据满足方差齐性; 第三, 因变量取值是有限个离散点, 而线性回归要求 Y 是连续型变量, 取值在 $(-\infty, +\infty)$; 第四, Y 与自变量可能不是线性关系.

当因变量 Y 是分类型变量时可使用 Logistic 回归模型, Logistic 回归通过建模研究自变量对 Y 发生与否的影响方向和影响程度. 比如, 对因变量是 0-1 型变量的 Logistic 回归模型, 可以用来研究人们是否愿意购买某产品的影响因素; 是否愿意同意实施某项措施的影响因素; 是否违约、是否点击某广告、是否使用某 app 等. 可能影响 Y 的自变量可以是连续型变量或分类型变量.

假定因变量 Y 只能取值 0 和 1, 令 $p = E(Y) = P(Y = 1)$, 则 Y 服从参数为 p 的 0-1 分布,

$$P(Y = y) = p^y(1 - p)^{1-y}, y = 0, 1.$$

考虑成功概率为 p 的伯努利试验, $\dfrac{p}{1-p}$ 称为 p 的优势 (odd), 其对数值记为

$$\mathrm{logit}(p) = \ln \frac{p}{1 - p},$$

设 $\mathrm{logit}(p)$ 是自变量 $X_1, X_2, \cdots, X_m$ 的线性函数, 即

$$\mathrm{logit}(p) = \beta_0 + \beta_1 X_1 + \cdots + \beta_m X_m = \beta_0 + \sum_{j=1}^m \beta_j X_j, \tag{5.51}$$

或者,

$$p = \frac{1}{1 + \exp\left\{-\left(\beta_0 + \sum_{j=1}^m \beta_j X_j\right)\right\}}. \tag{5.52}$$

式(5.51) 和式 (5.52) 就是二分类 Logistic 回归模型, 它们的左边是期望, 不是观测值, 因此右边不含误差项. Logistic 回归模型的系数 $\beta_j, j = 1, 2, \cdots, m$ 的含义可以从优势 $\dfrac{p}{1-p}$ 来理解. 取

$$p_{j1} = P(Y = 1 | X_k = x_k, k = 1, 2, \cdots, m, k \neq j, X_j = x_j + 1),$$
$$p_{j0} = P(Y = 1 | X_k = x_k, k = 1, 2, \cdots, m),$$

称 $\mathrm{OR}_j = \dfrac{\dfrac{p_{j1}}{(1 - p_{j1})}}{\dfrac{p_{j0}}{(1 - p_{j0})}}$ 为第 j 个变量的优势比 (odds ratio), $j = 1, 2, \cdots, m$. 则

$$\ln(\mathrm{OR}_j) = \ln \frac{\dfrac{p_{j1}}{(1 - p_{j1})}}{\dfrac{p_{j0}}{(1 - p_{j0})}} = \mathrm{logit}(p_{j1}) - \mathrm{logit}(p_{j0})$$
$$= \left(\beta_0 + \sum_{k=1, k\neq j}^m \beta_k x_k + \beta_j(x_j + 1)\right) - \left(\beta_0 + \sum_{k=1}^m \beta_k x_k\right)$$
$$= \beta_j,$$

即 $\mathrm{OR}_j = e^{\beta_j}, j = 1, 2, \cdots, m$. 因此, 回归系数 β_j 表示其他自变量不变的条件下, 自变量 X_j 改变一个单位时 $\mathrm{logit}(p)$ 的改变量. 于是有

$$\beta_j \begin{cases} = 0, & \mathrm{OR}_j = 1, & X_j \text{对} Y \text{发生与否无影响}, \\ > 0, & \mathrm{OR}_j > 1, & X_j \text{增大会导致} P(Y=1) \text{增大}, \quad j = 1, 2, \cdots, m. \\ < 0, & \mathrm{OR}_j < 1, & X_j \text{增大会导致} P(Y=1) \text{减小}, \end{cases}$$

Logistic 回归模型是广义线性模型 (generalized linear model, GLM) 的一种. 广义线性模型适用于因变量是指数分布族的情况, 其一般形式为

$$g(E(Y)) = \beta_0 + \sum_{j=1}^{m} \beta_j X_j,$$

其中, $g(\cdot)$ 称为连接函数 (link function).

Logistic 回归的连接函数是

$$g(p) = \mathrm{sigmoid}^{-1}(p) = \ln \frac{p}{1-p},$$

其中,

$$\mathrm{sigmoid}(x) = \frac{1}{1+\mathrm{e}^{-x}}, x \in \mathbb{R}$$

称为 sigmoid 函数, 如图 5.6 所示, 它可以把 $(-\infty, +\infty)$ 映射到 $(0,1)$.

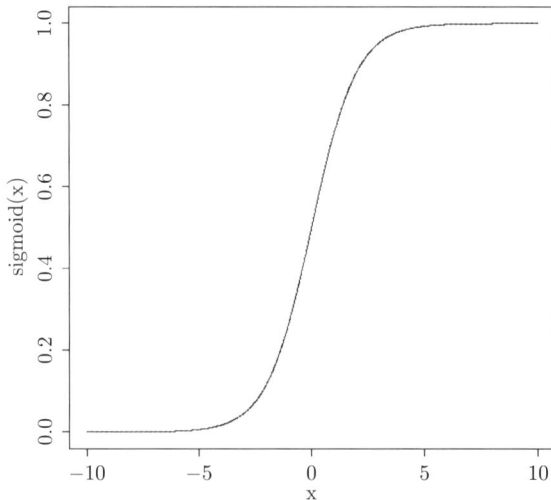

图 5.6   sigmoid 函数

如果取 $g(p) = \Phi^{-1}(p)$, 就得到 Probit 回归, 其中 $\Phi(\cdot)$ 是标准正态分布的分布函数, 它也可以把 $(-\infty, +\infty)$ 映射到 $(0,1)$.

5.5.2　参数的最大似然估计

由于给定了分布, Logistic 回归模型的参数 $\beta_j, j = 0, 1, \cdots, m$ 可由最大似然估计给出. 为了书写方便, 记 $\boldsymbol{\beta} = (\beta_0, \beta_1, \cdots, \beta_m)^{\mathrm{T}}$, 样本数据矩阵

$$\boldsymbol{\mathcal{X}} = \begin{pmatrix} x_{11} & x_{12} & \cdots & x_{1m} \\ x_{21} & x_{22} & \cdots & x_{2m} \\ \vdots & \vdots & & \vdots \\ x_{n1} & x_{n2} & \cdots & x_{nm} \end{pmatrix}, \boldsymbol{y} = \begin{pmatrix} y_1 \\ y_2 \\ \vdots \\ y_n \end{pmatrix},$$

记

$$X = (\mathbf{1}_n, \boldsymbol{\mathcal{X}}) = \begin{pmatrix} 1 & x_{11} & x_{12} & \cdots & x_{1m} \\ 1 & x_{21} & x_{22} & \cdots & x_{2m} \\ \vdots & \vdots & \vdots & & \vdots \\ 1 & x_{n1} & x_{n2} & \cdots & x_{nm} \end{pmatrix} = \begin{pmatrix} \boldsymbol{x}_1^{\mathrm{T}} \\ \boldsymbol{x}_2^{\mathrm{T}} \\ \vdots \\ \boldsymbol{x}_n^{\mathrm{T}} \end{pmatrix},$$

其中, $\boldsymbol{x}_i = (1, x_{i1}, x_{i2}, \cdots, x_{im})^{\mathrm{T}}, i = 1, 2, \cdots, n$. 令

$$p_i(\boldsymbol{\beta}) = P(y_i = 1 | \boldsymbol{x}_i) = \frac{1}{1 + \exp(-\boldsymbol{x}_i^{\mathrm{T}} \beta)}, \tag{5.53}$$

则

$$P(y_i = 0 | \boldsymbol{x}_i) = 1 - p_i(\boldsymbol{\beta}) = \frac{1}{1 + \exp(\boldsymbol{x}_i^{\mathrm{T}} \beta)}.$$

由于 $P(y_i | \boldsymbol{x}_i) = p_i^{y_i}(1 - p_i)^{1-y_i}$, 从而得似然函数

$$\begin{aligned} L(\boldsymbol{\beta}) &= \prod_{i=1}^{n} p_i^{y_i}(1 - p_i)^{1-y_i} \\ &= \prod_{i=1}^{n} \left(\frac{1}{1 + \exp(-\boldsymbol{x}_i^{\mathrm{T}} \beta)} \right)^{y_i} \left(\frac{1}{1 + \exp(\boldsymbol{x}_i^{\mathrm{T}} \beta)} \right)^{1-y_i}, \end{aligned}$$

对数似然函数

$$\begin{aligned} \ln L(\boldsymbol{\beta}) &= \sum_{i=1}^{n} [y_i \ln p_i + (1 - y_i) \ln(1 - p_i)] \\ &= \sum_{i=1}^{n} \left[y_i \boldsymbol{x}_i^{\mathrm{T}} \boldsymbol{\beta} - \ln(1 + \exp(\boldsymbol{x}_i^{\mathrm{T}} \boldsymbol{\beta})) \right], \end{aligned} \tag{5.54}$$

似然方程

$$\frac{\partial \ln L(\boldsymbol{\beta})}{\partial \boldsymbol{\beta}} = \sum_{i=1}^{n} \left[y_i - \frac{1}{1 + \exp(-\boldsymbol{x}_i^{\mathrm{T}} \beta)} \right] \boldsymbol{x}_i = \mathbf{0},$$

这是关于 $\boldsymbol{\beta}$ 的非线性方程组, 可以使用 Newton-Raphson 算法求得近似解, 即为 Logistic 回归的最大似然估计 $\widehat{\boldsymbol{\beta}}$. 记

$$\boldsymbol{p}(\boldsymbol{\beta}) = (p_1(\boldsymbol{\beta}), p_2(\boldsymbol{\beta}), \cdots, p_n(\boldsymbol{\beta}))^{\mathrm{T}}, \tag{5.55}$$

其中, $p_i(\boldsymbol{\beta})$ 由式 (5.53) 定义. 似然方程可以写为

$$\boldsymbol{\ell}(\boldsymbol{\beta}) = X^{\mathrm{T}}(\boldsymbol{p}(\boldsymbol{\beta}) - \boldsymbol{y}) = \boldsymbol{0}. \tag{5.56}$$

5.5.3   Newton–Raphson 迭代算法

Newton-Raphson 算法是求解非线性方程组的近似解的一种应用广泛且有效的迭代方法. 对 n 元的向量值方程

$$\boldsymbol{F}(\boldsymbol{x}) = \boldsymbol{0}, \tag{5.57}$$

假设 $\boldsymbol{F}(\boldsymbol{x})$ 关于 $\boldsymbol{x}$ 的雅可比矩阵 $J(\boldsymbol{x}) = \dfrac{\partial \boldsymbol{F}}{\partial \boldsymbol{x}}$ 可逆, 第 t 次迭代得到方程 (5.57) 的近似解 $\boldsymbol{x}_t$, 把 $\boldsymbol{F}(\boldsymbol{x})$ 在 $\boldsymbol{x}_t$ 处做一阶泰勒展开, 可得近似方程

$$\boldsymbol{F}(\boldsymbol{x}) \approx \boldsymbol{F}(\boldsymbol{x}_t) + J(\boldsymbol{x}_t)(\boldsymbol{x} - \boldsymbol{x}_t) = \boldsymbol{0},$$

即得求解方程 (5.57) 的近似解的 Newton-Raphson 迭代公式

$$\boldsymbol{x}_{t+1} = \boldsymbol{x}_t - J^{-1}(\boldsymbol{x}_t)\boldsymbol{F}(\boldsymbol{x}_t), t = 0, 1, \cdots. \tag{5.58}$$

对 Logistic 回归的似然方程 (5.56), $\boldsymbol{\ell}(\boldsymbol{\beta})$ 关于 $\boldsymbol{\beta}$ 的雅可比矩阵

$$J(\boldsymbol{\beta}) = \frac{\partial \boldsymbol{\ell}}{\partial \boldsymbol{\beta}} = \boldsymbol{X}^{\mathrm{T}} P(\boldsymbol{\beta}) \boldsymbol{X},$$

其中,

$$P(\boldsymbol{\beta}) = \mathbf{diag}(\boldsymbol{p}(\boldsymbol{\beta}))\mathbf{diag}(\mathbf{1}_n - \boldsymbol{p}(\boldsymbol{\beta})), \tag{5.59}$$

$\boldsymbol{p}(\boldsymbol{\beta})$ 由式 (5.55) 定义. 再由式 (5.58) 和式 (5.56) 得迭代公式

$$\boldsymbol{\beta}_{t+1} = \boldsymbol{\beta}_t - (\boldsymbol{X}^{\mathrm{T}} P(\boldsymbol{\beta}_t) \boldsymbol{X})^{-1} \boldsymbol{X}^{\mathrm{T}}(\boldsymbol{p}(\boldsymbol{\beta}_t) - \boldsymbol{y}), t = 0, 1, \cdots. \tag{5.60}$$

在计算机的具体实现中, 需要首先给出初始值 $\boldsymbol{\beta}_0$, 然后计算 $\boldsymbol{p}(\boldsymbol{\beta}_0)$ 和 $P(\boldsymbol{\beta}_0)$, 代入式 (5.60) 即得 $\boldsymbol{\beta}_1$, 重复该过程即得 $\boldsymbol{\beta}_2, \boldsymbol{\beta}_3, \cdots$. 迭代终止条件一般可以通过设定误差限 ε 或最大迭代次数 N 来实现, 当 $T \leqslant N$ 同时满足

$$\|\boldsymbol{\beta}_T - \boldsymbol{\beta}_{T-1}\| = \sqrt{\sum_{j=0}^{m}(\beta_{j,T} - \beta_{j,T-1})^2} \leqslant \varepsilon$$

时, 取 $\boldsymbol{\beta}$ 的最大似然估计

$$\widehat{\boldsymbol{\beta}} = \boldsymbol{\beta}_T. \tag{5.61}$$

Newton-Raphson 算法的收敛性受到初始值的影响, 如果初始值选择合适, 算法的迭代速度非常快, 通常可以在几步之内达到很高的精度.

5.5.4　统计推断

5.5.4.1　似然比检验

自变量 $X_1, X_2, \cdots, X_m$ 对事件 $Y = 1$ 发生的概率是否有显著的综合影响? 我们需要对此进行检验, 即检验回归方程式 (5.51) 中的线性关系是否有意义, 这等价于检验

$$H_0 : \beta_1 = \beta_2 = \cdots = \beta_m = 0 \leftrightarrow H_1 : \beta_j, j = 1, 2, \cdots, m \text{不全为零}. \tag{5.62}$$

构造似然比统计量

$$\mathcal{K} = -2 \ln \frac{L(\widehat{\boldsymbol{\beta}}_{H_0})}{L(\widehat{\boldsymbol{\beta}}_{H_1})} = -2 \left[\ln L(\widehat{\boldsymbol{\beta}}_{H_0}) - \ln L(\widehat{\boldsymbol{\beta}}_{H_1}) \right],$$

其中, $\ln L(\cdot)$ 是式 (5.54) 所示的对数似然函数, $\widehat{\boldsymbol{\beta}}_{H_0}$ 和 $\widehat{\boldsymbol{\beta}}_{H_1}$ 分别是假设 H_0 和 H_1 下的最大似然估计, 显然, $\widehat{\boldsymbol{\beta}}_{H_1}$ 由式 (5.61) 确定, 而 $\widehat{\boldsymbol{\beta}}_{H_0} = (\widehat{\beta}_{0,H_0}, 0, \cdots, 0)^{\mathrm{T}}$. 由最大似然估计理论, 当 $n \to \infty$ 时, $\mathcal{K} \sim \chi^2(m)$, 且 $\mathcal{K}$ 比较大意味着 H_0 不真. 因此, 给定显著性水平 α, 若 $\mathcal{K} \geqslant \chi_\alpha^2(m)$ 就拒绝 H_0, 否则接受 H_0, 意味着自变量 $X_1, X_2, \cdots, X_m$ 对事件 $Y = 1$ 发生的概率没有显著的综合影响.

5.5.4.2　Wald 检验

如果在检验 (5.62) 中拒绝了 H_0, 表明自变量 $X_1, X_2, \cdots, X_m$ 对事件 $Y = 1$ 发生的概率有显著的综合影响, 但并不意味着所有 m 个自变量都是显著的, 因此需要对单个变量进行显著性检验, 检验假设为

$$H_{0,j} : \beta_j = 0 \leftrightarrow H_{1,j} : \beta_j \neq 0, j = 1, 2, \cdots, m. \tag{5.63}$$

理论上, 也可以使用似然比统计量

$$\mathcal{K}_j = -2 \ln \frac{L(\widehat{\beta}_1, \cdots, \widehat{\beta}_{j-1}, \widehat{\beta}_{j+1}, \cdots, \widehat{\beta}_m)}{L(\widehat{\boldsymbol{\beta}})}$$

进行检验, 其中, $\widehat{\beta}_k, k = 1, 2, \cdots, m, k \neq j$ 是在 $H_{0,j}$ 下的最大似然估计. 在原假设成立的条件下, $\mathcal{K}_j \sim \chi^2(1)$. 在 m 较大时, 这个似然比检验过程计算量较大.

我们需要寻找新的检验统计量, 一般的思路是利用 $\boldsymbol{\beta}$ 的最大似然估计 $\widehat{\boldsymbol{\beta}}$ 的极限理论来构造. 可以证明, 在一些正则条件下, $\widehat{\boldsymbol{\beta}}$ 具有渐近正态性, 即

$$\widehat{\boldsymbol{\beta}} - \boldsymbol{\beta} \overset{\cdot}{\sim} N_{m+1}(\boldsymbol{0}, \boldsymbol{I}^{-1}(\boldsymbol{\beta})), \tag{5.64}$$

其中, $\boldsymbol{I}(\boldsymbol{\beta})$ 是 $\boldsymbol{\beta}$ 的信息矩阵, 它等于对数似然函数的海赛矩阵的负期望, 即

$$\boldsymbol{I}(\boldsymbol{\beta}) = -E \left[\frac{\partial^2 \ln L(\boldsymbol{\beta})}{\partial \boldsymbol{\beta} \partial \boldsymbol{\beta}^{\mathrm{T}}} \right] = \boldsymbol{X}^{\mathrm{T}} P(\boldsymbol{\beta}) \boldsymbol{X},$$

其中, $P(\boldsymbol{\beta})$ 如式 (5.59) 定义. 于是, $\widehat{\boldsymbol{\beta}}$ 的协差阵 $\mathrm{Var}(\widehat{\boldsymbol{\beta}}) = \boldsymbol{I}^{-1}(\boldsymbol{\beta}) = (\boldsymbol{X}^{\mathrm{T}}P(\boldsymbol{\beta})\boldsymbol{X})^{-1}$, 由最大似然估计的性质, 其估计为

$$\widehat{\mathrm{Var}}(\widehat{\boldsymbol{\beta}}) = \boldsymbol{I}^{-1}(\widehat{\boldsymbol{\beta}}) = (\boldsymbol{X}^{\mathrm{T}}P(\widehat{\boldsymbol{\beta}})\boldsymbol{X})^{-1},$$

因此, $\boldsymbol{I}^{-1}(\widehat{\boldsymbol{\beta}})$ 的第 j 个对角线元素正好是 β_j 的最大似然估计 $\widehat{\beta}_j$ 的方差的估计, 即 $\widehat{\mathrm{Var}}(\widehat{\beta}_j), j = 1, 2, \cdots, m$, 记 $s^2(\widehat{\beta}_j) = \widehat{\mathrm{Var}}(\widehat{\beta}_j), j = 1, 2, \cdots, m$. 由式 (5.64),

$$\frac{\widehat{\beta}_j - \beta_j}{s(\widehat{\beta}_j)} \overset{\cdot}{\sim} N(0, 1), j = 1, 2, \cdots, m. \tag{5.65}$$

由此可得 β_j 的置信度 $1 - \alpha$ 的近似置信区间为

$$\left(\widehat{\beta}_j - z_{\frac{\alpha}{2}} s(\widehat{\beta}_j), \widehat{\beta}_j + z_{\frac{\alpha}{2}} s(\widehat{\beta}_j) \right), j = 1, 2, \cdots, m,$$

其中, $z_{\frac{\alpha}{2}}$ 是 $N(0, 1)$ 分布的上侧 $\frac{\alpha}{2}$ 分位数.

进一步, 若 $H_{0,j}$ 为真, 则

$$U = \frac{\widehat{\beta}_j}{s(\widehat{\beta}_j)} \overset{\cdot}{\sim} N(0, 1), j = 1, 2, \cdots, m. \tag{5.66}$$

取定显著性水平 α, 若 $|U| > z_{\frac{\alpha}{2}}$, 则拒绝原假设, 认为 X_j 对 Y 的影响是显著的. 或者令

$$W = U^2 = \frac{\widehat{\beta}_j^2}{s^2(\widehat{\beta}_j)} \overset{\cdot}{\sim} \chi^2(1), j = 1, 2, \cdots, m, \tag{5.67}$$

取定显著性水平 α, 若 $W > \chi_\alpha^2(1)$, 则拒绝原假设, 认为 X_j 对 Y 的影响是显著的. 基于统计量 (5.67) 对假设 (5.63) 进行检验的方法称为 Wald 检验.

理论上, 常数项 β_0 也可以进行 Wald 检验, 但是就像在线性回归里面一样, 常数项的检验是没有意义的.

5.5.4.3 预测和模型评价

有了 $\boldsymbol{\beta}$ 的最大似然估计 $\widehat{\boldsymbol{\beta}}$, 可以根据数据 $\boldsymbol{X}$ 对 p 做预测,

$$\ln \frac{\widehat{p}_i}{1 - \widehat{p}_i} = \boldsymbol{x}_i^{\mathrm{T}} \widehat{\boldsymbol{\beta}}, i = 1, 2, \cdots, n;$$

或者

$$\widehat{p}_i = \frac{1}{1 + \exp(-\boldsymbol{x}_i^{\mathrm{T}} \widehat{\boldsymbol{\beta}})}, i = 1, 2, \cdots, n.$$

为了使得我们的预测结果是第 i 个观测值的具体水平 (0 或 1), 需要设定一个阈值 c, 通过

$$\widehat{y}_i = \begin{cases} 1, & \widehat{p}_i > c, \\ 0, & \widehat{p}_i \leqslant c \end{cases}$$

对 $y_i, i = 1, 2, \cdots, n$ 进行估计.

在构建 Logistic 回归模型进行预测分类时, 研究目的是能够得到一个较低的错判率或者较高的准确度的统计模型, 从而能够达到有效识别并进行预测分类的目的. 因此, 一种简单的模型评价方法是基于分类的目的选取最佳的阈值 c 从而能够最小化错判率或最大化正确率. 然而在实际问题中, 依据问题的背景与分类目的的不同, 并不是单一的希望能够得到最大的准确率或者最小的错判率. 例如, 在医院中对某种疾病进行诊断识别时, 更加关注的是灵敏度 (sensitivity) 与特异度 (specificity), 即某人在确实患有某种疾病的情况下能够被诊断出此项疾病的条件概率 (灵敏度), 和某人在并没有患病的条件下没有被误诊的条件概率 (特异度). 因此在很多研究中需要将灵敏度、特异度、AUC (area under the ROC curve) 和准确度 (accuracy) 等指标结合起来对模型的预测效果进行评价.

在临床试验中, 把一个有病的人判断为有病称为真阳性 (true positive), 真阳性计数为 TP, 其所占有病的人的比率称为真阳性率 (true positive rate, TPR); 把一个无病的人判断为有病称为假阳性 (false positive), 假阳性计数为 FP, 其所占无病的人的比率称为假阳性率 (false positive rate, FPR); 把一个无病的人判断为无病称为真阴性 (true negative), 真阴性计数为 TN, 其所占无病的人的比率称为真阴性率 (true negative rate, TNR); 把一个有病的人判断为无病称为假阴性 (false negative), 假阴性计数为 FN, 其所占有病的人的比率称为假阴性率 (false negative rate, FNR). 阳性计数 P 是真阳性计数和假阴性计数之和, 阴性计数 N 是假阳性计数和真阴性计数之和. 表 5.21 有助于理解这些概念.

表 5.21　患病与检验

		检验		合计
		阳性	阴性	
患病	是	真阳性, TP	假阴性, FN	P=TP+FN
	否	假阳性, FP	真阴性, TN	N=FP+TN

灵敏度就是真阳性率, 定义为真阳性样本在实际阳性样本中的占比, 计算公式为 $\text{TPR} = \dfrac{\text{TP}}{\text{P}}$; 特异度就是真阴性率, 定义为真阴性样本在实际阴性样本中的占比, 计算公式为 $\text{TNR} = \dfrac{\text{TN}}{\text{N}}$; 召回率就是假阳性率, 定义为假阳性样本在实际阴性样本中的占比, 计算公式为 $\text{FPR} = \dfrac{\text{FP}}{\text{N}} = 1 - \text{TNR}$; 准确度就是正确预测率, 定义为真阳性样本和真阴性样本之和在所有样本中的占比, 计算公式为 $\dfrac{(\text{TP} + \text{TN})}{(\text{P} + \text{N})}$.

借助于这些概念, 我们可以对二分类 Logistic 回归进行模型评价, 比如, 可以把 $y_i = 1$ 视为阳性, $y_i = 0$ 视为阴性, 则 $\widehat{y}_i = 1 | y_i = 1$ 表示真阳性, $\widehat{y}_i = 1 | y_i = 0$ 表示假阳性, $\widehat{y}_i = 0 | y_i = 1$ 表示假阴性, $\widehat{y}_i = 0 | y_i = 0$ 表示真阴性. 于是可以计算相应的 TPR

和 FPR 等.

　　基于分类的目的选取最佳的阈值 c 从而能够最大化灵敏度和特异度. 在实际中, 经常使用 AUC 值作为模型评价的标准, AUC 表示 ROC (receiver operating characteristic) 曲线下的面积. 对于阈值 $c \in (0, 1)$ 中的每一个取值, 都会得到一组 (TPR, FPR), 且 TPR、FPR 的取值范围为 $(0, 1)$, 以 (TPR,FPR) 为坐标绘制的曲线称为 ROC 曲线, ROC 曲线下的面积记为 AUC, 且 AUC 取值于 0.5 至 1 之间 (AUC 小于 0.5 的分类是没有意义的). AUC 值代表了一个随机抽取的病人相对于随机抽取的无病的人被正确地判别为有病的概率.

　　常用 AUC 的值来评价 Logistic 回归模型的预测或分类效果. 若 AUC=0.5, 则显示没有分类或区分作用, 效果与丢硬币相同; 若 AUC$\in (0.5, 0.7)$, 则显示是一个效果一般甚至失败的分类或区分, 只略优于通过掷硬币所得分类效果; 若 AUC$\in [0.7, 0.8)$, 则显示这是一个可接受的分类或区分; 若 AUC$\in [0.8, 0.9)$, 则显示这是一个很好的分类或区分; 若 AUC$\in [0.9, 1)$, 则说明这是一个非常好的分类或区分.

　　【例 5.5】(ALL.csv)　有 50 位急性淋巴细胞性白血病病人, 在住院治疗期间取得了外周血中的细胞数 X_1 (千个/mm³) , 淋巴结浸润等级 X_2 (分为 0, 1, 2, 3, 4 个等级), 出院后有无巩固治疗 X_3 (1 表示有巩固治疗, 0 表示无巩固治疗) . 病人出院后的生存时间 Y 是 0-1 变量, 0 表示生存时间少于 1 年, 1 表示生存时间在 1 年及以上. 在这个数据中, X_1 可视为连续变量, X_2 是有序分类变量, X_3 是两水平定性变量, Y 都是二分类变量. 我们想要知道细胞数 X_1, 淋巴结浸润等级 X_2 和出院后有无巩固治疗 X_3 对病人出院后的生存时间 Y 有没有影响, 有什么样的影响以及用什么样的模型来描述这种影响.

　　图 5.7 是 X_1 与 Y 的关系可视化. 图 5.7a 是 X_1 与 Y 的散点图及回归直线, 可以看出, 当 Y 是二分类变量时, 做线性回归是没有意义的; 图 5.7b 是按 Y 分类的箱线图, 可以看出, 对 Y 的不同的类, 变量 X_1 呈现不同的统计特征, 生存时间长的病人 (对应 $Y = 1$) 的细胞数更稳定.

　　1. 我们先把 Y 对 X_1 建立 Logistic 回归模型

$$\text{logit}(p) = \beta_0 + \beta_1 X_1,$$

取初始值 $\boldsymbol{\beta}_0 = (0, 0)^{\mathrm{T}}$, 使用 Newton-Raphson 算法迭代 5 次得到表 5.22 结果, 此时 $\|\boldsymbol{\beta}_5 - \boldsymbol{\beta}_4\| < 10^{-5}$, 取 $\hat{\boldsymbol{\beta}} = \boldsymbol{\beta}_5 = (\hat{\beta}_0, \hat{\beta}_1)^{\mathrm{T}} = (-0.2721, -0.0045)^{\mathrm{T}}$, 即有

$$\text{logit}(p) = -0.2721 - 0.0045 X_1,$$

或

$$p = P(Y = 1) = \frac{1}{1 + \exp(0.2721 + 0.0045 X_1)}. \tag{5.68}$$

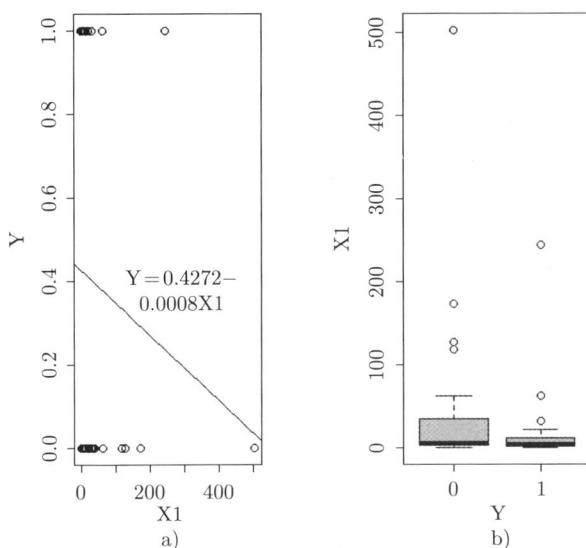

图 5.7　白血病病人生存数据, a) 是 X_1 与 Y 的散点图及回归直线; b) 是按 Y 分类的箱线图

表 5.22　Y 对 X_1 建立的 Logistic 回归模型的系数估计

迭代次数	$t=0$	$t=1$	$t=2$	$t=3$	$t=4$	$t=5$
β_0	0	-0.2913	-0.2751	-0.2721	-0.2721	-0.2721
β_1	0	-0.0032	-0.0043	-0.0045	-0.0045	-0.0045

由于此时只有 1 个自变量, 只需要做 Wald 检验. 计算得

$$\widehat{\mathrm{Var}}(\widehat{\boldsymbol{\beta}}) = (\boldsymbol{X}^{\mathrm{T}}P(\widehat{\boldsymbol{\beta}})\boldsymbol{X})^{-1} = \begin{pmatrix} 0.101879 & -0.000685 \\ -0.000685 & 0.000027 \end{pmatrix},$$

Wald 统计量

$$W_1 = \frac{\widehat{\beta}_1^2}{s^2(\widehat{\beta}_1)} = \frac{(-0.0045)^2}{0.000027} = 0.7267,$$

检验 p 值 $= P(\chi^2(1) > W_1) = 0.3940$, 取定显著性水平 $\alpha = 0.05$, 则接受 $\beta_1 = 0$ 的假设, 认为 X_1 对 $P(Y=1)$ 无影响. 事实上, 我们作出函数 (5.68) 的图像如图 5.8 所示, 可以看出 $P(Y=1)$ 随 X_1 的变化, 尽管呈一条明显递减的曲线, 但 $P(Y=1)$ 并不大. 就是说, 尽管 $P(Y=1)$ 随 X_1 增大而减小, 但对 Y 的归类几乎没有影响. 如果使用模型 (5.68) 进行预测, 取使错判率最小的最优阈值 $c = 0.43$, 如果 $\widehat{p}_i > 0.43$, $\widehat{y}_i = 1$, 否则, $\widehat{y}_i = 0, i = 1, 2, \cdots, n$. 计算结果见表 5.23, 错判率为 0.32.

也可以使用 ROC 曲线对模型 (5.68) 进行评价. 此模型的 ROC 曲线如图 5.9 所示, AUC 值等于 0.64, 这是一个效果一般甚至失败的模型.

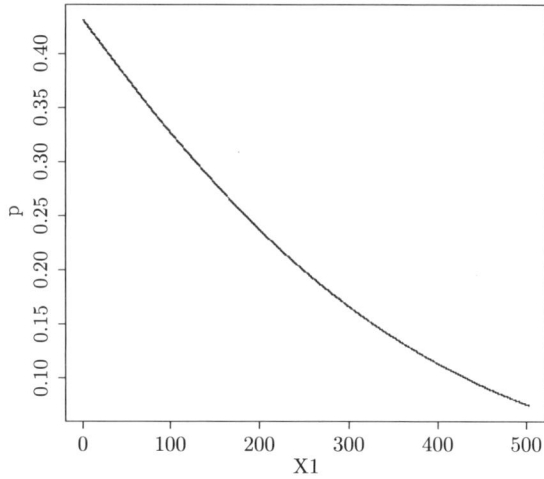

图 5.8 $P(Y = 1)$ 随 X_1 的变化

表 5.23 仅使用 X_1 建立的 Logistic 回归模型的预测结果

序号	X_1	Y	$\widehat{p}$	$\widehat{Y}$	序号	X_1	Y	$\widehat{p}$	$\widehat{Y}$
1	2.5	0	0.4297	0	26	1.2	0	0.4311	1
2	173.0	0	0.2600	0	27	3.5	0	0.4286	0
3	119.0	0	0.3091	0	28	39.7	0	0.3894	0
4	10.0	0	0.4215	0	29	62.4	0	0.3656	0
5	502.2	0	0.0745	0	30	2.4	0	0.4298	0
6	4.0	0	0.4280	0	31	34.7	0	0.3948	0
7	14.4	0	0.4167	0	32	28.4	0	0.4015	0
8	2.0	0	0.4302	1	33	0.9	0	0.4314	1
9	40.0	0	0.3891	0	34	30.6	0	0.3992	0
10	6.6	0	0.4252	0	35	5.8	0	0.4261	0
11	21.4	0	0.4091	0	36	6.1	0	0.4257	0
12	2.8	0	0.4293	0	37	2.7	0	0.4294	0
13	2.5	0	0.4297	0	38	4.7	0	0.4273	0
14	6.0	0	0.4258	0	39	128.0	0	0.3005	0
15	3.5	0	0.4286	0	40	35.0	0	0.3945	0
16	62.2	1	0.3658	0	41	2.0	1	0.4302	1
17	10.8	1	0.4206	0	42	8.5	1	0.4231	0
18	21.6	1	0.4089	0	43	2.0	1	0.4302	1
19	2.0	1	0.4302	1	44	2.0	1	0.4302	1
20	3.4	1	0.4287	0	45	4.3	1	0.4277	0
21	5.1	1	0.4268	0	46	244.8	1	0.2031	0
22	2.4	1	0.4298	0	47	4.0	1	0.4280	0
23	1.7	1	0.4305	1	48	5.1	1	0.4268	0
24	1.1	1	0.4312	1	49	32.0	1	0.3977	0
25	12.8	1	0.4184	0	50	1.4	1	0.4309	1

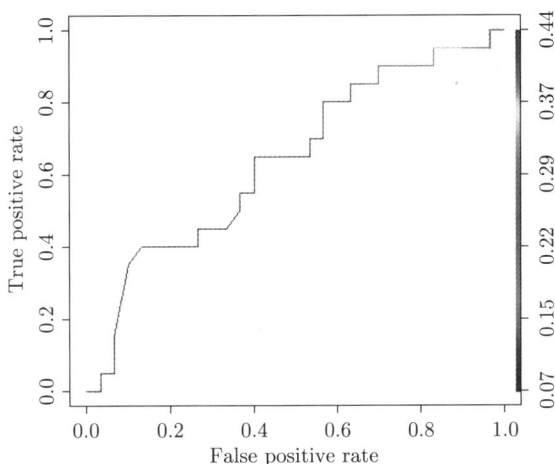

图 5.9 仅使用 X_1 建立的 Logistic 模型 (5.68) 的 ROC 曲线

2. 使用 3 个自变量建立完整的 Logistic 回归模型

$$\text{logit}(p) = \beta_0 + \beta_1 X_1 + \beta_2 X_2 + \beta_3 X_3,$$

取初始值 $\boldsymbol{\beta}_0 = (0,0,0,0)^{\mathrm{T}}$, 使用 Newton-Raphson 算法迭代 6 次得到表 5.24 结果, 此时 $\|\boldsymbol{\beta}_6 - \boldsymbol{\beta}_5\| < 10^{-5}$, 因此, 取 $\widehat{\boldsymbol{\beta}} = \boldsymbol{\beta}_6 = (\widehat{\beta}_0, \widehat{\beta}_1, \widehat{\beta}_2, \widehat{\beta}_3)^{\mathrm{T}} = (-1.6965, 0.0023, -0.7921, 2.8304)^{\mathrm{T}}$, 即有

$$\text{logit}(p) = -1.6965 + 0.0023 X_1 - 0.7921 X_2 + 2.8304 X_3,$$

或

$$p = P(Y = 1)$$
$$= \frac{1}{1 + \exp(1.6965 - 0.0023 X_1 + 0.7921 X_2 - 2.8304 X_3)}. \tag{5.69}$$

表 5.24 使用完整变量建立的 Logistic 回归模型的系数估计

	$t=0$	$t=1$	$t=2$	$t=3$	$t=4$	$t=5$	$t=6$
β_0	0	-1.2418	-1.6008	-1.6919	-1.6965	-1.6965	-1.6965
β_1	0	0.0011	0.0020	0.0023	0.0023	0.0023	0.0023
β_2	0	-0.4591	-0.7244	-0.7893	-0.7921	-0.7921	-0.7921
β_3	0	2.1580	2.6971	2.8243	2.8303	2.8304	2.8304

对模型 (5.69) 做似然比检验. 计算出似然比统计量

$$\mathcal{K} = -2\left[\ln L(\widehat{\boldsymbol{\beta}}_{H_0}) - \ln L(\widehat{\boldsymbol{\beta}}_{H_1})\right]$$
$$= -2[(-33.6506) - (-23.2835)] = 20.7342,$$

检验 p 值 $= P(\chi^2(3) > \mathcal{K}) = 0.0001$, 取定显著性水平 $\alpha = 0.05$, 则拒绝 $\beta_1 = \beta_2 = \beta_3 = 0$ 的假设, 认为 $\beta_1, \beta_2, \beta_3$ 不全为零, 模型 (5.69) 整体上是有意义的. 但这并不意味着所有自变量都显著.

下面对 3 个自变量分别做 Wald 检验. 计算得

$$\widehat{\mathrm{Var}}(\widehat{\boldsymbol{\beta}}) = (\boldsymbol{X}^{\mathrm{T}} P(\widehat{\boldsymbol{\beta}}) \boldsymbol{X})^{-1}$$

$$= \begin{pmatrix} 0.4338 & -0.0009 & -0.0216 & -0.3982 \\ -0.0009 & 0.00003 & -0.0013 & 0.0009 \\ -0.0216 & -0.0013 & 0.2374 & -0.0846 \\ -0.3982 & 0.0009 & -0.0846 & 0.6295 \end{pmatrix},$$

Wald 统计量

$$W_1 = \frac{\widehat{\beta}_1^2}{s^2(\widehat{\beta}_1)} = \frac{0.0023^2}{0.00003} = 0.1674,$$

$$W_2 = \frac{\widehat{\beta}_2^2}{s^2(\widehat{\beta}_2)} = \frac{(-0.7921)^2}{0.2374} = 2.6430,$$

$$W_3 = \frac{\widehat{\beta}_3^2}{s^2(\widehat{\beta}_3)} = \frac{2.8304^2}{0.6295} = 12.7260,$$

检验 p 值分别为

$$p - \mathrm{value}_1 = P(\chi^2(1) > W_1) = 0.6824,$$

$$p - \mathrm{value}_2 = P(\chi^2(1) > W_2) = 0.1040,$$

$$p - \mathrm{value}_3 = P(\chi^2(1) > W_3) = 0.0004.$$

以上数据如表 5.25 所示. 取显著性水平 $\alpha = 0.05$, 仅有 X_3 是显著的. 如果使用模型 (5.69) 进行预测, 取使错判率最小的最优阈值 $c = 0.47$, 如果 $\widehat{p}_i > 0.47$, $\widehat{y}_i = 1$, 否则, $\widehat{y}_i = 0, i = 1, 2, \cdots, n$. 计算结果如表 5.26 所示, 错判率为 0.2.

表 5.25   使用完整变量建立的 Logistic 回归模型的系数估计及检验

参数	自由度	参数估计	标准差	Wald χ^2 值	p 值
β_1	1	0.0023	0.0057	0.1674	0.6824
β_2	1	-0.7921	0.4872	2.2631	0.1040
β_3	1	2.8304	0.7934	12.7260	0.0004

也可以使用 ROC 曲线对模型 (5.69) 进行评价. 此模型的 ROC 曲线如图 5.10 所示, AUC 值等于 0.8242, 分类效果比较好, 但是错判率依然有 0.2.

表 5.26　使用全部自变量建立的 Logistic 回归模型的预测结果

序号	Y	$\widehat{p}$	$\widehat{Y}$	序号	Y	$\widehat{p}$	$\widehat{Y}$
1	0	0.15568	0	26	0	0.03633	0
2	0	0.05322	0	27	0	0.15599	0
3	0	0.04724	0	28	0	0.16739	0
4	0	0.03706	0	29	0	0.17488	0
5	0	0.10781	0	30	0	0.15565	0
6	0	0.15614	0	31	0	0.16578	0
7	0	0.76266	1	32	0	0.03861	0
8	0	0.03640	0	33	0	0.75693	1
9	0	0.03963	0	34	0	0.03880	0
10	0	0.15694	0	35	0	0.75902	1
11	0	0.40115	0	36	0	0.75915	1
12	0	0.15577	0	37	0	0.39075	0
13	0	0.15568	0	38	0	0.15636	0
14	0	0.15676	0	39	0	0.46186	0
15	0	0.75804	1	40	0	0.16587	0
16	1	0.17481	0	41	1	0.15553	0
17	1	0.76114	1	42	1	0.76017	1
18	1	0.76568	1	43	1	0.39036	0
19	1	0.75740	1	44	1	0.75740	1
20	1	0.39114	0	45	1	0.75838	1
21	1	0.75872	1	46	1	0.52963	1
22	1	0.15565	0	47	1	0.75826	1
23	1	0.75727	1	48	1	0.75872	1
24	1	0.75702	1	49	1	0.76999	1
25	1	0.76199	1	50	1	0.75715	1

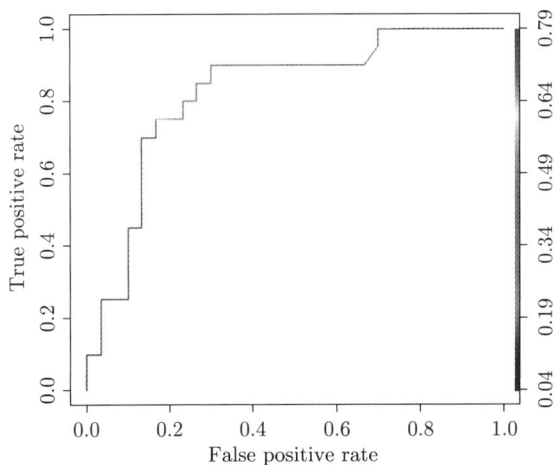

图 5.10　使用全部自变量建立的 Logistic 回归模型 (5.69) 的 ROC 曲线

3. 我们考虑仅用 X_3 对 Y 建立 Logistic 回归模型

$$\text{logit}(p) = \beta_0 + \beta_3 X_3,$$

取初始值 $\boldsymbol{\beta}_0 = (0,0)^{\mathrm{T}}$, 使用 Newton-Raphson 算法迭代 5 次得到表 5.27 的结果, 此时 $\|\boldsymbol{\beta}_5 - \boldsymbol{\beta}_4\| < 10^{-5}$, 取 $\widehat{\boldsymbol{\beta}} = \boldsymbol{\beta}_5 = (\widehat{\beta}_0, \widehat{\beta}_3)^{\mathrm{T}} = (-1.9924, 2.7462)^{\mathrm{T}}$, 即有

$$\text{logit}(p) = -1.9924 + 2.7462 X_3,$$

或

$$p = P(Y=1) = \frac{1}{1 + \exp(1.9924 - 2.7462 X_3)}. \tag{5.70}$$

表 5.27 Y 对 X_3 建立的 Logistic 回归模型的系数估计

迭代次数	$t=0$	$t=1$	$t=2$	$t=3$	$t=4$	$t=5$
β_0	0	-1.52	-1.9240	-1.9907	-1.9924	-1.9924
β_3	0	2.24	2.6774	2.7445	2.7462	2.7462

由于此时只有 1 个自变量, 只需要做 Wald 检验. 计算得

$$\widehat{\text{Var}}(\widehat{\boldsymbol{\beta}}) = (\boldsymbol{X}^{\mathrm{T}} P(\widehat{\boldsymbol{\beta}}) \boldsymbol{X})^{-1} = \begin{pmatrix} 0.3788 & -0.3788 \\ -0.3788 & 0.5626 \end{pmatrix},$$

Wald 统计量

$$W_3 = \frac{\widehat{\beta}_3^2}{s^2(\widehat{\beta}_3)} = \frac{2.7562^2}{0.5626} = 13.4047,$$

检验 p 值 $= P(\chi^2(1) > W_3) = 0.0003$, 取定显著性水平 $\alpha = 0.05$, 则拒绝 $\beta_3 = 0$ 的假设, 认为 X_3 对 $P(Y=1)$ 有显著影响.

函数 (5.70) 等价于

$$p = P(Y=1) = \begin{cases} 0.68, & X_3 = 1, \\ 0.12, & X_3 = 0. \end{cases} \tag{5.71}$$

可以看出, 若出院后有巩固治疗, 该患者生存 1 年及以上的概率为 0.68; 若出院后无巩固治疗, 该患者生存 1 年及以上的概率仅为 0.12, 前者是后者的 $\frac{0.68}{0.12} = 5.67$ 倍. 如果使用模型 (5.70) 或式 (5.71) 进行预测, 取使错判率最小的最优阈值 $c = 0.13$, 如果 $\widehat{p}_i > 0.13$, $\widehat{y}_i = 1$, 否则 $\widehat{y}_i = 0$, $i = 1, 2, \cdots, n$. 计算结果如表 5.28 所示, 错判率为 0.22.

也可以使用 ROC 曲线对模型 (5.70) 或式 (5.71) 进行评价. 此模型的 ROC 曲线如图 5.11 所示, AUC 值等于 0.7917, 这是一个效果可接受的模型.

表 5.28　仅使用 X_3 建立的 Logistic 回归模型的预测结果

序号	X_3	Y	$\widehat{p}$	$\widehat{Y}$	序号	X_3	Y	$\widehat{p}$	$\widehat{Y}$
1	0	0	0.12	0	26	0	0	0.12	0
2	0	0	0.12	0	27	0	0	0.12	0
3	0	0	0.12	0	28	0	0	0.12	0
4	0	0	0.12	0	29	0	0	0.12	0
5	0	0	0.12	0	30	0	0	0.12	0
6	0	0	0.12	0	31	0	0	0.12	0
7	1	0	0.68	1	32	0	0	0.12	0
8	0	0	0.12	0	33	1	0	0.68	1
9	0	0	0.12	0	34	0	0	0.12	0
10	0	0	0.12	0	35	1	0	0.68	1
11	1	0	0.68	1	36	1	0	0.68	1
12	0	0	0.12	0	37	1	0	0.68	1
13	0	0	0.12	0	38	0	0	0.12	0
14	0	0	0.12	0	39	1	0	0.68	1
15	1	0	0.68	1	40	0	0	0.12	0
16	0	1	0.12	0	41	0	1	0.12	0
17	1	1	0.68	1	42	1	1	0.68	1
18	1	1	0.68	1	43	1	1	0.68	1
19	1	1	0.68	1	44	1	1	0.68	1
20	1	1	0.68	1	45	1	1	0.68	1
21	1	1	0.68	1	46	1	1	0.68	1
22	0	1	0.12	0	47	1	1	0.68	1
23	1	1	0.68	1	48	1	1	0.68	1
24	1	1	0.68	1	49	1	1	0.68	1
25	1	1	0.68	1	50	1	1	0.68	1

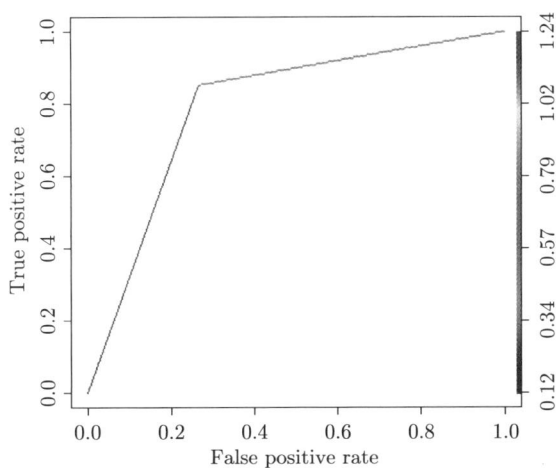

图 5.11　仅使用 X_3 建立的 Logistic 模型 (5.70) 或式 (5.71) 的 ROC 曲线

我们比较一下模型 (5.68), 式 (5.69) 和式 (5.70) (或 (5.71)), 三个模型的 AUC 值

分别为 0.64, 0.8242 和 0.7917, 尽管模型 (5.69) 的 AUC 值最大, 但是模型 (5.70) (或 (5.71)) 更简洁, 并且 AUC 值也可以接受, 这在实际应用中对病人的生存时间做分析和预测, 不仅更加简捷易行, 而且在精度上损失也很小.

总之, 对急性淋巴细胞性白血病病人而言, 出院后有无巩固治疗是影响病人生存时间的决定性因素. 根据模型 (5.70) (或 (5.71)), 病人如果在出院后接受有巩固治疗, 其生存时间在 1 年及以上的概率将会是没有接受巩固治疗的病人的 5.67 倍.

另外, 如果我们使用最佳子集选择变量的方法, 求出所有可能模型的 AUC 值列表如表 5.29 所示, 可以发现, AUC 最大的模型是使用 X_2, X_3 建立的模型,

$$\text{logit}(p) = -1.6419 - 0.7070X_2 + 2.7844X_3,$$

或

$$p = P(Y = 1) = \frac{1}{1 + \exp(1.6419 + 0.7070X_2 - 2.7844X_3)}.$$

但是变量 X_2 仅在 0.1 水平下显著.   □

表 5.29   所有可能模型的 AUC 值和系数估计, 括号里面是 Wald 检验的 p 值

模型变量	AUC	$\widehat{\beta}_0$	$\widehat{\beta}_1$	$\widehat{\beta}_2$	$\widehat{\beta}_3$
X_1	0.64	−0.2721	−0.0045		
		(0.39)	(0.39)		
X_2	0.625	−0.0572		−0.6466	
		(0.866)		(0.068)	
X_3	0.7917	−1.9924			2.7462
		(0.0012)			(0.0003)
X_1, X_2	0.676	−0.0471	−0.0008	−0.6347	
		(0.89)	(0.87)	(0.11)	
X_1, X_3	0.828	−1.8983	−0.0024		2.7067
		(0.0033)	(0.6828)		(0.0003)
X_2, X_3	0.837	−1.642		−0.707	2.784
		(0.0101)		(0.0988)	(0.0004)
X_1, X_2, X_3	0.8242	−1.6965	0.0023	−0.7921	2.8304
		(0.0100)	(0.6824)	(0.1040)	(0.0004)

5.5.5   多分类 Logistic 回归

多分类 Logistic 回归模型应用非常广泛, 在满意度分析、疾病风险评估、市场调查等领域都取得了很好的应用效果.

5.5.5.1 无序多分类 Logistic 回归

假定无序多分类因变量 Y 可能取值有 $0,1,2,\cdots,K$, 影响 Y 的取值的自变量有 $X_1,X_2,\cdots,X_m$, 我们希望根据自变量的观测值来预测 Y 的分类, 这是多总体的判别问题. 对二分类 Logistic 回归进行改进, 可以适应多分类问题. 改进的思路有两种.

第一种方法是对每个类别单独建立一个二分类 Logistic 回归模型. 对第 k, $0 \leqslant k \leqslant K$ 类, 把 Y 进行二值化处理, 令

$$Z = \begin{cases} 1, & Y = k, \\ 0, & Y \neq k. \end{cases}$$

由此建立 $K+1$ 个二分类 Logistic 回归模型

$$P(Y=k) = P(Z=1)$$
$$= \frac{1}{1 + \exp\left\{-\left(\beta_{k0} + \sum\limits_{j=1}^{m} \beta_{kj} X_j\right)\right\}}, k = 0,1,\cdots,K.$$

对样品 $\boldsymbol{x}_i, i = 1,2,\cdots,n$, 有

$$P(y_i=k|\boldsymbol{x}_i) = \frac{1}{1 + \exp\left(-\boldsymbol{x}_i^{\mathrm{T}}\boldsymbol{\beta}_k\right)}, k = 0,1,\cdots,K, i = 1,2,\cdots,n. \tag{5.72}$$

参数 $\boldsymbol{\beta}_k, k = 0,1,\cdots,K$ 同样可以由最大似然估计得到. 于是,

$$\widehat{y}_i = \kappa = \arg\max\{P(y_i=k|\boldsymbol{x}_i)|k=0,1,\cdots,K\}, i = 1,2,\cdots,n, \tag{5.73}$$

即选取概率最大的类作为估计结果.

第二种方法是选取一个基准类别, 比如一般可以取 $Y=0$ 类, 求出样品 $\boldsymbol{x}_i, i = 1,2,\cdots,n$ 属于其他各类的概率相对于属于 $Y=0$ 类的概率之比, 最后同样选取概率最大的类作为估计结果. 具体过程是, 首先把多分类问题转化为多个二分类问题, 每一个二分类问题的对数概率比可以写为

$$\mathrm{logit}(p)_{k|0} = \ln \frac{P(y_i=k|\boldsymbol{x}_i)}{P(y_i=0|\boldsymbol{x}_i)} = \boldsymbol{x}_i^{\mathrm{T}}\boldsymbol{\beta}_k, k=1,2,\cdots,K, i=1,2,\cdots,n, \tag{5.74}$$

即有

$$P(y_i=k|\boldsymbol{x}_i) = P(y_i=0|\boldsymbol{x}_i) \exp\left(\boldsymbol{x}_i^{\mathrm{T}}\boldsymbol{\beta}_k\right), k=1,2,\cdots,K,$$

对 k 从 0 到 K 求和并由分布律的规范性得

$$\sum_{k=0}^{K} P(y_i = k | \boldsymbol{x}_i) = P(y_i = 0 | \boldsymbol{x}_i) \left[1 + \sum_{k=1}^{K} \exp\left(\boldsymbol{x}_i^{\mathrm{T}} \boldsymbol{\beta}_k \right) \right] = 1,$$

于是,

$$P(y_i = 0 | \boldsymbol{x}_i) = \frac{1}{1 + \displaystyle\sum_{k=1}^{K} \exp\left(\boldsymbol{x}_i^{\mathrm{T}} \boldsymbol{\beta}_k \right)}, i = 1, 2, \cdots, n,$$

从而,

$$P(y_i = k | \boldsymbol{x}_i) = \frac{\exp\left(\boldsymbol{x}_i^{\mathrm{T}} \boldsymbol{\beta}_k \right)}{1 + \displaystyle\sum_{t=1}^{K} \exp\left(\boldsymbol{x}_i^{\mathrm{T}} \boldsymbol{\beta}_t \right)}, k = 1, 2, \cdots, K, i = 1, 2, \cdots, n.$$

参数 $\boldsymbol{\beta}_k, k = 1, 2, \cdots, K$ 同样由最大似然估计得到, 判别方法依然采用式 (5.73).

注意式 (5.72) 等价于

$$\ln \frac{P(y_i = k | \boldsymbol{x}_i)}{P(y_i \neq k | \boldsymbol{x}_i)} = \boldsymbol{x}_i^{\mathrm{T}} \boldsymbol{\beta}_k, k = 0, 1, \cdots, K, i = 1, 2, \cdots, n. \tag{5.75}$$

比较一下式 (5.74) 和式 (5.75) 即可发现两种方法的不同, 其中第 2 种方法在机器学习中称为 softmax 回归.

5.5.5.2 有序多分类 Logistic 回归

有序多分类 Logistic 回归又称为比例优势逻辑回归 (proportional odds logistic regression, POLR) 或比例优势模型, Archer & Williams (2012) 认为该模型回归得到的各个解释变量的系数仅有一个, 回归过程简单有效是其相比于其他多分类回归模型的主要优势.

假定多分类因变量 Y 的取值 $1, 2, \cdots, K$ 是有序的, 自变量 $X_1, X_2, \cdots, X_m$ 的第 i 个观测值记为 $\boldsymbol{x}_i, i = 1, 2, \cdots, n$. 依次将因变量划分为两个等级, 无论模型中因变量的分割点在什么位置, 模型中各自变量的回归系数都保持不变, 只有截距项改变, 设 $\boldsymbol{\beta} = (\beta_1, \beta_2, \cdots, \beta_m)^{\mathrm{T}}$, 于是,

$$\ln \frac{P(y_i \leqslant k | \boldsymbol{x}_i)}{P(y_i > k | \boldsymbol{x}_i)} = \ln \frac{\displaystyle\sum_{t=1}^{k} P(y_i = t | \boldsymbol{x}_i)}{1 - \displaystyle\sum_{t=1}^{k} P(y_i = t | \boldsymbol{x}_i)} = \beta_{0,k} - \boldsymbol{x}_i^{\mathrm{T}} \boldsymbol{\beta}, \tag{5.76}$$

$$k = 1, 2, \cdots, K - 1, i = 1, 2, \cdots, n.$$

即得累积分布函数

$$P(y_i \leqslant k|\boldsymbol{x}_i)$$
$$= \begin{cases} \dfrac{1}{1 + \exp(-\beta_{0,k} + \boldsymbol{x}_i^{\mathrm{T}}\boldsymbol{\beta})}, & k = 1, 2, \cdots, K-1, \\ 1, & k = K, \end{cases} \quad i = 1, 2, \cdots, n,$$

和分布律

$$P(y_i = 1|\boldsymbol{x}_i) = P(y_i \leqslant 1|\boldsymbol{x}_i) = \frac{1}{1 + \exp(-\beta_{0,1} + \boldsymbol{x}_i^{\mathrm{T}}\boldsymbol{\beta})},$$

$$P(y_i = k|\boldsymbol{x}_i) = \frac{1}{1 + \exp(-\beta_{0,k} + \boldsymbol{x}_i^{\mathrm{T}}\boldsymbol{\beta})} - \frac{1}{1 + \exp(-\beta_{0,k-1} + \boldsymbol{x}_i^{\mathrm{T}}\boldsymbol{\beta})},$$

$$k = 2, 3, \cdots, K-1,$$

$$P(y_i = K|\boldsymbol{x}_i) = 1 - \frac{1}{1 + \exp(-\beta_{0,K-1} + \boldsymbol{x}_i^{\mathrm{T}}\boldsymbol{\beta})},$$

$$i = 1, 2, \cdots, n.$$

记

$$\delta_{i,k} = \begin{cases} 1, & y_i = k, \\ 0, & y_i \neq k, \end{cases} \quad k = 1, 2, \cdots, K, i = 1, 2, \cdots, n,$$

则对数似然函数可以写为

$$\ln L(\beta_{0,1}, \beta_{0,2}, \cdots, \beta_{0,K-1}, \boldsymbol{\beta})$$

$$= \sum_{k=1}^{K-1} \sum_{i=1}^{n} [\delta_{i,k}(\beta_{0,k} - \boldsymbol{x}_i^{\mathrm{T}}\boldsymbol{\beta}) - (\delta_{i,k} + \delta_{i,k+1})$$

$$\ln(1 + \exp(\beta_{0,k} - \boldsymbol{x}_i^{\mathrm{T}}\boldsymbol{\beta}))] +$$

$$\sum_{k=2}^{K-1} \sum_{i=1}^{n} \delta_{i,k} \ln(1 - \exp(\beta_{0,k-1} - \beta_{0,k})).$$

使用 Newton-Raphson 算法估计出参数 $\beta_{0,1}, \beta_{0,2}, \cdots, \beta_{0,K-1}, \boldsymbol{\beta}$, 判别方法依然采用式 (5.73). 此时求出的 e^{β_j} 是第 j 个自变量 X_j 每增加一个单位, 因变量提高一个及一个以上等级的优势比, $j = 1, 2, \cdots, m$.

　　【例 5.6】(iris.csv) 　使用鸢尾花的 4 个属性: 萼片长度 (Sepal.Length)、萼片宽度 (Sepal.Width)、花瓣长度 (Petal.Length) 和花瓣宽度 (Petal.Width)、对鸢尾花所属的 3 个类别: Setosa, Versicolor, Virginica 进行判别, 使用的模型是无序多分类 Logistic 回归 (5.74).

设 3 分类变量 $Y = 0, 1, 2$ 分别代表 3 个类别 Setosa, Versicolor, Virginica. 自变量 $\boldsymbol{X} = (X_1, X_2, X_3, X_4)^{\mathrm{T}}$ 的分量分别表示鸢尾花的 4 个属性: 萼片长度 (Sepal.Length)、萼片宽度 (Sepal.Width)、花瓣长度 (Petal.Length)、花瓣宽度 (Petal.Width). 令 $Y = 0$ 为参照水平, 那么另外两类的回归模型可以表示为

$$
\begin{aligned}
\mathrm{logit}(p)_{1|0} &= \ln \frac{P(Y = 1 | \boldsymbol{X})}{P(Y = 0 | \boldsymbol{X})} \\
&= \beta_{10} + \beta_{11} X_1 + \beta_{12} X_2 + \beta_{13} X_3 + \beta_{14} X_4, \\
\mathrm{logit}(p)_{2|0} &= \ln \frac{P(Y = 2 | \boldsymbol{X})}{P(Y = 0 | \boldsymbol{X})} \\
&= \beta_{20} + \beta_{21} X_1 + \beta_{22} X_2 + \beta_{23} X_3 + \beta_{24} X_4.
\end{aligned}
$$

由最大似然估计得到

$$
\begin{aligned}
\ln \frac{P(y_i = 1 | \boldsymbol{x}_i)}{P(y_i = 0 | \boldsymbol{x}_i)} &= 18.69 - 5.46 X_1 - 8.71 X_2 + 14.24 X_3 - 3.10 X_4, \\
\ln \frac{P(y_i = 2 | \boldsymbol{x}_i)}{P(y_i = 0 | \boldsymbol{x}_i)} &= -23.84 - 7.92 X_1 - 15.37 X_2 + 23.66 X_3 + 15.14 X_4, \\
& i = 1, 2, \cdots, 150.
\end{aligned} \tag{5.77}
$$

以第一个样品 $\boldsymbol{x}_1 = (5.1, 3.5, 1.4, 0.2)^{\mathrm{T}}$ 为例, 由式 (5.77) 直接计算得

$$
\begin{aligned}
\ln \frac{P(y_1 = 1 | \boldsymbol{x}_1)}{P(y_1 = 0 | \boldsymbol{x}_1)} &= 18.69 - 5.46 \times 5.1 - 8.71 \times 3.5 + 14.24 \times 1.4 - 3.10 \times 0.2 \\
&= -20.30, \\
\ln \frac{P(y_1 = 2 | \boldsymbol{x}_1)}{P(y_1 = 0 | \boldsymbol{x}_1)} &= -23.84 - 7.92 \times 5.1 - 15.37 \times 3.5 + 23.66 \times 1.4 + \\
& 15.14 \times 0.2 = -81.89,
\end{aligned}
$$

于是,

$$
\begin{aligned}
P(y_1 = 0 | \boldsymbol{x}_1) &= \frac{1}{1 + \mathrm{e}^{-20.30} + \mathrm{e}^{-81.89}} = 1.0000, \\
P(y_1 = 1 | \boldsymbol{x}_1) &= \frac{\mathrm{e}^{-20.30}}{1 + \mathrm{e}^{-20.30} + \mathrm{e}^{-81.89}} = 1.5264 \times 10^{-9}, \\
P(y_1 = 2 | \boldsymbol{x}_1) &= \frac{\mathrm{e}^{-81.89}}{1 + \mathrm{e}^{-20.30} + \mathrm{e}^{-81.89}} = 2.7164 \times 10^{-36}
\end{aligned}
$$

第 1 个样品是 Setosa 的概率接近 1. 依次对 150 个样品使用模型 (5.77) 直接计算得表 5.30 和表 5.31, 错判率是 0.0133, 判错的样品是 84 号的 Versicolor 和 134 号的 Virginica, 分别错判成了 Virginica 和 Versicolor. □

表 5.30 鸢尾花数据 iris 的 Logistic 回归判别结果 (一), 类型中的 0, 1, 2 分别代表类别 Setosa, Versicolor, Virginica, 概率中的 0 和 1 都是近似值

序号	$P(y_i=0\|\boldsymbol{x}_i)$	$P(y_i=1\|\boldsymbol{x}_i)$	$P(y_i=2\|\boldsymbol{x}_i)$	判别类型	正确类型
1	1	0	0	0	0
⋮	⋮	⋮	⋮	⋮	⋮
50	1	0	0	0	0
51	0	1	0	1	1
52	0	1	0	1	1
53	0	0.999	0.001	1	1
54	0	1	0	1	1
55	0	0.999	0.001	1	1
56	0	1	0	1	1
57	0	0.999	0.001	1	1
58	0	1	0	1	1
⋮	⋮	⋮	⋮	⋮	⋮
64	0	0.999	0.001	1	1
65	0	1	0	1	1
66	0	1	0	1	1
67	0	0.999	0.001	1	1
68	0	1	0	1	1
69	0	0.940	0.060	1	1
70	0	1	0	1	1
71	0	0.595	0.405	1	1
72	0	1	0	1	1
73	0	0.774	0.226	1	1
74	0	1	0	1	1
⋮	⋮	⋮	⋮	⋮	⋮
77	0	0.999	0.001	1	1
78	0	0.724	0.276	1	1
79	0	0.999	0.001	1	1
80	0	1	0	1	1
⋮	⋮	⋮	⋮	⋮	⋮
84	**0**	**0.132**	**0.868**	**2**	**1**
85	0	0.998	0.002	1	1
86	0	1	0	1	1
⋮	⋮	⋮	⋮	⋮	⋮
100	0	1	0	1	1

表 5.31   鸢尾花数据 iris 的 Logistic 回归判别结果 (二)，类型中的 0, 1, 2 分别代表类别
Setosa, Versicolor, Virginica, 概率中的 0 和 1 都是近似值

序号	$P(y_i = 0\|\boldsymbol{x}_i)$	$P(y_i = 1\|\boldsymbol{x}_i)$	$P(y_i = 2\|\boldsymbol{x}_i)$	判别类型	正确类型
101	0	0	1	2	2
⋮	⋮	⋮	⋮	⋮	⋮
107	0	0.109	0.891	2	2
108	0	0	1	2	2
⋮	⋮	⋮	⋮	⋮	⋮
111	0	0.010	0.990	2	2
112	0	0	1	2	2
⋮	⋮	⋮	⋮	⋮	⋮
117	0	0.002	0.998	2	2
118	0	0	1	2	2
119	0	0	1	2	2
120	0	0.080	0.920	2	2
121	0	0	1	2	2
⋮	⋮	⋮	⋮	⋮	⋮
124	0	0.052	0.948	2	2
125	0	0	1	2	2
126	0	0	1	2	2
127	0	0.176	0.824	2	2
128	0	0.198	0.802	2	2
129	0	0	1	2	2
130	0	0.029	0.971	2	2
131	0	0	1	2	2
⋮	⋮	⋮	⋮	⋮	⋮
134	**0**	**0.794**	**0.206**	**1**	**2**
135	0	0.034	0.966	2	2
136	0	0	1	2	2
137	0	0	1	2	2
138	0	0.004	0.996	2	2
139	0	0.331	0.669	2	2
140	0	0	1	2	2
⋮	⋮	⋮	⋮	⋮	⋮
148	0	0.001	0.999	2	2
149	0	0	1	2	2
150	0	0.022	0.978	2	2

【例5.7】(happy.csv)   R 的 GGally 包中的 happy 数据集来自美国在 1972~2006 年的一项社会调查, 原始数据包含超过 5000 个变量的 51020 个观测值. 部分受访者在多个年份有跟踪受访, 因此数据集包含一个受访者的标识符 id. happy 数据集仅包含受访者标识符和可能与幸福感相关的 9 个变量 (见表 5.32). 数据中存在 22484 个缺失值 (用 NA 表示), 我们将含有缺失值的样品全部删除, 剩余 34823 个观测值.

表 5.32　happy 数据集的 9 个变量

名称	含义
happy	幸福感, 分为 very happy, pretty happy, not too happy 三个等级
year	调查年份, 1972~2006
age	年龄, 去除缺失值之后年龄在 18~89 之间
sex	性别, 有 female 和 male 两个类别
marital	婚姻状况, 有 married, never married, divorced, widowed, separated 五个类别
degree	最高受教育水平, 分为 lt high school, high school, junior college, bachelor, graduate 五个等级
finrela	相对财务状况, 分为 far above average, above average, average, below average, far below average 五个等级
health	健康状况, 分为 excellent, good, fair, poor 四个等级
wtssall	一种体重指数, 0.43~6.43

该数据集有多个分类变量. 在回归模型中, 一个 d 分类的变量需要转化为 $d-1$ 个哑变量. 比如, 把 sex 转化为 1 个哑变量

$$\text{sexfemale} = \begin{cases} 1, & \text{sex=female}, \\ 0, & \text{sex} \neq \text{female}. \end{cases}$$

把 health 转化为 3 个哑变量

$$\text{healthexcellent} = \begin{cases} 1, & \text{health=excellent}, \\ 0, & \text{health} \neq \text{excellent}, \end{cases}$$

$$\text{healthgood} = \begin{cases} 1, & \text{health=good}, \\ 0, & \text{health} \neq \text{good}, \end{cases}$$

$$\text{healthfair} = \begin{cases} 1, & \text{health=fair}, \\ 0, & \text{health} \neq \text{fair}. \end{cases}$$

类似地, marital, degree, finrela 都可以转化为 4 个哑变量. 最终得到 19 个自变量. 用 happy=1, 2, 3 分别表示 not too happy, pretty happy, very happy, 这是一个有序多分类变量, 我们使用模型 (5.76) 建立有序多分类 Logistic 回归.

记 $p_k = P(\text{happy} = k), k = 1, 2, 3$, 由式 (5.76) 建立模型

$$\ln \frac{p_1}{1-p_1} = \beta_{0,1} - \eta, \ \ln \frac{p_1 + p_2}{1 - p_1 - p_2} = \beta_{0,2} - \eta,$$

其中,

$$\eta = \beta_1\text{year} + \beta_2\text{age} + \beta_3\text{sexfemale} + \beta_4\text{maritalnevermarried} +$$

$$\beta_5\text{maritaldivorced} + \beta_6\text{maritalwidowed} + \beta_7\text{maritalseparated} +$$

$$\beta_8\text{degreehighschool} + \beta_9\text{degreejuniorcollege} + \beta_{10}\text{degreebachelor} +$$

$$\beta_{11}\text{degreegraduate} + \beta_{12}\text{finrelabelowaverage} + \beta_{13}\text{finrelaaverage} +$$

$$\beta_{14}\text{finrelaaboveaverage} + \beta_{15}\text{finrelafaraboveaverage} + \beta_{16}\text{healthfair} +$$

$$\beta_{17}\text{healthgood} + \beta_{18}\text{healthexcellent} + \beta_{19}\text{wtssall}.$$

由最大似然估计得到估计系数如表 5.33, 即得回归方程为

$$\ln \frac{\widehat{p}_1}{1 - \widehat{p}_1} = 4.8811 - \widehat{\eta}, \ \ln \frac{\widehat{p}_1 + \widehat{p}_2}{1 - \widehat{p}_1 - \widehat{p}_2} = 7.9248 - \widehat{\eta},$$

或者,

$$
\begin{aligned}
\widehat{p}_1 &= \frac{1}{1 + \exp(-4.8811 + \widehat{\eta})}, \\
\widehat{p}_2 &= \frac{1}{1 + \exp(-7.9248 + \widehat{\eta})} - \frac{1}{1 + \exp(-4.8811 + \widehat{\eta})}, \\
\widehat{p}_3 &= 1 - \frac{1}{1 + \exp(-7.9248 + \widehat{\eta})},
\end{aligned}
\tag{5.78}
$$

其中,

$$
\begin{aligned}
\widehat{\eta} = &0.0024\text{year} + 0.0146\text{age} + 0.2071\text{sexfemale} - \\
&0.6394\text{maritalnevermarried} - 0.9231\text{maritaldivorced} - \\
&0.9383\text{maritalwidowed} - 1.1850\text{maritalseparated} - \\
&0.0197\text{degreehighschool} + 0.0156\text{degreejuniorcollege} + \\
&0.0266\text{degreebachelor} + 0.0303\text{degreegraduate} + \\
&0.3988\text{finrelabelowaverage} + 0.8219\text{finrelaaverage} + \\
&0.9770\text{finrelaaboveaverage} + 0.9949\text{finrelafaraboveaverage} + \\
&0.5450\text{healthfair} + 1.1172\text{healthgood} + \\
&1.8246\text{healthexcellent} + 0.0292\text{wtssall}.
\end{aligned}
\tag{5.79}
$$

变量 age 的系数是 0.0146, 说明当其他自变量不变时, 年龄每增加 1 个单位, 幸福感增加 1 个及 1 个以上的优势增大到原来的 $e^{0.0146} = 1.0147$ 倍.

表 5.33 回归系数估计结果

变量	系数	估计	p 值
year	β_1	0.0024	0.0000
age	β_2	0.0146	0.0000
sexfemale	β_3	0.2071	0.0000
maritalnevermarried	β_4	-0.6394	0.0000
maritaldivorced	β_5	-0.9231	0.0000
maritalwidowed	β_6	-0.9383	0.0000
maritalseparated	β_7	-1.1850	0.0000
degreehighschool	β_8	-0.0197	0.3509
degreejuniorcollege	β_9	0.0156	0.3677
degreebachelor	β_{10}	0.0266	0.3724
degreegraduate	β_{11}	0.0303	0.2031
finrelabelowaverage	β_{12}	0.3988	0.0000
finrelaaverage	β_{13}	0.8219	0.0000
finrelaaboveaverage	β_{14}	0.9770	0.0000
finrelafaraboveaverage	β_{15}	0.9949	0.0000
healthfair	β_{16}	0.5450	0.0000
healthgood	β_{17}	1.1172	0.0000
healthexcellent	β_{18}	1.8246	0.0000
wtssall	β_{19}	0.0292	0.2630
截距项 1	$\beta_{0,1}$	4.8811	0.0000
截距项 2	$\beta_{0,2}$	7.9248	0.0000

以第 1 个样品 x_1 为例, year=1972,age=23,sex=female, marital=never married, degree=bachelor, finrela=average,health=good, wtssall=0.4446. 因此, 哑变量 sexfemale=1, maritalnevermarried=1, maritaldivorced=0, maritalwidowed=0, maritalseparated=0, degreehighschool=0, degreejuniorcollege=0, degreebachelor = 1, degreegraduate=0, finrelabelowaverage=0, finrelaaverage=1, finrelaaboveaverage=0, finrelafaraboveaverage=0, healthfair=0, healthgood=1, healthexcellent=0. 因此, x_1 转化为一个 19 维向量

$$x_1 = (1972, 23, 1, 1, 0, 0, 0, 0, 0, 1, 0, 0, 1, 0, 0, 0, 1, 0, 0.4446)^{\mathrm{T}}.$$

代入式 (5.79) 得 $\widehat{\eta} = 6.5822$, 代入式 (5.78) 直接计算得

$$\widehat{p}_1 = \frac{1}{1 + \exp(-4.8811 + 6.5822)} = 0.1543,$$

$$\widehat{p}_2 = \frac{1}{1 + \exp(-7.9248 + 6.5822)} - \widehat{p}_1 = 0.6386,$$

$$\widehat{p}_3 = 1 - \widehat{p}_1 - \widehat{p}_2 = 0.2071,$$

由于 $\hat{p}_2$ 最大, 第 1 个样品判断为第 2 类, 即 pretty happy, 而实际的幸福感是 not too happy, 判别错误. 对 34823 个观测逐个判别, 最终的错判率为 0.41, 效果比较差. 同时得到混淆矩阵如表 5.34 所示. □

表 5.34 happy 数据 Logistic 回归的混淆矩阵

class	not too happy	pretty happy	very happy
not too happy	170	3971	223
pretty happy	88	16637	2574
very happy	16	7575	3569

5.5.6 案例: 养殖蟹捕捞时间

螃蟹味道鲜美, 是很多人喜爱的海鲜食品之一. 不只是中国, 世界上很多国家每年都进口大量螃蟹以供食用消费. 海捕螃蟹受到天然渔业资源更新的限制已远远不能满足人类的需求, 养殖螃蟹能够弥补海洋捕捞的不足, 经济地为人类提供优质动物蛋白食品. 养殖螃蟹相对于养殖家禽来讲饲料转化率高, 生长速度很快.

养蟹正在发展成为沿海地区一种重要产业. 对于商业性的螃蟹养殖户和企业来讲, 蟹龄是一个非常重要的参数, 超过一定月龄后, 螃蟹几乎不再增长, 继续养殖将会增加成本. 因此, 准确预测蟹龄有助于养殖户和企业决定何时开始捕捞上市.

数据集 CrabAgePrediction.csv 来自 Kaggle, 可以从 https://www.kaggle.com/datasets/sidhus/crab-age-prediction 下载. 该数据集包含 3893 个养殖螃蟹样品的 8 项身体指标和蟹龄 (Age), 具体见表 5.35.

表 5.35 CrabAgePrediction.csv 数据集的 9 个变量

名称	含义	取值范围
Sex	性别, M 表示雄性,F 表示雌性,I 表示不能确定	{M, F, I}
Length	体长 (英尺), 1 英尺 =30.48 厘米	0.19~2.04
Diameter	直径 (英尺)	0.14~1.63
Height	身高 (英尺)	0~2.83
Weight	重量 (盎司), 1 磅 =16 盎司	0.06~80.1
Shucked.Weight	无壳重量 (盎司)	0.03~42.2
Viscera.Weight	内脏重量 (盎司), 指包裹在身体深处腹部器官的重量	0.01~21.5
Shell.Weight	外壳重量 (盎司)	0.04~28.5
Age	蟹龄 (月)	1~29

根据经验, 蟹的养殖周期是 18 个月. 我们将建立 Logistic 回归模型对养殖蟹是否可以捕捞上市做出预测.

对 3 分类变量 Sex, 引入两个哑变量,

$$\mathrm{SexM} = \begin{cases} 1, & \mathrm{Sex=M}, \\ 0, & \mathrm{Sex} \neq \mathrm{M}, \end{cases} \quad \mathrm{SexF} = \begin{cases} 1, & \mathrm{Sex=F}, \\ 0, & \mathrm{Sex} \neq \mathrm{F}. \end{cases}$$

引入新变量 Catching,

$$\mathrm{Catching} = \begin{cases} 1, & \mathrm{Age} \geqslant 18, \\ 0, & \mathrm{Age} < 18. \end{cases}$$

令 $p = P(\mathrm{Catching} = 1)$, 使用 SexM, SexF, Length, Diameter, Height, Weight, Shucked.Weight, Viscera.Weight, Shell.Weight 作自变量, 对变量 Catching 建立 Logistic 回归模型

$$\begin{aligned} \mathrm{logit}(p) &= \ln \frac{P(\mathrm{Catching} = 1)}{1 - P(\mathrm{Catching} = 1)} \\ &= \beta_0 + \beta_1 \mathrm{SexM} + \beta_2 \mathrm{SexF} + \beta_3 \mathrm{Length} + \beta_4 \mathrm{Diameter} + \\ &\quad \beta_5 \mathrm{Height} + \beta_6 \mathrm{Weight} + \beta_7 \mathrm{Shucked.Weight} + \\ &\quad \beta_8 \mathrm{Viscera.Weight} + \beta_9 \mathrm{Shell.Weight}. \end{aligned}$$

系数估计结果如表 5.36 所示, 即有

$$p = P(\mathrm{Catching} = 1) = \frac{1}{1 + \exp(-\widehat{\eta})}, \tag{5.80}$$

其中,

$$\begin{aligned} \widehat{\eta} = &-8.5452 + 0.7786\mathrm{SexM} + 0.7177\mathrm{SexF} - 0.3855\mathrm{Length} + \\ &4.3499\mathrm{Diameter} + 2.0208\mathrm{Height} + 0.3190\mathrm{Weight} - \\ &0.6808\mathrm{Shucked.Weight} - 0.4092\mathrm{Viscera.Weight} + 0.0722\mathrm{Shell.Weight}. \end{aligned}$$

值得一提的是, SexM 和 SexF 在 0.05 的显著性水平下均没有通过检验. 事实上, Sex 对各个变量都几乎是没有影响的. 图 5.12 是几个变量按 Sex=M 和 Sex=F 分组的核密度估计曲线, 实线是 Sex=M, 虚线是 Sex=F, 二者几乎没有区别.

表 5.36　　Logistic 回归模型 (5.80) 的系数估计

	$\widehat{\beta}_j$	Std. Error	Wald χ^2	p 值
截距项	-8.5452	1.3437	40.4442	0.0000
SexM	0.7786	0.4102	3.6028	0.0577
SexF	0.7177	0.4181	2.9465	0.0861
Length	-0.3855	2.1175	0.0331	0.8555
Diameter	4.3499	2.4478	3.1579	0.0756
Height	2.0208	0.8145	6.1558	0.0131
Weight	0.3190	0.0485	43.3097	0.0000
Shucked.Weight	-0.6808	0.0739	84.8474	0.0000
Viscera.Weight	-0.4092	0.1018	16.1635	0.0001
Shell.Weight	0.0722	0.0705	1.0504	0.3054

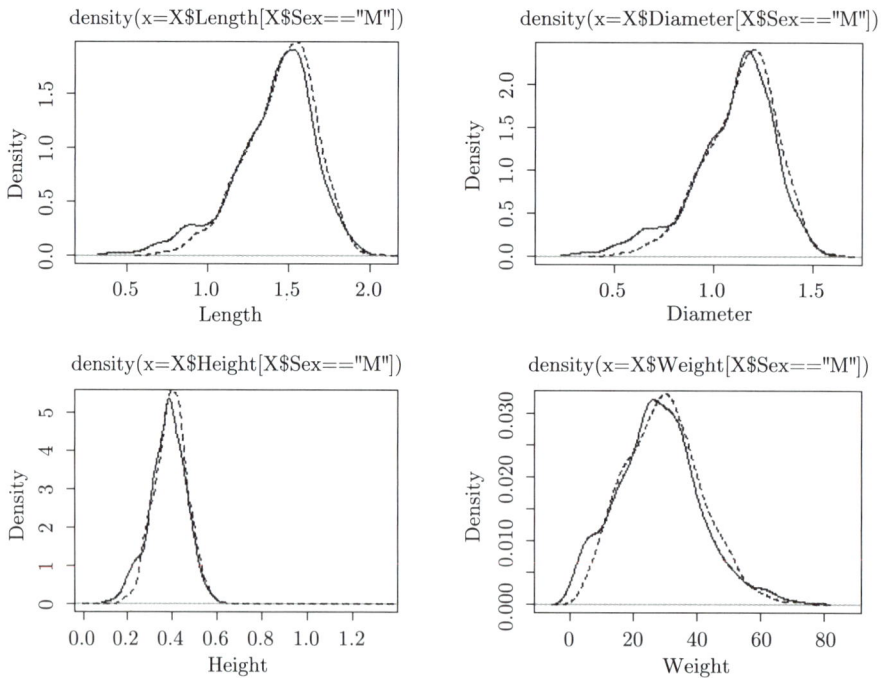

图 5.12　　几个变量按 Sex=M 和 Sex=F 分组的核密度估计曲线, 实线是 Sex=M, 虚线是 Sex=F

使用模型 (5.80) 进行预测, 取使错判率最小的最优阈值 $c = 0.92$, 如果预测概率 $\widehat{p}|\boldsymbol{x}_i > 0.92$, $\widehat{y}_i = 1$, 否则, $\widehat{y}_i = 0, i = 1, 2, \cdots, n$. 错判率为 0.0319.

也可以使用 ROC 曲线对模型 (5.80) 进行评价. 此模型的 ROC 曲线如图 5.13 所示, AUC 值等于 0.9137, 分类效果好.

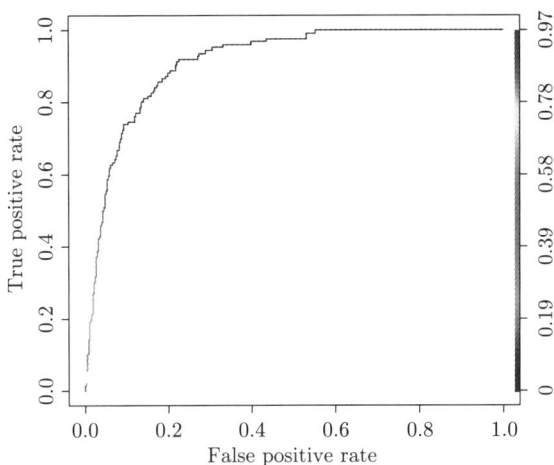

图 5.13 Logistic 回归模型 (5.80) 的 ROC 曲线

5.6 习 题

1. 使用自己擅长的软件给出距离判别法的详细实现过程.

2. 使用自己擅长的软件给出 Bayes 判别法的详细实现过程.

3. 使用自己擅长的软件给出 Fisher 判别法的详细实现过程.

4. 使用自己擅长的软件给出逐步判别法的详细实现过程.

5. 使用自己擅长的软件给出 Logistic 回归的详细实现过程.

6. 证明式 (5.14) 是 $\boldsymbol{\Sigma}$ 的一个无偏估计.

7. 已知一个二维正态总体 G 的分布为 $N_2\left(\begin{pmatrix} 0 \\ 0 \end{pmatrix}, \begin{pmatrix} 1 & 0.9 \\ 0.9 & 1 \end{pmatrix}\right)$.

(1) 求样品 $\boldsymbol{x} = (1,1)^{\mathrm{T}}, \boldsymbol{y} = (1,-1)^{\mathrm{T}}$ 到 G 的中心 $\boldsymbol{\mu} = (0,0)^{\mathrm{T}}$ 的欧氏距离和马氏距离;

(2) 计算 $\boldsymbol{x}, \boldsymbol{y}$ 的密度值;

(3) 为了衡量 $\boldsymbol{x}, \boldsymbol{y}$ 到 G 的中心的远近, 应该选用欧氏距离还是马氏距离? 为什么?

8. 两个总体 G_1, G_2 具有相同的协差阵 $\boldsymbol{\Sigma}$, 均值向量分别为 $\boldsymbol{\mu}_1, \boldsymbol{\mu}_2$, 记距离判别函数为 $\omega(\boldsymbol{x}) = d^2(\boldsymbol{x}, G_2) - d^2(\boldsymbol{x}, G_1)$, 其中, $d(\boldsymbol{x}, G)$ 表示样品 $\boldsymbol{x}$ 到总体 G 的马氏距离.

(1) 证明: $\omega(\boldsymbol{x}) = 2\boldsymbol{a}^{\mathrm{T}}(\boldsymbol{x} - \bar{\boldsymbol{\mu}})$, 其中, $\boldsymbol{a} = \boldsymbol{\Sigma}^{-1}(\boldsymbol{\mu}_1 - \boldsymbol{\mu}_2), \bar{\boldsymbol{\mu}} = \dfrac{(\boldsymbol{\mu}_1 + \boldsymbol{\mu}_2)}{2}$;

(2) 考虑分别来自总体 G_1, G_2 的样本 $\boldsymbol{\mathcal{X}} = \begin{pmatrix} 3 & 7 \\ 2 & 4 \\ 4 & 7 \end{pmatrix}, \boldsymbol{\mathcal{Y}} = \begin{pmatrix} 6 & 9 \\ 5 & 7 \\ 4 & 8 \end{pmatrix}$, 记样本协差阵分别为 $\boldsymbol{S}_1, \boldsymbol{S}_2$, 假设 G_1, G_2 具有相同的协差阵 $\boldsymbol{\Sigma}$, 用混合样本协差阵 $\boldsymbol{S} = \dfrac{(\boldsymbol{S}_1 + \boldsymbol{S}_2)}{2}$ 作为 $\boldsymbol{\Sigma}$ 的估计, 求出距离判别函数, 判别样品 $(2,7)^{\mathrm{T}}$ 属于哪一个总体?

(3) 对 (2) 中的样本, 假设 G_1, G_2 的协差阵不同, 用样本协差阵对总体协差阵进行估计, 求距离判别函数, 判别样品 $(2,7)^{\mathrm{T}}$ 属于哪一个总体?

9. 设有 G_1, G_2 两个总体, 其协方差矩阵相等. 已知由样本计算得两个总体的样本均值分别为 $\bar{x}^{(1)} = (2,1)^{\mathrm{T}}, \bar{x}^{(2)} = (-1,3)^{\mathrm{T}}$, 样本协差阵为 $S = \begin{pmatrix} 1 & 1 \\ 1 & 2 \end{pmatrix}$. 使用距离判别法判断样品 $\boldsymbol{x}_0 = (3.2, 1.5)^{\mathrm{T}}$ 属于哪一个总体.

10. 设有两个正态总体

$$G_1 \sim N_2 \left(\begin{pmatrix} 10 \\ 15 \end{pmatrix}, \begin{pmatrix} 18 & 12 \\ 12 & 32 \end{pmatrix} \right),$$

$$G_2 \sim N_2 \left(\begin{pmatrix} 20 \\ 25 \end{pmatrix}, \begin{pmatrix} 18 & 12 \\ 12 & 32 \end{pmatrix} \right),$$

先验概率 $p_1 = p_2 = 0.5$, $L(1|2) = L(2|1) = 1$. 样品 $\boldsymbol{x}_1 = (20, 20)^{\mathrm{T}}, \boldsymbol{x}_2 = (15, 20)^{\mathrm{T}}$,

(1) 按 Fisher 判别准则, 写出 Fisher 线性判别函数. $\boldsymbol{x}_1, \boldsymbol{x}_2$ 各应归于哪一类?

(2) 按 Bayes 判别准则, $\boldsymbol{x}_1, \boldsymbol{x}_2$ 各应归于哪一类?

(3) 按 Bayes 判别准则, 计算后验概率 $P(G_j|\boldsymbol{x}_i), i, j = 1, 2$.

11. 设有 G_1, G_2, G_3 3 个总体, 密度函数分别为 $f_1(x), f_2(x), f_3(x)$. 1 个样品属于 3 个总体的先验概率分别为 $p_1 = 0.05, p_2 = 0.65, p_3 = 0.30$. 现有 1 个样品 x_0, 满足 $f_1(x_0) = 0.10, f_2(x_0) = 0.63, f_3(x_0) = 2.40$. 使用 Bayes 判别, 不考虑误判损失, 判断 x_0 属于哪一个总体. 如果已知误判损失 $L(2|1) = 10, L(3|1) = 200, L(1|2) = 20, L(3|2) = 100, L(1|3) = 60, L(2|3) = 50$, 采用平均误判损失最小准则判断 x_0 属于哪一个总体.

12. 假定 $x \in \{0, 1, 2, \cdots, 10\}$, x 来自 3 个二项分布总体 $G_1 \sim \mathrm{b}(10, 0.2), G_2 \sim \mathrm{b}(10, 0.3), G_3 \sim \mathrm{b}(10, 0.5)$ 的先验概率分别是 $p_1 = 0.5, p_2 = 0.3, p_3 = 0.2$. 利用 Bayes 判别法确定空间划分 R_1, R_2, R_3.

6

第6章
聚类分析

聚类分析是对样品或指标 (变量) 进行分类的一种多元统计方法. 在实际问题中, 存在大量的分类问题. 生物学中需要对生物进行分类, 或对基因进行分类, 以获得对种群中固有结构的认识; 经济学中需要根据多种经济指标对全球范围的国家和地区的经济状况进行分类, 或对一个国家内部不同地区的经济发展状况进行分类等. 随着信息技术的快速发展, 特别是互联网技术的广泛应用, 人类进入了大数据时代, 在对海量数据进行信息挖掘中, 聚类分析方法是不可或缺的重要工具. 例如, 聚类分析在客户分类、文本分类、基因识别、空间数据处理、卫星图像分析和医疗图像自动检测等领域有着广泛的应用. 而聚类分析本身也是一个蓬勃发展的领域, 数据挖掘、机器学习、空间数据库技术、生物学和市场学等也推动着聚类分析研究的进展.

聚类分析的目的是把分类对象按照一定规则分成若干类, 这些类不是事先给定的, 而是根据数据的特征确定的, 对类的数目和类的结构事先不必有任何的假定. 在同一类中的对象之间倾向于彼此相似, 而不同类的对象之间倾向于彼此不相似. 与有监督特征的判别分析方法相比, 聚类分析方法称之为 "无监督的分类方法". 聚类分析的基本思想是: 根据一批样品的多项指标, 选定一种能够度量样品 (或指标) 之间相似程度的统计量作为划分类的依据, 把一些相似度较大的样品 (或指标) 归为一类, 而把相似度较小的或根本不相似的样品 (或指标) 归为不同类.

聚类分析方法根据分类对象的不同分为 Q 型聚类和 R 型聚类. Q 型聚类是对样品的聚类, R 型聚类是对变量 (指标) 的聚类.

6.1　距离和相异性

聚类分析的思想很简单, 以 Q 型聚类为例, 对于 p 维样本, 把每一个样品视为 p 维空间的一个点或向量, 如果样本确实是来自不同的总体 (类), 那么, 属于同一类的点在空间中的距离应该显著小于不同类的点的距离. 因此, 聚类算法就是把距离较近的点归为同一类, 距离较远的点归为不同类. 对于 R 型聚类, 只需要把距离改为变量间的相异性 (dissimilarity), 相异性较小的变量归为同一类, 相异性较大的变量归于不同类. 为此, 我们首先定义距离和相异性.

6.1.1 定量变量的点间距离和相似系数

6.1.1.1 定量变量的点间距离

设 $\boldsymbol{X} = (X_1, X_2, \cdots, X_p)^{\mathrm{T}}$ 是 p 维连续型随机向量, $\boldsymbol{x} = (x_1, x_2, \cdots, x_p)^{\mathrm{T}}, \boldsymbol{y} = (y_1, y_2, \cdots, y_p)^{\mathrm{T}}, \boldsymbol{z} = (z_1, z_2, \cdots, z_p)^{\mathrm{T}}$ 为来自 $\boldsymbol{X}$ 的样品点, $d(\boldsymbol{x}, \boldsymbol{y})$ 为 $\boldsymbol{x}, \boldsymbol{y}$ 的实值函数, 若满足

1. 非负性: $d(\boldsymbol{x}, \boldsymbol{y}) \geqslant 0$, 且 $d(\boldsymbol{x}, \boldsymbol{y}) = 0 \Leftrightarrow \boldsymbol{x} = \boldsymbol{y}$;
2. 对称性: $d(\boldsymbol{x}, \boldsymbol{y}) = d(\boldsymbol{y}, \boldsymbol{x})$;
3. 三角不等式: $d(\boldsymbol{x}, \boldsymbol{y}) \leqslant d(\boldsymbol{x}, \boldsymbol{z}) + d(\boldsymbol{z}, \boldsymbol{y})$,

则称 $d(\boldsymbol{x}, \boldsymbol{y})$ 为 $\boldsymbol{x}, \boldsymbol{y}$ 之间的距离. 以下是几种常用的距离.

1. 闵可夫斯基 (Minkowski) 距离. 定义为

$$d(\boldsymbol{x}, \boldsymbol{y}) = \|\boldsymbol{x} - \boldsymbol{y}\|_q = \left[\sum_{i=1}^{p} |x_i - y_i|^q \right]^{\frac{1}{q}}, \ q \geqslant 1,$$

经常记为 L_q, 其中,

(1) $q = 1$ 时,

$$d(\boldsymbol{x}, \boldsymbol{y}) = \|\boldsymbol{x} - \boldsymbol{y}\|_1 = \sum_{i=1}^{p} |x_i - y_i|,$$

称为 Manhattan 距离或绝对值距离, 经常记为 L_1;

(2) $q = 2$ 时,

$$d(\boldsymbol{x}, \boldsymbol{y}) = \|\boldsymbol{x} - \boldsymbol{y}\|_2 = \sqrt{(\boldsymbol{x} - \boldsymbol{y})^{\mathrm{T}}(\boldsymbol{x} - \boldsymbol{y})} = \left[\sum_{i=1}^{p} (x_i - y_i)^2 \right]^{\frac{1}{2}},$$

即为欧氏距离, 经常记为 L_2;

(3) $q = +\infty$ 时,

$$d(\boldsymbol{x}, \boldsymbol{y}) = \|\boldsymbol{x} - \boldsymbol{y}\|_\infty = \max_{1 \leqslant i \leqslant p} |x_i - y_i|,$$

称为切比雪夫 (Chebyshev) 距离, 经常记为 L_∞.

当各变量的单位不同或方差不同时, 不宜采用闵可夫斯基距离, 这时一般需要对数据进行标准化处理, 即令

$$x_i^* = \frac{x_i - \bar{x}_i}{\sqrt{s_{ii}}}, i = 1, 2, \cdots, p, s_{ii} = \sqrt{\mathrm{Var}(x_i)}.$$

2. 兰氏 (Lance & Williams) 距离. 定义为

$$d(\boldsymbol{x}, \boldsymbol{y}) = \sum_{i=1}^{p} \frac{|x_i - y_i|}{|x_i + y_i|}.$$

兰氏距离要求所有数据皆为正, 该距离与变量单位无关, 且对大的奇异值不敏感, 适用于高度偏倚或含异常值的数据.

3. 马氏距离. 定义为

$$d(\boldsymbol{x}, \boldsymbol{y}) = \sqrt{(\boldsymbol{x} - \boldsymbol{y})^{\mathrm{T}} \boldsymbol{S}^{-1} (\boldsymbol{x} - \boldsymbol{y})},$$

其中, $\boldsymbol{S}$ 是样本协差阵. 马氏距离虽然可以排除变量之间相关性的干扰, 并且与变量单位无关, 但是在聚类分析中很少使用, 原因是聚类过程中类在不停变化, 这就使得协差阵难以确定.

4. Canberra 距离. 定义为

$$d(\boldsymbol{x}, \boldsymbol{y}) = \sum_{i=1}^{p} \frac{|x_i - y_i|}{|x_i| + |y_i|}.$$

6.1.1.2 定量变量的相似系数

变量间的相异性与相似系数有关. 变量 $X_i, X_j, i, j = 1, 2, \cdots, p$ 之间的相似系数 c_{ij} 一般需要满足

1. $c_{ij} = \pm 1 \Leftrightarrow X_i = aX_j + b, a \neq 0$;
2. $|c_{ij}| \leqslant 1, \forall i, j$;
3. $c_{ij} = c_{ji}, \forall i, j$.

$|c_{ij}|$ 越接近 1, X_i, X_j 越相似; $|c_{ij}|$ 越接近 0, X_i, X_j 越疏远. 变量间的相异性定义为

$$d(X_i, X_j) = 1 - |c_{ij}|, \tag{6.1}$$

或

$$d(X_i, X_j) = 1 - c_{ij},$$

有时为了计算方便, 也可以定义为

$$d^2(X_i, X_j) = 1 - c_{ij}^2.$$

把变量 X_i, X_j 的 n 次观测 $(x_{1i}, \cdots, x_{ni})^{\mathrm{T}}, (x_{1j}, \cdots, x_{nj})^{\mathrm{T}}$ 看作 n 维空间中的点, 则 X_i, X_j 的相异性可以使用样品间的距离来定义, 因此, 变量间的相异性也称为距离. 以下是几种常用的变量相异性指标.

1. Eisen 余弦相关距离. 定义为

$$d(X_i, X_j) = 1 - |\cos \alpha_{ij}|,$$

其中,

$$\cos \alpha_{ij} = \frac{\sum\limits_{k=1}^{n} x_{ki} x_{kj}}{\sqrt{\sum\limits_{k=1}^{n} x_{ki}^2 \sum\limits_{k=1}^{n} x_{kj}^2}}.$$

这个定义来自 Eisen et al. (1988).

2. Pearson 线性相关距离. 定义为

$$d(X_i, X_j) = 1 - |r_{ij}|,$$

其中,

$$r_{ij} = \frac{\sum\limits_{k=1}^{n}(x_{ki} - \bar{x}_i)(x_{kj} - \bar{x}_j)}{\sqrt{\sum\limits_{k=1}^{n}(x_{ki} - \bar{x}_i)^2 \sum\limits_{k=1}^{n}(x_{kj} - \bar{x}_j)^2}}$$

是 Pearson 相关系数, 在数值上等于标准化数据的夹角余弦, 因此, Eisen 余弦相关距离是 Pearson 线性相关距离的特例. Pearson 线性相关距离适用于连续型变量间的相异性度量.

3. Spearman 秩相关距离. 定义为

$$d(X_i, X_j) = 1 - |\rho_{ij}|,$$

其中,

$$\rho_{ij} = \frac{\sum\limits_{k=1}^{n}(x'_{ki} - \bar{x}'_i)(x'_{kj} - \bar{x}'_j)}{\sqrt{\sum\limits_{k=1}^{n}(x'_{ki} - \bar{x}'_i)^2 \sum\limits_{k=1}^{n}(x'_{kj} - \bar{x}'_j)^2}} \tag{6.2}$$

是 Spearman 秩相关系数 (Spearman ρ) , 其中, $x'_{ki} = \text{rank}(\boldsymbol{x}_{ki})$ 和 $x'_{kj} = \text{rank}(\boldsymbol{x}_{kj})$ 分别是 $\boldsymbol{x}_{ki}$ 和 $\boldsymbol{x}_{kj}$ 在观测 $(x_{1i}, \cdots, x_{ni})^{\mathrm{T}}$ 和 $(x_{1j}, \cdots, x_{nj})^{\mathrm{T}}$ 中的等级 (称为**秩**) , $\bar{x}'_i = \frac{1}{n}\sum\limits_{k=1}^{n}x'_{ki}, \bar{x}'_j = \frac{1}{n}\sum\limits_{k=1}^{n}x'_{kj}.$

4. Kendall 秩相关距离. 定义为

$$d(X_i, X_j) = 1 - |\tau_{ij}|,$$

其中,

$$\tau_{ij} = \frac{n_c - n_d}{\dfrac{n(n-1)}{2}}$$

是 Kendall 秩相关系数 (Kendall τ) , 这里的 n_c 和 n_d 分别是 $(x_{1i}, \cdots, x_{ni})^{\mathrm{T}}$ 与 $(x_{1j}, \cdots, x_{nj})^{\mathrm{T}}$ 中的协同 (concordant) 对和不协同 (disconcordant) 对总数.

5. Jaccard 距离. 定义为

$$d(X_i, X_j) = 1 - |J(X_i, X_j)|,$$

其中,

$$J(X_i, X_j) = \frac{\sum\limits_{k=1}^{n}\min\{x_{ki}, x_{kj}\}}{\max\limits_{1 \leqslant k \leqslant n}\min\{x_{ki}, x_{kj}\}}.$$

6.1.2　定性变量的点间距离和相似系数

6.1.1.1 节和 6.1.1.2 节的距离和相似系数一般是对定量数据而言. 对于定性数据, 样品间的距离或变量间的相似系数需要根据具体的数据结构来定义. 度量定性数据相似程度的数量指标 (距离或相似系数) 称为匹配系数.

6.1.2.1　定性变量的点间距离

假设有 m 个定性变量 $X_1, X_2, \cdots, X_m$, 第 k 个变量有 r_k 个水平, 不妨记为 $1, 2, \cdots, r_k$. 设样品 $\boldsymbol{x}$ 取值为

$$\delta_{\boldsymbol{x}}(k, 1), \delta_{\boldsymbol{x}}(k, 2), \cdots, \delta_{\boldsymbol{x}}(k, r_k), k = 1, 2, \cdots, m,$$

其中, $\delta_{\boldsymbol{x}}(k, l)$ 是第 k 个变量的第 l 个水平在样品 $\boldsymbol{x}$ 中的反映, 其定义为当样品 $\boldsymbol{x}$ 中的第 k 个变量的定性数据为第 l 个水平时 $\delta_{\boldsymbol{x}}(k, l) = 1$, 否则 $\delta_{\boldsymbol{x}}(k, l) = 0$.

设有两个样品 $\boldsymbol{x}, \boldsymbol{y}$, 若 $\delta_{\boldsymbol{x}}(k, l) = \delta_{\boldsymbol{y}}(k, l) = 1$, 则称这两个样品在第 k 个变量的第 l 个水平上 1-1 配对; 若 $\delta_{\boldsymbol{x}}(k, l) = \delta_{\boldsymbol{y}}(k, l) = 0$, 则称这两个样品在第 k 个变量的第 l 个水平上 0-0 配对; 若 $\delta_{\boldsymbol{x}}(k, l) \neq \delta_{\boldsymbol{y}}(k, l)$, 则称这两个样品在第 k 个变量的第 l 个水平上不配对. 记

$$m_0 = \boldsymbol{x}, \boldsymbol{y} \text{ 在 } m \text{ 个变量的所有水平中 0-0 配对总数},$$

$$m_1 = \boldsymbol{x}, \boldsymbol{y} \text{ 在 } m \text{ 个变量的所有水平中 1-1 配对总数},$$

$$m_2 = \boldsymbol{x}, \boldsymbol{y} \text{ 在 } m \text{ 个变量的所有水平中不配对总数},$$

显然, 总水平数 $r = m_0 + m_1 + m_2 = \sum_{k=1}^{m} r_k$. 表 6.1 给出了两个样品的取值情况, 显然, $m_0 = 5, m_1 = 2, m_2 = 2$, 变量总数 $m = 4$, 总水平数 $r = 4 + 2 + 5 = 5 + 2 + 2 = 9$.

表 6.1　两个样品的取值情况

变量	变量 1				变量 2		变量 3		
水平	1	2	3	4	1	2	1	2	3
$\boldsymbol{x}$	1	0	0	0	0	1	0	1	0
$\boldsymbol{y}$	0	1	0	0	0	1	0	1	0

两个样品 $\boldsymbol{x}, \boldsymbol{y}$ 之间的距离定义为不配对水平数与有反应水平 (包括 1-1 配对和不配对) 数的比值, 即,

$$d(\boldsymbol{x}, \boldsymbol{y}) = \frac{m_2}{m_1 + m_2}.$$

比如, 在表 6.1 中, $d(\boldsymbol{x}, \boldsymbol{y}) = \dfrac{1}{2}$. 当变量只能取可能水平中的一种, 即水平不能兼取时,

两个样品 $\boldsymbol{x}, \boldsymbol{y}$ 之间的距离定义为

$$d(\boldsymbol{x}, \boldsymbol{y}) = \frac{m_2^*}{m},$$

其中 m_2^* 是不配对变量数.

类似欧氏距离, 样品 $\boldsymbol{x}, \boldsymbol{y}$ 之间的距离也可以定义为

$$d(\boldsymbol{x}, \boldsymbol{y}) = \sum_{k=1}^{m} \sum_{l=1}^{r_k} [\delta_{\boldsymbol{x}}(k, l) - \delta_{\boldsymbol{y}}(k, l)]^2.$$

6.1.2.2 定性变量的相似系数

变量 X_i, X_j 是定性变量时, 设 X_i 的 p 种取值为 $r_1, r_2, \cdots, r_p$ (或称 X_i 有 p 个水平), X_j 的 q 种取值为 $t_1, t_2, \cdots, t_q$ (或称 X_j 有 q 个水平). n 个样品中每两个定性数据的实际观测整理得表 6.2, 其中 n_{kl} 表示在 n 个样品中 X_i 取第 k 个值 r_k 且 X_j 取第 l 个值 t_l 的频次. 表 6.2 通常称为列联表, 其中,

$$n_{k\cdot} = \sum_{l=1}^{q} n_{kl}, \quad n_{\cdot l} = \sum_{k=1}^{p} n_{kl}, \quad n = \sum_{k=1}^{p} \sum_{l=1}^{q} n_{kl}.$$

利用列联表对定性变量 X_i, X_j 进行独立性检验, 使用的是 χ^2 统计量

$$\chi_{ij}^2 = \sum_{k=1}^{p} \sum_{l=1}^{q} \frac{\left(n_{kl} - \dfrac{n_{k\cdot}n_{\cdot l}}{n}\right)^2}{\dfrac{n_{k\cdot}n_{\cdot l}}{n}} \sim \chi^2((p-1)(q-1)).$$

建立在 χ^2 统计量基础上的相似系数有

表 6.2   列联表

	t_1	t_2	$\cdots$	t_q	行和
r_1	n_{11}	n_{12}	$\cdots$	n_{1q}	$n_{1\cdot}$
r_2	n_{21}	n_{22}	$\cdots$	n_{2q}	$n_{2\cdot}$
$\vdots$	$\vdots$	$\vdots$		$\vdots$	$\vdots$
r_p	n_{p1}	n_{p2}	$\cdots$	n_{pq}	$n_{p\cdot}$
列和	$n_{\cdot 1}$	$n_{\cdot 2}$	$\cdots$	$n_{\cdot q}$	n

1. 列联系数

$$c_{ij} = \sqrt{\frac{\chi_{ij}^2}{\chi_{ij}^2 + n}}.$$

2. 相关系数

$$c_{ij} = \sqrt{\frac{\chi_{ij}^2}{n \cdot \max(p-1, q-1)}},$$

或

$$c_{ij} = \sqrt{\frac{\chi^2_{ij}}{n \cdot \min(p-1, q-1)}},$$

或

$$c_{ij} = \sqrt{\frac{\chi^2_{ij}}{n\sqrt{(p-1)(q-1)}}}.$$

3. 点相关系数

$$c_{ij} = \frac{n_{11}n_{22} - n_{12}n_{21}}{\sqrt{(n_{11} + n_{12})(n_{21} + n_{22})(n_{11} + n_{21})(n_{12} + n_{22})}},$$

这时, X_i, X_j 只能取两个值, 即 $p = q = 2$. 点相关系数是与定量数据的相关系数对应的统计量.

有了相似系数, 就可以由式 (6.1) 定义相异性.

6.1.3 混合变量的点间距离和相似系数

6.1.3.1 混合变量的点间距离

对混合变量的观测数据做 Q 型聚类, 可以考虑使用 Gower(1971) 的相似系数 (Gower's similarity coefficient).

记 $\boldsymbol{x}_i = (x_{i1}, x_{i2}, \cdots, x_{ip})^{\mathrm{T}}$, $i = 1, 2, \cdots, n$ 是随机向量 $\boldsymbol{X} = (X_1, X_2, \cdots, X_p)^{\mathrm{T}}$ 的观测值, 则第 k 个变量 X_k 的第 i, j 个观测值 x_{ik}, x_{jk} 之间的相似度定义为

$$s_k(x_{ik}, x_{jk})$$

$$= \begin{cases} \delta_{ij}, & X_k \text{是定性变量}, \\ 1 - \dfrac{|x_{ik} - x_{jk}|}{\max\limits_{1 \leqslant t \leqslant p}\{x_{tk}\} - \min\limits_{1 \leqslant t \leqslant p}\{x_{tk}\}}, & X_k \text{是定量变量}, \\ 1 - \dfrac{|\mathrm{rank}(x_{ik}) - \mathrm{rank}(x_{jk})|}{\max\limits_{1 \leqslant t \leqslant p}\{\mathrm{rank}(x_{tk})\} - \min\limits_{1 \leqslant t \leqslant p}\{\mathrm{rank}(x_{tk})\}}, & X_k \text{是定序变量}, \end{cases}$$

其中,

$$\delta_{ij} = \begin{cases} 1, & \text{如果} x_{ik} = x_{jk}, \\ 0, & \text{如果} x_{ik} \neq x_{jk} \end{cases}$$

是 Kronecker 符号, $\mathrm{rank}(x_{ik}), \mathrm{rank}(x_{jk})$ 分别是 x_{ik}, x_{jk} 在 $\boldsymbol{x}_i = (x_{i1}, x_{i2}, \cdots, x_{ip})^{\mathrm{T}}$ 中的秩. 不考虑数据缺失的情况下, 观测 $\boldsymbol{x}_i, \boldsymbol{x}_j, i, j = 1, 2, \cdots, n$ 的 Gower 相似系数定义为

$$s(\boldsymbol{x}_i, \boldsymbol{x}_j) = \sum_{k=1}^{p} s_k(x_{ik}, x_{jk}) w_k,$$

其中, w_k 是权重, 满足 $\sum_{k=1}^{p} w_k = 1$, 一般可以取 $w_k = \dfrac{1}{p}, k = 1, 2, \cdots, p$, 如果先验地认为变量 X_k 重要, 那么就可以增大 w_k 的取值. 于是, 观测 $\boldsymbol{x}_i, \boldsymbol{x}_j, i, j = 1, 2, \cdots, n$ 之间的距离可以定义为

$$d(\boldsymbol{x}_i, \boldsymbol{x}_j) = 1 - |s(\boldsymbol{x}_i, \boldsymbol{x}_j)|.$$

6.1.3.2 混合变量的相似系数

对混合变量做 R 型聚类, 可以考虑关联度量法 (association measures approach) 或距离相关法 (distance correlation).

1. 关联度量法

关联度量法是将不同的相似性度量进行组合, 它基于水平 (范畴) 重新排序来度量多水平分类变量和其他变量之间的关联. 根据 Gonzalez & Nelson (1996) 和 Göktaş & İşçi (2011), 可以按如下规则构造 X_k, X_l 的相似系数 s_{kl}:

(1) 如果 X_k 是定量变量, X_l 是定量或定序变量, 则定义 $s_{kl} = |\rho_{kl}|$, 其中 ρ_{kl} 是 Spearman ρ 相关系数, 如式 (6.2)定义.

(2) 如果 X_k, X_l 都是定序变量, 或者, X_k 是二分类变量, X_l 是定量或定序变量, 则定义 $s_{kl} = |\gamma|$, 其中 $\gamma = \dfrac{n_c - n_d}{n_c + n_d}$ 是 Goodman-Kruskal γ 系数, n_c, n_d 分别是变量 X_k, X_l 的协同对和不协同对的个数.

(3) 如果 X_k 是定性变量, X_l 是定量或定序变量, 根据 X_l 的情况把定性变量 X_k 转化为定序变量. 为避免两个变量无关时过度操作的倾向, 在 X_k 的每个水平上对变量 X_l 做 Kruskal-Wallis 检验, 只有显著时才继续, 不显著时, 使用原始的定性变量计算 Spearman ρ 或 Goodman-Kruskal γ 来显示各个水平的随机性 (Goodman & Kruskal, 1954).

(4) 如果 X_k, X_l 都是定性变量 (包括二分类变量) , 可以使用二维列联表和 Pearson 列联表系数或 Cramer V 系数等, 更合适的办法如 (3) 所述, 把定性变量转化为定序变量, 使得二维列联表对角线频率最大化, 使用的方法包括计算 Goodman-Kruskal γ 和对原始变量做 χ^2 检验. 细节参见 Leo & Goodman (1979) 和 Siersma & Volkert (2009).

2. 距离相关法

距离相关法使用广义距离的概念导出相似性度量, 对定序和定量变量使用欧氏距离, 对定性变量使用离散距离.

首先, 第 k 个变量 X_k 的第 i, j 个观测值 x_{ik}, x_{jk} 之间的距离定义为

$$d_{ij}^{(k)}(x_{ik}, x_{jk}) = \begin{cases} \delta_{ij}, & X_k \text{是定性变量}, \\ |x_{ik} - x_{jk}|, & X_k \text{是定量变量}, \\ |\mathrm{rank}(x_{ik}) - \mathrm{rank}(x_{jk})|, & X_k \text{是定序变量}, \end{cases}$$

则变量 X_k 的中心化距离定义为

$$\tilde{d}_{ij}^{(k)} = d_{ij}^{(k)}(x_{ik},x_{jk}) - \frac{1}{n}\sum_{i=1}^{n} d_{ij}^{(k)}(x_{ik},x_{jk}) - \frac{1}{n}\sum_{j=1}^{n} d_{ij}^{(k)}(x_{ik},x_{jk}) +$$

$$\frac{1}{n^2}\sum_{i=1}^{n}\sum_{j=1}^{n} d_{ij}^{(k)}(x_{ik},x_{jk}),$$

于是, 变量 X_k, X_l 的样本形式的广义距离协方差定义为

$$\widehat{U}_{kl} = \frac{1}{n^2}\sum_{i=1}^{n}\sum_{j=1}^{n} \tilde{d}_{ij}^{(k)}\tilde{d}_{ij}^{(l)}.$$

的平方根 (Lyons, 2011). 由于 $\widehat{U}_{kl}$ 有偏, Székely & Rizzo (2013) 对其修正为

$$\widetilde{U}_{kl} = \frac{1}{n(n-3)}\left[\sum_{i=1}^{n}\sum_{j=1}^{n} \tilde{d}_{ij}^{(k^*)}\tilde{d}_{ij}^{(l^*)} - \frac{n}{n-2}\sum_{i=1}^{n} \tilde{d}_{ii}^{(k^*)}\tilde{d}_{ii}^{(l^*)}\right],$$

其中,

$$\tilde{d}_{ii}^{(k^*)} = \begin{cases} \frac{n}{n-1}\left(\tilde{d}_{ii}^{(k)} - \frac{1}{n}d_{ij}^{(k)}\right), & i \neq j, \\ \frac{n}{n-1}\left[\frac{1}{n}\sum_{j=1}^{n} d_{ij}^{(k)} - \frac{1}{n^2}\sum_{i=1}^{n}\sum_{j=1}^{n} d_{ij}^{(k)}\right], & i = j. \end{cases}$$

从而得到广义距离相关系数 (generalized distance correlation)

$$\widetilde{R}_{kl} = \mathrm{sign}(\widetilde{U}_{kl})\sqrt{\frac{|\widetilde{U}_{kl}|}{\sqrt{|\widetilde{U}_{kk}||\widetilde{U}_{ll}|}}},$$

其中, $\widetilde{U}_{kk}$ 称为第 k 个变量的平方广义距离方差.

6.1.4　类间距离

除了点之间的距离, 聚类分析还需要频繁计算类与类之间的距离. 类是点的集合, 一个类可以只包含一个点, 这是最基本的类. 两个只包含一个点的类之间的距离与点之间的距离等价, 如果类含有的点不止一个, 那么类与类之间的距离需要有效定义, 这个定义往往是基于点间距离的. 类间距离也称为联系准则 (linkage criteria).

为了叙述和书写方便, 类中的点也可以用其下标表示, 即, 类经常简写为一些下标的集合. 用 d_{ij} 表示样品 $\boldsymbol{x}_i, \boldsymbol{x}_j$ 之间的距离或变量 X_i, X_j 之间的相异性, 在聚类的中间过程已经形成了一些类 $G_1, G_2, \cdots$, 用 D_{pq} 表示类 G_p, G_q 之间的距离. 下面是几种常用的类间距离定义方法.

6.1.4.1　最短距离法

类 G_p, G_q 之间的距离定义为两类中距离最近的点之间的距离, 即

$$D_{pq} = \min_{i \in G_p, j \in G_q} \{d_{ij}\},$$

这种方法称为**最短距离法 (single linkage method)**.

当聚类过程进行到某一步, 类 G_p, G_q 合并为新类 $G_r = G_p \cup G_q$, 按最短距离法计算新类 G_r 与某一类 $G_k, k \neq p, q$ 的距离, 易得递推公式

$$D_{rk} = \min_{i \in G_r, j \in G_k} \{d_{ij}\} = \min \left\{ \min_{\substack{i \in G_p \\ j \in G_k}} \{d_{ij}\}, \min_{\substack{i \in G_q \\ j \in G_k}} \{d_{ij}\} \right\} = \min\{D_{pk}, D_{qk}\}.$$

【例 6.1】　设有 $\mathbb{R}^2$ 上的两个类 $G_1 = \{\boldsymbol{x}_i, i = 1, 2, 3, 4, 5\}, G_2 = \{\boldsymbol{y}_i, i = 1, 2, 3, 4, 5\}$, G_k 中的样品来自正态分布 $N_2(\boldsymbol{\mu}_k, \boldsymbol{\Sigma}_k), k = 1, 2$, 其中,

$$\boldsymbol{\mu}_1 = \begin{pmatrix} 0 \\ 0 \end{pmatrix}, \boldsymbol{\Sigma}_1 = \begin{pmatrix} 1 & 0.5 \\ 0.5 & 1 \end{pmatrix},$$

$$\boldsymbol{\mu}_2 = \begin{pmatrix} 3 \\ 3 \end{pmatrix}, \boldsymbol{\Sigma}_2 = \begin{pmatrix} 1 & -0.5 \\ -0.5 & 1 \end{pmatrix}.$$

数据如表 6.3 所示, 散点图如图 6.1 所示. 用最短距离法求类 G_1, G_2 的距离.

表 6.3　类 G_1, G_2 的数据表

	x_{i1}	x_{i2}		y_{i1}	y_{i2}
$\boldsymbol{x}_1$	-1.2984	-0.7923	$\boldsymbol{y}_1$	3.4684	2.6419
$\boldsymbol{x}_2$	0.5276	-0.0471	$\boldsymbol{y}_2$	4.1201	2.3909
$\boldsymbol{x}_3$	1.2125	0.6658	$\boldsymbol{y}_3$	4.1279	2.7833
$\boldsymbol{x}_4$	-1.7492	-2.3137	$\boldsymbol{y}_4$	3.3628	3.4744
$\boldsymbol{x}_5$	0.8167	-0.0734	$\boldsymbol{y}_5$	0.9611	2.6230

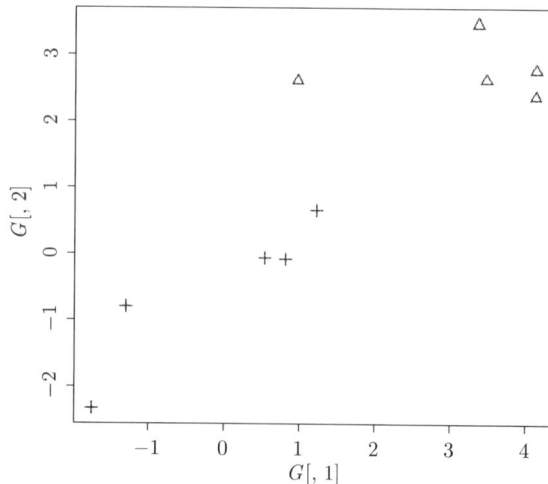

图 6.1　G_1, G_2 的散点图, "+" 表示 G_1 的点, "△" 表示 G_2 的点

解　计算 G_1 中的所有点与 G_2 中的所有点之间的欧氏距离

$$d(\boldsymbol{x}_i, \boldsymbol{y}_j) = \|\boldsymbol{x}_i - \boldsymbol{y}_j\|_2, i, j = 1, 2, 3, 4, 5, i \leqslant j,$$

得到距离矩阵如表 6.4, 由最短距离法, 其最小值即为类 G_1, G_2 的距离, 即

$$D_{12} = \min_{1 \leqslant i,j \leqslant 5} \{d(\boldsymbol{x}_i, \boldsymbol{y}_j)\} = d(\boldsymbol{x}_3, \boldsymbol{y}_5) = 1.9733.$$

表 6.4　类 G_1, G_2 中数据的距离矩阵

	$\boldsymbol{y}_1$	$\boldsymbol{y}_2$	$\boldsymbol{y}_3$	$\boldsymbol{y}_4$	$\boldsymbol{y}_5$
$\boldsymbol{x}_1$	5.8750	6.2843	6.4984	6.3191	4.0951
$\boldsymbol{x}_2$	3.9848	4.3416	4.5796	4.5210	2.7051
$\boldsymbol{x}_3$	2.9990	3.3809	3.6032	3.5372	1.9733
$\boldsymbol{x}_4$	7.1959	7.5221	7.7794	7.7223	5.6318
$\boldsymbol{x}_5$	3.7953	4.1214	4.3732	4.3669	2.7003

□

6.1.4.2　最长距离法

类 G_p, G_q 之间的距离定义为两类中距离最远的点之间的距离, 即

$$D_{pq} = \max_{i \in G_p, j \in G_q} \{d_{ij}\},$$

这种方法称为**最长距离法 (complete linkage method)**.

当聚类过程进行到某一步, 类 G_p, G_q 合并为新类 $G_r = G_p \cup G_q$, 按最长距离法计算新类 G_r 与某一类 $G_k, k \neq p, q$ 的距离, 易得递推公式

$$D_{rk} = \max_{i \in G_r, j \in G_k} \{d_{ij}\}$$

$$= \max \left\{ \max_{\substack{i \in G_p \\ j \in G_k}} \{d_{ij}\}, \max_{\substack{i \in G_q \\ j \in G_k}} \{d_{ij}\} \right\} = \max\{D_{pk}, D_{qk}\}.$$

【例 6.2】　对表 6.3 数据用最长距离法求类 G_1, G_2 的距离.

解　由表 6.4, 由最长距离法, 其最大值即为类 G_1, G_2 的距离, 即

$$D_{12} = \max_{1 \leqslant i,j \leqslant 5} \{d(\boldsymbol{x}_i, \boldsymbol{y}_j)\} = d(\boldsymbol{x}_4, \boldsymbol{y}_3) = 7.7794.$$

□

6.1.4.3　中间距离法

中间距离法 (median linkage method) 的类间距离既不取两类中距离最近的点之间的距离, 也不取两类中距离最远的点之间的距离, 而是取类 G_p 的所有点与 G_q 的所有点之间距离的一个中间距离. 当聚类过程进行到某一步, 类 G_p, G_q 合并为新类 $G_r = G_p \cup G_q$, 按中间距离法计算新类 G_r 与某一类 $G_k, k \neq p, q$ 的距离的递推公式为

$$D_{rk}^2 = \frac{1}{2}(D_{pk}^2 + D_{qk}^2) - \frac{1}{4}D_{pq}^2, \tag{6.3}$$

更一般形式的中间距离法的递推公式为

$$D_{rk}^2 = \frac{1-\beta}{2}(D_{pk}^2 + D_{qk}^2) + \beta D_{pq}^2,$$

当 $\beta < 1$ 时, 称为**可变法**; 当 $\beta = 0$ 时, 称为 **McQuitty 相似分析法**.

【例 6.3】 对表 6.3 数据, 假设 $\boldsymbol{x}_3, \boldsymbol{x}_4, \boldsymbol{x}_5$ 各自单独成类, 即 $G_i = \{\boldsymbol{x}_i\}, i = 3, 4, 5$.
现把 G_3, G_4 合并为新类 $G_6 = G_3 \cup G_4$, 用中间距离法求类 G_5, G_6 的距离.

解 由表 6.4, $D_{35} = d(\boldsymbol{x}_3, \boldsymbol{x}_5) = 1.9733, D_{45} = d(\boldsymbol{x}_4, \boldsymbol{x}_5) = 5.6318, D_{34} = d(\boldsymbol{x}_3,$
$\boldsymbol{x}_4) = 3.5372$. 由中间距离法距离递推公式 (6.3), 类 G_5, G_6 的距离

$$D_{56} = \sqrt{\frac{1}{2}(D_{35}^2 + D_{45}^2) - \frac{1}{4}D_{34}^2} = 3.3984. \qquad \square$$

6.1.4.4 类平均法

类 G_p, G_q 之间的距离定义为两个类中所有点之间距离的平均值, 即

$$D_{pq} = \frac{1}{n_p n_q} \sum_{i \in G_p, j \in G_q} d_{ij},$$

其中, n_p, n_q 分别是类 G_p, G_q 中点的个数. 这种方法称为**类平均法 (average linkage
method)**.

当聚类过程进行到某一步, 类 G_p, G_q 合并为新类 $G_r = G_p \cup G_q$, 按类平均法计算
新类 G_r 与某一类 $G_k, k \neq p, q$ 的距离, 注意到 $n_r = n_p + n_q$, 可得其递推公式为

$$D_{rk} = \frac{1}{n_r n_k} \sum_{i \in G_r, j \in G_k} d_{ij} = \frac{1}{n_r n_k}\left(\sum_{i \in G_p, j \in G_k} d_{ij} + \sum_{i \in G_q, j \in G_k} d_{ij}\right)$$
$$= \frac{1}{n_r n_k}(n_p n_k D_{pk} + n_q n_k D_{qk}) = \frac{n_p}{n_r}D_{pk} + \frac{n_q}{n_r}D_{qk}. \tag{6.4}$$

类平均法的另一种定义是把类与类之间的距离定义为两个类中所有样品点之间距
离平方的平均值, 即,

$$D_{pq}^2 = \frac{1}{n_p n_q} \sum_{i \in G_p, j \in G_q} d_{ij}^2,$$

其递推公式为

$$D_{rk}^2 = \frac{n_p}{n_r}D_{pk}^2 + \frac{n_q}{n_r}D_{qk}^2. \tag{6.5}$$

类平均法比较充分地利用了样品之间的信息, 很多时候被认为是一种比较好的系统聚类法. 递推公式 (6.4) 或式 (6.5) 没有充分反映出 D_{pq} 的影响, 可将递推公式 (6.5) 进一步推广为

$$D_{rk}^2 = (1 - \beta) \left(\frac{n_p}{n_r} D_{pk}^2 + \frac{n_q}{n_r} D_{qk}^2 \right) + \beta D_{pq}^2, \tag{6.6}$$

其中, $\beta < 1$, 称之为**可变类平均法**.

【**例 6.4**】　对表 6.3 数据用类平均法求类 G_1, G_2 的距离.

解　由表 6.4, 由类平均法, 其所有点间距离的平均值即为类 G_1, G_2 的距离, 即

$$D_{12} = \frac{1}{5 \times 5} \sum_{i=1}^{5} \sum_{j=1}^{5} d(\boldsymbol{x}_i, \boldsymbol{y}_j) = 4.7963,$$

或者

$$D_{12}^2 = \frac{1}{5 \times 5} \sum_{i=1}^{5} \sum_{j=1}^{5} d^2(\boldsymbol{x}_i, \boldsymbol{y}_j) = 25.7328. \qquad \square$$

6.1.4.5　重心法

类 G_p, G_q 之间的距离定义为两个类的重心 (平均) 之间的距离, 即

$$D_{pq} = d(\bar{\boldsymbol{x}}_p, \bar{\boldsymbol{x}}_q),$$

其中, $\bar{\boldsymbol{x}}_p, \bar{\boldsymbol{x}}_q$ 分别是类 G_p, G_q 中点的平均值. 这种方法称为**重心法 (centroid linkage method)**. 如果使用欧氏距离, 重心法的距离平方即为

$$D_{pq}^2 = (\bar{\boldsymbol{x}}_p - \bar{\boldsymbol{x}}_q)^{\mathrm{T}} (\bar{\boldsymbol{x}}_p - \bar{\boldsymbol{x}}_q). \tag{6.7}$$

当聚类过程进行到某一步, 类 G_p, G_q 合并为新类 $G_r = G_p \cup G_q$, 按重心法计算新类 G_r 与某一类 $G_k, k \neq p, q$ 的距离, 其递推公式为

$$D_{rk}^2 = \frac{n_p}{n_r} D_{pk}^2 + \frac{n_q}{n_r} D_{qk}^2 - \frac{n_p n_q}{n_r^2} D_{pq}^2. \tag{6.8}$$

事实上, 注意到 $n_r = n_p + n_q$, 并且 $\bar{\boldsymbol{x}}_r = \dfrac{n_p \bar{\boldsymbol{x}}_p + n_q \bar{\boldsymbol{x}}_q}{n_r}$, 从而, $\bar{\boldsymbol{x}}_r - \bar{\boldsymbol{x}}_k = \dfrac{n_p}{n_r} (\bar{\boldsymbol{x}}_p - \bar{\boldsymbol{x}}_k) + \dfrac{n_q}{n_r} (\bar{\boldsymbol{x}}_q - \bar{\boldsymbol{x}}_k)$, 于是,

$$
\begin{aligned}
D_{rk}^2 &= (\bar{\boldsymbol{x}}_r - \bar{\boldsymbol{x}}_k)^{\mathrm{T}} (\bar{\boldsymbol{x}}_r - \bar{\boldsymbol{x}}_k) \\
&= \left[\frac{n_p}{n_r} (\bar{\boldsymbol{x}}_p - \bar{\boldsymbol{x}}_k) + \frac{n_q}{n_r} (\bar{\boldsymbol{x}}_q - \bar{\boldsymbol{x}}_k) \right]^{\mathrm{T}} \left[\frac{n_p}{n_r} (\bar{\boldsymbol{x}}_p - \bar{\boldsymbol{x}}_k) + \frac{n_q}{n_r} (\bar{\boldsymbol{x}}_q - \bar{\boldsymbol{x}}_k) \right] \\
&= \frac{n_p^2}{n_r^2} D_{pk}^2 + \frac{n_q^2}{n_r^2} D_{qk}^2 + \frac{n_p n_q}{n_r^2} (\bar{\boldsymbol{x}}_p - \bar{\boldsymbol{x}}_k)^{\mathrm{T}} (\bar{\boldsymbol{x}}_q - \bar{\boldsymbol{x}}_k) + \frac{n_p n_q}{n_r^2} (\bar{\boldsymbol{x}}_q - \bar{\boldsymbol{x}}_k)^{\mathrm{T}} (\bar{\boldsymbol{x}}_p - \bar{\boldsymbol{x}}_k)
\end{aligned}
$$

$$= \frac{n_p^2}{n_r^2} D_{pk}^2 + \frac{n_q^2}{n_r^2} D_{qk}^2 + \frac{n_p n_q}{n_r^2} (\bar{\boldsymbol{x}}_p - \bar{\boldsymbol{x}}_k)^{\mathrm{T}} (\bar{\boldsymbol{x}}_q - \bar{\boldsymbol{x}}_p + \bar{\boldsymbol{x}}_p - \bar{\boldsymbol{x}}_k) +$$

$$\frac{n_p n_q}{n_r^2} (\bar{\boldsymbol{x}}_q - \bar{\boldsymbol{x}}_k)^{\mathrm{T}} (\bar{\boldsymbol{x}}_p - \bar{\boldsymbol{x}}_q + \bar{\boldsymbol{x}}_q - \bar{\boldsymbol{x}}_k)$$

$$= \frac{n_p}{n_r} D_{pk}^2 + \frac{n_q}{n_r} D_{qk}^2 - \frac{n_p n_q}{n_r^2} D_{pq}^2,$$

即得式 (6.8).

重心法在处理异常值方面更稳健, 但在别的方面一般不如类平均法和离差平方和法 (见 6.1.4.6 节).

【例 6.5】 对表 6.3 数据用类平均法求类 G_1, G_2 的距离.

解 G_1, G_2 的重心分别为 $\bar{\boldsymbol{x}} = (-0.0982, -0.5121)^{\mathrm{T}}, \bar{\boldsymbol{y}} = (3.2081, 2.7827)^{\mathrm{T}}$, 由重心法, 类 G_1, G_2 的距离 $D_{12} = d(\bar{\boldsymbol{x}}, \bar{\boldsymbol{y}}) = 4.6677.$ □

6.1.4.6 离差平方和法

离差平方和法是 Ward 于 1936 年提出来的一种类间距离计算方法, 因此也称为 **Ward 法**. 它是基于方差分析的思想, 如果类分得正确, 则同类样品之间的离差平方和应当较小, 不同类样品之间的离差平方和应当较大. 因此, 类 G_p, G_q 之间的距离平方定义为

$$D_{pq}^2 = W_r - W_p - W_q, \tag{6.9}$$

其中, $G_r = G_p \cup G_q$, 而 $W_t = \sum_{i \in G_t} (\boldsymbol{x}_i - \bar{\boldsymbol{x}}_t)^{\mathrm{T}} (\boldsymbol{x}_i - \bar{\boldsymbol{x}}_t), t = r, p, q$ 是类内点的离差平方和, 反映的是各自类内样品的分散程度. 若 G_p, G_q 两类相距较近, 则合并后所增加的离差平方和 $W_r - W_p - W_q$ 应该较小, 将其定义为 G_p, G_q 两类间距离是合适的.

当聚类过程进行到某一步, 类 G_p, G_q 合并为新类 $G_r = G_p \cup G_q$, 按离差平方和法计算新类 G_r 与某一类 $G_k, k \neq p, q$ 的距离, 其递推公式为

$$D_{rk}^2 = \frac{n_p + n_k}{n_r + n_k} D_{pk}^2 + \frac{n_q + n_k}{n_r + n_k} D_{qk}^2 - \frac{n_k}{n_r + n_k} D_{pq}^2, \tag{6.10}$$

其证明留给读者.

注意到离差平方和法的定义式 (6.9) 也可以写为

$$D_{pq}^2 = \frac{n_p n_q}{n_r} (\bar{\boldsymbol{x}}_p - \bar{\boldsymbol{x}}_q)^{\mathrm{T}} (\bar{\boldsymbol{x}}_p - \bar{\boldsymbol{x}}_q), \tag{6.11}$$

这个结果与使用欧氏距离的重心法定义式 (6.7) 仅相差一个常倍数 $\frac{n_p n_q}{n_r}$, 但是这个倍数与各自类内样品个数有关, 因此离差平方和法的类间距离与样品个数有较大的关系, 这时两个大类倾向于有较大的距离, 因而不易合并, 这更符合对聚类的实际要求. 而重心法的类间距离与样品个数无关, 两个比较大的类即使重心相距较近也有可能合并为一类, 这会倾向于出现很大的类与很小的类并存, 在实际中这往往不太实用. 因而在聚类分析中离差平方和法在很多场合优于重心法, 但它对异常值比较敏感.

【**例 6.6**】　对表 6.3 数据用离差平方和法求类 G_1, G_2 的距离.

解 (法 1)　例 6.5 已经计算得 G_1, G_2 的重心 $\bar{\boldsymbol{x}}, \bar{\boldsymbol{y}}$, 进一步计算得 $G_1 \cup G_2$ 的重心
$\bar{\boldsymbol{z}} = \dfrac{\bar{\boldsymbol{x}} + \bar{\boldsymbol{y}}}{2} = (1.5550, 1.1353)^{\mathrm{T}}$. 直接计算得 $G_1, G_2, G_1 \cup G_2$ 的离差平方和分别为

$$W_1 = \sum_{i=1}^{5} (\boldsymbol{x}_i - \bar{\boldsymbol{x}})^{\mathrm{T}} (\boldsymbol{x}_i - \bar{\boldsymbol{x}}) = \sum_{i=1}^{5} \boldsymbol{x}_i^{\mathrm{T}} \boldsymbol{x}_i - 5\bar{\boldsymbol{x}}^{\mathrm{T}} \bar{\boldsymbol{x}} = 12.2331,$$

$$W_2 = \sum_{i=1}^{5} (\boldsymbol{y}_i - \bar{\boldsymbol{y}})^{\mathrm{T}} (\boldsymbol{y}_i - \bar{\boldsymbol{y}}) = \sum_{i=1}^{5} \boldsymbol{y}_i^{\mathrm{T}} \boldsymbol{y}_i - 5\bar{\boldsymbol{y}}^{\mathrm{T}} \bar{\boldsymbol{y}} = 7.4956,$$

$$W_{12} = \sum_{i=1}^{5} \boldsymbol{x}_i^{\mathrm{T}} \boldsymbol{x}_i + \sum_{i=1}^{5} \boldsymbol{y}_i^{\mathrm{T}} \boldsymbol{y}_i - 10\bar{\boldsymbol{z}}^{\mathrm{T}} \bar{\boldsymbol{z}} = 74.1963.$$

由式 (6.9), 类 G_1, G_2 的距离是 $D_{12} = \sqrt{W_{12} - W_1 - W_2} = 7.3802$.

解 (法 2)　例 6.5 已经计算得用重心法的类 G_1, G_2 的距离 $d(\bar{\boldsymbol{x}}, \bar{\boldsymbol{y}}) = 4.6677$. 由
式 (6.11), 类 G_1, G_2 的距离 $D_{12} = \sqrt{\dfrac{5 \times 5}{5 + 5}} d(\bar{\boldsymbol{x}}, \bar{\boldsymbol{y}}) = 7.3802$.　　□

Lance 和 Williams 于 1967 年给出了一个统一的类间距离递推公式

$$D_{rk}^2 = \alpha_p D_{pk}^2 + \alpha_q D_{qk}^2 + \beta D_{pq}^2 + \gamma |D_{pk}^2 - D_{qk}^2|,$$

这个公式称为 Lance-Williams 公式, 表 6.5 给出了常用类间距离的递推公式在 Lance-Williams 公式中的参数取值. 这些结果在聚类分析的计算机实现中可以减小算法的时间复杂度和空间复杂度, 并且方便打包实现所有算法.

表 6.5　Lance-Williams 公式中不同参数对应的类间距离递推公式

方法	α_p	α_q	β	γ
最短距离法	$\dfrac{1}{2}$	$\dfrac{1}{2}$	0	$\dfrac{-1}{2}$
最长距离法	$\dfrac{1}{2}$	$\dfrac{1}{2}$	0	$\dfrac{1}{2}$
中间距离法	$\dfrac{1}{2}$	$\dfrac{1}{2}$	$\dfrac{-1}{4}$	0
重心法	$\dfrac{n_p}{n_r}$	$\dfrac{n_q}{n_r}$	$\dfrac{-n_p n_q}{n_r^2}$	0
类平均法	$\dfrac{n_p}{n_r}$	$\dfrac{n_q}{n_r}$	0	0
可变类平均法	$\dfrac{(1-\beta)n_p}{n_r}$	$\dfrac{(1-\beta)n_q}{n_r}$	$\beta(<1)$	0
可变法	$\dfrac{(1-\beta)}{2}$	$\dfrac{(1-\beta)}{2}$	$\beta(<1)$	0
离差平方和法	$\dfrac{n_p + n_k}{n_r + n_k}$	$\dfrac{n_q + n_k}{n_r + n_k}$	$-\dfrac{n_k}{n_r + n_k}$	0

6.2 集群倾向的度量

一个关于数据是否有集群倾向的度量是 Hopkins 统计量 (Lawson & Jurs, 1990), 它可以度量数据来自均匀分布的概率. 一个均匀分布的随机数集可以视为完全随机的, 因此, 如果这个概率过大, 可以认为所度量的数据没有聚类倾向, 否则, 应该视数据有集群倾向.

数据集 $\boldsymbol{\mathcal{X}}$ 的 Hopkins 统计量的计算很简单. 首先把数据集 $\boldsymbol{\mathcal{X}}$ 随机分割为两部分 $\boldsymbol{\mathcal{X}}_1$ 和 $\boldsymbol{\mathcal{X}}_2$, 所占比例分别为 p 和 $1 - p$, 其中 p 的取值一般比较小, 比如 0.1, $\boldsymbol{\mathcal{X}}_1$ 的容量记为 m, 计算 $\boldsymbol{\mathcal{X}}_1$ 中 m 个数据点到 $\boldsymbol{\mathcal{X}}_2$ 中数据点的最近的距离, 记为 $W_i, i = 1, 2, \cdots, m$; 然后在 $\boldsymbol{\mathcal{X}}$ 的数据空间中随机产生 m 个均匀分布的随机数据点, 计算它们到 $\boldsymbol{\mathcal{X}}_2$ 中数据点的最近的距离, 记为 $U_i, i = 1, 2, \cdots, m$, 则 Hopkins 统计量定义为

$$H_1 = \frac{\sum\limits_{i=1}^{m} W_i}{\sum\limits_{i=1}^{m} U_i + \sum\limits_{i=1}^{m} W_i}, \tag{6.12}$$

或

$$H_2 = \frac{\sum\limits_{i=1}^{m} U_i}{\sum\limits_{i=1}^{m} U_i + \sum\limits_{i=1}^{m} W_i}. \tag{6.13}$$

显然, $H_1, H_2 \in (0, 1)$. 如果数据的确是均匀的, 也就是没有集群倾向, 那么 $\sum\limits_{i=1}^{m} U_i$ 与 $\sum\limits_{i=1}^{m} W_i$ 应该差不多, 否则, $\sum\limits_{i=1}^{m} U_i$ 比 $\sum\limits_{i=1}^{m} W_i$ 大得多. 因此, 如果 $H_1 \ll 0.5$ 或 $H_2 \gg 0.5$, 那么认为数据有集群倾向, 对数据进行聚类可能产生有意义的结果; 如果 H_1 或 H_2 在 0.5 附近, 那么认为数据没有集群倾向, 这时对数据进行聚类是没有意义的.

严格的集群倾向检验是检验假设

$$H_0 : 数据均匀分布 (没有集群倾向)$$

$$\leftrightarrow H_A : 数据非均匀分布 (有集群倾向),$$

根据 Michael(2005), 如果原假设 H_0 成立, Hopkins 统计量 $H_2 \sim \text{Beta}(m, m)$. 当 $m \geqslant 3$ 时, 一个 $\text{Beta}(m, m)$ 分布的密度函数图像如图 6.2 所示. 因此, 检验的 p 值

$$p\text{-value} = P(|X - 0.5| > |H_2 - 0.5|)$$

$$= \begin{cases} P(X < H_2 或 X > 1 - H_2), & 若 H_2 \leqslant 0.5, \\ P(X > H_2 或 X < 1 - H_2), & 若 H_2 > 0.5, \end{cases}$$

其中, $X \sim \text{Beta}(m, m)$. 若 p-value 小于给定的显著性水平就拒绝原假设, 认为数据有集群倾向.

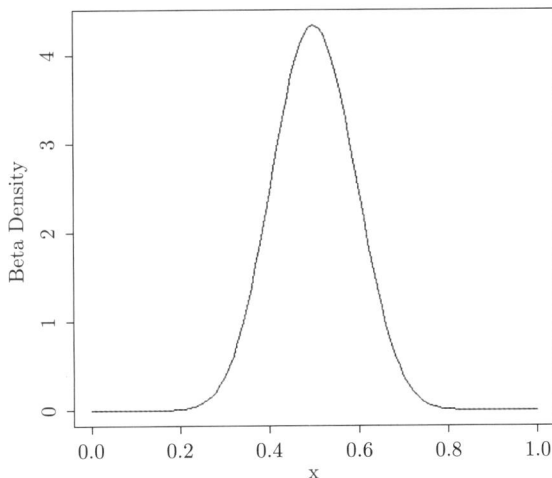

图 6.2 Beta(m, m) 分布的密度函数图像, $m \geqslant 3$

Hopkins 统计量广泛应用于数据挖掘和机器学习等领域, 它计算简单, 可解释性强. 但是, 由于 Hopkins 统计量的计算中使用了随机生成数据, 因此在每一次计算中得到的结果可能不尽相同, 除非使用了固定随机种子.

【例 6.7】(iris.csv) 使用 Hopkins 统计量(6.13), 检验鸢尾花数据集是否具有集群倾向.

解 鸢尾花数据集的样本容量是 $n = 150$, 随机抽取 10% 样品如表 6.6 上半部分, 记这个数据集为 $\mathcal{X}_1$, 容量 $m = 15$, 剩余样品记为 $\mathcal{X}_2$, 容量 $n - m = 135$. 在鸢尾花数据集的样本空间上随机产生 m 个 4 元均匀分布的随机数据点, 记为 $\mathcal{Y}$, 如表 6.6 下半部分所示.

计算表 6.6 的所有样品点到 $\mathcal{X}_2$ 的最近点距离, 得到所有 W_i 和 U_i, 计入表 6.6 最后一列. 由式 (6.13) 计算 Hopkins 统计量 $H_2 = 0.8264 \gg 0.5$, 还可以计算出 p 值 $= P(X > 0.8264$ 或 $X < 0.1736) = 0.00005 \ll 0.05$, 因此, 在 0.05 显著性水平下认为数据有集群倾向.

表 6.6 鸢尾花数据集的随机抽取的 10% 样品 (上半部分) 和随机产生的 4 元均匀分布数据点 (下半部分), 最后一列是这些样本点到 $\mathcal{X}_2$ 的最近距离.

No.	Sepal.Length	Sepal.Width	Petal.Length	Petal.Width	W_i
28	5.2	3.5	1.5	0.2	0.1414
80	5.7	2.6	3.5	1.0	0.3464
101	6.3	3.3	6.0	2.5	0.5000
111	6.5	3.2	5.1	2.0	0.2236
137	6.3	3.4	5.6	2.4	0.2449
133	6.4	2.8	5.6	2.2	0.1000

(续)

No.	Sepal.Length	Sepal.Width	Petal.Length	Petal.Width	W_i
144	6.8	3.2	5.9	2.3	0.2236
132	7.9	3.8	6.4	2.0	0.4123
98	6.2	2.9	4.3	1.3	0.2000
103	7.1	3.0	5.9	2.1	0.3873
90	5.5	2.5	4.0	1.3	0.2000
70	5.6	2.5	3.9	1.1	0.1732
79	6.0	2.9	4.5	1.5	0.2000
116	6.4	3.2	5.3	2.3	0.3000
14	4.3	3.0	1.1	0.1	0.2449

No.	Sepal.Length	Sepal.Width	Petal.Length	Petal.Width	U_i
1	5.3897	2.4830	2.8272	0.8394	0.4266
2	4.8726	2.6211	5.2319	1.3205	0.8337
3	4.4440	4.3812	3.9768	0.2240	2.1017
4	5.0877	3.9376	1.9027	1.4550	1.0108
5	7.2182	3.3280	3.9732	0.3916	1.2327
6	6.1925	3.5514	3.9144	2.2428	0.9034
7	7.5928	2.7484	5.4321	0.1351	1.5808
8	7.2928	3.4924	2.0304	1.9795	2.3583
9	4.4648	2.7914	6.0055	0.3159	2.0125
10	5.9419	3.2048	6.1025	1.3461	0.8039
11	5.2547	3.6250	1.2470	1.0222	0.6192
12	5.3968	3.1640	2.8714	0.2681	1.1124
13	6.1263	2.5854	1.0811	0.8696	1.2598
14	4.9519	3.8371	2.4103	1.7044	1.4089
15	7.0348	2.1771	5.1683	2.3234	0.8893

这里的数值结果和使用的随机数种子有关.　　　　　　　　　　　　　　□

6.3　分层聚类法

分层聚类 (hierarchical clustering) 法又称为系统聚类法或谱系聚类法, 它的基本思想很简单, 首先将每个样品视为单点类, 即每个样品自成一类, 然后逐次进行类的合并, 每次将具有最小距离的两个类合并在一起, 合并后重新计算类与类之间的距离, 这个过程一直继续直到所有的样品归为一类为止, 并把这个过程画成一张谱系图 (dendrogram).

分层聚类法的具体步骤如下:

1. 把每一个样品点单独视为一类, 如果有 n 个样品点就有 n 类, 选择合适的距离, 计算任意两类间距离, 得到距离矩阵 $\boldsymbol{D}^{(0)} = (d_{ij}^{(0)})_{n \times n}$, 这是一个对角线为 0 的 n 阶对称方阵, 一般只需保留下三角的数值;

2. 把最近的两类进行合并, 这只需要选择 $\boldsymbol{D}^{(0)}$ 的最小非对角元素 $d_{kl}^{(0)}$, 它表示的

是类 G_k 和 G_l 之间的距离, 把这两类合并成新类 $G_m = G_k \cup G_l$, 这样就剩下 $n-1$ 类;

3. 使用 Lance-Williams 距离更新公式, 计算新类 G_m 与其他各类的距离, 得到新的距离矩阵 $\boldsymbol{D}^{(1)} = (d_{ij}^{(1)})_{(n-1)\times(n-1)}$, 重复步骤 2, 剩余 $n-2$ 类;

4. 重复步骤 3, 每重复 1 次就减少 1 类, 而且每次合并的两类之间的距离也比上一次更远, 最终在第 $n-1$ 次合并结束时, 只剩下包括全部样品点的一大类;

5. 画出谱系图;

6. 决定分类数目和各类中的成员.

这个分层聚类过程称为聚合形式 (agglomerative). 还有一种反向的形式称为分裂形式 (divisive), 它是首先把所有样品点看作一类, 然后依次进行拆分, 最终得到每个样品点单独成类的 n 类. 分裂形式计算速度慢, 一般很少使用.

【例 6.8】(iris.csv)　对随机抽取的鸢尾花数据集的 6 个样品进行分层聚类, 数据如表 6.7 所示, 点间距离使用欧氏距离, 类间距离分别使用 (1) 最短距离法; (2) 最长距离法; (3) 中间距离法; (4) 重心法; (5) 类平均法; (6) 离差平方和法.

表 6.7　随机抽取的鸢尾花数据集的 6 个样品

No.	Sepal.Length	Sepal.Width	Petal.Length	Petal.Width
28	5.2	3.5	1.5	0.2
80	5.7	2.6	3.5	1.0
101	6.3	3.3	6.0	2.5
111	6.5	3.2	5.1	2.0
137	6.3	3.4	5.6	2.4
133	6.4	2.8	5.6	2.2

解　将 6 个样品各自单独成类, 计算任两点之间的欧氏距离, 得到距离矩阵

$$\boldsymbol{D}^{(0)} = \begin{array}{c} \\ \{28\} \\ \{80\} \\ \{101\} \\ \{111\} \\ \{137\} \\ \{133\} \end{array} \begin{array}{cccccc} \{28\} & \{80\} & \{101\} & \{111\} & \{137\} & \{133\} \\ \begin{pmatrix} 0 & & & & & \\ 2.3875 & 0 & & & & \\ 5.1759 & 3.0578 & 0 & & & \\ 4.2403 & 2.1354 & 1.0536 & 0 & & \\ 4.7823 & 2.7148 & 0.4243 & 0.7000 & 0 & \\ 4.7686 & 2.5259 & 0.7141 & 0.6782 & 0.6403 & 0 \end{pmatrix} \end{array}.$$

(1) 最短距离法. 因为 $d_{53}^{(0)} = 0.4243$ 是 $\boldsymbol{D}^{(0)}$ 中最小的非零元素, 因此合并 $\{101\}$ 和 $\{137\}$ 为 $\{101,137\}$, 计算新类 $\{101,137\}$ 与其他类的距离,

$$D_{\{101,137\},\{28\}} = \min\{D_{\{101\},\{28\}}, D_{\{137\},\{28\}}\} = 4.7823,$$

$$D_{\{101,137\},\{80\}} = \min\{D_{\{101\},\{80\}}, D_{\{137\},\{80\}}\} = 2.7148,$$

$$D_{\{101,137\},\{111\}} = \min\{D_{\{101\},\{111\}}, D_{\{137\},\{111\}}\} = 0.7000,$$

$$D_{\{101,137\},\{133\}} = \min\{D_{\{101\},\{133\}}, D_{\{137\},\{133\}}\} = 0.6403,$$

得到新的距离矩阵

$$\boldsymbol{D}^{(1)} = \begin{array}{c} \\ \{28\} \\ \{80\} \\ \{111\} \\ \{133\} \\ \{101,137\} \end{array} \begin{array}{ccccc} \{28\} & \{80\} & \{111\} & \{133\} & \{101,137\} \\ \begin{pmatrix} 0 & & & & \\ 2.3875 & 0 & & & \\ 4.2403 & 2.1354 & 0 & & \\ 4.7686 & 2.5259 & 0.6782 & 0 & \\ 4.7823 & 2.7148 & 0.7000 & 0.6403 & 0 \end{pmatrix} \end{array}.$$

因为 $d_{54}^{(1)} = 0.6403$ 是 $\boldsymbol{D}^{(1)}$ 中最小的非零元素,因此合并 $\{101,137\}$ 和 $\{133\}$ 为 $\{101,137,133\}$,计算新类 $\{101,137,133\}$ 与其他类的距离,

$$D_{\{101,137,133\},\{28\}} = \min\{D_{\{101,137\},\{28\}}, D_{\{133\},\{28\}}\} = 4.7686,$$

$$D_{\{101,137,133\},\{80\}} = \min\{D_{\{101,137\},\{80\}}, D_{\{133\},\{80\}}\} = 2.5259,$$

$$D_{\{101,137,133\},\{111\}} = \min\{D_{\{101,137\},\{111\}}, D_{\{133\},\{111\}}\} = 0.6782,$$

得到新的距离矩阵

$$\boldsymbol{D}^{(2)} = \begin{array}{c} \\ \{28\} \\ \{80\} \\ \{111\} \\ \{101,137,133\} \end{array} \begin{array}{cccc} \{28\} & \{80\} & \{111\} & \{101,137,133\} \\ \begin{pmatrix} 0 & & & \\ 2.3875 & 0 & & \\ 4.2403 & 2.1354 & 0 & \\ 4.7686 & 2.5259 & 0.6782 & 0 \end{pmatrix} \end{array}.$$

因为 $d_{43}^{(2)} = 0.6782$ 是 $\boldsymbol{D}^{(2)}$ 中最小的非零元素,因此合并 $\{101,137,133\}$ 和 $\{111\}$ 为 $\{101,137,133,111\}$,计算新类 $\{101,137,133,111\}$ 与其他类的距离,

$$D_{\{101,137,133,111\},\{28\}} = \min\{D_{\{101,137,133\},\{28\}}, D_{\{111\},\{28\}}\} = 4.2403,$$

$$D_{\{101,137,133,111\},\{80\}} = \min\{D_{\{101,137,133\},\{80\}}, D_{\{111\},\{80\}}\} = 2.1354,$$

得到新的距离矩阵

$$\boldsymbol{D}^{(3)} = \begin{array}{c} \\ \{28\} \\ \{80\} \\ \{101,137,133,111\} \end{array} \begin{array}{ccc} \{28\} & \{80\} & \{101,137,133,111\} \\ \begin{pmatrix} 0 & & \\ 2.3875 & 0 & \\ 4.2403 & 2.1354 & 0 \end{pmatrix} \end{array}.$$

因为 $d_{32}^{(3)} = 2.1354$ 是 $\boldsymbol{D}^{(3)}$ 中最小的非零元素, 合并 $\{101, 137, 133, 111\}$ 和 $\{80\}$ 为 $\{101, 137, 133, 111, 80\}$, 计算新类 $\{101, 137, 133, 111, 80\}$ 与其他类的距离,

$$\boldsymbol{D}_{\{101,137,133,111,80\},\{28\}} = \min\{D_{\{101,137,133,111\},\{28\}}, D_{\{80\},\{28\}}\}$$
$$= \min\{4.2403, 2.3875\} = 2.3875,$$

得到新的距离矩阵

$$\boldsymbol{D}^{(4)} = \begin{matrix} \{28\} \\ \{101,137,133,111,80\} \end{matrix} \begin{matrix} \{28\} & \{101,137,133,111,80\} \\ \begin{pmatrix} 0 & \\ 2.3875 & 0 \end{pmatrix} \end{matrix}.$$

最后将 $\{101, 137, 133, 111, 80\}$ 与 $\{28\}$ 合并, 完成分层聚类. 画出谱系图如图 6.3 所示, 如果打算聚成 3 类, 图 6.3 已经用方框标出, 这 3 类分别为 $\{28\}$, $\{80\}$ 和 $\{101, 137, 133, 111\}$, 这个结果与实际一致.

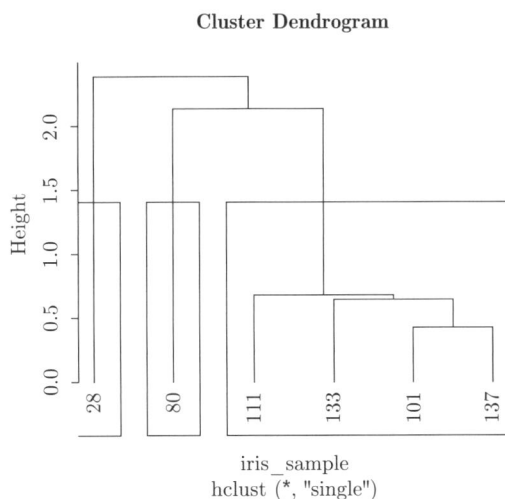

图 6.3 表 6.7 数据的分层聚类谱系图, 使用最短距离法

(2) 最长距离法. 请读者自行完成.

(3) 中间距离法. 因为 $d_{53}^{(0)} = 0.4243$ 是 $\boldsymbol{D}^{(0)}$ 中最小的非零元素, 因此合并 $\{101\}$ 和 $\{137\}$ 为 $\{101, 137\}$, 计算新类 $\{101, 137\}$ 与其他类的距离, 使用 Lance-Williams 公式,

$$D_{\{101,137\},\{28\}} = \sqrt{\frac{D_{\{101\},\{28\}}^2 + D_{\{137\},\{28\}}^2}{2} - \frac{D_{\{101\},\{137\}}^2}{4}} = 4.9785,$$

$$D_{\{101,137\},\{80\}} = \sqrt{\frac{D_{\{101\},\{80\}}^2 + D_{\{137\},\{80\}}^2}{2} - \frac{D_{\{101\},\{137\}}^2}{4}} = 2.8836,$$

$$D_{\{101,137\},\{111\}} = \sqrt{\frac{D_{\{101\},\{111\}}^2 + D_{\{137\},\{111\}}^2}{2} - \frac{D_{\{101\},\{137\}}^2}{4}} = 0.8689,$$

$$D_{\{101,137\},\{133\}} = \sqrt{\frac{D_{\{101\},\{133\}}^2 + D_{\{137\},\{133\}}^2}{2} - \frac{D_{\{101\},\{137\}}^2}{4}} = 0.6442,$$

得到新的距离矩阵

$$\boldsymbol{D}^{(1)} = \begin{array}{c} \\ \{28\} \\ \{80\} \\ \{111\} \\ \{133\} \\ \{101,137\} \end{array} \begin{array}{ccccc} \{28\} & \{80\} & \{111\} & \{133\} & \{101,137\} \\ \left(\begin{array}{ccccc} 0 & & & & \\ 2.3875 & 0 & & & \\ 4.2403 & 2.1354 & 0 & & \\ 4.7686 & 2.5259 & 0.6782 & 0 & \\ 4.9785 & 2.8836 & 0.8689 & 0.6442 & 0 \end{array}\right) \end{array}.$$

因为 $d_{54}^{(1)} = 0.6442$ 是 $\boldsymbol{D}^{(1)}$ 中最小的非零元素, 因此合并 $\{101,137\}$ 和 $\{133\}$ 为 $\{101, 137, 133\}$, 计算新类 $\{101, 137, 133\}$ 与其他类的距离,

$$\begin{aligned} D_{\{101,137,133\},\{28\}} &= \sqrt{\frac{D_{\{101,137\},\{28\}}^2 + D_{\{133\},\{28\}}^2}{2} - \frac{D_{\{101,137\},\{133\}}^2}{4}} \\ &= \sqrt{\frac{4.9785^2 + 4.7686^2}{2} - \frac{0.6442^2}{4}} = 4.8640, \end{aligned}$$

$$\begin{aligned} D_{\{101,137,133\},\{80\}} &= \sqrt{\frac{D_{\{101,137\},\{80\}}^2 + D_{\{133\},\{80\}}^2}{2} - \frac{D_{\{101,137\},\{133\}}^2}{4}} \\ &= \sqrt{\frac{2.8836^2 + 2.5259^2}{2} - \frac{0.6442^2}{4}} = 2.6914, \end{aligned}$$

$$\begin{aligned} D_{\{101,137,133\},\{111\}} &= \sqrt{\frac{D_{\{101,137\},\{111\}}^2 + D_{\{133\},\{111\}}^2}{2} - \frac{D_{\{101,137\},\{133\}}^2}{4}} \\ &= \sqrt{\frac{0.8689^2 + 0.6782^2}{2} - \frac{0.6442^2}{4}} = 0.7098, \end{aligned}$$

得到新的距离矩阵

$$\boldsymbol{D}^{(2)} = \begin{array}{c} \\ \{28\} \\ \{80\} \\ \{111\} \\ \{101,137,133\} \end{array} \begin{array}{cccc} \{28\} & \{80\} & \{111\} & \{101,137,133\} \\ \left(\begin{array}{cccc} 0 & & & \\ 2.3875 & 0 & & \\ 4.2403 & 2.1354 & 0 & \\ 4.8640 & 2.6914 & 0.7098 & 0 \end{array}\right) \end{array}.$$

因为 $d_{43}^{(2)} = 0.7098$ 是 $\boldsymbol{D}^{(2)}$ 中最小的非零元素, 因此合并 $\{101, 137, 133\}$ 和 $\{111\}$ 为 $\{101, 137, 133, 111\}$, 计算新类 $\{101, 137, 133, 111\}$ 与其他类的距离,

$$
\begin{aligned}
D_{\{101,137,133,111\},\{28\}} &= \sqrt{\frac{D_{\{101,137,133\},\{28\}}^2 + D_{\{111\},\{28\}}^2}{2} - \frac{D_{\{101,137,133\},\{111\}}^2}{4}} \\
&= \sqrt{\frac{4.8640^2 + 4.2403^2}{2} - \frac{0.7098^2}{4}} = 4.5490, \\
D_{\{101,137,133,111\},\{80\}} &= \sqrt{\frac{D_{\{101,137,133\},\{80\}}^2 + D_{\{111\},\{80\}}^2}{2} - \frac{D_{\{101,137,133\},\{111\}}^2}{4}} \\
&= \sqrt{\frac{2.6914^2 + 2.1354^2}{2} - \frac{0.7098^2}{4}} = 2.4033,
\end{aligned}
$$

得到新的距离矩阵

$$
\boldsymbol{D}^{(3)} = \begin{matrix} \{28\} \\ \{80\} \\ \{101,137,133,111\} \end{matrix} \begin{pmatrix} \{28\} & \{80\} & \{101,137,133,111\} \\ 0 & & \\ 2.3875 & 0 & \\ 4.5490 & 2.4033 & 0 \end{pmatrix}.
$$

因为 $d_{21}^{(3)} = 2.3875$ 是 $\boldsymbol{D}^{(3)}$ 中最小的非零元素, 因此合并 $\{28\}$ 和 $\{80\}$ 为 $\{28, 80\}$, 计算新类 $\{28, 80\}$ 与其他类的距离,

$$
\begin{aligned}
& D_{\{28,80\},\{101,137,133,111\}} \\
&= \sqrt{\frac{D_{\{28\},\{101,137,133,111\}}^2 + D_{\{80\},\{101,137,133,111\}}^2}{2} - \frac{D_{\{28\},\{80\}}^2}{4}} \\
&= \sqrt{\frac{4.5490^2 + 2.4033^2}{2} - \frac{2.3875^2}{4}} = 3.4365,
\end{aligned}
$$

得到新的距离矩阵

$$
\boldsymbol{D}^{(4)} = \begin{matrix} \{28,80\} \\ \{101,137,133,111\} \end{matrix} \begin{pmatrix} \{28,80\} & \{101,137,133,111\} \\ 0 & \\ 3.4365 & 0 \end{pmatrix}.
$$

最后将 $\{28, 80\}$ 与 $\{101, 137, 133, 111\}$ 合并, 完成分层聚类. 谱系图如图 6.4 所示, 聚成 3 类的结果为 $\{28\}$, $\{80\}$ 和 $\{101, 137, 133, 111\}$, 与实际一致.

(4) 重心法. 请读者自行完成.

(5) 类平均法. 请读者自行完成.

Cluster Dendrogram

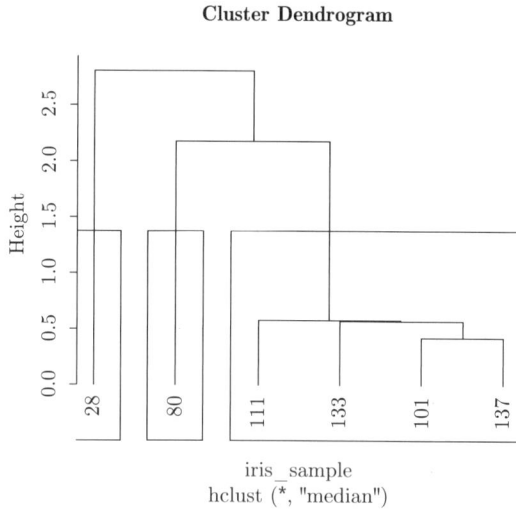

图 6.4　表 6.7 数据的分层聚类谱系图, 使用中间距离法

(6) 离差平方和法. 因为 $d_{53}^{(0)} = 0.4243$ 是 $\boldsymbol{D}^{(0)}$ 中最小的非零元素, 合并 $\{101\}$ 和 $\{137\}$ 为 $\{101, 137\}$, 使用 Lance-Williams 公式计算新类 $\{101, 137\}$ 与其他类的距离,

$$D_{\{101,137\},\{28\}} = \sqrt{\frac{2D_{\{101\},\{28\}}^2 + 2D_{\{137\},\{28\}}^2}{3} - \frac{D_{\{101\},\{137\}}^2}{3}} = 5.7486,$$

$$D_{\{101,137\},\{80\}} = \sqrt{\frac{2D_{\{101\},\{80\}}^2 + 2D_{\{137\},\{80\}}^2}{3} - \frac{D_{\{101\},\{137\}}^2}{3}} = 3.3297,$$

$$D_{\{101,137\},\{111\}} = \sqrt{\frac{2D_{\{101\},\{111\}}^2 + 2D_{\{137\},\{111\}}^2}{3} - \frac{D_{\{101\},\{137\}}^2}{3}} = 1.0033,$$

$$D_{\{101,137\},\{133\}} = \sqrt{\frac{2D_{\{101\},\{133\}}^2 + 2D_{\{137\},\{133\}}^2}{3} - \frac{D_{\{101\},\{137\}}^2}{3}} = 0.7439,$$

得到新的距离矩阵

$$\boldsymbol{D}^{(1)} = \begin{array}{c} \{28\} \\ \{80\} \\ \{111\} \\ \{133\} \\ \{101,137\} \end{array} \begin{pmatrix} & \{28\} & \{80\} & \{111\} & \{133\} & \{101,137\} \\ 0 & & & & \\ 2.3875 & 0 & & & \\ 4.2403 & 2.1354 & 0 & & \\ 4.7686 & 2.5259 & 0.6782 & 0 & \\ 5.7486 & 3.3297 & 1.0033 & 0.7439 & 0 \end{pmatrix}.$$

因为 $d_{43}^{(1)} = 0.6782$ 是 $\boldsymbol{D}^{(1)}$ 中最小的非零元素, 合并 $\{111\}$ 和 $\{133\}$ 为 $\{111, 133\}$, 计算新类 $\{111, 133\}$ 与其他类的距离,

$$D_{\{111,133\},\{28\}} = \sqrt{\frac{2D_{\{111\},\{28\}}^2 + 2D_{\{133\},\{28\}}^2 - D_{\{111\},\{133\}}^2}{3}}$$

$$= \sqrt{\frac{2 \times 4.2403^2 + 2 \times 4.7686^2 - 0.6782^2}{3}} = 5.1955,$$

$$D_{\{111,133\},\{80\}} = \sqrt{\frac{2D_{\{111\},\{80\}}^2 + 2D_{\{133\},\{80\}}^2 - D_{\{111\},\{133\}}^2}{3}}$$

$$= \sqrt{\frac{2 \times 2.1354^2 + 2 \times 2.5259^2 - 0.6782^2}{3}} = 2.6721,$$

$$D_{\{111,133\},\{101,137\}} = \sqrt{\frac{3D_{\{111\},\{101,137\}}^2 + 3D_{\{133\},\{101,137\}}^2 - 2D_{\{111\},\{133\}}^2}{4}}$$

$$= \sqrt{\frac{3 \times 1.0033^2 + 3 \times 0.7439^2 - 2 \times 0.6782^2}{4}} = 0.9695,$$

得到新的距离矩阵

$$\boldsymbol{D}^{(2)} = \begin{array}{c} \\ \{28\} \\ \{80\} \\ \{101,137\} \\ \{111,133\} \end{array} \begin{pmatrix} \{28\} & \{80\} & \{101,137\} & \{111,133\} \\ 0 & & & \\ 2.3875 & 0 & & \\ 5.7486 & 3.3297 & 0 & \\ 5.1955 & 2.6721 & 0.9695 & 0 \end{pmatrix}.$$

因为 $d_{43}^{(2)} = 0.9695$ 是 $\boldsymbol{D}^{(2)}$ 中最小的非零元素, 合并 $\{111,133\}$ 和 $\{101,137\}$ 为 $\{111,133,101,137\}$, 计算新类 $\{111,133,101,137\}$ 与其他类的距离,

$$D_{\{111,133,101,137\},\{28\}}$$

$$= \sqrt{\frac{3D_{\{111,133\},\{28\}}^2 + 3D_{\{101,137\},\{28\}}^2 - D_{\{111,133\},\{101,137\}}^2}{5}}$$

$$= \sqrt{\frac{3 \times 5.1955^2 + 3 \times 5.7486^2 - 0.9695^2}{5}} = 5.9863,$$

$$D_{\{111,133,101,137\},\{80\}}$$

$$= \sqrt{\frac{3D_{\{111,133\},\{80\}}^2 + 3D_{\{101,137\},\{80\}}^2 - D_{\{111,133\},\{101,137\}}^2}{5}}$$

$$= \sqrt{\frac{3 \times 2.6721^2 + 3 \times 3.3297^2 - 0.9695^2}{5}} = 3.2784,$$

得到新的距离矩阵

$$\boldsymbol{D}^{(3)} = \begin{array}{c} \\ \{28\} \\ \{80\} \\ \{111,133,101,137\} \end{array} \begin{pmatrix} \{28\} & \{80\} & \{111,133,101,137\} \\ 0 & & \\ 2.3875 & 0 & \\ 5.9863 & 3.2784 & 0 \end{pmatrix}.$$

因为 $d_{21}^{(3)} = 2.3875$ 是 $\boldsymbol{D}^{(3)}$ 中最小的非零元素, 因此合并 $\{28\}$ 和 $\{80\}$ 为 $\{28, 80\}$, 计算新类 $\{28, 80\}$ 与其他类的距离,

$$
\begin{aligned}
&D_{\{28,80\},\{111,133,101,137\}}\\
&=\sqrt{\frac{5D_{\{28\},\{111,133,101,137\}}^2 + 5D_{\{80\},\{111,133,101,137\}}^2 - 4D_{\{28\},\{80\}}^2}{6}}\\
&=\sqrt{\frac{5 \times 5.9863^2 + 5 \times 3.2784^2 - 4 \times 2.3875^2}{6}} = 5.9178,
\end{aligned}
$$

得到新的距离矩阵

$$
\boldsymbol{D}^{(4)} = \begin{array}{c} \{28,80\} \\ \{101,137,133,111\} \end{array}
\begin{pmatrix}
\{28,80\} & \{101,137,133,111\} \\
0 & \\
5.9178 & 0
\end{pmatrix}.
$$

最后将 $\{28, 80\}$ 与 $\{101, 137, 133, 111\}$ 合并, 完成分层聚类. 谱系图如图 6.5 所示, 聚成 3 类的结果为 $\{28\}$, $\{80\}$ 和 $\{101, 137, 133, 111\}$, 与实际一致. □

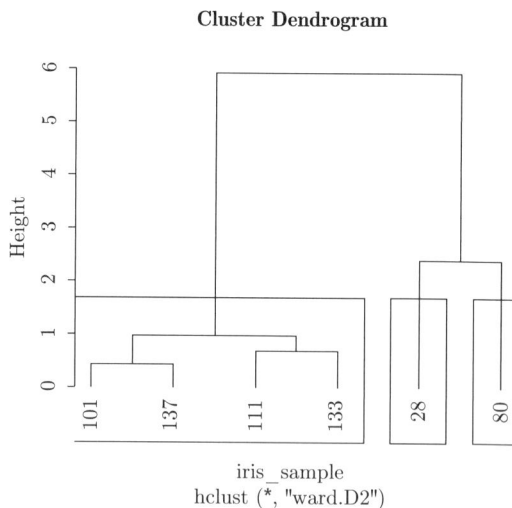

Cluster Dendrogram

iris_sample
hclust (*, "ward.D2")

图 6.5　表 6.7 数据的分层聚类谱系图, 使用离差平方和法

【例 6.9】(iris.csv)　对鸢尾花的 4 个属性变量: 萼片长度 (Sepal.Length), 萼片宽度 (Sepal.Width), 花瓣长度 (Petal.Length), 花瓣宽度 (Petal.Width) 进行分层聚类.

解　因为数据是连续型, 可以使用 Pearson 线性相关距离 $1 - |r_{ij}|$, r_{ij} 是变量 $X_i, X_j, i, j = 1, 2, \cdots, p$ 的 Pearson 相关系数. 记 $\boldsymbol{\mathcal{X}}$ 是 iris 的前 4 列构成的数据矩阵,

首先计算 4 个属性变量的相关阵 $\boldsymbol{R} =$

	Sepal.Length	Sepal.Width	Petal.Length	Petal.Width
Sepal.Length	1.0000	-0.1176	0.8718	0.8179
Sepal.Width	-0.1176	1.0000	-0.4284	-0.3661
Petal.Length	0.8718	-0.4284	1.0000	0.9629
Petal.Width	0.8179	-0.3661	0.9629	1.0000

计算 Pearson 线性相关距离矩阵 $\boldsymbol{D} =$

	Sepal.Length	Sepal.Width	Petal.Length	Petal.Width
Sepal.Length	0			
Sepal.Width	0.8824	0		
Petal.Length	0.1283	0.5716	0	
Petal.Width	0.1821	0.6339	0.0371	0

　　类间距离分别使用最短距离法, 最长距离法, 中间距离法, 重心法, 类平均法, 离差平方和法, 聚类结果基本一样, 图 6.6 是最短距离法的谱系图, 可以看出, Petal.Length 和 Petal.Width 两个变量最先合并, 这意味着这两个变量是很相似的.

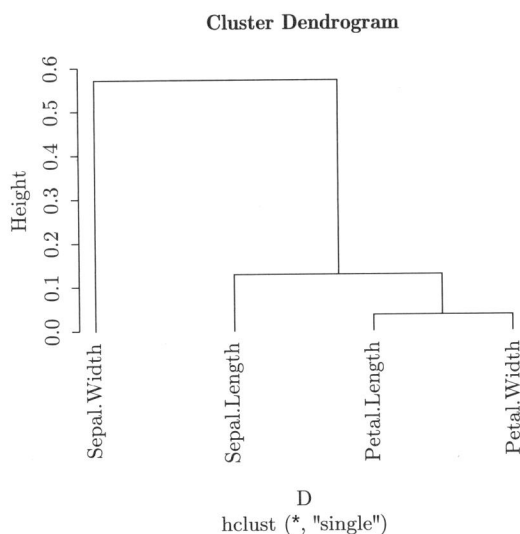

Cluster Dendrogram

图 6.6　鸢尾花数据集的 R 型聚类谱系图, 使用最短距离法

　　图 6.7 是这两个变量的核密度估计曲线, 图 6.7a 是原始数据, 对数据做标准化之后得到图 6.7b, 可以看出两个变量是高度相似的.　　　　　　　　　　　　□

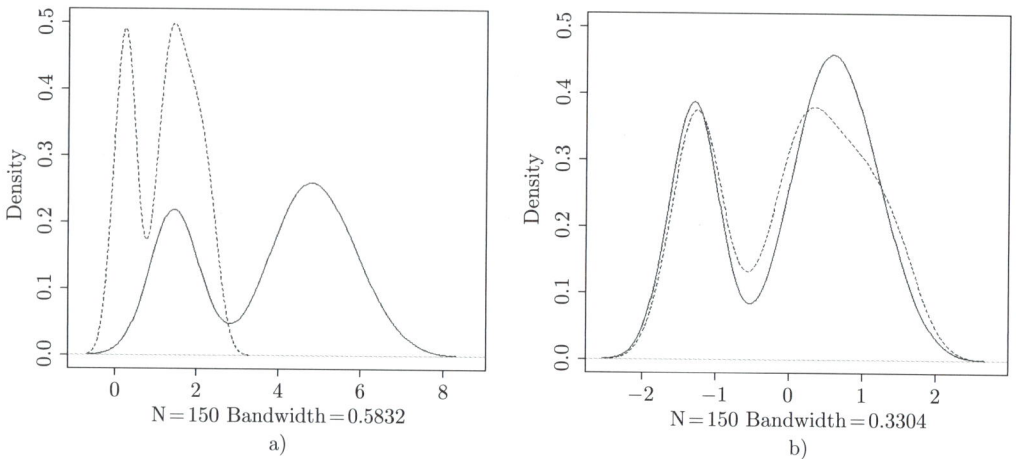

图 6.7   **Petal.Length** 和 **Petal.Width** 的核密度估计曲线, a) 原始数据; b) 标准化数据

6.4   动态聚类法

分层聚类法在一次形成类之后就不再改变, 在并类过程中, 需要将每类样品与其他类样品之间逐一比较, 计算量较大, 对于大样本问题, 分层聚类法可能会受限于计算机内存或计算时间而无法实现.

动态聚类法又称为逐步聚类法, 其基本思想是, 开始时先选择一批凝聚点或给出一个初始聚类, 使样品按照某种规则向凝聚点聚集, 并对凝聚点进行不断更新, 直至分类比较合理或迭代达到稳定为止. 这样就形成一个最终的聚类结果. 相比于分层聚类法, 动态聚类法的计算量小得多, 面对大数据时动态聚类法往往更受青睐.

6.4.1   k 均值聚类

6.4.1.1   k-means

动态聚类法有许多种不同的方法, 其中最为流行的一种是 k-means, 即 k 均值聚类法, 它是由 MacQueen 于 1967 年提出并命名的一种快速聚类算法, 它采用分割方法实现聚类. 所谓分割, 是指首先将样本空间随意分隔成若干区域 (类) , 然后将所有样品分配到最近的区域形成初始聚类. 好的聚类结果应该使类内样品结构相似而类间结构有显著差异. 根据这个想法, 把初始聚类结果反复修正, 以达到聚类要求.

记样本为 $x_i, i = 1, 2, \cdots, n$, 使用欧氏距离, 则 k-means 聚类算法的具体步骤如下:

1. 指定聚类数目 k. 在 k-means 聚类过程中, 要求首先给出聚类数目. 聚类数目的确定本身并不简单, 既要考虑最终的聚类结果, 又要满足研究问题的实际需要. 类的数目过大或过小都将失去聚类的意义.

2. 确定 k 个初始中心凝聚点, 或者将所有样品分成 k 个初始类, 然后将这 k 个类

的重心 (均值) 作为初始中心凝聚点. 记初始中心凝聚点集为

$$L^{(0)} = \{\bar{\boldsymbol{x}}_1^{(0)}, \bar{\boldsymbol{x}}_2^{(0)}, \cdots, \bar{\boldsymbol{x}}_k^{(0)}\}.$$

根据最近原则进行聚类. 依次计算每个观测点到 k 个中心凝聚点的距离, 并按照离中心凝聚点最近的原则, 将所有样品分配到最近的类中, 即,

$$G_i^{(0)} = \{\boldsymbol{x} : d(\boldsymbol{x}, \bar{\boldsymbol{x}}_i^{(0)}) \leqslant d(\boldsymbol{x}, \bar{\boldsymbol{x}}_j^{(0)}), j = 1, 2, \cdots, k, j \neq i\}, i = 1, 2, \cdots, k.$$

这样就形成不相交的 k 个类

$$G^{(0)} = \{G_1^{(0)}, G_2^{(0)}, \cdots, G_k^{(0)}\}.$$

3. 重新确定 k 个类的中心点. 依次计算各类的重心, 即各类中所有样品点的均值

$$\bar{\boldsymbol{x}}_i^{(1)} = \frac{1}{n_i} \sum_{\boldsymbol{x}_l \in G_i^{(0)}} \boldsymbol{x}_l, i = 1, 2, \cdots, k,$$

其中, n_i 是类 $G_i^{(0)}$ 的容量, $i = 1, 2, \cdots, k$. 以这些重心点作为 k 个类的新的中心凝聚点

$$L^{(1)} = \{\bar{\boldsymbol{x}}_1^{(1)}, \bar{\boldsymbol{x}}_2^{(1)}, \cdots, \bar{\boldsymbol{x}}_k^{(1)}\}.$$

按最近原则重新归类

$$G_i^{(1)} = \{\boldsymbol{x} : d(\boldsymbol{x}, \bar{\boldsymbol{x}}_i^{(1)}) \leqslant d(\boldsymbol{x}, \bar{\boldsymbol{x}}_j^{(1)}), j = 1, 2, \cdots, k, j \neq i\}, i = 1, 2, \cdots, k,$$

形成新的 k 个类

$$G^{(1)} = \{G_1^{(1)}, G_2^{(1)}, \cdots, G_k^{(1)}\}.$$

4. 判断是否已经满足聚类算法的迭代终止条件, 如果未满足则返回到第 3 步, 并重复上述过程, 直至满足迭代终止条件.

上述第 2 步中, 初始中心凝聚点的合理性将直接影响聚类算法的收敛速度. 常用初始中心凝聚点的指定方法有:

1. 经验选择法. 根据以往经验大致确定类的个数, 选择每个类中具有代表性的点作为初始中心凝聚点.

2. 随机选择法. 随机选择 k 个初始中心凝聚点.

3. 最小最大法. 设有 n 个样品 $\boldsymbol{x}_i, i = 1, 2, \cdots, n$. 先选择所有样品中距离最远的两个点 $\boldsymbol{x}_{i_1}, \boldsymbol{x}_{i_2}$ 作为初始中心凝聚点, 即, 选择 $\boldsymbol{x}_{i_1}, \boldsymbol{x}_{i_2}$ 满足

$$d(\boldsymbol{x}_{i_1}, \boldsymbol{x}_{i_2}) = \max_{1 \leqslant i, j \leqslant n} \{d(\boldsymbol{x}_i, \boldsymbol{x}_j)\}.$$

然后选择第 3 个凝聚点 $\boldsymbol{x}_{i_3}$, 使得 $\boldsymbol{x}_{i_3}$ 与已确定的两个凝聚点的距离的最小者等于所有其余点与已确定的两个凝聚点的距离的最小者中的最大者, 即,

$$\min_{r=1,2}\{d(\boldsymbol{x}_{i_3}, \boldsymbol{x}_{i_r})\} = \max_{j \neq i_1, i_2}\left\{\min_{r=1,2}\{d(\boldsymbol{x}_j, \boldsymbol{x}_{i_r})\}\right\}.$$

依次下去, 若已经选择了 $l(<k)$ 个凝聚点, 则选择第 $l+1$ 个凝聚点满足

$$\min_{1\leqslant r\leqslant l}\{d(\boldsymbol{x}_{i_3},\boldsymbol{x}_{i_r})\}=\max_{j\neq i_1,i_2,\cdots,i_l}\left\{\min_{1\leqslant r\leqslant l}\{d(\boldsymbol{x}_j,\boldsymbol{x}_{i_r})\}\right\}.$$

直至选择 k 个初始中心凝聚点.

k-means 聚类法是一个反复迭代的过程, 样品所属的类会不断调整. 设在第 m 次迭代得到分类

$$G^{(m)}=\{G_1^{(m)},G_2^{(m)},\cdots,G_k^{(m)}\}.$$

在以上迭代中, 聚类中心

$$\bar{\boldsymbol{x}}_i^{(m)}=\frac{1}{n_i}\sum_{\boldsymbol{x}_l\in G_i^{(m-1)}}\boldsymbol{x}_l,i=1,2,\cdots,k$$

是 $G^{(m-1)}$ 的重心, 它们一般不再是样本中的点, 一般也不再是 $G^{(m)}$ 的重心. 当 m 逐渐增大时, 分类趋于稳定, $\boldsymbol{x}_i^{(m)},i=1,2,\cdots,k$ 就会近似成为 $G^{(m)}$ 的重心, 从而, $\bar{\boldsymbol{x}}_i^{(m+1)}\approx\bar{\boldsymbol{x}}_i^{(m)},G^{(m+1)}\approx G^{(m)}$. 记

$$D(\bar{\boldsymbol{x}}_i^{(m)},G_i^{(m)})=\sum_{\boldsymbol{x}_l\in G_i^{(m)}}d(\bar{\boldsymbol{x}}_i^{(m)},\boldsymbol{x}_l),\ u_m=\sum_{i=1}^k D(\bar{\boldsymbol{x}}_i^{(m)},G_i^{(m)}),$$

可以证明, 非负数列 $\{u_m\}$ 单调递减且有下界, 因此, $\lim\limits_{m\to\infty}u_m$ 存在, u_m 会逐渐稳定, 分类结果也会逐渐稳定, 也称 k-means 算法具有收敛性. 因此, k-means 算法的迭代终止条件通常取下述两者之一:

1. 迭代次数达到指定最大迭代次数;
2. 新的中心凝聚点的改变量小于某个指定值, 即, 若设

$$d^{(m)}=\max_{1\leqslant i\leqslant k}\{d(\bar{\boldsymbol{x}}_i^{(m)},\bar{\boldsymbol{x}}_i^{(m+1)})\},m=0,1,2,\cdots$$

给定 $\varepsilon>0$, $|d^{(m+1)}-d^{(m)}|<\varepsilon$ 或 $d^{(m)}<\varepsilon d^{(0)}$ 都可作为迭代终止条件.

k-means 聚类速度快, 对大样本数据具有显著优势. 下面的例子是一个随机模拟的大容量高维样本.

【例 6.10】   设有 $\mathbb{R}^{100}$ 上的两个类 G_1,G_2, $G_j,j=1,2$ 中的各 1000 个样品分别来自正态分布 $N_{100}(\boldsymbol{\mu}_j,\boldsymbol{\Sigma}_j)$, 其中, $\boldsymbol{\mu}_j=j\mathbf{1}_{100},j=1,2$,

$$\boldsymbol{\Sigma}_1=\left(\begin{array}{cc}0.1 & 0.01 \\ 0.01 & 0.1\end{array}\right)\otimes I_{50},\ \boldsymbol{\Sigma}_2=\left(\begin{array}{cc}0.1 & -0.01 \\ -0.01 & 0.1\end{array}\right)\otimes I_{50}.$$

画出 G_1,G_2 的前 2 个维度的散点图如图 6.7a 所示. 将数据混合之后利用 k-means 聚类法将数据聚为 2 类, 观察其聚类效果.

解　在 2000 个数据点中随机选取 2 个作为初始凝聚点, k-means 聚类法迭代得到两个最终的凝聚点 (聚类中心) $\bar{x}_j, j = 1, 2$, 它们与真实的类中心 $\boldsymbol{\mu}_j = j\mathbf{1}_{100}, j = 1, 2$ 的欧氏距离

$$\|\bar{x}_1 - \mathbf{1}_{100}\|_2 = 0.1036, \quad \|\bar{x}_2 - 2\mathbf{1}_{100}\|_2 = 0.0905.$$

聚类结果如图 6.8b 所示, 其中, 标记 "1" 和 "2" 表示数据点聚类结果的类别. 从聚类效果来看, k-means 聚类方法可以准确地把两类数据分开. □

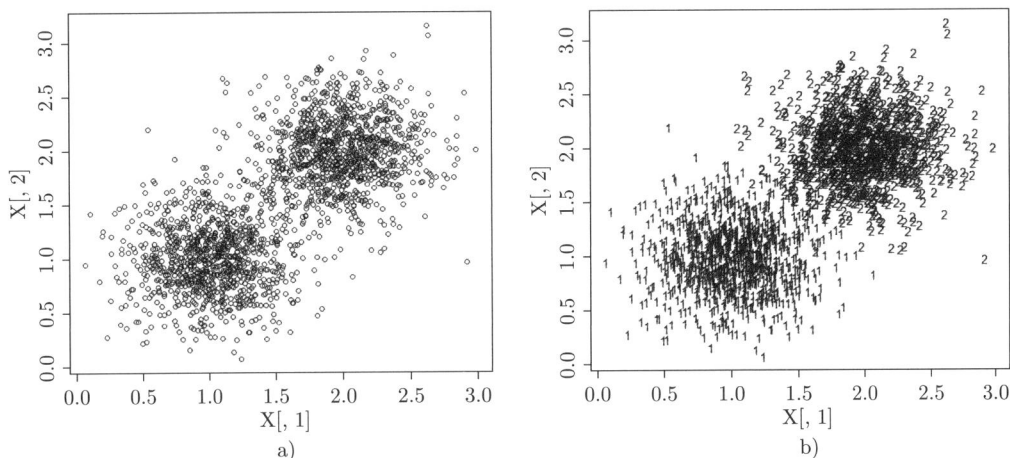

图 6.8　100 维的随机数点的前 2 维的散点图, a) 原始数据; b) k-means 聚类结果

6.4.1.2 k-medoids 与 k-modes

k-means 聚类方法计算速度很快, 尤其适用于高维大数据的情形, 但是, 它也存在不足, 因为 k-means 聚类的凝聚点的迭代是计算类均值, 这将带来 3 个问题.

1. 在统计学中, 均值是不稳健的, 它容易受极端值影响, 比如一个二维空间上的类 $G = \{(1, 1), (3, 5)\}$, 其重心是 $(2, 3)$, 如果加入一个样本点 $(86, 84)$, 其重心会 "畸变" 为 $(30, 30)$, 这可能会严重影响后续的聚类效果, 这在偏态分布数据的聚类问题中是一个不得不考虑的问题;

2. 类的重心大部分时候都不再是类中的点, 这给凝聚点的解释带来困难;

3. k-means 聚类只适用于连续型数据.

为了解决 k-means 聚类方法的前两个问题, k-medoids 即 k 中心点聚类提出了新的凝聚点选择方法, 可以保证凝聚点始终是某一些数据点, 同时不受极端值影响. k-medoids 方法通过不断找出每个样本点到其他所有点的距离的最小值来修正凝聚点, 这大幅增加了计算时间, 因此对大规模数据聚类显得力不从心, 只能适用于小规模的数据.

k-medoids 算法的具体步骤如下:

1. 指定聚类数目 k.

2. 确定 k 个初始中心凝聚点, 依次计算除凝聚点外的每个观测点到 k 个中心凝

聚点的距离, 并按照离中心凝聚点最近的原则, 将所有样品分配到最近的类中, 形成 k 个类.

3. 重新确定 k 个类的中心点. 依次计算每个类中除凝聚点外的样本点到其他所有点的距离之和, 取得最小值的点作为新的凝聚点, 形成 k 个新的类.

4. 判断是否已经满足聚类算法的迭代终止条件, 如果未满足则返回到第 3 步, 并重复上述过程, 直至满足迭代终止条件.

k-medoids 算法还使用了一个代价函数来估计聚类质量.

显然, k-medoids 算法和 k-means 聚类算法的差异在第 3 步, 前者的凝聚点取自样本数据, 而后者的凝聚点取自整个样本空间.

【例 6.11】 对例 6.10 数据利用 k-medoids 方法将数据聚为 2 类, 结果如图 6.9 所示. □

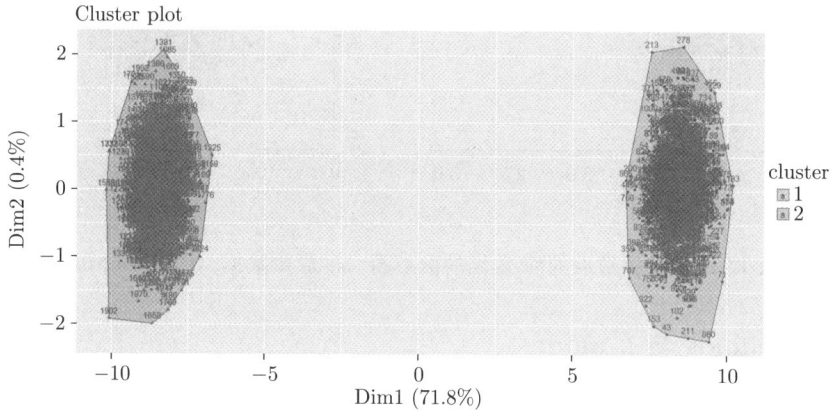

图 6.9 例 6.10 数据的 k-medoids 聚类结果

k-medoids 算法是 k-means 聚类的稳健版本, 它解决了 k-means 聚类算法的前两个问题. 针对第 3 个问题, k-modes 即 k 众数聚类算法可以适用于分类数据 (有序或无序) 的聚类, 其算法思想很简单, 凝聚点的更新采用的是类中的众数, 距离采用定性数据的距离计算方法. 因而其时间复杂度比 k-means 算法和 k-medoids 算法都要低.

【例 6.12】(iris.csv) 把鸢尾花的 4 个属性: 萼片长度 (Sepal.Length), 萼片宽度 (Sepal.Width), 花瓣长度 (Petal.Length), 花瓣宽度 (Petal.Width) 转化为分类变量, 用变量各自的观测值的四分位数 q_1, q_2, q_3 对数据进行分割, 如果数据 $\leqslant q_1$ 就用 1 代替, $> q_1$ 同时 $\leqslant q_2$ 就用 2 代替, $> q_2$ 同时 $\leqslant q_3$ 就用 3 代替, $> q_3$ 就用 4 代替. 这样就得到一个 150×4 的分类型数据集 $\mathcal{Y}$, 利用 k-modes 聚类法将数据聚为 3 类.

解 k-modes 聚类得到 3 类的容量分别是 60, 38, 52, 正确率有 0.8133. 与此相比, k-means 聚类得到 3 类的容量分别是 62, 38, 50, 正确率有 0.8933, 类中心分别

为 (5.9016, 2.7484, 4.3935, 1.4339), (6.8500, 3.0737, 5.7421, 2.0711), (5.0060, 3.4280, 1.4620, 0.2460), 均不在原始样本中; k-medoids 聚类得到 3 类的容量分别是 62, 38, 50, 正确率有 0.8933, 类中心分别为 8, 79, 113 号样品.

以 iris 数据集的 Sepal.Length 为横坐标, 以 Petal.Length 为纵坐标做散点图如图 6.10 所示, 其中, a 是原始数据, b 是 k-modes 聚类结果, c 是 k-means 聚类结果, d 是 k-medoids 聚类结果. □

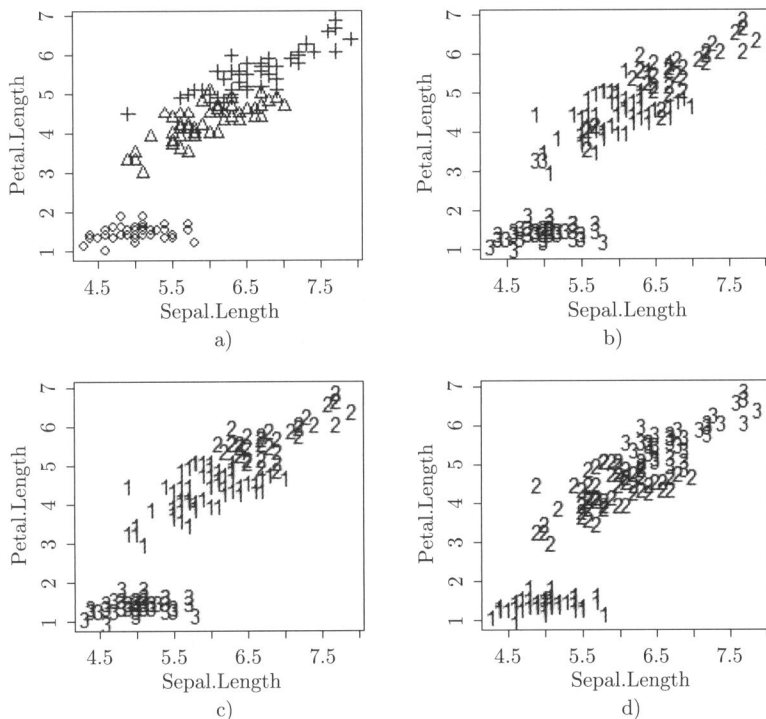

图 6.10　使用不同方法对鸢尾花数据集的聚类结果, a) 原始数据; b) k-modes 聚类结果;
c) k-means 聚类结果; d) k-medoids 聚类结果

注意例 6.12 的数值结果和使用的随机数种子有关.

6.4.1.3 k-means 再讨论

除了 k-modes 算法, 上述的动态聚类我们使用的都是欧氏距离 (即 L_2 距离), 此时, k-means 聚类算法每次迭代后新的聚类中心是类的重心 (均值), 即

$$\bar{\boldsymbol{x}}_i^{(m)} = \frac{1}{n_i} \sum_{\boldsymbol{x}_l \in G_i^{(m-1)}} \boldsymbol{x}_l, i = 1, 2, \cdots, k,$$

其中, n_i 是类 $G_i^{(m-1)}$ 的容量, $i = 1, 2, \cdots, k$. 之所以使用类的重心作为聚类中心, 是因为重心是到类内所有点的距离之和的最小值点, 即

$$\arg \min_{\boldsymbol{a} \in \mathbb{R}^p} \sum_{\boldsymbol{x}_l \in G_i^{(m)}} (\boldsymbol{a} - \boldsymbol{x}_l)^{\mathrm{T}} (\boldsymbol{a} - \boldsymbol{x}_l)$$

$$= \arg\min_{\boldsymbol{a}\in\mathbb{R}^p} \sum_{\boldsymbol{x}_l\in G_i^{(m)}} \sum_{j=1}^p (a_j - x_{lj})^2$$

$$= \frac{1}{n_i} \sum_{\boldsymbol{x}_l\in G_i^{(m)}} \boldsymbol{x}_l = \bar{\boldsymbol{x}}_i^{(m+1)}, \ i=1,2,\cdots,k,$$

其中, p 是样本空间的维数, $\boldsymbol{a}=(a_1,a_2,\cdots,a_p)^{\mathrm{T}}, \boldsymbol{x}_l=(x_{l1},x_{l2},\cdots,x_{lp})^{\mathrm{T}}$. 考虑到计算的方便性, 用欧氏距离平方代替了欧氏距离. 这就是最小二乘问题. 当 $m\to\infty$ 时,

$$\boldsymbol{x}_i^{(m+1)} = \boldsymbol{x}_i^{(m)}, \ i=1,2,\cdots,k.$$

这就是使用欧氏距离时 k-means 算法使用重心做聚类中心的原因.

如果在 k-means 聚类算法中使用绝对值距离 (即 L_1 距离), 聚类中心不宜使用重心. 事实上, 我们希望聚类中心是到类中所有点的距离之和的最小值点, 即第 i 类在第 m 次迭代之后的新的聚类中心应该是

$$\boldsymbol{g}_i^{(m+1)} = \arg\min_{\boldsymbol{a}\in\mathbb{R}^p} \sum_{\boldsymbol{x}_l\in G_i^{(m)}} \|\boldsymbol{a}-\boldsymbol{x}_l\|_1 = \arg\min_{\boldsymbol{a}\in\mathbb{R}^p} \sum_{\boldsymbol{x}_l\in G_i^{(m)}} \sum_{j=1}^p |a_j - x_{lj}|$$

$$= (g_{i1}^{(m+1)}, g_{i2}^{(m+1)}, \cdots, g_{ip}^{(m+1)})^{\mathrm{T}}, \ i=1,2,\cdots,k,$$

其中, $g_{ij}^{(m+1)}$ 是 $\{x_{lj}, \boldsymbol{x}_l\in G_i^{(m)}\}$ 的中位数, $i=1,2,\cdots,k$, 进而, $\boldsymbol{g}_i^{(m+1)}=(g_{i1}^{(m+1)}, g_{i2}^{(m+1)},\cdots,g_{ip}^{(m+1)})^{\mathrm{T}}$ 称为 $G_i^{(m)}$ 的**中位向量**或**几何中位数 (geometric median)**. 因此, 使用绝对值距离时的聚类中心应该取成类的中位向量.

需要注意的是, 尽管中位向量的每一个维度的值都在类中对应维度的取值范围内, 但是中位向量不一定在类中. 因此, 这种算法与 k-medoids 聚类并不一样. 但是, 因为这种算法使用了中位数替代平均值, 因此也具有稳健性.

如果使用一般的闵可夫斯基距离 L_q, 第 i 类在第 m 次迭代之后的新的聚类中心应该是

$$\boldsymbol{c}_i^{(m+1)} = \arg\min_{\boldsymbol{a}\in\mathbb{R}^p} \sum_{\boldsymbol{x}_l\in G_i^{(m)}} \|\boldsymbol{a}-\boldsymbol{x}_l\|_q^q = \arg\min_{\boldsymbol{a}\in\mathbb{R}^p} \sum_{\boldsymbol{x}_l\in G_i^{(m)}} \sum_{j=1}^p |a_j - x_{lj}|^q$$

$$= (c_{i1}^{(m+1)}, c_{i2}^{(m+1)}, \cdots, c_{ip}^{(m+1)})^{\mathrm{T}}, \ i=1,2,\cdots,k,$$

其中,

$$c_{ij}^{(m+1)} = \arg\min_{\boldsymbol{a}\in\mathbb{R}^p} \sum_{\boldsymbol{x}_l\in G_i^{(m)}} |a_j - x_{lj}|^q, j=1,2,\cdots,p, i=1,2,\cdots,k.$$

这里, 我们把 $\boldsymbol{c}_i^{(m+1)}=(c_{i1}^{(m+1)}, c_{i2}^{(m+1)},\cdots,c_{ip}^{(m+1)})^{\mathrm{T}}$ 称为 $G_i^{(m)}$ 的 q **中心向量**. 因此, 使用 L_q 距离时的聚类中心应该取成类的 q 中心向量. 显然, 2 中心向量即为均值向量, 1 中心向量即为中位向量.

使用不同的 L_q 距离进行 k-means 聚类, 其结果也不尽相同.

6.4.2　基于密度的聚类

由于分层聚类算法和 k-means 聚类算法往往只能分割出聚集于凸形区域的数据集, 而对于其他形状的数据聚集情况, 这些聚类算法可能失效. 为了弥补这一缺陷, 能够分割出任意形状的数据聚集, 人们开发出基于密度的聚类算法. 基于密度的聚类方法不仅考察数据空间中的密集集群区域, 而且考察不同的群之间的低密度空隙, 包括其中的离群点和噪声.

DBSCAN (Density-based spatial clustering of applications with noise) 算法是一个比较有代表性的基于密度的聚类算法, 该算法的目标是寻找被低密度区域分离的高密度区域, 可以用于识别包含噪声和异常值的数据集中的任意形状的聚类.

DBSCAN 通过两个邻域参数 Eps (半径) 和 MinPts (可达到的最少点数) 来刻画样本分布的紧密程度, 数据集中特定点的密度是通过该点半径 Eps 之内点的数量 (包括本身) 来估计. 基于这个密度的定义可以将点分为 3 类, 第 1 类称为核心点, 它们是稠密区域内部的点, 即在半径 Eps 内含有超过 MinPts 数目的点; 第 2 类称为边界点, 它们是稠密区域边缘上的点, 即在半径 Eps 内点的数量小于 MinPts 的点, 它们是核心点的邻居; 第 3 类称为噪声点, 它们是稀疏区域中的点, 即任何不是核心点或边界点的点. 如图 6.11 所示是邻域参数 Eps 和 MinPts 示意图.

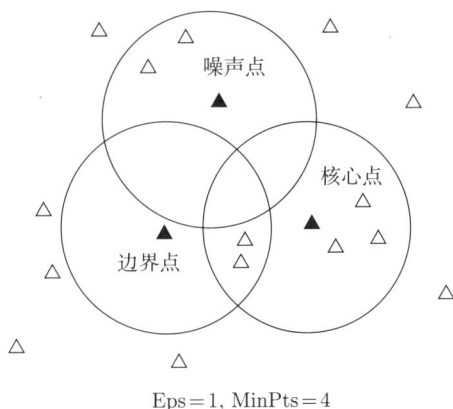

Eps = 1, MinPts = 4

图 6.11　DBSCAN 算法的邻域参数 Eps 和 MinPts 示意图

DBSCAN 要确定一个集群的每个点在其给定半径的邻域内所必须包含的最少点数. 以下几个概念是理解 DBSCAN 算法的关键. 设数据集 $D \in \mathbb{R}^p$ 含有 n 个样品点 $\boldsymbol{x}_i, i = 1, 2, \cdots, n$.

点 $\boldsymbol{x}_j$ 的 **Eps 邻域** 定义为

$$N_{\text{Eps}}(\boldsymbol{x}_j) = \{\boldsymbol{x}_i \in D | d(\boldsymbol{x}_i, \boldsymbol{x}_j) \leqslant \text{Eps}\}.$$

称点 $\boldsymbol{x}_j$ 由 $\boldsymbol{x}_i$ **直接密度可达 (directly density-reachable)**, 如果 $\boldsymbol{x}_j$ 位于 $\boldsymbol{x}_i$ 的 Eps 邻域中, 且 $\boldsymbol{x}_i$ 是核心点, 即

$$\boldsymbol{x}_j \in N_{\mathrm{Eps}}(\boldsymbol{x}_i), |N_{\mathrm{Eps}}(\boldsymbol{x}_i)| \geqslant \mathrm{MinPts}.$$

称点 $\boldsymbol{x}_j$ 由 $\boldsymbol{x}_i$ **密度可达 (density-reachable)**, 如果对于 $\boldsymbol{x}_i$ 与 $\boldsymbol{x}_j$, 存在样本点序列 $\boldsymbol{p}_1, \boldsymbol{p}_2, \cdots, \boldsymbol{p}_n$, 其中 $\boldsymbol{p}_1 = \boldsymbol{x}_i, \boldsymbol{p}_n = \boldsymbol{x}_j$ 且 $\boldsymbol{p}_{i+1}$ 由 $\boldsymbol{p}_i$ 直接密度可达.

称点 $\boldsymbol{x}_i$ 与 $\boldsymbol{x}_j$ **密度连接 (density-connected)**, 如果对于 $\boldsymbol{x}_i$ 与 $\boldsymbol{x}_j$, 存在 $\boldsymbol{x}_k$ 使得 $\boldsymbol{x}_i$ 与 $\boldsymbol{x}_j$ 均由 $\boldsymbol{x}_k$ 密度可达.

DBSCAN 算法把密度连接的点聚为一类, 其工作原理为

1. 通过检查数据集中每个样本点的 Eps 邻域来搜索簇, 如果点 $\boldsymbol{x}_i$ 的 Eps 邻域包含的点不少于 MinPts 个, 则创建一个以 $\boldsymbol{x}_i$ 为核心点的簇;

2. 迭代地聚集与这些核心点直接密度可达的样本点, 这个过程可能涉及一些密度可达簇的合并;

3. 当没有新的样本点添加到任何簇时, 该过程结束.

不属于任何簇的点被视为离群点或噪声点.

DBSCAN 能处理不同形状和大小的数据集, 对数据的分布没有任何假定, 这些数据集甚至可以包含异常值和噪声, 但是在处理高维数据时效率较低.

【例 6.13】 图 6.12 的数据点可以由一些直线添加随机扰动生成, 这些直线包括:

$$y = 2.5, x \in [1.6, 3.6], \ y = 1.5, x \in [1.6, 3.6],$$

$$x = 1.6, y \in [1.5, 2.5], \ x = 3.6, y \in [1.5, 2.5], \ x = 2.6, y \in [1, 3],$$

$$y = 1, x \in [4, 6], \ y = 3, x \in [4, 6],$$

$$x = 4, y \in [1, 3], \ x = 6, y \in [1, 3], \ x = 5, y \in [1.3, 2.7],$$

$$y = 1.3, x \in [4.3, 5.7], \ y = 2, x \in [4.3, 5.7], \ y = 2.7, x \in [4.3, 5.7],$$

$$x + y = 6.9, x \in [5.3, 5.5].$$

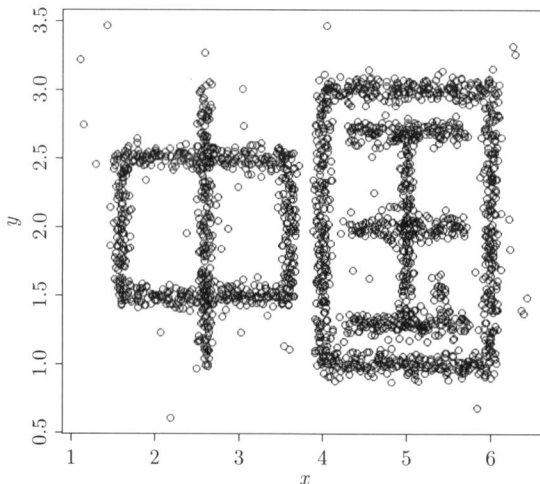

图 6.12　一个人工生成的二维数据集

对这些直线上的点添加扰动 $N(0, 0.05^2)$，再在整个样本空间上添加 50 个异常值，最终形成图 6.12. 使用 k-means 和 DBSCAN 算法对数据进行聚类.

解 使用 k-means 聚类, 分别取 $k = 2, 3$, 聚类结果如图 6.13 所示. 使用 DBSCAN 算法, 取 Eps=0.1, 分别取 MinPts=7,8, 聚类结果如图 6.14 所示.

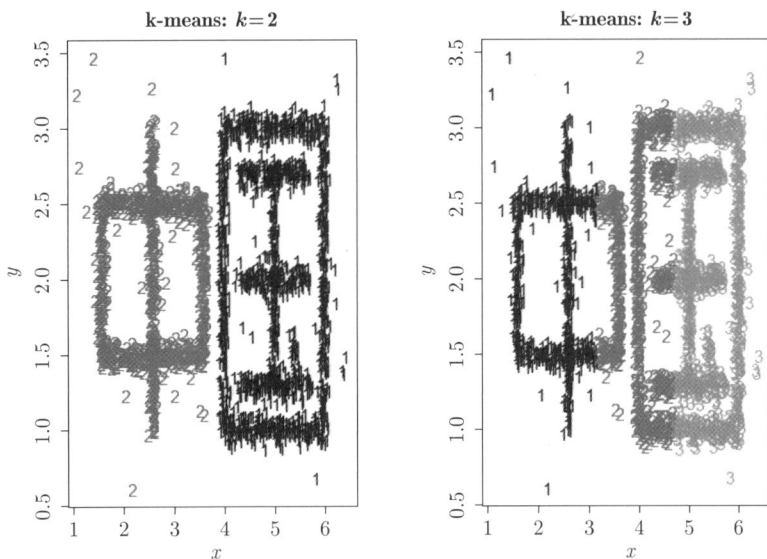

图 6.13 k-means 聚类结果

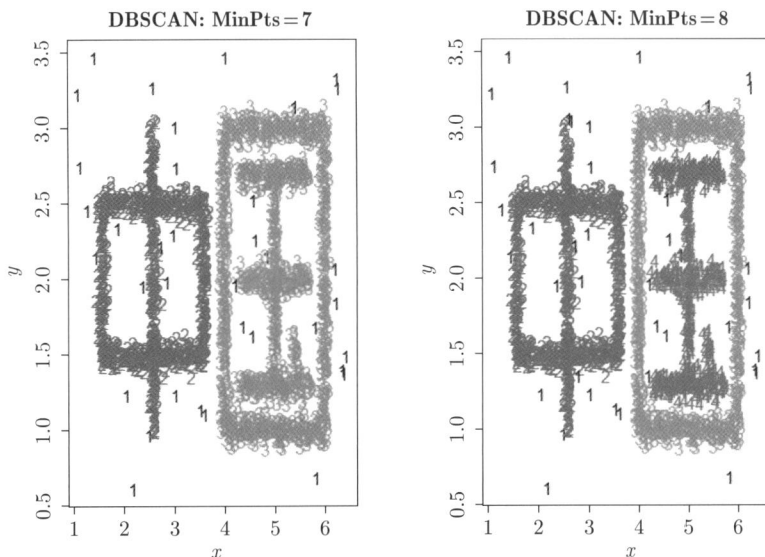

图 6.14 DBSCAN 聚类结果

容易看出, 数据聚为 2 类 (不考虑异常值) 或 3 类 (考虑异常值) 比较符合预期. k-means 算法在 $k = 2$ 时可以把"中"和"国"两个字分割开来, 但是都含有异常值;

$k = 3$ 时把数据按临近原则分割为 3 部分, 这一分割没有实际意义. DBSCAN 算法在 MinPts=7 时把数据准确分为 3 类, "中" 和 "国" 各一类, 异常值占一类, 这个结果非常漂亮; 在 MinPts=8 时把数据分为 4 类, "中" "口" "玉" 各一类, 异常值占一类, 这个结果虽然不是期望的, 但是也是合理的, 具有一定的可解释性.   □

6.4.3   确定类的数目

1. 手肘法. 假设 n 个 p 维样品已分为 k 类, 记为 $G_j, j = 1, 2, \cdots, k$, 第 j 类的样品容量为 n_j, 样品为 $\boldsymbol{x}_i^{(j)}, i = 1, 2, \cdots, n_j$, 类重心 $\bar{\boldsymbol{x}}^{(j)}, j = 1, 2, \cdots, k$, 记 $n = \sum\limits_{j=1}^{k} n_j$. 则总类内离差平方和

$$\mathrm{WSS}_k = \sum_{j=1}^{k} \sum_{i=1}^{n_j} (\boldsymbol{x}_i^{(j)} - \bar{\boldsymbol{x}}^{(j)})^{\mathrm{T}} (\boldsymbol{x}_i^{(j)} - \bar{\boldsymbol{x}}^{(j)}).$$

一般来说, 随着分类数 k 的增加, WSS_k 会逐渐减小, 并且当 k 增大到 n 时, 这时候类数和样本容量一样大, 意味着每个样本点单独成类, 就有 $\mathrm{WSS}_n = 0$. 因此, 应该选择使得 WSS_k 减速开始变慢时的 k 作为合适的类数, 这种方法称为手肘法 (elbow method).

图 6.15 是鸢尾花数据集的类内离差平方和随类数的变化, 显然, WSS_k 在 $k = 3$ 之后开始下降平缓, 因此, 分成 3 类是比较合适的.

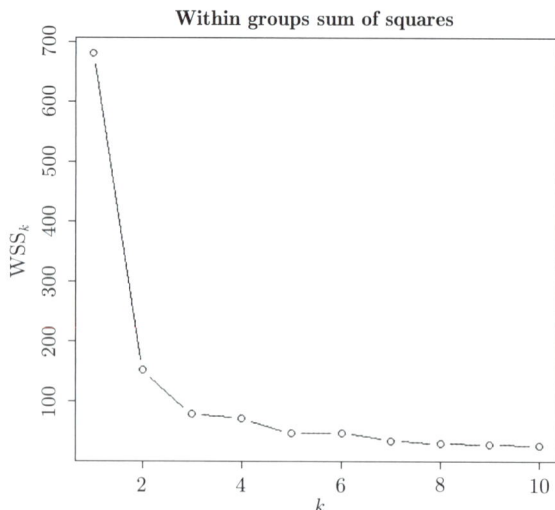

图 6.15   鸢尾花数据集的类内离差平方和随类数的变化

2. Gap 法. 假设 n 个 p 维样品 $\boldsymbol{x}_i, i = 1, 2, \cdots, n$ 已分为 k 类, 记为 $G_j, j = 1, 2, \cdots, k$, 各类的样品容量为 n_j, 对应的样品下标集合为 $C_j, j = 1, 2, \cdots, k$. 记第 j 类的所有点对的距离之和为 $D_j = \sum\limits_{i,i' \in C_j} d(\boldsymbol{x}_i, \boldsymbol{x}_{i'})$, 设 $W_k = \sum\limits_{j=1}^{k} \dfrac{1}{n_j} D_j$. 我们希望知道

对于不同的 k, $\ln W_k$ 对应于参照曲线 $E_n^*(\ln W_k)$ 的距离有多远 (越远越好) , 其中, E^* 是对样本量 n 的参照分布的期望. 我们希望选择 k 来最大化 Gap 统计量

$$\mathrm{Gap}_n(k) = E_n^*(\ln W_k) - \ln W_k,$$

这里关于参照分布以及如何选取使得 Gap 统计量最大的 k, 可以参考 Tibshirani & Hastie (2001).

如图 6.16 所示为鸢尾花数据集的 Gap 统计量随类数的变化, 当 $k=3$ 时 Gap 统计量取到最大值 0.4909.

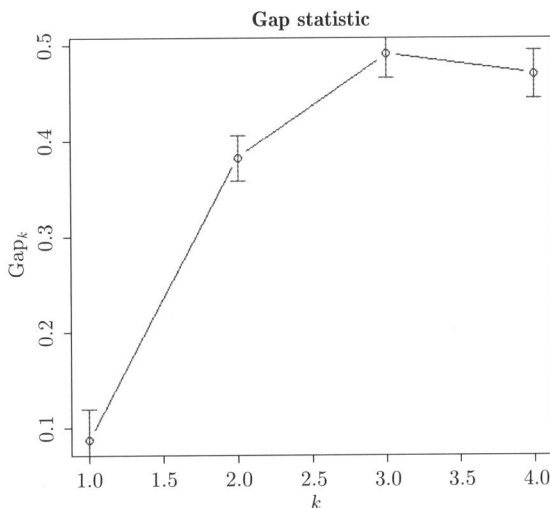

图 **6.16** 鸢尾花数据集的 **Gap** 统计量随类数的变化

3. 轮廓法. 轮廓 (silhouette) 法可以产生每个样品在类内位置的概要图形, 用以解释和检验类内部的一致性. 轮廓值是衡量一个样品相对于其他类来说与本类的相似度, 取值在 $[-1,1]$. 轮廓值较大意味着该样品与自己所在的类有很好的匹配度, 但不与其他类匹配. 如果大多数样品都具有较高的轮廓值, 那么各类中样品的归属是适当的, 这意味着聚类的效果是比较好的; 如果许多样品的轮廓值较低甚至是负值, 则聚类个数可能不合适. 计算轮廓值可以使用任何一种距离, 常用的是欧氏距离和 Manhattan 距离.

根据 Peter (1987), 令 a_i 是第 i 个样品与所在类内的其他所有样品的平均相异性 (距离) , 如果该类只有一个样品, 则 a_i 定义为 0. 对于任何其他类 G, 用 $d_i(G)$ 表示第 i 个样品与 G 内所有样品的平均相异性. 令 $b_i = \min_G d_i(G)$ 表示第 i 个样品与其不相属的最近的类的距离, 于是, 第 i 个样品的轮廓值 s_i (称为轮廓宽度) 定义为

$$s_i = \frac{b_i - a_i}{\max\{a_i, b_i\}}.$$

如图 6.17 所示为鸢尾花数据集使用 k-medoids 聚类算法聚为 3 类时的每个样品

的轮廓值, 平均轮廓值是 0.55, 这个结果还是令人满意的.

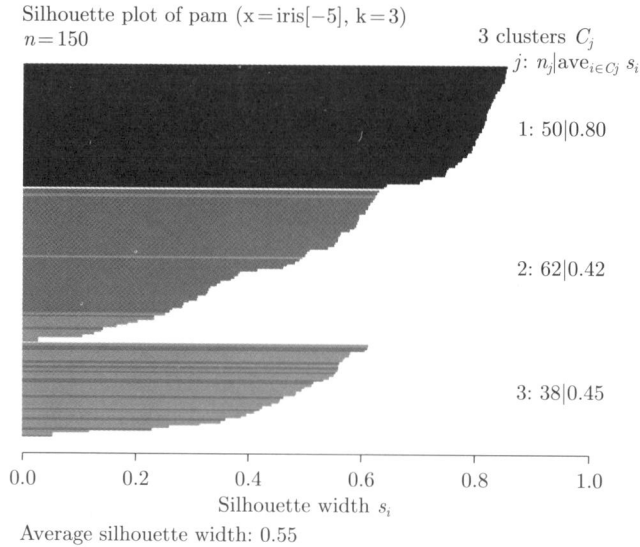

Silhouette plot of pam (x = iris[−5], k = 3)
$n = 150$

3 clusters C_j
$j: n_j | \text{ave}_{i \in Cj}\, s_i$

1: 50|0.80

2: 62|0.42

3: 38|0.45

0.0   0.2   0.4   0.6   0.8   1.0
Silhouette width s_i

Average silhouette width: 0.55

图 6.17 鸢尾花数据集使用 **k-medoids** 算法聚为 **3** 类时的每个样品的轮廓值

使用平均轮廓值, 我们可以用轮廓法来确定最优聚类数. 如图 6.18 所示为鸢尾花数据集使用 k-medoids 聚类算法聚为 k 类时所有样品的平均轮廓值的变化曲线, 可以看出, 当 $k = 2$ 时平均轮廓值最大, 看上去聚成 2 类是最好的选择. 如图 6.19 所示, 画出 $k = 2$ 时的轮廓值图, 平均的轮廓值是 0.69, 确实比 $k = 3$ 时的 0.55 要大一些, 但是仔细观察就会发现, 这时候有几个样品的轮廓值为负, 说明有样品与所归的类显著不匹配.

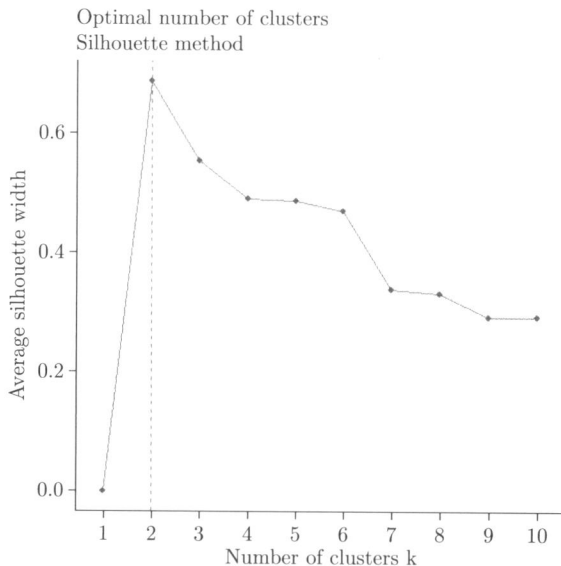

Optimal number of clusters
Silhouette method

图 6.18 鸢尾花数据集使用 **k-medoids** 算法聚为 k 类时所有样品的平均轮廓值的变化曲线

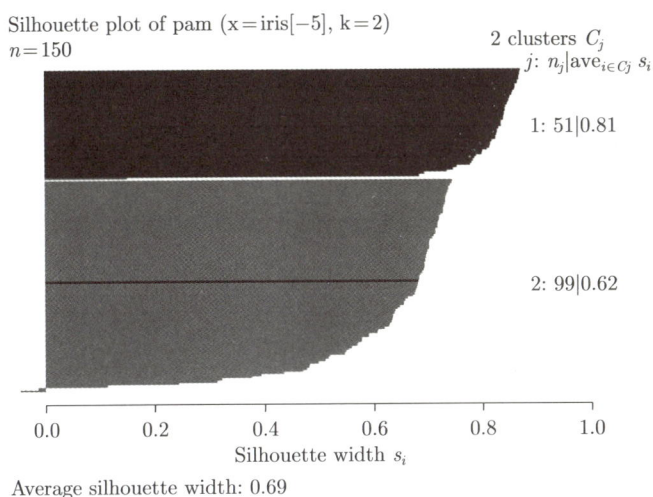

Silhouette plot of pam (x=iris[−5], k=2)
n=150

2 clusters C_j
$j: n_j|\text{ave}_{i \in C_j}\, s_i$

1: 51|0.81

2: 99|0.62

Silhouette width s_i

Average silhouette width: 0.69

图 6.19　鸢尾花数据集使用 k-medoids 算法聚为 2 类时的每个样品的轮廓值

6.4.4　案例: 鱼类识别

海洋和内陆渔业, 包括水产养殖, 是全球几亿人的经济收入来源, 涉及捕获、加工、销售及分配等活动. 为渔业构建安全可控的智能水产品养殖和加工产业体系是代替人工识别的经济有效的方法, 也是对鱼类资源调查和保护生态方面的有效措施. 鱼分类与识别技术是水生生态监测和渔业资源评估的重要手段之一. 快速准确地对各种鱼进行种类识别, 可提高水产养殖自动化水平, 节省劳动力和提升经济效益.

中国是水产品生产和出口大国, 水产品生产总量约占全球的 33%, 自 2002 年到 2017 年, 中国水产品出口年均增长率更是达到了 11.08%. 同时, 中国也是水产品消费大国. 由于不同鱼产品的品质和价格差距悬殊, 近缘鱼类外观质地相似等特点, 鱼产品掺假和错贴标签的现象频发, 直接损害了消费者的消费和健康权益, 因此实现鱼产品品种的快速检测具有重要的现实意义. 此外, 鱼分类与识别在渔业资源研究、鱼类知识的科学推广、水产养殖加工、稀有物种保护等领域具有广泛的应用前景.

目前有很多种技术手段可以进行鱼类识别. Robotham 等 (2010) 使用水声技术获得数据, 借助支撑向量机和有监督人工神经网络等数据分析技术实现了对智利中南部的凤尾鱼、普通沙丁鱼和杰克鱼等多种鱼类的识别. 李路等 (2017) 针对淡水鱼种类自动识别问题, 采用被动水声信号作为数据源, 运用维纳滤波和采样降噪法对水声信号进行预处理, 通过 4 层小波包分解算法提取频段能量, 结合信号的短时平均能量和短时平均过零率构建特征向量, 使用概率神经网络分类器实现了淡水鱼种类的快速识别. 此外, 深度学习、统计模型等也大量用于鱼类的识别问题.

数据集 Fish.csv 来自 Kaggle, 可以从 https://www.kaggle.com/datasets/aungpyaeap/fish-market 下载. 该数据集记录了鱼类市场销售中常见的 7 种不同鱼类共159 条的 7 个指标, 具体如表 6.8 所示. 除去 Species 变量, 记 $\mathcal{X}$ 是 Fish.csv 的后 6 列

构成的数据矩阵, 我们对 $\mathcal{X}$ 做聚类分析.

表 6.8　Fish.csv 数据集的 7 个变量

名称	含义	取值范围
Species	鱼名或种类, 分为 7 种	Bream, Roach, Whitefish, Parkki, Perch, Pike, Smelt
Weight	体重 (g)	0~1650
Length1	垂直长度 (cm)	7.5~59
Length2	对角长度 (cm)	8.4~63.4
Length3	交叉长度 (cm)	8.8~68
Height	高度 (cm)	1.73~19
Width	对角宽度 (cm)	1.05~8.14

首先做 R 型聚类, 对 6 个连续型变量, 可能有些变量是高度相似的. 我们使用 Pearson 线性相关距离 $1 - |r_{ij}|$, r_{ij} 是变量 $X_i, X_j, i, j = 1, 2, \cdots, p$ 的 Pearson 相关系数. 首先计算 6 个属性变量的相关阵

$$\boldsymbol{R} = \begin{array}{c} \\ \text{Weight} \\ \text{Length1} \\ \text{Length2} \\ \text{Length3} \\ \text{Height} \\ \text{Width} \end{array} \begin{array}{cccccc} \text{Weight} & \text{Length1} & \text{Length2} & \text{Length3} & \text{Height} & \text{Width} \\ \left(\begin{array}{cccccc} 1.0000 & 0.9157 & 0.9186 & 0.9230 & 0.7243 & 0.8865 \\ 0.9157 & 1.0000 & 0.9995 & 0.9920 & 0.6254 & 0.8670 \\ 0.9186 & 0.9995 & 1.0000 & 0.9941 & 0.6404 & 0.8735 \\ 0.9230 & 0.9920 & 0.9941 & 1.0000 & 0.7034 & 0.8785 \\ 0.7243 & 0.6254 & 0.6404 & 0.7034 & 1.0000 & 0.7929 \\ 0.8865 & 0.8670 & 0.8735 & 0.8785 & 0.7929 & 1.0000 \end{array}\right) \end{array}.$$

计算 Pearson 线性相关距离矩阵

$$\boldsymbol{D} = \begin{array}{c} \\ \text{Weight} \\ \text{Length1} \\ \text{Length2} \\ \text{Length3} \\ \text{Height} \\ \text{Width} \end{array} \begin{array}{cccccc} \text{Weight} & \text{Length1} & \text{Length2} & \text{Length3} & \text{Height} & \text{Width} \\ \left(\begin{array}{cccccc} 0 & & & & & \\ 0.0843 & 0 & & & & \\ 0.0814 & 0.0005 & 0 & & & \\ 0.0770 & 0.0080 & 0.0059 & 0 & & \\ 0.2757 & 0.3746 & 0.3596 & 0.2966 & 0 & \\ 0.1135 & 0.1330 & 0.1265 & 0.1215 & 0.2071 & 0 \end{array}\right) \end{array}.$$

类间距离我们使用最短距离法, 图 6.20 是聚类的谱系图, 可以看出, Length1 和 Length2 两个变量最先合并, 这意味着这两个变量是很相似的, 图 6.21 是这两个变量的核密

度估计曲线, 图 6.21a 是原始数据, 图 6.21b 对数据做了标准化, 两个变量是高度相似的.

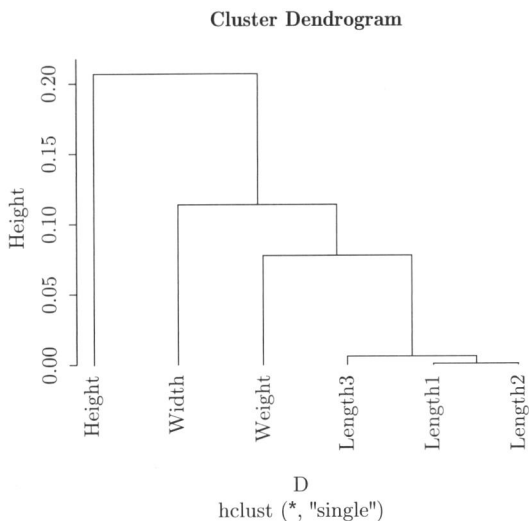

图 6.20　**Fish.csv 数据集的 R 型聚类谱系图, 使用最短距离法**

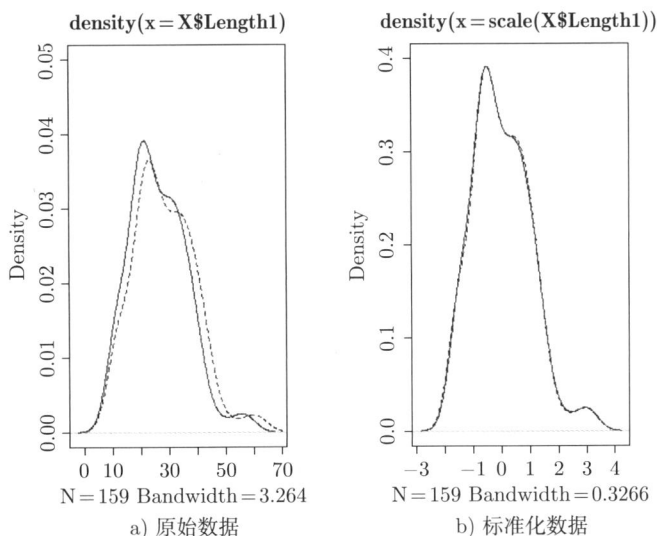

图 6.21　**Length1 和 Length2 的核密度估计曲线, a) 原始数据; b) 标准化数据**

下面进行 Q 型聚类. 首先进行集群倾向检验, 计算 Hopkins 统计量 $H_2 = 0.9999985$, p 值接近 0, 因此数据具有集群倾向, 可以作聚类分析. 计算 Gap 统计量, 当 $k = 7$ 时取到最大值 $\text{Gap}_7 = 0.4084$ (见图 6.22), 所以聚成 7 类是合适的. 图 6.23 是分层聚类的谱系图, 图 6.24 是聚成 7 类时样品的轮廓值图, 平均轮廓值是 0.43. 图 6.25是数据在第 1、2 主成分得分图上的聚类结果.

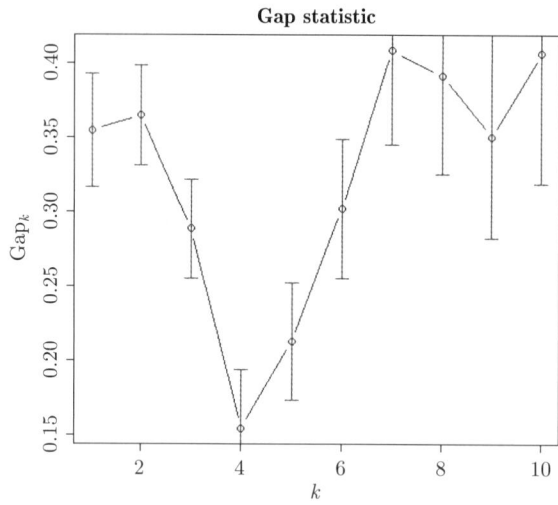

图 6.22   Fish.csv 数据集的 Gap 统计量随类数的变化

Cluster Dendrogram

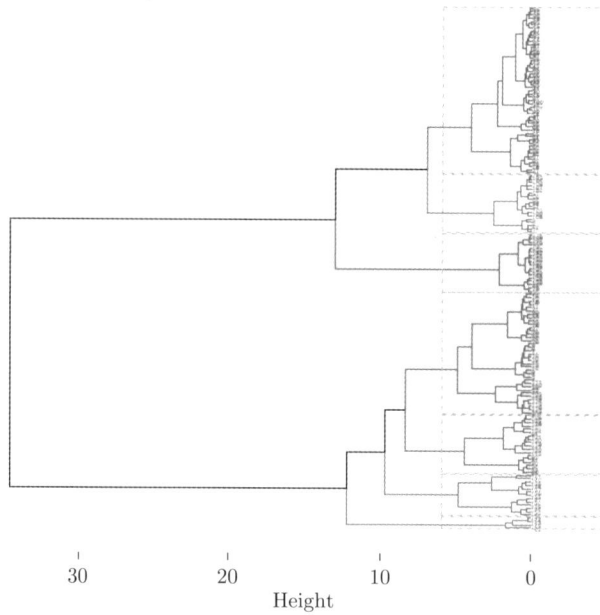

图 6.23   Fish.csv 数据集分层聚类谱系图

Clusters silhouette plot
Average silhouette width: 0.43

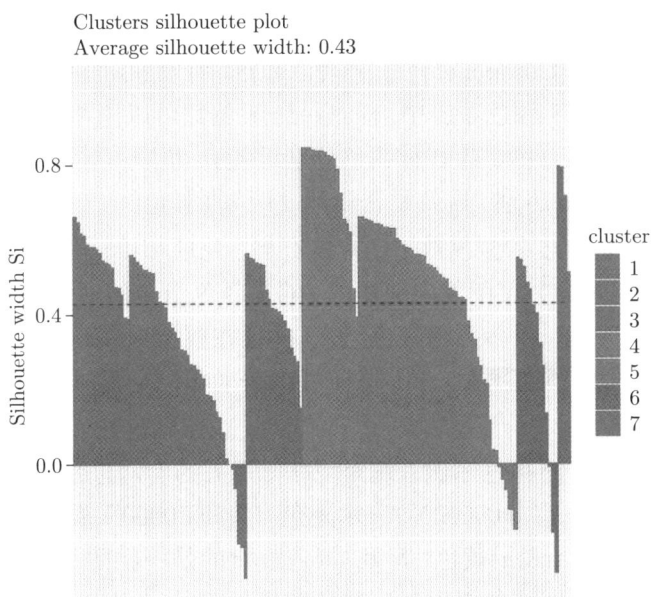

图 6.24　Fish.csv 数据聚成 7 类时样品的轮廓值

Cluster plot

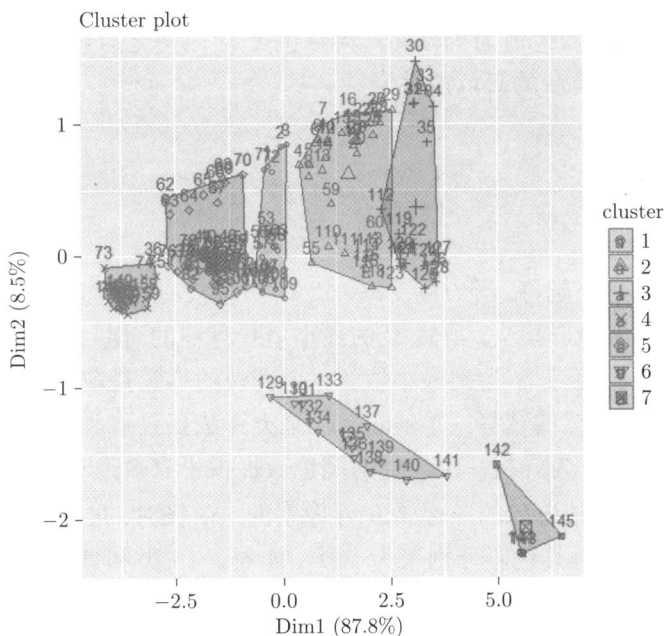

图 6.25　Fish.csv 数据在第 1、2 主成分得分图上的聚类结果

6.4.5　案例: 色彩聚类

当前广泛使用的颜色表示系统有以红 (Red)、绿 (Green)、蓝 (Blue) 作为三基色的 RGB 系统, 以色调 (Hue)、饱和度 (Saturation)、强度 (Intensity) 也称亮度

(Brightness) 表示的 HSI 系统或称 HSB 系统, 由一个亮度信号 Y 和两个色差信号 U、V 组成的所谓分量 (Component) 信号表示系统. 计算机处理数字图像通常都使用 RGB 颜色系统, 在 RGB 颜色系统中, 任意一种颜色都可以用不同强度的红、绿、蓝 3 种颜色组合而成, 而红、绿、蓝 3 种颜色分别设置有 256 个不同的强度级, 组合而成 的颜色多达 $2^{24} = 16777216$ 种, 这就是常说的 24 位真彩色.

显然, 大范围、高精度的颜色对于图片的存储、处理和传输都会带来很多问题. 统 计表明, 一幅百万像素的数字图像中使用的 RGB 颜色组合值通常有几万至几十万种, 明显少于真彩色支持的一千多万种颜色组合, 并且在整个 RGB 空间中分布并不均匀. 色彩聚类就是把相似的颜色聚为一类, 这样可以缩小颜色空间, 增大颜色间的距离, 便 于后续处理.

一种计算机中常用的颜色标识系统是 "#" 开头的十六进制 RGB 字符串, 比如, "#FFFFFF" 表示白色, "#000000" 表示黑色, "#FF0000" 表示红色, "#0000FF" 表示蓝色, "#FFFF00" 表示黄色, 等等. 调色板指的是一幅图片所用颜色的列表, 图 片的每一个像素的颜色用调色板中对应颜色的序号表示.

为了某一目的对色彩进行聚类时, 同一类颜色都用某一种颜色替换, 这样就缩小 了调色板范围. 比如聚成 k 类时, 调色板就只有 k 种颜色. 对于一幅 $w \times h$ 像素的图 片, 设像素点 (x, y) 处颜色值为 $C(x, y)$, 将颜色聚为 k 类之后该点归为第 j 类, 颜色 值替换为 G_j. 定义替换后的颜色损失为

$$S = \sum_{x=1}^{w} \sum_{y=1}^{h} [C(x, y) - G_j]^2.$$

我们希望这个损失越小越好, 当 $C(x, y) = G_j$ 时该点没有颜色损失. 对一幅图片选取 不同的调色板会影响色彩损失. 虽然 S 的最小值是存在的, 但目前还没有一种快速的 选取调色板算法能够使得 S 达到最小值. 一个直观的感觉是取 G_j 等于第 j 类的重 心 (均值) 会是一个不错的选择, 而 k-means 聚类算法正是取类重心作为该类的凝聚 点, 因此, k-means 算法为寻找一个较优的调色板提供了有效途径.

图 6.26 是拍摄自某海岛的一幅 760 万像素的 jpg 图片, 尺寸为 4096×1864. 使 用 k-means 聚类算法对其色彩分别聚为 2 类、4 类、16 类和 32 类, 使用类重心 (均 值) 替换该类中的所有颜色, 得到图 6.27. 图 6.28 是图 6.27 四幅图对应的调色板.

色彩聚类用途十分广泛. 陈思燕 (2021) 使用优化的 k-means 聚类算法对 188 张 云肩图像进行色彩特征提取, 同时通过二次提取得到清代和民国两个时期, 山西、陕 西、河南和山东四个地区的色彩特征和色彩搭配网络, 并分别定量分析了色彩形成的 原因. 王盼 (2012) 对玉米纯度建立了以 H、S、B 作为特征向量的三维空间模型, 针 对密度分布差异, 使用优化的 DBSCAN 聚类算法对高密度区域进行局部聚类, 得到玉 米纯度识别结果. 崔会卿 (2009) 使用聚类算法实现了一种数字图像彩色化技术. 刘双 喜等 (2018) 对玉米种子的无胚芽侧和顶端两部分色彩信息, 采用不同聚类模型对优化

后色彩特征进行聚类识别, 建立了基于概率模型的玉米种子品种识别.

图 6.26　一幅 760 万像素的 jpg 图片

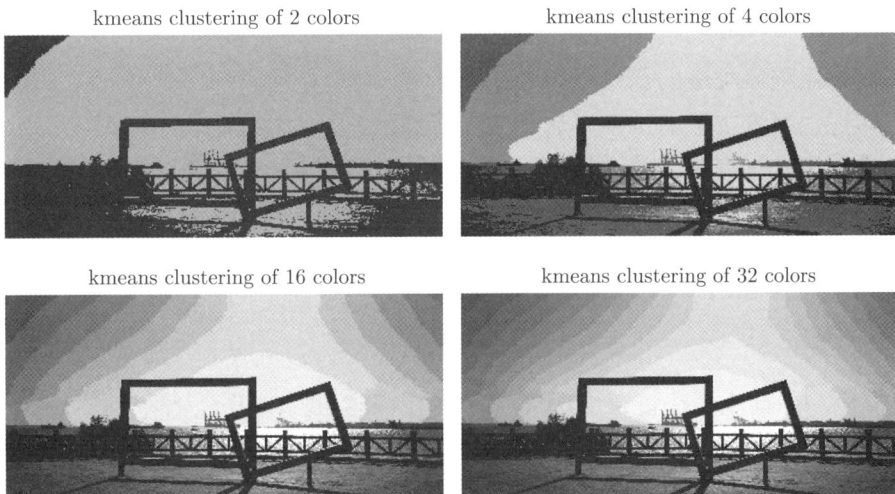

图 6.27　使用 k-means 聚类算法对图 6.26 色彩分别聚为 2 类、
4 类、16 类和 32 类之后的图片

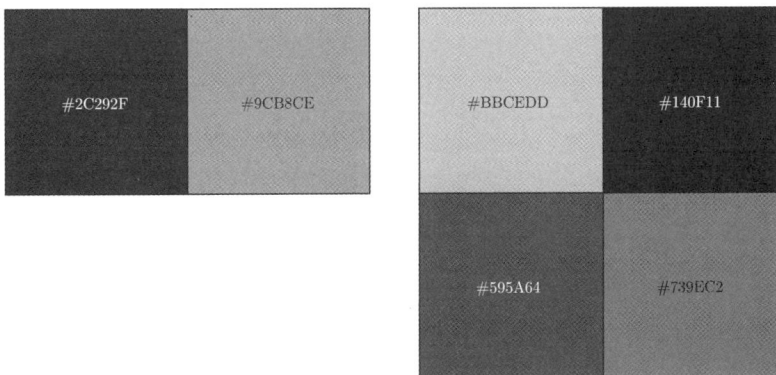

图 6.28　图 6.27 四幅图对应的调色板

图 6.28 图 6.27 四幅图对应的调色板 (续)

6.5 习 题

1. 简述系统聚类法的基本思想和主要步骤.

2. 简述快速聚类法的基本思想和主要步骤.

3. 证明离差平方和法的递推公式 (6.10).

4. 考虑 4 个样品 a,b,c,d 的距离矩阵 $\begin{pmatrix} 0 & & & \\ 1 & 0 & & \\ 11 & 2 & 0 & \\ 5 & 3 & 4 & 0 \end{pmatrix}$, 分别使用最短距离法、最长距离法和平均距离法进行层次聚类, 并画出聚类的谱系图.

5. 考虑 5 个样品 a,b,c,d,e 的距离矩阵 $\begin{pmatrix} 0 & & & & \\ 4 & 0 & & & \\ 6 & 9 & 0 & & \\ 1 & 7 & 10 & 0 & \\ 6 & 3 & 5 & 8 & 0 \end{pmatrix}$, 分别使用最短距离法、最长距离法和平均距离法进行层次聚类, 并画出聚类的谱系图.

6. 鸢尾花数据集 iris 有 4 个属性 (自变量): 萼片长度 (Sepal.Length), 萼片宽度 (Sepal.Width), 花瓣长度 (Petal.Length) 和花瓣宽度 (Petal.Width), 数据集含有 150 个样本, 分为 3 类 (Species): 前 50 个样品属于第 1 类 Setosa, 中间 50 个属于第 2 类 Versicolor, 最后 50 个属于第 3 类 Virginica.

(1) 使用全部 4 个自变量做分层聚类和 k 均值聚类, 解释结果;

(2) 交替使用 3 个自变量 (共有 4 种可能搭配) 做分层聚类和 k-means 聚类, 解释结果;

(3) 交替使用 2 个自变量 (共有 6 种可能搭配) 做分层聚类和 k-means 聚类,

释结果.

(4) 使用 Species 做分类标签对鸢尾花数据做判别分析. 最终归类结果与以上聚类结果一致吗?

7. 选择一幅图片进行色彩聚类.

8. 查阅《中国统计年鉴》, 搜集最近 10 年各省级行政单位的人均食品支出、人均衣着支出、人均家庭设备用品及服务支出、人均医疗保健支出、人均交通和通讯支出、人均娱乐教育文化服务支出、人均居住支出和人均杂项商品及服务支出等数据, 把我国的省级行政单位进行聚类.

第 7 章

主成分分析

在研究多元数据时, 人们经常会考虑能否对数据进行降维, 因为降低数据的维数不仅会减小计算量, 还会提高分析效率和模型的可解释性.

降维就是用少数变量代替原来的多个变量, 这些少数变量可以是从原变量集中选择出来的一个子集, 这称为变量选择问题, 也可以是原变量的 (线性) 组合, 这就是主成分分析 (principal component analysis, PCA) 方法.

主成分分析由统计学家 Karl Pearson 于 1901 年首先对非随机变量提出, 后来由 Hotelling 于 1933 年推广到随机变量. 这是一种通过将多个指标 (变量) 化为少数几个综合指标从而实现降维的多元统计方法.

然而, 并不是所有数据都适合降维分析, 变量之间的关系决定着数据能否进行降维及降维效果的好坏. 如果变量之间是不相关甚至独立的, 那么每个变量对数据的贡献是没有叠加的, 这时候如果对数据做降维, 必然会造成数据信息的大量损失, 分析的结果就不可能准确. 当变量个数太多, 且彼此之间存在一定相关性时, 观测到的数据在一定程度上反映的信息有所叠加, 也就是说不同的变量可能起到了相同或近似的效果, 这时候对数据进行降维就可以起到积极的作用. 而且当变量较多时, 在高维空间中研究样本的分布规律比较复杂, 势必增加分析问题的复杂性. 人们自然希望用较少的综合变量来代替原来较多的变量, 而这些综合变量又能够尽可能反映原始变量的大部分信息, 并且彼此之间互不相关.

主成分分析是在变量相关时寻找少数几个不相关的线性组合 (称为主成分), 这样就实现了降维, 同时可以保证不同的主成分对数据的贡献不会重叠. 简而言之, 主成分分析就是一种用较少几个互不相关的主成分代替较多的原始变量的统计降维方法.

7.1 主成分分析的基本原理

我们从一个简单的例子说起. 假设我们知道了一个学校某一年级 500 名学生在期末考试中的语文和数学成绩, 我们希望根据数据对学生的学习情况进行综合评价. 显然, 最简单的方法就是计算总成绩或平均成绩. 一般地, 可以计算加权平均成绩 $z = a_1x_1 + a_2x_2$, 其中, x_1 和 x_2 分别表示语文和数学的成绩. 记 $\boldsymbol{a} = (a_1, a_2)^{\mathrm{T}}$, $\boldsymbol{x} = (x_1, x_2)^{\mathrm{T}}$, 则加权平均成绩可以记为

$$z = \boldsymbol{a}^{\mathrm{T}} \boldsymbol{x},$$

我们希望这个加权成绩能够提供充分信息用以对学生进行区分, 即要求 z 的方差 $\mathrm{Var}(z)$ 达到最大. 这是二维空间向一维空间的一个投影, $\boldsymbol{a}$ 是投影方向. 我们需要寻找一个区分度最好的投影方向, 从统计学来讲, 就是找出含信息量最大的方向, 这个方向可以使得 $\mathrm{Var}(z)$ 达到最大. 如果 500 名学生的成绩分布如图 7.1a 所示, 显然语文和数学成绩是高度相关的, 散点图呈现近似椭圆形结构, 其中沿椭圆长轴的方向有较多的信息, 这是方差最大的方向; 而沿椭圆短轴方向的信息量很少, 方差也是最小的, 这时候把数据投影到椭圆长轴方向信息损失可以达到最小. 如果考虑一个极端情况会更清楚, 设想数据点完美沿着图 7.1a 的长轴直线分布, 那么事实上这个数据只是一维的, 可以看作把二维的数据投影到这条直线上而没有任何信息损失, 这就达到了降维的目的. 如果 500 名学生的成绩分布如图 7.1b 所示, 显然语文和数学成绩是不相关的, 散点图呈现近似圆形结构, 这时候把数据往任意方向投影都会损失大量信息, 这样的数据就不适合做降维. 我们把这个例子一般化就是主成分分析的基本思想.

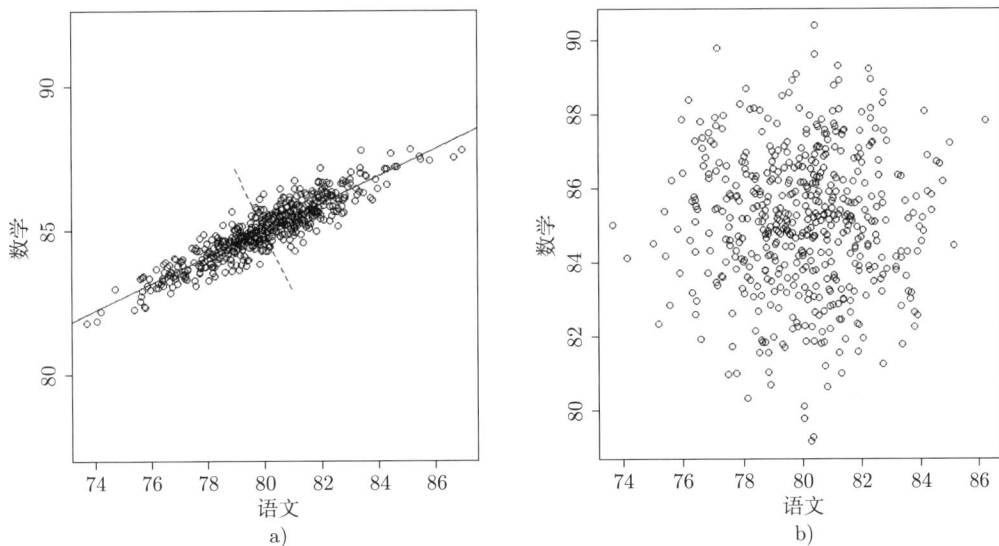

图 7.1　500 名学生的语文和数学成绩的两种分布

7.1.1　总体主成分

设原始变量 $\boldsymbol{X} = (X_1, X_2, \cdots, X_p)^{\mathrm{T}}$, 其均值向量和协差阵分别为

$$E(\boldsymbol{X}) = \boldsymbol{\mu} = (\mu_1, \mu_2, \cdots, \mu_p)^{\mathrm{T}}, \mathrm{Var}(\boldsymbol{X}) = \boldsymbol{\Sigma} = (\sigma_{ij})_{p \times p}.$$

考虑线性变换

$$\begin{cases} Z_1 = a_{11}X_1 + a_{21}X_2 + \cdots + a_{p1}X_p = \boldsymbol{a}_1^{\mathrm{T}}\boldsymbol{X}, \\ Z_2 = a_{12}X_1 + a_{22}X_2 + \cdots + a_{p2}X_p = \boldsymbol{a}_2^{\mathrm{T}}\boldsymbol{X}, \\ \vdots \\ Z_p = a_{1p}X_1 + a_{2p}X_2 + \cdots + a_{pp}X_p = \boldsymbol{a}_p^{\mathrm{T}}\boldsymbol{X}, \end{cases} \tag{7.1}$$

我们希望用综合变量 Z_1 代替原来的 p 维变量 $\boldsymbol{X}$, 这就要求 Z_1 在式 (7.1) 的所有线性组合中最具代表性, 或者说 Z_1 含有 $\boldsymbol{X}$ 的最多的信息量, 即应使 Z_1 的方差

$$\mathrm{Var}(Z_1) = \mathrm{Var}(\boldsymbol{a}_1^{\mathrm{T}}\boldsymbol{X}) = \boldsymbol{a}_1^{\mathrm{T}}\boldsymbol{\Sigma}\boldsymbol{a}_1 \tag{7.2}$$

达到最大. 然而, 式(7.2) 的最大化问题无解, 因为对任意常数 $c \in \mathbb{R}$, 显然, $\mathrm{Var}(c\boldsymbol{a}_1^{\mathrm{T}}\boldsymbol{X}) = c^2\boldsymbol{a}_1^{\mathrm{T}}\boldsymbol{\Sigma}\boldsymbol{a}_1$. 也就是说, 如果不对 $\boldsymbol{a}_1$ 的长度施加约束, 最大化式 (7.2) 就没有意义. 对 $\boldsymbol{a}_1$ 的长度的约束是任意的, 为了计算方便, 我们假设 $\boldsymbol{a}_1^{\mathrm{T}}\boldsymbol{a}_1 = 1$. 于是得到条件极值问题

$$\max_{\boldsymbol{a}_1} \boldsymbol{a}_1^{\mathrm{T}}\boldsymbol{\Sigma}\boldsymbol{a}_1, \text{ s.t. } \boldsymbol{a}_1^{\mathrm{T}}\boldsymbol{a}_1 = 1. \tag{7.3}$$

由拉格朗日 (Lagrange) 乘子法, 构造拉格朗日函数

$$f(\boldsymbol{a}_1, \lambda_1) = \boldsymbol{a}_1^{\mathrm{T}}\boldsymbol{\Sigma}\boldsymbol{a}_1 - \lambda_1(\boldsymbol{a}_1^{\mathrm{T}}\boldsymbol{a}_1 - 1),$$

对变量求导并令其为零得方程组

$$\begin{cases} \dfrac{\partial f}{\partial \boldsymbol{a}_1} = 2(\boldsymbol{\Sigma} - \lambda_1\boldsymbol{I})\boldsymbol{a}_1 = \boldsymbol{0}, \\ \dfrac{\partial f}{\partial \lambda_1} = 1 - \boldsymbol{a}_1^{\mathrm{T}}\boldsymbol{a}_1 = 0, \end{cases} \tag{7.4}$$

由方程组 (7.4) 之第 1 式得 $\boldsymbol{\Sigma}\boldsymbol{a}_1 = \lambda_1\boldsymbol{a}_1$, 即是说, λ_1 是 $\boldsymbol{\Sigma}$ 的特征值, 而 $\boldsymbol{a}_1$ 是 $\boldsymbol{\Sigma}$ 的属于 λ_1 的单位特征向量, 进而, $\mathrm{Var}(Z_1) = \boldsymbol{a}_1^{\mathrm{T}}\boldsymbol{\Sigma}\boldsymbol{a}_1 = \lambda_1\boldsymbol{a}_1^{\mathrm{T}}\boldsymbol{a}_1 = \lambda_1$, 因此, 为了使 $\mathrm{Var}(Z_1)$ 达到最大, λ_1 应该是 $\boldsymbol{\Sigma}$ 的最大特征值. 此时称 $Z_1 = \boldsymbol{a}_1^{\mathrm{T}}\boldsymbol{X}$ 为 $\boldsymbol{X}$ 的第 1 主成分.

如果第 1 主成分损失信息太多, 不足以近似代替原始变量, 我们可以继续寻求第 2 主成分 $Z_2 = \boldsymbol{a}_2^{\mathrm{T}}\boldsymbol{X}$, 要求 Z_2 的方差 $\mathrm{Var}(Z_2) = \boldsymbol{a}_2^{\mathrm{T}}\boldsymbol{\Sigma}\boldsymbol{a}_2$ 在除 Z_1 之外的线性组合里面达到最大, 同时, 为了使 Z_2 所含信息不与 Z_1 重叠, 还需要使 Z_1, Z_2 不相关, 注意到 $\boldsymbol{\Sigma}\boldsymbol{a}_1 = \lambda_1\boldsymbol{a}_1$, 即有

$$\mathrm{Cov}(Z_1, Z_2) = \mathrm{Cov}(\boldsymbol{a}_1^{\mathrm{T}}\boldsymbol{X}, \boldsymbol{a}_2^{\mathrm{T}}\boldsymbol{X}) = \boldsymbol{a}_1^{\mathrm{T}}\boldsymbol{\Sigma}\boldsymbol{a}_2 = \lambda_1\boldsymbol{a}_1^{\mathrm{T}}\boldsymbol{a}_2 = 0,$$

即, $\boldsymbol{a}_2$ 应与 $\boldsymbol{a}_1$ 正交. 于是得到条件极值问题

$$\max_{\boldsymbol{a}_2} \boldsymbol{a}_2^{\mathrm{T}}\boldsymbol{\Sigma}\boldsymbol{a}_2, \text{ s.t. } \boldsymbol{a}_1^{\mathrm{T}}\boldsymbol{a}_2 = 0, \boldsymbol{a}_2^{\mathrm{T}}\boldsymbol{a}_2 = 1,$$

同样求得 λ_2 是 $\boldsymbol{\Sigma}$ 的第 2 大特征值, $\boldsymbol{a}_2$ 是 $\boldsymbol{\Sigma}$ 的属于 λ_2 的与 $\boldsymbol{a}_1$ 正交的单位特征向量.

一般地, 设 $\lambda_1 \geqslant \lambda_2 \geqslant \cdots \geqslant \lambda_p \geqslant 0$ 为 $\boldsymbol{\Sigma}$ 的特征值, $\boldsymbol{a}_1, \boldsymbol{a}_2, \cdots, \boldsymbol{a}_p$ 分别为属于相应特征值的单位正交特征向量, 则称 $Z_j = \boldsymbol{a}_j^{\mathrm{T}} \boldsymbol{X}$ 是 $\boldsymbol{X}$ 的第 j 个主成分, $j = 1, 2, \cdots, p$.

记矩阵 $\boldsymbol{A} = (\boldsymbol{a}_1, \boldsymbol{a}_2, \cdots, \boldsymbol{a}_p), \boldsymbol{\Lambda} = \mathbf{diag}(\lambda_1, \lambda_2, \cdots, \lambda_p)$, 注意到 $\boldsymbol{A}$ 是正交矩阵, 则有

$$\boldsymbol{A}^{\mathrm{T}} \boldsymbol{\Sigma} \boldsymbol{A} = \boldsymbol{\Lambda}, \text{ 或 } \boldsymbol{\Sigma} = \boldsymbol{A} \boldsymbol{\Lambda} \boldsymbol{A}^{\mathrm{T}},$$

对 $\boldsymbol{X}$ 的协差阵 $\boldsymbol{\Sigma}$ 做谱分解即得 $\boldsymbol{A}$ 和 $\boldsymbol{\Lambda}$, 从而得到各个主成分 $\boldsymbol{a}_j$ 及对应的方差 λ_j, $j = 1, 2, \cdots, p$.

当各变量的单位不完全相同, 或方差相差较大时, 从协差阵 $\boldsymbol{\Sigma}$ 出发进行主成分分析就显得不妥. 为了使主成分分析能够均等地对待每一个原始变量, 常常需要将原始变量进行标准化, 即令

$$X_j^* = \frac{X_j - \mu_j}{\sqrt{\sigma_{jj}}}, j = 1, 2, \cdots, p.$$

记 $\boldsymbol{V} = \mathbf{diag}\left(\dfrac{1}{\sqrt{\sigma_{11}}}, \dfrac{1}{\sqrt{\sigma_{22}}}, \cdots, \dfrac{1}{\sqrt{\sigma_{pp}}}\right)$, 标准化变量 $\boldsymbol{X}^* = (X_1^*, X_2^*, \cdots, X_p^*)^{\mathrm{T}}$ 的协差阵

$$\boldsymbol{\Sigma}^* = \mathrm{Var}(\boldsymbol{X}^*) = \mathrm{Var}(\boldsymbol{V}(\boldsymbol{X} - \boldsymbol{\mu})) = \boldsymbol{V} \boldsymbol{\Sigma} \boldsymbol{V} = \boldsymbol{R},$$

正是原始变量 $\boldsymbol{X} = (X_1, X_2, \cdots, X_p)^{\mathrm{T}}$ 的相关阵. 因此只需要从 $\boldsymbol{R}$ 出发进行主成分分析, 这个过程与从协差阵 $\boldsymbol{\Sigma}$ 出发进行主成分分析完全类似, 并且得到的主成分的性质更加简洁, 这将在 7.2 节进行简单讨论.

设 $\lambda_1^* \geqslant \lambda_2^* \geqslant \cdots \geqslant \lambda_p^* \geqslant 0$ 为 $\boldsymbol{R}$ 的 p 个特征值, $\boldsymbol{a}_1^*, \boldsymbol{a}_2^*, \cdots, \boldsymbol{a}_p^*$ 为相应的单位正交特征向量, 则相应的 p 个主成分为

$$Z_j^* = \boldsymbol{a}_j^{*\mathrm{T}} \boldsymbol{X}^*, j = 1, 2, \cdots, p.$$

记矩阵 $\boldsymbol{A}^* = (\boldsymbol{a}_1^*, \boldsymbol{a}_2^*, \cdots, \boldsymbol{a}_p^*), \boldsymbol{\Lambda}^* = \mathbf{diag}(\lambda_1^*, \lambda_2^*, \cdots, \lambda_p^*)$, 注意到 $\boldsymbol{A}^*$ 是正交矩阵, 则有

$$\boldsymbol{A}^{*\mathrm{T}} \boldsymbol{R} \boldsymbol{A}^* = \boldsymbol{\Lambda}^*, \text{ 或 } \boldsymbol{R} = \boldsymbol{A}^* \boldsymbol{\Lambda}^* \boldsymbol{A}^{*\mathrm{T}},$$

对 $\boldsymbol{X}$ 的相关阵 $\boldsymbol{R}$ 做谱分解即得 $\boldsymbol{A}^*$ 和 $\boldsymbol{\Lambda}^*$, 从而得到各个主成分 $\boldsymbol{a}_j^*$ 及对应的方差 λ_j^*, $j = 1, 2, \cdots, p$.

7.1.2　样本主成分及得分矩阵

在实际中, 总体协差阵和相关阵往往是未知的, 需要通过样本进行估计. 设 $\boldsymbol{x}_i = (x_{i1}, x_{i2}, \cdots, x_{ip})^{\mathrm{T}}, i = 1, 2, \cdots, n$ 为来自 p 维总体 $\boldsymbol{X} = (X_1, X_2, \cdots, X_p)^{\mathrm{T}}$ 的随机样本, 记样本数据矩阵为

$$\boldsymbol{\mathcal{X}} = \begin{pmatrix} x_{11} & x_{12} & \cdots & x_{1p} \\ x_{21} & x_{22} & \cdots & x_{2p} \\ \vdots & \vdots & & \vdots \\ x_{n1} & x_{n2} & \cdots & x_{np} \end{pmatrix} = \begin{pmatrix} \boldsymbol{x}_1^{\mathrm{T}} \\ \boldsymbol{x}_2^{\mathrm{T}} \\ \vdots \\ \boldsymbol{x}_n^{\mathrm{T}} \end{pmatrix},$$

样本协差阵 $\boldsymbol{S}$ 和样本相关阵 $\boldsymbol{R}$ 分别如式 (3.11) 和式 (3.12) 定义.

对样本协差阵 $\boldsymbol{S}$ 做谱分解, 设 $\lambda_1 \geqslant \lambda_2 \geqslant \cdots \geqslant \lambda_p \geqslant 0$ 为 $\boldsymbol{S}$ 的 p 个特征值, $\boldsymbol{u}_1, \boldsymbol{u}_2, \cdots, \boldsymbol{u}_p$ 为相应的单位正交特征向量, 则相应的 p 个主成分为

$$Z_j = \boldsymbol{u}_j^{\mathrm{T}} \boldsymbol{X}, j = 1, 2, \cdots, p.$$

令 $\boldsymbol{U} = (\boldsymbol{u}_1, \boldsymbol{u}_2, \cdots, \boldsymbol{u}_p)$, 假设第 i 个样品 $\boldsymbol{x}_i = (x_{i1}, \cdots, x_{ip})^{\mathrm{T}}$ 的第 j 个主成分的函数值 $z_{ij} = \boldsymbol{u}_j^{\mathrm{T}} \boldsymbol{x}_i$ 称为第 i 个样品在第 j 个主成分的得分. 记

$$\boldsymbol{z}_i = (z_{i1}, \cdots, z_{ip})^{\mathrm{T}} = \boldsymbol{U}^{\mathrm{T}} \boldsymbol{x}_i, i = 1, 2, \cdots, n, \tag{7.5}$$

则与数据矩阵 $\boldsymbol{\mathcal{X}} = (x_{ij})_{n \times p}$ 对应的主成分**得分矩阵**为

$$\boldsymbol{\mathcal{Z}} = (z_{ij})_{n \times p} = \boldsymbol{\mathcal{X}} \boldsymbol{U} = \begin{pmatrix} z_{11} & z_{12} & \cdots & z_{1p} \\ z_{21} & z_{22} & \cdots & z_{2p} \\ \vdots & \vdots & & \vdots \\ z_{n1} & z_{n2} & \cdots & z_{np} \end{pmatrix} = \begin{pmatrix} \boldsymbol{z}_1^{\mathrm{T}} \\ \boldsymbol{z}_2^{\mathrm{T}} \\ \vdots \\ \boldsymbol{z}_n^{\mathrm{T}} \end{pmatrix}.$$

实际应用中, 常将数据做中心化, 这并不影响样本协差阵 $\boldsymbol{S}$. 中心化数据

$$\boldsymbol{\mathcal{X}} - \boldsymbol{1}_n \bar{\boldsymbol{x}}^{\mathrm{T}} = \begin{pmatrix} (\boldsymbol{x}_1 - \bar{\boldsymbol{x}})^{\mathrm{T}} \\ (\boldsymbol{x}_2 - \bar{\boldsymbol{x}})^{\mathrm{T}} \\ \vdots \\ (\boldsymbol{x}_n - \bar{\boldsymbol{x}})^{\mathrm{T}} \end{pmatrix}$$

的主成分**得分矩阵**

$$\begin{aligned} \boldsymbol{\mathcal{Z}} &= (\boldsymbol{\mathcal{X}} - \boldsymbol{1}_n \bar{\boldsymbol{x}}^{\mathrm{T}}) \boldsymbol{U} \\ &= \begin{pmatrix} z_{11} & z_{12} & \cdots & z_{1p} \\ z_{21} & z_{22} & \cdots & z_{2p} \\ \vdots & \vdots & & \vdots \\ z_{n1} & z_{n2} & \cdots & z_{np} \end{pmatrix} = \begin{pmatrix} \boldsymbol{z}_1^{\mathrm{T}} \\ \boldsymbol{z}_2^{\mathrm{T}} \\ \vdots \\ \boldsymbol{z}_n^{\mathrm{T}} \end{pmatrix} = \begin{pmatrix} (\boldsymbol{x}_1 - \bar{\boldsymbol{x}})^{\mathrm{T}} \boldsymbol{U} \\ (\boldsymbol{x}_2 - \bar{\boldsymbol{x}})^{\mathrm{T}} \boldsymbol{U} \\ \vdots \\ (\boldsymbol{x}_n - \bar{\boldsymbol{x}})^{\mathrm{T}} \boldsymbol{U} \end{pmatrix}, \end{aligned}$$

其中, $\bar{\boldsymbol{x}}$ 是样本均值向量, 如式 (3.9) 定义.

如果我们从样本相关阵 $\boldsymbol{R}$ 出发做谱分解, 设 $\lambda_1^* \geqslant \lambda_2^* \geqslant \cdots \geqslant \lambda_p^* \geqslant 0$ 为相关阵 $\boldsymbol{R}$ 的 p 个特征值, $\boldsymbol{u}_1^*, \boldsymbol{u}_2^*, \cdots, \boldsymbol{u}_p^*$ 为相应的单位正交特征向量, 则相应的 p 个主成分为

$$\boldsymbol{Z}_j^* = \boldsymbol{u}_j^{*\mathrm{T}} \boldsymbol{X}^*, j = 1, 2, \cdots, p.,$$

其中, $\boldsymbol{X}^* = (X_1^*, X_2^*, \cdots, X_p^*)^{\mathrm{T}}$ 是原始变量 $\boldsymbol{X} = (X_1, X_2, \cdots, X_p)^{\mathrm{T}}$ 经标准化后的向量, 即

$$\boldsymbol{X}^* = \boldsymbol{D}^{-1}(\boldsymbol{X} - \bar{\boldsymbol{x}}), \ \boldsymbol{D} = \mathbf{diag}(\sqrt{s_{11}}, \sqrt{s_{22}}, \cdots, \sqrt{s_{pp}}).$$

令 $\boldsymbol{U}^* = (\boldsymbol{u}_1^*, \boldsymbol{u}_2^*, \cdots, \boldsymbol{u}_p^*)$, 假设第 i 个标准化样品 $\boldsymbol{x}_i^*$ 的第 j 个主成分得分 $z_{ij}^* = \boldsymbol{u}_j^{*\mathrm{T}} \boldsymbol{x}_i^*$, 记

$$\boldsymbol{z}_i^* = (z_{i1}^*, \cdots, z_{ip}^*)^{\mathrm{T}} = \boldsymbol{U}^{*\mathrm{T}} \boldsymbol{x}_i^*, i = 1, 2, \cdots, n,$$

则与标准化数据矩阵 $\boldsymbol{\mathcal{X}}^* = (x_{ij}^*)_{n \times p}$ 对应的主成分**得分矩阵**为

$$\boldsymbol{\mathcal{Z}}^* = (z_{ij}^*)_{n \times p} = \boldsymbol{\mathcal{X}}^* \boldsymbol{U}^* = \begin{pmatrix} z_{11}^* & z_{12}^* & \cdots & z_{1p}^* \\ z_{21}^* & z_{22}^* & \cdots & z_{2p}^* \\ \vdots & \vdots & & \vdots \\ z_{n1}^* & z_{n2}^* & \cdots & z_{np}^* \end{pmatrix} = \begin{pmatrix} \boldsymbol{z}_1^{*\mathrm{T}} \\ \boldsymbol{z}_2^{*\mathrm{T}} \\ \vdots \\ \boldsymbol{z}_n^{*\mathrm{T}} \end{pmatrix}.$$

主成分得分矩阵 $\boldsymbol{\mathcal{Z}}^*$ 的第 j 列为第 j 个主成分在 n 个样品上的得分, 利用第 1 主成分得分或前 m 个主成分的综合得分, 可以对样品进行排序或评估. 由于 λ_1^* 是相关阵 $\boldsymbol{R}$ 的最大特征值, 所以第 1 主成分 Z_1^* 与原始变量的综合相关程度最强, 如果只选一个综合变量, 那么最佳选择就是 Z_1^*; 另一方面, Z_1^* 对应于数据变异最大的方向, 选择 Z_1^* 可使数据信息损失最小, 精度最高. 因此可使用第 1 主成分得分构造系统排序评估指标.

需要特别指出的是, 主成分载荷矩阵的列向量的分量的可以相差一个正负符号, 这是因为主成分载荷的列向量就是样本协方差阵或样本相关阵的特征向量, 而特征向量的分量可以同时改变其正负符号. 在第 8 章因子分析中, 因子载荷矩阵的计算也存在这个问题.

基于此, 有文献提出的利用主成分的综合得分对样品进行排序评估的方法中, 也考虑了载荷的方向问题. 该方法通过计算各个主成分得分的加权平均实现对样品的排序评估. 在 m 个选定的主成分 $Z_1^*, Z_2^*, \cdots, Z_m^*$ 的得分向量

$$\widehat{\boldsymbol{z}}_1 = (z_{11}^*, z_{21}^*, \cdots, z_{n1}^*)^{\mathrm{T}},$$

$$\widehat{\boldsymbol{z}}_2 = (z_{12}^*, z_{22}^*, \cdots, z_{n2}^*)^{\mathrm{T}}, \cdots, \widehat{\boldsymbol{z}}_m = (z_{1m}^*, z_{2m}^*, \cdots, z_{nm}^*)^{\mathrm{T}}$$

中, 若 $\widehat{\boldsymbol{z}}_j$ 的分量大小与样品存在逆序关系, 即, 得分最低的分量对应于最 "好" 的样品, 得分最高的分量对应于最 "差" 的样品, 则令 $\widehat{\boldsymbol{z}}_j = -\widehat{\boldsymbol{z}}_j, j = 1, 2, \cdots, m$, 直至

$\widehat{z}_1, \widehat{z}_2, \cdots, \widehat{z}_m$ 中每个向量的分量大小与样品之间的关系全部为正序关系, 此时主成分综合得分向量为

$$\widehat{z}_c = \omega_1 \widehat{z}_1 + \omega_2 \widehat{z}_2 + \cdots + \omega_m \widehat{z}_m,$$

其中, $\omega_j = \dfrac{\lambda_j}{\sum\limits_{k=1}^{m} \lambda_k}$ 是第 j 个主成分的方差贡献率, $j = 1, 2, \cdots, m$. 可以通过综合得分向量对样品进行排序. 可以证明, 主成分的上述加权平均的方差小于第 1 主成分的方差, 因此加权平均的信息量没有第 1 主成分的信息量大, 但其方向是对各个主成分方向的综合, 这也是综合排序法的合理之处.

7.2 主成分的性质及统计含义

记主成分向量 $\boldsymbol{Z} = (Z_1, Z_2, \cdots, Z_p)^{\mathrm{T}}$, 其中, $Z_j = \boldsymbol{a}_j^{\mathrm{T}} \boldsymbol{X}$, $j = 1, 2, \cdots, p$, 则主成分向量与原始向量之间的关系为

$$\boldsymbol{Z} = \boldsymbol{A}^{\mathrm{T}} \boldsymbol{X}, \text{ 或 } \boldsymbol{X} = \boldsymbol{A} \boldsymbol{Z}. \tag{7.6}$$

性质 7.1 随机向量 $\boldsymbol{X}$ 的各主成分互不相关, 且第 j 个主成分的方差正好是 $\boldsymbol{X}$ 协差阵 $\boldsymbol{\Sigma}$ 的第 j 大的特征值, $j = 1, 2, \cdots, p$.

证明 由式 (7.6),

$$\mathrm{Var}(\boldsymbol{Z}) = \mathrm{Var}(\boldsymbol{A}^{\mathrm{T}} \boldsymbol{X}) = \boldsymbol{A}^{\mathrm{T}} \boldsymbol{\Sigma} \boldsymbol{A} = \boldsymbol{\Lambda} = \mathbf{diag}(\lambda_1, \lambda_2, \cdots, \lambda_p),$$

从而 $Z_1, Z_2, \cdots, Z_p$ 互不相关, 且 $\mathrm{Var}(Z_j) = \lambda_j$, $j = 1, 2, \cdots, p$. □

性质 7.2 原始变量的总方差可分解为不相关的主成分的方差之和, 即

$$\sum_{j=1}^{p} \sigma_{jj} = \sum_{j=1}^{p} \lambda_j. \tag{7.7}$$

证明 由 $\boldsymbol{A}^{\mathrm{T}} \boldsymbol{\Sigma} \boldsymbol{A} = \boldsymbol{\Lambda}$ 和 $\boldsymbol{A}$ 正交可知,

$$\sum_{j=1}^{p} \lambda_j = \mathrm{tr}(\boldsymbol{\Lambda}) = \mathrm{tr}(\boldsymbol{A}^{\mathrm{T}} \boldsymbol{\Sigma} \boldsymbol{A}) = \mathrm{tr}(\boldsymbol{A} \boldsymbol{A}^{\mathrm{T}} \boldsymbol{\Sigma}) = \mathrm{tr}(\boldsymbol{\Sigma}) = \sum_{j=1}^{p} \sigma_{jj}.$$

得证. □

式 (7.7) 两端的和式称为原总体 $\boldsymbol{X}$ 的总方差或总惯量.

性质 7.3 原始变量 X_j 与主成分 Z_k 的相关系数称为 X_j 在 Z_k 上的因子载荷, 有

$$\rho(X_j, Z_k) = \sqrt{\frac{\lambda_k}{\sigma_{jj}}} a_{jk}, j, k = 1, 2, \cdots, p.$$

证明　由式 (7.6), $X_j = a_{j1}Z_1 + a_{j2}Z_2 + \cdots + a_{jp}Z_p$, 于是,

$$\text{Cov}(X_j, Z_k) = \text{Cov}(Z_k, a_{jk}Z_k) = a_{jk}\text{Var}(Z_k) = \lambda_k a_{jk},$$

从而,

$$\rho(X_j, Z_k) = \frac{\text{Cov}(X_j, Z_k)}{\sqrt{\text{Var}(X_j)\text{Var}(Z_k)}}$$

$$= \frac{\lambda_k a_{jk}}{\sqrt{\sigma_{jj}\lambda_k}} = \sqrt{\frac{\lambda_k}{\sigma_{jj}}} a_{jk}, j, k = 1, 2, \cdots, p.$$

得证.　　□

若用 $\boldsymbol{D} = \text{diag}(\boldsymbol{\Sigma})$ 表示用 $\boldsymbol{\Sigma}$ 的对角线元素做对角线构成的对角矩阵, 即,

$$\boldsymbol{D} = \begin{pmatrix} \sigma_{11} & & & \\ & \sigma_{22} & & \\ & & \ddots & \\ & & & \sigma_{pp} \end{pmatrix},$$

则因子载荷矩阵

$$\boldsymbol{L} = \boldsymbol{D}^{-\frac{1}{2}}\boldsymbol{A}\boldsymbol{\Lambda}^{\frac{1}{2}}.$$

性质 7.4　原始变量 X_j 在所有主成分上的因子载荷的平方和等于 1, 即,

$$\sum_{k=1}^{p} \rho^2(X_j, Z_k) = 1, j = 1, 2, \cdots, p.$$

证明　由性质 7.3,

$$\sum_{k=1}^{p} \rho^2(X_j, Z_k) = \frac{1}{\sigma_{jj}}\sum_{k=1}^{p} \lambda_k a_{jk}^2, j = 1, 2, \cdots, p,$$

又因为 $\boldsymbol{\Sigma} = \boldsymbol{A}\boldsymbol{\Lambda}\boldsymbol{A}^{\mathrm{T}}$, 即有,

$$\sigma_{jj} = (a_{j1}, a_{j2}, \cdots, a_{jp})\boldsymbol{\Lambda}(a_{j1}, a_{j2}, \cdots, a_{jp})^{\mathrm{T}} = \sum_{k=1}^{p} \lambda_k a_{jk}^2,$$

得证.　　□

性质 7.5　主成分 Z_k 具有方差分解式

$$\lambda_k = \sum_{j=1}^{p} \rho^2(X_j, Z_k), k = 1, 2, \cdots, p.$$

证明　由性质 7.3 并注意到 $\boldsymbol{A}$ 的正交性即得证.　　□

主成分分析的目的之一是为了降维, 即减少变量的个数, 故在实际应用中一般不会使用所有 p 个主成分, 而是选用前面 $m\ (<p)$ 个方差最大的主成分. m 取多大可根据主成分的贡献率来确定.

定义 7.1   **主成分的方差在总方差中所占比例**

$$\frac{\lambda_k}{\sum_{j=1}^{p} \lambda_j}$$

称为主成分 $Z_k, k=1,2,\cdots,p$ 的 (方差) 贡献率, 而前 m 个主成分的贡献率之和

$$\frac{\sum_{j=1}^{m} \lambda_j}{\sum_{j=1}^{p} \lambda_j}$$

称为 $Z_1, Z_2, \cdots, Z_m$ 的累积 (方差) 贡献率.

累积贡献率表达了前 m 个主成分提取了原始变量的多少信息, 因此, 一般来讲, 取尽可能较小的 m, 使得累积贡献率达到一个比较高的百分比 (比如 75% 以上) 就可以使用前 m 个主成分近似代表所有的原始变量. 但是这样考虑问题是不全面的, 因为累积贡献率没有清晰表达某个原始变量被提取了多少信息, 有时候累积贡献率是可观的, 但是某个原始变量被忽视了, 而这个原始变量可能是比较重要的. 因此我们除了需要考虑累积贡献率之外, 同时还需要考虑选取的 m 个主成分对所有原始变量的综合解释能力.

定义 7.2   原始变量 X_j 与主成分 $Z_1, Z_2, \cdots, Z_m$ 的相关系数的平方和称为前 m 个主成分对原始变量 X_j 的贡献率, 记为 $v_j^{(m)}$, 即

$$v_j^{(m)} = \sum_{k=1}^{m} \rho^2(X_j, Z_k) = \frac{1}{\sigma_{jj}} \sum_{k=1}^{m} \lambda_k a_{jk}^2.$$

【例 7.1】   设随机向量 $\boldsymbol{X} = (X_1, X_2, X_3)^{\mathrm{T}}$ 的协差阵 $\boldsymbol{\Sigma} = \begin{pmatrix} 5 & 3 & 0 \\ 3 & 3 & 0 \\ 0 & 0 & 1 \end{pmatrix}$, 求 $\boldsymbol{X}$ 的主成分及其贡献率.

解 $\boldsymbol{\Sigma}$ 的特征方程 $\det(\lambda \boldsymbol{I} - \boldsymbol{\Sigma}) = (\lambda^2 - 8\lambda + 6)(\lambda - 1) = 0$, 从而得特征值 $\lambda_1 = 4 + \sqrt{10} \approx 7.1623, \lambda_2 = 1, \lambda_3 = 4 - \sqrt{10} \approx 0.8377$, 对应的单位正交特征向量分别为 $\boldsymbol{a}_1 = (0.8112, 0.5847, 0)^{\mathrm{T}}, \boldsymbol{a}_2 = (0, 0, 1)^{\mathrm{T}}, \boldsymbol{a}_3 = (-0.5847, 0.8112, 0)^{\mathrm{T}}$, 故主成分为 $Z_1 = 0.8112 X_1 + 0.5847 X_2, Z_2 = X_3, Z_3 = -0.5847 X_1 + 0.8112 X_2$.

选取 1 个主成分 Z_1, 方差贡献率可以达到 $\dfrac{\lambda_1}{\sum\limits_{j=1}^{3} \lambda_j} = 79.58\%$, 此时 Z_1 对三个原始

变量的贡献率为

$$v_1^{(1)} = \frac{1}{\sigma_{11}}\lambda_1 a_{11}^2 = 0.9427, v_2^{(1)} = \frac{1}{\sigma_{22}}\lambda_1 a_{21}^2 = 0.8162, v_3^{(1)} = \frac{1}{\sigma_{33}}\lambda_1 a_{31}^2 = 0,$$

可以看出, 尽管 Z_1 的方差贡献率超过 75%, 但是它对 X_3 没有任何贡献, 因此选取 1 个主成分是不合适的.

如果选取 2 个主成分 Z_1, Z_2, 方差贡献率可以达到 $\dfrac{\sum\limits_{j=1}^{2} \lambda_j}{\sum\limits_{j=1}^{3} \lambda_j} = 90.69\%$, 此时 Z_1, Z_2

对三个原始变量的贡献率为

$$v_1^{(2)} = \frac{1}{\sigma_{11}}(\lambda_1 a_{11}^2 + \lambda_2 a_{12}^2) = 0.9427, v_2^{(2)} = \frac{1}{\sigma_{22}}(\lambda_1 a_{21}^2 + \lambda_2 a_{22}^2) = 0.8162,$$

$$v_3^{(2)} = \frac{1}{\sigma_{33}}(\lambda_1 a_{31}^2 + \lambda_2 a_{32}^2) = 1,$$

这个结果还是令人满意的. 因此选取 2 个主成分是合适的. 表 7.1 列出了上述计算结果, 同时列出了因子载荷. □

表 7.1　例 7.1 计算结果

	因子载荷			$v_j^{(1)}$	$v_j^{(2)}$
	Z_1	Z_2	Z_3		
X_1	0.9709	0	-0.2393	0.9427	0.9427
X_2	0.9035	0	0.4287	0.8162	0.8162
X_3	0	1	0	0	1

主成分个数的选择很多时候会含有很多主观因素, 当然也存在一些客观的标准. 张景肖等 (2022) 对函数型变量的主成分联合模型使用 AIC 准则确定主成分个数, 准确率很高. 田密和罗幼喜 (2021) 提出了确定函数型数据主成分个数的自适应加权截断法, 该方法不仅考虑了由于特征值迅速衰减导致的主要变异, 还将协变量和响应变量之间的关联纳入选择标准, 并且权重的自适应选取使估计方差和偏差达到相对平衡.

如果是从总体相关阵 $\boldsymbol{R}$ 出发进行主成分分析, 我们令

$$\boldsymbol{Z}^* = (Z_1^*, Z_2^*, \cdots, Z_p^*)^{\mathrm{T}}, \boldsymbol{A}^* = (\boldsymbol{a}_1^*, \boldsymbol{a}_2^*, \cdots, \boldsymbol{a}_p^*),$$

则有

$$\boldsymbol{Z}^* = \boldsymbol{A}^{*\mathrm{T}}\boldsymbol{X}^*, \text{或者, } \boldsymbol{X}^* = \boldsymbol{A}^*\boldsymbol{Z}^*.$$

性质 7.6　从总体相关阵 $\boldsymbol{R}$ 出发得到的主成分 $Z_1^*, Z_2^*, \cdots, Z_p^*$ 具有如下性质:

1. $E(\boldsymbol{Z}^*) = \boldsymbol{0}, \mathrm{Var}(\boldsymbol{Z}^*) = \boldsymbol{\Lambda}^* = \mathbf{diag}(\lambda_1^*, \lambda_2^*, \cdots, \lambda_p^*).$

2. 总方差 $\sum\limits_{j=1}^{p} \lambda_j^* = p$.

3. 因子载荷 $\rho(X_j^*, Z_k^*) = \sqrt{\lambda_k^*} a_{jk}^*, j, k = 1, 2, \cdots, p$.

4. $\sum\limits_{k=1}^{p} \rho^2(X_j^*, Z_k^*) = 1, j = 1, 2, \cdots, p$.

5. $\sum\limits_{j=1}^{p} \rho^2(X_j^*, Z_k^*) = \lambda_k^*, k = 1, 2, \cdots, p$.

6. 前 m 个主成分的贡献率 $v_j^{*(m)} = \sum\limits_{k=1}^{m} \rho^2(X_j^*, Z_k^*) = \sum\limits_{k=1}^{m} \lambda_k^* a_{jk}^{*2}$.

表 7.2 是原始变量标准化之后做主成分分析的因子载荷. 事实上, 因子载荷矩阵

$$L^* = A^* \Lambda^{*\frac{1}{2}}.$$

表 **7.2**　原始变量标准化之后做主成分分析的因子载荷, 其中, $\rho_{jk}^* = \rho(X_j^*, Z_k^*)$.

	Z_1^*	$\cdots$	Z_j^*	$\cdots$	Z_p^*	$\sum\limits_{k=1}^{p} \rho_{jk}^{*2}$
X_1^*	$\sqrt{\lambda_1^*} a_{11}^*$	$\cdots$	$\sqrt{\lambda_k^*} a_{1k}^*$	$\cdots$	$\sqrt{\lambda_p^*} a_{1p}^*$	1
X_2^*	$\sqrt{\lambda_1^*} a_{21}^*$	$\cdots$	$\sqrt{\lambda_k^*} a_{2k}^*$	$\cdots$	$\sqrt{\lambda_p^*} a_{2p}^*$	1
$\vdots$	$\vdots$		$\vdots$		$\vdots$	$\vdots$
X_p^*	$\sqrt{\lambda_1^*} a_{p1}^*$	$\cdots$	$\sqrt{\lambda_k^*} a_{pk}^*$	$\cdots$	$\sqrt{\lambda_p^*} a_{pp}^*$	1
$\sum\limits_{j=1}^{p} \rho_{jk}^{*2}$	λ_1^*	$\cdots$	λ_k^*	$\cdots$	λ_p^*	$\sum\limits_{j=1}^{p}\sum\limits_{k=1}^{p} \rho_{jk}^{*2} = p$

设 $\lambda_1 \geqslant \lambda_2 \geqslant \cdots \geqslant \lambda_p \geqslant 0$ 为样本协差阵 S 的 p 个特征值, $u_1, u_2, \cdots, u_p$ 为相应的单位正交特征向量, 相应的 p 个主成分为 $Z_j = u_j^T X, j = 1, 2, \cdots, p$.

性质 7.7　令 $U = (u_1, u_2, \cdots, u_p), Z = (Z_1, Z_2, \cdots, Z_p)^T = U^T X$, 则样本主成分有以下性质, 其中 δ_{kj} 是 Kronecker 符号.

1. $\mathrm{Cov}(Z_k, Z_j) \approx u_k^T S u_j = \lambda_k \delta_{kj}, k, j = 1, 2, \cdots, p$.

2. 样本总方差 $\sum\limits_{j=1}^{p} s_{jj} = \sum\limits_{j=1}^{p} \lambda_j$.

3. 因子载荷 $\rho(X_j, Z_k) \approx \sqrt{\dfrac{\lambda_k}{s_{jj}}} u_{jk}, k, j = 1, 2, \cdots, p$.

设 $\lambda_1^* \geqslant \lambda_2^* \geqslant \cdots \geqslant \lambda_p^* \geqslant 0$ 为样本相关阵 R 的 p 个特征值, $u_1^*, u_2^*, \cdots, u_p^*$ 为相应的单位正交特征向量, 相应的 p 个主成分为 $Z_j^* = u_j^{*T} X^*, j = 1, 2, \cdots, p$.

性质 7.8　从样本相关阵 R 出发求得的主成分有以下性质:

1. $\mathrm{Cov}(Z_k^*, Z_j^*) \approx u_k^{*T} R u_j^* = \lambda_k^* \delta_{kj}, k, j = 1, 2, \cdots, p$.

2. 样本总方差 $\sum\limits_{j=1}^{p} \lambda_j^* = \mathrm{tr}(R) = p$.

3. 因子载荷 $\rho(X_j^*, Z_k^*) \approx \sqrt{\lambda_k^*} u_{jk}^*, k, j = 1, 2, \cdots, p$.

主成分的含义与所分析问题的实际背景有关, 根据主成分载荷对主成分的特殊含义给出合理解释是主成分分析的一个重要方面. 主成分分析的目的之一是简化数据结构, 即提取少数几个主成分以代替原来的原始变量, 但必须保证所提取的前 m 个主成分的累积贡献率达到一个较高的水平, 即变量降维后的信息量损失比较小. 接下来的分析将基于这些主成分, 它们是原始变量的线性组合, 因此需要对提取的主成分给出符合实际背景和意义的解释. 数据降维只是为了简化数据结构, 便于计算和分析, 但主成分分析的最终目的是为了解决问题. 根据因子载荷矩阵的列向量对各个主成分的含义进行解释时, 主成分的含义主要是由具有较大绝对值的分量对应的原始变量来解释的. 即便如此, 实际中还是经常遇到主成分含义难以解释的情况. 阮皓麟等 (2022) 提出一种稳健稀疏主成分分析方法, 在处理有离群样本的数据时能达到稳健与 (载荷向量) 稀疏的双重效果, 这就增加了主成分的可解释性.

【例 7.2】　二维随机向量 $\boldsymbol{X} = (X_1, X_2)^{\mathrm{T}}$, 其均值向量 $\boldsymbol{\mu} = (\sqrt{10}, 2)$, 协差阵 $\boldsymbol{\Sigma} = \begin{pmatrix} 5 & 2 \\ 2 & 2 \end{pmatrix}$, 求 $\boldsymbol{X}$ 的相关阵 $\boldsymbol{R}$, 并分别从协差阵和相关阵出发求 $\boldsymbol{X}$ 的总体主成分及方差贡献率.

解　由 $\det(\lambda \boldsymbol{I} - \boldsymbol{\Sigma}) = (\lambda - 6)(\lambda - 1) = 0$ 得特征值 $\lambda_1 = 6, \lambda_2 = 1$, 对应的单位正交特征向量分别为 $\boldsymbol{a}_1 = \left(\dfrac{2}{\sqrt{5}}, \dfrac{1}{\sqrt{5}} \right)^{\mathrm{T}}, \boldsymbol{a}_2 = \left(-\dfrac{2}{\sqrt{5}}, \dfrac{1}{\sqrt{5}} \right)^{\mathrm{T}}$, 因此第 1、2 主成分分别为

$$Z_1 = \frac{2}{\sqrt{5}} X_1 + \frac{1}{\sqrt{5}} X_2, \quad Z_2 = -\frac{2}{\sqrt{5}} X_1 + \frac{1}{\sqrt{5}} X_2,$$

方差贡献率分别为 $\dfrac{6}{7}, \dfrac{1}{7}$.

取 $\boldsymbol{\Lambda} = \mathbf{diag}\left(\dfrac{1}{\sqrt{5}}, \dfrac{1}{\sqrt{2}} \right)$, 则相关阵 $\boldsymbol{R} = \boldsymbol{\Lambda} \boldsymbol{\Sigma} \boldsymbol{\Lambda} = \begin{pmatrix} 1 & \sqrt{\dfrac{2}{5}} \\ \sqrt{\dfrac{2}{5}} & 1 \end{pmatrix}$. 由 $\det(\lambda \boldsymbol{I} - \boldsymbol{R}) = 0$

得特征值 $\lambda_1^* = 1 + \sqrt{\dfrac{2}{5}}, \lambda_2^* = 1 - \sqrt{\dfrac{2}{5}}$, 对应的单位正交特征向量为 $\boldsymbol{a}_1^* = \left(\dfrac{1}{\sqrt{2}}, \dfrac{1}{\sqrt{2}} \right)^{\mathrm{T}}$, $\boldsymbol{a}_2^* = \left(\dfrac{1}{\sqrt{2}}, -\dfrac{1}{\sqrt{2}} \right)^{\mathrm{T}}$, 第 1、2 主成分分别为 $Z_1^* = \dfrac{1}{\sqrt{2}} X_1^* + \dfrac{1}{\sqrt{2}} X_2^*, Z_2^* = \dfrac{1}{\sqrt{2}} X_1^* - \dfrac{1}{\sqrt{2}} X_2^*$, 其中, $X_1^* = \dfrac{X_1 - \sqrt{10}}{\sqrt{5}}, X_2^* = \dfrac{X_2 - 2}{\sqrt{2}}$, 从而,

$$Z_1^* = \frac{1}{\sqrt{10}} X_1 + \frac{1}{2} X_2 - 2, \quad Z_2^* = \frac{1}{\sqrt{10}} X_1 - \frac{1}{2} X_2,$$

方差贡献率分别为 $\dfrac{\left(1+\sqrt{\dfrac{2}{5}}\right)}{2}, \dfrac{\left(1-\sqrt{\dfrac{2}{5}}\right)}{2}$.   □

【例 7.3】(Boston.csv) 例 1.1 给出的波士顿房价数据含有 14 个变量, 该数据的基本情况可以见表 1.2. 对波士顿房价数据的前 13 个变量做主成分分析.

解 波士顿房价数据的前 13 个变量是 crim, zn, indus, chas, nox, rm, age, dis, rad, tax, ptratio, black, lstat, 分别用 $X_1, X_2, \cdots, X_{13}$ 表示; 第 14 个变量是 medv, 表示房价中位数, 用 Y 表示. 用 $\mathcal{X}$ 表示数据的前 13 列, 这是一个 506×13 的矩阵. 首先计算 $\mathcal{X}$ 的相关阵

$$R = \begin{pmatrix}
1.0 & -0.2 & 0.4 & -0.1 & 0.4 & -0.2 & 0.4 & -0.4 & 0.6 & 0.6 & 0.3 & -0.4 & 0.5 \\
-0.2 & 1.0 & -0.5 & -0.0 & -0.5 & 0.3 & -0.6 & 0.7 & -0.3 & -0.3 & -0.4 & 0.2 & -0.4 \\
0.4 & -0.5 & 1.0 & 0.1 & 0.8 & -0.4 & 0.6 & -0.7 & 0.6 & 0.7 & 0.4 & -0.4 & 0.6 \\
-0.1 & -0.0 & 0.1 & 1.0 & 0.1 & 0.1 & 0.1 & -0.1 & -0.0 & -0.0 & -0.1 & 0.1 & -0.1 \\
0.4 & -0.5 & 0.8 & 0.1 & 1.0 & -0.3 & 0.7 & -0.8 & 0.6 & 0.7 & 0.2 & -0.4 & 0.6 \\
-0.2 & 0.3 & -0.4 & 0.1 & -0.3 & 1.0 & -0.2 & 0.2 & -0.2 & -0.3 & -0.4 & 0.1 & -0.6 \\
0.4 & -0.6 & 0.6 & 0.1 & 0.7 & -0.2 & 1.0 & -0.7 & 0.5 & 0.5 & 0.3 & -0.3 & 0.6 \\
-0.4 & 0.7 & -0.7 & -0.1 & -0.8 & 0.2 & -0.8 & 1.0 & -0.5 & -0.5 & -0.2 & 0.3 & -0.5 \\
0.6 & -0.3 & 0.6 & -0.0 & 0.6 & -0.2 & 0.5 & -0.5 & 1.0 & 0.9 & 0.5 & -0.4 & 0.5 \\
0.6 & -0.3 & 0.6 & -0.0 & 0.7 & -0.3 & 0.5 & -0.5 & 0.9 & 1.0 & 0.5 & -0.4 & 0.5 \\
0.3 & -0.4 & 0.4 & -0.1 & 0.2 & -0.4 & 0.3 & -0.2 & 0.5 & 0.5 & 1.0 & -0.2 & 0.4 \\
-0.4 & 0.2 & -0.4 & 0.1 & -0.4 & 0.1 & -0.3 & 0.3 & -0.4 & -0.4 & -0.2 & 1.0 & -0.4 \\
0.5 & -0.4 & 0.6 & -0.1 & 0.6 & -0.6 & 0.6 & -0.5 & 0.5 & 0.5 & 0.4 & -0.4 & 1.0
\end{pmatrix},$$

有些变量之间的相关性比较强, 比如 lstat 与 rm, age 与 dis 等. 图 7.2 是它们的散点图. 我们也可以对相关系数进行 t 检验, 比如, 计算得 lstat 与 rm 的相关系数 $r = -0.6$, t 统计量 $t = \dfrac{r}{\sqrt{1-r^2}}\sqrt{n-2} = -17$, p 值接近 0, 因此 lstat 与 rm 显著负相关. 同样可以知道 age 与 dis 也是显著负相关, 相关系数等于 -0.7. 因此, 该数据适合进行主成分分析.

考虑到数据的量级存在较大差异, 我们对数据进行标准化之后再做主成分分析, 标准化后的变量分别记为 $X_1^*, X_2^*, \cdots, X_{13}^*$. 为此, 我们可以直接从相关阵 R 出发. 对 R 做特征值分解, 得到特征值 $\lambda_j, j = 1, 2, \cdots, 13$ 分别为 6.1268, 1.4333, 1.2426, 0.8576, 0.8348, 0.6574, 0.5354, 0.3961, 0.2769, 0.2202, 0.1860, 0.1693, 0.0635, 画出碎石图如图 7.3 所示, 选择 4 个主成分是合适的, 即取 $m = 4$, 此时前 4 个主成分的累积贡献率为 74.31%.

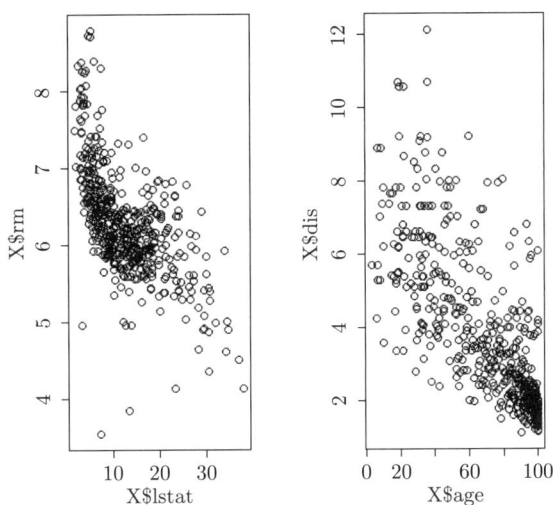

图 7.2 部分变量之间的散点图

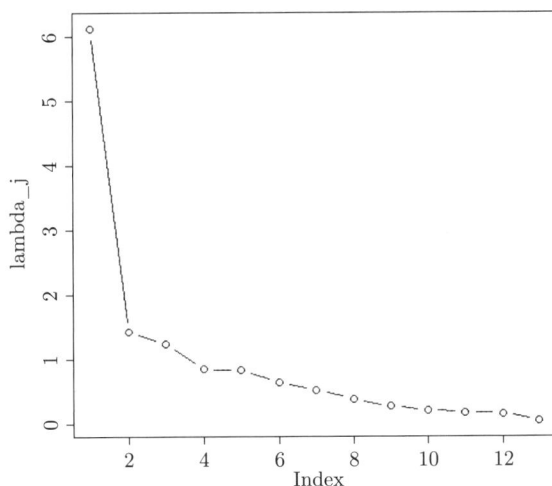

图 7.3 碎石图

记特征值 $\lambda_j, j = 1, 2, \cdots, 13$ 对应的单位正交特征向量 $\boldsymbol{u}_j, j = 1, 2, \cdots, 13$ 构成的矩阵为 $\boldsymbol{U}$, 表 7.3 的前 4 列构成 $\boldsymbol{U}$ 的前 4 列元素. 从而得前 4 个主成分为

$$Z_1 = 0.2510X_1^* - 0.2563X_2^* + 0.3467X_3^* + 0.0050X_4^* + 0.3429X_5^* -$$

$$0.1892X_6^* + 0.3137X_7^* - 0.3215X_8^* + 0.3198X_9^* + 0.3385X_{10}^* +$$

$$0.2049X_{11}^* - 0.2030X_{12}^* + 0.3098X_{13}^*,$$

$$Z_2 = 0.3153X_1^* + 0.3233X_2^* - 0.1125X_3^* - 0.4548X_4^* - 0.2191X_5^* -$$

$$0.1493X_6^* - 0.3120X_7^* + 0.3491X_8^* + 0.2715X_9^* + 0.2395X_{10}^* +$$

$$0.3059X_{11}^* - 0.2386X_{12}^* + 0.0743X_{13}^*,$$

$$Z_3 = -0.2466X_1^* - 0.2959X_2^* + 0.0159X_3^* - 0.2898X_4^* - 0.1210X_5^* -$$

$$0.5940X_6^* + 0.0177X_7^* + 0.0497X_8^* - 0.2873X_9^* - 0.2207X_{10}^* +$$

$$0.3234X_{11}^* + 0.3001X_{12}^* + 0.2670X_{13}^*,$$

$$Z_4 = -0.0618X_1^* - 0.1287X_2^* - 0.0171X_3^* - 0.8159X_4^* + 0.1282X_5^* +$$

$$0.2806X_6^* + 0.1752X_7^* - 0.2154X_8^* - 0.1323X_9^* - 0.1033X_{10}^* -$$

$$0.2826X_{11}^* - 0.1685X_{12}^* - 0.0694X_{13}^*.$$

记 $\boldsymbol{\Lambda} = \mathrm{diag}(\lambda_1, \lambda_2, \cdots, \lambda_{13})$, 则因子载荷矩阵 $\boldsymbol{L} = \boldsymbol{U}\boldsymbol{\Lambda}^{\frac{1}{2}}$, $\boldsymbol{L}$ 的前 4 列见表 7.3 的 5~8 列. $\boldsymbol{U}$ 的前 4 列的行平方和即为前 4 个主成分对各个原始变量的贡献率 $v_j^{(4)}$, $j = 1, 2, \cdots, 13$, 如表 7.3 的最后一列所示.

表 7.3   一些计算结果

	特征向量				因子载荷				
	$\boldsymbol{u}_1$	$\boldsymbol{u}_2$	$\boldsymbol{u}_3$	$\boldsymbol{u}_4$	Z_1	Z_2	Z_3	Z_4	$v_j^{(4)}$
X_1^*	0.25	0.32	−0.25	−0.06	0.62	0.38	−0.28	−0.06	0.61
X_2^*	−0.26	0.32	−0.30	−0.13	−0.63	0.39	−0.33	−0.12	0.68
X_3^*	0.35	−0.11	0.02	−0.02	0.86	−0.14	0.02	−0.02	0.76
X_4^*	0.01	−0.46	−0.29	−0.82	0.01	−0.55	−0.32	−0.76	0.97
X_5^*	0.34	−0.22	−0.12	0.13	0.85	−0.26	−0.14	0.12	0.82
X_6^*	−0.19	−0.15	−0.59	0.28	−0.47	−0.18	−0.66	0.26	0.76
X_7^*	0.31	−0.31	0.02	0.18	0.78	−0.37	0.02	0.16	0.77
X_8^*	−0.32	0.35	0.05	−0.22	−0.80	0.42	0.06	−0.20	0.85
X_9^*	0.32	0.27	−0.29	−0.13	0.79	0.33	−0.32	−0.12	0.85
X_{10}^*	0.34	0.24	−0.22	−0.10	0.84	0.29	−0.25	−0.10	0.85
X_{11}^*	0.21	0.31	0.32	−0.28	0.51	0.37	0.36	−0.26	0.59
X_{12}^*	−0.20	−0.24	0.30	−0.17	−0.50	−0.29	0.34	−0.16	0.47
X_{13}^*	0.31	0.07	0.27	−0.07	0.77	0.09	0.30	−0.06	0.69

数据 $\boldsymbol{\mathcal{X}}$ 标准化之后记为 $\boldsymbol{\mathcal{X}}^*$, 得分矩阵 $\boldsymbol{\mathcal{Z}} = \boldsymbol{\mathcal{X}}^*\boldsymbol{U}$. 用主成分得分对 506 个街区的房子进行排序.

先使用第 1 主成分得分. 图 7.4 是房价中位数与第 1 主成分得分的关系图, 显然呈负相关, 相关系数为 −0.6117. 房子的"好"和"坏"会集中体现在房价上, 我们希望主成分得分能够与房价中位数保持一致. 为此, 把第 1 主成分得分都添加一个符号, 表 7.4 的第 2 列是其中的 30 个得分值, 重新作出房价中位数与第 1 主成分得分的关系图如图 7.5a 所示.

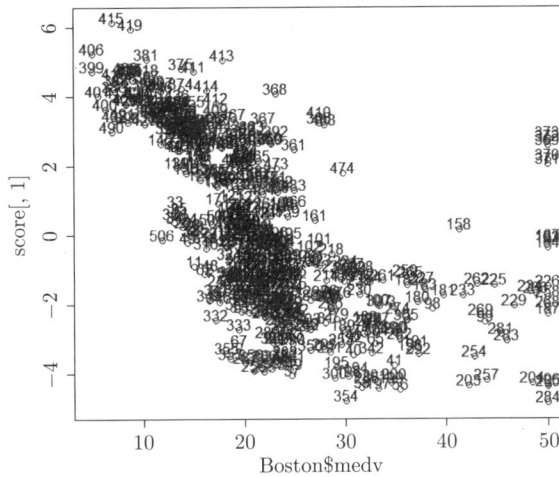

图 7.4　房价中位数与第 1 主成分得分

表 7.4　部分样品的房价中位数与主成分得分

编号	主成分得分					房价中位数
	z_1	z_2	z_3	z_4	z	
284	4.8493	1.2235	3.5774	-2.4624	3.4987	50.0
336	1.7090	-0.4907	-1.2035	-0.3283	0.8271	21.1
406	-5.2334	-2.4312	1.3507	-0.6015	-3.5595	5.0
101	0.2573	0.4050	-0.5131	0.3551	0.1888	27.5
492	-2.4537	0.6690	-0.8787	0.1632	-1.5555	13.6
111	0.2413	-0.0297	-1.0777	-0.0482	0.0057	21.7
393	-3.7891	-0.5777	-0.9504	-0.5497	-2.6599	9.7
133	-1.2937	0.8751	-0.7660	0.3937	-0.7542	23.0
422	-3.1514	-0.3039	0.3824	0.1080	-1.9850	14.2
400	-3.6441	-0.7229	-0.2644	-0.2449	-2.4742	6.3
388	-4.3489	-1.0963	-0.8903	-0.7255	-3.0997	7.4
98	2.1134	1.0109	0.9216	1.2618	1.7209	38.7
103	-0.6754	-0.4540	0.2348	0.8528	-0.3898	18.6
214	1.3118	0.0693	-0.6443	0.1575	0.7734	28.1
90	1.7882	0.7842	0.1065	0.8592	1.3404	28.7
326	1.9490	-0.5260	-0.5759	-0.1927	1.0669	24.6
79	0.8248	-0.2061	-0.8018	-0.0706	0.3831	21.2
462	-2.5528	-0.1063	0.3869	0.0387	-1.5816	17.7
372	-2.6917	-0.1508	0.6251	0.1559	-1.6353	50.0
270	1.2907	1.7872	0.0474	-3.1841	0.8072	20.7
382	-3.2844	-0.3566	0.5947	0.0734	-2.0529	10.9
184	1.3706	1.1902	-0.4041	0.9450	1.0778	32.5
62	1.1140	-0.6850	-0.9901	-0.3275	0.4485	16.0
4	2.6089	-0.0069	-0.1002	0.3434	1.6712	33.4
496	0.0470	-0.1390	-1.3138	-0.1927	-0.1769	23.1
149	-2.5173	1.7566	-1.0230	0.9828	-1.3803	17.8
40	3.4611	-1.3304	0.5522	-0.3297	2.0395	30.8
212	-0.2590	2.1882	-0.9231	-3.2247	-0.2446	19.3

(续)

编号	主成分得分					房价中位数
	z_1	z_2	z_3	z_4	z	
440	−3.5213	−0.3094	−0.3663	−0.2506	−2.3485	12.8
195	3.7966	−0.9651	0.7379	0.0338	2.3627	29.1

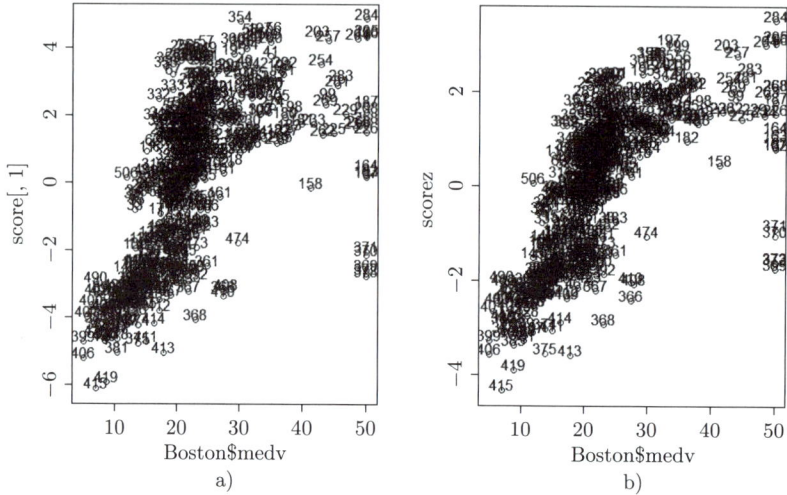

图 7.5   房价中位数与主成分得分. a) 第 1 主成分得分; b) 前 4 个主成分的综合得分

对第 2, 3, 4 主成分得分进行同样的处理, 使得主成分得分与房价中位数正相关, 否则就对得分向量添加一个负号, 表 7.4 的第 3, 4, 5 列是各自处理之后的 30 个得分值. 用 $z_j, j = 1, 2, 3, 4$ 表示前 4 个主成分得分向量, 则前 4 个主成分的综合得分

$$z = \sum_{j=1}^{4} \omega_j z_j,$$

其中, $\omega_j = \dfrac{\lambda_j}{\sum\limits_{k=1}^{4} \lambda_k}, j = 1, 2, 3, 4$. 表 7.4 的第 6 列是 z 的部分计算结果, 表 7.4 的最后一列是房价中位数. 图 7.5b 是房价中位数与前 4 个主成分综合得分的关系图.   □

7.3   主成分分析的应用

7.3.1   案例: 图像压缩与重构

随着数字摄像技术的发展, 数字图像在各行各业中都呈爆炸式增长, 再加上图像数据表示的维数很高, 使得图像处理、存储、传输、识别等变得困难. 另一方面, 数字图像的一个特征是存在大量冗余, 这主要是因为数字图像中相邻像素的相关性很高, 这

就给图像的降维带来可能. 主成分分析在图像处理领域应用广泛, 比如图像压缩、图像识别等. 我们将简单介绍主成分分析如何用于图像压缩.

6.4.5 节介绍了 24 位真彩色图片的一些知识. 一幅 $m \times n$ 的 24 位真彩色图片由 3 层 $n \times m$ 的颜色矩阵叠加而成, 这 3 层颜色矩阵分别对应红色 (R)、绿色 (G) 和蓝色 (B) 在每一个像素点上的取值, 分别用 R,G,B 表示. 一般要求 $n \geqslant m$, 否则, 只需对图像或数字图像数据进行转置.

首先对红色层进行主成分分析. 求出 R 的协差阵 $\boldsymbol{\Sigma}_{\mathrm{R}}$, 其由大到小排序的特征值对应的单位正交特征向量构成的矩阵记为 $\boldsymbol{U}_{\mathrm{R}}$, 得分矩阵 $\boldsymbol{L}_{\mathrm{R}} = \boldsymbol{R}\boldsymbol{U}_{\mathrm{R}}$. 由于 $\boldsymbol{U}_{\mathrm{R}}$ 是正交的, 显然有

$$\boldsymbol{R} = \boldsymbol{R}\boldsymbol{U}_{\mathrm{R}}\boldsymbol{U}_{\mathrm{R}}^{\mathrm{T}}. \tag{7.8}$$

由于 $\boldsymbol{R}$ 的信息主要集中于前几个主成分, 所以可以使用前几个主成分对 $\boldsymbol{R}$ 进行近似重构, 损失的信息只是后面一些不重要的主成分. 从特征值分解的角度来理解会更直观. 设 $\boldsymbol{\Sigma}_{\mathrm{R}}$ 的特征值分解为

$$\boldsymbol{\Sigma}_{\mathrm{R}} = \sum_{j=1}^{m} \lambda_j \boldsymbol{\varphi}_j \boldsymbol{\varphi}_j^{\mathrm{T}},$$

其中, $\lambda_j, j = 1, 2, \cdots, m$ 是 $\boldsymbol{\Sigma}_{\mathrm{R}}$ 的由大到小排序的特征值, $\boldsymbol{\varphi}_j, j = 1, 2, \cdots, m$ 是对应的单位正交特征向量. 假设前 k 个大的特征值的累积贡献率已经达到了一定比例, 比如 95%, 那么就可以忽略掉后面 $m - k$ 个小的特征值, 从而有

$$\boldsymbol{\Sigma}_{\mathrm{R}} \approx \sum_{j=1}^{k} \lambda_j \boldsymbol{\varphi}_j \boldsymbol{\varphi}_j^{\mathrm{T}}.$$

回到式 (7.8), 就有

$$\boldsymbol{R} \approx \boldsymbol{R}\boldsymbol{U}_{\mathrm{R}}^{(k)}\boldsymbol{U}_{\mathrm{R}}^{(k)\mathrm{T}} \triangleq \boldsymbol{R}_{\mathrm{zip}}, \tag{7.9}$$

其中, $\boldsymbol{U}_{\mathrm{R}}^{(k)}$ 表示 $\boldsymbol{U}_{\mathrm{R}}$ 的前 k 列构成的 $m \times k$ 矩阵. 由式 (7.9) 得到 $\boldsymbol{R}_{\mathrm{zip}}$ 即实现了红色层的压缩.

对绿色层和蓝色层重复上述过程, 得到绿色层的压缩 $\boldsymbol{G}_{\mathrm{zip}}$ 和蓝色层的压缩 $\boldsymbol{B}_{\mathrm{zip}}$, 把 $\boldsymbol{R}_{\mathrm{zip}}, \boldsymbol{G}_{\mathrm{zip}}, \boldsymbol{B}_{\mathrm{zip}}$ 进行叠加就实现了数字图像的 24 位真彩色重构.

主成分分析能够除去图像数据的相关性, 将图像信息浓缩到几个主成分的特征图像中, 有效实现了图像的压缩和重构.

图 6.26 是一幅拍摄于某海岛的 760 万像素 (4096×1864) 的 24 位真彩色图片, 计算机存储为 $1864 \times 4096 \times 3$ 的数组形式, 3 层矩阵的每一层分别对应红色 ($\boldsymbol{R}$)、绿色 ($\boldsymbol{G}$) 和蓝色 ($\boldsymbol{B}$) 在每一个像素点上的取值. 由于 $1864 < 4096$, 我们首先对每一层的数据矩阵进行转置, 对转置后的三个颜色层的 4096×1864 矩阵进行特征值分解, 图 7.6 是每种颜色特征值分解的前 160 个特征值的碎石图. 我们希望累积贡献率能达到 90%, 于是, 三个颜色层的主成分个数分别取 18 个, 19 个, 19 个, 累积贡献率分别达到了 90.15%, 90.02%, 90.02%, 图像重构之后的图片如图 7.7b 所示, 压缩比为 0.3364.

如果希望累积贡献率能达到 95%, 三个颜色层的主成分个数分别取 37 个, 38 个, 38 个, 累积贡献率分别达到了 95.06%, 95.04%, 95.04%, 图像重构之后的图片如图 7.7c 所示, 压缩比为 0.3487. 如果希望累积贡献率能达到 99%, 三个颜色层的主成分个数分别取 157 个, 159 个, 159 个, 累积贡献率分别达到了 99.01%, 99.00%, 99.00%, 图像重构之后的图片如图 7.7d 所示, 压缩比为 0.4072.

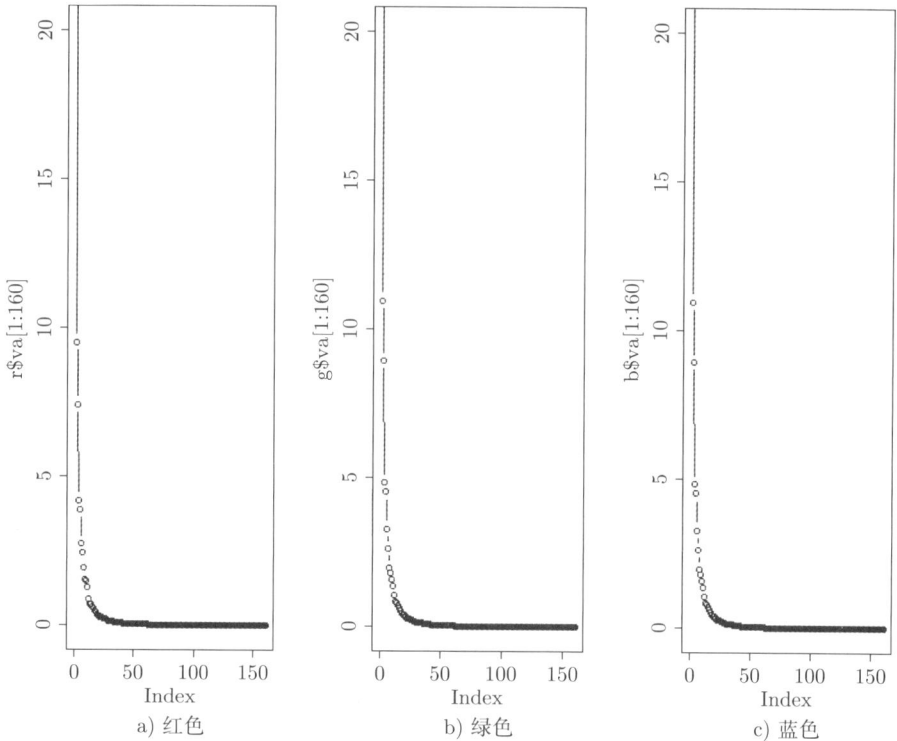

| a) 红色 | b) 绿色 | c) 蓝色 |

图 7.6　颜色层的前 160 个特征值的碎石图. a) 红色; b) 绿色; c) 蓝色

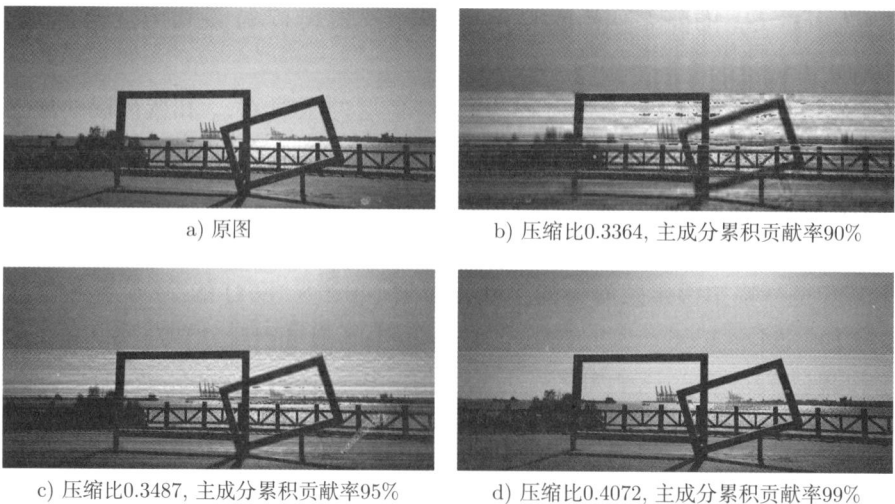

a) 原图

b) 压缩比0.3364, 主成分累积贡献率90%

c) 压缩比0.3487, 主成分累积贡献率95%

d) 压缩比0.4072, 主成分累积贡献率99%

图 7.7　基于主成分分析的图像压缩与重构

7.3.2 案例: 蟹龄预测

养殖蟹的月龄决定着捕捞时间, 对蟹龄进行预测具有实际意义. 我们使用数据集 CrabAgePrediction.csv, 这个数据集来自 Kaggle, 可以从

$$\text{https://www.kaggle.com/datasets/sidhus/crab-age-prediction}$$

下载. 该数据集包含 3893 个养殖螃蟹样品的 8 项身体指标和蟹龄 (Age), 具体见表 5.35. 我们已经在 5.5.6 节对该数据进行了 Logistic 回归分析, 这里我们尝试进行线性回归分析.

在 5.5.6 节我们已经知道了 Sex 变量对各个变量都几乎是没有影响的. 图 7.8 是 Age 变量按 Sex=M 和 Sex=F 分组的核密度估计曲线, 实线是 Sex=M, 虚线是 Sex=F, 二者几乎没有区别. 去除 Sex=I 的观测之后, Sex 就是一个二分类变量. 可以通过计算 Age 与 Sex 的点-二列相关系数 (point-biserial correlation coefficient)

$$r = \frac{\bar{y}_1 - \bar{y}_0}{s_{n-1}} \sqrt{\frac{n_1 n_0}{n(n-1)}} = \frac{\bar{y}_1 - \bar{y}_0}{s_n} \sqrt{\frac{n_1 n_0}{n^2}}$$

判断二者的相关性, 其中, $\bar{y}_1$ 和 $\bar{y}_0$ 分别是二分类变量 Sex 取 M 和 F 时连续变量 Age 的均值, n_1 和 n_0 分别是二分类变量 Sex 取 M 和 F 时的频数, $n = n_1 + n_0$, s_n^2 是样本方差, s_{n-1}^2 是无偏样本方差. 这里, $n_0 = 1225, n_1 = 1435, n = 2660, \bar{y}_0 = 11.1396, \bar{y}_1 = 10.7233, s_{n-1} = 3.0588$, 从而得 $r = -0.0678$. 相关性非常微弱. 因此, 为了简化建模过程, 我们舍弃 Sex 变量, 只使用 Length, Diameter, Height, Weight, Shucked.Weight, Viscera.Weight, Shell.Weight 等 7 个自变量对月龄 Age 进行线性回归建模

$$\text{Age} = \beta_0 + \beta_1 \text{Length} + \beta_2 \text{Diameter} + \beta_3 \text{Height} + \beta_4 \text{Weight} +$$

$$\beta_5 \text{Shucked.Weight} + \beta_6 \text{Viscera.Weight} +$$

$$\beta_7 \text{Shell.Weight} + \varepsilon.$$

回归模型的一些基本计算结果如表 7.5 所示, 即有回归方程

$$\text{Age} = 2.981 - 0.8831 \text{Length} + 5.8158 \text{Diameter} +$$

$$4.5100 \text{Height} + 0.3267 \text{Weight} - 0.7166 \text{Shucked.Weight} -$$

$$0.3404 \text{Viscera.Weight} + 0.2917 \text{Shell.Weight}.$$

在 0.05 显著性水平下, 变量 Length 不能通过检验, 并且 Length 的系数是负, 这不符合常理; 两个有关重量的变量 Shucked.Weight 和 Viscera.Weight 的系数都为负值, 这也造成了解释上的困难. 此外, F 检验统计量的值是 615.8, p 值接近 0, 整体上的线性

关系是成立的, 但是可决系数 $R^2 = 0.526$, 调整的可决系数 $R^2_{\text{adj}} = 0.525$, 这两个值都不是很大, 这意味着模型的解释能力不强. 究其原因, 很大可能是数据中存在较为明显的多重共线性问题, 比如 Weight, Shucked.Weight, Viscera.Weight, Shell.Weight 这 4 个变量.

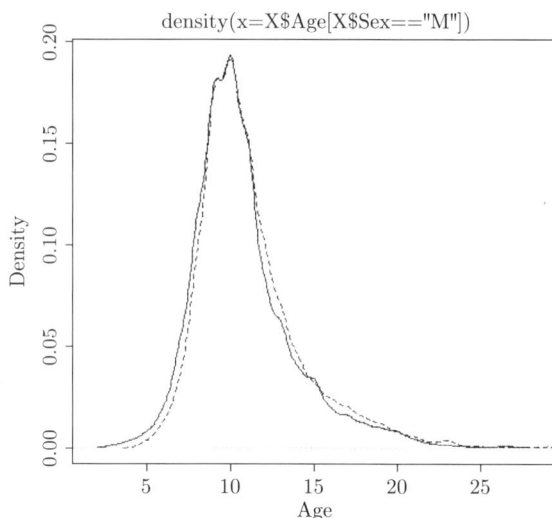

图 7.8   Age 变量按 Sex=M 和 Sex=F 分组的核密度估计曲线, 实线是 Sex=M, 虚线是 Sex=F

表 7.5   CrabAgePrediction.csv 数据的线性回归结果

	Estimate	Std. Error	t value	p value	VIF
(Intercept)	2.981	0.2790	10.684	<2e-16	
Length	−0.8831	0.7519	−1.174	0.24	40.3112
Diameter	5.8158	0.9229	6.302	3.27e-10	41.4599
Height	4.5100	0.6305	7.153	1.01e-12	3.4611
Weight	0.3267	0.0265	12.351	<2e-16	106.6337
Shucked.Weight	−0.7166	0.0298	−24.029	<2e-16	27.6649
Viscera.Weight	−0.3404	0.0474	−7.205	6.96e-13	16.9947
Shell.Weight	0.2917	0.0414	7.051	2.09e-12	21.0282

方差膨胀因子 (variance inflation factor, VIF) 是衡量变量间多重共线性强弱的有用指标, 定义为

$$\text{VIF}_j = \frac{1}{1-R_j^2}, j = 1, 2, \cdots, p, \tag{7.10}$$

其中, p 是变量个数, R_j^2 是变量 X_j 对其他变量进行回归时的可决系数, VIF_j 就是第 j 个变量的方差膨胀因子. 当其他变量能够通过线性回归很好地解释 X_j 的变动 (存在较强线性相关性) 时, R_j^2 就会很接近 1, 方差膨胀因子就会很大, 这会导致回归系数估计量的方差变大, 最终使得估计结果的检验失去意义, 模型的预测功能失效. 经验判

断方法表明, 当 VIF 小于 5 时, 不存在多重共线性; 当 VIF 介于 5~10 时, 存在一定的多重共线性; 当 VIF 介于 10~100 时, 存在较强的多重共线性, 将严重影响最小二乘的估计值; 当 VIF 大于 100 时, 存在严重多重共线性.

对于 CrabAgePrediction.csv 数据集, 计算得各个变量的方差膨胀因子如表 7.5 最后一列, 除了 Height 变量之外, 其他变量的 VIF 值都超过了 10, 最大的 Weight 变量的 VIF 值达到了 106.6337, 这已经严重影响到了回归结果的可解释性和模型的预测功能.

在回归分析中, 当自变量之间存在较强的共线性时, 利用经典回归方法得到的回归分析一般效果较差. 在此情况下, 可利用原始变量 $X_1, X_2, \cdots, X_p$ 的前 m 个累计贡献率达到一定水平的主成分 $Z_1, Z_2, \cdots, Z_m$ 来建立主成分回归 (principal component regression, PCR) 模型

$$Y = \beta_0 + \beta_1 Z_1 + \cdots + \beta_m Z_m + \varepsilon.$$

由原始变量的观测数据矩阵计算前 m 个主成分的得分, 将其作为主成分 $Z_1, Z_2, \cdots, Z_m$ 的观测值, 建立 Y 与 $Z_1, Z_2, \cdots, Z_m$ 的回归模型即得主成分回归方程. 这样既简化了回归方程的结构, 又消除了变量间因为相关性带来的影响.

由于主成分是原始变量的线性组合, 不是直接观测的变量, 其含义有时不明确, 因此在求得主成分回归方程后, 一般需要通过变量的逆变换, 将其变为原始变量的回归方程. 如果原始变量已经标准化, 有

$$Z_j = u_{j1} \frac{X_1 - \overline{X}_1}{\sqrt{s_{11}}} + u_{j2} \frac{X_2 - \overline{X}_2}{\sqrt{s_{22}}} + \cdots + u_{jp} \frac{X_p - \overline{X}_p}{\sqrt{s_{pp}}}, j = 1, 2, \cdots, m,$$

其中, $\overline{X}_k, k = 1, 2, \cdots, p$ 是变量的观测值的均值, $s_{kk}, k = 1, 2, \cdots, p$ 是数据的协差阵的第 k 个对角线元素, $\boldsymbol{u}_j = (u_{j1}, u_{j2}, \cdots, u_{jp})^{\mathrm{T}}$ 是数据的协差阵的第 j 个特征值 (由大到小排列) 对应的单位正交特征向量. 于是,

$$
\begin{aligned}
Y &= \beta_0 + \beta_1 Z_1 + \cdots + \beta_m Z_m + \varepsilon \\
&= \beta_0 + \beta_1 \left(u_{11} \frac{X_1 - \overline{X}_1}{\sqrt{s_{11}}} + \cdots + u_{1p} \frac{X_p - \overline{X}_p}{\sqrt{s_{pp}}} \right) + \cdots + \\
&\quad \beta_m \left(u_{m1} \frac{X_1 - \overline{X}_1}{\sqrt{s_{11}}} + \cdots + u_{mp} \frac{X_p - \overline{X}_p}{\sqrt{s_{pp}}} \right) + \varepsilon \\
&= \left[\beta_0 - \left(u_{11} \frac{\overline{X}_1}{\sqrt{s_{11}}} + \cdots + u_{1p} \frac{\overline{X}_p}{\sqrt{s_{pp}}} \right) \beta_1 - \cdots - \right. \\
&\quad \left. \left(u_{m1} \frac{\overline{X}_1}{\sqrt{s_{11}}} + \cdots + u_{mp} \frac{\overline{X}_p}{\sqrt{s_{pp}}} \right) \beta_m \right] + \\
&\quad \left(\frac{u_{11}}{\sqrt{s_{11}}} \beta_1 + \cdots + \frac{u_{m1}}{\sqrt{s_{11}}} \beta_m \right) X_1 + \cdots +
\end{aligned}
$$

$$\left(\frac{u_{1p}}{\sqrt{s_{pp}}}\beta_1 + \cdots + \frac{u_{mp}}{\sqrt{s_{pp}}}\beta_m\right)X_p + \varepsilon \stackrel{\triangle}{=}$$

$$\beta_0^* + \beta_1^* X_1 + \cdots + \beta_p^* X_p + \varepsilon.$$

由最小二乘法求出 $\widehat{\beta}_j, j = 0, 1, 2, \cdots, m$, 就有

$$\beta_0^* = \beta_0 - \left(u_{11}\frac{\overline{X_1}}{\sqrt{s_{11}}} + \cdots + u_{1p}\frac{\overline{X_p}}{\sqrt{s_{pp}}}\right)\beta_1 - \cdots -$$

$$\left(u_{m1}\frac{\overline{X_1}}{\sqrt{s_{11}}} + \cdots + u_{mp}\frac{\overline{X_p}}{\sqrt{s_{pp}}}\right)\beta_m, \qquad (7.11)$$

$$\beta_k^* = \frac{u_{1k}}{\sqrt{s_{kk}}}\beta_1 + \frac{u_{2k}}{\sqrt{s_{kk}}}\beta_2 + \cdots + \frac{u_{mk}}{\sqrt{s_{kk}}}\beta_m, \ k = 1, 2, \cdots, p.$$

下面, 建立 CrabAgePrediction.csv 数据的主成分回归. 还是只使用 Length, Diameter, Height, Weight, Shucked.Weight, Viscera.Weight, Shell.Weight 7 个自变量, 对观测数据的相关阵做特征值分解, 得到特征值

$$\lambda_j, j = 1, 2, \cdots, 7 : 6.3472, 0.2854, 0.1669, 0.1150, 0.0658, 0.0129, 0.0068,$$

对应的单位正交特征向量构成的矩阵为

$$\boldsymbol{U} = \begin{pmatrix} -0.3835 & 0.0261 & 0.5932 & -0.0972 & -0.0395 & 0.6989 & -0.0285 \\ -0.3839 & 0.0535 & 0.5857 & -0.0152 & -0.0052 & -0.7114 & 0.0193 \\ -0.3469 & 0.8754 & -0.2984 & -0.1537 & 0.0263 & 0.0104 & 0.00001 \\ -0.3909 & -0.2284 & -0.2364 & 0.0573 & 0.1094 & -0.0259 & -0.8505 \\ -0.3784 & -0.3365 & -0.2465 & -0.4896 & 0.5526 & -0.0076 & 0.3711 \\ -0.3816 & -0.2472 & -0.2754 & -0.1520 & -0.8073 & -0.0248 & 0.2050 \\ -0.3790 & -0.0613 & -0.1533 & 0.8371 & 0.1693 & 0.0630 & 0.3095 \end{pmatrix},$$

特征向量的碎石图如图 7.9 所示, 第 1 主成分的贡献率已经达到 90.67%, 前两个主成分累积贡献率可以达到 94.75%. 第 1 主成分和前两个主成分对各个变量的贡献率 $v_j^{(1)}, v_j^{(2)}, j = 1, 2, \cdots, 7$ (见表 7.6), 可以看出, 尽管第 1 主成分的贡献率已经达到 90.67%, 但是对 Height 变量的贡献率稍微偏低, 使用两个主成分可以使得对所有变量的贡献率都达到 90% 以上. 因此, 选取两个主成分会比较好. 由 $\boldsymbol{U}$ 的前两列, 这两个主成分分别为

$$Z_1 = -0.3835\text{Length}^* - 0.3839\text{Diameter}^* - 0.3469\text{Height}^* -$$

$$0.3909\text{Weight}^* - 0.3784\text{Shucked.Weight}^* -$$

$$0.3816\text{Viscera.Weight}^* - 0.3790\text{Shell.Weight}^*,$$

$$Z_2 = 0.0261\text{Length}^* + 0.0535\text{Diameter}^* + 0.8754\text{Height}^* -$$

$$0.2284\text{Weight}^* - 0.3365\text{Shucked.Weight}^* -$$

$$0.2472\text{Viscera.Weight}^* - 0.0613\text{Shell.Weight}^*,$$

其中, "*" 表示是对应变量的标准化变量. 第 1 主成分是综合变量, 与所有自变量都呈负相关; 第 2 主成分主要体现的是高度因素, 这正好弥补了第 1 主成分在这方面的不足.

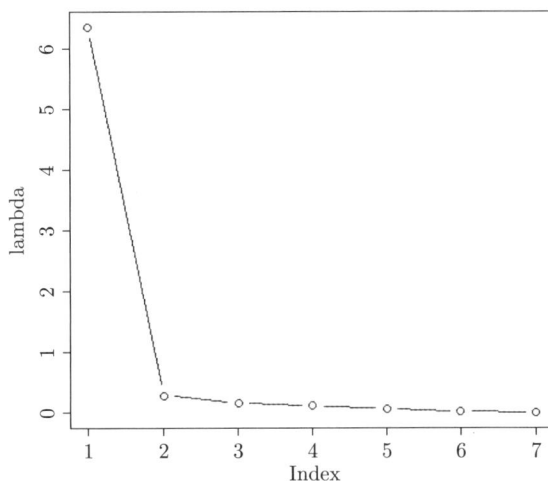

图 7.9　碎石图

表 7.6　第 1 主成分和前两个主成分对各个变量的贡献率

	$v_j^{(1)}$	$v_j^{(2)}$
Length	0.9336	0.9338
Diameter	0.9354	0.9362
Height	0.7637	0.9824
Weight	0.9697	0.9846
Shucked.Weight	0.9090	0.9413
Viscera.Weight	0.9241	0.9415
Shell.Weight	0.9118	0.9129

记样本数据矩阵为 $\mathcal{X}$, 它是数据文件 CrabAgePrediction.csv 的第 2~8 列, 其标准化数据记为 $\mathcal{X}^*$, 则得分矩阵 $\boldsymbol{L} = \mathcal{X}^*\boldsymbol{U}$, $\boldsymbol{L}$ 的前两列就是 Z_1, Z_2 的得分, 画出其散点图如图 7.10 所示, 可以看出, 第 1 主成分包含了数据的绝大部分信息.

使用第 1、2 主成分得分建立主成分回归

$$\text{Age} = \beta_0 + \beta_1 Z_1 + \beta_2 Z_2 + \varepsilon,$$

回归模型的一些基本计算结果如表 7.7 所示, 即有回归方程

$$\text{Age} = 9.9548 - 0.7216 Z_1 + 1.1520 Z_2, \tag{7.12}$$

变量全部通过了显著性检验, 估计系数的符号具有可解释性, F 统计量的值是 1070, p 值接近 0, 回归方程整体上具有线性关系.

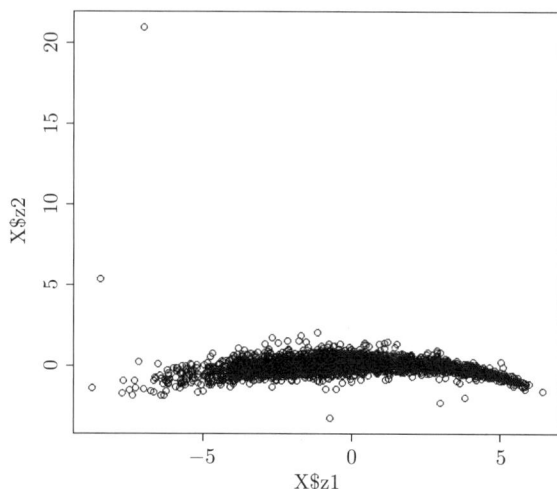

图 7.10　第 1、2 主成分得分的散点图

表 7.7　CrabAgePrediction.csv 数据的主成分回归结果

	Estimate	Std. Error	t value	p value
(Intercept)	9.9548	0.0415	240.1	<2e-16
Z_1	−0.7216	0.0165	−43.8	<2e-16
Z_2	1.1520	0.0776	14.8	<2e-16

最后, 在式 (7.12) 中把 Z_1, Z_2 还原为原始变量. 用 $X_1, X_2, \cdots, X_7$ 分别表示变量 Length, Diameter, Height, Weight, Shucked.Weight, Viscera.Weight, Shell.Weight, 由式 (7.11),

$$
\begin{aligned}
\beta_0^* = \beta_0 &- \left(u_{11} \frac{\overline{X}_1}{\sqrt{s_{11}}} + \cdots + u_{17} \frac{\overline{X}_7}{\sqrt{s_{77}}} \right) \beta_1 - \\
&\left(u_{21} \frac{\overline{X}_1}{\sqrt{s_{11}}} + \cdots + u_{27} \frac{\overline{X}_7}{\sqrt{s_{77}}} \right) \beta_2, \\
\beta_k^* = \frac{u_{1k}}{\sqrt{s_{kk}}} &\beta_1 + \frac{u_{2k}}{\sqrt{s_{kk}}} \beta_2, \ k = 1, 2, \cdots, 7,
\end{aligned}
\tag{7.13}
$$

其中,

$$
\begin{aligned}
\overline{\boldsymbol{X}} &= (\overline{X}_1, \overline{X}_2, \cdots, \overline{X}_7)^{\mathrm{T}} \\
&= (1.3113, 1.0209, 0.3494, 23.5673, 10.2073, 5.1365, 6.7958)^{\mathrm{T}},
\end{aligned}
$$

并且,

$$
(\sqrt{s_{11}}, \sqrt{s_{22}}, \cdots, \sqrt{s_{77}})
$$

$$= (0.3004, 0.2482, 0.1050, 13.8912, 6.2753, 3.1041, 3.9434),$$

代入式 (7.13) 即得 $\beta_k^*, k = 0, 1, 2, \cdots, 7$, 结果如表 7.8 所示, 即有回归方程

$$\text{Age} = 11.5479 + 2.3741\text{Length} + 2.9440\text{Diameter}+$$

$$11.1388\text{Height} + 0.0410\text{Weight} + 0.0766\text{Shucked.Weight}+$$

$$0.1744\text{Viscera.Weight} + 0.1652\text{Shell.Weight},$$

所有的系数都具有可解释性. 使用这个模型可以对蟹龄进行预测.

表 7.8   线性回归和主成分回归的估计系数

	线性回归	主成分回归
(Intercept)	2.9812	11.5479
Length	-0.8831	2.3741
Diameter	5.8158	2.9440
Height	4.5100	11.1388
Weight	0.3267	0.0410
Shucked.Weight	-0.7166	0.0766
Viscera.Weight	-0.3404	0.1744
Shell.Weight	0.2917	0.1652

7.4　习　题

1. 简述主成分的概念及其几何意义.

2. 量纲对主成分有什么影响? 如何消除这些影响?

3. 简述主成分分析的适用原则及基本步骤, 并使用自己擅长的软件给出详细的实现过程.

4. 设 p 维随机向量 $\boldsymbol{X}$ 的协差阵为非负定矩阵 $\boldsymbol{\Sigma}$, p 维随机向量 $\boldsymbol{Y}$ 的协差阵为 $\boldsymbol{\Sigma} + \sigma^2 \boldsymbol{I}_p$. 证明: $\boldsymbol{A}^{\mathrm{T}}\boldsymbol{X}$ 是 $\boldsymbol{X}$ 的主成分当且仅当 $\boldsymbol{A}^{\mathrm{T}}\boldsymbol{Y}$ 是 $\boldsymbol{Y}$ 的主成分, 其中, $\boldsymbol{A}$ 是正交矩阵.

5. 设随机向量 $\boldsymbol{X} = (X_1, X_2)^{\mathrm{T}}$ 的均值向量为 $\boldsymbol{\mu} = (\sqrt{10}, 2)^{\mathrm{T}}$, 协差阵为 $\boldsymbol{\Sigma} = \begin{pmatrix} 5 & 2 \\ 2 & 2 \end{pmatrix}$, 分别从协差阵 $\boldsymbol{\Sigma}$ 和相关阵 $\boldsymbol{R}$ 出发求 $\boldsymbol{X}$ 的总体主成分及方差贡献率, 并加以比较.

6. 设随机向量 $\boldsymbol{X} = (X_1, X_2)^{\mathrm{T}}$ 的均值向量为 $\boldsymbol{\mu} = (0, 0)^{\mathrm{T}}$, 协差阵为 $\boldsymbol{\Sigma} = \begin{pmatrix} 1 & 4 \\ 4 & 100 \end{pmatrix}$, 分别从协差阵 $\boldsymbol{\Sigma}$ 和相关阵 $\boldsymbol{R}$ 出发求 $\boldsymbol{X}$ 的总体主成分及方差贡献率,

并加以比较.

7. 随机向量 $\boldsymbol{X} = (X_1, X_2, X_3)^{\mathrm{T}} \sim N_3(\boldsymbol{0}, \boldsymbol{\Sigma})$, 其中, $\boldsymbol{\Sigma} = \begin{pmatrix} 1 & 0.9 & 0.7 \\ 0.9 & 1 & 0.4 \\ 0.7 & 0.4 & 1 \end{pmatrix}$,

分别从协差阵 $\boldsymbol{\Sigma}$ 和相关阵 $\boldsymbol{R}$ 出发求 $\boldsymbol{X}$ 的总体主成分及方差贡献率, 并加以比较.

8. 设 2 维随机向量 $\boldsymbol{X} = (X_1, X_2)^{\mathrm{T}}$ 的协差阵 $\boldsymbol{\Sigma} = \begin{pmatrix} 1 & \rho \\ \rho & 1 \end{pmatrix}, \rho > 0$.

(1) 对 $\boldsymbol{X}$ 做主成分分析;

(2) 对 $(cX_1, X_2)^{\mathrm{T}}$ 做主成分分析, 其中, $c \neq 0$ 是常数.

9. 随机向量 $\boldsymbol{X} = (X_1, X_2, X_3, X_4)^{\mathrm{T}} \sim N_4(\boldsymbol{0}, \boldsymbol{\Sigma})$, 其中, $\boldsymbol{\Sigma} = \begin{pmatrix} 1 & \rho & \rho & \rho \\ \rho & 1 & \rho & \rho \\ \rho & \rho & 1 & \rho \\ \rho & \rho & \rho & 1 \end{pmatrix}$,

而 $0 < \rho \leqslant 1$.

(1) 从 $\boldsymbol{\Sigma}$ 出发求 $\boldsymbol{X}$ 的第 1 总体主成分;

(2) 当 ρ 取多大时才能使第 1 主成分的贡献率达到 95% 以上?

10. 随机向量 $\boldsymbol{X} = (X_1, X_2, \cdots, X_p)^{\mathrm{T}} \sim N_p(\boldsymbol{0}, \boldsymbol{\Sigma})$, 其中,

$$\boldsymbol{\Sigma} = \sigma^2 \begin{pmatrix} 1 & \rho & \cdots & \rho \\ \rho & 1 & \cdots & \rho \\ \vdots & \vdots & & \vdots \\ \rho & \rho & \cdots & 1 \end{pmatrix},$$

而 $0 < \rho \leqslant 1$. 从 $\boldsymbol{\Sigma}$ 出发求 $\boldsymbol{X}$ 的总体主成分及第 1 主成分的贡献率.

11. 随机向量 $\boldsymbol{X} = (X_1, X_2, X_3)^{\mathrm{T}}$ 的协差阵 $\boldsymbol{\Sigma} = \sigma^2 \begin{pmatrix} 1 & \rho & 0 \\ \rho & 1 & \rho \\ 0 & \rho & 1 \end{pmatrix}$, 而 $0 < \rho \leqslant \dfrac{1}{\sqrt{2}}$.

从 $\boldsymbol{\Sigma}$ 出发求 $\boldsymbol{X}$ 的总体主成分及每一个主成分的贡献率.

12. 设随机变量 U_1, U_2 独立同分布于 $[0,1]$ 上的均匀分布, 令 $X_1 = U_1, X_2 = U_2$, $X_3 = U_1 + U_2, X_4 = U_1 - U_2$. 计算 $\boldsymbol{X} = (X_1, X_2, X_3, X_4)^{\mathrm{T}}$ 的协差阵 $\boldsymbol{\Sigma}$ 和相关阵 $\boldsymbol{R}$, 并分别从协差阵和相关阵出发求主成分.

13. 设随机变量 U 服从 $[0,1]$ 上的均匀分布, $\boldsymbol{a} \in \mathbb{R}^3$ 是非零常向量. 求 $\boldsymbol{X} = U\boldsymbol{a}$ 的主成分.

14. 数据 mtcars 来自 1974 年美国的 Motor Trend 杂志, 可以在 R 软件的基础安装中获取. 数据包含 1973~1974 年生产的 32 种型号汽车的 11 项指标的测量数据, 这 11 项指标名称及其含义如表 1.3 所示.

(1) 对除 mpg 之外的 10 个指标做主成分分析;

(2) 以 mpg 为响应变量, 其余 10 个变量为解释变量做主成分回归.

15. 选择一幅图片使用主成分分析对其进行压缩和重构.

16. 查阅《中国统计年鉴》, 搜集中国主要城市的核心综合竞争力数据, 包括国内生产总值、一般预算收入、固定资产投资、外贸进出口、城市居民人均可支配收入、人均国内生产总值和人均贷款余额等数据, 用主成分分析方法对各城市的核心综合竞争力进行评价和排名.

17. 为了适应市场经济发展, 我国的邮电部门几经改革和调整, 从邮电合一到邮电分营再到电信重组. 一个地区的邮政和通信发展状况是其现代化发展程度的重要标志之一. 查阅《广东省统计年鉴》, 搜集广东省各地市的邮政业务收入、函信件数量、特快专递数量、电信业务收入、固定电话用户数、年末移动电话用户数和国际互联网用户数等数据, 用主成分分析方法对广东省各地市的邮政和通信业发展状况进行评价和排名.

第 8 章
因子分析

因子分析起源于 20 世纪初, 是 Karl Pearson 和 Charles Spearman 等学者为解决智力测验得分问题而提出的一种统计方法. 此后, 该方法在心理学、社会学、经济学等学科中广泛应用.

在心理学、教育学、经济、商业和社会调查领域, 存在很多不可以直接观测的或假设的变量, 这些变量称为潜变量 (latent variable), 潜变量是假定的不可观测变量, 它不能用一个可观测度量进行描述, 比如, 生活满意度、社区便利性、算术能力、智商、产品的易用性、美观度、可靠性等. 潜变量是与显变量 (manifest variable) 相对应的一个概念, 显变量的实现是可以直接观测的, 比如, 价格、产量、长度、速度等. 人们希望使用可观测的显变量来得到潜变量的信息, 从而通过显变量数据实现对潜变量的量化和建模. 比如, 对一个高校教师进行工作能力的评价, 可以使用 "有效率" 来描述, 但是这是一个假定的潜变量, 不可以直接观测, 但是可以通过观测其是否总是按时完成工作、是否及时回复邮件、开会是否准时、办事方式是否比较优化等可观测的指标进行综合度量. 因子模型中的因子就是这样的潜变量.

因子分析通过研究多元随机向量的协差阵或相关阵的内部依赖关系, 将多个变量表达为由少数几个意义明确的公共因子来驱动, 以再现原始变量与公共因子之间的结构关系. 不同于主成分分析的是, 因子分析有一个随机模型, 它把原始变量 $X_j, j = 1, 2, \cdots, p$ 转化为 $m(\ll p)$ 个不相关的不可观测因子 $f_k, k = 1, 2, \cdots, m$. 我们需要事先根据专业知识或数据本身来确定的, 不同的 m 会导致不同的计算过程和结果. 在模型中, 每个原始变量都表示为不可观测因子的线性组合与随机误差项之和, 这里的因子是潜变量. 因子分析中, 因子的确定需要在变量的一些假设之下才能实现, 这使得因子分析远比主成分分析复杂.

8.1 因子分析的数学模型

英国理论和实验心理学家 Spearman 于 1904 年提出了人类智力结构的二因论, 这是最早的智力理论之一. Spearman 认为, 人类的智力内涵包括两个因素, 一个是普通因素 (general factor), 简称 G 因素; 另一个是特殊因素 (specific factor), 简称 S 因素. G 因素来自先天遗传, 主要表现在一般性的生活活动上, 可以体现个人能力的高低. S 因素只与少数生活活动有关, 是个人在某方面表现出的异于别人的能力. 一般来说, 智力测验所测量的只是 G 因素.

从科学发展史的角度来讲, Spearman 的二因论与当时流行的遗传决定论相比有了很大的进步, 比如, 我们说到智力落后儿童, 一般是说这些儿童的智力 G 因素低于正常儿童, 但是也有些智力落后儿童拥有一些特殊的能力, 比如机械记忆力、特殊的空间想象能力、某些艺术天分等, 这些都可以归结到 S 因素. 然而, 二因论由于过于简化, 无法给智力落后儿童的教育带来更多方法上的改进和原则上的探索. 但我们可以尝试使用因子分析方法来克服二因论的这一缺陷.

【例 8.1】　学生的学习能力经常通过考试成绩来进行评价. 按照二因论, 学生的考试成绩受到两个因素的影响, 一个是一般因素, 另一个是特殊因素. 在一次大型的考试结束之后, 我们观测了 n 个学生的 p 个科目的考试成绩, 这 p 个科目的成绩用 $X_1, X_2, \cdots, X_p$ 表示. 于是,

$$X_j = a_j f + \varepsilon_j, j = 1, 2, \cdots, p,$$

其中, f 是对所有科目都起作用的一般因素, 称为公共因子 (common factor), 它是表示智能高低的因子, 系数 a_j 称为因子载荷 (factor loading); ε_j 是只与第 j 个科目有关的特殊因子 (specific factor). 这就是一个简单的因子模型.　　　□

在很多问题的研究中, 人们通过定性分析总结出可能有几个潜在因子, 而且每个因子可能影响某一些可观测变量, 这在心理学、教育学、社会学、经济学和商业调查领域是非常普遍的做法. 比如在心理学领域, 人们可以观测到很多心理度量, 比如记忆力、注意力、焦躁频数、反应时间、睡眠时间、疲乏程度、生病次数、工作压力、人际关系、薪酬水平等, 然后可以假设它们被少数几个假设的潜变量比如生理健康、心理健康、社会适应能力等影响. 这样就可以把可观测变量表示为几个不可观测变量的线性组合. 这样做允许存在误差, 因此还应该有一个随机误差项. 潜变量的个数往往需要根据一些专业知识或数据来确定.

【例 8.2】　考查人体的 5 项生理指标: 收缩压 X_1, 舒张压 X_2, 心跳间隔 X_3, 呼吸间隔 X_4, 舌下温度 X_5, 可以从这些指标考查人体的健康状况. 由医学和生理学知识, 这 5 项指标受自主神经支配, 自主神经又分为交感神经和副交感神经. 因此这 5 项指标 (即变量) 至少受到 2 个公共因子的影响, 于是

$$X_j = a_{j1} f_1 + a_{j2} f_2 + \varepsilon_j, j = 1, 2, 3, 4, 5,$$

其中, f_1, f_2 是对所有指标 X_1, X_2, X_3, X_4, X_5 都起作用的公共因子, 分别是交感神经和副交感神经因子, 系数 a_{jk} 是因子 f_k 在变量 X_j 上的载荷, $k = 1, 2, j = 1, 2, 3, 4, 5$, ε_j 是只与指标 X_j 有关的特殊因子.　　　□

【例 8.3】　Linden 对第二次世界大战以来奥林匹克十项全能的得分做了研究, 他收集了 160 组数据, 以 $X_j, j = 1, 2, \cdots, 10$ 分别表示十项全能的标准得分, 这里十项全能依次是: 100m 短跑、跳远、铅球、跳高、400m 跑、110m 跨栏、铁饼、撑竿跳高、标枪、1500m 跑. 现在分析主要有哪些因素影响十项全能的成绩. 通过对这十项

全能得分情况的分析, 基本上可以归结为短跑速度、暴发性臂力、暴发性腿力和耐力这 4 个方面的因素, 每一个方面的因素称为一个因子, 因此该问题可以用因子模型

$$X_j = a_{j1}f_1 + a_{j2}f_2 + a_{j3}f_3 + a_{j4}f_4 + \varepsilon_j, j = 1, 2, \cdots, 10,$$

来处理, 其中, $f_k, k = 1, 2, 3, 4$ 表示短跑速度、暴发性臂力、暴发性腿力和耐力这 4 个公共因子, 它们对所有变量 $X_j, j = 1, 2, \cdots, 10$ 都起作用, 而 ε_j 是只与变量 X_j 有关的特殊因子. 　　　　　　　　　　　　　　　　　　　　　　　　　　　□

一般地, 设 $\boldsymbol{X} = (X_1, X_2, \cdots, X_p)^{\mathrm{T}}$ 为可以观测的 p 维随机向量, 其均值向量和协差阵分别为 $\boldsymbol{\mu} = E(\boldsymbol{X}) = (\mu_1, \mu_2, \cdots, \mu_p)^{\mathrm{T}}, \boldsymbol{\Sigma} = \mathrm{Var}(\boldsymbol{X}) = (\sigma_{ij})_{p \times p}$. 假设 $\boldsymbol{f} = (f_1, f_2, \cdots, f_m)^{\mathrm{T}}$ 是确定的因子, 则因子模型的一般形式为

$$\begin{cases} X_1 - \mu_1 = a_{11}f_1 + a_{12}f_2 + \cdots + a_{1m}f_m + \varepsilon_1 = \boldsymbol{a}_1^{\mathrm{T}}\boldsymbol{f} + \varepsilon_1, \\ X_2 - \mu_2 = a_{21}f_1 + a_{22}f_2 + \cdots + a_{2m}f_m + \varepsilon_2 = \boldsymbol{a}_2^{\mathrm{T}}\boldsymbol{f} + \varepsilon_2, \\ \vdots \\ X_p - \mu_p = a_{p1}f_1 + a_{p2}f_2 + \cdots + a_{pm}f_m + \varepsilon_p = \boldsymbol{a}_p^{\mathrm{T}}\boldsymbol{f} + \varepsilon_p, \end{cases} \tag{8.1}$$

或者以矩阵形式表示为

$$\boldsymbol{X} - \boldsymbol{\mu} = \boldsymbol{A}\boldsymbol{f} + \boldsymbol{\varepsilon}, \tag{8.2}$$

其中, $\boldsymbol{A} = (\boldsymbol{a}_1, \boldsymbol{a}_2, \cdots, \boldsymbol{a}_p)^{\mathrm{T}} = (a_{jk})_{p \times m}$ 为因子载荷矩阵, a_{jk} 表示第 j 个变量在第 k 个因子上的载荷, 它描述的是第 j 个可观测变量在多大程度上依赖于第 k 个因子. $\boldsymbol{\varepsilon} = (\varepsilon_1, \varepsilon_2, \cdots, \varepsilon_p)^{\mathrm{T}}$ 为特殊因子向量, 公共因子 $\boldsymbol{f} = (f_1, f_2, \cdots, f_m)^{\mathrm{T}}$ 出现在每一个原始变量的表达式中, 是所有变量具有的公共因素, 每个公共因子至少对两个原始变量起作用, 否则应该将其归入特殊因子中. 第 j 个特殊因子仅对第 j 个原始变量起作用. 因子模型 (8.2) 的基本假设为

$$\begin{aligned} E(\boldsymbol{f}) &= \boldsymbol{0}, \mathrm{Var}(\boldsymbol{f}) = \boldsymbol{I}_m, \mathrm{Cov}(\boldsymbol{f}, \boldsymbol{\varepsilon}) = \boldsymbol{O}, \\ E(\boldsymbol{\varepsilon}) &= \boldsymbol{0}, \mathrm{Var}(\boldsymbol{\varepsilon}) = \boldsymbol{\Psi} = \mathbf{diag}(\psi_1, \psi_2, \cdots, \psi_p). \end{aligned} \tag{8.3}$$

由上述假设可以看出, 公共因子之间彼此不相关且具有单位方差, 特殊因子之间互不相关, 且特殊因子与公共因子之间也不相关. 满足上述假设的因子模型称为**正交因子模型**. 正交因子模型具有下面一些性质.

性质 8.1 $\boldsymbol{X}$ 的协差阵具有分解式

$$\boldsymbol{\Sigma} = \boldsymbol{A}\boldsymbol{A}^{\mathrm{T}} + \boldsymbol{\Psi}. \tag{8.4}$$

证明 由式 (8.2) 和 $\boldsymbol{f}$ 与 $\boldsymbol{\varepsilon}$ 的独立性, 有

$$\boldsymbol{\Sigma} = \mathrm{Var}(\boldsymbol{X} - \boldsymbol{\mu}) = \mathrm{Var}(\boldsymbol{A}\boldsymbol{f} + \boldsymbol{\varepsilon})$$

$$= A\mathrm{Var}(\boldsymbol{X})\boldsymbol{A}^{\mathrm{T}} + \mathrm{Var}(\boldsymbol{\varepsilon}) = \boldsymbol{A}\boldsymbol{A}^{\mathrm{T}} + \boldsymbol{\Psi}. \qquad \qquad \Box$$

由式 (8.4),

$$\sigma_{jj} = \mathrm{Var}(X_j) = \sum_{k=1}^{m} a_{jk}^2 + \psi_j \stackrel{\triangle}{=} h_j^2 + \psi_j \tag{8.5}$$

$$= \text{共性方差} + \text{特殊方差}, j = 1, 2, \cdots, p,$$

其中,

$$h_j^2 = \sum_{k=1}^{m} a_{jk}^2$$

称为 **共性方差 (common variances)** 或 **变量共同度 (commonalities)**, 变量共同度刻画了全部公共因子对变量 X_j 的总方差贡献, ψ_j 称为 **特殊方差 (specific variance)**, $\boldsymbol{\Psi}$ 是特殊方差矩阵. 注意到 $\boldsymbol{\Psi}$ 是一个对角阵, 对 $i \ne j$, 有

$$\mathrm{Cov}(X_i, X_j) = \sigma_{ij} = \sum_{k=1}^{m} a_{ik} a_{jk},$$

这意味着, 如果 X_i, X_j 比较相似, 那么它们在 $f_k, k = 1, 2, \cdots, m$ 上的载荷会比较相似, $\sum\limits_{k=1}^{m} a_{ik} a_{jk}$ 就会比较大, 反之就比较小.

当变量已经标准化时, 式(8.5) 简化为

$$1 = h_j^2 + \psi_j, j = 1, 2, \cdots, p. \tag{8.6}$$

矩阵 $\boldsymbol{A}$ 的第 k 列的元素的平方和

$$g_k^2 = \sum_{j=1}^{p} a_{jk}^2, k = 1, 2, \cdots, m$$

反映了第 k 个公共因子 f_k 对原始变量的影响, 是衡量该公共因子重要性的一个尺度, 可视为该公共因子对原始变量的方差贡献. 对式 (8.5) 两边求和得

$$\sum_{j=1}^{p} \sigma_{jj} = \sum_{k=1}^{m} g_k^2 + \sum_{j=1}^{p} \psi_j = \sum_{j=1}^{p} h_j^2 + \sum_{j=1}^{p} \psi_j,$$

其中,

$$\sum_{j=1}^{p} h_j^2 = \sum_{j=1}^{p} \sum_{k=1}^{m} a_{jk}^2 = \sum_{k=1}^{m} \sum_{j=1}^{p} a_{jk}^2 = \sum_{k=1}^{m} g_k^2.$$

性质 8.2　正交因子模型 (8.2) 不受变量量纲的影响, 即具有标度不变性.

证明   事实上, 设 C 为可逆对角阵, 则在可逆变换 $X^* = CX$ 下,

$$X^* - \mu^* = A^* f + \varepsilon^*,$$

其中, $\mu^* = C\mu, A^* = CA, \varepsilon^* = C\varepsilon$, 该模型依然满足假设 (8.3), 还是正交因子模型, 并且 $\mathrm{Var}(X^*) = C\Psi C^{\mathrm{T}}$.   □

需要注意的是, 尽管因子模型具有标度不变性, 但是因子的估计是与标度相关的.

性质 8.3   因子载荷矩阵 A 不唯一.

证明   事实上, 设 T 为任一正交矩阵, 令 $A^* = AT, f^* = T^{\mathrm{T}} f$, 则正交因子模型 (8.2) 与

$$X - \mu = A^* f^* + \varepsilon, \tag{8.7}$$

等价. 事实上,

$$E(f^*) = E(T^{\mathrm{T}} f) = T^{\mathrm{T}} E(f) = \mathbf{0},$$

$$\mathrm{Var}(f^*) = \mathrm{Var}(T^{\mathrm{T}} f) = T^{\mathrm{T}} \mathrm{Var}(f) T = T^{\mathrm{T}} T = I_m,$$

$$\mathrm{Cov}(f^*, \varepsilon) = \mathrm{Cov}(T^{\mathrm{T}} f, \varepsilon) = T^{\mathrm{T}} \mathrm{Cov}(f, \varepsilon) T = O,$$

$$\mathrm{Var}(X - \mu) = \mathrm{Var}(A^* f^* + \varepsilon) = \mathrm{Var}(A^* f^*) + \mathrm{Var}(\varepsilon)$$

$$= A^* \mathrm{Var}(f^*) A^{*\mathrm{T}} + \Psi = A^* A^{*\mathrm{T}} + \Psi,$$

这说明, 模型 (8.7) 满足模型 (8.2) 的假设条件 (8.3), 在本质上它们是等价的. 因此, 若 f 是因子模型的公共因子向量, 则对于任意正交矩阵 T, $f^* = T^{\mathrm{T}} f$ 也是公共因子向量, 相应地, $A^* = AT$ 是公共因子 f^* 的因子载荷矩阵.   □

因子载荷矩阵的不唯一性是一个很好的性质, 利用此性质, 通过因子载荷矩阵的旋转变换, 可以获得具有清晰含义的公共因子的因子模型.

性质 8.4   因子载荷

$$A = \mathrm{Cov}(X, f), \quad 或 \quad a_{jk} = \mathrm{Cov}(X_j, f_k),$$

$$j = 1, 2, \cdots, p, k = 1, 2, \cdots, m. \tag{8.8}$$

证明   由式 (8.2) 和式 (8.3),

$$\mathrm{Cov}(X, f) = \mathrm{Cov}(X - \mu, f) = \mathrm{Cov}(Af + \varepsilon, f)$$

$$= AI_m + O = A.$$

得证.   □

若 X_j 是标准化变量, 则因子载荷 a_{jk} 就是 X_j 与公共因子 f_k 之间的相关系数, 从而, 因子模型的载荷矩阵 A 就是原始变量与公共因子之间的相关矩阵, 式(8.8) 成为

$$a_{jk} = \rho(X_j, f_k), j = 1, 2, \cdots, p, k = 1, 2, \cdots, m.$$

在很多实际应用中, 因子载荷矩阵 $\boldsymbol{A}$ 和特殊因子方差矩阵 $\boldsymbol{\Psi}$ 的估计通常是由 $\boldsymbol{X}$ 的相关阵 $\boldsymbol{R}$ 而不是协差阵 $\boldsymbol{\Sigma}$ 分解得到的, 这对应于 $\boldsymbol{X}$ 的线性变换 $\boldsymbol{Y} = \boldsymbol{D}^{-\frac{1}{2}}(\boldsymbol{X} - \boldsymbol{\mu})$, 其中, $\boldsymbol{D}$ 是由 $\boldsymbol{\Sigma}$ 的对角线元素作为对角线构成的对角矩阵, 即, $\boldsymbol{D}$ 的第 j 个对角线元素表示 X_j 的方差. 现已知 $\mathrm{Var}(\boldsymbol{X}) = \boldsymbol{A}\boldsymbol{A}^{\mathrm{T}} + \boldsymbol{\Psi}$, 如果要对 $\boldsymbol{Y}$ 做因子分析, 估计因子载荷矩阵 $\boldsymbol{A}_{\boldsymbol{Y}}$ 和特殊因子方差矩阵 $\boldsymbol{\Psi}_{\boldsymbol{Y}}$, 有

$$\mathrm{Var}(\boldsymbol{Y}) = \boldsymbol{A}_{\boldsymbol{Y}}\boldsymbol{A}_{\boldsymbol{Y}}^{\mathrm{T}} + \boldsymbol{\Psi}_{\boldsymbol{Y}}.$$

由性质 8.2 的证明过程知, $\boldsymbol{A}_{\boldsymbol{Y}} = \boldsymbol{D}^{-\frac{1}{2}}\boldsymbol{A}, \boldsymbol{\Psi}_{\boldsymbol{Y}} = \boldsymbol{D}^{-\frac{1}{2}}\boldsymbol{\Psi}\boldsymbol{D}^{-\frac{1}{2}}$. 又由性质 8.4, $\mathrm{Cov}(\boldsymbol{X}, \boldsymbol{f}) = \boldsymbol{A}$, 从而 $\boldsymbol{X}$ 与 $\boldsymbol{f}$ 的相关阵

$$\boldsymbol{R}_{\boldsymbol{X}, \boldsymbol{f}} = \boldsymbol{D}^{-\frac{1}{2}}\boldsymbol{A},$$

于是, $\boldsymbol{Y}$ 与 $\boldsymbol{f}$ 的相关阵

$$\boldsymbol{R}_{\boldsymbol{Y}, \boldsymbol{f}} = \mathrm{Cov}(\boldsymbol{Y}, \boldsymbol{f}) = \boldsymbol{A}_{\boldsymbol{Y}} = \boldsymbol{D}^{-\frac{1}{2}}\boldsymbol{A} = \boldsymbol{R}_{\boldsymbol{X}, \boldsymbol{f}},$$

也就是说, 变量标准化不改变变量与公共因子的相关系数.

【例 8.4】　设随机向量 $\boldsymbol{X} = (X_1, X_2, X_3)^{\mathrm{T}}$, 其中, X_1, X_2, X_3 是标准化的随机变量, $\boldsymbol{X}$ 的相关阵 $\boldsymbol{R} = \begin{pmatrix} 1 & 0.63 & 0.45 \\ 0.63 & 1 & 0.35 \\ 0.45 & 0.35 & 1 \end{pmatrix}$, 记 $\boldsymbol{\Psi} = \mathbf{diag}(0.19, 0.51, 0.75)$, $\boldsymbol{A} = (0.9\ 0.7\ 0.5)^{\mathrm{T}}$, 直接验证可知 $\boldsymbol{R} = \boldsymbol{A}\boldsymbol{A}^{\mathrm{T}} + \boldsymbol{\Psi}$, 这意味着, $\boldsymbol{X}$ 可以由一个公共因子的正交因子模型 $\begin{cases} X_1 = 0.9f + \varepsilon_1, \\ X_2 = 0.7f + \varepsilon_2, \\ X_3 = 0.5f + \varepsilon_3, \end{cases}$ 生成, 其中, $\mathrm{Var}(f) = 1, \mathrm{Var}(\boldsymbol{\varepsilon}) = \boldsymbol{\Psi}$. 此时, 变量共同度 $h_1^2 = 0.9^2 = 0.81, h_2^2 = 0.49, h_3^2 = 0.25$, 分别表示公共因子 f 对原始变量 X_1, X_2, X_3 的影响. 相关系数 $\mathrm{Cor}(X_1, f) = a_{11} = 0.9, \mathrm{Cor}(X_2, f) = a_{21} = 0.7, \mathrm{Cor}(X_3, f) = a_{31} = 0.5$, 第一个变量在公共因子 f 上有最大的载荷.

如果记

$$\boldsymbol{\Psi} = \mathbf{diag}(0.0174, 0.0100, 0.0029), \boldsymbol{A} = \begin{pmatrix} 0.9874 & -0.0872 \\ 0.8846 & -0.4554 \\ 0.7720 & 0.6333 \end{pmatrix},$$

则由于 $\boldsymbol{R} = \boldsymbol{A}\boldsymbol{A}^{\mathrm{T}} + \boldsymbol{\Psi}$ 成立, 可以取 2 个公共因子, 得到正交因子模型

$$\begin{cases} X_1 = 0.9874f_1 - 0.0872f_2 + \varepsilon_1, \\ X_2 = 0.8846f_1 - 0.4554f_2 + \varepsilon_2, \\ X_3 = 0.7720f_1 + 0.6333f_2 + \varepsilon_3, \end{cases}$$

其中, $\operatorname{Cov}(f_1, f_2) = \boldsymbol{I}_2, \operatorname{Var}(\boldsymbol{\varepsilon}) = \boldsymbol{\Psi}$. 此时, 变量共同度

$$h_1^2 = 0.9874^2 + (-0.0872)^2 = 0.9826,$$

$$h_2^2 = 0.8846^2 + (-0.4554)^2 = 0.9899,$$

$$h_3^2 = 0.7720^2 + 0.6333^2 = 0.9971,$$

分别表示公共因子 f_1, f_2 对原始变量 X_1, X_2, X_3 的影响. 因为数据已经标准化了, 特殊因子方差是 $0.0174, 0.0100, 0.0029$, 两个公共因子能够解释的方差为 $(1 - 0.0174) + (1 - 0.0100) + (1 - 0.0029) = 2.9697$, 公共因子所能解释的总方差的比例为 $\dfrac{2.9697}{3} = 0.9899$. □

8.2　估计因子载荷

类似于主成分分析, 我们可以从协差阵或相关阵出发进行因子分析. 但是在实际中, 协差阵或相关阵往往是未知的, 需要通过样本来估计. 因此我们用样本协差阵作为总体协差阵的估计, 用样本相关阵作为总体相关阵的估计.

8.2.1　主成分法

下面考虑通过样本相关阵 $\boldsymbol{R}$ 的分解来估计因子载荷矩阵 $\boldsymbol{A}$ 和特殊方差矩阵 $\boldsymbol{\Psi}$. 设 $\lambda_1 \geqslant \lambda_2 \geqslant \cdots \geqslant \lambda_p$ 是样本相关阵 $\boldsymbol{R}$ 的特征值, $\boldsymbol{u}_1, \boldsymbol{u}_2, \cdots, \boldsymbol{u}_p$ 是相应的单位正交特征向量, 则 $\boldsymbol{R}$ 具有谱分解

$$\boldsymbol{R} = \sum_{j=1}^{p} \lambda_j \boldsymbol{u}_j \boldsymbol{u}_j^{\mathrm{T}} = \boldsymbol{P}\boldsymbol{\Lambda}\boldsymbol{P}^{\mathrm{T}} = (\boldsymbol{P}_1, \boldsymbol{P}_2) \begin{pmatrix} \boldsymbol{\Lambda}_1 & \boldsymbol{O} \\ \boldsymbol{O} & \boldsymbol{\Lambda}_2 \end{pmatrix} \begin{pmatrix} \boldsymbol{P}_1^{\mathrm{T}} \\ \boldsymbol{P}_2^{\mathrm{T}} \end{pmatrix},$$

其中, $\boldsymbol{P} = (\boldsymbol{u}_1, \boldsymbol{u}_2, \cdots, \boldsymbol{u}_p), \boldsymbol{\Lambda} = \operatorname{diag}(\lambda_1, \lambda_2, \cdots, \lambda_p), \boldsymbol{P}_1 = (\boldsymbol{u}_1, \boldsymbol{u}_2, \cdots, \boldsymbol{u}_m), \boldsymbol{\Lambda}_1 = \operatorname{diag}(\lambda_1, \lambda_2, \cdots, \lambda_m), \boldsymbol{P}_2 = (\boldsymbol{u}_{m+1}, \boldsymbol{u}_{m+2}, \cdots, \boldsymbol{u}_p), \boldsymbol{\Lambda}_1 = \operatorname{diag}(\lambda_{m+1}, \lambda_{m+2}, \cdots, \lambda_p)$. 如果因子个数 $m(\ll p)$ 选择合适, 那么 $\boldsymbol{R}$ 的最后 $p-m$ 个特征值会很小, 忽略掉这些很小的项, 就有

$$\boldsymbol{R} \approx \sum_{j=1}^{m} \lambda_j \boldsymbol{u}_j \boldsymbol{u}_j^{\mathrm{T}} + \boldsymbol{\Psi} = (\boldsymbol{P}_1, \boldsymbol{P}_2) \begin{pmatrix} \boldsymbol{\Lambda}_1 & \boldsymbol{O} \\ \boldsymbol{O} & \boldsymbol{O} \end{pmatrix} \begin{pmatrix} \boldsymbol{P}_1^{\mathrm{T}} \\ \boldsymbol{P}_2^{\mathrm{T}} \end{pmatrix} + \boldsymbol{\Psi}.$$

由第 7 章, $\boldsymbol{R}$ 的主成分是

$$\boldsymbol{Z} = \boldsymbol{P}^{\mathrm{T}} \boldsymbol{X},$$

其中的原始变量 $\boldsymbol{X}$ 是标准化变量. 于是,

$$\boldsymbol{X} = \boldsymbol{P}\boldsymbol{Z} = \boldsymbol{P}_1 \boldsymbol{Z}_1 + \boldsymbol{P}_2 \boldsymbol{Z}_2 \approx \boldsymbol{P}_1 \boldsymbol{Z}_1 = \boldsymbol{P}_1 \boldsymbol{\Lambda}_1^{\frac{1}{2}} \boldsymbol{\Lambda}_1^{-\frac{1}{2}} \boldsymbol{Z}_1, \tag{8.9}$$

其中, $\boldsymbol{Z}_1 = (Z_1, Z_2, \cdots, Z_m)^{\mathrm{T}}, \boldsymbol{Z}_2 = (Z_{m+1}, Z_{m+2}, \cdots, Z_p)^{\mathrm{T}}.$ 此时,

$$\boldsymbol{R} \approx \boldsymbol{P}_1 \boldsymbol{\Lambda}_1 \boldsymbol{P}_1^{\mathrm{T}} + \boldsymbol{\Psi} = (\boldsymbol{P}_1 \boldsymbol{\Lambda}_1^{\frac{1}{2}})(\boldsymbol{P}_1 \boldsymbol{\Lambda}_1^{\frac{1}{2}})^{\mathrm{T}} + \boldsymbol{\Psi}$$

$$= (\sqrt{\lambda_1}\boldsymbol{u}_1, \sqrt{\lambda_2}\boldsymbol{u}_2, \cdots, \sqrt{\lambda_m}\boldsymbol{u}_m) \begin{pmatrix} \sqrt{\lambda_1}\boldsymbol{u}_1^{\mathrm{T}} \\ \sqrt{\lambda_2}\boldsymbol{u}_2^{\mathrm{T}} \\ \vdots \\ \sqrt{\lambda_m}\boldsymbol{u}_m^{\mathrm{T}} \end{pmatrix}$$

$$+ \begin{pmatrix} \psi_1 & & & \\ & \psi_2 & & \\ & & \ddots & \\ & & & \psi_p \end{pmatrix}$$

$$= \widehat{\boldsymbol{A}}\widehat{\boldsymbol{A}}^{\mathrm{T}} + \widehat{\boldsymbol{\Psi}},$$

其中,

$$\begin{aligned} \widehat{\boldsymbol{A}} &= (\widehat{a}_{jk})_{p \times m} = (\sqrt{\lambda_1}\boldsymbol{u}_1, \sqrt{\lambda_2}\boldsymbol{u}_2, \cdots, \sqrt{\lambda_m}\boldsymbol{u}_m) \\ &= (\boldsymbol{u}_1, \boldsymbol{u}_2, \cdots, \boldsymbol{u}_m)\mathbf{diag}(\sqrt{\lambda_1}, \sqrt{\lambda_2}, \cdots, \sqrt{\lambda_m}) = \boldsymbol{P}_1 \boldsymbol{\Lambda}_1^{\frac{1}{2}}, \\ \widehat{\psi}_j &= 1 - \sum_{k=1}^{m} \widehat{a}_{jk}^2 = 1 - h_j^2, j = 1, 2, \cdots, p, \\ \widehat{\boldsymbol{\Psi}} &= \mathbf{diag}(\widehat{\psi}_1, \widehat{\psi}_2, \cdots, \widehat{\psi}_p). \end{aligned} \tag{8.10}$$

由式 (8.9),

$$\boldsymbol{X} = \widehat{\boldsymbol{A}}\boldsymbol{f} + \boldsymbol{\varepsilon},$$

即为因子模型, 其中 $\boldsymbol{f} = \boldsymbol{\Lambda}_1^{-\frac{1}{2}}\boldsymbol{Z}_1.$ 上述式 (8.10) 给出的 $\boldsymbol{A}$ 和 $\boldsymbol{\Psi}$ 就是因子模型的一个解, 这里的因子载荷矩阵的第 k 列 $\sqrt{\lambda_k}\boldsymbol{u}_k$ 为第 k 个公共因子 f_k 在原始变量上的载荷, $k = 1, 2, \cdots, m$, 它与主成分分析中的第 k 个主成分 $Z_k = \boldsymbol{u}_k^{\mathrm{T}}\boldsymbol{X}$ 的系数向量只差一个倍数 $\sqrt{\lambda_k}$. 称其为因子模型的主成分解.

若记 $\boldsymbol{E} = \boldsymbol{R} - (\widehat{\boldsymbol{A}}\widehat{\boldsymbol{A}}^{\mathrm{T}} + \widehat{\boldsymbol{\Psi}}) = (\varepsilon_{jk})$ 为主成分解的残差矩阵, 可以证明

$$Q(m) = \sum_{j=1}^{p} \sum_{k=1}^{p} \varepsilon_{jk}^2 \leqslant \sum_{k=m+1}^{p} \lambda_k^2. \tag{8.11}$$

因此, 只要公共因子个数 m 选择合适, 误差平方和 $Q(m)$ 可以很小.

主因子法

下面从样本相关阵 $\boldsymbol{R} = (r_{jk})$ 出发, 对主成分解作进一步改进或修正. 设 $\boldsymbol{R} = \boldsymbol{A}\boldsymbol{A}^{\mathrm{T}} + \boldsymbol{\Psi}$, 则 $\boldsymbol{R}^* = \boldsymbol{A}\boldsymbol{A}^{\mathrm{T}} = \boldsymbol{R} - \boldsymbol{\Psi}$ 称为约相关阵. 如果我们已知特殊方差的初始估计 ψ_j^*, 则初始共同度的估计为 $h_j^{*2} = 1 - \psi_j^*$, 此时约相关阵

$$\boldsymbol{R}^* = \boldsymbol{A}\boldsymbol{A}^{\mathrm{T}} = \boldsymbol{R} - \boldsymbol{\Psi} = \begin{pmatrix} h_1^{*2} & r_{12} & \cdots & r_{1p} \\ r_{21} & h_2^{*2} & \cdots & r_{2p} \\ \vdots & \vdots & & \vdots \\ r_{p1} & r_{p2} & \cdots & h_p^{*2} \end{pmatrix}.$$

设 $\lambda_1^* \geqslant \lambda_2^* \geqslant \cdots \geqslant \lambda_m^*$ 是 $\boldsymbol{R}^*$ 的前 m 个特征值, 其相应的单位正交特征向量为 $\boldsymbol{u}_1^*, \boldsymbol{u}_2^*, \cdots, \boldsymbol{u}_m^*$, 则有近似分解式

$$\boldsymbol{R}^* \approx (\sqrt{\lambda_1^*}\boldsymbol{u}_1^*, \sqrt{\lambda_2^*}\boldsymbol{u}_2^*, \cdots, \sqrt{\lambda_m^*}\boldsymbol{u}_m^*) \begin{pmatrix} \sqrt{\lambda_1^*}\boldsymbol{u}_1^{*\mathrm{T}} \\ \sqrt{\lambda_2^*}\boldsymbol{u}_2^{*\mathrm{T}} \\ \vdots \\ \sqrt{\lambda_m^*}\boldsymbol{u}_m^{*\mathrm{T}} \end{pmatrix} = \widehat{\boldsymbol{A}}\widehat{\boldsymbol{A}}^{\mathrm{T}},$$

其中, $\widehat{\boldsymbol{A}} = (\sqrt{\lambda_1^*}\boldsymbol{u}_1^*, \sqrt{\lambda_2^*}\boldsymbol{u}_2^*, \cdots, \sqrt{\lambda_m^*}\boldsymbol{u}_m^*) = (\widehat{a}_{jk})_{p\times m}$. 令

$$\widehat{\psi}_j = 1 - \sum_{k=1}^m \widehat{a}_{jk}^2, j = 1, 2, \cdots, p,$$

则

$$\widehat{\boldsymbol{A}} = (\sqrt{\lambda_1^*}\boldsymbol{u}_1^*, \sqrt{\lambda_2^*}\boldsymbol{u}_2^*, \cdots, \sqrt{\lambda_m^*}\boldsymbol{u}_m^*), \widehat{\boldsymbol{\Psi}} = \mathbf{diag}(\widehat{\psi}_1, \widehat{\psi}_2, \cdots, \widehat{\psi}_p)$$

为因子模型的一个改进形式的解, 这个解就是主因子解.

以上得到的解都是近似解. 为了得到近似程度更高的解, 常常采用迭代主因子法, 即利用上面得到的 $\widehat{\boldsymbol{\Psi}}$ 作为特殊方差矩阵的初始估计, 重复上述步骤, 直到得到稳定的解为止.

由于 $\psi_j = 1 - h_j^2$, 对特殊方差 ψ_j 的估计等价于对 h_j^2 初始值的估计. 常用的方法有:

1. $\widehat{h}_j^2$ 取为第 j 个变量 X_j 与其他 $p-1$ 个变量的复相关系数的平方, 即 $\widehat{h}_j^2 = \rho^2(X_j, \boldsymbol{X}_{-j}\widehat{\boldsymbol{\beta}})$, 其中, $\widehat{\boldsymbol{\beta}}$ 是 X_j 对 $\boldsymbol{X}_{-j}$ 回归的最小二乘系数估计, $\boldsymbol{X}_{-j}$ 表示原始解释变量中除去 X_j 之后其余所有的变量.

2. 取 $\widehat{h}_j^2 = 1 - \dfrac{1}{r^{(jj)}}$, 其中 $r^{(jj)}$ 是相关矩阵的逆矩阵 $\boldsymbol{R}^{-1}$ 的第 j 个对角元素. 这种方法有时不一定能够得到合适的收敛结果, 比如, 可能会出现 $\widehat{\psi}_j < 0$ 或 $\widehat{h}_j^2 > 1$ 等情况, 这时的解显然是不可接受的, 这称为 Heywood 情况 (Heywood case).

3. $\widehat{h}_j^2$ 取为第 j 个变量 X_j 与其他 $p-1$ 个变量相关系数的绝对值的最大值, 即取 $\widehat{h}_j^2 = \max_{\ell \neq j} |r_{j\ell}|$.

4. $\widehat{h}_j^2 = 1$, 这等价于求因子模型的主成分解.

8.2.3　极大似然法

极大似然法需要假定样本分布. 设公共因子 $\boldsymbol{f} \sim N_m(\boldsymbol{0}, \boldsymbol{I}_m)$, 特殊因子 $\boldsymbol{\varepsilon} \sim N_p(\boldsymbol{0}, \boldsymbol{\Psi})$, 则原始变量 $\boldsymbol{X}$ 也服从正态分布, 设 $\boldsymbol{X} \sim N_p(\boldsymbol{\mu}, \boldsymbol{\Sigma})$, $\boldsymbol{x}_1, \boldsymbol{x}_2, \cdots, \boldsymbol{x}_n$ 是来自总体 $\boldsymbol{X}$ 的简单随机样本, 则对数似然函数

$$L(\boldsymbol{\mu}, \boldsymbol{\Sigma}) = -\frac{n}{2} \ln \det(2\pi\boldsymbol{\Sigma}) - \frac{1}{2} \sum_{i=1}^{n} (\boldsymbol{x}_i - \boldsymbol{\mu})^{\mathrm{T}} \boldsymbol{\Sigma}^{-1} (\boldsymbol{x}_i - \boldsymbol{\mu})$$

$$= -\frac{n}{2} \left[\ln \det(2\pi\boldsymbol{\Sigma}) + \mathrm{tr}(\boldsymbol{\Sigma}^{-1}\boldsymbol{S}) + (\bar{\boldsymbol{x}} - \boldsymbol{\mu})^{\mathrm{T}} \boldsymbol{\Sigma}^{-1} (\bar{\boldsymbol{x}} - \boldsymbol{\mu}) \right].$$

用 $\boldsymbol{\mu}$ 的极大似然估计 $\widehat{\boldsymbol{\mu}} = \bar{\boldsymbol{x}}$ 替换 $\boldsymbol{\mu}$, 用 $\boldsymbol{\Sigma} = \boldsymbol{A}\boldsymbol{A}^{\mathrm{T}} + \boldsymbol{\Psi}$ 替换 $\boldsymbol{\Sigma}$, 则对数似然函数可以表示为

$$L(\boldsymbol{A}, \boldsymbol{\Psi}) = -\frac{n}{2} \left\{ \ln \det[2\pi(\boldsymbol{A}\boldsymbol{A}^{\mathrm{T}} + \boldsymbol{\Psi})] + \mathrm{tr}[(\boldsymbol{A}\boldsymbol{A}^{\mathrm{T}} + \boldsymbol{\Psi})^{-1}\boldsymbol{S}] \right\}.$$

可以证明, $\boldsymbol{A}, \boldsymbol{\Psi}$ 的极大似然估计满足

$$\boldsymbol{S}\widehat{\boldsymbol{\Psi}}^{-1}\widehat{\boldsymbol{A}} = \widehat{\boldsymbol{A}}(\boldsymbol{I} + \widehat{\boldsymbol{A}}^{\mathrm{T}}\widehat{\boldsymbol{\Psi}}^{-1}\widehat{\boldsymbol{A}}), \quad \widehat{\boldsymbol{\Psi}} = \mathrm{diag}(\boldsymbol{S} - \widehat{\boldsymbol{A}}\widehat{\boldsymbol{A}}^{\mathrm{T}}), \tag{8.12}$$

其中 $\boldsymbol{S}$ 是样本协差阵. 为使式 (8.12) 的解唯一, 可以添加条件 $\widehat{\boldsymbol{A}}^{\mathrm{T}}\widehat{\boldsymbol{\Psi}}^{-1}\widehat{\boldsymbol{A}}$ 为对角矩阵, 这时可以使用 Joreskog & Lawley (1968) 提出的迭代方法得到 $\boldsymbol{A}, \boldsymbol{\Psi}$ 的极大似然估计 $\widehat{\boldsymbol{A}}, \widehat{\boldsymbol{\Psi}}$, 其基本思想是, 先取一个初始矩阵 $\boldsymbol{\Psi}_0 = \mathrm{diag}(\widehat{\psi}_1, \cdots, \widehat{\psi}_p)$, 求 $\boldsymbol{\Psi}_0^{-\frac{1}{2}} \boldsymbol{S} \boldsymbol{\Psi}_0^{-\frac{1}{2}}$ 的特征值 $\theta_1 \geqslant \cdots \geqslant \theta_p$, 以及相应的单位正交特征向量 $\boldsymbol{l}_1, \cdots, \boldsymbol{l}_p$, 记 $\boldsymbol{\Theta} = \mathrm{diag}(\theta_1, \cdots, \theta_m)$, $\boldsymbol{L} = (\boldsymbol{l}_1, \cdots, \boldsymbol{l}_m)$, 计算 $\boldsymbol{A}_0 = \boldsymbol{\Psi}_0^{\frac{1}{2}} \boldsymbol{L} (\boldsymbol{\Theta} - \boldsymbol{I}_m)^{\frac{1}{2}}$, 由式 (8.12) 式得到 $\boldsymbol{\Psi}_1 = \mathrm{diag}(\boldsymbol{S} - \boldsymbol{\Psi}_0 \boldsymbol{\Psi}_0^{\mathrm{T}})$, 再迭代求 $\boldsymbol{A}_1, \cdots$, 直至满足式 (8.12).

8.3　确定公共因子个数

根据式 (8.11), 被忽略的特征值越小, 造成的近似误差也越小, 因此, 选择公共因子数目 m 的一个直观方式就是考虑所选公共因子占总样本方差的比例, 如果是从相关阵 $\boldsymbol{R}$ 出发, 这个值一般等于

$$\frac{1}{p} \sum_{j=1}^{m} \sum_{k=1}^{p} a_{kj}^2, \tag{8.13}$$

其中,

$$\theta_j = \sum_{k=1}^{p} a_{kj}^2 \tag{8.14}$$

是第 j 个公共因子对总样本方差的贡献. 选择 m 使得式 (8.13) 大于某个认可的百分比, 比如 75%, 85% 等. 设 $\boldsymbol{A}$ 是因子载荷矩阵, 由式 (8.10) 和式 (8.14), $\theta_j = (\sqrt{\lambda_j}\boldsymbol{u}_j)(\sqrt{\lambda_j}\boldsymbol{u}_j^{\mathrm{T}}) = \lambda_j$, 而 $p = \mathrm{tr}(\boldsymbol{R}) = \sum_{j=1}^{p} \lambda_j$, 所以式 (8.13) 等价于

$$\frac{\sum_{j=1}^{m} \lambda_j}{\sum_{j=1}^{p} \lambda_j},$$

是 $\boldsymbol{R}$ 的特征值的累积贡献率.

如果是从协差阵出发做的因子分析, 则需要把式 (8.13) 改为

$$\frac{1}{\mathrm{tr}(\boldsymbol{S})} \sum_{j=1}^{m} \sum_{k=1}^{p} a_{kj}^2, \tag{8.15}$$

其中, $\boldsymbol{S}$ 是样本协差阵. 由 $\mathrm{tr}(\boldsymbol{S}) = \sum_{j=1}^{p} \lambda_j$ 可知, 式(8.15) 事实上是 $\boldsymbol{S}$ 的特征值的累积贡献率.

根据以上讨论, 可以使用 $\boldsymbol{R}$ 或 $\boldsymbol{S}$ 的特征值的累积贡献率来确定公共因子的个数 m, 这是最常用的一种方法.

此外, 也可以取 m 为特征值大于平均特征值的个数, 也就是说, 只需要取特征值大于平均特征值的那些公共因子. 如果是相关阵 $\boldsymbol{R}$, 特征值的平均值等于 1, 只需要取特征值大于 1 的公共因子; 如果是样本协差阵 $\boldsymbol{S}$, 平均特征值是 $\frac{1}{p} \sum_{j=1}^{p} \theta_j$, 其中, θ_j 定义如式 (8.14). 另外, 常用的还有基于碎石图是否陡峭的直观选择方法, 基于假设检验的方法等. 基于假设检验方法是对 m 大小的检验, 假设 $\boldsymbol{A}$ 是 $p \times m$ 矩阵, 检验

$$H_0 : \boldsymbol{\Sigma} = \boldsymbol{A}\boldsymbol{A}^{\mathrm{T}} + \boldsymbol{\Psi} \leftrightarrow H_1 : \boldsymbol{\Sigma} \neq \boldsymbol{A}\boldsymbol{A}^{\mathrm{T}} + \boldsymbol{\Psi}.$$

该检验可以提供一个 m 的上界, 因而通常是得到多个可以接受的 m. 在实践中, 如果具备相关的专业知识, 那么根据实际问题的意义和专业知识来确定 m 更为合理.

选择公共因子个数时另外一个需要考虑的关键因素是模型的自由度. 从数值运算的角度来看, 矩阵分解

$$\boldsymbol{\Sigma} = \boldsymbol{A}\boldsymbol{A}^{\mathrm{T}} + \boldsymbol{\Psi} \tag{8.16}$$

是不唯一的, 不存在一个直接的估算因子载荷矩阵 $\boldsymbol{A}$ 和特殊方差矩阵 $\boldsymbol{\Psi}$ 的数值算法. 一个可行的补救措施是施加一些约束条件使得满足式 (8.16) 的 $\boldsymbol{A}$ 和 $\boldsymbol{\Psi}$ 唯一. 然后, 再

使用 8.4 节的方法进行因子旋转, 使得到的因子更容易解释. 通常使用的约束条件是

$$\boldsymbol{A}\boldsymbol{\Psi}^{-1}\boldsymbol{A}^{\mathrm{T}}\text{是对角阵},\tag{8.17}$$

或者

$$\boldsymbol{A}\boldsymbol{\Lambda}^{-1}\boldsymbol{A}^{\mathrm{T}}\text{是对角阵},\tag{8.18}$$

其中, $\boldsymbol{\Lambda}=\mathbf{diag}(\lambda_1,\lambda_2,\cdots,\lambda_p)$. 具有 m 个公共因子的因子模型的自由度是

$$d=\text{无约束的协差阵参数个数}-\text{有约束的协差阵参数个数}.$$

由于 $\boldsymbol{\Sigma}=\boldsymbol{A}\boldsymbol{A}^{\mathrm{T}}+\boldsymbol{\Psi}$ 的待定参数个数是 $pm+p$, 条件 (8.17) 或条件 (8.18) 给出了 $\frac{1}{2}m(m-1)$ 个约束条件, 因此,

$$d=\frac{1}{2}p(p+1)-\left[(pm+p)-\frac{1}{2}m(m-1)\right]=\frac{1}{2}[(p-m)^2-(p+m)].\tag{8.19}$$

如果 $d<0$, 那么模型是未定的, 因子个数 m 过大以至于 $\boldsymbol{\Sigma}=\boldsymbol{A}\boldsymbol{A}^{\mathrm{T}}+\boldsymbol{\Psi}$ 有无穷多解; 如果 $d=0$, 模型 $\boldsymbol{\Sigma}=\boldsymbol{A}\boldsymbol{A}^{\mathrm{T}}+\boldsymbol{\Psi}$ 有唯一解; 如果 $d>0$, 那么模型是超定的, 方程个数 比参数个数多, 模型 $\boldsymbol{\Sigma}=\boldsymbol{A}\boldsymbol{A}^{\mathrm{T}}+\boldsymbol{\Psi}$ 没有精确解, 一般使用近似解.

　　因子个数 m 的选择一般要求使得 $d>0$. 因子模型的自由度给出了我们识别一个因子模型因子个数的上界. 由式 (8.19), 少于 4 个变量的数据做因子分析意义不大, 因为这时候最多只能选择 1 个公共因子, 并且模型只有唯一解; 考虑 $p=4$ 个原始变量的因子分析, 这时候只能识别 $m=1$ 的因子模型, 任何多于 2 个因子的模型都会导致模型未定; 考虑 $p=5$ 个原始变量的因子分析, 这时候只能识别 $m=1,2$ 的因子模型, 任何多于 3 个因子的模型都会导致模型未定等.

　　【例 8.5】　一个城市的综合发展状况可以由经济发展状况 f_1 和社会发展状况 f_2 两个因子确定, 一个城市的总人口数 (X_1)、GDP (X_2)、社会固定资产投资额 (X_3)、城市化水平 (X_4)、人均居住面积 (X_5)、客运量 (X_6) 等都会同时受 f_1,f_2 的影响, 即有因子模型

$$X_j-E(X_j)=a_{j1}f_1+a_{j2}f_2+\varepsilon_j, j=1,2,\cdots,6.$$

令 $\boldsymbol{X}=(X_1,X_2,\cdots,X_6)^{\mathrm{T}}$, 已知 $\boldsymbol{X}$ 的相关阵

$$\boldsymbol{R}=\begin{array}{c}\\ X_1\\ X_2\\ X_3\\ X_4\\ X_5\\ X_6\end{array}\begin{array}{cccccc} X_1 & X_2 & X_3 & X_4 & X_5 & X_6 \\ \left(\begin{array}{cccccc}1.0000 & 0.8335 & 0.8273 & 0.9728 & 0.9709 & 0.9145 \\ 0.8335 & 1.0000 & 0.9963 & 0.9130 & 0.8531 & 0.9106 \\ 0.8273 & 0.9963 & 1.0000 & 0.9042 & 0.8533 & 0.9200 \\ 0.9728 & 0.9130 & 0.9042 & 1.0000 & 0.9616 & 0.9220 \\ 0.9709 & 0.8531 & 0.8533 & 0.9616 & 1.0000 & 0.9453 \\ 0.9145 & 0.9106 & 0.9200 & 0.9220 & 0.9453 & 1.0000 \end{array}\right)\end{array}.$$

分别利用主成分法、主因子法和极大似然法求因子载荷矩阵 $\boldsymbol{A} = (a_{jk})_{6\times 2}$ 的估计值.

解   首先对 $\boldsymbol{R}$ 做特征值分解, 得特征值

$$\lambda_j, j = 1, 2, \cdots, 6 : 5.5669, 0.3132, 0.0864, 0.0228, 0.0083, 0.0026,$$

碎石图如图 8.1 所示. 选取 $m = 2$ 个公共因子, $\lambda_1 = 5.5669, \lambda_2 = 0.3132$ 对应的单位正交特征向量分别为

$$\boldsymbol{u}_1 = (-0.4050, -0.4037, -0.4033, -0.4162, -0.4097, -0.4116)^{\mathrm{T}},$$

$$\boldsymbol{u}_2 = (0.4863, -0.5296, -0.5443, 0.1799, 0.3930, 0.0013)^{\mathrm{T}}.$$

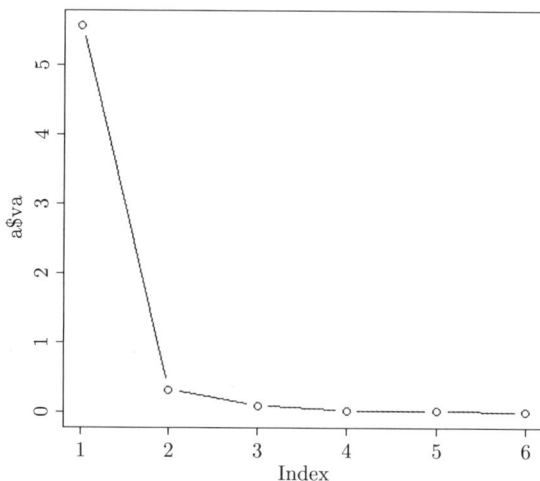

图 8.1   碎石图

(1) 主成分法. 由式 (8.10),

$$\widehat{\boldsymbol{A}} = (\boldsymbol{u}_1, \boldsymbol{u}_2)\mathbf{diag}(\sqrt{\lambda_1}, \sqrt{\lambda_2})$$

$$= (\boldsymbol{u}_1, \boldsymbol{u}_2)\begin{pmatrix} \sqrt{5.5669} & 0 \\ 0 & \sqrt{0.3132} \end{pmatrix},$$

代入 $\boldsymbol{u}_1, \boldsymbol{u}_2$ 得到

$$\widehat{\boldsymbol{A}} = \begin{pmatrix} -0.9553 & 0.2721 \\ -0.9525 & -0.2964 \\ -0.9515 & -0.3046 \\ -0.9819 & 0.1007 \\ -0.9666 & 0.2199 \\ -0.9712 & 0.0007 \end{pmatrix}.$$

进一步得到,

$$\widehat{\boldsymbol{\Psi}} = \mathbf{diag}\left(1 - \sum_{k=1}^{2}\widehat{a}_{jk}^2, j = 1, 2, \cdots, 6\right)$$

$$= \begin{pmatrix} 0.0133 & 0 & 0 & 0 & 0 & 0 \\ 0 & 0.0050 & 0 & 0 & 0 & 0 \\ 0 & 0 & 0.0019 & 0 & 0 & 0 \\ 0 & 0 & 0 & 0.0257 & 0 & 0 \\ 0 & 0 & 0 & 0 & 0.0173 & 0 \\ 0 & 0 & 0 & 0 & 0 & 0.0568 \end{pmatrix}.$$

(2) 主因子法. 首先计算 $\boldsymbol{R}$ 的逆矩阵

$$\boldsymbol{R}^{-1} = \begin{array}{c} \\ X_1 \\ X_2 \\ X_3 \\ X_4 \\ X_5 \\ X_6 \end{array} \begin{pmatrix} \begin{array}{cccccc} X_1 & X_2 & X_3 & X_4 & X_5 & X_6 \\ 46.78 & 6.56 & 13.03 & -44.53 & -6.62 & -13.43 \\ 6.56 & 198.17 & -187.82 & -40.48 & 13.03 & 11.35 \\ 13.03 & -187.82 & 197.72 & 9.38 & -4.04 & -27.62 \\ -44.53 & -40.48 & 9.38 & 72.43 & -18.22 & 19.39 \\ -6.62 & 13.03 & -4.04 & -18.22 & 31.73 & -15.29 \\ -13.43 & 11.35 & -27.62 & 19.39 & -15.29 & 24.92 \end{array} \end{pmatrix},$$

取 h_j^2 的初始估计为 $\widehat{h}_j^2 = 1 - \dfrac{1}{r^{(jj)}}$, 则 $\widehat{\psi}_j = 1 - \widehat{h}_j^2, j = 1, 2, \cdots, 6$, 于是得到特殊方差矩阵的初始估计为

$$\widehat{\boldsymbol{\Psi}} = \mathbf{diag}(\widehat{\psi}_1, \widehat{\psi}_2, \cdots, \widehat{\psi}_6)$$

$$= \mathbf{diag}(0.0214, 0.0050, 0.0051, 0.0138, 0.0315, 0.0401),$$

进而得约相关阵的估计

$$\widehat{\boldsymbol{R}}^* = \begin{array}{c} \\ X_1 \\ X_2 \\ X_3 \\ X_4 \\ X_5 \\ X_6 \end{array} \begin{pmatrix} \begin{array}{cccccc} X_1 & X_2 & X_3 & X_4 & X_5 & X_6 \\ 0.9786 & 0.8335 & 0.8273 & 0.9728 & 0.9709 & 0.9145 \\ 0.8335 & 0.9950 & 0.9963 & 0.9130 & 0.8531 & 0.9106 \\ 0.8273 & 0.9963 & 0.9949 & 0.9042 & 0.8533 & 0.9200 \\ 0.9728 & 0.9130 & 0.9042 & 0.9862 & 0.9616 & 0.9220 \\ 0.9709 & 0.8531 & 0.8533 & 0.9616 & 0.9685 & 0.9453 \\ 0.9145 & 0.9106 & 0.9200 & 0.9220 & 0.9453 & 0.9599 \end{array} \end{pmatrix},$$

对 $\widehat{\boldsymbol{R}}^*$ 做特征值分解, 得最大的 2 个特征值为 $\lambda_1 = 5.5473, \lambda_2 = 0.3000$, 对应的单位正交特征向量为

$$\boldsymbol{u}_1 = (-0.4047, -0.4048, -0.4044, -0.4166, -0.4088, -0.4101)^{\mathrm{T}},$$

$$\boldsymbol{u}_2 = (0.4849, -0.5323, -0.5473, 0.1910, 0.3813, 0.0125)^{\mathrm{T}},$$

于是,

$$\widehat{\boldsymbol{A}} = (\boldsymbol{u}_1, \boldsymbol{u}_2) \mathbf{diag}(\sqrt{\lambda_1}, \sqrt{\lambda_2}) = (\boldsymbol{u}_1, \boldsymbol{u}_2) \begin{pmatrix} \sqrt{5.5473} & 0 \\ 0 & \sqrt{0.3000} \end{pmatrix}$$

$$= \begin{pmatrix} -0.9533 & 0.2656 \\ -0.9534 & -0.2916 \\ -0.9524 & -0.2998 \\ -0.9812 & 0.1046 \\ -0.9627 & 0.2088 \\ -0.9659 & 0.0069 \end{pmatrix},$$

$$\widehat{\boldsymbol{\Psi}} = \mathbf{diag}\left(1 - \sum_{k=1}^{2} \widehat{a}_{jk}^2, j = 1, 2, \cdots, 6\right)$$

$$= \begin{pmatrix} 0.0207 & 0 & 0 & 0 & 0 & 0 \\ 0 & 0.0060 & 0 & 0 & 0 & 0 \\ 0 & 0 & 0.0030 & 0 & 0 & 0 \\ 0 & 0 & 0 & 0.0263 & 0 & 0 \\ 0 & 0 & 0 & 0 & 0.0295 & 0 \\ 0 & 0 & 0 & 0 & 0 & 0.0671 \end{pmatrix}.$$

上述过程重复迭代 83 次之后得到

$$\widehat{\boldsymbol{A}} = \begin{pmatrix} -0.9547 & 0.2691 \\ -0.9518 & -0.2764 \\ -0.9566 & -0.3172 \\ -0.9784 & 0.0989 \\ -0.9645 & 0.2134 \\ -0.9597 & 0.0073 \end{pmatrix},$$

$$\widehat{\boldsymbol{\Psi}} = \begin{pmatrix} 0.0161 & 0 & 0 & 0 & 0 & 0 \\ 0 & 0.0177 & 0 & 0 & 0 & 0 \\ 0 & 0 & -0.0156 & 0 & 0 & 0 \\ 0 & 0 & 0 & 0.0330 & 0 & 0 \\ 0 & 0 & 0 & 0 & 0.0241 & 0 \\ 0 & 0 & 0 & 0 & 0 & 0.0790 \end{pmatrix}.$$

$\widehat{\boldsymbol{\Psi}}$ 中出现了 Heywood 情况, 原因是约相关阵可能变得非正定了, 事实上, 约相关阵的特征值出现了两个负值 $-0.0075, -0.0283$.

(3) 极大似然法. 使用极大似然估计得到

$$\widehat{A} = \begin{pmatrix} 0.930 & 0.360 \\ 0.976 & -0.207 \\ 0.974 & -0.218 \\ 0.973 & 0.187 \\ 0.936 & 0.279 \\ 0.954 & 0.000 \end{pmatrix},$$

$$\widehat{\Psi} = \begin{pmatrix} 0.0005 & 0 & 0 & 0 & 0 & 0 \\ 0 & 0.0005 & 0 & 0 & 0 & 0 \\ 0 & 0 & 0.005 & 0 & 0 & 0 \\ 0 & 0 & 0 & 0.019 & 0 & 0 \\ 0 & 0 & 0 & 0 & 0.045 & 0 \\ 0 & 0 & 0 & 0 & 0 & 0.084 \end{pmatrix}.$$

由计算结果可知, 主成分法估计和主因子法估计类似, 极大似然估计与前两个估计的第 2 个因子载荷向量有些差异. 3 种方法的因子方差及累积贡献率如表 8.1 所示. □

表 8.1　3 种方法的因子方差及累积贡献率

公共因子	主成分法		主因子法		极大似然法	
	方差	累积贡献率	方差	累积贡献率	方差	累积贡献率
1	5.57	0.93	5.54	0.94	5.50	0.92
2	0.31	0.98	0.30	0.99	0.34	0.97

8.4　因子旋转和因子得分

8.4.1　因子旋转

因子分析的目的不仅是为了求公共因子, 更重要的是要知道每个因子的实际意义. 因子的意义与因子载荷矩阵有关, 前面介绍的估计方法得到的载荷矩阵可能不满足"简单结构准则", 即各个公共因子的典型代表性不突出, 其实际意义不清晰. 为此, 需要对因子载荷矩阵实施旋转变换. 因子旋转的方法有很多, 包括正交旋转和斜交旋转. 最常用的方法是最大方差正交旋转 (varimax) 方法, 就是要使因子载荷矩阵中因子载荷的绝对值向 0 和 1 两个方向分化, 从而达到简化结构的目的.

设 $\boldsymbol{T}$ 是任意正交矩阵, 由性质 8.3, 对因子模型 (8.2), $\boldsymbol{f}$ 和 $\boldsymbol{f}^* = \boldsymbol{T}^{\mathrm{T}}\boldsymbol{f}$ 都是公共因子向量, 相应地, $\boldsymbol{A}$ 和 $\boldsymbol{A}^* = \boldsymbol{A}\boldsymbol{T}$ 是对应公共因子的载荷矩阵. 利用此性质, 通过因子载荷矩阵的旋转变换, 可以获得具有清晰含义的公共因子的因子模型. 在因子分析的实际计算中, 当利用主成分法、主因子法或极大似然法求得初始因子载荷矩阵 $\boldsymbol{A}$ 后, 可反复右乘正交矩阵 $\boldsymbol{T}$, 使得 $\boldsymbol{A}\boldsymbol{T}$ 的列向量的元素的绝对值向 0 和 1 两极分化, 从而使相应的公共因子具有更加明晰的实际意义. 这种变换载荷矩阵的方法称为因子轴的正交旋转.

$\boldsymbol{A}$ 的每一列元素越分散, 相应的因子载荷向量的方差就越大. 为消除 a_{jk} 符号不同的影响及各变量对公共因子依赖程度不同的影响, 令

$$d_{jk}^2 = \frac{a_{jk}^2}{h_j^2}, \ \bar{d}_k = \frac{1}{p}\sum_{j=1}^p d_{jk}^2,$$

其中, $h_j^2 = \sum_{k=1}^m a_{jk}^2$ 为变量 X_j 的共同度. $\boldsymbol{A}$ 的第 k 列元素的相对方差定义为

$$V_k = \frac{1}{p}\sum_{j=1}^p (d_{jk}^2 - \bar{d}_k)^2, \ k=1,2,\cdots,m.$$

V_k 越大, $\boldsymbol{A}$ 的第 k 个因子载荷向量的元素越分散. 如果第 k 列的载荷绝对值接近 1 或 0, 则相应的公因子 f_k 就会具有简化结构, 其实际意义也会比较明确. 所谓方差最大旋转法, 就是通过正交旋转变换使整个载荷矩阵 $\boldsymbol{A}$ 的总方差

$$V = \sum_{k=1}^m V_k$$

达到最大.

正交旋转法的做法如下. 为使 $\boldsymbol{A} = (a_{jk}) = (\boldsymbol{a}_1,\boldsymbol{a}_2,\cdots,\boldsymbol{a}_m)$ 的每一列 (因子载荷向量) 方差最大化, 每次旋转 $\boldsymbol{A}$ 的两列 $\boldsymbol{a}_j,\boldsymbol{a}_k, j<k, j,k=1,2,\cdots,m$. 记

$$\boldsymbol{A}_{jk} = (\boldsymbol{a}_j,\boldsymbol{a}_k) = \begin{pmatrix} a_{1j} & a_{1k} \\ a_{2j} & a_{2k} \\ \vdots & \vdots \\ a_{pj} & a_{pk} \end{pmatrix}, \boldsymbol{\Gamma}_{jk} = \begin{pmatrix} \cos\phi_{jk} & -\sin\phi_{jk} \\ \sin\phi_{jk} & \cos\phi_{jk} \end{pmatrix},$$

其中, $\boldsymbol{\Gamma}_{jk}$ 是正交旋转矩阵, ϕ_{jk} 是旋转角度. 将 $\boldsymbol{A}_{jk}$ 正交旋转得到

$$\boldsymbol{A}_{jk}^{(1)} = \begin{pmatrix} a_{1j}^{(1)} & a_{1k}^{(1)} \\ a_{2j}^{(1)} & a_{2k}^{(1)} \\ \vdots & \vdots \\ a_{pj}^{(1)} & a_{pk}^{(1)} \end{pmatrix} = \boldsymbol{A}_{jk}\boldsymbol{\Gamma}_{jk}$$

$$
= \begin{pmatrix} a_{1j}\cos\phi_{jk} + a_{1k}\sin\phi_{jk} & -a_{1j}\sin\phi_{jk} + a_{1k}\cos\phi_{jk} \\ a_{2j}\cos\phi_{jk} + a_{2k}\sin\phi_{jk} & -a_{2j}\sin\phi_{jk} + a_{2k}\cos\phi_{jk} \\ \vdots & \vdots \\ a_{pj}\cos\phi_{jk} + a_{pk}\sin\phi_{jk} & -a_{pj}\sin\phi_{jk} + a_{pk}\cos\phi_{jk} \end{pmatrix},
$$

这相当于将由 f_j, f_k 确定的因子平面旋转一个角度 ϕ_{jk}. $\boldsymbol{A}_{jk}^{(1)}$ 的两列的方差为

$$
V_t^{(1)} = \frac{1}{p}\sum_{\ell=1}^{p}(d_{\ell t}^{(1)2} - \bar{d}_t^{(1)})^2,\ t = j, k,
$$

其中, $d_{\ell t}^{(1)2} = \dfrac{a_{\ell t}^{(1)2}}{h_\ell^2}, \bar{d}_t^{(1)} = \dfrac{1}{p}\sum_{\ell=1}^{p} d_{\ell t}^{(1)2}$. 令 $\dfrac{\partial}{\partial\phi_{jk}}(V_j^{(1)} + V_k^{(1)}) = 0$, 整理得

$$
\tan 4\phi_{jk} = \frac{\dfrac{d - 2\alpha\beta}{p}}{\dfrac{c - (\alpha^2 - \beta^2)}{p}}, \tag{8.20}
$$

其中,

$$
\alpha = \sum_{\ell=1}^{p}\mu_\ell, \beta = \sum_{\ell=1}^{p}\gamma_\ell, c = \sum_{\ell=1}^{p}(\mu_\ell^2 - \gamma_\ell^2), d = 2\sum_{\ell=1}^{p}\mu_\ell\gamma_\ell,
$$

$$
\mu_\ell = \left(\frac{a_{\ell j}}{h_\ell}\right)^2 - \left(\frac{a_{\ell k}}{h_\ell}\right)^2,\ \gamma_\ell = 2\frac{a_{\ell j}a_{\ell k}}{h_\ell^2}, \ell = 1, 2, \cdots, p.
$$

逐次对两个因子 f_j, f_k 进行以上旋转, 每次旋转都选择满足式 (8.20) 的正交旋转角度 ϕ_{jk}, 此时这两个因子的方差之和达到最大. m 个因子的全部配对旋转共需要 C_m^2 次, 经过第 1 轮旋转后的因子载荷矩阵为矩阵 $\boldsymbol{A}$ 按照前后顺序右乘上述正交矩阵 $\boldsymbol{\Gamma}_{jk}$. 从第 1 轮旋转后的载荷矩阵出发, 再进行第 2 轮、第 3 轮 $\cdots$ 旋转, 直至方差不能再变大为止.

【例 8.6】　对例 8.5 求出的因子载荷矩阵进行方差最大化旋转.

解　由例 8.5,

(1) 主成分法得到的因子载荷矩阵

$$
\widehat{\boldsymbol{A}} = \begin{pmatrix} -0.9553 & 0.2721 \\ -0.9525 & -0.2964 \\ -0.9515 & -0.3046 \\ -0.9819 & 0.1007 \\ -0.9666 & 0.2199 \\ -0.9712 & 0.0007 \end{pmatrix},
$$

使用旋转矩阵 $\boldsymbol{T} = \begin{pmatrix} 0.7279 & 0.6857 \\ -0.6857 & 0.7279 \end{pmatrix}$, 可以得到

$$\widehat{\boldsymbol{A}}^* = \begin{pmatrix} 0.88 & 0.46 \\ 0.49 & 0.87 \\ 0.48 & 0.87 \\ 0.78 & 0.60 \\ 0.85 & 0.50 \\ 0.71 & 0.67 \end{pmatrix}.$$

(2) 主因子法得到的因子载荷矩阵

$$\widehat{\boldsymbol{A}} = \begin{pmatrix} -0.9547 & 0.2691 \\ -0.9518 & -0.2764 \\ -0.9566 & -0.3172 \\ -0.9784 & 0.0989 \\ -0.9645 & 0.2134 \\ -0.9597 & 0.0073 \end{pmatrix},$$

使用旋转矩阵 $\boldsymbol{T} = \begin{pmatrix} 0.7281 & 0.6854 \\ -0.6854 & 0.7281 \end{pmatrix}$, 可以得到

$$\widehat{\boldsymbol{A}}^* = \begin{pmatrix} 0.88 & 0.46 \\ 0.50 & 0.86 \\ 0.49 & 0.87 \\ 0.78 & 0.60 \\ 0.85 & 0.51 \\ 0.70 & 0.65 \end{pmatrix}.$$

(3) 极大似然法得到的因子载荷矩阵

$$\widehat{\boldsymbol{A}} = \begin{pmatrix} 0.930 & 0.360 \\ 0.976 & -0.207 \\ 0.974 & -0.218 \\ 0.973 & 0.187 \\ 0.936 & 0.279 \\ 0.954 & 0.000 \end{pmatrix},$$

使用旋转矩阵 $\boldsymbol{T} = \begin{pmatrix} 0.7467 & -0.6651 \\ 0.6651 & 0.7467 \end{pmatrix}$, 可以得到

$$\widehat{A}^* = \begin{pmatrix} 0.887 & 0.455 \\ 0.494 & 0.867 \\ 0.485 & 0.872 \\ 0.786 & 0.602 \\ 0.831 & 0.514 \\ 0.689 & 0.664 \end{pmatrix}.$$

3 种方法最终得到的结果相似. 正交旋转不会改变累积方差贡献率. 以极大似然法为例, 表 8.2 列出了用极大似然法进行初始估计的正交旋转前后因子的方差、贡献率及累计贡献率.

表 8.2　用极大似然法进行初始估计的正交旋转前后因子的方差、贡献率及累计贡献率

公共因子	旋转前			旋转后		
	方差	贡献率	累积贡献率	方差	贡献率	累积贡献率
1	5.500	0.917	0.917	3.050	0.508	0.508
2	0.338	0.056	0.973	2.787	0.465	0.973

因子旋转以后各个因子都有比较清晰的含义. 变量 X_1 (总人口数)、X_5 (人均居住面积)、X_4 (城市化水平) 和 X_6 (客运量) 在第 1 个因子上的载荷较大, 可以认为第 1 个因子是社会发展状况的综合测度因子. 变量 X_2 (GDP) 和变量 X_3 (社会固定资产投资额) 在第 2 个因子上的载荷较大, 因此可以认为第 2 个因子是经济发展状况的综合测度因子. 图 8.2 是基于 3 种方法经过正交旋转变换以后得到的因子载荷散点图, 从该图可以清晰地看出, X_2 和 X_3 比较靠近, 属于同一类指标, 它们与第 2 个因子关系密切; 其他变量属于另一类, 它们与第 1 个因子关系密切. □

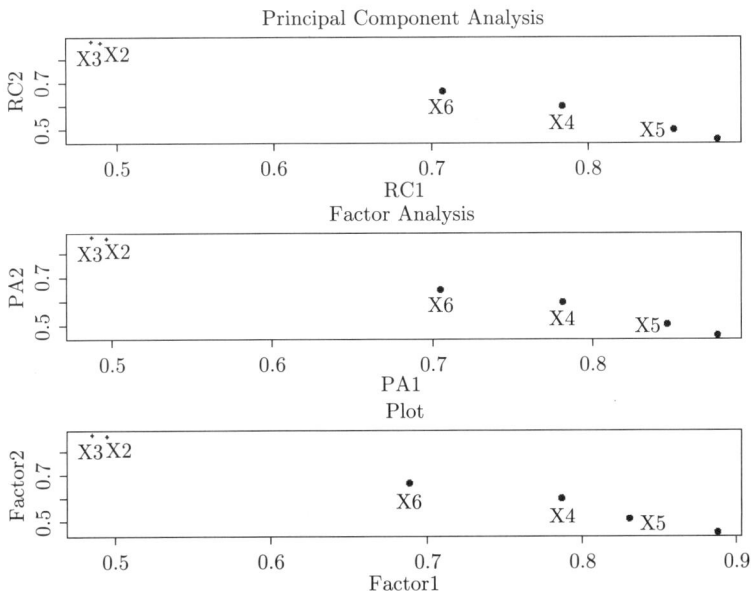

图 8.2　因子载荷图

8.4.2 因子得分

因子分析的主要目的是对高维数据进行压缩, 通过因子模型建立高维数据变量与低维因子变量之间的内在关系. 在这个过程中, 通过因子旋转得到有清晰解释的公共因子有着非常重要的实际意义. 接下来可通过得到的公共因子和因子载荷矩阵对原始数据进行分析, 对每一个样品计算公共因子的估计值, 即所谓的因子得分. 因子得分可用于模型的诊断, 也可作为分析或评价原始数据的依据. 下面介绍因子得分的两种常用方法.

1. (加权) 最小二乘法. 设 X 满足正交因子模型 (8.2), 假定因子载荷矩阵 A 和特殊因子方差矩阵 Ψ 已知, 而把特殊因子向量 ε 视为模型的误差向量. 因为误差方差一般不相等, 所以我们采用加权最小二乘法估计公共因子 f 的值. 易知, 加权误差平方和为

$$Q(f) = \varepsilon^{\mathrm{T}}\Psi^{-1}\varepsilon = (X - \mu - Af)^{\mathrm{T}}\Psi^{-1}(X - \mu - Af),$$

其中 A, Ψ 已知, X 为可观测的变量, 由样本 x 提供其观测值, μ 可由 $\bar{x} = \frac{1}{n}\sum_{i=1}^{n} x_i$ 进行估计. 由

$$\frac{\partial Q(f)}{\partial f} = 0$$

可得 f 的估计

$$\widehat{f} = (A^{\mathrm{T}}\Psi^{-1}A)^{-1}A^{\mathrm{T}}\Psi^{-1}(x - \bar{x}), \tag{8.21}$$

这就是因子得分的加权最小二乘估计.

若假设 $X \sim N_p(Af, \Psi)$, 则 x 的对数似然函数为

$$L(f) = -\frac{1}{2}(x - \bar{x} - Af)^{\mathrm{T}}\Psi^{-1}(x - \bar{x} - Af) - \frac{1}{2}\ln|2\pi\Psi|,$$

由此得 f 的极大似然估计仍为式 (8.21). 这个估计也称为 Bartlett 因子得分.

对于样品 $x_i, i = 1, 2, \cdots, n$, 其因子得分为

$$\widehat{f}_i = (A^{\mathrm{T}}\Psi^{-1}A)^{-1}A^{\mathrm{T}}\Psi^{-1}(x_i - \bar{x}), i = 1, 2, \cdots, n,$$

数据矩阵 $\mathcal{X} = (x_1, x_2, \cdots, x_n)^{\mathrm{T}}$ 的因子得分矩阵为

$$F_{n\times m} = (\widehat{f}_1, \widehat{f}_2, \cdots, \widehat{f}_n)^{\mathrm{T}} = (\mathcal{X} - 1_n\bar{x}^{\mathrm{T}})\Psi^{-1}A(A^{\mathrm{T}}\Psi^{-1}A)^{-1}.$$

如果用主成分法估计因子载荷矩阵, 在计算因子得分估计时, 通常采用普通最小二乘法, 即, 最小化

$$Q(f) = \varepsilon^{\mathrm{T}}\varepsilon = (x - \bar{x} - Af)^{\mathrm{T}}(x - \bar{x} - Af),$$

由 $\dfrac{\partial Q(\boldsymbol{f})}{\partial \boldsymbol{f}} = \boldsymbol{0}$ 可得 $\boldsymbol{f}$ 的最小二乘估计

$$\widehat{\boldsymbol{f}} = (\boldsymbol{A}^{\mathrm{T}}\boldsymbol{A})^{-1}\boldsymbol{A}^{\mathrm{T}}(\boldsymbol{x} - \bar{\boldsymbol{x}}),$$

由主成分法得到的因子载荷矩阵为 $\boldsymbol{A} = \boldsymbol{U}\boldsymbol{\Lambda}^{\frac{1}{2}}$, 因此有

$$(\boldsymbol{A}^{\mathrm{T}}\boldsymbol{A})^{-1}\boldsymbol{A}^{\mathrm{T}} = \boldsymbol{\Lambda}^{-1}\boldsymbol{\Lambda}^{\frac{1}{2}}\boldsymbol{U}^{\mathrm{T}} = \boldsymbol{\Lambda}^{-\frac{1}{2}}\boldsymbol{U}^{\mathrm{T}},$$

其中, $\boldsymbol{U} = (\boldsymbol{u}_1, \boldsymbol{u}_2, \cdots, \boldsymbol{u}_p), \boldsymbol{\Lambda} = \mathrm{diag}(\lambda_1, \lambda_2, \cdots, \lambda_p)$.

对于样品 $\boldsymbol{x}_i, i = 1, 2, \cdots, n$, 其因子得分为

$$\widehat{\boldsymbol{f}}_i = (\boldsymbol{A}^{\mathrm{T}}\boldsymbol{A})^{-1}\boldsymbol{A}^{\mathrm{T}}\boldsymbol{x}_i = \boldsymbol{\Lambda}^{-\frac{1}{2}}\boldsymbol{U}^{\mathrm{T}}(\boldsymbol{x}_i - \bar{\boldsymbol{x}}), i = 1, 2, \cdots, n,$$

数据矩阵 $\mathcal{X} = (\boldsymbol{x}_1, \boldsymbol{x}_2, \cdots, \boldsymbol{x}_n)^{\mathrm{T}}$ 的因子得分矩阵为

$$F_{n \times m} = (\widehat{\boldsymbol{f}}_1, \widehat{\boldsymbol{f}}_2, \cdots, \widehat{\boldsymbol{f}}_n)^{\mathrm{T}} = (\mathcal{X} - \boldsymbol{1}_n\bar{\boldsymbol{x}}^{\mathrm{T}})\boldsymbol{A}(\boldsymbol{A}^{\mathrm{T}}\boldsymbol{A})^{-1}$$

$$= (\mathcal{X} - \boldsymbol{1}_n\bar{\boldsymbol{x}}^{\mathrm{T}})\boldsymbol{U}\boldsymbol{\Lambda}^{-\frac{1}{2}}.$$

对照主成分分析的样本主成分, 因子得分 $\widehat{\boldsymbol{f}}_i = (\widehat{f}_{i1}, \widehat{f}_{i2}, \cdots, \widehat{f}_{im})^{\mathrm{T}}$ 与主成分得分 (7.5) 的元素仅相差一个常数, 即

$$\widehat{f}_{ij} = \frac{z_{ij}}{\sqrt{\lambda_j}}, i = 1, 2, \cdots, n, j = 1, 2, \cdots, m.$$

2. 回归法. 假设 $\boldsymbol{X}$ 和 $\boldsymbol{f}$ 的联合分布为

$$\begin{pmatrix} \boldsymbol{X} \\ \boldsymbol{f} \end{pmatrix} \sim N_{p+m}\left(\begin{pmatrix} \boldsymbol{\mu} \\ \boldsymbol{0} \end{pmatrix}, \begin{pmatrix} \boldsymbol{A}\boldsymbol{A}^{\mathrm{T}} + \boldsymbol{\Psi} & \boldsymbol{A} \\ \boldsymbol{A}^{\mathrm{T}} & \boldsymbol{I} \end{pmatrix}\right),$$

由 3.3.2 节推论 7(3) 知,

$$\boldsymbol{f}|\boldsymbol{X} = \boldsymbol{x} \sim N_m(\boldsymbol{A}^{\mathrm{T}}(\boldsymbol{A}\boldsymbol{A}^{\mathrm{T}} + \boldsymbol{\Psi})^{-1}(\boldsymbol{x} - \boldsymbol{\mu}), \boldsymbol{I} - \boldsymbol{A}^{\mathrm{T}}(\boldsymbol{A}\boldsymbol{A}^{\mathrm{T}} + \boldsymbol{\Psi})^{-1}\boldsymbol{A}),$$

于是, $E(\boldsymbol{f}|\boldsymbol{X} = \boldsymbol{x}) = \boldsymbol{A}^{\mathrm{T}}(\boldsymbol{A}\boldsymbol{A}^{\mathrm{T}} + \boldsymbol{\Psi})^{-1}(\boldsymbol{x} - \boldsymbol{\mu})$, 用 $\widehat{\boldsymbol{\mu}} = \bar{\boldsymbol{x}}$ 作为 $\boldsymbol{\mu}$ 的估计, 对样品 $\boldsymbol{x}_i$, 可以导出估计

$$\widehat{\boldsymbol{f}}_i = \boldsymbol{A}^{\mathrm{T}}(\boldsymbol{A}\boldsymbol{A}^{\mathrm{T}} + \boldsymbol{\Psi})^{-1}(\boldsymbol{x}_i - \bar{\boldsymbol{x}}), i = 1, 2, \cdots, n.$$

公共因子个数 m 的选择不一定合适, 这会导致计算结果的不稳定, 针对这一问题, 可以使用样本协差阵 $\boldsymbol{S}$ 代替因子分析得到的近似协差阵 $\boldsymbol{A}\boldsymbol{A}^{\mathrm{T}} + \boldsymbol{\Psi}$, 即有

$$\widehat{\boldsymbol{f}}_i = \boldsymbol{A}^{\mathrm{T}}\boldsymbol{S}^{-1}(\boldsymbol{x}_i - \bar{\boldsymbol{x}}), i = 1, 2, \cdots, n.$$

如果 $\boldsymbol{X} = (X_1, X_2, \cdots, X_p)^{\mathrm{T}}$ 已经标准化, 反过来将公共因子 $\boldsymbol{f} = (f_1, \cdots, f_m)^{\mathrm{T}}$ 表示为原始变量 $\boldsymbol{X} = (X_1, X_2, \cdots, X_p)^{\mathrm{T}}$ 的线性组合, 有回归模型

$$\boldsymbol{f} = \boldsymbol{B}\boldsymbol{X} + \boldsymbol{\varepsilon}, \tag{8.22}$$

其中, $\boldsymbol{\varepsilon} = (\varepsilon_1, \varepsilon_2, \cdots, \varepsilon_m)^{\mathrm{T}}$, $\boldsymbol{B} = (b_{jk})_{m \times p} = (\boldsymbol{b}_1, \boldsymbol{b}_2, \cdots, \boldsymbol{b}_m)^{\mathrm{T}}$, 而

$$\boldsymbol{b}_j = (b_{j1}, b_{j2}, \cdots, b_{jp})^{\mathrm{T}}, j = 1, 2, \cdots, m.$$

把式 (8.22) 等价写为

$$f_j = \boldsymbol{b}_j^{\mathrm{T}} \boldsymbol{X} + \varepsilon_j = b_{j1} X_1 + b_{j2} X_2 + \cdots + b_{jp} X_p + \varepsilon_j, j = 1, 2, \cdots, m. \tag{8.23}$$

这虽然是多元回归问题, 但是 "响应变量" $f_1, \cdots, f_m$ 是不可观测的. 由于解释变量 $\boldsymbol{X} = (X_1, X_2, \cdots, X_p)^{\mathrm{T}}$ 已经标准化, 对于因子 f_j, 由因子载荷矩阵的意义,

$$\begin{aligned} a_{kj} &= \mathrm{Cov}(X_k, f_j) \\ &= E[X_k(b_{j1} X_1 + b_{j2} X_2 + \cdots + b_{jp} X_p + \varepsilon_j)] \\ &= b_{j1} r_{k1} + b_{j2} r_{k2} + \cdots + b_{jp} r_{kp}, \\ & k = 1, 2, \cdots, p, j = 1, 2, \cdots, m, \end{aligned} \tag{8.24}$$

记 $\boldsymbol{R} = (r_{kj})_{p \times p}$ 是相关阵, 式 (8.24) 写成矩阵形式为

$$\boldsymbol{A} = \boldsymbol{R}\boldsymbol{B}^{\mathrm{T}}, \text{或} \boldsymbol{B} = \boldsymbol{A}^{\mathrm{T}}\boldsymbol{R}^{-1},$$

将其作为式 (8.22) 中 $\boldsymbol{B}$ 的估计, 得到

$$\widehat{\boldsymbol{f}} = \widehat{\boldsymbol{B}}\boldsymbol{X} = \boldsymbol{A}^{\mathrm{T}}\boldsymbol{R}^{-1}\boldsymbol{X}. \tag{8.25}$$

对于标准化的样品 $\boldsymbol{x}_i, i = 1, 2, \cdots, n$, 其因子得分为

$$\widehat{\boldsymbol{f}_i} = \boldsymbol{A}^{\mathrm{T}}\boldsymbol{R}^{-1}\boldsymbol{x}_i, i = 1, 2, \cdots, n.$$

数据矩阵 $\mathcal{X} = (\boldsymbol{x}_1, \boldsymbol{x}_2, \cdots, \boldsymbol{x}_n)^{\mathrm{T}}$ 的得分矩阵为

$$F_{n \times m} = (\widehat{\boldsymbol{f}_1}, \widehat{\boldsymbol{f}_2}, \cdots, \widehat{\boldsymbol{f}_n})^{\mathrm{T}} = \mathcal{X}\boldsymbol{R}^{-1}\boldsymbol{A}.$$

计算因子得分的回归方法最早由 Thompson 提出, 因此这种方法也称为 Thompson 方法.

类似于主成分分析, 也可以利用样品的因子得分对样品进行分类和排序. 由于第 1 个公共因子的方差未必很大, 因此往往要综合考虑样品在各个因子上的得分向量 $\widehat{\boldsymbol{f}}_j, j = 1, 2, \cdots, m$ 对样品在各个因子方向上的得分进行排序或评估, 并综合考虑这些次序来对样品进行多方位的评价. 常用的一种综合得分计算方法是计算各个因子得分的加权平均, 在 m 个得分向量中, 若第 j 个得分向量 $\widehat{\boldsymbol{f}}_j$ 的分量大小与样品之间存在逆序关系, 即得分最小的分量对应于最 "好" 的样品, 得分最大的分量对应于最

"差"的样品, 则令 $\widehat{\boldsymbol{f}}_j = -\widehat{\boldsymbol{f}}_j$, 直至 $\widehat{\boldsymbol{f}}_j, j = 1, 2, \cdots, m$ 中每个向量的分量大小与样品之间的关系全部为正序关系. 此时因子综合得分向量为

$$\widehat{\boldsymbol{f}}_c = \sum_{j=1}^{m} \omega_j \widehat{\boldsymbol{f}}_j,$$

其中,

$$\omega_j = \frac{\tau_j}{\displaystyle\sum_{k=1}^{m} \tau_k}, j = 1, 2, \cdots, m$$

是因子 $\widehat{\boldsymbol{f}}_j$ 的方差贡献率, τ_j 是 $\widehat{\boldsymbol{f}}_j$ 的方差贡献.

因子分析可以看作主成分分析的推广, 二者的主要区别如下:

1. 在主成分分析中, 主成分表达为原始变量的线性组合, 以实现对原始变量的降维; 而在因子分析中, 原始变量表达为公共因子及特殊因子的线性组合, 以实现对原始变量的精细刻画和降维.

2. 主成分分析是力图用少数几个主成分来解释总方差, 因子分析是力图用少数几个公共因子来描述协方差或相关关系; 二者虽然有一些共同目标, 但它们的数学原理和精细程度有所不同.

3. 除了系数向量可能存在一个正负符号的差异外, 主成分的解是唯一的; 而由于潜变因子的不可观测性, 因子的解不唯一, 可以进行旋转变换, 这种灵活性使我们能够得到具有明晰含义的公共因子, 这是因子分析比主成分分析应用更广泛的一个重要原因.

4. 主成分不会因提取的主成分个数的不同而改变, 但因子会随着因子模型中因子个数的不同而变化.

8.4.3　案例: Pima 印第安人糖尿病数据集

近年来, 随着国家经济突飞猛进和国民经济水平迅猛提高, 人们的膳食结构和生活习惯得到了很大的提升. 但高水平的生活并不等同于健康, 大多数人在享受着高质量的生活的同时忽略了健康生活. 饮食不合理摄入、缺少运动量以及不规律的作息等不健康生活方式诱导着众多疾病的发作. 糖尿病就是其中对人类影响极大的一种疾病. 糖尿病是一种以高血糖为表征的严重且无法被治愈的慢性内分泌代谢疾病, 患者本身不能产生足够的胰岛素或者不能有效地利用胰岛素维持血糖平衡, 从而导致血糖升高. 如果患者不加以控制, 那么会因为身体长时间处于高血糖进而损伤血管和器官, 同时也会对心脏、眼睛、足、神经系统等产生伤害, 引起诸如冠心病、视网膜病变等并发症.

根据国际糖尿病联盟 (IDF) 第 10 版公开报告显示, 糖尿病患者无论是总人数还是增长速率都是非常高的, 2021 年全球范围内有糖尿病患者 5.37 亿, 因糖尿病及并发

症而去世的成年人数已经达到了 670 万, 预计到 2045 年有 7.83 亿人患病, 增长率高达 46%. 截至 2021 年中国成年糖尿病患者 1.49 亿, 使中国成为世界上患病人数最多的国家. 因为患病人数众多, 我国每年约有 140 万人死于糖尿病. 隐藏在这些数字后面的是更高昂的治疗费用以及政府为了病人在医疗保障体系的支出. 糖尿病无论是在中国还是在世界范围内都已成为人类健康的严重威胁, 是 21 世纪公共卫生的严峻挑战之一.

我们使用公开的 Pima 印第安人糖尿病数据集, 该数据集最初来自美国国家糖尿病、消化系统和肾脏疾病研究所 (the National Institute of Diabetes and Digestive and Kidney Diseases), 可以从 https://www.kaggle.com/datasets/akshaydattatraykhare/diabetes-dataset 下载. 该数据集包含 768 个 Pima 印第安人的 8 项身体指标和 1 个表示是否确诊糖尿病的二值输出 Outcome, 具体见表 8.3.

表 8.3   Pima 印第安人糖尿病数据集变量说明

变量	名称	含义
X_1	Pregnancies	怀孕次数
X_2	Glucose	血液中葡萄糖含量
X_3	BloodPressure	血压 (舒张压)
X_4	SkinThickness	肱三头肌皮肤褶皱厚度
X_5	Insulin	胰岛素含量
X_6	BMI	身体质量指数
X_7	DiabetesPedigreeFunction	糖尿病遗传指数
X_8	Age	年龄
X_9	Outcome	是否确诊糖尿病

变量	数据范围	正常范围
X_1	0~17	$\geqslant 0$
X_2	0~199mg	7~140mg
X_3	0~122mmHg	90~140mmHg
X_4	0~99mm	14.9~18.1mm
X_5	0~846μU/mL	5~20μU/mL
X_6	0~67.1	20~25
X_7	0.078~2.42	合理即可
X_8	28~81	$\geqslant 0$
X_9	0,1	0,1

该数据集存在诸多取值为 0 的观测, 有些是合理的, 比如 Pregnancies=0 表示怀孕次数为 0; 但是大多数都是不合理的, 包括 Glucose=0, BloodPressure=0, SkinThickness=0, Insulin=0, BMI=0, 等, 这些 0 值我们理解为被 0 填充的缺失值, 这 5 个变量的缺失值分别有 5, 35, 227, 374, 11 个, 条形图如图 8.3 所示. 由于缺失比例比较大, 必须对缺失值进行填补. 根据 Roy 等 (2021) 的建议, 我们使用非零元素的中位数对

这些缺失值进行填补. 图 8.4 是缺失值填补后的数据的前 8 个变量按 Outcome 分类的箱线图.

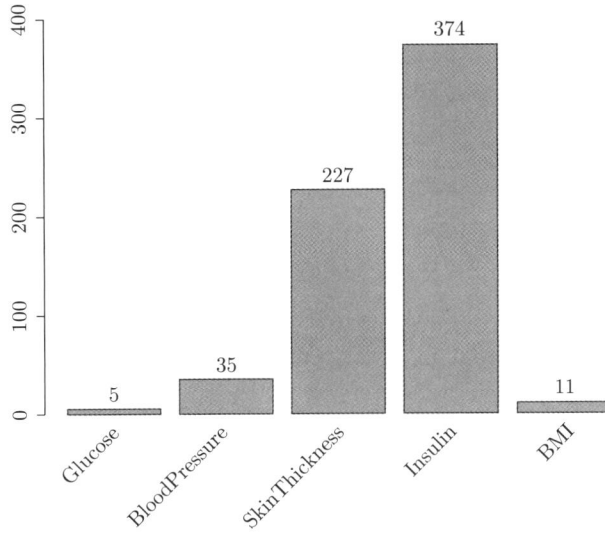

图 8.3　被 0 填充的缺失值统计

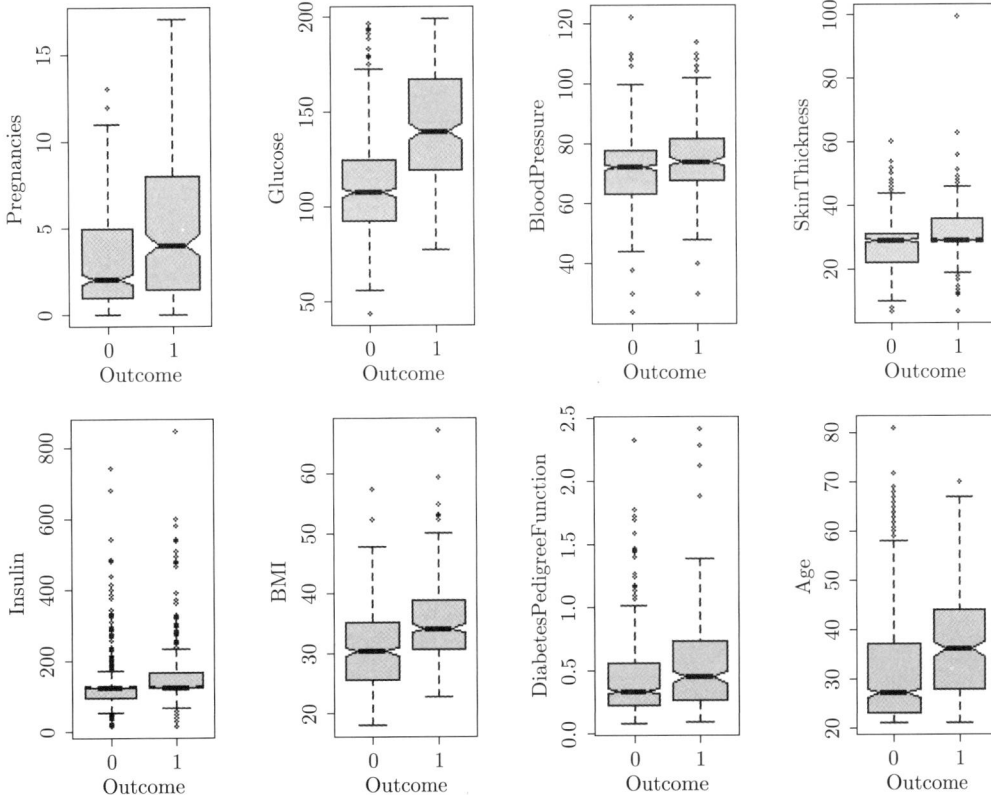

图 8.4　变量按 Outcome 分类后的箱线图

使用前 8 个变量 $X_1, X_2, \cdots, X_8$ 做因子分析, 记数据矩阵为 $\mathcal{X}$, 这是一个 768×8 的矩阵, 计算得相关阵

$$
\boldsymbol{R} = \begin{array}{c} \\ X_1 \\ X_2 \\ X_3 \\ X_4 \\ X_5 \\ X_6 \\ X_7 \\ X_8 \end{array}
\begin{array}{c}
\begin{array}{cccccccc} X_1 & X_2 & X_3 & X_4 & X_5 & X_6 & X_7 & X_8 \end{array} \\
\left(\begin{array}{cccccccc}
1.000 & 0.130 & 0.141 & -0.082 & -0.074 & 0.018 & -0.034 & 0.544 \\
0.130 & 1.000 & 0.153 & 0.057 & 0.331 & 0.221 & 0.137 & 0.264 \\
0.141 & 0.153 & 1.000 & 0.207 & 0.089 & 0.282 & 0.041 & 0.240 \\
-0.082 & 0.057 & 0.207 & 1.000 & 0.437 & 0.393 & 0.184 & -0.114 \\
-0.074 & 0.331 & 0.089 & 0.437 & 1.000 & 0.198 & 0.185 & -0.042 \\
0.018 & 0.221 & 0.282 & 0.393 & 0.198 & 1.000 & 0.141 & 0.036 \\
-0.034 & 0.137 & 0.041 & 0.184 & 0.185 & 0.141 & 1.000 & 0.034 \\
0.544 & 0.264 & 0.240 & -0.114 & -0.042 & 0.036 & 0.034 & 1.000
\end{array} \right)
\end{array}.
$$

对 $\boldsymbol{R}$ 进行特征值分解, 得特征值

$$\lambda_j, j = 1, 2, \cdots, 8:$$

$$2.0944, 1.7312, 1.0296, 0.8755, 0.7623, 0.6826, 0.4198, 0.4045,$$

碎石图如图 8.5 所示, 未见明显的崖底碎石. 由式 (8.19), 对本例的 $p = 8$, 为了保证 $d > 0$, 公共因子最多只能取 4 个, 此时, 特征值的累积贡献率为 71.63%. 因此, 我们取公共因子个数 $m = 4$ 进行因子分析.

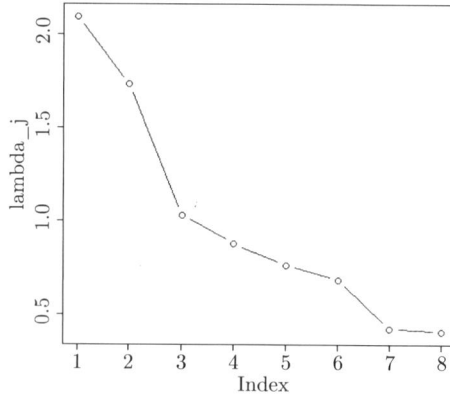

图 8.5　碎石图

(1) 主成分法. 使用主成分法估计因子载荷和特殊方差, 结果见表 8.4 上半部分. 为使公共因子容易命名, 对公共因子做方差最大化旋转, 旋转矩阵为

$$
\boldsymbol{T} = \left(\begin{array}{cccc}
0.7239 & 0.22603 & 0.58969 & 0.2778 \\
-0.1625 & 0.96854 & -0.09508 & -0.1627 \\
-0.6649 & 0.02256 & 0.59523 & 0.4507 \\
0.0866 & 0.10163 & -0.53751 & 0.8326
\end{array} \right),
$$

最终结果如表 8.4 下半部分所示. 第 1 个公共因子 f_1 在变量 Pregnancies 和 Age 上有较大的载荷, 可以命名为 "妊娠因子"; 第 2 个公共因子 f_2 在变量 BloodPressure 和 BMI 上有较大的载荷, 可以命名为 "肥胖因子"; 第 3 个公共因子 f_3 在变量 Glucose 和 Insulin 上有较大的载荷, 可以命名为 "血糖因子"; 第 4 个公共因子 f_4 在变量 DiabetesPedigreeFunction 上有较大的载荷, 可以命名为 "遗传因子". 图 8.6 是旋转后的因子载荷图.

表 8.4　主成分法估计因子载荷和特殊方差

未旋转	$\widehat{a}_{j1}$	$\widehat{a}_{j2}$	$\widehat{a}_{j3}$	$\widehat{a}_{j4}$	$\widehat{h}_j^2$	$\widehat{\psi}_j$
Pregnancies	0.19	0.78	−0.01	0.08	0.65	0.349
Glucose	0.57	0.23	0.47	−0.38	0.74	0.255
BloodPressure	0.52	0.24	−0.54	0.05	0.63	0.372
SkinThickness	0.64	−0.44	−0.24	0.04	0.66	0.345
Insulin	0.63	−0.33	0.34	−0.33	0.73	0.271
BMI	0.65	−0.13	−0.37	0.05	0.58	0.417
DiabetesPedigreeFunction	0.39	−0.16	0.44	0.78	0.98	0.019
Age	0.29	0.82	0.08	0.07	0.76	0.241
旋转后	$\widehat{a}_{j1}$	$\widehat{a}_{j2}$	$\widehat{a}_{j3}$	$\widehat{a}_{j4}$	$\widehat{h}_j^2$	$\widehat{\psi}_j$
Pregnancies	0.81	0.02	−0.01	−0.02	0.65	0.349
Glucose	0.32	0.03	0.80	0.02	0.74	0.255
BloodPressure	0.35	0.70	−0.07	−0.10	0.63	0.372
SkinThickness	−0.28	0.70	0.25	0.17	0.66	0.345
Insulin	−0.20	0.25	0.78	0.11	0.73	0.271
BMI	0.02	0.74	0.15	0.08	0.58	0.417
DiabetesPedigreeFunction	0.02	0.08	0.09	0.98	0.98	0.019
Age	0.86	0.03	0.10	0.04	0.76	0.241

记因子载荷矩阵的估计 $\widehat{\boldsymbol{A}} = (\widehat{a}_{jk})_{p \times m}$, 计算得相关阵的逆矩阵

$$\boldsymbol{R}^{-1} = \begin{pmatrix} 1.431 & -0.008 & -0.021 & -0.004 & 0.069 & -0.011 & 0.065 & -0.771 \\ -0.008 & 1.299 & -0.055 & 0.217 & -0.470 & -0.241 & -0.085 & -0.308 \\ -0.021 & -0.055 & 1.182 & -0.197 & 0.029 & -0.243 & 0.032 & -0.271 \\ -0.004 & 0.217 & -0.197 & 1.507 & -0.592 & -0.454 & -0.131 & 0.160 \\ 0.069 & -0.470 & 0.029 & -0.592 & 1.428 & 0.056 & -0.100 & 0.074 \\ -0.011 & -0.240 & -0.243 & -0.454 & 0.056 & 1.297 & -0.068 & 0.033 \\ 0.065 & -0.085 & 0.032 & -0.131 & -0.100 & -0.068 & 1.067 & -0.073 \\ -0.771 & -0.308 & -0.271 & 0.160 & 0.074 & 0.033 & -0.073 & 1.588 \end{pmatrix}.$$

Principal Component Analysis

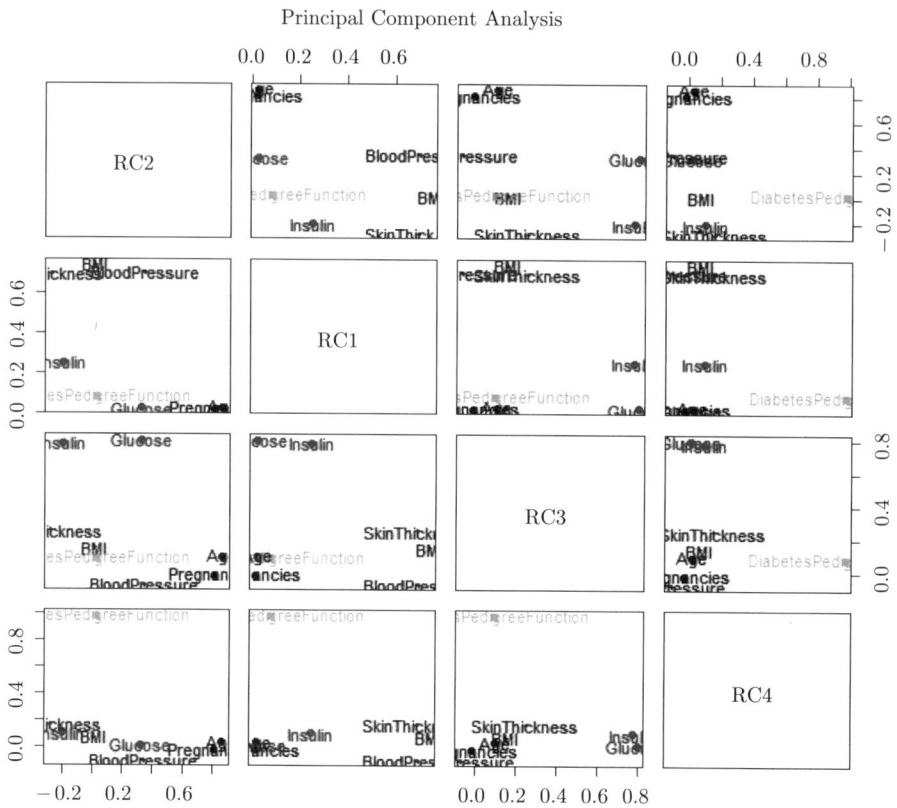

图 8.6　主成分法旋转后的因子载荷图

使用回归法计算因子得分矩阵

$$\boldsymbol{F} = \mathcal{X}\boldsymbol{R}^{-1}\widehat{\boldsymbol{A}} \triangleq (\widehat{\boldsymbol{f}}_1, \widehat{\boldsymbol{f}}_2, \widehat{\boldsymbol{f}}_3, \widehat{\boldsymbol{f}}_4),$$

其中, $\widehat{\boldsymbol{f}}_k$ 是样品的第 k 个公共因子得分, $k = 1, 2, 3, 4$. 图 8.7 是 4 个公共因子的得分图. 我们使用 4 个因子的得分对样品进行综合排序. 首先使用 $\omega_k = \dfrac{\lambda_k}{\sum\limits_{j=1}^{4} \lambda_j}, k = 1, 2, 3, 4$

计算出各个因子的权重为 $\omega_1 = 0.3912, \omega_2 = 0.2562, \omega_3 = 0.1956, \omega_4 = 0.1570$, 于是样品的综合得分为

$$\widehat{\boldsymbol{f}}_c = \sum_{k=1}^{4} \omega_k \widehat{\boldsymbol{f}}_k.$$

图 8.8 是 4 个因子的综合得分图, 其中, 图 8.8a 是综合得分与是否确诊糖尿病的关系, 图 8.8b 是每个样品的综合得分.

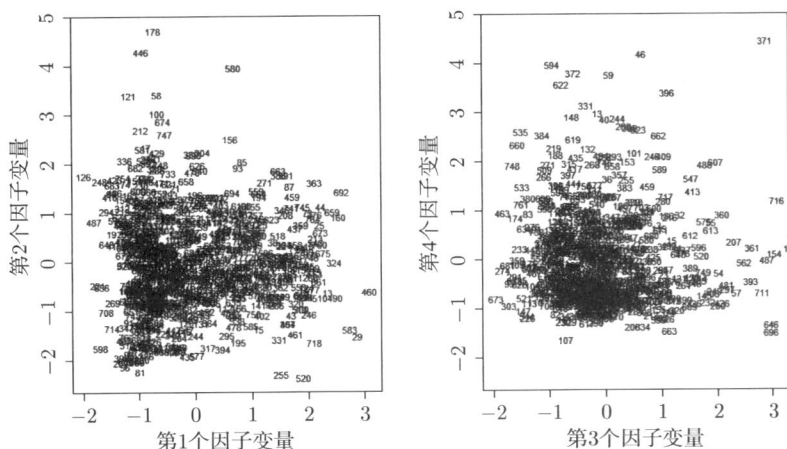

图 8.7　主成分法因子得分图

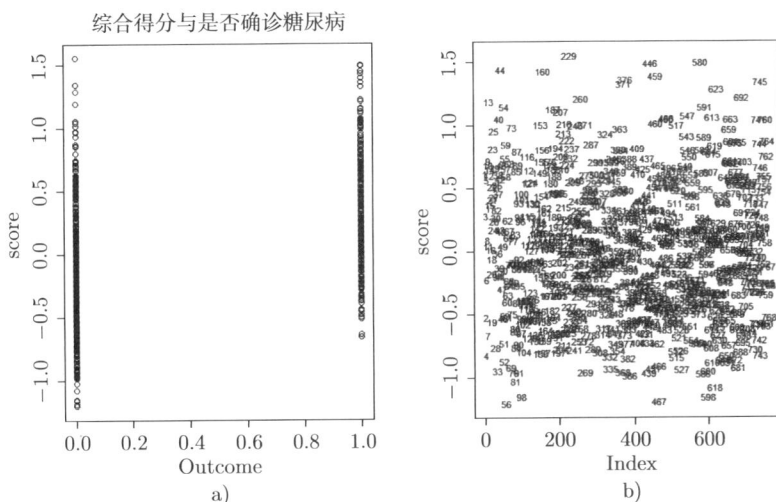

图 8.8　主成分法因子综合得分图

a) 综合得分与是否确诊糖尿病的关系, b) 每个样品的综合得分

(2) 主因子法. 使用主因子法估计因子载荷和特殊方差, 结果见表 8.5 上半部分. 为使公共因子容易命名, 对公共因子做方差最大化旋转, 旋转矩阵

$$T = \begin{pmatrix} 0.6763 & 0.2397 & -0.4009 & -0.5696 \\ -0.3869 & 0.9043 & -0.1751 & 0.0445 \\ -0.0186 & 0.1785 & 0.8286 & -0.5302 \\ 0.6266 & 0.3049 & 0.3493 & 0.6265 \end{pmatrix}$$

最终结果如表 8.5 下半部分所示. 第 1 个公共因子 f_1 在 Pregnancies 和 Age 上有较大的载荷, 可以命名为 "妊娠因子"; 第 2 个公共因子 f_2 在 SkinThickness 和 Insulin 上有较大的载荷, 可以命名为 "胰岛素因子"; 第 3 个公共因子 f_3 在 BMI 上有较大的载荷, 可以命名为 "肥胖因子"; 第 4 个公共因子 f_4 在 Glucose 上有较大的载荷, 可以命名为 "血糖因子". 图 8.9 是旋转后的因子载荷图.

表 8.5　主因子法估计因子载荷和特殊方差

未旋转	$\widehat{a}_{j1}$	$\widehat{a}_{j2}$	$\widehat{a}_{j3}$	$\widehat{a}_{j4}$	$\widehat{h}_j^2$	$\widehat{\psi}_j$
Pregnancies	0.14	0.56	0.11	0.09	0.358	0.64
Glucose	0.49	0.22	−0.45	−0.19	0.526	0.47
BloodPressure	0.37	0.16	0.19	−0.11	0.208	0.79
SkinThickness	0.66	−0.41	0.28	0.25	0.749	0.25
Insulin	0.57	−0.24	−0.32	0.21	0.528	0.47
BMI	0.58	−0.10	0.23	−0.37	0.531	0.47
DiabetesPedigreeFunction	0.25	−0.07	−0.08	0.02	0.075	0.92
Age	0.28	0.86	0.07	0.15	0.838	0.16
旋转后	$\widehat{a}_{j1}$	$\widehat{a}_{j2}$	$\widehat{a}_{j3}$	$\widehat{a}_{j4}$	$\widehat{h}_j^2$	$\widehat{\psi}_j$
Pregnancies	0.59	−0.07	0.05	0.03	0.358	0.64
Glucose	0.18	0.14	0.14	0.67	0.526	0.47
BloodPressure	0.23	0.11	0.37	0.06	0.208	0.79
SkinThickness	−0.09	0.76	0.39	−0.13	0.749	0.25
Insulin	−0.07	0.61	0.03	0.38	0.528	0.47
BMI	−0.02	0.19	0.69	0.15	0.531	0.47
DiabetesPedigreeFunction	−0.01	0.21	0.10	0.15	0.075	0.92
Age	0.90	−0.05	0.07	0.15	0.838	0.16

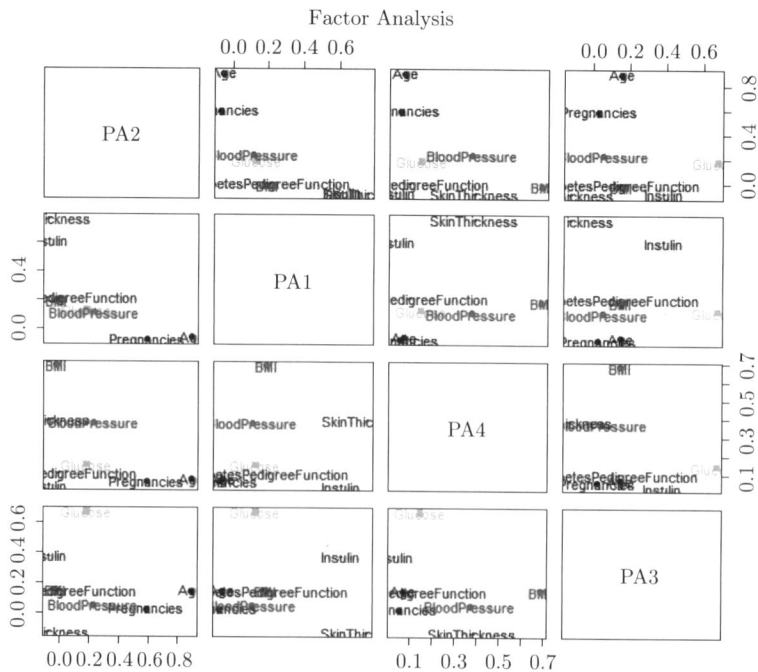

图 8.9　主因子法旋转后的因子载荷图

使用回归法计算因子得分矩阵 $\boldsymbol{F}$ 和样品的综合得分 $\widehat{\boldsymbol{f}}_c$. 图 8.10 是 4 个公共因子的得分图. 图 8.11 是 4 个因子的综合得分图, 其中, 图 8.11a 是综合得分与是否确诊糖尿病的关系, 图 8.11b 是每个样品的综合得分.

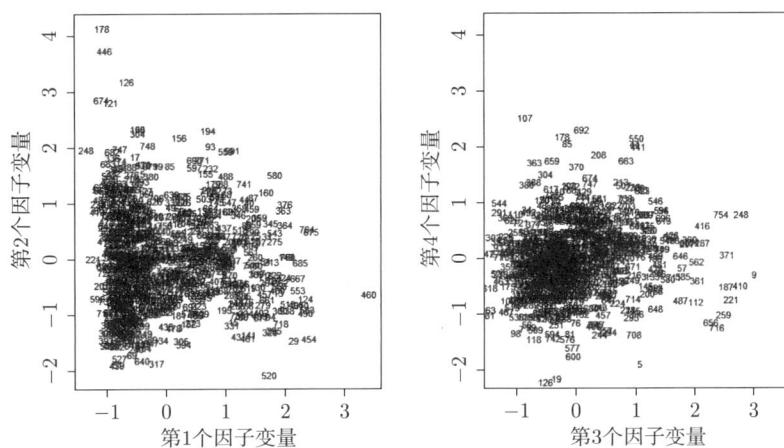

图 8.10 主因子法因子得分图

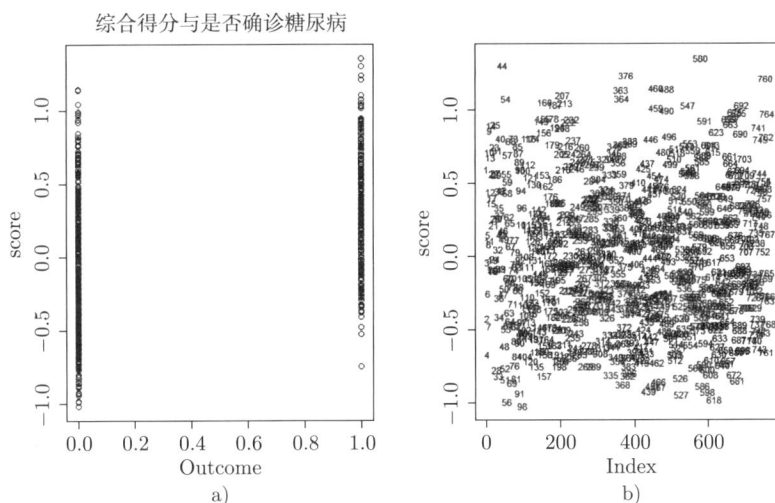

图 8.11 主因子法因子综合得分图

a) 综合得分与是否确诊糖尿病的关系, b) 每个样品的综合得分

(3) 极大似然法. 使用极大似然法估计因子载荷和特殊方差, 结果如表 8.6 上半部分所示. 对公共因子做方差最大化旋转, 旋转矩阵

$$T = \begin{pmatrix} 0.9224 & 0.1016 & -0.2839 & 0.2416 \\ -0.0169 & 0.9738 & 0.1456 & -0.1736 \\ 0.3856 & -0.1982 & 0.7136 & -0.5503 \\ -0.0174 & 0.0456 & 0.6236 & 0.7802 \end{pmatrix}$$

最终结果如表 8.6 下半部分所示. 第 1 个公共因子 f_1 在 Pregnancies 和 Age 上有较大的载荷, 可以命名为 "妊娠因子"; 第 2 个公共因子 f_2 在 SkinThickness 上有较大的载荷, 可以命名为 "皮肤因子"; 第 3 个公共因子 f_3 在 Glucose 和 Insulin 上有较

大的载荷, 可以命名为"血糖因子"; 第 4 个公共因子 f_4 在 BMI 上有较大的载荷, 可以命名为"肥胖因子". 图 8.12 是旋转后的因子载荷图.

表 8.6　极大似然法估计因子载荷和特殊方差

未旋转	$\widehat{a}_{j1}$	$\widehat{a}_{j2}$	$\widehat{a}_{j3}$	$\widehat{a}_{j4}$	$\widehat{h}_j^2$	$\widehat{\psi}_j$
Pregnancies	0	0.570	0	0	0.658	0.342
Glucose	0	0.321	0.439	0.330	0.592	0.408
BloodPressure	0.208	0.297	0.191	−0.139	0.813	0.187
SkinThickness	0.997	0	0	0	0.005	0.995
Insulin	0.440	0	0.301	0.494	0.472	0.528
BMI	0.396	0.131	0.602	−0.327	0.356	0.644
DiabetesPedigreeFunction	0.185	0	0.154	0.119	0.924	0.076
Age	−0.118	0.929	0	0	0.119	0.881
旋转后	$\widehat{a}_{j1}$	$\widehat{a}_{j2}$	$\widehat{a}_{j3}$	$\widehat{a}_{j4}$	$\widehat{h}_j^2$	$\widehat{\psi}_j$
Pregnancies	0.582	0	0	0	0.658	0.342
Glucose	0.205	−0.115	0.569	0.171	0.592	0.408
BloodPressure	0.236	0.125	0	0.325	0.813	0.187
SkinThickness	0	0.922	0.238	0.280	0.005	0.995
Insulin	0	0.282	0.662	0	0.472	0.528
BMI	0	0.141	0.195	0.766	0.356	0.644
DiabetesPedigreeFunction	0	0.110	0.233	0	0.924	0.076
Age	0.929	0	0	0	0.119	0.881

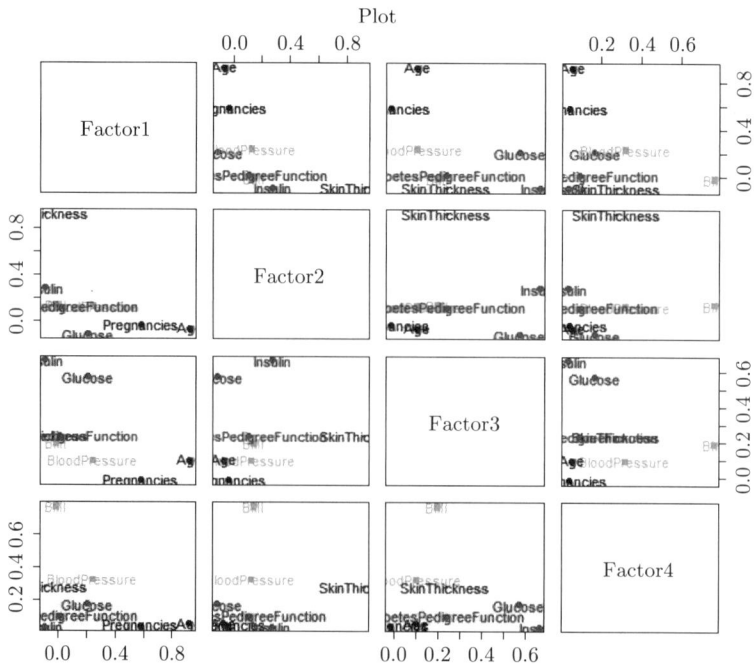

图 8.12　极大似然法旋转后的因子载荷图

使用回归法计算因子得分矩阵 $\boldsymbol{F}$ 和样品的综合得分 $\widehat{\boldsymbol{f}}_c$. 图 8.13 是 4 个公共因子的得分图. 图 8.14 是 4 个因子的综合得分图, 其中, 图 8.14a 是综合得分与是否确诊糖尿病的关系, 图 8.14b 是每个样品的综合得分.

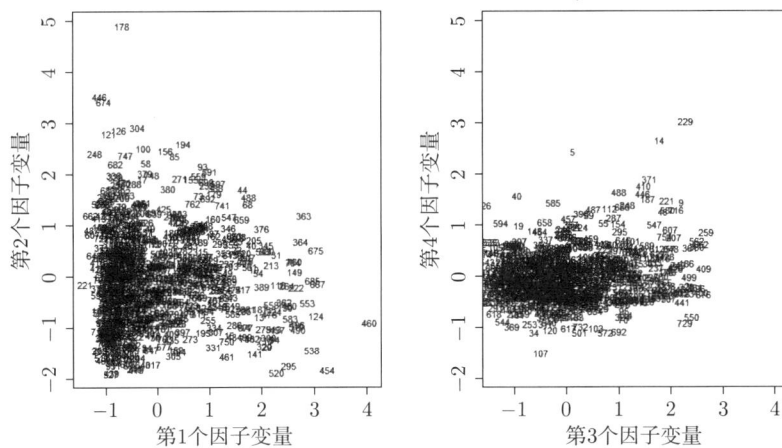

图 8.13　极大似然法因子得分图

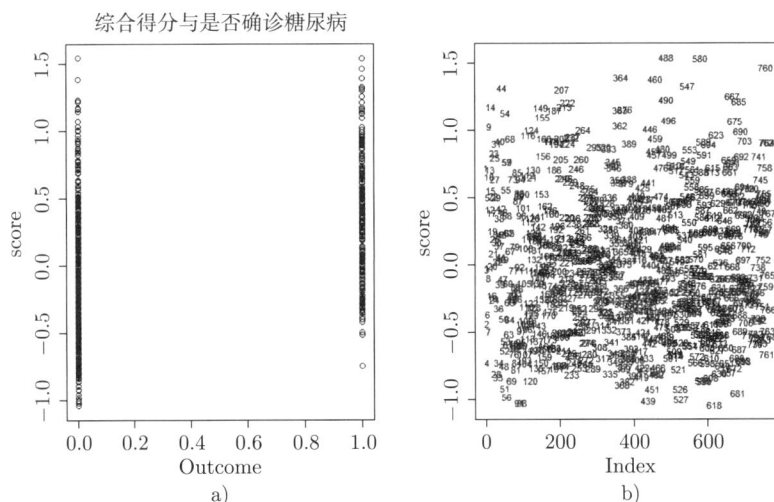

图 8.14　极大似然法因子综合得分图

a) 综合得分与是否确诊糖尿病的关系, b) 每个样品的综合得分

8.5　习　题

1. 描述一下因子分析与主成分分析有什么不同之处.
2. 使用自己擅长的软件给出详细的因子分析实现过程.

3. 随机向量 $\boldsymbol{X} = (X_1, X_2, X_3)^{\mathrm{T}} \sim N_3(\boldsymbol{0}, \boldsymbol{\Sigma})$, 其中, $\boldsymbol{\Sigma} = \begin{pmatrix} 1 & 0.9 & 0.7 \\ 0.9 & 1 & 0.4 \\ 0.7 & 0.4 & 1 \end{pmatrix}$, 从

$\boldsymbol{\Sigma}$ 出发对 $\boldsymbol{X}$ 做因子分析, 使用主成分法计算因子载荷和特殊因子方差.

4. 对标准化的随机变量 X_1, X_2, X_3,

(1) 证明: $\boldsymbol{X} = (X_1, X_2, X_3)^{\mathrm{T}}$ 的相关阵

$$\boldsymbol{R} = \begin{pmatrix} 1 & 0.63 & 0.45 \\ 0.63 & 1 & 0.35 \\ 0.45 & 0.35 & 1 \end{pmatrix}$$

可以由一个公共因子的正交因子模型 $\begin{cases} X_1 = 0.9f + \varepsilon_1, \\ X_2 = 0.7f + \varepsilon_2, \\ X_3 = 0.5f + \varepsilon_3 \end{cases}$ 生成, 其中, $\mathrm{Var}(f) = 1, \boldsymbol{D} =$

$\mathrm{Var}(\varepsilon) = \mathbf{diag}(0.19, 0.51, 0.75)$, 即有 $\boldsymbol{R} = \boldsymbol{A}\boldsymbol{A}^{\mathrm{T}} + \boldsymbol{D}$ 的形式;

(2) 计算共同度 $h_i^2, i = 1, 2, 3$, 并解释其含义;

(3) 计算相关系数 $\mathrm{Cor}(X_i, f), i = 1, 2, 3$, 并说明哪个变量在公共因子 f 上有最大的载荷;

(4) 已知 $\boldsymbol{R}$ 的特征值为 $\lambda_1 = 1.96, \lambda_2 = 0.68, \lambda_3 = 0.36$, 对应的单位正交特征向量分别为

$$\boldsymbol{a}_1 = (0.625, 0.593, 0.507)^{\mathrm{T}},$$

$$\boldsymbol{a}_2 = (-0.219, -0.491, 0.843)^{\mathrm{T}},$$

$$\boldsymbol{a}_3 = (0.749, -0.638, -0.177)^{\mathrm{T}},$$

对 $m = 2$ 的因子模型, 使用主成分法计算因子载荷矩阵 $\boldsymbol{A}$ 和特殊因子方差矩阵 $\boldsymbol{D}$, 计算公共因子所能解释的总方差的比例.

5. 对标准化的随机变量 X_1, X_2, X_3,

(1) 证明: $\boldsymbol{X} = (X_1, X_2, X_3)^{\mathrm{T}}$ 的相关阵

$$\boldsymbol{R} = \begin{pmatrix} 1 & 0.48 & 0.76 \\ 0.48 & 1 & 0.23 \\ 0.76 & 0.23 & 1 \end{pmatrix}$$

可以由一个公共因子的正交因子模型 $\begin{cases} X_1 = 0.998f + \varepsilon_1, \\ X_2 = 0.48f + \varepsilon_2, \\ X_3 = 0.761f + \varepsilon_3 \end{cases}$ 生成, 其中, $\mathrm{Var}(f) = 1,$

$\boldsymbol{D} = \mathrm{Var}(\varepsilon) = \mathbf{diag}(0.004, 0.77, 0.42)$, 即有 $\boldsymbol{R} = \boldsymbol{A}\boldsymbol{A}^{\mathrm{T}} + \boldsymbol{D}$ 的形式;

(2) 计算共同度 $h_i^2, i = 1, 2, 3$, 并解释其含义;

(3) 计算相关系数 $\mathrm{Cor}(X_i, f), i = 1, 2, 3$, 并说明哪个变量在公共因子 f 上有最大的载荷;

(4) 已知 $\boldsymbol{R}$ 的特征值为 $\lambda_1 = 2.01, \lambda_2 = 0.795, \lambda_3 = 0.19$, 对应的单位正交特征向量分别为

$$\boldsymbol{a}_1 = (0.662, 0.450, 0.599)^{\mathrm{T}},$$
$$\boldsymbol{a}_2 = (0.122, -0.854, 0.506)^{\mathrm{T}},$$
$$\boldsymbol{a}_3 = (0.739, -0.262, -0.62)^{\mathrm{T}},$$

对 $m = 2$ 的因子模型, 使用主成分法计算因子载荷矩阵 $\boldsymbol{A}$ 和特殊因子方差矩阵 $\boldsymbol{D}$, 计算这个公共因子所能解释的总方差的比例.

6. 随机向量 $\boldsymbol{X} = (X_1, X_2, X_3)^{\mathrm{T}} \sim N_3(\boldsymbol{0}, \boldsymbol{\Sigma})$, 其中, $\boldsymbol{\Sigma} = \begin{pmatrix} 1 & 0.4 & 0.9 \\ 0.4 & 1 & 0.7 \\ 0.9 & 0.7 & 1 \end{pmatrix}$, 从

$\boldsymbol{\Sigma}$ 出发考虑具有 1 个公共因子的因子模型, 证明: 因子载荷矩阵和特殊因子方差矩阵是唯一的, 但是这个结果是不可接受的 (出现了 Heywood 情况).

7. 在某市的一次中考中, 全市学生的 7 门课程: 政治、语文、数学、物理、化学、外语、生物的成绩的相关阵

$$\boldsymbol{R} = \begin{pmatrix} 1 & 0.35 & 0.15 & 0.29 & 0.43 & 0.40 & 0.49 \\ 0.35 & 1 & 0.34 & 0.39 & 0.34 & 0.43 & 0.55 \\ 0.15 & 0.34 & 1 & 0.49 & 0.55 & 0.25 & 0.42 \\ 0.29 & 0.39 & 0.49 & 1 & 0.54 & 0.34 & 0.49 \\ 0.43 & 0.34 & 0.55 & 0.54 & 1 & 0.35 & 0.49 \\ 0.40 & 0.43 & 0.25 & 0.34 & 0.35 & 1 & 0.20 \\ 0.49 & 0.56 & 0.42 & 0.49 & 0.49 & 0.2 & 1 \end{pmatrix},$$

取两个公共因子做因子分析, 并做方差最大化旋转, 对公共因子进行解释.

8. 各大财经网站可以搜集到中国 A 股上市公司的财务数据, 比如流动比率、速动比率、现金流动负债比、每股收益、每股未分配利润、每股净资产、每股资本公积金、每股盈余公积金、每股净资产增长率、经营净利率、经营毛利率、资产利润率、资产净利率、主营收入增长率、净利润增长率、总资产增长率、主营利润增长率、主营成本比例、营业费用比例、管理费用比例、财务费用比例等. 试搜集至少 20 家上市公司相关数据并进行因子分析, 对上市公司财务状况进行评价.

第 9 章

对应分析

在许多领域错综复杂的多维数据分析中, 经常需要同时考虑 3 种关系, 即变量之间的关系、样品之间的关系以及变量与样品之间的交互关系. 比如, 对某一行业所属企业进行经济效益评价, 不仅需要考虑经济指标之间的关系、企业之间的关系, 还要将企业按照经济效益或经济指标进行分类, 研究企业与哪些经济指标的关系更为密切等. R 型因子分析是对变量 (指标) 进行因子分析, 研究的是变量之间的相互关系; Q 型因子分析是对样品做因子分析, 研究的是样品之间的相互关系. 但无论是 R 型还是 Q 型因子分析都不能很好地揭示变量和样品之间的双重关系. 对应分析 (correspondence analysis) 可以视为在因子分析的基础上发展起来的一种可视化探索性数据分析方法, 目的是通过定位点图直观地揭示样品和变量之间的内在联系. 比如, 利用对应分析, 可以将每个企业和各项指标放在一起进行系统分析, 通过分类和图形直观反映企业与经济指标之间错综复杂的关系.

对应分析是法国学者 J. P. Benzecri 于 1970 年提出的, 尤其适合分类数据的建模, 特别是二维和多维列联表显示的计数数据, 并且在低维情况下可以得到数据的直观印象, 因此广泛应用于市场细分、产品定位、地质研究以及计算机工程等领域. 事实上, 不止分类数据, 只要数据的意义清晰, 都是可以使用对应分析的. 对一般的包含变量和样品的数据进行对应分析, 本质上包含了 R 型因子分析和 Q 型因子分析两个过程. 通过对原始数据采用适当的标度化处理, 对应分析把 R 型和 Q 型因子分析结合起来, 通过 R 型因子分析直接得到 Q 型因子分析的结果, 同时把变量和样品反映到同一因子平面上, 从而揭示所研究的样品和变量之间的内在联系.

9.1　二元对应分析

9.1.1　二维列联表计数数据

对于定性数据, 在分析时往往可以通过列联表来表达它们之间的关系, 通过 χ^2 检验来分析它们之间的相关性. 如果仅有两个变量, 且每个变量的类别较少, 列联表可将它们之间的关系表达清楚.

【例 9.1】(Boston.csv)　对波士顿房价数据, 把自住房房价中位数和城镇人均犯罪率离散化, 房价中位数小于 10 的记为 "低", 10 到 40 之间的记为 "中", 大于

40 的记为"高"；城镇人均犯罪率小于 5 的记为"低"，5 到 25 之间的记为"中"，大于 25 的记为"高". 表 9.1 是房价中位数与查尔斯河的二维列联表，表 9.2 是城镇人均犯罪率与房价中位数的二维列联表. □

表 9.1　房价中位数与查尔斯河的二维列联表

		medv			
		低	中	高	行和
chas	0	24	423	24	471
	1	0	28	7	35
	列和	24	451	31	506

表 9.2　城镇人均犯罪率与房价中位数的二维列联表

		medv			
		低	中	高	行和
crim	低	2	371	27	400
	中	16	75	4	95
	高	6	5	0	11
	列和	24	451	31	506

一般的二维列联表如表 9.3 所示的形式, 其中, n_{ij} 表示行水平取 i 列水平取 j 时的频数, 并且,

$$n_{i\cdot} = \sum_{j=1}^{J} n_{ij}, \ n_{\cdot j} = \sum_{i=1}^{I} n_{ij}, \ n = n_{\cdot\cdot} = \sum_{i=1}^{I} \sum_{j=1}^{J} n_{ij}.$$

记列联表的计数数据矩阵为 $\boldsymbol{\mathcal{N}} = (n_{ij})_{I \times J}$, 将其规格化为概率矩阵

$$P = \frac{1}{n} \boldsymbol{\mathcal{N}} = (p_{ij})_{I \times J},$$

其中, $p_{ij} = \dfrac{n_{ij}}{n}, i = 1, 2, \cdots, I, j = 1, 2, \cdots, J.$ 令

$$p_{i\cdot} = \sum_{j=1}^{J} p_{ij}, \ p_{\cdot j} = \sum_{i=1}^{I} p_{ij}$$

分别表示行边际频率和列边际频率, 记

$$\boldsymbol{r} = (p_{1\cdot}, p_{2\cdot}, \cdots, p_{I\cdot})^{\mathrm{T}},$$
$$\boldsymbol{c} = (p_{\cdot 1}, p_{\cdot 2}, \cdots, p_{\cdot J})^{\mathrm{T}},$$
$$\boldsymbol{D}_r = \mathbf{diag}(\boldsymbol{r}), \boldsymbol{D}_c = \mathbf{diag}(\boldsymbol{c}).$$

P 的标准化残差

$$\boldsymbol{Z} = \boldsymbol{D}_r^{-\frac{1}{2}}(\boldsymbol{P} - \boldsymbol{r}\boldsymbol{c}^{\mathrm{T}})\boldsymbol{D}_c^{-\frac{1}{2}} = (z_{ij})_{I \times J}, \tag{9.1}$$

其中,

$$z_{ij} = \frac{p_{ij} - p_{i\cdot}p_{\cdot j}}{\sqrt{p_{i\cdot}p_{\cdot j}}} = \frac{n_{ij} - \dfrac{n_{i\cdot}n_{\cdot j}}{n_{\cdot\cdot}}}{\sqrt{n_{i\cdot}n_{\cdot j}}}, i = 1, 2, \cdots, I, j = 1, 2, \cdots, J.$$

记 $\boldsymbol{c}^{\frac{1}{2}} = (\sqrt{p_{\cdot 1}}, \sqrt{p_{\cdot 2}}, \cdots, \sqrt{p_{\cdot J}})^{\mathrm{T}}, \boldsymbol{r}^{\frac{1}{2}} = (\sqrt{p_{1\cdot}}, \sqrt{p_{2\cdot}}, \cdots, \sqrt{p_{I\cdot}})^{\mathrm{T}}$, 由于

$$\begin{aligned}
\boldsymbol{Z}\boldsymbol{c}^{\frac{1}{2}} &= \boldsymbol{D}_r^{-\frac{1}{2}}(\boldsymbol{P} - \boldsymbol{r}\boldsymbol{c}^{\mathrm{T}})\boldsymbol{D}_c^{-\frac{1}{2}}\boldsymbol{c}^{\frac{1}{2}} = \boldsymbol{D}_r^{-\frac{1}{2}}(\boldsymbol{P} - \boldsymbol{r}\boldsymbol{c}^{\mathrm{T}})\mathbf{1}_J \\
&= \boldsymbol{D}_r^{-\frac{1}{2}}\boldsymbol{P}\mathbf{1}_J - \boldsymbol{D}_r^{-\frac{1}{2}}\boldsymbol{r}\boldsymbol{c}^{\mathrm{T}}\mathbf{1}_J = \boldsymbol{D}_r^{-\frac{1}{2}}\boldsymbol{r} - \boldsymbol{r}^{\frac{1}{2}}\boldsymbol{c}^{\mathrm{T}}\mathbf{1}_J \\
&= \boldsymbol{r}^{\frac{1}{2}} - \boldsymbol{r}^{\frac{1}{2}} = \mathbf{0}_I, \\
\boldsymbol{Z}^{\mathrm{T}}\boldsymbol{r}^{\frac{1}{2}} &= \boldsymbol{D}_c^{-\frac{1}{2}}(\boldsymbol{P}^{\mathrm{T}} - \boldsymbol{c}\boldsymbol{r}^{\mathrm{T}})\boldsymbol{D}_r^{-\frac{1}{2}}\boldsymbol{r}^{\frac{1}{2}} = \boldsymbol{D}_c^{-\frac{1}{2}}\boldsymbol{P}^{\mathrm{T}}\mathbf{1}_I - \boldsymbol{D}_c^{-\frac{1}{2}}\boldsymbol{c}\boldsymbol{r}^{\mathrm{T}}\mathbf{1}_I \\
&= \boldsymbol{D}_c^{-\frac{1}{2}}\boldsymbol{c} - \boldsymbol{c}^{\frac{1}{2}} = \mathbf{0}_J,
\end{aligned}$$

所以,

$$\mathrm{rank}\boldsymbol{Z} \leqslant \min\{I - 1, J - 1\}.$$

表 9.3　二维列联表

行水平		列水平				行和 $n_{i\cdot}$	行边际频率 $\boldsymbol{r}$
		1	2	$\cdots$	J		
行水平	1	n_{11}	n_{12}	$\cdots$	n_{1J}	$n_{1\cdot}$	$p_{1\cdot}$
	2	n_{21}	n_{22}	$\cdots$	n_{2J}	$n_{2\cdot}$	$p_{2\cdot}$
	$\vdots$	$\vdots$	$\vdots$		$\vdots$	$\vdots$	$\vdots$
	I	n_{I1}	n_{I2}	$\cdots$	n_{IJ}	$n_{I\cdot}$	$p_{I\cdot}$
列和	$n_{\cdot j}$	$n_{\cdot 1}$	$n_{\cdot 2}$	$\cdots$	$n_{\cdot J}$	$n_{\cdot\cdot} = n$	
列边际频率	$\boldsymbol{c}$	$p_{\cdot 1}$	$p_{\cdot 2}$	$\cdots$	$p_{\cdot J}$		$p_{\cdot\cdot} = 1$

　　用 $O_{ij}, E_{ij}, i = 1, 2, \cdots, I, j = 1, 2, \cdots, J$ 分别表示列联表中的观测频数和期望频数. 关于列联表独立性和齐性的 χ^2 检验统计量

$$\begin{aligned}
\chi^2 &= \sum_{i=1}^{I}\sum_{j=1}^{J}\frac{(O_{ij} - E_{ij})^2}{E_{ij}} = \sum_{i=1}^{I}\sum_{j=1}^{J}\frac{\left(n_{ij} - n \cdot \dfrac{n_{i\cdot}}{n} \cdot \dfrac{n_{\cdot j}}{n}\right)^2}{n \cdot \dfrac{n_{i\cdot}}{n} \cdot \dfrac{n_{\cdot j}}{n}} \\
&= n\sum_{i=1}^{I}\sum_{j=1}^{J}\frac{(p_{ij} - p_{i\cdot}p_{\cdot j})^2}{p_{i\cdot}p_{\cdot j}} = n\sum_{i=1}^{I}\sum_{j=1}^{J}z_{ij}^2.
\end{aligned}$$

在行、列独立的零假设下, 该统计量具有渐近的 $\chi^2((I-1)(J-1))$ 分布.

记

$$\boldsymbol{x} = (x_1, x_2, \cdots, x_I)^{\mathrm{T}}, \boldsymbol{y} = (y_1, y_2, \cdots, y_J)^{\mathrm{T}}$$

分别是行得分 (row score) 向量和列得分 (column score) 向量, 对应分析是寻找满足

$$\alpha x_i = \sum_{j=1}^{J} z_{ij} y_j, i = 1, 2, \cdots, I, \alpha y_j = \sum_{i=1}^{I} z_{ij} x_i, j = 1, 2, \cdots, J \tag{9.2}$$

的解 $(\alpha, \boldsymbol{x}, \boldsymbol{y})$. 式(9.2) 的意义是: 行得分 x_i 与列得分 $y_1, y_2, \cdots, y_J$ 的加权平均成比例, 列得分 y_j 与行得分 $x_1, x_2, \cdots, x_I$ 的加权平均成比例, 这里的权重是 $z_{ij}, i = 1, 2, \cdots, I, j = 1, 2, \cdots, J$, 数值 α 表示行得分和列得分的相关程度 (在典型相关意义下, 见第10章). 式(9.2) 可以用矩阵形式写为

$$\alpha \boldsymbol{x} = \boldsymbol{Z} \boldsymbol{y}, \ \alpha \boldsymbol{y} = \boldsymbol{Z}^{\mathrm{T}} \boldsymbol{x}, \tag{9.3}$$

即有

$$\alpha^2 \boldsymbol{x} = \boldsymbol{Z} \boldsymbol{Z}^{\mathrm{T}} \boldsymbol{x}, \ \alpha^2 \boldsymbol{y} = \boldsymbol{Z}^{\mathrm{T}} \boldsymbol{Z} \boldsymbol{y}, \tag{9.4}$$

其中,

$$\boldsymbol{Z}^{\mathrm{T}} \boldsymbol{Z} = \boldsymbol{D}_c^{-\frac{1}{2}} (\boldsymbol{P}^{\mathrm{T}} - \boldsymbol{c} \boldsymbol{r}^{\mathrm{T}}) \boldsymbol{D}_r^{-1} (\boldsymbol{P} - \boldsymbol{r} \boldsymbol{c}^{\mathrm{T}}) \boldsymbol{D}_c^{-\frac{1}{2}}.$$

注意到 $\boldsymbol{r}^{\mathrm{T}} \boldsymbol{D}_r^{-1} \boldsymbol{P} = \boldsymbol{c}^{\mathrm{T}}$ 和 $\boldsymbol{r}^{\mathrm{T}} \boldsymbol{D}_r^{-1} \boldsymbol{r} = 1$, 有

$$\boldsymbol{Z}^{\mathrm{T}} \boldsymbol{Z} = \boldsymbol{D}_c^{-\frac{1}{2}} (\boldsymbol{P}^{\mathrm{T}} \boldsymbol{D}_r^{-1} \boldsymbol{P} - \boldsymbol{c} \boldsymbol{r}^{\mathrm{T}} \boldsymbol{D}_r^{-1} \boldsymbol{P} - \boldsymbol{P}^{\mathrm{T}} \boldsymbol{D}_r^{-1} \boldsymbol{r} \boldsymbol{c}^{\mathrm{T}} +$$
$$\boldsymbol{c} \boldsymbol{r}^{\mathrm{T}} \boldsymbol{D}_r^{-1} \boldsymbol{r} \boldsymbol{c}^{\mathrm{T}}) \boldsymbol{D}_c^{-\frac{1}{2}} \tag{9.5}$$
$$= \boldsymbol{D}_c^{-\frac{1}{2}} \left(\frac{1}{n^2} \boldsymbol{N}^{\mathrm{T}} \boldsymbol{D}_r^{-1} \boldsymbol{N} - \boldsymbol{c} \boldsymbol{c}^{\mathrm{T}} \right) \boldsymbol{D}_c^{-\frac{1}{2}}.$$

式(9.4) 表明, $\boldsymbol{x}$ 是 I 阶对称矩阵 $\boldsymbol{Z} \boldsymbol{Z}^{\mathrm{T}}$ 的对应于特征值 α^2 的特征向量, $\boldsymbol{y}$ 是 J 阶对称矩阵 $\boldsymbol{Z}^{\mathrm{T}} \boldsymbol{Z}$ 的对应于特征值 α^2 的特征向量. 由于矩阵 $\boldsymbol{Z}^{\mathrm{T}} \boldsymbol{Z}$ 和 $\boldsymbol{Z} \boldsymbol{Z}^{\mathrm{T}}$ 有相同的非零特征值, 不妨记为 $\alpha_1^2 \geqslant \alpha_2^2 \geqslant \cdots \geqslant \alpha_m^2 > 0$, 如果 $\boldsymbol{Z}^{\mathrm{T}} \boldsymbol{Z}$ 的对应于特征值 α_j^2 的标准化特征向量为 $\boldsymbol{u}_j$, 则容易证明, $\boldsymbol{Z} \boldsymbol{Z}^{\mathrm{T}}$ 的对应于同一特征值的标准化特征向量为

$$\boldsymbol{v}_j = \frac{1}{\alpha_j} \boldsymbol{Z} \boldsymbol{u}_j, j = 1, 2, \cdots, m. \tag{9.6}$$

事实上, 由 $\boldsymbol{Z}^{\mathrm{T}} \boldsymbol{Z} \boldsymbol{u}_j = \alpha_j^2 \boldsymbol{u}_j$, 得 $\boldsymbol{Z} \boldsymbol{Z}^{\mathrm{T}} \boldsymbol{Z} \boldsymbol{u}_j = \alpha_j^2 \boldsymbol{Z} \boldsymbol{u}_j$, 即, $\boldsymbol{Z} \boldsymbol{u}_j$ 是 $\boldsymbol{Z} \boldsymbol{Z}^{\mathrm{T}}$ 的对应于特征值 α_j^2 的特征向量, 这个特征向量的长度为 $\|\boldsymbol{Z} \boldsymbol{u}_j\| = \sqrt{\boldsymbol{u}_j^{\mathrm{T}} \boldsymbol{Z}^{\mathrm{T}} \boldsymbol{Z} \boldsymbol{u}_j} = \sqrt{\boldsymbol{u}_j^{\mathrm{T}} \alpha_j^2 \boldsymbol{u}_j} = \alpha_j$, 于是, 式 (9.6) 即为 $\boldsymbol{Z} \boldsymbol{Z}^{\mathrm{T}}$ 的对应于特征值 α_j^2 的标准化特征向量.

当 $I > J$ 时, 为了节约计算机内存和减小计算量, 可以利用式 (9.6), 很容易从 $\boldsymbol{Z}^{\mathrm{T}} \boldsymbol{Z}$ 的特征向量得到 $\boldsymbol{Z} \boldsymbol{Z}^{\mathrm{T}}$ 的特征向量. 令

$$\boldsymbol{U} = (\boldsymbol{u}_1, \boldsymbol{u}_2, \cdots, \boldsymbol{u}_m), \boldsymbol{V} = (\boldsymbol{v}_1, \boldsymbol{v}_2, \cdots, \boldsymbol{v}_m) = \boldsymbol{Z} \boldsymbol{U} \boldsymbol{\Lambda}_1^{-\frac{1}{2}},$$

其中, $\boldsymbol{\Lambda}_1 = \mathbf{diag}(\alpha_1^2, \alpha_2^2, \cdots, \alpha_m^2)$. 则

$$\boldsymbol{Z} = \boldsymbol{V} \boldsymbol{\Lambda}_1^{1/2} \boldsymbol{U}^{\mathrm{T}}$$

就是 $\boldsymbol{Z}$ 的奇异值分解, $\alpha_j, j = 1, 2, \cdots, m$ 是 $\boldsymbol{Z}$ 的奇异值. 所以对应分析的 $\boldsymbol{U}, \boldsymbol{V}$ 也可以方便地由 $\boldsymbol{Z}$ 的奇异值分解得到. 称

$$\boldsymbol{X} = \boldsymbol{D}_c^{-\frac{1}{2}} \boldsymbol{U}, \boldsymbol{Y} = \boldsymbol{D}_r^{-\frac{1}{2}} \boldsymbol{V} \tag{9.7}$$

为 $\boldsymbol{U}, \boldsymbol{V}$ 的**标准化坐标** (standard coordinates), 将标准化坐标做在一张图上, 即可以进行对应分析. 显然,

$$\boldsymbol{X}^{\mathrm{T}} \boldsymbol{D}_r \boldsymbol{X} = \boldsymbol{Y}^{\mathrm{T}} \boldsymbol{D}_c \boldsymbol{Y} = \boldsymbol{I}.$$

称

$$\sum_{i=1}^{I} \sum_{j=1}^{J} z_{ij}^2 = \sum_{k=1}^{m} \alpha_k^2$$

为**惯量** (inertial),

$$\boldsymbol{F} = \boldsymbol{X} \boldsymbol{\Lambda}_1^{\frac{1}{2}}, \boldsymbol{G} = \boldsymbol{Y} \boldsymbol{\Lambda}_1^{\frac{1}{2}} \tag{9.8}$$

为行、列**主坐标** (principal coordinates). 显然,

$$\boldsymbol{F}^{\mathrm{T}} \boldsymbol{D}_r \boldsymbol{F} = \boldsymbol{G}^{\mathrm{T}} \boldsymbol{D}_c \boldsymbol{G} = \boldsymbol{\Lambda}_1.$$

【例 9.2】 对例 9.1 中的列联表 9.2 做对应分析.

解 记数据矩阵 $\boldsymbol{\mathcal{N}} = \begin{pmatrix} 2 & 371 & 27 \\ 16 & 75 & 4 \\ 6 & 5 & 0 \end{pmatrix}$, 总样本数 $n = 506$. 将其规格化为概率矩阵

$$\boldsymbol{P} = \frac{\boldsymbol{\mathcal{N}}}{506} = \left(\begin{array}{ccc|c} \dfrac{2}{506} & \dfrac{371}{506} & \dfrac{27}{506} & \dfrac{400}{506} \\[2mm] \dfrac{16}{506} & \dfrac{75}{506} & \dfrac{4}{506} & \dfrac{95}{506} \\[2mm] \dfrac{6}{506} & \dfrac{5}{506} & 0 & \dfrac{11}{506} \\ \hline \dfrac{24}{506} & \dfrac{451}{506} & \dfrac{31}{506} & 1 \end{array} \right).$$

记行、列边际频率 $\boldsymbol{r} = \left(\dfrac{400}{506}, \dfrac{95}{506}, \dfrac{11}{506} \right)^{\mathrm{T}}$, $\boldsymbol{c} = \left(\dfrac{24}{506}, \dfrac{451}{506}, \dfrac{31}{506} \right)^{\mathrm{T}}$, $\boldsymbol{D}_r = \mathbf{diag}(\boldsymbol{r})$, $\boldsymbol{D}_c = \mathbf{diag}(\boldsymbol{c})$, 则 $\boldsymbol{P}$ 的标准化残差矩阵

$$\boldsymbol{Z} = \boldsymbol{D}_r^{-\frac{1}{2}} (\boldsymbol{P} - \boldsymbol{r} \boldsymbol{c}^{\mathrm{T}}) \boldsymbol{D}_c^{-\frac{1}{2}} = \begin{pmatrix} -0.1732 & 0.0341 & 0.0224 \\ 0.2407 & -0.0467 & -0.0335 \\ 0.3372 & -0.0682 & -0.0365 \end{pmatrix} = (z_{ij})_{3 \times 3},$$

于是, $\chi^2 = n \sum\limits_{i=1}^{3} \sum\limits_{j=1}^{3} z_{ij}^2 = 107.5693$, 取显著性水平 0.05, 易知 $\chi^2_{0.05}(4) = 9.4877$, 拒绝行、列独立性的零假设, 认为行、列是相关的.

对 $\boldsymbol{S} = \boldsymbol{Z}^{\mathrm{T}} \boldsymbol{Z} = \begin{pmatrix} 0.2016 & -0.0402 & -0.0243 \\ -0.0402 & 0.0080 & 0.0048 \\ -0.0243 & 0.0048 & 0.0030 \end{pmatrix}$ 做特征值分解, 得到特征值

$\alpha_1^2 = 0.0213, \alpha_2^2 = 0.00004, \alpha_3^2 = 0$, 非零特征值对应的单位正交特征向量为 $\boldsymbol{u}_1 = (0.9740, -0.1940, -0.1172)^{\mathrm{T}}$, $\boldsymbol{u}_2 = (0.0626, -0.2666, 0.9618)^{\mathrm{T}}$, 于是, $\boldsymbol{Z}\boldsymbol{Z}^{\mathrm{T}}$ 的对应于 α_1^2, α_2^2 的单位正交特征向量为 $\boldsymbol{v}_1 = (-0.3860, 0.5367, 0.7503)^{\mathrm{T}}$, $\boldsymbol{v}_2 = (0.2460, -0.7240, 0.6445)^{\mathrm{T}}$. 令

$$\boldsymbol{U} = (\boldsymbol{u}_1, \boldsymbol{u}_2) = \begin{pmatrix} 0.9740 & 0.0626 \\ -0.1940 & -0.2666 \\ -0.1172 & 0.9618 \end{pmatrix},$$

$$\boldsymbol{V} = (\boldsymbol{v}_1, \boldsymbol{v}_2) = \begin{pmatrix} -0.3860 & 0.2460 \\ 0.5367 & -0.7240 \\ 0.7503 & 0.6445 \end{pmatrix},$$

得标准化坐标

$$\boldsymbol{X} = \boldsymbol{D}_c^{-\frac{1}{2}} \boldsymbol{U} = \begin{pmatrix} 4.4722 & 0.2876 \\ -0.2054 & -0.2824 \\ -0.4735 & 3.8857 \end{pmatrix},$$

$$\boldsymbol{Y} = \boldsymbol{D}_r^{-\frac{1}{2}} \boldsymbol{V} = \begin{pmatrix} -0.4341 & 0.2766 \\ 1.2387 & -1.6709 \\ 5.0887 & 4.3710 \end{pmatrix}.$$

将 $\boldsymbol{X}$ 的两列和 $\boldsymbol{Y}$ 的两列在同一张图上作出散点图, 得到图 9.1, 其中横坐标是 $\boldsymbol{X}, \boldsymbol{Y}$ 的第 1 列, 纵坐标是 $\boldsymbol{X}, \boldsymbol{Y}$ 的第 2 列, 不同的房价中位数和城镇人均犯罪率都用点来表示, 而且显示相应的向量, 一个变量各个水平与另一个变量各个水平的夹角大小表示它们的相关程度. 可以看出, 低房价与中高犯罪率相关性大, 而低犯罪率与中高房价相关性大. 还可以做出行、列变量对各维的贡献 (按百分比), 如图 9.2 所示, 颜色深、尺寸大的变量对行、列影响大. □

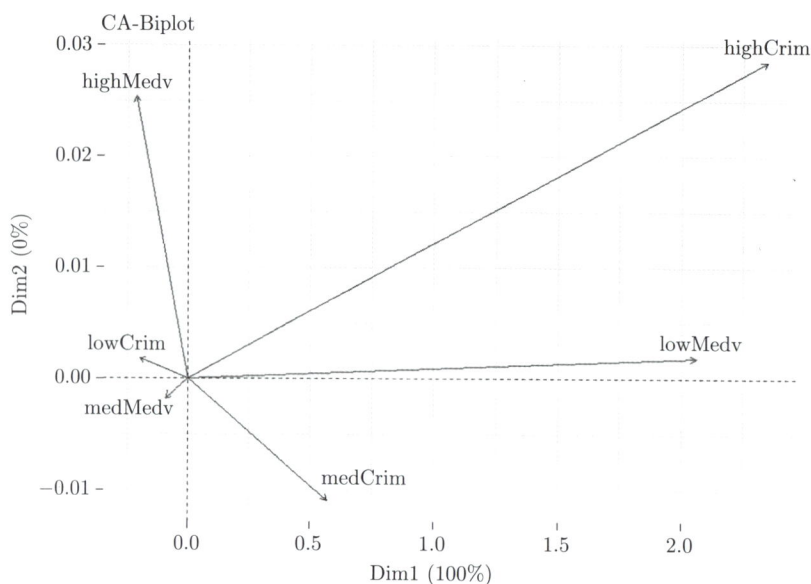

图 9.1　列联表 9.2 的对应分析图

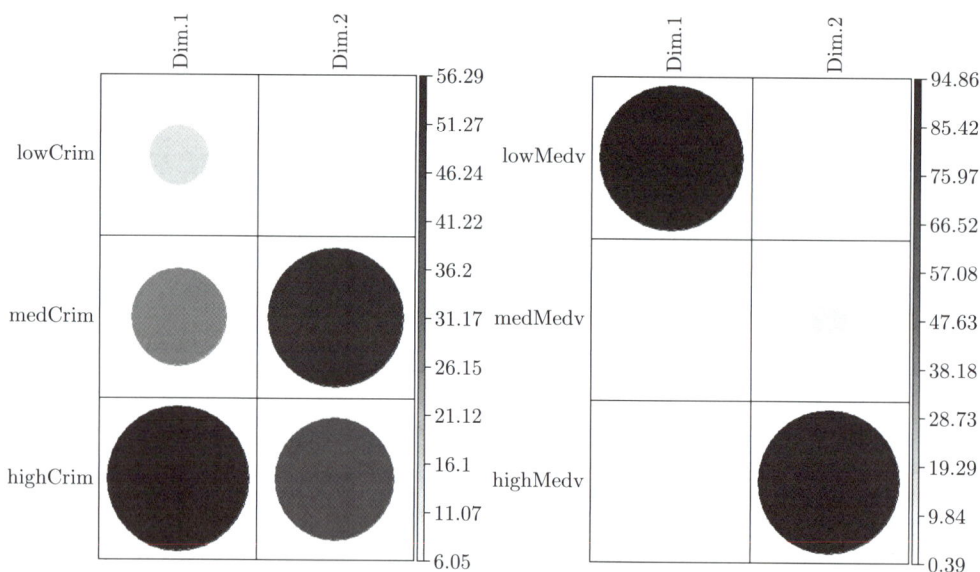

图 9.2　行、列变量对各维的贡献 (按百分比)

9.1.2　连续型非列联表数据

设观测数据矩阵 $\mathcal{X} = (x_{ij})_{n \times p}$, 不妨假设数据 $x_{ij} \geqslant 0, i = 1, 2, \cdots, n, j = 1, 2, \cdots, p$, 否则对所有数据同时加上一个适当的正数即可. 记

$$x_{i\cdot} = \sum_{j=1}^{p} x_{ij}, \ x_{\cdot j} = \sum_{i=1}^{n} x_{ij}, \ x_{\cdot\cdot} = \sum_{i=1}^{n} \sum_{j=1}^{p} x_{ij},$$

将 $\mathcal{X}$ 规格化为概率矩阵

$$\boldsymbol{P} = \frac{1}{x_{..}}\mathcal{X} = (p_{ij})_{n\times p} = \left(\frac{x_{ij}}{x_{..}}\right)_{n\times p}. \tag{9.9}$$

p_{ij} 可以理解为数据 x_{ij} 出现的概率. 令

$$p_{i\cdot} = \sum_{j=1}^{p} p_{ij}, \ p_{\cdot j} = \sum_{i=1}^{n} p_{ij},$$

则 $\{p_{i\cdot}, i=1,2,\cdots,n\}$ 可以理解为样品的边际分布律, $\{p_{\cdot j}, j=1,2,\cdots,p\}$ 可以理解为变量的边际分布律. 即有表 9.4.

表 9.4　数据矩阵 $\mathcal{X}$ 规格化为二维列联表

	$\mathcal{X}$	变量 X_1	X_2	$\cdots$	X_p	行和 $x_{i\cdot}$
样品	$\boldsymbol{x}_1$	x_{11}	x_{12}	$\cdots$	x_{1p}	$x_{1\cdot}$
	$\boldsymbol{x}_2$	x_{21}	x_{22}	$\cdots$	x_{2p}	$x_{2\cdot}$
	$\vdots$	$\vdots$	$\vdots$		$\vdots$	$\vdots$
	$\boldsymbol{x}_n$	x_{n1}	x_{n2}	$\cdots$	x_{np}	$x_{n\cdot}$
列和	$x_{\cdot j}$	$x_{\cdot 1}$	$x_{\cdot 2}$	$\cdots$	$x_{\cdot p}$	$x_{..}$
	$\boldsymbol{P}$	变量 X_1	X_2	$\cdots$	X_p	行边际分布律 $p_{i\cdot}$
样品	$\boldsymbol{x}_1$	p_{11}	p_{12}	$\cdots$	p_{1p}	$p_{1\cdot}$
	$\boldsymbol{x}_2$	p_{21}	p_{22}	$\cdots$	p_{2p}	$p_{2\cdot}$
	$\vdots$	$\vdots$	$\vdots$		$\vdots$	$\vdots$
	$\boldsymbol{x}_n$	p_{n1}	p_{n2}	$\cdots$	p_{np}	$p_{n\cdot}$
列边际分布律	$p_{\cdot j}$	$p_{\cdot 1}$	$p_{\cdot 2}$	$\cdots$	$p_{\cdot p}$	$p_{..}=1$

取

$$z_{ij} = \frac{p_{ij} - p_{i\cdot}p_{\cdot j}}{\sqrt{p_{i\cdot}p_{\cdot j}}}, i=1,2,\cdots,n, j=1,2,\cdots,p, \ \boldsymbol{Z} = (z_{ij})_{n\times p},$$

则从 $\boldsymbol{Z}$ 出发进行对应分析的过程就与 9.1.1 节完全一致. 并且同样有

$$\mathrm{rank}\boldsymbol{Z} \leqslant \min\{n-1, p-1\}.$$

另一方面, 我们可以从因子分析的角度来理解连续型数据的对应分析. 考虑 R 型因子分析, 从概率矩阵 $\boldsymbol{P}$ 出发计算变量的协差阵, 把 $\boldsymbol{P}$ 的行作为 p 维空间的样本点. 为了消除量纲的影响, 把第 i 个样品化为

$$\left(\frac{p_{i1}}{p_{i\cdot}\sqrt{p_{\cdot 1}}}, \frac{p_{i2}}{p_{i\cdot}\sqrt{p_{\cdot 2}}}, \cdots, \frac{p_{ip}}{p_{i\cdot}\sqrt{p_{\cdot p}}}\right), \ i=1,2,\cdots,n.$$

以第 i 个样品的概率 $p_{i\cdot}$ 作为权重来计算第 j 个变量的加权平均

$$\sum_{i=1}^{n} \frac{p_{ij}}{p_{i\cdot}\sqrt{p_{\cdot j}}} p_{i\cdot} = \sum_{i=1}^{n} \frac{p_{ij}}{\sqrt{p_{\cdot j}}} = \sqrt{p_{\cdot j}}, \ j = 1, 2, \cdots, p.$$

用加权方法计算第 j, j' 变量的协方差,

$$\begin{aligned} s_{jj'} &= \sum_{i=1}^{n} \left(\frac{p_{ij}}{p_{i\cdot}\sqrt{p_{\cdot j}}} - \sqrt{p_{\cdot j}} \right) \left(\frac{p_{ij'}}{p_{i\cdot}\sqrt{p_{\cdot j'}}} - \sqrt{p_{\cdot j'}} \right) p_{i\cdot} \\ &= \sum_{i=1}^{n} \left(\frac{p_{ij}}{\sqrt{p_{i\cdot}p_{\cdot j}}} - \sqrt{p_{i\cdot}p_{\cdot j}} \right) \left(\frac{p_{ij'}}{\sqrt{p_{i\cdot}p_{\cdot j'}}} - \sqrt{p_{i\cdot}p_{\cdot j'}} \right) \\ &= \sum_{i=1}^{n} \frac{p_{ij} - p_{i\cdot}p_{\cdot j}}{\sqrt{p_{i\cdot}p_{\cdot j}}} \cdot \frac{p_{ij'} - p_{i\cdot}p_{\cdot j'}}{\sqrt{p_{i\cdot}p_{\cdot j'}}} \\ &\triangleq \sum_{i=1}^{n} z_{ij} z_{ij'}, \ j, j' = 1, 2, \cdots, p, \end{aligned}$$

其中,

$$z_{ij} = \frac{p_{ij} - p_{i\cdot}p_{\cdot j}}{\sqrt{p_{i\cdot}p_{\cdot j}}} = \frac{x_{ij} - \dfrac{x_{i\cdot}x_{\cdot j}}{x_{\cdot\cdot}}}{\sqrt{x_{i\cdot}x_{\cdot j}}}, \ i = 1, 2, \cdots, n. \tag{9.10}$$

由于 $\boldsymbol{Z} = (z_{ij})_{n \times p}$, 所以**变量**的协差阵为

$$\boldsymbol{S}_r = \boldsymbol{Z}^{\mathrm{T}} \boldsymbol{Z} = (s_{ij})_{p \times p}. \tag{9.11}$$

类似地, 考虑 Q 型因子分析, 从概率矩阵 $\boldsymbol{P}$ 出发计算**样品**的协差阵为

$$\boldsymbol{S}_q = \boldsymbol{Z} \boldsymbol{Z}^{\mathrm{T}} = (\tilde{s}_{ij})_{n \times n}. \tag{9.12}$$

因此, 如果从因子分析的角度来理解对应分析, 可以把式 (9.10) 理解为从同时研究 R 型和 Q 型因子分析的角度导出的数据变换公式, 由式 (9.10) 得到的矩阵 $\boldsymbol{Z} = (z_{ij})_{n \times p}$ 可以看作由概率矩阵 $\boldsymbol{P} = (p_{ij})_{n \times p}$ 经过某种中心化和标准化变换得到的矩阵. 在很多统计模型中, 为了消除量纲和数据量级的影响, 经常需要对数据做变换, 比如标准化、归一化等, 这些变换对变量和样品是非对称的, 这种非对称变换是导致变量和样品关系复杂化的主要原因. 对应分析中采用的这种数据变换方法能够克服这种非对称性.

记

$$m_{ij} = \frac{x_{i\cdot}x_{\cdot j}}{x_{\cdot\cdot}} = x_{\cdot\cdot}p_{i\cdot}p_{\cdot j}, \ i = 1, 2, \cdots, n, j = 1, 2, \cdots, p, \tag{9.13}$$

m_{ij} 是假定行与列两个属性变量不相关时在单元 (i, j) 上的期望频数. 可以使用 χ^2 统计量

$$\chi^2 = \sum_{i=1}^{n} \sum_{j=1}^{p} \frac{(x_{ij} - m_{ij})^2}{m_{ij}} = x_{\cdot\cdot} \sum_{i=1}^{n} \sum_{j=1}^{p} \frac{(p_{ij} - p_{i\cdot}p_{\cdot j})^2}{p_{i\cdot}p_{\cdot j}} \tag{9.14}$$

检验行与列两个属性变量是否相关.

　　在因子分析中, R 型因子分析和 Q 型因子分析都是从分析观测数据矩阵出发的, 它们是反映一个整体的不同侧面, 因而它们之间一定存在内在联系. 对应分析就是通过某种特定的标准化变换后得到的对应变换矩阵 $\boldsymbol{Z}$ 将两者有机地结合起来. 具体地, 就是首先给出变量的 R 型因子分析的协方差阵 $\boldsymbol{S}_r = \boldsymbol{Z}^{\mathrm{T}}\boldsymbol{Z}$ 和样品的 Q 型因子分析的协方差阵 $\boldsymbol{S}_q = \boldsymbol{Z}\boldsymbol{Z}^{\mathrm{T}}$. 由于矩阵 $\boldsymbol{S}_r$ 和 $\boldsymbol{S}_q$ 有相同的非零特征值, 记为 $\lambda_1 \geqslant \lambda_2 \geqslant \cdots \geqslant \lambda_m > 0$, 如果 $\boldsymbol{S}_r$ 的对应于特征值 λ_j 的标准化特征向量为 $\boldsymbol{u}_j$, 则类似于式 (9.6) 的论述, 我们容易证明, $\boldsymbol{S}_q$ 的对应于同一特征值的标准化特征向量为

$$\boldsymbol{v}_j = \frac{1}{\sqrt{\lambda_j}} \boldsymbol{Z}\boldsymbol{u}_j, j = 1, 2, \cdots, m. \tag{9.15}$$

当样本容量 $n(\gg p)$ 很大时, 直接计算矩阵 $\boldsymbol{S}_q$ 的特征向量会占用相当大的计算机内存, 也会大大降低计算速度. 利用式 (9.15), 很容易从 $\boldsymbol{S}_r$ 的特征向量得到 $\boldsymbol{S}_q$ 的特征向量. 并且由 $\boldsymbol{S}_r$ 的特征值和特征向量即可得到 R 型因子分析的因子载荷矩阵 $\boldsymbol{A}$ 和 Q 型因子分析的因子载荷矩阵 $\boldsymbol{B}$, 即有

$$\boldsymbol{A} = (\sqrt{\lambda_1}\boldsymbol{u}_1, \sqrt{\lambda_2}\boldsymbol{u}_2, \cdots, \sqrt{\lambda_m}\boldsymbol{u}_m) = \boldsymbol{U}\boldsymbol{\Lambda}_1^{\frac{1}{2}},$$

$$\boldsymbol{B} = (\sqrt{\lambda_1}\boldsymbol{v}_1, \sqrt{\lambda_2}\boldsymbol{v}_2, \cdots, \sqrt{\lambda_m}\boldsymbol{v}_m) = (\boldsymbol{Z}\boldsymbol{u}_1, \boldsymbol{Z}\boldsymbol{u}_2, \cdots, \boldsymbol{Z}\boldsymbol{u}_m)$$

$$= \boldsymbol{Z}(\boldsymbol{u}_1, \boldsymbol{u}_2, \cdots, \boldsymbol{u}_m) = \boldsymbol{Z}\boldsymbol{U},$$

其中, $\boldsymbol{U} = (\boldsymbol{u}_1, \boldsymbol{u}_2, \cdots, \boldsymbol{u}_m)$, $\boldsymbol{\Lambda}_1 = \mathbf{diag}(\lambda_1, \lambda_2, \cdots, \lambda_m)$. 则

$$\boldsymbol{Z} = \boldsymbol{V}\boldsymbol{\Lambda}_1^{\frac{1}{2}}\boldsymbol{U}$$

就是 $\boldsymbol{Z}$ 的奇异值分解, $\sqrt{\lambda_j}, j = 1, 2, \cdots, m$ 是 $\boldsymbol{Z}$ 的奇异值. 令

$$\boldsymbol{F} = \boldsymbol{D}_r^{-\frac{1}{2}}\boldsymbol{A} = \boldsymbol{D}_r^{-\frac{1}{2}}\boldsymbol{U}\boldsymbol{\Lambda}_1^{\frac{1}{2}}, \boldsymbol{G} = \boldsymbol{D}_c^{-\frac{1}{2}}\boldsymbol{B} = \boldsymbol{D}_c^{-\frac{1}{2}}\boldsymbol{Z}\boldsymbol{U}, \tag{9.16}$$

则 $\boldsymbol{F}, \boldsymbol{G}$ 即为式 (9.8) 所定义的行、列主坐标, 其中,

$$\boldsymbol{D}_r = \mathbf{diag}(p_{1\cdot}, p_{2\cdot}, \cdots, p_{n\cdot}), \boldsymbol{D}_c = \mathbf{diag}(p_{\cdot 1}, p_{\cdot 2}, \cdots, p_{\cdot p}).$$

　　由于 $\boldsymbol{S}_r$ 和 $\boldsymbol{S}_q$ 具有相同的非零特征值, 而这些特征值又是各个公共因子的方差, 因此可以用相同的因子轴同时表示变量点和样品点, 即把变量点和样品点同时反映在具有相同坐标轴的一张因子平面上, 作变量点和样品点的因子图, 以便对变量点和样本点一起考虑进行更加细致的分类. 具体地, 分别分析 $\boldsymbol{A}$ 的前两列 $(\boldsymbol{a}_1, \boldsymbol{a}_2)$ 上变量之间的关系、$\boldsymbol{B}$ 的前两列 $(\boldsymbol{b}_1, \boldsymbol{b}_2)$ 上样品之间的关系, 并同时综合分析变量和样品之间的关系, 对变量点和样本点一起考虑进行分类. 也可以使用类似于式 (9.7) 的标准化坐标或式 (9.16) 定义的行、列主坐标.

由式 (9.10) 和式 (9.13) 可知,

$$\chi^2 = x.. \sum_{i=1}^{n} \sum_{j=1}^{p} z_{ij}^2 = x.. \boldsymbol{Q}, \tag{9.17}$$

其中,

$$\boldsymbol{Q} = \sum_{i=1}^{n} \sum_{j=1}^{p} z_{ij}^2 = \mathrm{tr}(\boldsymbol{Z}^{\mathrm{T}}\boldsymbol{Z}) = \sum_{j=1}^{k} \lambda_j \tag{9.18}$$

称为**总惯量**, $\lambda_j, j = 1, 2, \cdots, k$ 是 $\boldsymbol{S}_r = \boldsymbol{Z}^{\mathrm{T}}\boldsymbol{Z}$ 的非零特征值.

【例 9.3】(Boston.csv)   对波士顿房价数据做对应分析.

解   记数据矩阵为 $\mathcal{X}$, $n = 506, p = 14$, 计算得 $x.. = 472348.2$, 将其规格化为概率矩阵 $\boldsymbol{P} = \dfrac{\mathcal{X}}{x..}$. 记 $\boldsymbol{r}$ 与 $\boldsymbol{c}$ 分别表示 $\boldsymbol{P}$ 的行和与列和, $\boldsymbol{D}_r = \mathbf{diag}(\boldsymbol{r})$, $\boldsymbol{D}_c = \mathbf{diag}(\boldsymbol{c})$, 则对应变换矩阵

$$\boldsymbol{Z} = \boldsymbol{D}_r^{-\frac{1}{2}} (\boldsymbol{P} - \boldsymbol{r}\boldsymbol{c}^{\mathrm{T}}) \boldsymbol{D}_c^{-\frac{1}{2}} = (z_{ij})_{506 \times 14},$$

于是, $\chi^2 = x.. \sum_{i=1}^{506} \sum_{j=1}^{14} z_{ij}^2 = 82503.19$, 取显著性水平 0.05, 易知 $\chi^2_{0.05}(505 \times 13) = 6754.608$, 拒绝行、列独立性的零假设, 认为行、列是相关的.

对 $\boldsymbol{S} = \boldsymbol{Z}^{\mathrm{T}}\boldsymbol{Z}$ 做特征值分解, 得到最大的 2 个特征值 $\lambda_1 = 0.1004, \lambda_2 = 0.0449$, 选取因子数 $m = 2$, 可以使累积贡献率达到 83.18%. 求出 $\boldsymbol{S} = \boldsymbol{Z}^{\mathrm{T}}\boldsymbol{Z}$ 的特征值 λ_1, λ_2 对应的单位正交特征向量为

$$\begin{aligned}
\boldsymbol{u}_1 = (&0.2557, -0.5192, 0.1275, -0.0046, 0.0042, -0.0372, 0.1487, -0.0992, \\
&0.1914, 0.4978, -0.0205, -0.5419, 0.0980, -0.1654)^{\mathrm{T}},
\end{aligned}$$

$$\begin{aligned}
\boldsymbol{u}_2 = (&0.1892, 0.8009, -0.0403, -0.0139, -0.0061, -0.0104, -0.1884, 0.0391, \\
&0.1173, 0.3148, -0.0335, -0.4101, -0.0291, -0.0288)^{\mathrm{T}},
\end{aligned}$$

于是, $\boldsymbol{Z}\boldsymbol{Z}^{\mathrm{T}}$ 的对应于特征值 λ_1, λ_2 的单位正交特征向量为 $\boldsymbol{v}_1 = \dfrac{1}{\sqrt{\lambda_1}} \boldsymbol{Z}\boldsymbol{u}_1, \boldsymbol{v}_2 = \dfrac{1}{\sqrt{\lambda_2}} \boldsymbol{Z}\boldsymbol{u}_2$. 令 $\boldsymbol{U} = (\boldsymbol{u}_1, \boldsymbol{u}_2), \boldsymbol{V} = (\boldsymbol{v}_1, \boldsymbol{v}_2)$, 得标准化坐标 $\boldsymbol{X} = \boldsymbol{D}_c^{-\frac{1}{2}} \boldsymbol{U}, \boldsymbol{Y} = \boldsymbol{D}_r^{-\frac{1}{2}} \boldsymbol{V}$. 将 $\boldsymbol{X}$ 的两列和 $\boldsymbol{Y}$ 的两列在同一张图上作出散点图, 得到图 9.3, 其中横坐标是 $\boldsymbol{X}, \boldsymbol{Y}$ 的第 1 列, 纵坐标是 $\boldsymbol{X}, \boldsymbol{Y}$ 的第 2 列, 不同的变量和样品都用点来表示, 而且显示相应的向量, 向量的夹角大小表示它们的相关程度. 从图 9.3 可以看出哪些房子与 crim 密切相关, 哪些房子与 zn 密切相关等. 还可以做出变量对各维的贡献 (按百分比), 如图 9.4 所示, 颜色深、尺寸大的变量影响大.   □

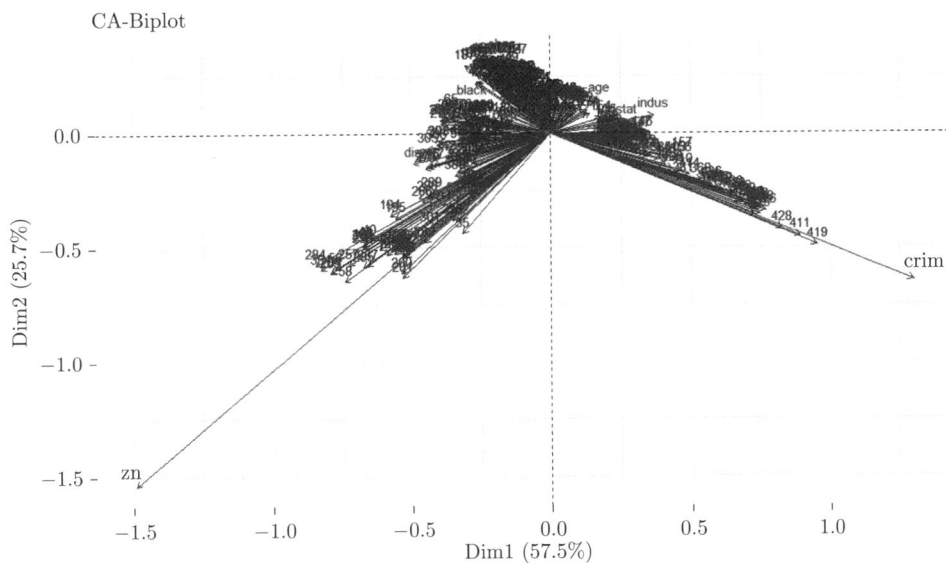

图 9.3　波士顿房价数据的对应分析图

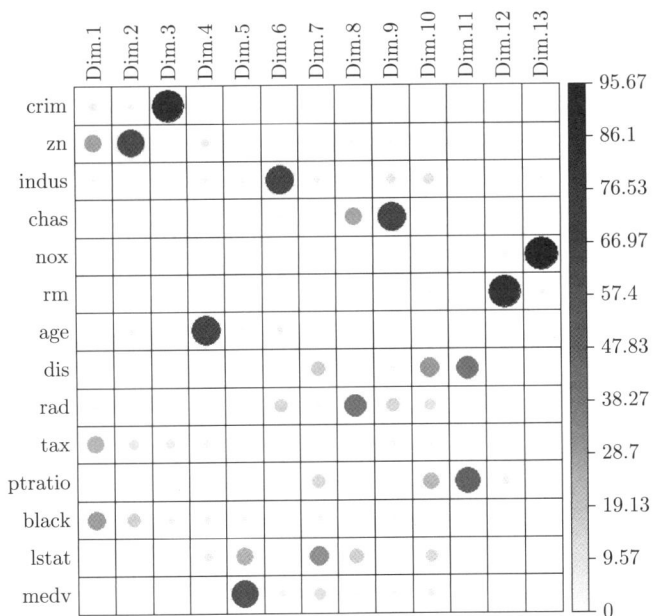

图 9.4　波士顿房价数据中的变量对各维的贡献 (按百分比)

9.1.3　案例: 凡纳滨对虾和马氏珠母贝、多鳞鱚生态养殖的水质变化

本案例的试验设计和数据均来自周银环和黄海立 (2021).

凡纳滨对虾 (Litopenaeus vannamei), 俗称南美白对虾, 原产于太平洋沿岸水域秘鲁北部至墨西哥桑诺拉一带, 1988 年由张伟权教授引进我国, 因其生长迅速, 抗病力强, 肉味鲜美和出肉率高而成为目前国内外广泛养殖的优良品种之一, 在我国沿海地区养殖范围较广. 马氏珠母贝 (Pinctada martensii) 是人工培育海水珍珠的主要母贝之一, 我国驰名中外的 "南珠" 正是由马氏珠母贝培育而成. 多鳞鱚 (Sillago sihama) 俗称沙钻, 船丁鱼, 分布于红海、印度洋、太平洋和我国沿海等地, 具有较高的经济价值.

养殖水体富营养化是现今凡纳滨对虾养殖面临的问题, 水体富营养化主要是养殖环境中浮游植物过量生长, 深层次的原因是对虾养殖中过量的投饵及高密度的养殖模式等导致水体中氮、磷等元素含量增高, 产生一些对对虾有害的水质因子. 贝类可以以水中的浮游植物作为饵料, 多鳞鱚作为底层鱼可以摄食水体的残饵及有机物, 有利于养殖水体的净化和改善. 在凡纳滨对虾养殖过程中搭配一定密度的马氏珠母贝和多鳞鱚进行生态养殖, 能够起到净化水质的作用.

周银环和黄海立 (2021) 设计了对照组、A 组和 B 组 3 组试验, 分别在 10 m² 的水泥池中, 对照组投放 30 尾/m² 的凡纳滨对虾; A 组投放 30 尾/m² 的凡纳滨对虾、2 尾/m² 的多鳞鱚和 9 只/m² 的马氏珠母贝; B 组投放 30 尾/m² 的凡纳滨对虾、4 尾/m² 的多鳞鱚和 12 只/m² 的马氏珠母贝. 间隔一定时间测量了池中的 pH、溶氧 (ox, mg/L)、悬浮物 (so, mg/L)、透明度 (tr, cm) 和叶绿素 a (ch) 的含量. 具体数据见表 9.5.

表 9.5 凡纳滨对虾和马氏珠母贝、多鳞鱚生态养殖的水质

序号	时间	pH	溶氧	悬浮物	透明度	叶绿素 a	组别
1	20191102	7.92	7.39	18.8	118.0	0.110	对照组
2	20191112	8.03	8.05	28.3	91.0	0.287	对照组
3	20191122	8.59	8.22	38.4	71.8	0.472	对照组
4	20191202	8.43	8.16	30.6	60.5	0.655	对照组
5	20191212	8.10	8.57	33.0	49.0	0.754	对照组
6	20191222	9.06	10.55	55.3	59.5	0.501	对照组
7	20200102	9.14	9.07	68.6	35.9	0.583	对照组
8	20200111	9.11	6.06	53.2	35.7	0.515	对照组
9	20200119	9.10	6.32	60.6	33.2	0.556	对照组
10	20191102	7.92	7.39	18.8	118.0	0.110	A 组
11	20191112	8.09	7.76	26.7	98.7	0.183	A 组
12	20191122	8.76	8.24	36.6	87.8	0.251	A 组
13	20191202	7.98	7.96	29.5	78.7	0.504	A 组
14	20191212	7.91	8.78	30.4	63.9	0.516	A 组
15	20191222	8.75	13.43	31.3	60.6	0.424	A 组
16	20200102	8.83	10.12	51.3	55.5	0.519	A 组
17	20200111	8.13	5.97	55.1	51.6	0.449	A 组
18	20200119	8.21	6.06	56.5	50.6	0.508	A 组
19	20191102	7.92	7.39	18.8	118.0	0.110	B 组
20	20191112	7.97	8.26	20.7	109.3	0.188	B 组

(续)

序号	时间	pH	溶氧	悬浮物	透明度	叶绿素 a	组别
21	20191122	8.32	8.34	26.9	96.9	0.312	B 组
22	20191202	7.95	7.15	26.5	81.1	0.514	B 组
23	20191212	7.77	7.36	26.1	69.2	0.588	B 组
24	20191222	8.33	11.11	33.2	63.0	0.503	B 组
25	20200102	8.77	8.81	33.8	62.0	0.522	B 组
26	20200111	7.93	6.73	42.2	56.4	0.202	B 组
27	20200119	8.40	6.34	46.4	59.4	0.309	B 组

(1) 将 pH 值离散化, pH< 8 记为 "low_pH", pH⩾ 9 记为 "high_pH", 其余记为 "med_pH". 得到组别与 pH 值的列联表如表 9.6.

表 9.6　组别与 pH 值的二维列联表

		pH low_pH	med_pH	high_pH	行和
group	A	3	6	0	9
	B	5	4	0	9
	control	1	4	4	9
	列和	9	14	4	27

记数据矩阵 $\boldsymbol{N} = \begin{pmatrix} 3 & 6 & 0 \\ 5 & 4 & 0 \\ 1 & 4 & 4 \end{pmatrix}$, 总样本数 $n = 27$. 将其规格化为概率矩阵

$$\boldsymbol{P} = \frac{\boldsymbol{N}}{506} = \left(\begin{array}{ccc|c} 0.1111 & 0.22222 & 0 & 0.3333 \\ 0.1852 & 0.1482 & 0 & 0.3333 \\ 0.0370 & 0.1482 & 0.1482 & 0.3333 \\ \hline 0.3333 & 0.5185 & 0.1482 & 1 \end{array}\right),$$

其中的最后 1 列、行分别是行、列边际频率. 记

$$\boldsymbol{r} = (0.3333, 0.3333, 0.3333)^{\mathrm{T}},$$

$$\boldsymbol{c} = (0.3333, 0.5185, 0.1482)^{\mathrm{T}},$$

$$\boldsymbol{D}_r = \mathbf{diag}(\boldsymbol{r}), \boldsymbol{D}_c = \mathbf{diag}(\boldsymbol{c}),$$

则 $\boldsymbol{P}$ 的标准化残差矩阵

$$\boldsymbol{Z} = \boldsymbol{D}_r^{-\frac{1}{2}}(\boldsymbol{P} - \boldsymbol{r}\boldsymbol{c}^{\mathrm{T}})\boldsymbol{D}_c^{-\frac{1}{2}}$$

$$= \begin{pmatrix} 0.0000 & 0.1188 & -0.2222 \\ 0.2222 & -0.0594 & -0.2222 \\ -0.2222 & -0.0594 & 0.4444 \end{pmatrix} = (z_{ij})_{3 \times 3},$$

于是, $\chi^2 = n \sum\limits_{i=1}^{3} \sum\limits_{j=1}^{3} z_{ij}^2 = 11.2381$, 取显著性水平 0.05, 易知 $\chi_{0.05}^2(4) = 9.4877$, 拒绝行、列独立性的零假设, 认为行、列是相关的.

对 $\boldsymbol{S} = \boldsymbol{Z}^{\mathrm{T}} \boldsymbol{Z} = \begin{pmatrix} 0.0988 & 0.0000 & -0.1482 \\ 0.0000 & 0.0212 & -0.0396 \\ -0.1482 & -0.0396 & 0.2963 \end{pmatrix}$ 做特征值分解, 得到非零特征

值 $\alpha_1^2 = 0.3790, \alpha_2^2 = 0.0372$, 对应的单位正交特征向量为

$$\boldsymbol{u}_1 = (-0.4652, -0.0974, 0.8799)^{\mathrm{T}},$$

$$\boldsymbol{u}_2 = (0.6710, -0.6870, 0.2787)^{\mathrm{T}},$$

于是, $\boldsymbol{Z}\boldsymbol{Z}^{\mathrm{T}}$ 的对应于 α_1^2, α_2^2 的单位正交特征向量为

$$\boldsymbol{v}_1 = (-0.3364, -0.4761, 0.8125)^{\mathrm{T}},$$

$$\boldsymbol{v}_2 = (-0.7440, 0.6633, 0.0807)^{\mathrm{T}}.$$

令

$$\boldsymbol{U} = (\boldsymbol{u}_1, \boldsymbol{u}_2) = \begin{pmatrix} -0.4652 & 0.6710 \\ -0.0974 & -0.6870 \\ 0.8799 & 0.2787 \end{pmatrix},$$

$$\boldsymbol{V} = (\boldsymbol{v}_1, \boldsymbol{v}_2) = \begin{pmatrix} -0.3364 & -0.7440 \\ -0.4761 & 0.6633 \\ 0.8125 & 0.0807 \end{pmatrix},$$

得标准化坐标

$$\boldsymbol{X} = \boldsymbol{D}_c^{-1/2} \boldsymbol{U} = \begin{pmatrix} -0.8057 & 1.1623 \\ -0.1352 & -0.9541 \\ 2.2859 & 0.7242 \end{pmatrix},$$

$$\boldsymbol{Y} = \boldsymbol{D}_r^{-1/2} \boldsymbol{V} = \begin{pmatrix} -0.5826 & -1.2886 \\ -0.8247 & 1.1489 \\ 1.4073 & 0.1397 \end{pmatrix}.$$

将 $\boldsymbol{X}$ 的两列和 $\boldsymbol{Y}$ 的两列在同一张图上作出散点图, 得到图 9.5, 其中横坐标是 $\boldsymbol{X}, \boldsymbol{Y}$ 的第 1 列, 纵坐标是 $\boldsymbol{X}, \boldsymbol{Y}$ 的第 2 列, 不同的组别和 pH 值都用点来表示, 而且显示

相应的向量, 一个变量各个水平与另一个变量各个水平的夹角大小表示它们的相关程度. 可以看出, 对照组对应着高 pH 值, B 组对应着低 pH 值, 而 A 组对应着中 pH 值. 还可以做出行、列变量对各维的贡献 (按百分比), 如图 9.6 所示, 颜色深、尺寸大的变量对行、列影响大.

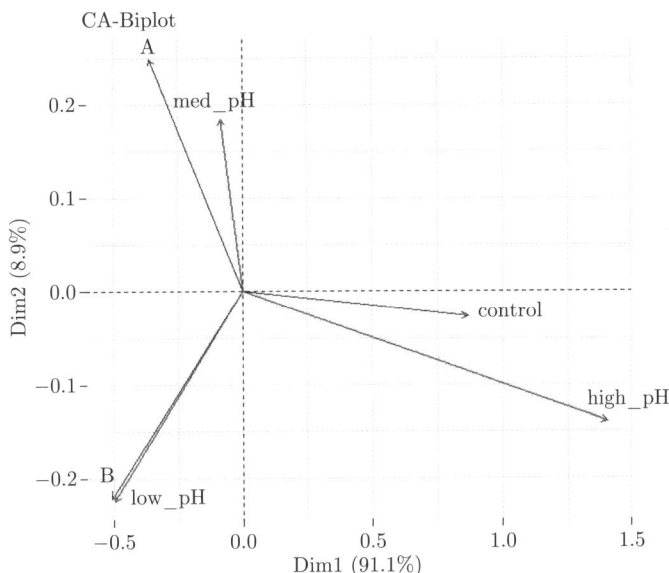

图 9.5　组别与 pH 值的列联表的对应分析图

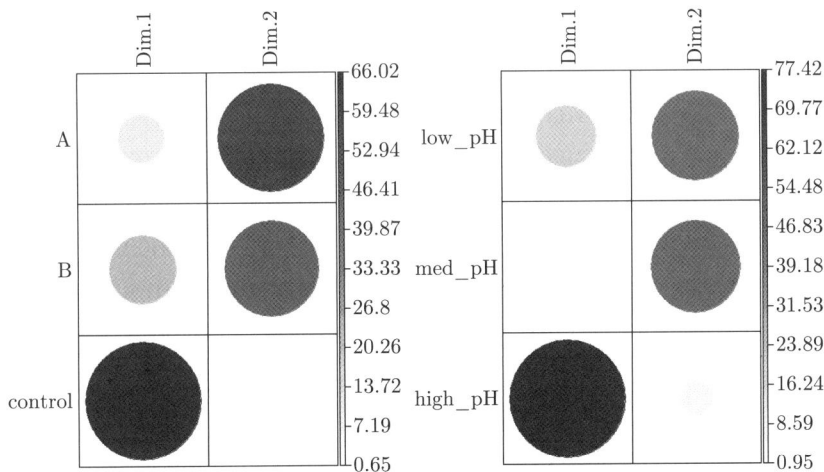

图 9.6　行、列变量对各维的贡献 (按百分比)

根据周银环和黄海立 (2021), 凡纳滨对虾养殖环境中适宜 pH 范围为 7.7~8.8, B 组能够保持水质 pH 值在适宜范围内.

(2) 对连续型的数据按组别分组做对应分析. 首先是对照组. 记 $\mathcal{X}_1$ 是表 9.5 中前 9 行、2~6 列的数据构成的矩阵, $n = 9, p = 5$. 计算得矩阵 $\mathcal{X}_1$ 的所有元素之和为

$x_{..} = 1095.703$, 将其规格化为概率矩阵

$$P = \frac{1}{x_{..}} \mathcal{X}_1 = \begin{pmatrix} 0.0072 & 0.0067 & 0.0172 & 0.1077 & 0.0001 \\ 0.0073 & 0.0074 & 0.0258 & 0.0831 & 0.0003 \\ 0.0078 & 0.0075 & 0.0350 & 0.0655 & 0.0004 \\ 0.0077 & 0.0075 & 0.0279 & 0.0552 & 0.0006 \\ 0.0074 & 0.0078 & 0.0301 & 0.0447 & 0.0007 \\ 0.0083 & 0.0096 & 0.0505 & 0.0543 & 0.0005 \\ 0.0083 & 0.0083 & 0.0626 & 0.0328 & 0.0005 \\ 0.0083 & 0.0055 & 0.0486 & 0.0326 & 0.0005 \\ 0.0083 & 0.0058 & 0.0553 & 0.0303 & 0.0005 \end{pmatrix}.$$

记 r 与 c 分别表示 P 的行和与列和, 即,

$$r = (0.1389, 0.1238, 0.1163, 0.0989, 0.0907,$$
$$0.1231, 0.1125, 0.0955, 0.1002)^{\mathrm{T}},$$
$$c = (0.0707, 0.0661, 0.3530, 0.5062, 0.0041)^{\mathrm{T}},$$

记 $D_r = \mathbf{diag}(r), D_c = \mathbf{diag}(c)$, 则对应变换矩阵

$$Z = (z_{ij})_{9 \times 5} = D_r^{-\frac{1}{2}} (P - rc^{\mathrm{T}}) D_c^{-\frac{1}{2}}$$
$$= \begin{pmatrix} -0.0262 & -0.0254 & -0.1440 & 0.1410 & -0.0195 \\ -0.0153 & -0.0092 & -0.0855 & 0.0814 & -0.0107 \\ -0.0043 & -0.0021 & -0.0297 & 0.0274 & -0.0018 \\ 0.0084 & 0.0113 & -0.0374 & 0.0231 & 0.0099 \\ 0.0122 & 0.0236 & -0.0107 & -0.0056 & 0.0168 \\ -0.0047 & 0.0166 & 0.0336 & -0.0321 & -0.0018 \\ 0.0043 & 0.0098 & 0.1148 & -0.1014 & 0.0036 \\ 0.0191 & -0.0098 & 0.0809 & -0.0716 & 0.0043 \\ 0.0145 & -0.0105 & 0.1060 & -0.0906 & 0.0051 \end{pmatrix},$$

于是, $\chi^2 = x_{..} \sum_{i=1}^{9} \sum_{j=1}^{5} z_{ij}^2 = 131.1493$, 取显著性水平 0.05, 易知 $\chi^2_{0.05}(8 \times 4) = 46.1943$, 拒绝行、列独立性的零假设, 认为行、列是相关的. 对

$$S = Z^{\mathrm{T}} Z$$

$$= \begin{pmatrix} 0.0018 & 0.0008 & 0.0082 & -0.0079 & 0.0012 \\ 0.0008 & 0.0020 & 0.0036 & -0.0041 & 0.0010 \\ 0.0082 & 0.0036 & 0.0625 & -0.0570 & 0.0045 \\ -0.0079 & -0.0041 & -0.0570 & 0.0525 & -0.0046 \\ 0.0012 & 0.0010 & 0.0045 & -0.0046 & 0.0009 \end{pmatrix},$$

做特征值分解, 得到 2 个非零特征值 $\lambda_1 = 0.1165, \lambda_2 = 0.0025$, 所以因子数 $m = 2$, 此时累积贡献率达到 99.38%. $\boldsymbol{S} = \boldsymbol{Z}^{\mathrm{T}}\boldsymbol{Z}$ 的特征值 λ_1, λ_2 对应的单位正交特征向量为

$$\boldsymbol{u}_1 = (-0.0992, -0.0485, -0.7315, 0.6705, -0.0563)^{\mathrm{T}},$$

$$\boldsymbol{u}_2 = (0.2847, 0.7834, -0.2923, -0.1839, 0.4313)^{\mathrm{T}},$$

于是, $\boldsymbol{Z}\boldsymbol{Z}^{\mathrm{T}}$ 的对应于特征值 λ_1, λ_2 的单位正交特征向量为

$$\boldsymbol{v}_1 = \frac{1}{\sqrt{\lambda_1}}\boldsymbol{Z}\boldsymbol{u}_1 = (0.5999, 0.3508, 0.1193, 0.1198, 0.0022, -0.1358,$$
$$-0.4485, -0.3189, -0.4089)^{\mathrm{T}},$$

$$\boldsymbol{v}_2 = \frac{1}{\sqrt{\lambda_2}}\boldsymbol{Z}\boldsymbol{u}_2 = (-0.3937, -0.1233, 0.00004, 0.4461, 0.6702, 0.1394,$$
$$-0.0901, -0.2189, -0.3258)^{\mathrm{T}}.$$

令 $\boldsymbol{U} = (\boldsymbol{u}_1, \boldsymbol{u}_2), \boldsymbol{V} = (\boldsymbol{v}_1, \boldsymbol{v}_2)$, 得标准化坐标

$$\boldsymbol{X} = \boldsymbol{D}_c^{-\frac{1}{2}}\boldsymbol{U} = \begin{pmatrix} -0.3729 & 1.0705 \\ -0.1888 & 3.0477 \\ -1.2311 & -0.4920 \\ 0.9425 & -0.2584 \\ -0.8857 & 6.7812 \end{pmatrix},$$

$$\boldsymbol{Y} = \boldsymbol{D}_r^{-\frac{1}{2}}\boldsymbol{V} = \begin{pmatrix} 1.6096 & -1.0562 \\ 0.9968 & -0.3503 \\ 0.3498 & 0.0001 \\ 0.3808 & 1.4186 \\ 0.0073 & 2.2250 \\ -0.3870 & 0.3972 \\ -1.3370 & -0.2686 \\ -1.0323 & -0.7085 \\ -1.2917 & -1.0294 \end{pmatrix}.$$

将 $\boldsymbol{X}$ 的两列和 $\boldsymbol{Y}$ 的两列在同一张图上作出散点图, 得到图 9.7, 其中横坐标是 $\boldsymbol{X}, \boldsymbol{Y}$ 的第 1 列, 纵坐标是 $\boldsymbol{X}, \boldsymbol{Y}$ 的第 2 列, 不同的变量和样品都用点来表示, 而且显示相

应的向量, 向量的夹角大小表示它们的相关程度. 注意到样品是按时间顺序的 9 个测量, 从图 9.7 可以看出, 2019 年 11 月的水质主要是与透明度相关, 2019 年 12 月与 pH 值、溶氧和叶绿素 a 相关, 而到了 2020 年 1 月则主要是与悬浮物相关. 还可以做出变量对各维的贡献 (按百分比), 如图 9.8 所示, 颜色深、尺寸大的变量影响大.

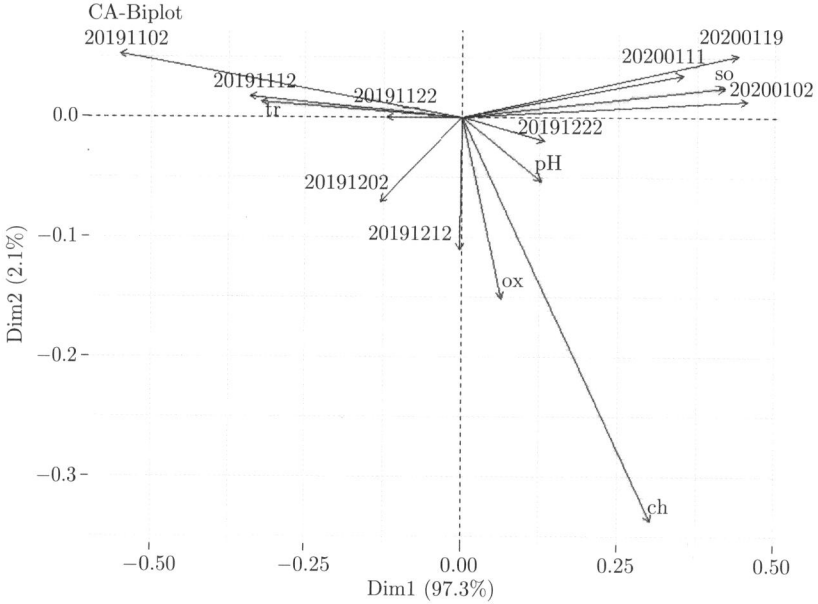

图 9.7　对照组的对应分析图

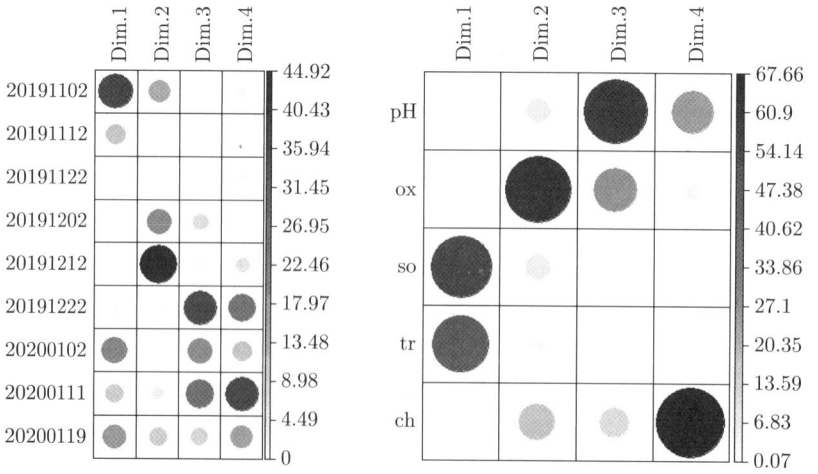

图 9.8　对照组变量对各维的贡献 (按百分比)

然后对 A 组数据做对应分析. 记数据矩阵 $\mathcal{X}_A$ 是表 9.5 中前 10~18 行、2~6 列的数据, $n = 9, p = 5$. 计算得矩阵 $\mathcal{X}_A$ 的所有元素之和为 $x_{..} = 1155.354$, 将其规格化

为概率矩阵

$$P = \frac{1}{x_{..}}\mathcal{X}_A = \begin{pmatrix} 0.0069 & 0.0064 & 0.0163 & 0.1021 & 0.0001 \\ 0.0070 & 0.0067 & 0.0231 & 0.0854 & 0.0002 \\ 0.0076 & 0.0071 & 0.0317 & 0.0760 & 0.0002 \\ 0.0069 & 0.0069 & 0.0255 & 0.0681 & 0.0004 \\ 0.0069 & 0.0076 & 0.0263 & 0.0553 & 0.0004 \\ 0.0076 & 0.0116 & 0.0271 & 0.0525 & 0.0004 \\ 0.0076 & 0.0088 & 0.0444 & 0.0480 & 0.0004 \\ 0.0070 & 0.0052 & 0.0477 & 0.0447 & 0.0004 \\ 0.0071 & 0.0053 & 0.0489 & 0.0438 & 0.0004 \end{pmatrix}.$$

记 r 与 c 分别表示 P 的行和与列和, 即,

$$r = (0.1318, 0.1224, 0.1226, 0.1079, 0.0965,$$
$$0.0991, 0.1093, 0.1049, 0.1055)^T,$$
$$c = (0.0646, 0.0655, 0.2910, 0.5759, 0.0030)^T,$$

记 $D_r = \mathbf{diag}(r), D_c = \mathbf{diag}(c)$, 则对应变换矩阵

$$Z = (z_{ij})_{9 \times 5} = D_r^{-\frac{1}{2}}(P - rc^T)D_c^{-\frac{1}{2}}$$
$$= \begin{pmatrix} -0.0179 & -0.0241 & -0.1127 & 0.0953 & -0.0151 \\ -0.0101 & -0.0146 & -0.0663 & 0.0562 & -0.0109 \\ -0.0037 & -0.0101 & -0.0212 & 0.0203 & -0.0078 \\ -0.0007 & -0.0021 & -0.0331 & 0.0240 & 0.0063 \\ 0.0078 & 0.0160 & -0.0106 & -0.0012 & 0.0092 \\ 0.0147 & 0.0636 & -0.0103 & -0.0194 & 0.0041 \\ 0.0070 & 0.0189 & 0.0707 & -0.0594 & 0.0067 \\ 0.0032 & -0.0206 & 0.0982 & -0.0642 & 0.0042 \\ 0.0036 & -0.0201 & 0.1039 & -0.0688 & 0.0069 \end{pmatrix},$$

于是, $\chi^2 = x_{..}\sum_{i=1}^{9}\sum_{j=1}^{5}z_{ij}^2 = 90.2390$, 取显著性水平 0.05, 易知 $\chi_{0.05}^2(8 \times 4) = 46.1943$, 拒绝行、列独立性的零假设, 认为行、列是相关的. 对

$$S = Z^T Z$$

$$= \begin{pmatrix} 0.0008 & 0.0017 & 0.0037 & -0.0035 & 0.0006 \\ 0.0017 & 0.0064 & 0.0004 & -0.0030 & 0.0009 \\ 0.0037 & 0.0004 & 0.0443 & -0.0331 & 0.0039 \\ -0.0035 & -0.0030 & -0.0331 & 0.0260 & -0.0033 \\ 0.0006 & 0.0009 & 0.0039 & -0.0033 & 0.0007 \end{pmatrix},$$

做特征值分解, 得到 2 个非零特征值 $\lambda_1 = 0.0703, \lambda_2 = 0.0075$, 所以因子数 $m = 2$, 此时累积贡献率达到 99.69%. $\boldsymbol{S} = \boldsymbol{Z}^{\mathrm{T}} \boldsymbol{Z}$ 的特征值 λ_1, λ_2 对应的单位正交特征向量为

$$\boldsymbol{u}_1 = (-0.0746, -0.0362, -0.7895, 0.6037, -0.0732)^{\mathrm{T}},$$

$$\boldsymbol{u}_2 = (0.2183, 0.9138, -0.2399, -0.2187, 0.1094)^{\mathrm{T}},$$

于是, $\boldsymbol{Z}\boldsymbol{Z}^{\mathrm{T}}$ 的对应于特征值 λ_1, λ_2 的单位正交特征向量为

$$\boldsymbol{v}_1 = \frac{1}{\sqrt{\lambda_1}} \boldsymbol{Z}\boldsymbol{u}_1 = (0.5649, 0.3332, 0.1137, 0.1519, 0.0219, -0.02737,$$
$$- 0.3520, -0.4375, -0.4662)^{\mathrm{T}},$$

$$\boldsymbol{v}_2 = \frac{1}{\sqrt{\lambda_2}} \boldsymbol{Z}\boldsymbol{u}_2 = (-0.2463, -0.1511, -0.1178, 0.0146, 0.2323,$$
$$0.7897, 0.1793, -0.3134, -0.3072)^{\mathrm{T}}.$$

令 $\boldsymbol{U} = (\boldsymbol{u}_1, \boldsymbol{u}_2), \boldsymbol{V} = (\boldsymbol{v}_1, \boldsymbol{v}_2)$, 得标准化坐标

$$\boldsymbol{X} = \boldsymbol{D}_c^{-\frac{1}{2}} \boldsymbol{U} = \begin{pmatrix} -0.2934 & 0.8592 \\ -0.1413 & 3.5697 \\ -1.4636 & -0.4446 \\ 0.7954 & -0.2882 \\ -1.3374 & 1.9972 \end{pmatrix},$$

$$\boldsymbol{Y} = \boldsymbol{D}_r^{-\frac{1}{2}} \boldsymbol{V} = \begin{pmatrix} 1.5564 & -0.6786 \\ 0.9522 & -0.4319 \\ 0.3248 & -0.3365 \\ 0.4624 & 0.0443 \\ 0.0704 & 0.7478 \\ -0.0869 & 2.5085 \\ -1.0647 & 0.5425 \\ -1.3507 & -0.9674 \\ -1.4352 & -0.9460 \end{pmatrix}.$$

将 $\boldsymbol{X}$ 的两列和 $\boldsymbol{Y}$ 的两列在同一张图上作出散点图, 得到图 9.9, 其中横坐标是 $\boldsymbol{X}$, $\boldsymbol{Y}$ 的第 1 列, 纵坐标是 $\boldsymbol{X}$, $\boldsymbol{Y}$ 的第 2 列, 不同的变量和样品都用点来表示, 而且显示相应的向量, 向量的夹角大小表示它们的相关程度. 注意到样品是按时间顺序的 9 个测量, 从图 9.9 可以看出, 2019 年 11 月至 12 月初的水质主要是与透明度相关, 2019 年 12 月与 pH 值和溶氧相关, 而到了 2020 年 1 月则主要是与悬浮物和叶绿素 a 相关. 还可以做出变量对各维的贡献 (按百分比), 如图 9.10, 颜色深、尺寸大的变量影响大.

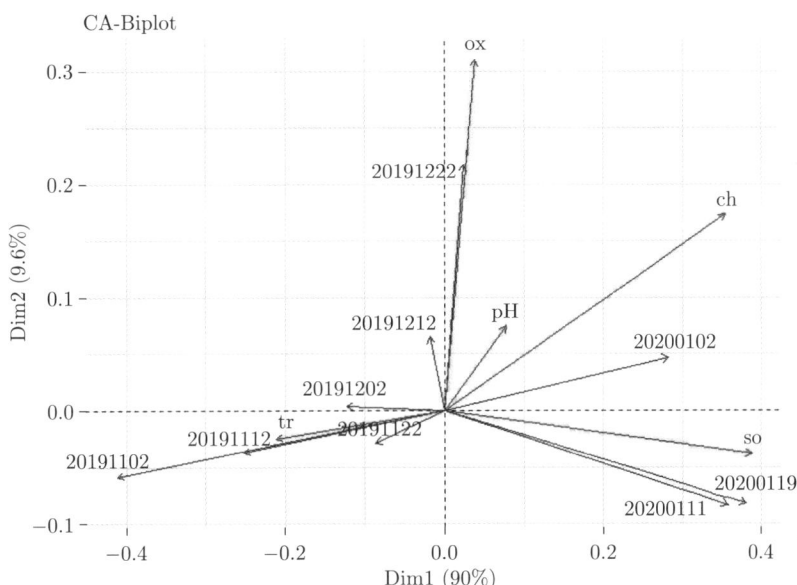

图 9.9　A 组的对应分析图

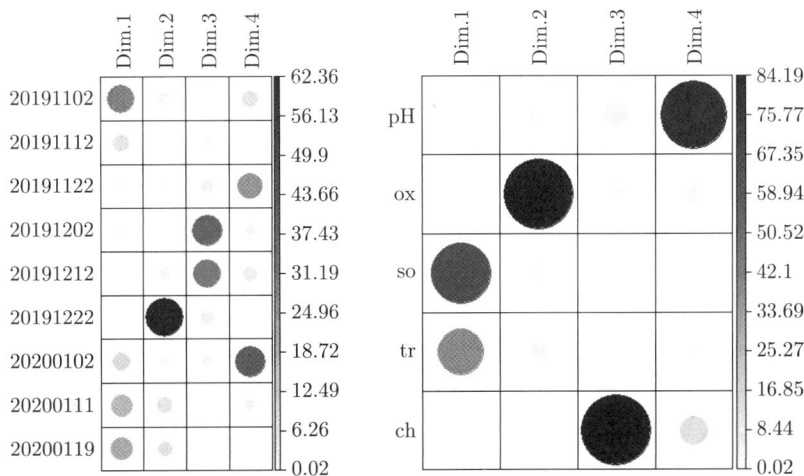

图 9.10　A 组变量对各维的贡献 (按百分比)

最后对 B 组数据做对应分析. 记数据矩阵 $\mathcal{X}_{\mathrm{B}}$ 是表 9.5 中前 19~27 行、2~6 列

的数据, $n = 9, p = 5$. 计算得矩阵 $\mathcal{X}_{\mathrm{B}}$ 的所有元素之和为 $x_{..} = 1137.998$, 将其规格化为概率矩阵

$$
P = \frac{1}{x_{..}} \mathcal{X}_{\mathrm{B}} = \begin{pmatrix}
0.0070 & 0.0065 & 0.0165 & 0.1037 & 0.0001 \\
0.0070 & 0.0073 & 0.0182 & 0.0960 & 0.0002 \\
0.0073 & 0.0073 & 0.0236 & 0.0851 & 0.0003 \\
0.0070 & 0.0063 & 0.0233 & 0.0713 & 0.0005 \\
0.0068 & 0.0065 & 0.0229 & 0.0608 & 0.0005 \\
0.0073 & 0.0098 & 0.0292 & 0.0554 & 0.0004 \\
0.0077 & 0.0077 & 0.0297 & 0.0545 & 0.0005 \\
0.0070 & 0.0059 & 0.0371 & 0.0496 & 0.0002 \\
0.0074 & 0.0056 & 0.0408 & 0.0522 & 0.0003
\end{pmatrix}.
$$

记 r 与 c 分别表示 P 的行和与列和, 即,

$$
\begin{aligned}
r =& (0.1338, 0.1287, 0.1237, 0.1083, 0.0976, \\
& 0.1021, 0.1001, 0.0997, 0.1062)^{\mathrm{T}}, \\
c =& (0.0645, 0.0628, 0.2413, 0.6286, 0.0029)^{\mathrm{T}},
\end{aligned}
$$

记 $D_r = \mathbf{diag}(r), D_c = \mathbf{diag}(c)$, 则对应变换矩阵

$$
\begin{aligned}
Z =& (z_{ij})_{9 \times 5} = D_r^{-\frac{1}{2}}(P - rc^{\mathrm{T}})D_c^{-\frac{1}{2}} \\
=& \begin{pmatrix}
-0.0179 & -0.0208 & -0.0877 & 0.0676 & -0.0146 \\
-0.0142 & -0.0092 & -0.0730 & 0.0534 & -0.0105 \\
-0.0074 & -0.0050 & -0.0360 & 0.0265 & -0.0042 \\
0.00007 & -0.0063 & -0.0176 & 0.0123 & 0.0081 \\
0.0068 & 0.0043 & -0.0039 & -0.0021 & 0.0143 \\
0.0091 & 0.0419 & 0.0290 & -0.0347 & 0.0088 \\
0.0156 & 0.0183 & 0.0357 & -0.0336 & 0.0102 \\
0.0067 & -0.0044 & 0.0840 & -0.0524 & -0.0063 \\
0.0065 & -0.0135 & 0.0946 & -0.0563 & -0.0018
\end{pmatrix},
\end{aligned}
$$

于是, $\chi^2 = x_{..} \sum_{i=1}^{9} \sum_{j=1}^{5} z_{ij}^2 = 61.5083$, 取显著性水平 0.05, 易知 $\chi_{0.05}^2(8 \times 4) = 46.1943$, 拒绝行、列独立性的零假设, 认为行、列是相关的. 对

$$
S = Z^{\mathrm{T}}Z
$$

$$
= \begin{pmatrix}
0.0010 & 0.0011 & 0.0048 & -0.0037 & 0.0007 \\
0.0011 & 0.0029 & 0.0030 & -0.0032 & 0.0010 \\
0.0049 & 0.0030 & 0.0328 & -0.0229 & 0.0019 \\
-0.0037 & -0.0032 & -0.0229 & 0.0165 & -0.0018 \\
0.0007 & 0.0010 & 0.0019 & -0.0018 & 0.0008
\end{pmatrix},
$$

做特征值分解, 得到 2 个非零特征值 $\lambda_1 = 0.0503, \lambda_2 = 0.0033$, 所以因子数 $m = 2$, 此时累积贡献率达到 99.10%. $\boldsymbol{S} = \boldsymbol{Z}^{\mathrm{T}}\boldsymbol{Z}$ 的特征值 λ_1, λ_2 对应的单位正交特征向量为

$$
\boldsymbol{u}_1 = (-0.1254, -0.0935, -0.8037, 0.5714, -0.0559)^{\mathrm{T}},
$$

$$
\boldsymbol{u}_2 = (0.2199, 0.8490, -0.2872, -0.1837, 0.3386)^{\mathrm{T}},
$$

于是, $\boldsymbol{Z}\boldsymbol{Z}^{\mathrm{T}}$ 的对应于特征值 λ_1, λ_2 的单位正交特征向量为

$$
\boldsymbol{v}_1 = \frac{1}{\sqrt{\lambda_1}}\boldsymbol{Z}\boldsymbol{u}_1 = (0.5090, 0.4118, 0.2037, 0.0949, -0.0003,
$$
$$
-0.2170, -0.2326, -0.4347, -0.4802)^{\mathrm{T}},
$$

$$
\boldsymbol{v}_2 = \frac{1}{\sqrt{\lambda_2}}\boldsymbol{Z}\boldsymbol{u}_2 = (-0.2411, -0.0580, -0.0326, 0.0036, 0.2012,
$$
$$
0.6742, 0.3213, -0.3304, -0.4797)^{\mathrm{T}}.
$$

令 $\boldsymbol{U} = (\boldsymbol{u}_1, \boldsymbol{u}_2), \boldsymbol{V} = (\boldsymbol{v}_1, \boldsymbol{v}_2)$, 得标准化坐标

$$
\boldsymbol{X} = \boldsymbol{D}_c^{-\frac{1}{2}}\boldsymbol{U} = \begin{pmatrix}
-0.4938 & 0.8662 \\
-0.3729 & 3.3873 \\
-1.6361 & -0.5846 \\
0.7207 & -0.2317 \\
-1.0456 & 6.3373
\end{pmatrix},
$$

$$
\boldsymbol{Y} = \boldsymbol{D}_r^{-\frac{1}{2}}\boldsymbol{V} = \begin{pmatrix}
1.3918 & -0.6593 \\
1.1481 & -0.1616 \\
0.5792 & -0.0926 \\
0.2883 & 0.0111 \\
-0.0009 & 0.6442 \\
-0.6793 & 2.1103 \\
-0.7351 & 1.0154 \\
-1.3767 & -1.0463 \\
-1.4737 & -1.4719
\end{pmatrix}.
$$

将 $\boldsymbol{X}$ 的两列和 $\boldsymbol{Y}$ 的两列在同一张图上作出散点图, 得到图 9.11, 其中横坐标是 $\boldsymbol{X},\boldsymbol{Y}$ 的第 1 列, 纵坐标是 $\boldsymbol{X},\boldsymbol{Y}$ 的第 2 列, 不同的变量和样品都用点来表示, 而且显示相应的向量, 向量的夹角大小表示它们的相关程度. 注意到样品是按时间顺序的 9 个测量, 从图 9.11 可以看出, 2019 年 11 月至 12 月初的水质主要是与透明度相关, 2019 年 12 月至 1 月初与 pH 值、溶氧和叶绿素 a 相关, 而到了 2020 年 1 月中旬则主要是与悬浮物相关. 还可以做出变量对各维的贡献 (按百分比), 如图 9.12 所示, 颜色深、尺寸大的变量影响大.

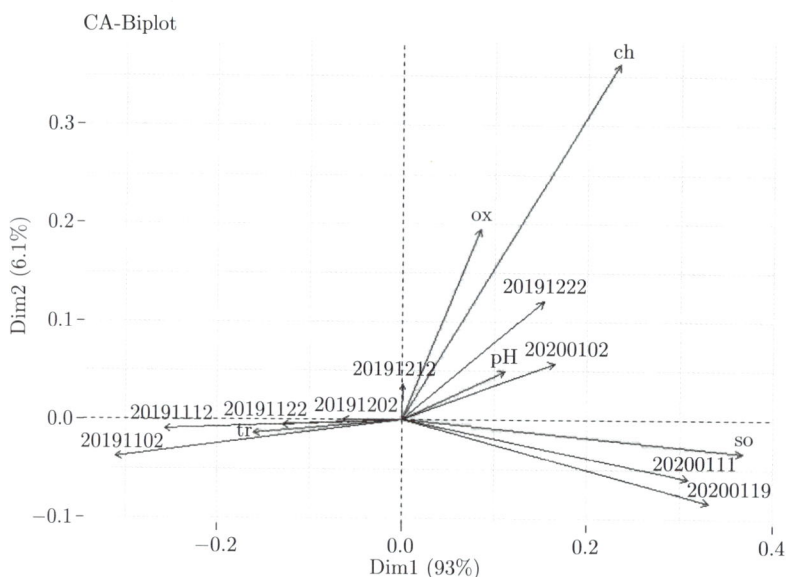

图 9.11　B 组的对应分析图

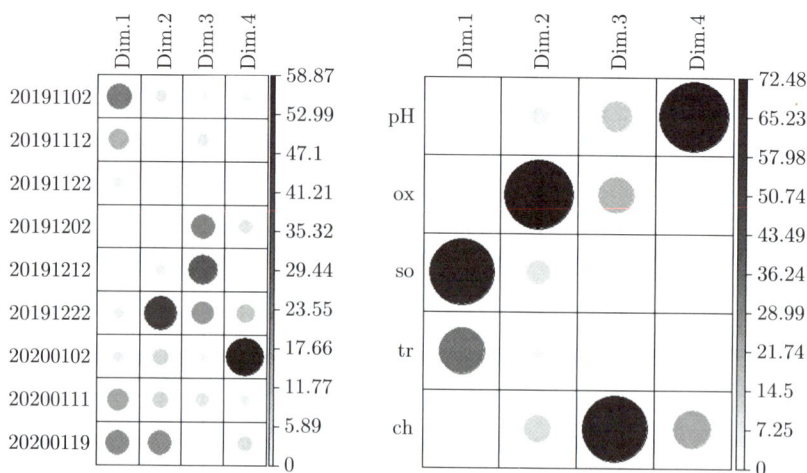

图 9.12　B 组变量对各维的贡献 (按百分比)

对比对照组、A 组和 B 组的分析, A 组和 B 组均能保持水体较高的透明度至 2019 年 12 月初, 比对照组多保持了一个观测期; 同时, B 组在 2020 年 1 月中旬才出现悬浮物增加的情况, 这比 A 组推迟了一个观测期. 养殖过程中, 马氏珠母贝摄食水体中浮游植物和有机碎屑, 多鳞鱚是底层鱼, 能够摄食池底残余的饵料及有机质, 有利于养殖水体的净化和改善. 混养了马氏珠母贝和多鳞鱚的 A 组、B 组透明度高于对照组, 悬浮物低于对照组, 投放马氏珠母贝和多鳞鱚较多的 B 组两个指标好于 A 组, 也充分说明了马氏珠母贝和多鳞鱚对水质的净化作用. 凡纳滨对虾和马氏珠母贝、多鳞鱚搭配生态养殖模式有利于养殖水体净化和对虾健康生长. 由数据分析知, A 组混养优于对照组, 而 B 组混养优于 A 组和对照组. 这个结论与周银环和黄海立 (2021) 是一致的.

9.2　多元对应分析和联合对应分析

二元对应分析只能处理两个分类变量的二维列联表数据, 实际应用中的分类变量可能有多个, 会得到多维列联表.

【例 9.4】(Boston.csv)　使用与例 9.1 相同的离散化方法将波士顿房价数据的房价中位数和城镇人均犯罪率进行离散化, 再添加查尔斯河变量, 得到三维列联表 9.7. □

表 9.7　房价中位数、城镇人均犯罪率与查尔斯河的三维列联表

chas	medv	crim lowCrim	medCrim	highCrim
0	lowMedv	2	16	6
	medMedv	345	73	5
	highMedv	23	1	0
1	lowMedv	0	0	0
	medMedv	26	2	0
	highMedv	4	3	0

【例 9.5】　三维列联表数据 HairEyeColor 含有头发颜色 (Hair)、眼睛颜色 (Eye) 和性别 (Sex) 3 个变量共 592 个观测, 其中, Hair 有 4 个水平: Black, Brown, Red, Blond, Eye 有 4 个水平: Brown, Blue, Hazel, Green, Sex 有 2 个水平: Male, Female. 该数据最初来自 Snee (1974) 对 Delaware 大学学生的一项调查, Friendly (1992) 出于教学目的添加了 Sex 变量进行划分, Friendly (2000) 又进一步使用 Sex 变量对 "Brown hair, Brown eye" 单元格进行了划分. 数据详情见表 9.8, 这个数据可以在 R 的基础安装里面找到. □

多元对应分析 (multiple correspondence analysis) 和联合对应分析 (joint correspondence analysis) 采用与二元对应分析类似的思想对多维列联表进行分析.

表 9.8   三维列联表 HairEyeColor

Sex	Hair	Eye			
		Brown	Blue	Hazel	Green
Male	Black	32	11	10	3
	Brown	53	50	25	15
	Red	10	10	7	7
	Blond	3	30	5	8
Female	Black	36	9	5	2
	Brown	66	34	29	14
	Red	16	7	7	7
	Blond	4	64	5	8

9.2.1   多元对应分析

类似于 6.1.2.1 节的做法, 假设有 p 个定性变量 $X_1, X_2, \cdots, X_p$, 第 j 个变量有 l_j 个水平, 不妨记为 $1, 2, \cdots, l_j$. $\boldsymbol{x}_i, i = 1, 2, \cdots, n$ 是对 p 个变量的 n 次观测, 样品 $\boldsymbol{x}_i$ 的取值为

$$\delta_{\boldsymbol{x}_i}(j, 1), \delta_{\boldsymbol{x}_i}(j, 2), \cdots, \delta_{\boldsymbol{x}_i}(j, l_j), j = 1, 2, \cdots, p, i = 1, 2, \cdots, n,$$

其中, $\delta_{\boldsymbol{x}_i}(j, t)$ 是第 j 个变量的第 t 个水平在样品 $\boldsymbol{x}_i$ 中的反映, 其定义为当样品 $\boldsymbol{x}_i$ 中的第 j 个变量的定性数据为第 t 个水平时 $\delta_{\boldsymbol{x}_i}(j, t) = 1$, 否则 $\delta_{\boldsymbol{x}_i}(j, t) = 0, t = 1, 2, \cdots, l_j$. 这样, 每个变量的 n 次观测就形成了一个 $n \times l_j$ 的仅含数字 0 和 1 的数据矩阵, 记为 $\mathcal{X}_j, j = 1, 2, \cdots, p$, 称为第 j 个变量 X_j 的**指标矩阵 (indicator matrix)**, 显然, 指标矩阵的每一行元素之和都为 1.

记数据矩阵 $\mathcal{X} = (\mathcal{X}_1, \mathcal{X}_2, \cdots, \mathcal{X}_p), \ell = \sum_{j=1}^{p} l_j$, 则 $\mathcal{X}$ 是 $n \times \ell$ 矩阵, $\mathcal{X}$ 的每一行元素之和都为 $p, \mathcal{X}$ 的所有元素之和为 pn. 考虑**对应矩阵 (概率矩阵)**

$$\boldsymbol{P} = \frac{1}{pn} \mathcal{X},$$

其行边际频率为 $\boldsymbol{r} = \frac{1}{n} \mathbf{1}_n$, 令 $\boldsymbol{D}_r = \mathbf{diag}(\boldsymbol{r}) = \frac{1}{n} \boldsymbol{I}_n$. 记

$$\boldsymbol{C}_{jj'} = \frac{1}{pn} \mathcal{X}_j^{\mathrm{T}} \mathcal{X}_{j'}, j, j' = 1, 2, \cdots, p,$$

由于 $\boldsymbol{C}_{jj}, j = 1, 2, \cdots, p$ 是对角矩阵, 且对角线元素正是各个变量每个水平在观测中出现的频率, 因此, ℓ 阶对角阵

$$\boldsymbol{D}_c = \begin{pmatrix} \boldsymbol{C}_{11} & \boldsymbol{O} & \cdots & \boldsymbol{O} \\ \boldsymbol{O} & \boldsymbol{C}_{22} & \cdots & \boldsymbol{O} \\ \vdots & \vdots & & \vdots \\ \boldsymbol{O} & \boldsymbol{O} & \cdots & \boldsymbol{C}_{pp} \end{pmatrix}$$

的对角线元素构成了 $\boldsymbol{P}$ 的列边际频率, 即, $\boldsymbol{P}$ 的列边际频率为 $\boldsymbol{c} = \boldsymbol{D}_c \boldsymbol{1}_\ell$. 称 $\boldsymbol{M}$ 为**边际频率矩阵**. $\boldsymbol{P}$ 的标准化残差

$$
\begin{aligned}
\boldsymbol{Z} =& \boldsymbol{D}_r^{-\frac{1}{2}} (\boldsymbol{P} - \boldsymbol{r}\boldsymbol{c}^{\mathrm{T}}) \boldsymbol{D}_c^{-\frac{1}{2}} = \sqrt{n} \left(\frac{1}{pn} \boldsymbol{\mathcal{X}} - \frac{1}{n} \boldsymbol{1}_n \boldsymbol{1}_\ell^{\mathrm{T}} \boldsymbol{D}_c \right) \boldsymbol{D}_c^{-\frac{1}{2}} \\
=& \frac{1}{\sqrt{n}} \left(\frac{1}{p} \boldsymbol{\mathcal{X}} - \boldsymbol{1}_n \boldsymbol{c}^{\mathrm{T}} \right) \boldsymbol{D}_c^{-\frac{1}{2}}.
\end{aligned}
\tag{9.19}
$$

注意到 $\boldsymbol{1}_n^{\mathrm{T}} \boldsymbol{\mathcal{X}} = np\boldsymbol{c}^{\mathrm{T}} = np\boldsymbol{1}_\ell^{\mathrm{T}} \boldsymbol{D}_c$, 于是,

$$
\begin{aligned}
\boldsymbol{Z}^{\mathrm{T}} \boldsymbol{Z} =& n \boldsymbol{D}_c^{-\frac{1}{2}} \left(\frac{1}{pn} \boldsymbol{\mathcal{X}}^{\mathrm{T}} - \frac{1}{n} \boldsymbol{D}_c \boldsymbol{1}_\ell \boldsymbol{1}_n^{\mathrm{T}} \right) \left(\frac{1}{pn} \boldsymbol{\mathcal{X}} - \frac{1}{n} \boldsymbol{1}_n \boldsymbol{1}_\ell^{\mathrm{T}} \boldsymbol{D}_c \right) \boldsymbol{D}_c^{-\frac{1}{2}} \\
=& \boldsymbol{D}_c^{-\frac{1}{2}} \left(\frac{1}{p^2 n} \boldsymbol{\mathcal{X}}^{\mathrm{T}} \boldsymbol{\mathcal{X}} - \frac{1}{pn} \boldsymbol{D}_c \boldsymbol{1}_\ell \boldsymbol{1}_n^{\mathrm{T}} \boldsymbol{\mathcal{X}} - \frac{1}{pn} \boldsymbol{\mathcal{X}}^{\mathrm{T}} \boldsymbol{1}_n \boldsymbol{1}_\ell^{\mathrm{T}} \boldsymbol{D}_c \right. \\
& \left. + \frac{1}{n} \boldsymbol{D}_c \boldsymbol{1}_\ell \boldsymbol{1}_n^{\mathrm{T}} \boldsymbol{1}_n \boldsymbol{1}_\ell^{\mathrm{T}} \boldsymbol{D}_c \right) \boldsymbol{D}_c^{-\frac{1}{2}} \\
=& \boldsymbol{D}_c^{-\frac{1}{2}} \left(\frac{1}{p^2 n} \boldsymbol{\mathcal{B}} - \boldsymbol{D}_c \boldsymbol{1}_\ell \boldsymbol{1}_\ell^{\mathrm{T}} \boldsymbol{D}_c \right) \boldsymbol{D}_c^{-\frac{1}{2}} \\
=& \boldsymbol{D}_c^{-\frac{1}{2}} \left(\frac{1}{p^2 n} \boldsymbol{\mathcal{B}} - \boldsymbol{c}\boldsymbol{c}^{\mathrm{T}} \right) \boldsymbol{D}_c^{-\frac{1}{2}},
\end{aligned}
\tag{9.20}
$$

其中, ℓ 阶方阵

$$
\begin{aligned}
\boldsymbol{\mathcal{B}} = \boldsymbol{\mathcal{X}}^{\mathrm{T}} \boldsymbol{\mathcal{X}} =& \begin{pmatrix} \boldsymbol{\mathcal{X}}_1^{\mathrm{T}} \\ \boldsymbol{\mathcal{X}}_2^{\mathrm{T}} \\ \vdots \\ \boldsymbol{\mathcal{X}}_p^{\mathrm{T}} \end{pmatrix} (\boldsymbol{\mathcal{X}}_1, \boldsymbol{\mathcal{X}}_2, \cdots, \boldsymbol{\mathcal{X}}_p) \\
=& \begin{pmatrix} \boldsymbol{\mathcal{X}}_1^{\mathrm{T}} \boldsymbol{\mathcal{X}}_1 & \boldsymbol{\mathcal{X}}_1^{\mathrm{T}} \boldsymbol{\mathcal{X}}_2 & \cdots & \boldsymbol{\mathcal{X}}_1^{\mathrm{T}} \boldsymbol{\mathcal{X}}_p \\ \boldsymbol{\mathcal{X}}_2^{\mathrm{T}} \boldsymbol{\mathcal{X}}_1 & \boldsymbol{\mathcal{X}}_2^{\mathrm{T}} \boldsymbol{\mathcal{X}}_2 & \cdots & \boldsymbol{\mathcal{X}}_2^{\mathrm{T}} \boldsymbol{\mathcal{X}}_p \\ \vdots & \vdots & & \vdots \\ \boldsymbol{\mathcal{X}}_p^{\mathrm{T}} \boldsymbol{\mathcal{X}}_1 & \boldsymbol{\mathcal{X}}_p^{\mathrm{T}} \boldsymbol{\mathcal{X}}_2 & \cdots & \boldsymbol{\mathcal{X}}_p^{\mathrm{T}} \boldsymbol{\mathcal{X}}_p \end{pmatrix}
\end{aligned}
$$

$$= pn \begin{pmatrix} C_{11} & C_{12} & \cdots & C_{1p} \\ C_{21} & C_{22} & \cdots & C_{2p} \\ \vdots & \vdots & & \vdots \\ C_{p1} & C_{p2} & \cdots & C_{pp} \end{pmatrix},$$

称为 **Burt 矩阵**, $\boldsymbol{Z}^{\mathrm{T}}\boldsymbol{Z}$ 可以看作 $\mathcal{B}$ 的"标准化"形式. 然后对 $\boldsymbol{Z}$ 做奇异值分解

$$\sqrt{n}\left(\frac{1}{pn}\mathcal{X} - \frac{1}{n}\mathbf{1}_n\mathbf{1}_\ell^{\mathrm{T}}\boldsymbol{D}_c\right)\boldsymbol{D}_c^{-\frac{1}{2}} = \frac{1}{\sqrt{n}}\left(\frac{1}{p}\mathcal{X} - \mathbf{1}_n\boldsymbol{c}^{\mathrm{T}}\right)\boldsymbol{D}_c^{-\frac{1}{2}}$$

$$= \boldsymbol{U}\boldsymbol{\Lambda}^{\frac{1}{2}}\boldsymbol{V}^{\mathrm{T}}, \tag{9.21}$$

其中, $\boldsymbol{\Lambda}$ 是 $\boldsymbol{Z}^{\mathrm{T}}\boldsymbol{Z}$ 的特征值做对角线构成的对角矩阵. 或等价地对 $\boldsymbol{Z}^{\mathrm{T}}\boldsymbol{Z}$ 做特征值分解

$$\boldsymbol{D}_c^{-\frac{1}{2}}\left(\frac{1}{p^2 n}\mathcal{B} - \boldsymbol{D}_c\mathbf{1}_\ell\mathbf{1}_\ell^{\mathrm{T}}\boldsymbol{D}_c\right)\boldsymbol{D}_c^{-\frac{1}{2}} = \boldsymbol{D}_c^{-\frac{1}{2}}\left(\frac{1}{p^2 n}\mathcal{B} - \boldsymbol{c}\boldsymbol{c}^{\mathrm{T}}\right)\boldsymbol{D}_c^{-\frac{1}{2}}$$

$$= \boldsymbol{V}\boldsymbol{\Lambda}\boldsymbol{V}^{\mathrm{T}}, \tag{9.22}$$

进而求出标准化坐标 $\boldsymbol{X} = \boldsymbol{D}_c^{-\frac{1}{2}}\boldsymbol{V}$ 和主坐标 $\boldsymbol{F} = \boldsymbol{X}\boldsymbol{\Lambda}$, 从而实现对应分析.

值得注意的是, 当 $p = 2$ 时, 这里介绍的多元对应分析与 9.1.1 节列联表的二元对应分析略有不同. 事实上, 当 $p = 2$ 时, 多元对应分析是从矩阵 $\frac{1}{2n}(\mathcal{X}_1, \mathcal{X}_2)$ 的标准化残差 $\boldsymbol{Z}$ 做奇异值分解 (见式 (9.19) 和式 (9.21)), 即有

$$\frac{1}{\sqrt{n}}\left(\frac{1}{2}(\mathcal{X}_1, \mathcal{X}_2) - \mathbf{1}_n\boldsymbol{c}^{\mathrm{T}}\right)\boldsymbol{D}_c^{-\frac{1}{2}} = \boldsymbol{U}\boldsymbol{\Lambda}^{\frac{1}{2}}\boldsymbol{V}^{\mathrm{T}}, \tag{9.23}$$

或等价地, 从 Burt 矩阵 $\mathcal{B}$ 的"标准化"形式 $\boldsymbol{Z}^{\mathrm{T}}\boldsymbol{Z}$ 做特征值分解 (见式 (9.20) 和式 (9.22)), 即有

$$\boldsymbol{D}_c^{-\frac{1}{2}}\left(\frac{1}{4n}\begin{pmatrix} \mathcal{X}_1^{\mathrm{T}}\mathcal{X}_1 & \mathcal{X}_1^{\mathrm{T}}\mathcal{X}_2 \\ \mathcal{X}_2^{\mathrm{T}}\mathcal{X}_1 & \mathcal{X}_2^{\mathrm{T}}\mathcal{X}_2 \end{pmatrix} - \boldsymbol{c}\boldsymbol{c}^{\mathrm{T}}\right)\boldsymbol{D}_c^{-\frac{1}{2}} = \boldsymbol{V}\boldsymbol{\Lambda}\boldsymbol{V}^{\mathrm{T}}. \tag{9.24}$$

与此不同的是, 9.1.1 节列联表的二元对应分析是从列联表 $\mathcal{N} = \mathcal{X}_1^{\mathrm{T}}\mathcal{X}_2$ (使用本节的符号) 的概率矩阵 $\boldsymbol{P} = \frac{1}{n}\mathcal{X}_1^{\mathrm{T}}\mathcal{X}_2$ 的标准化残差 $\boldsymbol{Z}$ (见式 (9.1)) 做奇异值分解, 即有

$$\frac{1}{\sqrt{n}}(\mathcal{X}_1^{\mathrm{T}}\mathcal{X}_2 - \mathbf{1}_n\boldsymbol{c}^{\mathrm{T}})\boldsymbol{D}_c^{-\frac{1}{2}} = \boldsymbol{U}\boldsymbol{\Lambda}^{\frac{1}{2}}\boldsymbol{V}^{\mathrm{T}}, \tag{9.25}$$

或等价地从 $\mathcal{X}_2^{\mathrm{T}}\mathcal{X}_1\mathcal{X}_1^{\mathrm{T}}\mathcal{X}_2$ 的"标准化"形式 $\boldsymbol{Z}^{\mathrm{T}}\boldsymbol{Z}$ (见式 (9.5)) 做特征值分解, 即有

$$\boldsymbol{D}_c^{-\frac{1}{2}}\left(\frac{1}{n}\mathcal{X}_2^{\mathrm{T}}\mathcal{X}_1\mathcal{X}_1^{\mathrm{T}}\mathcal{X}_2 - \boldsymbol{c}\boldsymbol{c}^{\mathrm{T}}\right)\boldsymbol{D}_c^{-\frac{1}{2}} = \boldsymbol{V}\boldsymbol{\Lambda}\boldsymbol{V}^{\mathrm{T}}. \tag{9.26}$$

比较一下式 (9.23) 与式 (9.25), 式(9.24) 与式 (9.26) 体会一下其中的区别.

9.2.2　联合对应分析

在多元对应分析中, Burt 矩阵的对角子块 $\mathcal{X}_j^{\mathrm{T}}\mathcal{X}_j, j = 1, 2, \cdots, p$ 起了主要作用, 使得对角子块之外的信息缺失. 联合对应分析采用迭代加权最小二乘法对对角子块进行逼近, 具体做法如下, 细节请参考 Greenacre (1984, 2005).

1. 确定解的维度 m, 初始化 Burt 矩阵 $\mathcal{B}_0 = \mathcal{X}^{\mathrm{T}}\mathcal{X}$;
2. 对 $\mathcal{B}_0$ 按式 (9.22)做特征值分解

$$\boldsymbol{D}_c^{-\frac{1}{2}}\left(\frac{1}{p^2n}\boldsymbol{B}_0 - \boldsymbol{c}\boldsymbol{c}^{\mathrm{T}}\right)\boldsymbol{D}_c^{-\frac{1}{2}} = \boldsymbol{V}\boldsymbol{\Lambda}\boldsymbol{V}^{\mathrm{T}} = \sum_{j=1}^{\ell}\lambda_j\boldsymbol{v}_j\boldsymbol{v}_j^{\mathrm{T}},$$

其中, λ_j 是 $\boldsymbol{\Lambda}$ 的第 j 个对角线元素, $\boldsymbol{v}_j$ 是 $\boldsymbol{V}$ 的第 j 列, $j = 1, 2, \cdots, \ell$;
3. 计算标准化坐标 $\boldsymbol{X} = \boldsymbol{D}_c^{-\frac{1}{2}}\boldsymbol{V} = (a_{st})_{\ell\times\ell}$, 更新 Burt 矩阵 $\mathcal{B} = (b_{st})_{\ell\times\ell}$,

$$b_{st} = nc_sc_t\left(1 + \sum_{j=1}^{m}\lambda_j a_{sj}a_{tj}\right), s, t = 1, 2, \cdots, \ell,$$

其中, $\boldsymbol{c} = (c_1, c_2, \cdots, c_\ell)^{\mathrm{T}}$;
4. 把 $\mathcal{B}$ 赋值给 $\mathcal{B}_0$, 回到第 2 步;
5. 重复 2~4 步, 直至收敛或达到最大迭代次数.

【例 9.6】　对例 9.4 中波士顿房价数据的三维列联表, 图 9.13 是多元对应分析图, 结果显示, 高房价与查尔斯河相关度高, 高犯罪率与低房价相关度高. 图 9.14 是联合对应分析图, 显示出类似的结论. □

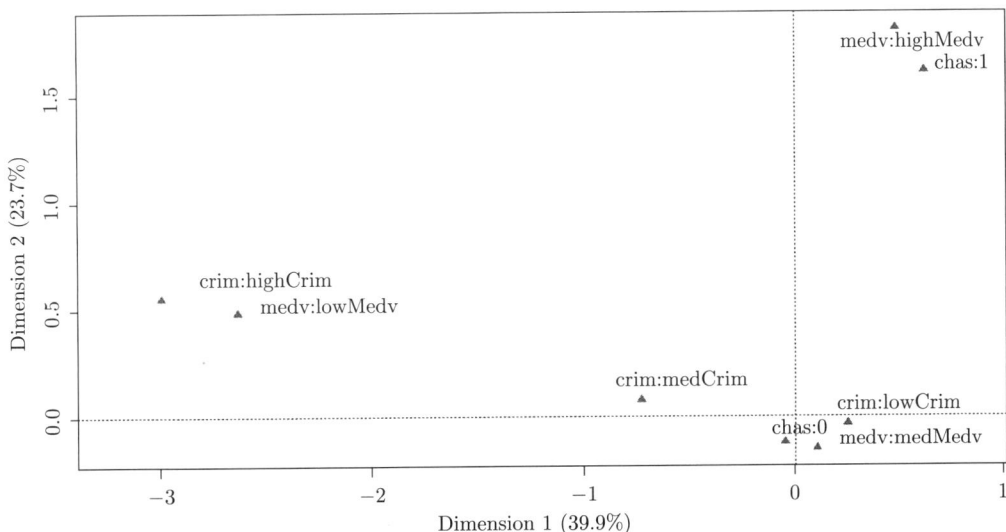

图 9.13　波士顿房价数据的三维列联表的多元对应分析图

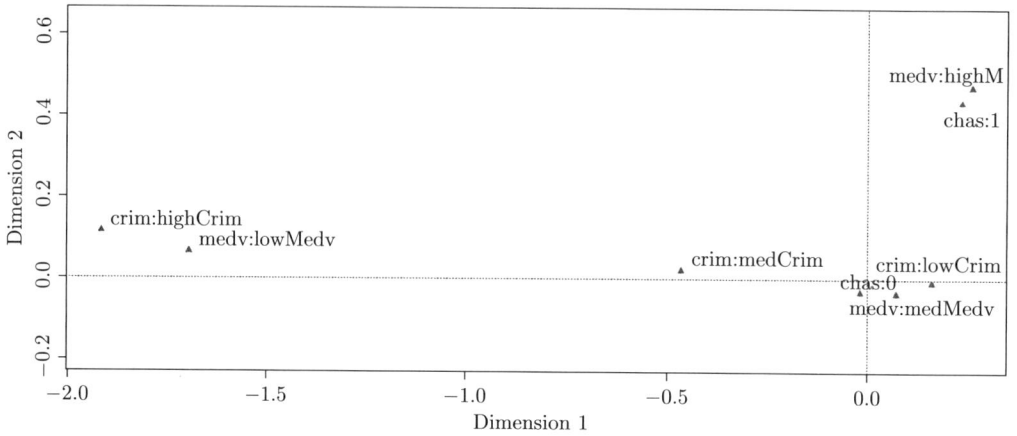

图 9.14　波士顿房价数据的三维列联表的联合对应分析图

【例 9.7】　对例 9.5 中的 HairEyeColor 数据集, 图 9.15 是多元对应分析图, 图 9.16 是联合对应分析图.　　　　　　　　　　　　　　　　　　□

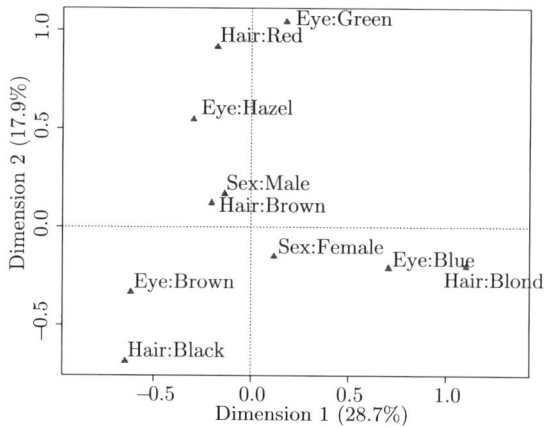

图 9.15　HairEyeColor 数据集的多元对应分析图

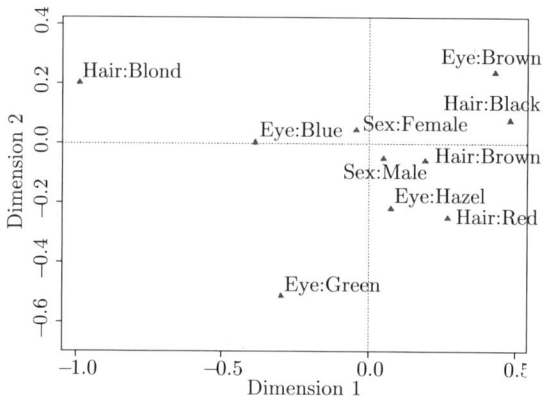

图 9.16　HairEyeColor 数据集的联合对应分析图

9.3　习　题

1. 对应分析与因子分析有什么关系?

2. 简述对应分析的基本思想和主要步骤, 并使用自己擅长的软件给出详细的实现过程.

3. 2020 年 12 月 29 日, 中国科学技术信息研究所 2020 年中国科技论文统计结果发布会通过网络直播方式发布了多项统计数据, 其中包括 2010~2020 年我国各学科产出 SCI 论文数量及被引用次数 (见表 9.9). 按理、工、农、医四大门类对学科分类统计, 做对应分析, 分析不同学科与论文收录和引用的关系.

表 9.9　2010~2020 年我国各学科产出 SCI 论文数量及被引用次数 (不完全数据)

门类	学科	论文数量	被引用次数	篇均被引用次数
理学	生物与生物化学	138151	1684592	12.19
	化学	516127	8215221	15.92
	环境与生态学	115497	1313965	11.38
	地学	111055	1337564	12.04
	材料科学	348953	5748403	16.47
	数学	98963	499826	5.05
	分子生物学与遗传学	106242	1540655	14.5
	神经科学与行为学	52823	657275	12.44
	物理学	268479	2776267	10.34
	植物学与动物学	98757	993526	10.06
	精神病学与心理学	16717	140573	8.41
	空间科学	16256	227659	14
工学	计算机科学	108137	940420	8.7
	工程技术	415934	3824857	9.2
农学	农业科学	75508	795839	10.54
医学	临床医学	326651	3273179	10.02
	免疫学	28346	359405	12.68
	微生物学	33262	348087	10.47
	药物与毒物学	83319	862383	10.35

在实际中, 经常需要研究一组变量与另一组变量之间的相关关系. 例如, 为了研究财政政策对宏观经济的影响, 需要考虑财政支出、财政赤字、国债发行、税率等一系列财政政策指标与国内生产总值、就业增长率、物价上涨率等一系列宏观经济指标之间的相关性; 在商业与经济研究中, 需要考虑一组价格指数与另一组价格指数之间的相关性; 在体育训练中, 需要考察运动员的身体各项指标与各种训练项目之间的相关性; 在工厂生产中, 需要考察原材料的主要质量指标与产品的质量指标之间的相关性; 在教学中, 需要研究高三学生在高考中的各科考试成绩与高二时各主科成绩之间的相关性等.

两个一维连续随机变量 X, Y 的相关性可以使用 Pearson 相关系数

$$\rho(X, Y) = \frac{\mathrm{Cov}(X, Y)}{\sqrt{\mathrm{Var}(X)\mathrm{Var}(Y)}}$$

进行度量; 一个 p 维随机向量 $\boldsymbol{X} = (X_1, X_2, \cdots, X_p)^{\mathrm{T}}$ 与一个一维随机变量 Y 的相关性可以使用复相关系数

$$\rho(\boldsymbol{X}, Y) = \sqrt{\sigma_{YY}^{-1} \boldsymbol{\Sigma}_{Y\boldsymbol{X}} \boldsymbol{\Sigma}_{\boldsymbol{X}\boldsymbol{X}}^{-1} \boldsymbol{\Sigma}_{\boldsymbol{X}Y}}$$

进行度量, 其中, $\mathrm{Var}\begin{pmatrix} \boldsymbol{X} \\ Y \end{pmatrix} = \begin{pmatrix} \boldsymbol{\Sigma}_{\boldsymbol{X}\boldsymbol{X}} & \boldsymbol{\Sigma}_{\boldsymbol{X}Y} \\ \boldsymbol{\Sigma}_{Y\boldsymbol{X}} & \sigma_{YY} \end{pmatrix}$; 对于两个随机向量 $\boldsymbol{X} = (X_1, X_2, \cdots, X_p)^{\mathrm{T}}$ 与 $\boldsymbol{Y} = (Y_1, Y_2, \cdots, Y_q)^{\mathrm{T}}$, 我们可以考虑通过相关阵来研究两组变量中任意一对变量的相关性, 但是这样比较烦琐, 尤其是在 p, q 很大时, 并且这样做不容易抓住问题的本质.

Hotelling 于 1936 年把复相关系数推广到两组随机变量的情况, 提出了典型相关分析 (canonical correlation analysis) 方法, 能够用于分析两组随机变量之间的相关程度, 有效揭示两组随机变量之间的相互线性依赖关系.

典型相关分析的基本技术基于投影, 目的是最大化两组变量的低维投影间的关系, 具体目标是确定一组典型变量 (canonical variates), 这组变量是成对出现的, 各对变量满足正交性, 每一对变量分别是两组变量的线性组合, 而且与其他线性组合相比, 这两个线性组合的相关性最强. 一般可以通过两组变量的联合方差分析得到典型相关变量.

尽管多因变量线性回归也可以揭示两组变量之间的关系, 但是在因变量相关且自变量是数量变量的情况下, 典型相关分析是更为合适的选择.

10.1　总体典型相关

考虑随机向量 $\boldsymbol{X} = (X_1, X_2, \cdots, X_p)^{\mathrm{T}}$ 与 $\boldsymbol{Y} = (Y_1, Y_2, \cdots, Y_q)^{\mathrm{T}}$，不妨设 $p \leqslant q$，$\boldsymbol{X}, \boldsymbol{Y}$ 的协差阵为

$$\boldsymbol{\Sigma} = \mathrm{Var} \begin{pmatrix} \boldsymbol{X} \\ \boldsymbol{Y} \end{pmatrix} = \begin{pmatrix} \mathrm{Var}(\boldsymbol{X}) & \mathrm{Cov}(\boldsymbol{X}, \boldsymbol{Y}) \\ \mathrm{Cov}(\boldsymbol{Y}, \boldsymbol{X}) & \mathrm{Var}(\boldsymbol{Y}) \end{pmatrix}$$
$$= \begin{pmatrix} \boldsymbol{\Sigma}_{\boldsymbol{XX}} & \boldsymbol{\Sigma}_{\boldsymbol{XY}} \\ \boldsymbol{\Sigma}_{\boldsymbol{YX}} & \boldsymbol{\Sigma}_{\boldsymbol{YY}} \end{pmatrix}.$$

利用主成分分析的思想，考虑使用 $\boldsymbol{X}, \boldsymbol{Y}$ 的线性组合 $U = \boldsymbol{a}_1^{\mathrm{T}} \boldsymbol{X}, V = \boldsymbol{b}_1^{\mathrm{T}} \boldsymbol{Y}$ 间的相关性来研究 $\boldsymbol{X}, \boldsymbol{Y}$ 的相关性. 我们希望找到 $\boldsymbol{a}_1, \boldsymbol{b}_1$，使得 U, V 的相关系数

$$\mathrm{Cor}(U, V) = \frac{\mathrm{Cov}(\boldsymbol{a}_1^{\mathrm{T}} \boldsymbol{X}, \boldsymbol{b}_1^{\mathrm{T}} \boldsymbol{Y})}{\sqrt{\mathrm{Var}(\boldsymbol{a}_1^{\mathrm{T}} \boldsymbol{X}) \mathrm{Var}(\boldsymbol{b}_1^{\mathrm{T}} \boldsymbol{Y})}} = \frac{\boldsymbol{a}_1^{\mathrm{T}} \boldsymbol{\Sigma}_{\boldsymbol{XY}} \boldsymbol{b}_1}{\sqrt{\boldsymbol{a}_1^{\mathrm{T}} \boldsymbol{\Sigma}_{\boldsymbol{XX}} \boldsymbol{a}_1 \boldsymbol{b}_1^{\mathrm{T}} \boldsymbol{\Sigma}_{\boldsymbol{YY}} \boldsymbol{b}_1}}$$

达到最大. 由于对于任意的 $c, d > 0$，$\mathrm{Cor}(\boldsymbol{a}_1^{\mathrm{T}} \boldsymbol{X}, \boldsymbol{b}_1^{\mathrm{T}} \boldsymbol{Y}) = \mathrm{Cor}(c\boldsymbol{a}_1^{\mathrm{T}} \boldsymbol{X}, d\boldsymbol{b}_1^{\mathrm{T}} \boldsymbol{Y})$ 都会成立，所以使 $\mathrm{Cor}(U, V)$ 达到最大的 $\boldsymbol{a}_1, \boldsymbol{b}_1$ 不唯一. 为了得到唯一的 $\boldsymbol{a}_1, \boldsymbol{b}_1$，需要添加约束条件

$$\mathrm{Var}(\boldsymbol{a}_1^{\mathrm{T}} \boldsymbol{X}) = \boldsymbol{a}_1^{\mathrm{T}} \boldsymbol{\Sigma}_{\boldsymbol{XX}} \boldsymbol{a}_1 = 1, \mathrm{Var}(\boldsymbol{b}_1^{\mathrm{T}} \boldsymbol{Y}) = \boldsymbol{b}_1^{\mathrm{T}} \boldsymbol{\Sigma}_{\boldsymbol{YY}} \boldsymbol{b}_1 = 1.$$

于是有条件极值问题

$$\max_{\boldsymbol{a}_1, \boldsymbol{b}_1} \boldsymbol{a}_1^{\mathrm{T}} \boldsymbol{\Sigma}_{\boldsymbol{XY}} \boldsymbol{b}_1, \text{ s.t. } \boldsymbol{a}_1^{\mathrm{T}} \boldsymbol{\Sigma}_{\boldsymbol{XX}} \boldsymbol{a}_1 = 1, \boldsymbol{b}_1^{\mathrm{T}} \boldsymbol{\Sigma}_{\boldsymbol{YY}} \boldsymbol{b}_1 = 1. \tag{10.1}$$

对拉格朗日函数

$$\mathcal{L}(\boldsymbol{a}_1, \boldsymbol{b}_1, \mu_1, \mu_2) = \boldsymbol{a}_1^{\mathrm{T}} \boldsymbol{\Sigma}_{\boldsymbol{XY}} \boldsymbol{b}_1 - \frac{1}{2} \mu_1 (\boldsymbol{a}_1^{\mathrm{T}} \boldsymbol{\Sigma}_{\boldsymbol{XX}} \boldsymbol{a}_1 - 1) - \frac{1}{2} \mu_2 (\boldsymbol{b}_1^{\mathrm{T}} \boldsymbol{\Sigma}_{\boldsymbol{YY}} \boldsymbol{b}_1 - 1)$$

求偏导并令其为零得到，

$$\begin{cases} \dfrac{\partial \mathcal{L}}{\partial \boldsymbol{a}_1} = \boldsymbol{\Sigma}_{\boldsymbol{XY}} \boldsymbol{b}_1 - \mu_1 \boldsymbol{\Sigma}_{\boldsymbol{XX}} \boldsymbol{a}_1 = \boldsymbol{0}, \\[2mm] \dfrac{\partial \mathcal{L}}{\partial \boldsymbol{b}_1} = \boldsymbol{\Sigma}_{\boldsymbol{YX}} \boldsymbol{a}_1 - \mu_2 \boldsymbol{\Sigma}_{\boldsymbol{YY}} \boldsymbol{b}_1 = \boldsymbol{0}, \\[2mm] \dfrac{\partial \mathcal{L}}{\partial \mu_1} = -\dfrac{1}{2} (\boldsymbol{a}_1^{\mathrm{T}} \boldsymbol{\Sigma}_{\boldsymbol{XX}} \boldsymbol{a}_1 - 1) = 0, \\[2mm] \dfrac{\partial \mathcal{L}}{\partial \mu_2} = -\dfrac{1}{2} (\boldsymbol{b}_1^{\mathrm{T}} \boldsymbol{\Sigma}_{\boldsymbol{YY}} \boldsymbol{b}_1 - 1) = 0, \end{cases} \tag{10.2}$$

由方程组 (10.2) 前两式,

$$\begin{cases} \boldsymbol{a}_1^{\mathrm{T}} \boldsymbol{\Sigma}_{XY} \boldsymbol{b}_1 = \mu_1 \boldsymbol{a}_1^{\mathrm{T}} \boldsymbol{\Sigma}_{XX} \boldsymbol{a}_1 = \mu_1, \\ \boldsymbol{b}_1^{\mathrm{T}} \boldsymbol{\Sigma}_{YX} \boldsymbol{a}_1 = \mu_2 \boldsymbol{b}_1^{\mathrm{T}} \boldsymbol{\Sigma}_{YY} \boldsymbol{b}_1 = \mu_2. \end{cases}$$

由于 $\boldsymbol{a}_1^{\mathrm{T}} \boldsymbol{\Sigma}_{XY} \boldsymbol{b}_1 = \boldsymbol{b}_1^{\mathrm{T}} \boldsymbol{\Sigma}_{YX} \boldsymbol{a}_1$, 所以

$$\lambda_1 \stackrel{\triangle}{=} \mu_1 = \mu_2 = \boldsymbol{a}_1^{\mathrm{T}} \boldsymbol{\Sigma}_{XY} \boldsymbol{b}_1 = \mathrm{Cor}(U, V).$$

由方程组 (10.2) 之第 2 式, $\lambda_1 \boldsymbol{b}_1 = \boldsymbol{\Sigma}_{YY}^{-1} \boldsymbol{\Sigma}_{YX} \boldsymbol{a}_1$, 再由方程组(10.2) 之第 1 式, $\boldsymbol{\Sigma}_{XY} \lambda_1 \boldsymbol{b}_1 - \lambda_1^2 \boldsymbol{\Sigma}_{XX} \boldsymbol{a}_1 = 0$, 于是有 $\boldsymbol{\Sigma}_{XY} \boldsymbol{\Sigma}_{YY}^{-1} \boldsymbol{\Sigma}_{YX} \boldsymbol{a}_1 - \lambda_1^2 \boldsymbol{\Sigma}_{XX} \boldsymbol{a}_1 = 0$, 即

$$\boldsymbol{\Sigma}_{XX}^{-1} \boldsymbol{\Sigma}_{XY} \boldsymbol{\Sigma}_{YY}^{-1} \boldsymbol{\Sigma}_{YX} \boldsymbol{a}_1 - \lambda_1^2 \boldsymbol{a}_1 = 0.$$

同样有

$$\boldsymbol{\Sigma}_{YY}^{-1} \boldsymbol{\Sigma}_{YX} \boldsymbol{\Sigma}_{XX}^{-1} \boldsymbol{\Sigma}_{XY} \boldsymbol{b}_1 - \lambda_1^2 \boldsymbol{b}_1 = 0.$$

记

$$\boldsymbol{A} = \boldsymbol{\Sigma}_{XX}^{-1} \boldsymbol{\Sigma}_{XY} \boldsymbol{\Sigma}_{YY}^{-1} \boldsymbol{\Sigma}_{YX}, \boldsymbol{B} = \boldsymbol{\Sigma}_{YY}^{-1} \boldsymbol{\Sigma}_{YX} \boldsymbol{\Sigma}_{XX}^{-1} \boldsymbol{\Sigma}_{XY}, \tag{10.3}$$

则有

$$\boldsymbol{A} \boldsymbol{a}_1 = \lambda_1^2 \boldsymbol{a}_1, \boldsymbol{B} \boldsymbol{b}_1 = \lambda_1^2 \boldsymbol{b}_1, \tag{10.4}$$

因此, λ_1^2 是 $\boldsymbol{A}$ 和 $\boldsymbol{B}$ 的最大特征值, $\boldsymbol{a}_1, \boldsymbol{b}_1$ 分别是 $\boldsymbol{A}, \boldsymbol{B}$ 对应于最大特征值 λ_1^2 的满足 $\boldsymbol{a}_1^{\mathrm{T}} \boldsymbol{\Sigma}_{XX} \boldsymbol{a}_1 = 1, \boldsymbol{b}_1^{\mathrm{T}} \boldsymbol{\Sigma}_{YY} \boldsymbol{b}_1 = 1$ 的特征向量, 称 $u_1 = \boldsymbol{a}_1^{\mathrm{T}} \boldsymbol{X}, v_1 = \boldsymbol{b}_1^{\mathrm{T}} \boldsymbol{Y}$ 是**第一典型相关变量**, $\lambda_1 = \mathrm{Cor}(u_1, v_1)$ 是**第一典型相关系数**.

如果第一典型相关变量不足以描述 $\boldsymbol{X}, \boldsymbol{Y}$ 的相关性, 就需要继续寻求第二典型相关变量 $u_2 = \boldsymbol{a}_2^{\mathrm{T}} \boldsymbol{X}, v_2 = \boldsymbol{b}_2^{\mathrm{T}} \boldsymbol{Y}$, 其中, $\boldsymbol{a}_2, \boldsymbol{b}_2$ 除了需要满足 $\boldsymbol{a}_2^{\mathrm{T}} \boldsymbol{\Sigma}_{XX} \boldsymbol{a}_2 = 1, \boldsymbol{b}_2^{\mathrm{T}} \boldsymbol{\Sigma}_{YY} \boldsymbol{b}_2 = 1$ 之外, 还需要满足 $\mathrm{Cov}(u_1, u_2) = \boldsymbol{a}_1^{\mathrm{T}} \boldsymbol{\Sigma}_{XX} \boldsymbol{a}_2 = 0, \mathrm{Cov}(v_1, v_2) = \boldsymbol{b}_1^{\mathrm{T}} \boldsymbol{\Sigma}_{YY} \boldsymbol{b}_2 = 0$, 于是有条件极值问题

$$\max_{\boldsymbol{a}_2, \boldsymbol{b}_2} \boldsymbol{a}_2^{\mathrm{T}} \boldsymbol{\Sigma}_{XY} \boldsymbol{b}_2,$$

$$\mathrm{s.t.} \ \boldsymbol{a}_2^{\mathrm{T}} \boldsymbol{\Sigma}_{XX} \boldsymbol{a}_2 = 1, \boldsymbol{b}_2^{\mathrm{T}} \boldsymbol{\Sigma}_{YY} \boldsymbol{b}_2 = 1, \boldsymbol{a}_1^{\mathrm{T}} \boldsymbol{\Sigma}_{XX} \boldsymbol{a}_2 = 0, \boldsymbol{b}_1^{\mathrm{T}} \boldsymbol{\Sigma}_{YY} \boldsymbol{b}_2 = 0,$$

用拉格朗日乘子法求得第二典型相关变量是 $u_2 = \boldsymbol{a}_2^{\mathrm{T}} \boldsymbol{X}, v_2 = \boldsymbol{b}_2^{\mathrm{T}} \boldsymbol{Y}$, 其中, $\boldsymbol{a}_2, \boldsymbol{b}_2$ 分别是 $\boldsymbol{A}, \boldsymbol{B}$ 的第二大特征值 λ_2^2 对应的满足 $\boldsymbol{a}_2^{\mathrm{T}} \boldsymbol{\Sigma}_{XX} \boldsymbol{a}_2 = 1, \boldsymbol{b}_2^{\mathrm{T}} \boldsymbol{\Sigma}_{YY} \boldsymbol{b}_2 = 1$ 的特征向量, 第二典型相关系数是 λ_2.

一般地, 由于 $\boldsymbol{A}, \boldsymbol{B}$ 总是正定 (理论上是非负定), 并且 $p \leqslant q$, 所以可以设 $\boldsymbol{A}, \boldsymbol{B}$ 的非零特征值为 $\lambda_1^2 \geqslant \lambda_2^2 \geqslant \cdots \geqslant \lambda_p^2 > 0$, 称 $\lambda_1 \geqslant \lambda_2 \geqslant \cdots \geqslant \lambda_p > 0$ 是**典型相关系数**. 设 $\boldsymbol{a}_j, \boldsymbol{b}_j$ 是式 (10.4)的对应于特征值 λ_j^2 且满足 $\boldsymbol{a}_j^{\mathrm{T}} \boldsymbol{\Sigma}_{XX} \boldsymbol{a}_j = 1, \boldsymbol{b}_j^{\mathrm{T}} \boldsymbol{\Sigma}_{YY} \boldsymbol{b}_j = 1, \boldsymbol{a}_k^{\mathrm{T}} \boldsymbol{\Sigma}_{XX} \boldsymbol{a}_j = 0, \boldsymbol{b}_k^{\mathrm{T}} \boldsymbol{\Sigma}_{YY} \boldsymbol{b}_j = 0, k = 1, 2, \cdots, j - 1$ 的解, 称 $(u_j, v_j) = (\boldsymbol{a}_j^{\mathrm{T}} \boldsymbol{X}, \boldsymbol{b}_j^{\mathrm{T}} \boldsymbol{Y})$

为第 j 典型相关变量, 而 $\mathrm{Cor}(u_j, v_j) = \boldsymbol{a}_j^{\mathrm{T}} \boldsymbol{\Sigma}_{XY} \boldsymbol{b}_j = \lambda_j$ 是第 j 典型相关系数, $j = 1, 2, \cdots, p$.

因为标准化变量的协差阵就是相关阵, 因此, 如果变量已经标准化, 可以把协差阵换成相关阵进行典型相关分析.

【例 10.1】　已知二维随机向量 $\boldsymbol{X} = (X_1, X_2)^{\mathrm{T}}, \boldsymbol{Y} = (Y_1, Y_2)^{\mathrm{T}}$ 都是标准化的, 它们的相关阵 $\boldsymbol{R} = \begin{pmatrix} \boldsymbol{R}_{XX} & \boldsymbol{R}_{XY} \\ \boldsymbol{R}_{YX} & \boldsymbol{R}_{YY} \end{pmatrix}$, 其中, $\boldsymbol{R}_{XX} = \begin{pmatrix} 1 & \alpha \\ \alpha & 1 \end{pmatrix}, \boldsymbol{R}_{YY} = \begin{pmatrix} 1 & \gamma \\ \gamma & 1 \end{pmatrix},$ $\boldsymbol{R}_{XY} = \begin{pmatrix} \beta & \beta \\ \beta & \beta \end{pmatrix}, \boldsymbol{R}_{YX} = \boldsymbol{R}_{XY}^{\mathrm{T}}, 0 < \beta < 1$, 求 $\boldsymbol{X}, \boldsymbol{Y}$ 的典型相关变量和典型相关系数.

解　易得,

$$\boldsymbol{R}_{XX}^{-1} = \frac{1}{1-\alpha^2} \begin{pmatrix} 1 & -\alpha \\ -\alpha & 1 \end{pmatrix}, \boldsymbol{R}_{YY}^{-1} = \frac{1}{1-\gamma^2} \begin{pmatrix} 1 & -\gamma \\ -\gamma & 1 \end{pmatrix},$$

于是,

$$\boldsymbol{A} = \boldsymbol{R}_{XX}^{-1} \boldsymbol{R}_{XY} \boldsymbol{R}_{YY}^{-1} \boldsymbol{R}_{YX} = \frac{2\beta^2}{(1+\alpha)(1+\gamma)} \begin{pmatrix} 1 & 1 \\ 1 & 1 \end{pmatrix}.$$

由于 $\begin{pmatrix} 1 & 1 \\ 1 & 1 \end{pmatrix}$ 的特征值是 2 和 0, 故 $\boldsymbol{A}$ 的特征值是 $\lambda_1^2 = \dfrac{4\beta^2}{(1+\alpha)(1+\gamma)}, \lambda_2^2 = 0.$ $\boldsymbol{A}$ 对应于 λ_1^2 的特征向量 $\boldsymbol{a} = \left(\dfrac{1}{\sqrt{2}}, \dfrac{1}{\sqrt{2}} \right)^{\mathrm{T}}$, 满足条件 $\boldsymbol{a}_1^{\mathrm{T}} \boldsymbol{R}_{XX} \boldsymbol{a}_1 = 1$ 的特征向量

$$\boldsymbol{a}_1 = \frac{1}{\sqrt{\boldsymbol{a}^{\mathrm{T}} \boldsymbol{R}_{XX} \boldsymbol{a}}} \boldsymbol{a} = \frac{1}{\sqrt{2(1+\alpha)}} \begin{pmatrix} 1 \\ 1 \end{pmatrix};$$

同样求得, $\boldsymbol{B} = \boldsymbol{R}_{YY}^{-1} \boldsymbol{R}_{YX} \boldsymbol{R}_{XX}^{-1} \boldsymbol{R}_{XY}$ 的对应于 λ_1^2 的满足条件 $\boldsymbol{b}_1^{\mathrm{T}} \boldsymbol{R}_{YY} \boldsymbol{b}_1 = 1$ 的特征向量

$$\boldsymbol{b}_1 = \frac{1}{\sqrt{2(1+\gamma)}} \begin{pmatrix} 1 \\ 1 \end{pmatrix}.$$

第一典型相关变量为

$$u_1 = \boldsymbol{a}_1^{\mathrm{T}} \boldsymbol{X} = \frac{1}{\sqrt{2(1+\alpha)}} (X_1 + X_2),$$

$$v_1 = \boldsymbol{b}_1^{\mathrm{T}} \boldsymbol{Y} = \frac{1}{\sqrt{2(1+\gamma)}} (Y_1 + Y_2),$$

第一典型相关系数为

$$\text{Cor}(u_1, v_1) = \lambda_1 = \frac{2\beta}{\sqrt{(1+\alpha)(1+\gamma)}}.$$

由于 $|\alpha| < 1, |\gamma| < 1$, 有 $\beta < \lambda_1 < 1$, 这表明第一典型相关系数大于原始变量的相关系数. $\qquad\square$

上述求解典型变量过程中需要做两次特征值分解, 并且需要对求出的特征向量进行规范化, 即需要使得特征向量满足约束条件 $\boldsymbol{a}^{\mathrm{T}}\boldsymbol{\Sigma}\boldsymbol{a} = 1$. 下面介绍另一种方法来求解典型相关变量, 这种方法只需要做一次特征值分解或奇异值分解, 并且求出的特征向量已经规范化.

记 $\boldsymbol{T} = \boldsymbol{\Sigma_{XX}^{-\frac{1}{2}}}\boldsymbol{\Sigma_{XY}}\boldsymbol{\Sigma_{YY}^{-\frac{1}{2}}}$, 由矩阵性质可知, $\boldsymbol{TT}^{\mathrm{T}}, \boldsymbol{T}^{\mathrm{T}}\boldsymbol{T}, \boldsymbol{A}, \boldsymbol{B}$ 有相同的非零特征值, 因此, $\boldsymbol{TT}^{\mathrm{T}}$ 的非零特征值也是 $\lambda_1^2 \geqslant \lambda_2^2 \geqslant \cdots \geqslant \lambda_p^2 > 0$. 设 $\boldsymbol{TT}^{\mathrm{T}}$ 的与特征值 λ_j^2 对应的标准正交特征向量为 $\boldsymbol{\alpha}_j$, 令 $\boldsymbol{\beta}_j = \lambda_j^{-1}\boldsymbol{\Sigma_{YY}^{-\frac{1}{2}}}\boldsymbol{\Sigma_{YX}}\boldsymbol{\Sigma_{XX}^{-\frac{1}{2}}}\boldsymbol{\alpha}_j$, 则

$$\boldsymbol{T}^{\mathrm{T}}\boldsymbol{T}\boldsymbol{\beta}_j = \lambda_j^{-1}\boldsymbol{\Sigma_{YY}^{-\frac{1}{2}}}\boldsymbol{\Sigma_{YX}}\boldsymbol{\Sigma_{XX}^{-\frac{1}{2}}}\boldsymbol{TT}^{\mathrm{T}}\boldsymbol{\alpha}_j$$

$$= \lambda_j\boldsymbol{\Sigma_{YY}^{-\frac{1}{2}}}\boldsymbol{\Sigma_{YX}}\boldsymbol{\Sigma_{XX}^{-\frac{1}{2}}}\boldsymbol{\alpha}_j = \lambda_j^2\boldsymbol{\beta}_j,$$

$$\boldsymbol{\beta}_j^{\mathrm{T}}\boldsymbol{\beta}_k = \lambda_j^{-2}\boldsymbol{\alpha}_j^{\mathrm{T}}\boldsymbol{\Sigma_{XX}^{-\frac{1}{2}}}\boldsymbol{\Sigma_{XY}}\boldsymbol{\Sigma_{YY}^{-1}}\boldsymbol{\Sigma_{YX}}\boldsymbol{\Sigma_{XX}^{-\frac{1}{2}}}\boldsymbol{\alpha}_k$$

$$= \lambda_j^{-2}\boldsymbol{\alpha}_j^{\mathrm{T}}\boldsymbol{TT}^{\mathrm{T}}\boldsymbol{\alpha}_k = \delta_{jk},$$

即, $\boldsymbol{\beta}_j$ 是 $\boldsymbol{T}^{\mathrm{T}}\boldsymbol{T}$ 的与特征值 λ_j^2 对应的标准正交特征向量, $j = 1, 2, \cdots, p$. 令

$$\boldsymbol{a}_j = \boldsymbol{\Sigma_{XX}^{-\frac{1}{2}}}\boldsymbol{\alpha}_j, \ \boldsymbol{b}_j = \boldsymbol{\Sigma_{YY}^{-\frac{1}{2}}}\boldsymbol{\beta}_j = \lambda_j^{-1}\boldsymbol{\Sigma_{YY}^{-1}}\boldsymbol{\Sigma_{YX}}\boldsymbol{a}_j, j = 1, 2, \cdots, p,$$

则 $(u_j, v_j) = (\boldsymbol{a}_j^{\mathrm{T}}\boldsymbol{X}, \boldsymbol{b}_j^{\mathrm{T}}\boldsymbol{Y})$ 是 $\boldsymbol{X}, \boldsymbol{Y}$ 的第 j 典型相关变量, λ_j 是第 j 典型相关系数, $j = 1, 2, \cdots, p$. 可以使用这个方法求两组变量的典型相关系数和典型相关变量. 这个过程等价于对 $\boldsymbol{T}$ 做奇异值分解.

典型相关变量 $(u_j, v_j), j = 1, 2, \cdots, p$ 具有下面几个性质.

1. $\text{Var}(u_j) = \boldsymbol{a}_j^{\mathrm{T}}\boldsymbol{\Sigma_{XX}}\boldsymbol{a}_j = \boldsymbol{\alpha}_j^{\mathrm{T}}\boldsymbol{\alpha}_j = 1, \text{Var}(v_j) = \boldsymbol{b}_j^{\mathrm{T}}\boldsymbol{\Sigma_{YY}}\boldsymbol{b}_j = \boldsymbol{\beta}_j^{\mathrm{T}}\boldsymbol{\beta}_j = 1$.

2. 当 $j \neq k$ 时,

$$\text{Cov}(u_j, u_k) = \boldsymbol{a}_j^{\mathrm{T}}\boldsymbol{\Sigma_{XX}}\boldsymbol{a}_k = \boldsymbol{\alpha}_j^{\mathrm{T}}\boldsymbol{\alpha}_k = 0,$$

$$\text{Cov}(v_j, v_k) = \boldsymbol{b}_j^{\mathrm{T}}\boldsymbol{\Sigma_{YY}}\boldsymbol{b}_k = \boldsymbol{\beta}_j^{\mathrm{T}}\boldsymbol{\beta}_k = 0.$$

3. 当 $j \neq k$ 时,

$$\text{Cov}(u_j, v_k) = \boldsymbol{a}_j^{\mathrm{T}}\boldsymbol{\Sigma_{XY}}\boldsymbol{b}_k = \boldsymbol{\alpha}_j^{\mathrm{T}}\boldsymbol{\Sigma_{XX}^{-\frac{1}{2}}}\boldsymbol{\Sigma_{XY}}\boldsymbol{\Sigma_{YY}^{-\frac{1}{2}}}\boldsymbol{\beta}_k$$

$$= \lambda_j\boldsymbol{\beta}_j^{\mathrm{T}}\boldsymbol{\beta}_k = 0.$$

4. 假设选取了 $m(< p)$ 对典型相关变量, 记

$$Q_{p \times m} = (a_1, \cdots, a_m), W_{q \times m} = (b_1, \cdots, b_m),$$

典型相关向量

$$u = (u_1, \cdots, u_m)^{\mathrm{T}} = Q^{\mathrm{T}} X, v = (v_1, \cdots, v_m)^{\mathrm{T}} = W^{\mathrm{T}} Y,$$

则原始变量与典型相关变量之间的协差阵

$$\begin{aligned} \mathrm{Cov}(X, u) &= \Sigma_{XX} Q, \mathrm{Cov}(X, v) = \Sigma_{XY} W, \\ \mathrm{Cov}(Y, u) &= \Sigma_{YX} Q, \mathrm{Cov}(Y, v) = \Sigma_{YY} W. \end{aligned} \tag{10.5}$$

如果原始变量已经标准化, 则式 (10.5)给出的是原始变量与典型相关变量之间的相关阵.

5. 设 X, Y 分别是 $p, q(p \leqslant q)$ 维随机向量, 令 $X^* = C^{\mathrm{T}} X + c, Y^* = G^{\mathrm{T}} Y + g$, 其中 C, G 分别是 p, q 阶非退化方阵, c, g 分别是 p, q 维常向量. 则

(1) 随机向量 X^*, Y^* 的第 j 对典型相关变量为 $a_j^{*\mathrm{T}} X^*, b_j^{*\mathrm{T}} Y^*$, 其中, $a_j^* = C^{-1} a_j, b_j^* = G^{-1} b_j$, 而 a_j, b_j 是 X, Y 的第 j 对典型相关变量的系数向量, $j = 1, 2, \cdots, p$.

(2) $\mathrm{Cor}(a_j^{*\mathrm{T}} X^*, b_j^{*\mathrm{T}} Y^*) = \mathrm{Cor}(a_j^{\mathrm{T}} X, b_j^{\mathrm{T}} Y), j = 1, 2, \cdots, p$, 即, 变量的线性变换不改变典型相关变量的线性相关性和相关系数, 因此, 典型相关变量之间的相关性不会因为它们的系数向量的长度或方向的改变而改变.

10.2 样本典型相关

在实际应用中, 总体协差阵或相关阵往往未知, 需要从样本进行估计.

设 $p + q$ 维随机向量 $Z = (X^{\mathrm{T}}, Y^{\mathrm{T}})^{\mathrm{T}} = (X_1, X_2, \cdots, X_p, Y_1, Y_2, \cdots, Y_q)^{\mathrm{T}} \sim N_{p+q}(\mu, \Sigma)$, 其中, $p \leqslant q$, $\mu = (\mu_X^{\mathrm{T}}, \mu_Y^{\mathrm{T}})^{\mathrm{T}}$, μ_X, μ_Y 分别是 X, Y 的期望向量, $\Sigma = \begin{pmatrix} \Sigma_{XX} & \Sigma_{XY} \\ \Sigma_{YX} & \Sigma_{YY} \end{pmatrix}$, Σ_{XX}, Σ_{YY} 分别是 p, q 阶方阵. Z 的 n 次观测构成的数据矩阵为

$$\mathcal{Z} = (\mathcal{X}|\mathcal{Y}) = \begin{pmatrix} x_{11} & x_{12} & \cdots & x_{1p} & y_{11} & y_{12} & \cdots & y_{1q} \\ x_{21} & x_{22} & \cdots & x_{2p} & y_{21} & y_{22} & \cdots & y_{2q} \\ \vdots & \vdots & & \vdots & \vdots & \vdots & & \vdots \\ x_{n1} & x_{n2} & \cdots & x_{np} & y_{n1} & y_{n2} & \cdots & y_{nq} \end{pmatrix}$$

$$= \begin{pmatrix} \boldsymbol{z}_1^{\mathrm{T}} \\ \boldsymbol{z}_2^{\mathrm{T}} \\ \vdots \\ \boldsymbol{z}_n^{\mathrm{T}} \end{pmatrix},$$

则协差阵 $\boldsymbol{\Sigma}$ 的无偏估计为

$$\boldsymbol{S} = \frac{1}{n-1} \sum_{i=1}^{n} (\boldsymbol{z}_i - \bar{\boldsymbol{z}})(\boldsymbol{z}_i - \bar{\boldsymbol{z}})^{\mathrm{T}}, \bar{\boldsymbol{z}} = \frac{1}{n} \sum_{i=1}^{n} \boldsymbol{z}_i,$$

$\boldsymbol{S}$ 是样本协差阵, 同样分块为 $\boldsymbol{S} = \begin{pmatrix} \boldsymbol{S_{XX}} & \boldsymbol{S_{XY}} \\ \boldsymbol{S_{YX}} & \boldsymbol{S_{YY}} \end{pmatrix}$, $\boldsymbol{S}_{rs}$ 恰好是 $\boldsymbol{\Sigma}_{rs}(r,s = \boldsymbol{X}, \boldsymbol{Y})$ 的无偏估计.

10.2.1 估计样本典型相关变量

由于 $\widehat{\boldsymbol{\Sigma}}_{rs} = \boldsymbol{S}_{rs}, r, s = \boldsymbol{X}, \boldsymbol{Y}$, 在总体典型相关变量的计算过程中, 把 $\boldsymbol{\Sigma}_{rs}$ 用 $\boldsymbol{S}_{rs}, r, s = \boldsymbol{X}, \boldsymbol{Y}$ 替换, 同样可以用两种方法计算样本典型相关变量和典型相关系数.

1. 令 $\widehat{\boldsymbol{A}} = \boldsymbol{S_{XX}^{-1}} \boldsymbol{S_{XY}} \boldsymbol{S_{YY}^{-1}} \boldsymbol{S_{YX}}, \widehat{\boldsymbol{B}} = \boldsymbol{S_{YY}^{-1}} \boldsymbol{S_{YX}} \boldsymbol{S_{XX}^{-1}} \boldsymbol{S_{XY}}$, 求解特征方程

$$\widehat{\boldsymbol{A}} \widehat{\boldsymbol{a}}_j = \widehat{\lambda}_j^2 \widehat{\boldsymbol{a}}_j, \widehat{\boldsymbol{B}} \widehat{\boldsymbol{b}}_j = \widehat{\lambda}_j^2 \widehat{\boldsymbol{b}}_j, j = 1, 2, \cdots, p.$$

2. 记 $\widehat{\boldsymbol{T}} = \boldsymbol{S_{XX}^{-\frac{1}{2}}} \boldsymbol{S_{XY}} \boldsymbol{S_{YY}^{-\frac{1}{2}}}$, 设 $\widehat{\boldsymbol{T}}\widehat{\boldsymbol{T}}^{\mathrm{T}}$ 的非零特征值 $\widehat{\lambda}_1^2 \geqslant \widehat{\lambda}_2^2 \geqslant \cdots \geqslant \widehat{\lambda}_p^2 > 0$, 设 $\widehat{\boldsymbol{T}}\widehat{\boldsymbol{T}}^{\mathrm{T}}$ 的与特征值 $\widehat{\lambda}_j^2$ 对应的标准正交特征向量为 $\widehat{\boldsymbol{\alpha}}_j$, 记

$$\widehat{\boldsymbol{a}}_j = \boldsymbol{S_{XX}^{-\frac{1}{2}}} \widehat{\boldsymbol{\alpha}}_j, \widehat{\boldsymbol{b}}_j = \widehat{\lambda}_j^{-1} \boldsymbol{S_{YY}^{-1}} \boldsymbol{S_{YX}} \widehat{\boldsymbol{a}}_j, j = 1, 2, \cdots, p,$$

则 $(\widehat{u}_j, \widehat{v}_j) = (\widehat{\boldsymbol{a}}_j^{\mathrm{T}} \boldsymbol{X}, \widehat{\boldsymbol{b}}_j^{\mathrm{T}} \boldsymbol{Y})$ 是 $\boldsymbol{X}, \boldsymbol{Y}$ 的第 j 样本典型相关变量, $\widehat{\lambda}_j$ 是第 j 样本典型相关系数, 即 $\widehat{\mathrm{Cor}}(\widehat{u}_j, \widehat{v}_j) = \widehat{\boldsymbol{a}}_j^{\mathrm{T}} \boldsymbol{S_{XY}} \widehat{\boldsymbol{b}}_j = \widehat{\lambda}_j, j = 1, 2, \cdots, p.$

假设选取了 $m(< p)$ 对典型相关变量, 记 $\widehat{\boldsymbol{Q}}_{p \times m} = (\widehat{\boldsymbol{a}}_1, \cdots, \widehat{\boldsymbol{a}}_m), \widehat{\boldsymbol{W}}_{q \times m} = (\widehat{\boldsymbol{b}}_1, \cdots, \widehat{\boldsymbol{b}}_m)$, 样本数据矩阵 $\mathcal{X}_{n \times p}, \mathcal{Y}_{n \times q}$ 在典型相关变量下的得分矩阵分别为

$$\boldsymbol{F}_{n \times m} = \mathcal{X}_{n \times p} \widehat{\boldsymbol{Q}}_{p \times m}, \boldsymbol{H}_{n \times m} = \mathcal{Y}_{n \times q} \widehat{\boldsymbol{W}}_{q \times m}.$$

以上是从样本协差阵 $\boldsymbol{S}$ 出发. 实际中数据往往首先要进行标准化, 这时相当于从样本相关阵 $\boldsymbol{R}$ 出发. 假设原始随机向量 $\boldsymbol{X}, \boldsymbol{Y}$ 标准化之后的随机向量为 $\boldsymbol{X}^*, \boldsymbol{Y}^*$, 设样本协差阵 $\boldsymbol{S} = (s_{ij})$, 样本相关阵 $\boldsymbol{R} = (r_{ij}) = \left(\frac{s_{ij}}{\sqrt{s_{ii}s_{jj}}}\right) = \begin{pmatrix} \boldsymbol{R_{XX}} & \boldsymbol{R_{XY}} \\ \boldsymbol{R_{YX}} & \boldsymbol{R_{YY}} \end{pmatrix}$, 记

$$\boldsymbol{D_X} = \mathbf{diag}(\sqrt{s_{11}}, \sqrt{s_{22}}, \cdots, \sqrt{s_{pp}}),$$

$$D_Y = \mathrm{diag}(\sqrt{s_{p+1,p+1}}, \sqrt{s_{p+2,p+2}}, \cdots, \sqrt{s_{p+q,p+q}}),$$

则 $S_{rs} = D_r R_{rs} D_s, r, s = X, Y$. 记

$$A_R = R_{XX}^{-1} R_{XY} R_{YY}^{-1} R_{YX}, B_R = R_{YY}^{-1} R_{YX} R_{XX}^{-1} R_{XY},$$

则

$$A_R = D_X S_{XX}^{-1} S_{XY} S_{YY}^{-1} S_{YX} D_X^{-1} = D_X \widehat{A} D_X^{-1},$$

$$B_R = D_Y S_{YY}^{-1} S_{YX} S_{XX}^{-1} S_{XY} D_Y^{-1} = D_Y \widehat{B} D_Y^{-1},$$

这说明, A_R, B_R 与 $\widehat{A}, \widehat{B}$ 有相同的非零特征值 $\widehat{\lambda}_1^2 \geqslant \widehat{\lambda}_2^2 \geqslant \cdots \geqslant \widehat{\lambda}_p^2 > 0$.

由于 $\widehat{a}_j, \widehat{b}_j$ 分别是 $\widehat{A}, \widehat{B}$ 的对应于特征值 $\widehat{\lambda}_j^2$ 的特征向量, 因此,

$$\widehat{A}\widehat{a}_j = \widehat{\lambda}_j^2 \widehat{a}_j, \ \widehat{B}\widehat{b}_j = \widehat{\lambda}_j^2 \widehat{b}_j, j = 1, 2, \cdots, p.$$

进一步得

$$D_X \widehat{A} D_X^{-1} D_X \widehat{a}_j = \widehat{\lambda}_j^2 D_X \widehat{a}_j,$$

$$D_Y \widehat{B} D_Y^{-1} D_Y \widehat{b}_j = \widehat{\lambda}_j^2 D_Y \widehat{b}_Y, j = 1, 2, \cdots, p,$$

记 $\widetilde{A} = D_X \widehat{A} D_X^{-1}, \widetilde{B} = D_Y \widehat{B} D_Y^{-1}, a_j = D_X \widehat{a}_j, b_j = D_Y \widehat{b}_j$, 有,

$$\widetilde{A} a_j = \widehat{\lambda}_j^2 a_j, \ \widetilde{B} b_j = \widehat{\lambda}_j^2 b_j, j = 1, 2, \cdots, p,$$

这说明 a_j, b_j 分别是 $\widetilde{A}, \widetilde{B}$ 的对应于特征值 $\widehat{\lambda}_j^2$ 的特征向量, 并且 $a_j^{\mathrm{T}} R_{XX} a_j = \widehat{a}_j^{\mathrm{T}} S_{XX} \widehat{a}_j = 1$, $b_j^{\mathrm{T}} R_{YY} b_j = \widehat{b}_j^{\mathrm{T}} S_{YY} \widehat{b}_j = 1$. 由此可见, $u_j = a_j^{\mathrm{T}} X^*, v_j = b_j^{\mathrm{T}} Y^*$ 是 X^*, Y^* 的第 j 典型相关变量, 第 j 典型相关系数仍是 $\widehat{\lambda}_j^2, j = 1, 2, \cdots, p$, 它在标准化变换下具有不变性.

由于

$$u_j = a_j^{\mathrm{T}} X^* = \widehat{a}_j^{\mathrm{T}} D_X D_X^{-1} (X - \mu_X)$$

$$= \widehat{a}_j^{\mathrm{T}} X - \widehat{a}_j^{\mathrm{T}} \mu_X = \widehat{u}_j - \widehat{a}_j^{\mathrm{T}} \mu_X,$$

$$v_j = b_j^{\mathrm{T}} Y^* = \widehat{b}_j^{\mathrm{T}} D_Y D_Y^{-1} (Y - \mu_Y)$$

$$= \widehat{b}_j^{\mathrm{T}} Y - \widehat{b}_j^{\mathrm{T}} \mu_Y = \widehat{v}_j - \widehat{b}_j^{\mathrm{T}} \mu_Y,$$

故, X^*, Y^* 的第 j 典型相关变量 (u_j, v_j) 是原始变量 X, Y 的第 j 典型相关变量 $(\widehat{u}_j, \widehat{v}_j)$ 的中心化值, 自然具有零均值. 其中的 μ_X, μ_Y 可以用 $\bar{x}, \bar{y}$ 进行估计.

【例 10.2】(oliveoil.csv)　橄榄油数据来自 Massart 等 (1998), 可以直接通过 R 包 pls 加载. 该数据由 16 种橄榄油的 11 个变量组成, 这 16 种橄榄油的前 5 种产

自希腊, 中间 5 种产自意大利, 最后 6 种产自西班牙. 11 个变量中有 6 个物理化学参数 yellow, green, brown, glossy, transp, syrup 和来自传感器的 5 个属性变量 Acidity, Peroxide, K232, K270, DK.

记物理化学参数数据为 $\mathcal{X}$, 属性变量数据为 $\mathcal{Y}$, 数据观测量 $n = 16$, 变量维度 $p = 5, q = 6$. 图 10.1 是 11 个变量的散点图矩阵及两两相关系数, 看上去比较混乱, 难以抓住本质. 我们对数据做典型相关分析.

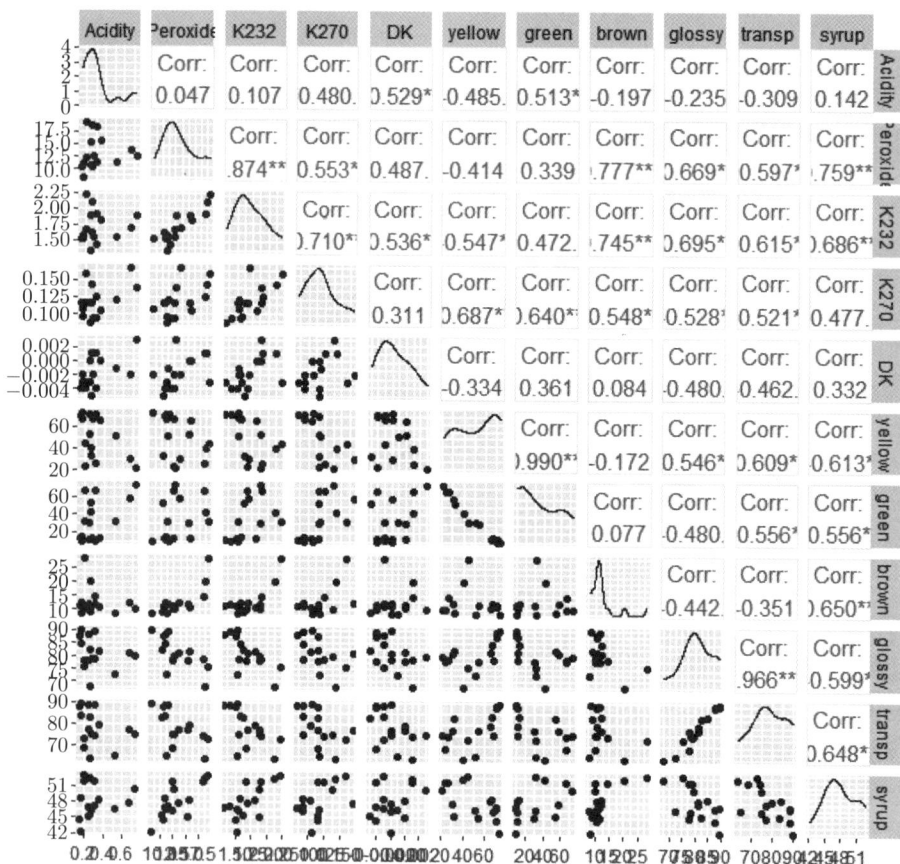

图 10.1　橄榄油数据散点图矩阵及两两相关系数

我们从样本协差阵出发. 计算得

$$
S_{XX} = \begin{array}{c} \\ \text{Acidity} \\ \text{Peroxide} \\ \text{K232} \\ \text{K270} \\ \text{DK} \end{array}
\begin{array}{ccccc}
\text{Acidity} & \text{Peroxide} & \text{K232} & \text{K270} & \text{DK} \\
\left(\begin{array}{ccccc}
0.031176 & 0.027562 & 0.004698 & 0.002007 & 0.000209 \\
0.027562 & 11.189967 & 0.727183 & 0.043892 & 0.003639 \\
0.004698 & 0.727183 & 0.061867 & 0.004189 & 0.000298 \\
0.002007 & 0.043892 & 0.004189 & 0.000562 & 0.000016 \\
0.000209 & 0.003639 & 0.000298 & 0.000016 & 0.000005
\end{array}\right)
\end{array},
$$

$$
\boldsymbol{S_{YX}} =
\begin{array}{c}
\\
\text{yellow} \\
\text{green} \\
\text{brown} \\
\text{glossy} \\
\text{transp} \\
\text{syrup}
\end{array}
\begin{array}{ccccc}
\text{Acidity} & \text{Peroxide} & \text{K232} & \text{K270} & \text{DK} \\
\left(\begin{array}{rrrrr}
-1.6676 & -26.9337 & -2.6465 & -0.3168 & -0.0145 \\
2.1272 & 26.6065 & 2.7592 & 0.3561 & 0.0190 \\
-0.1783 & 13.3376 & 0.9498 & 0.0666 & 0.0010 \\
-0.2563 & -13.8584 & -1.0704 & -0.0774 & -0.0066 \\
-0.4532 & -16.5896 & -1.2708 & -0.1026 & -0.0086 \\
0.0769 & 7.7795 & 0.5229 & 0.0347 & 0.0023
\end{array}\right)
\end{array},
$$

$$
\boldsymbol{S_{YY}} =
\begin{array}{c}
\\
\text{yellow} \\
\text{green} \\
\text{brown} \\
\text{glossy} \\
\text{transp} \\
\text{syrup}
\end{array}
\begin{array}{cccccc}
\text{yellow} & \text{green} & \text{brown} & \text{glossy} & \text{transp} & \text{syrup} \\
\left(\begin{array}{rrrrrr}
378.64 & -452.68 & -17.18 & 65.74 & 98.52 & -36.57 \\
-452.68 & 551.64 & 9.22 & -69.77 & -108.46 & 40.03 \\
-17.18 & 9.22 & 26.30 & -14.02 & -14.94 & 10.22 \\
65.74 & -69.77 & -14.02 & 38.29 & 49.65 & -11.37 \\
98.52 & -108.46 & -14.94 & 49.65 & 69.01 & -16.50 \\
-36.57 & 40.03 & 10.22 & -11.37 & -16.50 & 9.40
\end{array}\right)
\end{array},
$$

而 $\boldsymbol{S_{XY}} = \boldsymbol{S_{YX}^{\mathrm{T}}}$. 下面通过两种方法计算典型相关变量.

(1) 计算得

$$\widehat{\boldsymbol{A}} = \boldsymbol{S_{XX}^{-1}}\boldsymbol{S_{XY}}\boldsymbol{S_{YY}^{-1}}\boldsymbol{S_{YX}}$$

$$
=
\begin{array}{c}
\\
\text{Acidity} \\
\text{Peroxide} \\
\text{K232} \\
\text{K270} \\
\text{DK}
\end{array}
\begin{array}{ccccc}
\text{Acidity} & \text{Peroxide} & \text{K232} & \text{K270} & \text{DK} \\
\left(\begin{array}{rrrrr}
0.1810 & 0.8858 & 0.0666 & -0.0106 & -0.0035 \\
-0.0110 & 0.5562 & 0.0252 & -0.0003 & 0.0001 \\
0.0212 & 5.4929 & 0.5128 & 0.0226 & -0.0038 \\
1.4913 & -8.1374 & 1.4571 & 0.7413 & 0.0241 \\
10.9697 & -237.7342 & -21.1716 & -1.2863 & 0.7551
\end{array}\right)
\end{array},
$$

$$\widehat{\boldsymbol{B}} = \boldsymbol{S_{YY}^{-1}}\boldsymbol{S_{YX}}\boldsymbol{S_{XX}^{-1}}\boldsymbol{S_{XY}}$$

$$
=
\begin{array}{c}
\\
\text{yellow} \\
\text{green} \\
\text{brown} \\
\text{glossy} \\
\text{transp} \\
\text{syrup}
\end{array}
\begin{array}{cccccc}
\text{yellow} & \text{green} & \text{brown} & \text{glossy} & \text{transp} & \text{syrup} \\
\left(\begin{array}{rrrrrr}
1.2321 & -0.5543 & -0.3872 & -0.1134 & -0.1519 & -0.1993 \\
0.5199 & 0.1063 & -0.2692 & -0.1460 & -0.2054 & -0.1495 \\
-1.4100 & 1.6883 & 0.5952 & -0.2939 & -0.3617 & 0.0608 \\
-0.6187 & 0.8209 & -0.2420 & 0.8275 & 0.8499 & -0.3954 \\
0.6931 & -1.0212 & 0.1712 & -0.4511 & -0.4198 & 0.2645 \\
2.0721 & -2.7523 & -0.0015 & -0.3689 & -0.3497 & 0.4050
\end{array}\right)
\end{array},
$$

$\widehat{\boldsymbol{A}}, \widehat{\boldsymbol{B}}$ 的非零特征值为

$$\lambda_j, j = 1, 2, \cdots, 5 : 0.9535, 0.7051, 0.6775, 0.3284, 0.0817,$$

取 2 对典型相关变量, 最大的两个特征值对应的单位正交特征向量构成的矩阵分别为

$$\boldsymbol{Q}_0 = (\boldsymbol{a}_1^{(0)}, \boldsymbol{a}_2^{(0)}) = \begin{pmatrix} 0.0057 & -0.0106 \\ 0.0002 & -0.0001 \\ 0.0108 & -0.0095 \\ -0.0062 & 0.1296 \\ -0.9999 & 0.9915 \end{pmatrix},$$

$$\boldsymbol{W}_0 = (\boldsymbol{b}_1^{(0)}, \boldsymbol{b}_2^{(0)}) = \begin{pmatrix} 0.7504 & 0.5014 \\ 0.5381 & 0.4441 \\ -0.3071 & 0.3758 \\ -0.1123 & 0.1900 \\ 0.0158 & -0.2449 \\ 0.2006 & -0.5604 \end{pmatrix},$$

将 $\boldsymbol{Q}_0, \boldsymbol{W}_0$ 的列向量规范化, 即, 令

$$\boldsymbol{a}_j = \frac{1}{\sqrt{\boldsymbol{a}_j^{(0)\mathrm{T}} \boldsymbol{\Sigma}_{\boldsymbol{XX}} \boldsymbol{a}_j^{(0)}}} \boldsymbol{a}_j^{(0)}, \boldsymbol{b}_j = \frac{1}{\sqrt{\boldsymbol{b}_j^{(0)\mathrm{T}} \boldsymbol{\Sigma}_{\boldsymbol{YY}} \boldsymbol{b}_j^{(0)}}} \boldsymbol{b}_j^{(0)}, j = 1, 2,$$

得到

$$\boldsymbol{Q} = (\boldsymbol{a}_1, \boldsymbol{a}_2) = \begin{pmatrix} 2.2893 & -6.8314 \\ 0.0688 & -0.0871 \\ 4.3163 & -6.1160 \\ -2.4705 & 83.2630 \\ -400.3994 & 636.9481 \end{pmatrix},$$

$$\boldsymbol{W} = (\boldsymbol{b}_1, \boldsymbol{b}_2) = \begin{pmatrix} 0.2471 & 0.3890 \\ 0.1772 & 0.3445 \\ -0.1011 & 0.2915 \\ -0.0370 & 0.1474 \\ 0.0052 & -0.1900 \\ 0.0661 & -0.4347 \end{pmatrix}.$$

第一典型相关变量

$$u_1 = 2.289\text{Acidity} + 0.069\text{Peroxide} + 4.316\text{K232} -$$
$$2.471\text{K270} - 400.40\text{DK},$$
$$v_1 = 0.247\text{yellow} + 0.177\text{green} - 0.101\text{brown} -$$
$$0.037\text{glossy} + 0.005\text{transp} + 0.066\text{syrup},$$

第一典型相关系数 $\rho_1 = \sqrt{\lambda_1} = 0.9765$; 第二典型相关变量

$$u_2 = -6.831\text{Acidity} - 0.087\text{Peroxide} - 6.116\text{K232} +$$
$$83.263\text{K270} + 636.95\text{DK},$$
$$v_2 = 0.389\text{yellow} + 0.345\text{green} + 0.292\text{brown} +$$
$$0.147\text{glossy} - 0.190\text{transp} - 0.435\text{syrup},$$

第二典型相关系数 $\rho_2 = \sqrt{\lambda_2} = 0.8397$.

计算 $\boldsymbol{F} = \boldsymbol{XQ}, \boldsymbol{H} = \boldsymbol{YW}$ 得到样本在两对典型相关变量上的得分, 作出得分图如图 10.2 所示. 可以看出, 第一典型相关变量呈负相关, 尽管第一典型相关系数是正的.

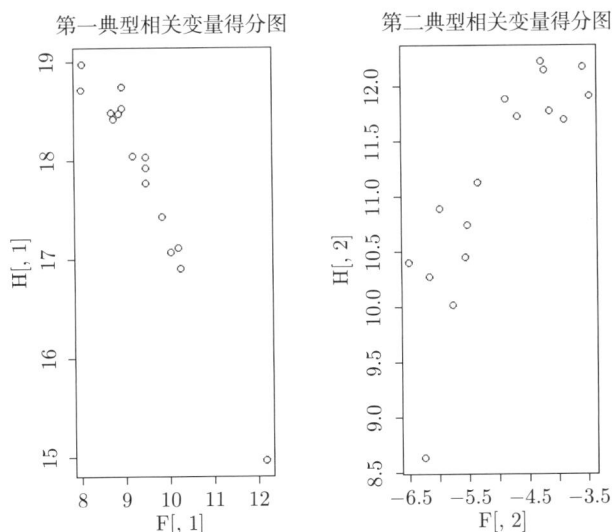

图 10.2　第 2 种方法得到的前两个典型相关变量的得分图

(2) 对 $\boldsymbol{S_{XX}}$ 做特征值分解,

$$\boldsymbol{S_{XX}} = \boldsymbol{P\Lambda P}^{\mathrm{T}},$$

其中, $\boldsymbol{\Lambda}$ 是 $\boldsymbol{S_{XX}}$ 的特征值做对角线构成的对角矩阵, $\boldsymbol{P}$ 是单位正交特征向量构成的

矩阵. 于是,

$$S_{XX}^{-\frac{1}{2}} = P\Lambda^{-1/2}P^{\mathrm{T}}$$

$$= \begin{pmatrix} 5.9783 & 0.0126 & -0.1104 & -4.2933 & -8.2245 \\ 0.0126 & 0.3323 & -0.5274 & 0.0705 & -0.0155 \\ -0.1103 & -0.5274 & 8.8003 & -5.9218 & -7.1403 \\ -4.2933 & 0.0705 & -5.9218 & 78.3287 & 57.6307 \\ -8.2245 & -0.0155 & -7.1403 & 57.6307 & 842.0386 \end{pmatrix}.$$

同样得

$$S_{YY}^{-\frac{1}{2}} = \begin{pmatrix} 0.4537 & 0.3338 & 0.0978 & -0.0583 & -0.0164 & 0.0135 \\ 0.3338 & 0.3040 & 0.0878 & -0.0384 & 0.0065 & -0.0183 \\ 0.0978 & 0.0878 & 0.3011 & 0.1148 & -0.0720 & -0.1778 \\ -0.0583 & -0.0384 & 0.1148 & 0.6771 & -0.4191 & -0.1482 \\ -0.0164 & 0.0065 & -0.0720 & -0.4191 & 0.4480 & 0.1609 \\ 0.0135 & -0.0183 & -0.1778 & -0.1482 & 0.1609 & 0.6488 \end{pmatrix}.$$

于是,

$$T = S_{XX}^{-\frac{1}{2}} S_{XY} S_{YY}^{-\frac{1}{2}}$$

$$= \begin{pmatrix} -0.1953 & 0.4248 & -0.2877 & 0.0116 & -0.1532 & -0.0583 \\ -0.2324 & 0.1520 & 0.5682 & -0.4403 & -0.2161 & 0.3816 \\ -0.3303 & 0.1792 & 0.1843 & -0.1744 & 0.0314 & -0.2715 \\ -0.2052 & 0.1821 & 0.4441 & 0.3317 & -0.0968 & -0.4620 \\ 0.6990 & 0.4505 & -0.0127 & -0.1490 & -0.0761 & -0.1628 \end{pmatrix},$$

$$TT^{\mathrm{T}} = \begin{pmatrix} 0.3284 & -0.0477 & 0.0966 & 0.0353 & 0.0779 \\ -0.0477 & 0.7862 & 0.1752 & 0.0263 & -0.0813 \\ 0.0966 & 0.1752 & 0.2803 & 0.2468 & -0.0847 \\ 0.0353 & 0.0263 & 0.2468 & 0.6054 & -0.0339 \\ 0.0779 & -0.0813 & -0.0847 & -0.0339 & 0.7462 \end{pmatrix}.$$

对 TT^{T} 做特征值分解, 最大的两个非零特征值是 $\lambda_1 = 0.9535, \lambda_2 = 0.7051$, 对应的单

位正交特征向量为

$$K = (\boldsymbol{\alpha}_1, \boldsymbol{\alpha}_2) = \begin{pmatrix} 0.0376 & 0.2636 \\ -0.6963 & 0.0878 \\ -0.3702 & 0.2814 \\ -0.3597 & 0.5670 \\ 0.4973 & 0.7226 \end{pmatrix}.$$

记 $\boldsymbol{\Lambda}_1 = \mathbf{diag}(\lambda_1^{-\frac{1}{2}}, \lambda_2^{-\frac{1}{2}})$, 即得

$$Q = S_{XX}^{-\frac{1}{2}} K = \begin{pmatrix} -2.2893 & -6.8314 \\ -0.0688 & -0.0871 \\ -4.3163 & -6.1160 \\ 2.4705 & 83.2630 \\ 400.3994 & 636.9481 \end{pmatrix},$$

$$W = S_{YY}^{-1} S_{YX} Q \boldsymbol{\Lambda}_1 = \begin{pmatrix} 0.2471 & 0.3890 \\ 0.1772 & 0.3445 \\ -0.1011 & 0.2915 \\ -0.0370 & 0.1474 \\ 0.0052 & -0.1900 \\ 0.0661 & -0.4347 \end{pmatrix}.$$

其中, 第一典型相关变量中的 u_1 与第 1 种方法得到的结果相差一个负号, 需要指出的是, 这个负号不会影响典型相关系数, 但是会影响样本得分. 略去重复的过程, 得到得分图如图 10.3 所示, 可以发现第一典型相关变量呈正相关. □

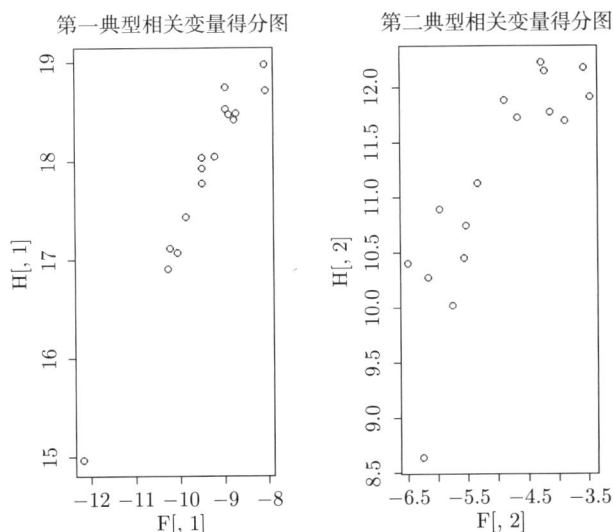

图 10.3　第 2 种方法得到的前两个典型相关变量的得分图

10.2.2　典型相关系数的显著性检验

对两组变量进行典型相关分析, 与主成分分析和因子分析类似, 也是利用降维方法来减少分析变量, 从而达到简化变量间的关系和数据结构的目的. 问题是, 在典型相关分析中, 我们可以提取 $p(\leqslant q)$ 对典型相关变量, 但是这显然是没有必要的, 我们最终需要选择的典型相关变量对数不会超过 p. 因此, 选择多少对典型相关变量, 这需要对典型相关系数做显著性检验, 若检验结果认为 $\lambda_k = 0$, 则不必考虑第 $k(\leqslant p)$ 典型相关变量.

10.2.2.1　全部典型相关系数为零的检验

考虑假设检验问题

$$H_0 : \lambda_1 = \lambda_2 = \cdots = \lambda_p = 0 \leftrightarrow H_1 : \lambda_1, \lambda_2, \cdots, \lambda_p \text{不全为零}, \tag{10.6}$$

若接受原假设, 即认为两组变量不相关, 此时讨论典型相关性就没有意义; 若拒绝原假设, 则认为至少第一典型变量是显著相关的.

事实上, 检验 (10.6) 等价于检验

$$H_0 : \boldsymbol{\Sigma_{XY}} = \boldsymbol{O} \leftrightarrow H_1 : \boldsymbol{\Sigma_{XY}} \neq \boldsymbol{O}.$$

由于 $\boldsymbol{S}, \boldsymbol{S_{XX}}, \boldsymbol{S_{YY}}$ 分别是 $\boldsymbol{\Sigma}, \boldsymbol{\Sigma_{XX}}, \boldsymbol{\Sigma_{YY}}$ 的极大似然估计, 可以构造似然比统计量

$$\Lambda_1 = \frac{\det \boldsymbol{S}}{\det(\boldsymbol{S_{XX}}) \det(\boldsymbol{S_{YY}})}.$$

因为

$$\det \boldsymbol{S} = \det(\boldsymbol{S_{YY}}) \det(\boldsymbol{S_{XX}} - \boldsymbol{S_{XY}} \boldsymbol{S_{YY}^{-1}} \boldsymbol{S_{YX}})$$

$$= \det(\boldsymbol{S_{YY}}) \det(\boldsymbol{S_{XX}}) \det(\boldsymbol{I_p} - \boldsymbol{S_{XX}^{-1}} \boldsymbol{S_{XY}} \boldsymbol{S_{YY}^{-1}} \boldsymbol{S_{YX}}),$$

似然比统计量 $\boldsymbol{\Lambda}_1$ 可化为

$$\boldsymbol{\Lambda}_1 = \det(\boldsymbol{I_p} - \boldsymbol{S_{XX}^{-1}} \boldsymbol{S_{XY}} \boldsymbol{S_{YY}^{-1}} \boldsymbol{S_{YX}}) = \prod_{j=1}^{p} (1 - \widehat{\lambda}_j^2),$$

其中, $\widehat{\lambda}_j^2, j = 1, 2, \cdots, p$ 是 $\widehat{\boldsymbol{T}}\widehat{\boldsymbol{T}}^{\mathrm{T}}$ 的特征值, $\widehat{\boldsymbol{T}} = \boldsymbol{S_{XX}^{-1}} \boldsymbol{S_{XY}} \boldsymbol{S_{YY}^{-1}}$. 由于 $\widehat{\boldsymbol{T}}\widehat{\boldsymbol{T}}^{\mathrm{T}}$ 与 $\widehat{\boldsymbol{A}} = \boldsymbol{S_{XX}^{-1}} \boldsymbol{S_{XY}} \boldsymbol{S_{YY}^{-1}} \boldsymbol{S_{YX}}$ 和 $\widehat{\boldsymbol{B}} = \boldsymbol{S_{YY}^{-1}} \boldsymbol{S_{YX}} \boldsymbol{S_{XX}^{-1}} \boldsymbol{S_{XY}}$ 有相同的非零特征值, 故 $\widehat{\lambda}_1 \geqslant \widehat{\lambda}_2 \geqslant \cdots \geqslant \widehat{\lambda}_m > 0$ 为样本典型相关系数.

Box 于 1949 年证明了, 对于充分大的 n, 在原假设成立的条件下, 统计量

$$Q_1 = -\left(\frac{n - (p + q + 3)}{2}\right) \ln \boldsymbol{\Lambda}_1 \sim \chi^2(pq).$$

给定显著性水平 α, 若 $Q_1 \geqslant \chi_\alpha^2(pq)$, 则拒绝原假设, 认为典型相关变量 u_1, v_1 相关性显著; 否则就没有必要做典型相关分析.

10.2.2.2 部分典型相关系数为零的检验

现在假设前 k 个典型相关系数是显著的, 即假设前 k 对典型相关变量是显著相关的, 要检验第 $k+1$ 个典型相关系数是否显著, 即检验假设

$$H_0: \lambda_{k+1} = \lambda_{k+2} = \cdots = \lambda_p = 0 \leftrightarrow H_1: \lambda_1, \lambda_2, \cdots, \lambda_p \text{不全为零},$$

其似然比检验统计量为

$$\Lambda_{k+1} = \prod_{j=k+1}^{p} (1 - \widehat{\lambda}_j^2).$$

由 Box 给出的结论可知, 对于充分大的 n, 当原假设 H_0 成立时, 统计量

$$Q_{k+1} = -\left(n - k - \frac{p+q+3}{2} + \sum_{j=1}^{k} \lambda_j^{-2}\right)$$

$$\ln \Lambda_{k+1} \overset{\cdot}{\sim} \chi^2((p-k)(q-k)).$$

在给定显著性水平 α 下, 若 $Q_{k+1} \geqslant \chi_\alpha^2((p-k)(q-k))$, 则拒绝原假设 H_0, 即认为第 $k+1$ 对典型变量之间显著相关; 否则认为第 $k+1$ 对典型变量不相关, 此时典型相关变量只取到第 k 对为止.

【例 10.3】(oliveoil.csv)　假设橄榄油数据来自多元正态分布, 典型相关系数

$$\lambda_j, j = 1, 2, \cdots, 5: 0.9765, 0.8397, 0.8231, 0.5731, 0.2859.$$

检验第一典型相关系数

$$H_0: \lambda_j = 0, j = 1, 2, \cdots, 5 \leftrightarrow H_1: \lambda_1 \neq 0,$$

似然比统计量

$$\Lambda_1 = \prod_{j=1}^{5}(1 - \widehat{\lambda}_j^2) = 0.0027,$$

$$Q_1 = -\left[16 - \frac{(5+6+3)}{2}\right] \ln \Lambda_1 = 53.1451.$$

取显著性水平 $\alpha = 0.05$, $p \times q = 30$, 检验 p 值 $P(\chi^2 > Q_1) = 0.0057 < \alpha$, 即在 0.05 显著性水平下拒绝原假设, 认为第一典型变量是相关的.

检验第二典型相关系数

$$H_0: \lambda_j = 0, j = 2, 3, 4, 5 \leftrightarrow H_1: \lambda_2 \neq 0,$$

似然比统计量

$$\Lambda_2 = \prod_{j=2}^{5}(1 - \widehat{\lambda}_j^2) = 0.0586,$$

$$Q_2 = -\left[16 - 1 - \frac{(5+6+3)}{2} + \frac{1}{\lambda_1^2}\right]\ln \Lambda_2 = 25.6657.$$

检验 p 值 $P(\chi^2 > Q_2) = 0.1771 > \alpha$, 即在 0.05 显著性水平下接受原假设, 认为第二典型变量是不相关的.

综上, 对橄榄油数据选取 1 对典型相关变量即可. $\qquad\square$

10.2.3　案例: 螃蟹数据

一个关于螃蟹的数据集 CrabAgePrediction.csv 来自 Kaggle, 可以从 https://www.kaggle.com/datasets/sidhus/crab-age-prediction 下载. 该数据集包含 3893 个养殖螃蟹样品的 8 项身体指标和蟹龄 (Age) (见表 5.35). 我们已经在 5.5.6 节对该数据进行了 Logistic 回归分析, 在 7.3.2 节对该数据进行了主成分回归分析. 这里我们尝试进行典型相关分析.

我们使用 Length, Diameter, Height, 以及 Weight, Shucked.Weight, Viscera. Weight, Shell.Weight 共 7 个变量, 分为两组, 其中

$$\boldsymbol{X} = (\text{Length, Diameter, Height})^{\mathrm{T}},$$

$$\boldsymbol{Y} = (\text{Weight, Shucked.Weight, Viscera.Weight, Shell.Weight})^{\mathrm{T}},$$

显然, $\boldsymbol{X}$ 是表示体长的变量集合, 维数 $p = 3$, $\boldsymbol{Y}$ 是表示体重的变量集合, 维数 $q = 4$. 样本容量 $n = 3893$. 计算相关阵

$$\boldsymbol{R_{XX}} = \begin{pmatrix} 1.0000 & 0.9867 & 0.8231 \\ 0.9867 & 1.0000 & 0.8295 \\ 0.8231 & 0.8295 & 1.0000 \end{pmatrix},$$

$$\boldsymbol{R_{YY}} = \begin{pmatrix} 1.0000 & 0.9691 & 0.9656 & 0.9553 \\ 0.9691 & 1.0000 & 0.9313 & 0.8824 \\ 0.9656 & 0.9313 & 1.0000 & 0.9061 \\ 0.9553 & 0.8824 & 0.9061 & 1.0000 \end{pmatrix},$$

$$\boldsymbol{R_{XY}} = \begin{pmatrix} 0.9254 & 0.8982 & 0.9033 & 0.8977 \\ 0.9258 & 0.8936 & 0.8998 & 0.9056 \\ 0.8144 & 0.7710 & 0.7933 & 0.8123 \end{pmatrix},$$

而 $\boldsymbol{R_{YX}} = \boldsymbol{R_{XY}^{\mathrm{T}}}$. 对 $\boldsymbol{R_{XX}}$ 做特征值分解,

$$\boldsymbol{R_{XX}} = \boldsymbol{P\Lambda P^{\mathrm{T}}},$$

其中, $\boldsymbol{\Lambda} = \mathbf{diag}(2.7618, 0.2250, 0.0133)$ 是 $\boldsymbol{R_{XX}}$ 的特征值做对角线构成的对角矩阵,

$$\boldsymbol{P} = \begin{pmatrix} 0.5886 & -0.4035 & 0.7005 \\ 0.5899 & -0.3781 & -0.7135 \\ 0.5528 & 0.8332 & 0.0155 \end{pmatrix}$$ 是单位正交特征向量构成的矩阵. 于是,

$$\boldsymbol{R_{XX}^{-\frac{1}{2}}} = \boldsymbol{P\Lambda^{-\frac{1}{2}}P}^{\mathrm{T}} = \begin{pmatrix} 4.8106 & -3.8071 & -0.4190 \\ -3.8071 & 4.9287 & -0.5638 \\ -0.4190 & -0.5638 & 1.6496 \end{pmatrix}.$$

同样得

$$\boldsymbol{R_{YY}^{-\frac{1}{2}}} = \begin{pmatrix} 8.9698 & -3.4392 & -2.2793 & -2.9975 \\ -3.4392 & 3.8405 & -0.3512 & 0.5676 \\ -2.2792 & -0.3512 & 3.3390 & -0.1482 \\ -2.9975 & 0.5676 & -0.1482 & 3.2050 \end{pmatrix}.$$

于是,

$$\boldsymbol{T} = \boldsymbol{R_{XX}^{-\frac{1}{2}}R_{XY}R_{YY}^{-\frac{1}{2}}} = \begin{pmatrix} 0.2775 & 0.3677 & 0.3373 & 0.1960 \\ 0.3041 & 0.2570 & 0.2289 & 0.3733 \\ 0.2216 & 0.1210 & 0.2184 & 0.3121 \end{pmatrix},$$

$$\boldsymbol{TT}^{\mathrm{T}} = \begin{pmatrix} 0.3644 & 0.3292 & 0.2408 \\ 0.3292 & 0.3503 & 0.2650 \\ 0.2408 & 0.2650 & 0.2088 \end{pmatrix}.$$

对 $\boldsymbol{TT}^{\mathrm{T}}$ 做特征值分解, 3 个特征值分别是 $\lambda_1 = 0.8778, \lambda_2 = 0.0420, \lambda_3 = 0.0037$, 对应的单位正交特征向量为

$$\boldsymbol{K} = (\boldsymbol{\alpha}_1, \boldsymbol{\alpha}_2, \boldsymbol{\alpha}_3) = \begin{pmatrix} 0.6221 & 0.7663 & 0.1610 \\ 0.6251 & -0.3622 & -0.6914 \\ 0.4715 & -0.5307 & 0.7043 \end{pmatrix}.$$

假设螃蟹数据来自多元正态分布, 记典型相关系数 $\boldsymbol{\rho} = (\rho_1, \rho_2, \rho_3)^{\mathrm{T}} = (\sqrt{\lambda_1}, \sqrt{\lambda_2}, \sqrt{\lambda_3})^{\mathrm{T}} = (0.9369, 0.2049, 0.0611)^{\mathrm{T}}$, 下面检验它们是否显著为零. 检验第一典型相关系数

$$H_0 : \rho_j = 0, j = 1, 2, 3 \leftrightarrow H_1 : \rho_1 \neq 0,$$

似然比统计量

$$\Lambda_1 = \prod_{j=1}^{3} (1 - \rho_j^2) = 0.1167,$$

$$Q_1 = -\left[3893 - \frac{(3+4+3)}{2}\right]\ln \Lambda_1 = 8353.4647.$$

取显著性水平 $\alpha = 0.05$, $p \times q = 12$, 检验 p 值 $P(\chi^2 > Q_1)$ 接近 0, 在 0.05 显著性水平下拒绝原假设, 认为第一典型变量是相关的. 检验第二典型相关系数

$$H_0: \rho_j = 0, j = 2,3 \leftrightarrow H_1: \rho_2 \neq 0,$$

似然比统计量

$$\Lambda_2 = \prod_{j=2}^{3}(1 - \rho_j^2) = 0.9544,$$

$$Q_2 = -\left[3893 - 1 - \frac{(3+4+3)}{2} + \frac{1}{\rho_1^2}\right]\ln \Lambda_2 = 181.3021.$$

检验 p 值 $P(\chi^2 > Q_2)$ 接近 0, 在 0.05 显著性水平下拒绝原假设, 认为第二典型变量是相关的. 检验第三典型相关系数

$$H_0: \rho_3 = 0 \leftrightarrow H_1: \rho_3 \neq 0,$$

似然比统计量

$$\Lambda_3 = 1 - \rho_3^2 = 0.9963,$$

$$Q_3 = -\left[3893 - 2 - \frac{(3+4+3)}{2} + 1/\rho_1^2 + \frac{1}{\rho_2^2}\right]\ln \Lambda_3 = 14.6229.$$

检验 p 值 $P(\chi^2 > Q_2) = 0.00067 < \alpha$, 在 0.05 显著性水平下接受拒绝原假设, 认为第三典型变量是相关的. 综上, 对螃蟹数据需要选取 3 对典型相关变量即可.

记 $\Lambda_1 = \mathbf{diag}(\lambda_1^{-\frac{1}{2}}, \lambda_2^{-\frac{1}{2}}, \lambda_3^{-\frac{1}{2}})$, 即得

$$\boldsymbol{Q} = \boldsymbol{R}_{XX}^{-\frac{1}{2}}\boldsymbol{K} = \begin{pmatrix} 0.4153 & 5.2874 & 3.1116 \\ 0.4467 & -4.4031 & -4.4178 \\ 0.1648 & -0.9923 & 1.4842 \end{pmatrix},$$

$$\boldsymbol{W} = \boldsymbol{R}_{YY}^{-1}\boldsymbol{R}_{YX}\boldsymbol{Q}\boldsymbol{\Lambda}_1 = \begin{pmatrix} 0.1185 & -1.2104 & -1.0492 \\ 0.2480 & 2.0669 & -1.9075 \\ 0.2412 & 1.0362 & 3.2884 \\ 0.4220 & -1.8341 & -0.3204 \end{pmatrix}.$$

第一典型相关变量

$$u_1 = 0.4153\text{Length} + 0.4467\text{Diameter} + 0.1648\text{Height},$$

$$v_1 = 0.1185\text{Weight} + 0.2480\text{Shucked.Weight} + 0.2412\text{Viscera.Weight} +$$

$$0.4220\text{Shell.Weight},$$

第一典型相关系数 $\rho_1 = \sqrt{\lambda_1} = 0.9369$; 第二典型相关变量

$$u_2 = 5.2874\text{Length} - 4.4031\text{Diameter} - 0.9923\text{Height},$$

$$v_2 = -1.2104\text{Weight} + 2.0669\text{Shucked.Weight} + 1.0362\text{Viscera.Weight} -$$

$$1.8341\text{Shell.Weight},$$

第二典型相关系数 $\rho_2 = \sqrt{\lambda_2} = 0.2049$; 第三典型相关变量

$$u_3 = 3.1116\text{Length} - 4.4178\text{Diameter} + 1.4842\text{Height},$$

$$v_3 = -1.0492\text{Weight} - 1.9075\text{Shucked.Weight} + 3.2884\text{Viscera.Weight} -$$

$$0.3204\text{Shell.Weight},$$

第三典型相关系数 $\rho_2 = \sqrt{\lambda_2} = 0.0611$. 计算 $\boldsymbol{F} = \boldsymbol{XQ}, \boldsymbol{H} = \boldsymbol{YW}$ 得到样本在 3 对典型相关变量上的得分, 作出得分图如图 10.4 所示. 可以看出, 3 对典型相关变量的相关性都比较强.

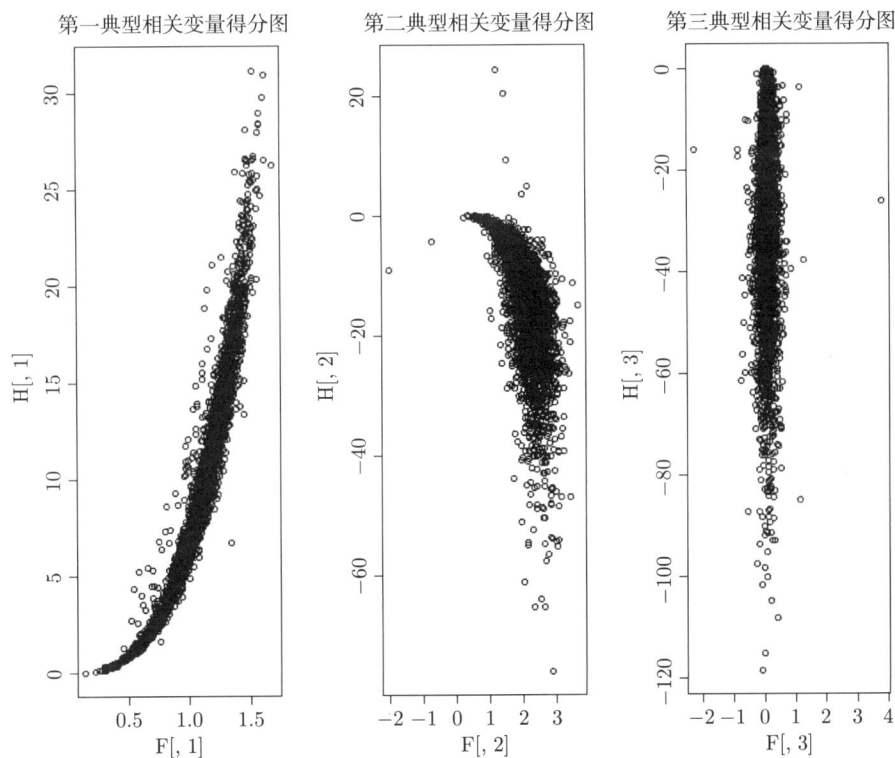

图 10.4　螃蟹数据的典型相关变量得分图

10.3　典型载荷分析和典型冗余分析

典型载荷分析是指原始变量与典型变量之间的相关性分析, 典型冗余分析是分析典型相关变量所能解释的原始变量的方差比例.

假设我们已经选取了 $m(< p)$ 对典型相关变量, 记为 $\boldsymbol{u} = (u_1, u_2, \cdots, u_m)^{\mathrm{T}}$, $\boldsymbol{v} = (v_1, v_2, \cdots, v_m)^{\mathrm{T}}$. 式(10.5)给出了总体典型相关变量与原始变量的协差阵. 记 $\boldsymbol{D_X}, \boldsymbol{D_Y}$ 分别是 $\boldsymbol{\Sigma_{XX}}, \boldsymbol{\Sigma_{YY}}$ 的对角线元素的平方根构成的对角矩阵, 注意到 $\mathrm{Var}(\boldsymbol{u}) = \mathrm{Var}(\boldsymbol{v}) = \boldsymbol{I}_m$, 有

$$
\begin{aligned}
\mathrm{Cor}(\boldsymbol{X}, \boldsymbol{u}) &= \mathrm{Cov}(\boldsymbol{D_X^{-1}X}, \boldsymbol{Q^{\mathrm{T}}X}) = \boldsymbol{D_X^{-1}\Sigma_{XX}Q}, \\
\mathrm{Cor}(\boldsymbol{X}, \boldsymbol{v}) &= \mathrm{Cov}(\boldsymbol{D_X^{-1}X}, \boldsymbol{W^{\mathrm{T}}Y}) = \boldsymbol{D_X^{-1}\Sigma_{XY}W}, \\
\mathrm{Cor}(\boldsymbol{Y}, \boldsymbol{u}) &= \mathrm{Cov}(\boldsymbol{D_Y^{-1}Y}, \boldsymbol{Q^{\mathrm{T}}X}) = \boldsymbol{D_Y^{-1}\Sigma_{YX}Q}, \\
\mathrm{Cor}(\boldsymbol{Y}, \boldsymbol{v}) &= \mathrm{Cov}(\boldsymbol{D_Y^{-1}Y}, \boldsymbol{W^{\mathrm{T}}Y}) = \boldsymbol{D_Y^{-1}\Sigma_{YY}W}.
\end{aligned}
\tag{10.7}
$$

如果 $\boldsymbol{X}, \boldsymbol{Y}$ 是标准化变量, 则上式有更简洁的形式

$$
\begin{aligned}
\mathrm{Cor}(\boldsymbol{X}, \boldsymbol{u}) &= \boldsymbol{R_{XX}Q}, \mathrm{Cor}(\boldsymbol{X}, \boldsymbol{v}) = \boldsymbol{R_{XY}W}, \\
\mathrm{Cor}(\boldsymbol{Y}, \boldsymbol{u}) &= \boldsymbol{R_{YX}Q}, \mathrm{Cor}(\boldsymbol{Y}, \boldsymbol{v}) = \boldsymbol{R_{YY}W}.
\end{aligned}
\tag{10.8}
$$

对样本的典型载荷分析只需要把协差阵和相关阵换成样本协差阵和样本相关阵即可.

【例 10.4】(oliveoil.csv)　由例 10.3, 对橄榄油数据取 1 对典型相关变量即可满足要求, 即 $m = 1$. 再由例 10.2 计算结果得,

$$\boldsymbol{Q} = \boldsymbol{a}_1 = (-2.2893, -0.0688, -4.3163, 2.4705, 400.3994)^{\mathrm{T}},$$

$$\boldsymbol{W} = \boldsymbol{b}_1 = (0.2471, 0.1772, -0.1011, -0.0370, 0.0052, 0.0661)^{\mathrm{T}}.$$

由式(10.7),

$$\mathrm{Cor}(\boldsymbol{X}, u_1) = \boldsymbol{D_X^{-1}\Sigma_{XX}a}_1 = (-0.0282, -0.7192, -0.7968, -0.7467, 0.0128)^{\mathrm{T}},$$

$$\mathrm{Cor}(\boldsymbol{X}, v_1) = \boldsymbol{D_X^{-1}\Sigma_{XY}b}_1 = (-0.0275, -0.7023, -0.7780, -0.7291, 0.0125)^{\mathrm{T}},$$

$$\mathrm{Cor}(\boldsymbol{Y}, u_1) = \boldsymbol{D_Y^{-1}\Sigma_{YX}a}_1$$
$$= (0.5393, -0.4312, -0.7912, 0.5346, 0.4782, -0.6433)^{\mathrm{T}},$$

$$\mathrm{Cor}(\boldsymbol{Y}, v_1) = \boldsymbol{D_Y^{-1}\Sigma_{YY}b}_1$$
$$= (0.5523, -0.4416, -0.8102, 0.5475, 0.4898, -0.6588)^{\mathrm{T}}.$$

可以看出, u_1 和 v_1 都与 Peroxide, K232, K270 这 3 个属性变量呈较强的负相关, 并且都与物理化学参数 brown 呈最强的负相关.　　　　　　　　　　　　　　　　□

在对样本进行典型相关分析时, 我们也想了解每组变量提取出的典型相关变量所能解释的该组样本总方差的比例, 以及对另外一组样本总方差交叉重复解释的比例, 从而定量测度典型相关变量所包含的原始信息量的大小. 在统计上, 如果一个变量的部分方差可以由其他变量的方差来解释或预测, 就说这个方差部分与其他变量方差相冗余, 相当于说变量的方差部分可以由其他变量的一部分方差所解释. 典型冗余分析是对原始变量总变化的方差分析.

考虑标准化数据的相关阵 $\boldsymbol{R}$, 第 1 组变量的样本总方差为 $\mathrm{tr}(\boldsymbol{R_{XX}}) = p$, 第 2 组变量的样本总方差为 $\mathrm{tr}(\boldsymbol{R_{YY}}) = q$. 我们来计算前 m 对典型变量对样本总方差的贡献. 记由式 (10.8) 计算出的各式为

$$\mathrm{Cor}(\boldsymbol{X}, \boldsymbol{u}) = (\rho_{X_k, u_j})_{p \times m}, \mathrm{Cor}(\boldsymbol{X}, \boldsymbol{v}) = (\rho_{X_k, v_j})_{p \times m},$$

$$\mathrm{Cor}(\boldsymbol{Y}, \boldsymbol{u}) = (\rho_{Y_k, u_j})_{q \times m}, \mathrm{Cor}(\boldsymbol{Y}, \boldsymbol{v}) = (\rho_{Y_k, v_j})_{q \times m}.$$

类似于因子分析中的方差贡献, $\mathrm{Cor}(\boldsymbol{X}, \boldsymbol{u})$ 中的第 j 列元素的平方和表示由 $\boldsymbol{X}$ 提取的第 j 典型相关变量 u_j 提取的 $\boldsymbol{X}$ 的方差贡献比例, 即 $\dfrac{1}{p} \sum\limits_{k=1}^{p} \rho_{X_k, u_j}^2$, 因而由 $\boldsymbol{X}$ 提取的前 m 个典型相关变量 $u_1, u_2, \cdots, u_m$ 提取的 $\boldsymbol{X}$ 的累积方差贡献比例为 $\dfrac{1}{p} \sum\limits_{j=1}^{m} \sum\limits_{k=1}^{p} \rho_{X_k, u_j}^2$. 同样, 由 $\boldsymbol{Y}$ 提取的第 j 典型相关变量 v_j 提取的 $\boldsymbol{Y}$ 的方差贡献比例为 $\dfrac{1}{q} \sum\limits_{k=1}^{q} \rho_{Y_k, v_j}^2$, 由 $\boldsymbol{Y}$ 提取的前 m 个典型相关变量 $v_1, v_2, \cdots, v_m$ 提取的 $\boldsymbol{Y}$ 的累积方差贡献比例为 $\dfrac{1}{q} \sum\limits_{j=1}^{m} \sum\limits_{k=1}^{q} \rho_{Y_k, v_j}^2$. 类似地, $\mathrm{Cor}(\boldsymbol{X}, \boldsymbol{v})$ 中的第 j 列元素的平方和表示由 $\boldsymbol{Y}$ 提取的第 j 典型相关变量 v_j 提取的 $\boldsymbol{X}$ 的方差贡献比例, 即 $\dfrac{1}{p} \sum\limits_{k=1}^{p} \rho_{X_k, v_j}^2$, 这也是第 1 组典型相关变量提取的方差被第 2 组典型相关变量重复解释的百分比, 称为在第 1 组冗余而在第 2 组存在的**冗余测度**. 在第 1 组冗余而在第 2 组存在的累积冗余测度为 $\dfrac{1}{p} \sum\limits_{j=1}^{m} \sum\limits_{k=1}^{p} \rho_{X_k, v_j}^2$. 同样, 在第 2 组冗余而在第 1 组存在的冗余测度为 $\dfrac{1}{q} \sum\limits_{k=1}^{q} \rho_{Y_k, u_j}^2$, 这是第 2 组典型相关变量提取的方差被第 1 组典型相关变量重复解释的百分比. 在第 2 组冗余而在第 1 组存在的累积冗余测度为 $\dfrac{1}{q} \sum\limits_{j=1}^{m} \sum\limits_{k=1}^{q} \rho_{Y_k, u_j}^2$. 可见, 冗余的本质是共享方差比例.

此外, 由典型相关变量的求解过程式 (10.2) 可知,

$$\lambda_j \boldsymbol{\Sigma_{XX}} \boldsymbol{a}_j = \boldsymbol{\Sigma_{XY}} \boldsymbol{b}_j, \lambda_j \boldsymbol{\Sigma_{YY}} \boldsymbol{b}_j = \boldsymbol{\Sigma_{YX}} \boldsymbol{a}_j, j = 1, 2, \cdots, m.$$

考虑标准化变量并使用矩阵符号得到

$$\boldsymbol{R_{XX}Q\Lambda}_m = \boldsymbol{R_{XY}W}, \boldsymbol{R_{YY}W\Lambda}_m = \boldsymbol{R_{YX}Q},$$

其中, $\boldsymbol{\Lambda}_m = \mathbf{diag}(\lambda_1, \lambda_2, \cdots, \lambda_m)$. 结合式 (10.8), 有

$$\mathrm{Cor}(\boldsymbol{X}, \boldsymbol{u})\boldsymbol{\Lambda}_m = \mathrm{Cor}(\boldsymbol{X}, \boldsymbol{v}), \mathrm{Cor}(\boldsymbol{Y}, \boldsymbol{v})\boldsymbol{\Lambda}_m = \mathrm{Cor}(\boldsymbol{Y}, \boldsymbol{u}).$$

【例 10.5】 (oliveoil.csv)   由例 10.4, $m = 1$, 相关阵

$$\mathrm{Cor}(\boldsymbol{X}, u_1) = (-0.0282, -0.7192, -0.7968, -0.7467, 0.0128)^{\mathrm{T}},$$

$$\mathrm{Cor}(\boldsymbol{X}, v_1) = (-0.0275, -0.7023, -0.7780, -0.7291, 0.0125)^{\mathrm{T}},$$

$$\mathrm{Cor}(\boldsymbol{Y}, u_1) = (0.5393, -0.4312, -0.7912, 0.5346, 0.4782, -0.6433)^{\mathrm{T}},$$

$$\mathrm{Cor}(\boldsymbol{Y}, v_1) = (0.5523, -0.4416, -0.8102, 0.5475, 0.4898, -0.6588)^{\mathrm{T}},$$

由 $\boldsymbol{X}$ 提取的第一典型相关变量 u_1 提取的 $\boldsymbol{X}$ 的方差贡献比例

$$\frac{1}{5}[\mathrm{Cor}(\boldsymbol{X}, u_1)]^{\mathrm{T}}\mathrm{Cor}(\boldsymbol{X}, u_1) = 34.21\%,$$

由 $\boldsymbol{Y}$ 提取的第一典型相关变量 v_1 提取的 $\boldsymbol{Y}$ 的方差贡献比例

$$\frac{1}{6}[\mathrm{Cor}(\boldsymbol{Y}, v_1)]^{\mathrm{T}}\mathrm{Cor}(\boldsymbol{Y}, v_1) = 35.50\%,$$

由 $\boldsymbol{X}$ 提取的第一典型相关变量 u_1 提取的 $\boldsymbol{Y}$ 的方差贡献比例

$$\frac{1}{6}[\mathrm{Cor}(\boldsymbol{Y}, u_1)]^{\mathrm{T}}\mathrm{Cor}(\boldsymbol{Y}, u_1) = 33.85\%,$$

由 $\boldsymbol{Y}$ 提取的第一典型相关变量 v_1 提取的 $\boldsymbol{X}$ 的方差贡献比例

$$\frac{1}{6}[\mathrm{Cor}(\boldsymbol{X}, v_1)]^{\mathrm{T}}\mathrm{Cor}(\boldsymbol{X}, v_1) = 32.62\%. \qquad \square$$

10.4 习 题

1. 简述典型相关分析的基本思想和主要步骤, 并使用自己擅长的软件给出详细的实现过程.

2. 设 $\boldsymbol{X}, \boldsymbol{Y}$ 分别是 p, q 维随机向量, 且存在二阶矩. 设 $p \leqslant q$, $\boldsymbol{X}, \boldsymbol{Y}$ 的第 i 对典型变量为 $(\boldsymbol{a}_i^{\mathrm{T}}\boldsymbol{X}, \boldsymbol{b}_i^{\mathrm{T}}\boldsymbol{Y})$, 典型相关系数是 $\lambda_i, i = 1, 2, \cdots, p$. 令 $\boldsymbol{X}^* = \boldsymbol{CX} + \boldsymbol{s}, \boldsymbol{Y}^* = \boldsymbol{DY} = \boldsymbol{t}$, 其中, $\boldsymbol{C}, \boldsymbol{D}$ 分别是 p, q 阶非奇异方阵, $\boldsymbol{s}, \boldsymbol{t}$ 分别是 p, q 维向量. 证明:

(1) $\boldsymbol{X}^*, \boldsymbol{Y}^*$ 的第 i 对典型变量为 $(\boldsymbol{a}_i^{\mathrm{T}}\boldsymbol{C}^{-1}\boldsymbol{X}, \boldsymbol{b}_i^{\mathrm{T}}\boldsymbol{D}^{-1}\boldsymbol{Y})$;

(2) $\boldsymbol{X}^*, \boldsymbol{Y}^*$ 的第 i 对典型变量的相关系数是 λ_i.

3. 标准化随机向量 $\boldsymbol{X} = (X_1, X_2)^{\mathrm{T}}, \boldsymbol{Y} = (Y_1, Y_2)^{\mathrm{T}}$, 令 $\boldsymbol{Z} = (\boldsymbol{X}^{\mathrm{T}}, \boldsymbol{Y}^{\mathrm{T}})^{\mathrm{T}}$, 其协差

阵 $\mathrm{Var}(\boldsymbol{Z}) = \boldsymbol{\Sigma} = \begin{pmatrix} \boldsymbol{\Sigma_{XX}} & \boldsymbol{\Sigma_{XY}} \\ \boldsymbol{\Sigma_{YX}} & \boldsymbol{\Sigma_{YY}} \end{pmatrix} = \left(\begin{array}{cc|cc} 100 & 0 & 0 & 0 \\ 0 & 1 & 0.95 & 0 \\ \hline 0 & 0.95 & 1 & 0 \\ 0 & 0 & 0 & 100 \end{array} \right)$. 求 $\boldsymbol{X}$ 与 $\boldsymbol{Y}$ 的

第一典型相关变量和它们的典型相关系数.

4. 设标准化随机向量 $\boldsymbol{X} = (X_1, X_2)^{\mathrm{T}}, \boldsymbol{Y} = (Y_1, Y_2)^{\mathrm{T}}$, 令 $\boldsymbol{Z} = (\boldsymbol{X}^{\mathrm{T}}, \boldsymbol{Y}^{\mathrm{T}})^{\mathrm{T}}$, 其相

关阵 $\boldsymbol{R} = \begin{pmatrix} \boldsymbol{R_{XX}} & \boldsymbol{R_{XY}} \\ \boldsymbol{R_{YX}} & \boldsymbol{R_{YY}} \end{pmatrix} = \left(\begin{array}{cc|cc} 1 & 0.5 & 0.7 & 0.7 \\ 0.5 & 1 & 0.7 & 0.7 \\ \hline 0.7 & 0.7 & 1 & 0.6 \\ 0.7 & 0.7 & 0.6 & 1 \end{array} \right)$, 求 $\boldsymbol{X}$ 与 $\boldsymbol{Y}$ 的典型相关变

量和典型相关系数.

5. 设随机向量 $\boldsymbol{X} = (X_1, X_2)^{\mathrm{T}}, \boldsymbol{Y} = (Y_1, Y_2)^{\mathrm{T}}$ 具有联合均值向量

$$\boldsymbol{\mu} = \begin{pmatrix} E(\boldsymbol{X}) \\ E(\boldsymbol{Y}) \end{pmatrix} = \begin{pmatrix} \boldsymbol{\mu}_1 \\ \boldsymbol{\mu}_2 \end{pmatrix} = \begin{pmatrix} -3 \\ 2 \\ 0 \\ 1 \end{pmatrix}$$

和联合协差阵

$$\mathrm{Var}((\boldsymbol{X}^{\mathrm{T}}, \boldsymbol{Y}^{\mathrm{T}})^{\mathrm{T}}) = \boldsymbol{\Sigma} = \begin{pmatrix} \boldsymbol{\Sigma}_{11} & \boldsymbol{\Sigma}_{12} \\ \boldsymbol{\Sigma}_{21} & \boldsymbol{\Sigma}_{22} \end{pmatrix}$$

$$= \mathrm{Var} \begin{pmatrix} X_1 \\ X_2 \\ \hline Y_1 \\ Y_2 \end{pmatrix} = \left(\begin{array}{cc|cc} 8 & 2 & 3 & 1 \\ 2 & 5 & -1 & 3 \\ \hline 3 & -1 & 6 & -2 \\ 1 & 3 & -2 & 7 \end{array} \right).$$

(1) 计算典型相关系数 ρ_1, ρ_2;

(2) 计算典型变量对 $(u_1, v_1), (u_2, v_2)$;

(3) 令 $\boldsymbol{u} = (u_1, u_2)^{\mathrm{T}}, \boldsymbol{v} = (v_1, v_2)^{\mathrm{T}}$, 计算 $E \begin{pmatrix} \boldsymbol{u} \\ \boldsymbol{v} \end{pmatrix}$ 和 $\mathrm{Cov} \begin{pmatrix} \boldsymbol{u} \\ \boldsymbol{v} \end{pmatrix}$.

6. 对 $n = 140$ 名初一学生进行四项测试: 阅读速度 X_1, 阅读能力 X_2, 数学运算速度 Y_1, 数学运算能力 Y_2. 这四项测试的样本相关阵为

$$\boldsymbol{R} = \begin{pmatrix} \boldsymbol{R}_{11} & \boldsymbol{R}_{12} \\ \boldsymbol{R}_{21} & \boldsymbol{R}_{22} \end{pmatrix} = \left(\begin{array}{cc|cc} 1 & 0.6238 & 0.2412 & 0.0586 \\ 0.6238 & 1 & -0.0553 & 0.0655 \\ \hline 0.2412 & -0.0553 & 1 & 0.4248 \\ 0.0586 & 0.0655 & 0.4248 & 1 \end{array} \right),$$

对阅读和数学的测试成绩之间的相关性进行典型相关分析, 求典型相关变量和典型相关系数.

7. 对两组随机向量 $\boldsymbol{X}$ 和 $\boldsymbol{Y}$ 做典型相关分析, 如果 $\mathrm{Cov}(\boldsymbol{X}, \boldsymbol{Y}) = \boldsymbol{O}$, 结果会怎样? 如果 $\mathrm{Cov}(\boldsymbol{X}, \boldsymbol{Y}) = \boldsymbol{I}$ 呢?

8. 对两组随机向量 $\boldsymbol{X}$ 和 $\boldsymbol{Y}$ 做典型相关分析, 如果 $\boldsymbol{Y} = \boldsymbol{X}$, 结果会怎样? 如果 $\boldsymbol{Y} = 2\boldsymbol{X}$ 呢? $\boldsymbol{Y} = -\boldsymbol{X}$ 呢?

9. 设随机向量 $\boldsymbol{X}, \boldsymbol{Y}$ 的协差阵 $\mathrm{Cov}(\boldsymbol{X}, \boldsymbol{Y}) = \boldsymbol{\Sigma} = \begin{pmatrix} \boldsymbol{\Sigma}_{XX} & \boldsymbol{\Sigma}_{XY} \\ \boldsymbol{\Sigma}_{YX} & \boldsymbol{\Sigma}_{YY} \end{pmatrix}$, 证明: $\boldsymbol{T} = \boldsymbol{\Sigma}_{XX}^{-\frac{1}{2}} \boldsymbol{\Sigma}_{XY} \boldsymbol{\Sigma}_{YY}^{-\frac{1}{2}}$ 的非零特征值个数等于 $\mathrm{rank}(\boldsymbol{\Sigma}_{XY})$.

10. 设随机向量 $\boldsymbol{X} = (X_1, X_2)^{\mathrm{T}}, \boldsymbol{Y} = (Y_1, Y_2)^{\mathrm{T}}$ 具有等相关结构, 令 $\boldsymbol{Z} = (\boldsymbol{X}^{\mathrm{T}}, \boldsymbol{Y}^{\mathrm{T}})^{\mathrm{T}}$, 其相关阵可以设为

$$\boldsymbol{R} = \begin{pmatrix} \boldsymbol{R}_{XX} & \boldsymbol{R}_{XY} \\ \boldsymbol{R}_{YX} & \boldsymbol{R}_{YY} \end{pmatrix} = \left(\begin{array}{cc|cc} 1 & \rho & \rho & \rho \\ \rho & 1 & \rho & \rho \\ \hline \rho & \rho & 1 & \rho \\ \rho & \rho & \rho & 1 \end{array} \right),$$

其中, $|\rho| < 1$. 求 $\boldsymbol{X}$ 与 $\boldsymbol{Y}$ 的典型相关变量和典型相关系数.

11. 设随机向量 $\boldsymbol{X} = (X_1, X_2, \cdots, X_p)^{\mathrm{T}}, \boldsymbol{Y} = (Y_1, Y_2, \cdots, Y_q)^{\mathrm{T}}$ 具有等相关结构, 令 $\boldsymbol{Z} = (\boldsymbol{X}^{\mathrm{T}}, \boldsymbol{Y}^{\mathrm{T}})^{\mathrm{T}}$, 其相关阵可以设为

$$\boldsymbol{R} = \begin{pmatrix} \boldsymbol{R}_{XX} & \boldsymbol{R}_{XY} \\ \boldsymbol{R}_{YX} & \boldsymbol{R}_{YY} \end{pmatrix} = \left(\begin{array}{cccc|cccc} 1 & \rho & \cdots & \rho & \rho & \rho & \cdots & \rho \\ \rho & 1 & \cdots & \rho & \rho & \rho & \cdots & \rho \\ \vdots & \vdots & & \vdots & \vdots & \vdots & & \vdots \\ \rho & \rho & \cdots & 1 & \rho & \rho & \cdots & \rho \\ \hline \rho & \rho & \cdots & \rho & 1 & \rho & \cdots & \rho \\ \rho & \rho & \cdots & \rho & \rho & 1 & \cdots & \rho \\ \vdots & \vdots & & \vdots & \vdots & \vdots & & \vdots \\ \rho & \rho & \cdots & \rho & \rho & \rho & \cdots & 1 \end{array} \right),$$

其中, $|\rho| < 1$. 求 $\boldsymbol{X}$ 与 $\boldsymbol{Y}$ 的典型相关变量和典型相关系数.

提示: $\boldsymbol{R}_{XY} = \rho \mathbf{1}\mathbf{1}^{\mathrm{T}}$, 并且

$$\boldsymbol{R}_{XX}\mathbf{1} = [1 + (p-1)\rho]\mathbf{1}, \boldsymbol{R}_{XX}^{-\frac{1}{2}}\mathbf{1} = [1 + (p-1)\rho]^{-\frac{1}{2}}\mathbf{1}.$$

12. 一些观测会涉及角度的测量, 比如风向. 用 θ_2 表示某个角度, 它可以表示为一个二维向量 $\boldsymbol{Y} = (\cos\theta_2, \sin\theta_2)^{\mathrm{T}}$.

(1) 取 $\boldsymbol{b} = (b_1, b_2)^{\mathrm{T}}$, 证明: $\boldsymbol{b}^{\mathrm{T}}\boldsymbol{Y} = \sqrt{b_1^2 + b_2^2}\cos(\theta_2 - \beta)$, 其中, β 满足 $\cos\beta = \dfrac{b_1}{\sqrt{b_1^2 + b_2^2}}, \sin\beta = \dfrac{b_2}{\sqrt{b_1^2 + b_2^2}}$;

(2) 设 X 是一元随机变量, 则 X 与 $\boldsymbol{Y}$ 的典型相关系数

$$\rho_1 = \max_{\beta} \text{Cor}(X, \cos(\theta_2 - \beta)),$$

典型相关变量 V_1 表示**源方位** β 的取值;

(3) 用 X (ozone), θ_2 表示风向偏离正北方向的角度. 根据某地的 19 个观测值得到了样本相关阵

$$\boldsymbol{R} = \begin{pmatrix} \boldsymbol{R}_{XX} & \boldsymbol{R}_{XY} \\ \boldsymbol{R}_{YX} & \boldsymbol{R}_{YY} \end{pmatrix} = \begin{array}{c} \\ \text{ozone} \\ \cos\theta_2 \\ \sin\theta_2 \end{array} \begin{array}{ccc} \text{ozone} & \cos\theta_2 & \sin\theta_2 \end{array} \begin{pmatrix} 1 & 0.166 & 0.694 \\ 0.166 & 1 & -0.051 \\ 0.694 & -0.051 & 1 \end{pmatrix},$$

求样本典型相关系数 $\widehat{\rho}_1$ 和典型相关变量 $\widehat{V}_1$ (它表示一个新的源方位的估计 $\widehat{\beta}$);

(4) 设 $\boldsymbol{X} = (\cos\theta_1, \sin\theta_1)^{\text{T}}$ 表示另一个角度的测量, 取 $\boldsymbol{a} = (a_1, a_2)^{\text{T}}$, 则 $\boldsymbol{a}^{\text{T}}\boldsymbol{X} = \sqrt{a_1^2 + a_2^2}\cos(\theta_1 - \alpha)$, 其中, 源方位 α 满足 $\cos\alpha = \dfrac{a_1}{\sqrt{a_1^2 + a_2^2}}, \sin\alpha = \dfrac{a_2}{\sqrt{a_1^2 + a_2^2}}$. 证明:

$$\rho_1 = \max_{\alpha, \beta} \text{Cor}(\cos(\theta_1 - \alpha), \cos(\theta_2 - \beta));$$

(5) 根据某地的 21 个早上 6 点至中午 12 点的观测值得到了样本相关阵

$$\boldsymbol{R} = \begin{pmatrix} \boldsymbol{R}_{XX} & \boldsymbol{R}_{XY} \\ \boldsymbol{R}_{YX} & \boldsymbol{R}_{YY} \end{pmatrix}$$

$$= \begin{array}{c} \cos\theta_1 \\ \sin\theta_1 \\ \cos\theta_2 \\ \sin\theta_2 \end{array} \begin{pmatrix} 1 & -0.291 & 0.440 & 0.372 \\ -0.291 & 1 & -0.205 & 0.243 \\ 0.440 & -0.205 & 1 & 0.181 \\ 0.372 & 0.243 & 0.181 & 1 \end{pmatrix},$$

求样本典型相关系数 $\widehat{\rho}_1$ 和典型相关变量 $\widehat{U}_1, \widehat{V}_1$.

参考文献

陈思燕, 2021. 基于 K-means 算法的云肩色彩提取与配色评价 [D]. 杭州: 浙江理工大学.

陈祖明, 周家胜, 2012. 矩阵论引论 [M]. 2 版. 北京: 北京航空航天大学出版社.

崔会卿, 2009. 基于聚类和距离变换的数字图像彩色化技术 [D]. 石家庄: 河北师范大学.

范金城, 梅长林, 2010. 数据分析 [M] 2 版. 北京: 科学出版社.

方开泰, 陈敏, 2013. 统计学中的矩阵代数 [M]. 北京: 高等教育出版社.

房祥忠, 2021. 统计检验中的 p 值 [J]. 中国统计. (9): 17-19.

封功能, 韩光明, 王爱民, 等, 2011. 4 种常规养殖虾肌肉营养品质分析与评价 [J]. 湖北农业科学, **50**(5): 4.

傅德印, 2013. 应用多元统计分析 [M]. 北京: 高等教育出版社.

胡玲萍, 张鸿伟, 张峰, 等, 2019. 利用蛋白组学和化学计量学区分海捕和养殖的中国对虾 [J]. 食品科学, **40**(8): 5.

李路, 涂群赟, 黄汉英, 等, 2017. 基于被动水声信号的淡水鱼种类识别 [J]. 农业机械学报, **48**(008): 166-171.

刘金山, 2005. Wishart 分布引论 [M]. 北京: 科学出版社.

刘金山, 夏强, 2021. 应用多元统计分析 (R 语言版)[M]. 北京: 人民邮电出版社.

刘双喜, 张宏建, 王金星, 等, 2018. 基于可见光波段的色彩概率聚类模型的玉米杂交种子识别 [J]. 光谱学与光谱分析, **38**(8): 8.

茆诗松, 程依明, 濮晓龙, 2004. 概率论与数理统计教程 [M]. 北京: 高等教育出版社.

阮皓麟, 王斌会, 2022. 基于 DDC 算法的稳健稀疏主成分法及其实证研究 [J]. 数理统计与管理, **41**(04): 662-678.

宋西平, 李国琴, 罗陆锋, 等, 2015. 基于 hsi 色彩空间与 ffcm 聚类的葡萄图像分割 [J]. 农机化研究, **37**(10): 5.

田茂再, 2017. 多元统计分析 [M]. 北京: 中国人民大学出版社.

王盼, 2012. 基于机器视觉和优化 DBSCAN 的玉米种子纯度识别 [D]. 泰安: 山东农业大学.

张景肖, 刘史诗, 王伟华, 等, 2022. 基于 AIC 准则的函数型数据主成分联合选择研究 [J]. 数理统计与管理, **41**(04): 610-622.

张雷, 雷雳, 郭伯良, 2005. 多层线性模型应用 [M]. 2 版. 北京: 教育科学出版社.

张尧庭, 方开泰, 1982. 多元统计分析引论 [M]. 北京: 科学出版社.

周银环, 黄海立, 2021. 凡纳滨对虾和马氏珠母贝, 多鳞鱚生态养殖中水质因子的变化探析 [J]. 科学养鱼, V37(1): 73.

朱建平, 2017. 应用多元统计分析 [M]. 北京: 北京大学出版社.

AGRESTI A, 2002. Categorical data[M]. 2nd ed. Wiley.

ARCHER K J, WILLIAMS A A A, 2012. L1 penalized continuation ratio models for ordinal response prediction using high-dimensional datasets[J]. Statistics in Medicine, **31**(14): 1464-1474.

BREIMAN L, 1995. Better subset regression using the nonnegative garrote[J]. Technometrics,

37(4): 373-384.

BRYK A S, RAUDENBUSH S. W, 2002. Hierarchical linear models: applications and data analysis methods[M]. 2nd ed. SAGE.

EISEN M B, SPELLMAN P T, BROWN P O, et al, 1999. Cluster analysis and display of genomewide expression patterns[J]. Proceedings of the National Academy of Sciences, **95**(25): 14863-14868.

FRIENDLY M, 1992. Graphical methods for categorical data[J]. SAS User Group International Conference Proceedings, **17**, 190-200.

FRIENDLY M, INSTITUTE S, 2000. Visualizing categorical data[J]. Physical Review D Particles Fields, **77**(2): 315-317.

GASTNER M T, 2005. Spatial distributions: density-equalizing map projections, facility location, and two-dimensional networks[M]. University of Michigan.

GÖKTAŞ A, İŞÇI Ö, 2011. A comparison of the most commonly used measures of association for doubly ordered square contingency tables via simulation[J]. Advances in Methodology & Statistics, **8**(1): 17-37.

GONZALEZ, RICHARD, NELSON, et al, 1996. Measuring ordinal association in situations that contain tied scores[J]. Psychological Bulletin, **119**(1): 159-165.

GOODMAN L A, KRUSKAL W H, 1963. Measures of association for cross classifications[J]. Publications of the American Statistical Association, **67**(338): 415-421.

GOWER J, 1971. A general coefficient of similarity and some of its properties[J]. Biometrics, **27**: 857-871.

GREENACRE M J, 1984. Theory and Applications of Correspondence Analysis[M]. London: Academic Press.

GREENACRE M J, 2005. From correspondence analysis to multiple and joint correspondence analysis[J]. Economics Working Papers, 883.

GOODMAN L A, 1979. Simple models for the analysis of association in cross-classifications having ordered categories[J]. Journal of the American Statistical Association, **74**(367): 537-552.

LAWSON R G, JURS, PETER C, 1990. New index for clustering tendency and its application to chemical problems[J]. Journal of Chemical Information and Computer Sciences, **30**(1): 36-41.

LYONS R, 2011. Distance covariance in metric spaces[J]. The Annals of Probability, **41**(5): 3284-3305.

MASSART D L, VANDEGINSTE B G M, BUYDENS L M C, et al, 1998. Handbook of chemometrics and qualimetrics: part B[M]. Elsevier.

PETER R J, 1987. Silhouettes: a graphical aid to the interpretation and validation of cluster analysis[J]. Journal of Computational & Applied Mathematics, **20**: 53-65.

RESKOG K G, LAWLEY D N, 1967. New methods in maximum likelihood factor analysis[J]. ETS Research Bulletin Series, **1967**(2), i-24.

ROBOTHAM H, BOSCH P, GUTIÉRREZ-ESTRADA J C, et al, 2010. Acoustic identification of small pelagic fish species in chile using support vector machines and neural networks[J]. Fisheries Research, **102**(1-2): 115-122.

ROY K, AHMAD M, WAQAR K, et al, 2021. An enhanced machine learning framework for type 2 diabetes classification using imbalanced data with missing values[J]. Complexity, **2021**(1): 9953314.

SIERSMA V, KREINER S, 2009. A coefficient of association between categorical variables with partial or tentative ordering of categories[J]. Sociological Methods & Research, **38**(2): 27-37.

SNEE R D, 1974. Graphical display of two-way contingency tables[J]. The American Statistician, **28**: 9-12.

SZÉKELY G J, RIZZO M. L, 2013. The distance correlation t-test of independence in high dimension[J]. Journal of Multivariate Analysis, **117**: 192-213.

TIBSHIRANI R, HASTIE W T, 2001. Estimating the number of clusters in a data set via the gap statistic[J]. Journal of the Royal Statistical Society B, **63**(2): 411-423.